COURS MUNICIPAL

D'

ÉLECTRICITÉ INDUSTRIELLE

PAR

L. BARBILLION

PROFESSEUR A L'UNIVERSITÉ, DIRECTEUR DE L'INSTITUT
LAURÉAT DE L'ACADÉMIE DES SCIENCES (*Prix Hébert*.)

TOME II

COURANTS ALTERNATIFS

DEUXIÈME ÉDITION
Revue et augmentée avec la collaboration de

P. BERGEON et **M. CLARET**
SOUS-DIRECTEUR DE L'INSTITUT   CHARGÉ DE CONFÉRENCES ÉLECTROTECHNIQUES

DEUXIÈME FASCICULE

TRANSFORMATEURS, MOTEURS ASYNCHRONES
COUPLAGE ET COMPOUNDAGE DES ALTERNATEURS
COMPLÉMENTS

PARIS

LIBRAIRIE DES SCIENCES ET DE L'INDUSTRIE
L. GEISLER, IMPRIMEUR-ÉDITEUR
1, rue de Médicis, 1

1911

COURS MUNICIPAL

D'

ÉLECTRICITÉ INDUSTRIELLE

PAR

L. BARBILLION

PROFESSEUR A L'UNIVERSITÉ, DIRECTEUR DE L'INSTITUT

LAURÉAT DE L'ACADÉMIE DES SCIENCES (*Prix Hébert.*)

TOME II

COURANTS ALTERNATIFS

DEUXIÈME ÉDITION

Revue et augmentée avec la collaboration de

P. BERGEON et **M. CLARET**

SOUS-DIRECTEUR DE L'INSTITUT CHARGÉ DE CONFÉRENCES ÉLECTROTECHNIQUES

DEUXIÈME FASCICULE

TRANSFORMATEURS, MOTEURS ASYNCHRONES

COUPLAGE ET COMPOUNDAGE DES ALTERNATEURS

COMPLÉMENTS

PARIS

LIBRAIRIE DES SCIENCES ET DE L'INDUSTRIE

L. GEISLER, IMPRIMEUR-ÉDITEUR

1, rue de Médicis, 1

1911

PRÉFACE

L'ouvrage que nous présentons aujourd'hui à nos lecteurs est le résumé des leçons professées par nous à l'Institut Electrotechnique de l'Université de Grenoble, au cours de ces dix dernières années.

Durant cette période, s'est tellement accentuée l'évolution de la technique des courants alternatifs, quoi qu'en pensent certains esprits chagrins, et les questions nouvelles soumises à l'attention des élèves-ingénieurs sont aujourd'hui si nombreuses que, sous peine de donner à cette deuxième édition de nos cours des dimensions exagérées, nous avons été contraints de réduire, à leur quintessence même, certaines des matières qui constituent pourtant la base de tout enseignement électrotechnique qui se respecte.

Si le matériel transformateurs et moteurs asynchrones n'a pas vu modifier de fond en comble, pendant ces dernières années, ses principes directeurs d'établissement, par contre l'emploi des génératrices asynchrones, celui des moteurs à collecteur, et notamment enfin, le compoundage des alternateurs, constituent des questions d'une actualité brûlante auxquelles nous avons tenu à apporter notre modeste contribution.

Nous l'avons fait pourtant avec une extrême prudence. En outre d'une certaine imprécision qui caractérise chez ces machines nouvelles plusieurs des propriétés énoncées à leur actif et que n'a pas suffisamment sanctionnées l'expérience, une autre considération nous a invités à rester souvent, malgré notre désir propre, dans le domaine des simples généralités. La littérature électrotechnique, très abondante sur ces questions nouvelles, du reste si intéressantes, pourrait être, semble-t-il, de beaucoup simplifiée ; il importe de laisser au temps le soin de faire son œuvre et d'opérer une répartition entre l'ivraie et le bon grain.

Il nous a paru, peut-être à tort, à la lecture de mémoires sur cette matière que, bien souvent, des auteurs différents, faute d'employer la même méthode, disaient, sous des formes différentes, à peu près la même chose. La question du compoundage des alternateurs et celle des moteurs à collecteur ne nécessitent au fond que des théories très simples et auxquelles on peut être amené naturellement, si l'on s'efforce de réduire les phénomènes mis en jeu dans ces questions aux formes même d'exposition adoptées pour des problèmes beaucoup plus classiques.

Nous avons (et c'est un mode de représentation très cher à l'Institut de Grenoble) fait appel, le plus possible, à la notion d'induction dans les conducteurs, notion beaucoup plus maniable, plus imagée et plus vivante que celle de flux dans les spires ou dans des cadres. Elle est, en tout cas, remarquablement plus simple dans presque tous les phénomènes mis en jeu par les courants alternatifs, et il nous a semblé qu'elle devait avoir la première place dans l'étude des machines alternatives à collecteur.

La nécessité d'étudier, pourtant en détail, sous une forme réellement pratique et utilitaire, plusieurs des questions auxquelles nous faisions allusion tout à l'heure nous a amenés, ainsi que nos collaborateurs de l'Institut, à reporter sous forme de prolongement de ce Cours Municipal, dans les fascicules de l'intéressante *Encyclopédie Électrotechnique*, l'exposé intégral de problèmes en apparence isolés, mais néanmoins indispensables à connaître pour l'ingénieur-électricien.

Citons, à cet égard, les fascicules : nᵒˢ 12 et 13, 26 et 27, 29, 34 et 35, 49 et 50.

On peut de même considérer les fascicules 47 et 48 de l'Encyclopédie comme l'ossature du cours d'essais de machines, professé à l'Institut électrotechnique et qui, après avoir fait corps avec les enseignements principaux confiés d'abord à nous-mêmes, s'est vu attribuer une indépendance propre, plus compatible avec la préparation immédiate des manipulations électromécaniques auxquelles il a été affecté.

Nous avons déjà dit, lors de l'apparition des deux premiers volumes de ce Cours, toute la gratitude que nous conservions au lecteur, pour l'accueil si bienveillant et si universellement sympathique qui a été réservé à nos publications. De nouvelles traductions en langues étrangères de notre Cours Municipal ont paru récemment. Elles sont dues à d'anciens élèves de l'Institut, désireux de donner ainsi à leurs maîtres une preuve affectueuse du bon souvenir des années passées à Grenoble. Qu'ils veuillent bien recevoir ici l'expression de toute notre gratitude.

Malgré l'extrême pléthore de la littérature électrotechnique et en dépit de l'apparition de maints traités savants et bien documentés, nous espérons que la fin de ce Cours Municipal pourra rendre les mêmes services que certains nous ont dit avoir tirés de nos premiers volumes.

ERRATA

PAGES	LIGNES	AU LIEU DE	LIRE
46	24	Les grandeurs efficaces	Les valeurs efficaces
19	dernière	$I = A_2 + \left(\dfrac{n_2}{n_1}\right) 2 A_1$	$I = A_2 + \left(\dfrac{n_2}{n_1}\right)^2 A_1$
38	fig. 46	$I'\Lambda I_{2e}$	$I'\Omega I_{2e}$
»	»	$\dfrac{n_2}{n_1} V_{1e}$	$\dfrac{n_2}{n_1} U_{2e}$
»	ligne 18	$AO = \dfrac{n_2}{n_1} U_{1e}$	$AD = \dfrac{n_2}{n_1} U_{1e}$
42	fig. 47	$n_1 r_2$	$r_2 n_1$
45	fig. 48 bis	Chute de tension utilisable	chute de tension intérieure
53	ligne 24	Prix du KVA : 87	Prix du K. V. A. : 87 francs
75	dernière	Traduction Montpellier	par Sartori, traduction Montpellier
82	20	$\eta = \dfrac{P_u}{P_m} = \dfrac{Cr\,\omega_2}{Cr\,\omega_2} = \dfrac{\omega_2}{\omega_2}$	$\eta = \dfrac{P_u}{P_m} = \dfrac{Cr\,\omega_2}{Cr\,\omega_1} = \dfrac{\omega_2}{\omega_1}$
83	fig. 105	inverser la figure	
87	19	$H_2 = H_0 \cos\Omega t \left(\Omega t + \dfrac{2\pi}{3}\right)$	$H_2 = H_0 \cos\left(\Omega t + \dfrac{2\pi}{3}\right)$
»	20	$H_3 = H_0 \cos\Omega t \left(\Omega t + \dfrac{4\pi}{3}\right)$	$H_3 = H_0 \cos\left(\Omega t + \dfrac{4\pi}{3}\right)$
93	7	$H_2 = H_0 \cos\left(\Omega t + \dfrac{2\pi}{4}\right)$	$H_2 = H_0 \cos\left(\Omega t + \dfrac{2\pi}{2}\right)$
96	5	$\mathfrak{B}_{12} = \mathfrak{B}_1 + \mathfrak{B}_2 + \mathfrak{B}_3$	$\mathfrak{B}_{12} = \mathfrak{B}_1 + \mathfrak{B}_2 - \mathfrak{B}_3$
»	11	$\mathfrak{B} = \mathfrak{B}_1 - \mathfrak{B}_2 + \mathfrak{B}_3$	$\mathfrak{B} = \mathfrak{B}_1 - \mathfrak{B}_2 - \mathfrak{B}_3$
109	18	(fig. 136 et 337)	(fig. 136 et 137)
116	28	en la puissance P	en la puissance P_u
127	29	$B = 8 r_2^2$	$B = 8 r_1^2$
145	16	position MM	position MM'
148	14	connaît Φ	connaît φ
150	13	« leçon, page »	20e leçon, page 296.
157	18	(fig.)	(fig. 178)
161	12	points C et B	points G et B
162	16	mis en court-circuit	mis hors-circuit
167	fig. 182 ter	au lieu de la lettre V	lire la lettre Y
170	dernière	φ_c	φ_m
232	3	fonction de r (I_1)	fonction r (I_1)
238	24	et si P^8	et si P_1^u
241	fig. 227	au lieu de la lettre U	lire la lettre u.
245	13	$\overline{OH} = \Psi_{1e}$	$\overline{OH} = \Psi_{2e}$
246	15	si r est	si r est
255	dernière	le rapport	le rapport : $\dfrac{u\delta}{kG}$

PAGES	LIGNES	AU LIEU DE	LIRE
257	12	un égal égal	un angle égal
259	13	le point U	le point u
262	14	de ce centre	de ce cercle
283	fig. 251	ou $= 45$ pour un tour	ou 45 périodes pour un tour
285	14	(fig. 256)	(fig. 252)
289	3	$+\cos(2\Omega t\psi)$	$+\cos(2\Omega t - \Psi)$
»	dernière	$\cos\Psi = \dfrac{1 - \beta}{1 - \beta}$	$\cos\Psi = \dfrac{1 - t^2}{1 + t^2}$
290	12	$C_{g\,moy}\dfrac{1 + \cos\Psi}{\cos\Psi} + C_{p\,moy}$	$C_{g\,moy}\dfrac{1 - \cos\Psi}{\cos\Psi} + C_{g\,moy}$
293	fig. 258	Inverser la figure	
297	20	$\pm I_{pe} = \pm I_{pa}$	$\pm I_{pe} = \pm I_{pa}$
313	21	$\delta = \mu t + \mu$	$\delta = \delta_0 \sin(\mu t + \mu')$
323	14	$x = \dfrac{E_{pe}}{6_{pe}}$	$x = \dfrac{E_{pe}}{I_{pe}}$
385	14	$\Phi_{p\,max}^2$	$\Phi_{p\,max}$
»	15	$\Phi_{p\,max}$	$\Phi_{p\,max}^2$
407	fig. 347, au milieu	circuit magnétique des fuites d'induit.	circuit magnétique général
423	fig. 361, sur le côté supérieur de l'angleα-Φ	$(v_l)_0$	$(v_l)_a$
443	11	$\Sigma_l \Sigma$	$\Sigma\Sigma$

COURS MUNICIPAL
D'ÉLECTRICITÉ INDUSTRIELLE

COURANTS ALTERNATIFS

FASCICULE II

XVIIIe LEÇON

TRANSFORMATEURS DE TENSION
A COURANTS ALTERNATIFS

Généralités. — Théorie de leur fonctionnement.

Utilité et rôle. — Leur rôle s'explique par l'avantage indéniable du haut voltage pour les transmissions d'énergie. Une telle transmission comportera donc :

1° Des machines génératrices à tension réduite (avantages : sécurité du personnel et facilité de construction ; les tensions des alternateurs, dans ce cas, sont comprises entre 120 et 2.000 volts ou même quelquefois 5.000 et 10.000 volts) ;

2° Des transformateurs élévateurs de tension (on atteint aujourd'hui 50.000 et 60.000 volts entre conducteurs) ;

3° Une ligne particulièrement bien établie pour résister à ces hautes tensions ;

4° Des stations transformatrices, pour abaisser la tension de ligne à la tension d'utilisation.

Le schéma ci-dessous nous donne la représentation d'une telle transmission d'énergie (fig. 1).

Fig. 1. — Schéma d'une transmission d'énergie avec transformateurs de tension

REMARQUES. — I. Nous avons eu déjà l'occasion de signaler qu'alors que la transformation de voltage constituait une difficulté et une source de pertes dans le cas des machines à courant continu (deux machines rotatives), elle était particulièrement aisée dans le cas des transmissions par courants alternatifs (rendement excellent, emploi de transformateurs statiques dans lesquels interviennent, pour la production des f. é. m. d'induction dans les circuits secondaires ou induits, les variations du flux obtenues tout naturellement par le caractère alternatif du courant primaire).

II. L'avantage du choix d'une haute tension pour une transmission d'énergie peut être caractérisé en un mot par ce résultat, que le poids de cuivre par kilowatt transporté est proportionnel au carré de l'intensité I^2 dans la ligne, laquelle est, pour une même puissance et une même valeur du facteur de puissance, inversement proportionnelle à la tension de transport U.

III. Alors que les portions du réseau secondaire affectées à l'éclairage sont généralement établies pour la tension de 120 volts (arcs en série ou alimentés par des transformateurs supplémentaires), au contraire il y a maintenant tendance, par raison d'économie, à construire les moteurs assez puissants à haute tension (2.000 ou même 5.000 volts, cette dernière tension très rare encore).

PRINCIPE DE LA CONSTITUTION DES TRANSFORMATEURS

Transformateurs monophasés. — Un transformateur monophasé est constitué essentiellement par un circuit magnétique fermé (on a abandonné les circuits magnétiques ouverts dus à Swinburne, ou transformateurs *hérisson*, comme trop coûteux au point de vue de l'énergie perdue en excitation, bien qu'ils soient avantageux au point de vue de l'auto-régulation), circuit magnétique autour duquel on a disposé deux enroulements. L'un est effectué en fil très fin et comporte un grand nombre de spires : c'est l'enroulement haute tension (HT). L'autre est constitué par des spires de gros fil en nombre beaucoup plus réduit ; c'est l'enroulement basse tension (BT). On peut dire, en première approximation tout au moins, et pour fixer les idées, que les nombres des at. primaires et secondaires (efficaces, instantanés ou moyens), dans un transformateur, sont à peu près égaux (en valeur absolue tout au moins pour les seconds), règle qui a l'avantage de nous montrer qu'à égalité d'intensité de courant dans les deux enroulements, le produit des sections par le nombre des spires est à peu près constant pour ces deux enroulements, ou enfin en supposant la longueur des spires moyennes identique pour chacun d'eux, que les poids de cuivre installés sur le primaire et le secondaire sont identiques.

On appelle *rapport de transformation* le rapport des tensions $U_{1\text{eff}}$ du primaire (ou circuit alimenté par le réseau), et $U_{2\text{eff}}$ du secondaire (circuit générateur travaillant sur un autre réseau). On démontrera que ce rapport est, grossièrement, égal au rapport des nombres de spires :

$$\frac{n_1}{n_2} = \frac{U_{1\text{eff}}}{U_{2\text{eff}}}$$

Les enroulements peuvent être faits par bobines *sectionnées* (plusieurs bobines empilées sur un même noyau), par bobines

Fig. 2. — Bobines sectionnées.

Fig. 3. — Bobines concentriques.

Fig. 4. — Bobines séparées.

Divers modes de constitution des bobines d'un transformateur.

séparées (noyaux distincts pour les HT et les BT), ou enfin par bobines concentriques (HT et BT sur un même noyau). (fig. 2, 3 et 4).

Constitution du circuit magnétique. — Il peut être, comme pour les machines génératrices, simple ou multiple. A cette dernière catégorie appartient l'immense majorité des transformateurs, dits cuirassés, avec enroulements sur le noyau commun (fig. 5). L'assemblage des tôles nécessite toujours un certain nombre de joints dont on s'efforce de réduire l'effet réluctant au minimum. Nous reviendrons plus tard sur cette question.

Fig. 5. — Circuit magnétique de transformateur cuirassé.

Transformateurs diphasés. — Dans le cas d'une transformation de tension à effectuer sur une distribution diphasée (cas aujourd'hui tombé en désuétude), on emploie deux transformateurs monophasés couplés comme l'indique la figure 6, relative à l'emploi d'un fil commun. On peut constituer ces transformateurs par

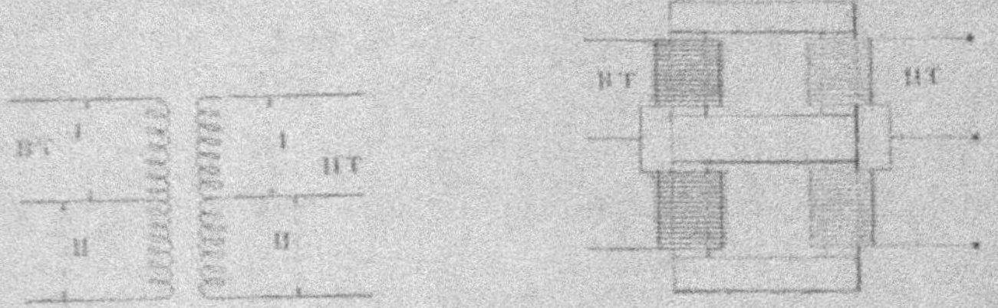

Fig. 6 et 7. — Schémas constitutifs d'un transformateur diphasé.

une machine unique à deux noyaux avec une carcasse commune (fig. 7).

Transformateurs triphasés. — On pourrait utiliser trois transformateurs monophasés couplés de façon convenable. C'est encombrant et souvent inutile, car, étant donnée l'extrême diffusion des installations triphasées, les transformateurs correspondants se construisent couramment.

Imaginons que nous juxtaposions trois transformateurs monophasés à circuit magnétique simple, de manière à leur donner une

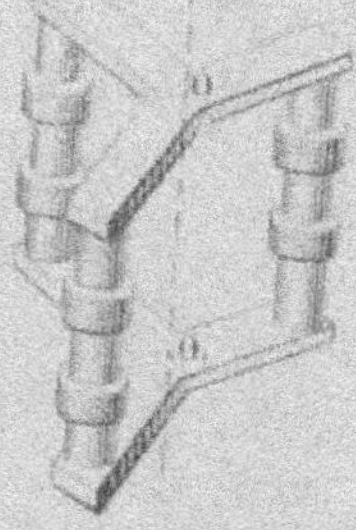

Fig. 8. — Carcasse de transformateur triphasé.

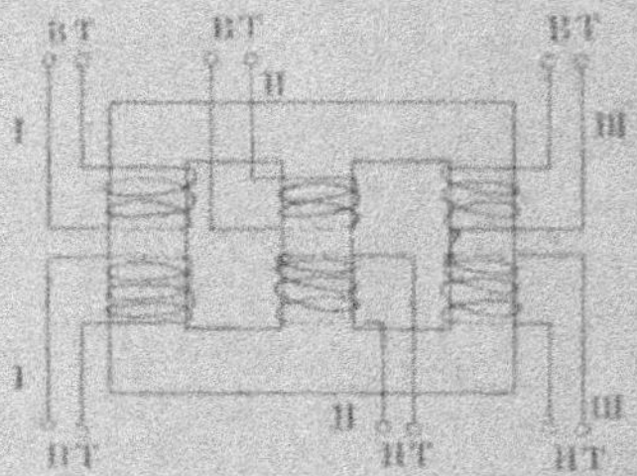

Fig. 8 bis. — Schéma des connexions d'un transformateur triphasé.

portion centrale commune non représentée sur la figure, et joignant les centres OO' des deux étoiles à trois branches constituant les culasses supérieures et inférieures (fig. 8).

Si l'on alimente par exemple les bobines HT_1, HT_2, HT_3, par des courants triphasés, il en résulte que les forces magnéto-motrices produites dans les noyaux latéraux (si les bobines secondaires travaillent dans les mêmes conditions : phases également chargées), sont également triphasées et leur somme instantanée est nulle.

On peut donc supprimer théoriquement la partie centrale, puisqu'elle ne supporte aucun flux.

La forme polyédrale adoptée ci-dessus, la meilleure du reste au point de vue théorique, est compliquée. On préfère pratiquement

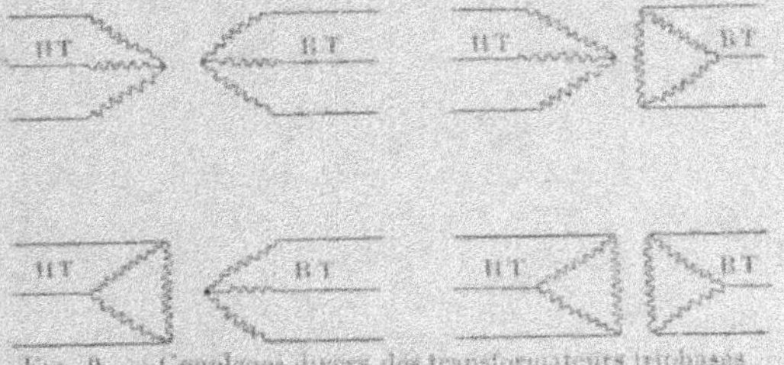

Fig. 9. — Couplages divers des transformateurs triphasés

aligner les trois noyaux de façon à avoir leurs axes dans un même plan, ou bien réunir des noyaux dont les axes sont disposés suivant les arrêtes d'un prisme orthogonal à base triangulaire équilatérale, par des culasses de forme circulaire ou polygonale régulière (fig. 8 *bis*).

Les circuits BT_1, BT_2, BT_3, HT_1, HT_2, HT_3 peuvent être couplés en étoile ou en triangle, comme sur les schémas de la figure 9.

Modes de couplage les plus employés. — Ce sont : pour les circuits à haute tension [transport], le montage triangulaire à 3 fils, et pour les circuits basse tension [réseaux de distribution], le montage étoilé : 3 fils de phase avec ou sans fil neutre [ou compensateur].

Tout ce que nous avons dit de la production et de la mesure des énergies et puissances triphasées s'applique intégralement au cas où cette énergie est produite dans le secondaire des transformateurs, ces circuits jouant le rôle de générateurs.

REMARQUE. — Dans le cas de transformateurs polyphasés, il y a intérêt à dimensionner les pièces magnétiques de façon à ce que l'induction soit partout la même, donc à donner aux culasses joignant deux noyaux magnétiques une section S_c correspondant au flux résultant Φ_r des flux partiels émis par chaque noyau de section S_n.

THÉORIE DU TRANSFORMATEUR

Généralités. — Soient :

n_1, le nombre de spires primaires,

n_2, le   —   secondaires,

r_1, l_1, la résistance et la self-induction complète du primaire (1),

r_2, l_2, la   —   —   —   secondaire (2),

I_1, le courant primaire,

I_2, le   —   secondaire,

U_1, la tension aux bornes du primaire,

U_2, la   —   —   secondaire,

E_1, la f.é.m. primaire,

E_2, la   —   secondaire,

$R_1, \mathcal{L}_1$, la résistance et la self-induction du réseau secondaire.

Nous allons, comme dans le cas des alternateurs, nous adresser à deux théories successives, l'une élémentaire et très générale, l'autre plus conforme aux vues actuelles sur la composition des flux, mais toutes deux utiles à des titres différents, car elles aboutissent à des modes de conception spéciaux du fonctionnement des transformateurs, modes qui, suivant les cas, peuvent être plus ou moins avantageux.

NOTA. — **Rappel de quelques notions fondamentales relatives à la self induction (et notamment indispensables dans l'étude des transformateurs et alternateurs compoundés).** — *La self-induction complète ou self-induction totale* est, rappelons-le, le quotient, par le courant générateur, du produit, par le nombre de spires d'une bobine, du flux total émis par cette bobine. Plus généralement, c'est ce même quotient pris par rapport au courant I qui la traverse. Soit :

Φ, le flux émis par une bobine,

$\mathcal{L}$, la self-induction complète,

I, le courant générateur du flux ou celui traversant la bobine,

n, le nombre de spires.

Nous aurons pour définition de la self-induction complète :

$$\mathcal{L} = \frac{n\Phi}{I} = n\frac{d\Phi}{dt}\frac{1}{\frac{dI}{dt}}$$

Au contraire, distinguons dans ce flux Φ deux parties Φ' et Φ'', l'une Φ' se développant dans une partie du circuit magnétique constituée par des tronçons métalliques accolés, de perméabilité très différente de 1, l'autre Φ'' s'échappant de la bobine et évitant le parcours précédent. Nous pourrons écrire toujours :

$$\text{E (f. é. m. d'induction propre} = n\frac{d\Phi'}{dt} + n\frac{d\Phi''}{dt},$$

$$= c'\frac{dI}{dt} + c''\frac{dI}{dt}.$$

$c'\dfrac{dI}{dt} = $ f. é. m. d'induction propre non dispersive ;

$c''\dfrac{dI}{dt} = $ f. é. m. de self-induction partielle ou de fuite ;

$c = c' + c'' = $ coefficient de self-induction *complète* ou *totale* ;

$c'' = $ coefficient de self-induction partielle ou de fuite.

Généralisation. — Le flux Φ' peut comprendre un flux non dispersif Φ'_1 propre, créé par la bobine primaire, et un flux non dispersif Φ'_2 reçu par elle, c'est à dire embrassé par ses spires, mais non créé par la bobine et émané par conséquent d'un autre système d'ampère-tours installés sur le circuit magnétique général. La combinaison de ces flux $\Phi'_1 + \Phi'_2 = \Phi'$ constitue un flux résultant dont la connaissance, au fond, suffit seule pour déterminer celle de la f.é.m. d'induction $\left(n\dfrac{d\Phi'}{dt}\right)$, dont la bobine considérée est le siège du fait du passage et de la variation de ce flux Φ'.

D'autre part, le circuit magnétique emprunté par le flux Φ'' qui échappe au circuit magnétique général, est surtout constitué par de l'air (fuites). Sa réluctance est donc en fait à peu près indépendante de l'état de saturation du fer voisin. On peut dès lors admettre la proportionnalité de ce flux de fuite ou dispersif au courant générateur I (soit λ ce coefficient de proportionalité).

La f. é. m. induite dans la bobine sera donc en définitive, en valeur algébrique :

$$\text{E} = -\left(n\lambda\frac{dI}{dt} + n\frac{d\Phi'}{dt}\right),$$

ou, en posant : $n\lambda = \Lambda$

$$\text{E} = -\left(\Lambda\frac{dI}{dt} + n\frac{d\Phi'}{dt}\right).$$

c'est-à-dire qu'elle est la somme de la f.é.m. de fuite $\left(-\Lambda\dfrac{dI}{dt}\right)$ (ou de self-induction partielle) et de la f.é.m. d'induction due au flux résultant.

Pour ces questions très délicates de f.é.m. d'induction, de self-induction partielle ou totale, le lecteur se reportera avec avantage à la deuxième partie de notre *Cours Municipal d'Électricité Industrielle*, tome II, Premier Fascicule, Courants, alternatifs, IX, X et XIe leçons.

Théorie élémentaire. — Considérons le circuit primaire [c'est-à-dire alimenté par le réseau], que celui-ci soit à haute ou à basse tension. Il est le siège d'un courant I_1; ce courant crée un flux Φ_1,

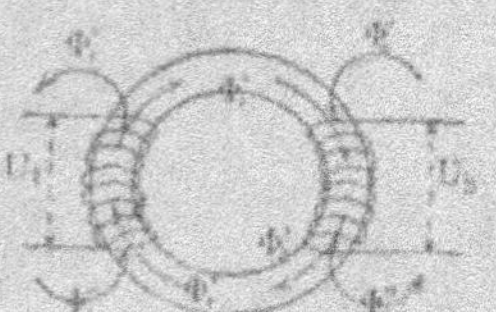

Fig. 10. — Schéma de la répartition des flux dans un transformateur à circuit magnétique imparfait.

dont une partie Φ'_1 passe par le noyau, et l'autre Φ''_1 se ferme par l'air. De même dans l'enroulement secondaire, nous aurons une f.é.m. E_2 due à la variation de Φ'_1. Il en résulte un courant I_2, fonction de la résistance et de la réactance du circuit extérieur branché sur l'enroulement secondaire. Or, I_2 donne naissance à un flux Φ_2 qui se décompose lui-même en un flux non dispersif Φ'_2 et un flux dispersif Φ''_2.

Φ'_1 et Φ'_2 se composent de manière à constituer un flux unique Φ, résultante géométrique de Φ'_1 et Φ'_2 (fig. 10).

Les flux qui circulent dans les enroulements (1) et (2) sont donc respectivement :

$$\begin{cases} \Psi_1 = \Phi + \Phi''_1, \\ \Psi_2 = \Phi + \Phi''_2. \end{cases}$$

Pour simplifier, nous supposerons provisoirement le transformateur sans fuites, sans pertes dans les enroulements et dans le circuit magnétique.

TRANSFORMATEUR SANS FUITES ET SANS PERTES OHMIQUES

A. Fonctionnement à vide. — Le flux résultant Φ n'est créé que par I_1, courant primaire dont la valeur est I_0 à vide.

Prenons le vecteur représentatif de celui-ci pour origine des phases. On aura évidemment :

$$\begin{cases} I_1 = I_0 \cos \Omega t, \\ \Phi_1 = \Phi_0 \cos \Omega t = \Phi. \end{cases}$$

Le courant I_1 crée dans le primaire une f.é.m.

$$E_1 = l_1 \frac{dI_1}{dt}$$

décalée de 90° en arrière de I_1 (fig. 11).

Quant à U_1, puisque $R_1 I_1$ est négligeable, il est opposé à E_1. D'autre part, le flux Φ_1 proportionnel à I_1 développe dans (2) la f.é.m.

$$E_2 = -\frac{d\Phi}{dt}$$

à 90° en arrière de I_1, de telle sorte que E_2 est égale, au rapport de transformation près, et opposée à U_1 puisque d'une part U_1 est opposé à E_1, et que, d'autre part, E_1 et E_2 sont en concordance de phase. Elles ont pour valeur, n_i étant les nombres respectifs des spires du primaire et du secondaire :

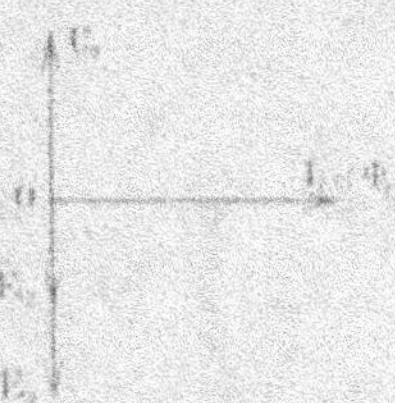

Fig. 11. — Diagramme simplifié d'un transformateur fonctionnant à vide.

$$E_{1\,max} = n_1 \Omega \Phi_{max} 10^{-7} \text{ volts,}$$
$$E_{2\,max} = n_2 \Omega \Phi_{max} 10^{-7} \text{ volts.}$$

Les expressions numériques ci-dessous sont quelquefois commodes et pratiques. [F y représente la fréquence du courant] :

$$U_{1\,eff} = E_{1\,eff} = 4{,}44\, n_1 F \Phi_{max} 10^{-8},$$
$$U_{2\,eff} = E_{2\,eff} = 4{,}44\, n_2 F \Phi_{max} 10^{-8}.$$

REMARQUE. **Cas d'une distribution à $U = C^{te}$.** — Alors Φ_{max} est constant. Dans ce fonctionnement à vide, le courant I_1' est déwatté [à 90° en arrière de U_1]; ce décalage de 90° justifie bien le nom de courant magnétisant donné au courant de marche à vide I_1'. [On remarquera que l'on suppose ici le rendement du transformateur égal à 1].

B. Le transformateur a une charge non inductive. — Le secondaire ne débitant que du courant watté, Φ_2 prend naissance [Ob]. $\Phi_{1\,eff}$ qui, à vide, est égal à Φ_1, devient ici égal à Oa, car le flux résultant Φ_{eff} étant constant, il faut que le flux primaire $I_{1\,eff}$ ait une composante Oc qui compense Ob (fig. 12).

On a l'égalité géométrique :

$$\overline{\Phi_{1\,eff}} = \overline{\Phi_{eff}} + \overline{Oc}$$

On voit que le flux Oc créé par un courant watté au primaire compense le flux Ob créé par le courant watté du secondaire. On a par suite :

$$n_1 I_{1\,eff} = n_2 I_{2\,eff\ watté}.$$

Comme la puissance au primaire P_1 et la puissance P_2 au secondaire sont égales [rendement $= 1$], nous aurons :

$$U_1 \text{ en } I_1 \text{ en } \cos \varphi_1 = e_2 \text{ en } I_2 \text{ en}$$

car I_1 et U_2 [ou, ce qui revient au même, I_1 et e_2] sont en phase. On peut écrire :

$$U_1 \text{ en } I_1 \text{ en watté} = e_2 \text{ en } I_2 \text{ en} = \sim U_2 \text{ en } I_2 \text{ en.} \qquad (1$$

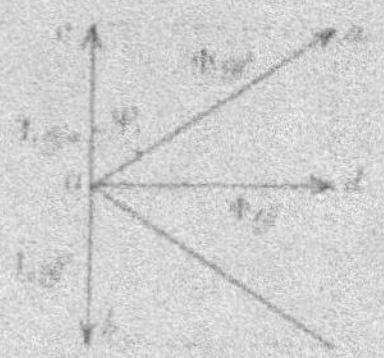

Fig. 12. — Diagramme simplifié du transformateur fonctionnant sous charge non inductive.

Or nous avons :

$$I_2 \text{ en } = \frac{n_1}{n_2} I_1 \text{ en }.$$

Ainsi donc, à tout courant watté débité par le secondaire (2) correspond un courant watté absorbé par le primaire (1). Les puissances wattées absorbées par (1) et restituées à (2) sont égales. Le transformateur absorbe cependant la puissance magnétisante correspondant au maintien du flux Φ_{en}.

Le courant I_1 se composera donc de deux parties distinctes :

1° Un courant magnétisant, le même à vide qu'en charge non inductive.

2° Un courant watté correspondant à la charge du secondaire.

C. Le transformateur a une charge inductive. — Il débite du courant watté et du courant déwatté. Même raisonnement pour la composante $\overline{d'a'}$ déwattée du courant primaire. Le flux Φ_1 est la résultante du flux $\overline{Oa'} = \overline{ca}$ qui correspond à la composante déwattée de Φ_1 et du flux qui correspond à la réception au primaire d'un courant watté $I_{1\text{ en }w}$, proportionnel au courant secondaire $I_{2\text{ en }w}$ [fig. 13].

$\overline{Oa'}$ se compose du flux $\overline{Od'}$ de marche à vide, augmenté de :

$$d'a' = OK,$$

c'est-à-dire du flux nécessaire à la compensation du flux démagnétisant, produit par la composante déwattée de I_2. Le primaire recevra donc un courant déwatté $I_{1\text{ en }dw}$ supplémentaire tel que, en raisonnant sur les (at) au lieu de raisonner sur les flux :

$$n_1 I_{1\text{ en }dw} = d'a',$$

<hr>

1. Le symbole $\sim$ signifiant environ.

On aura donc :

$$a_1 I_{1\,effic} = a_2 I_{2\,effic},$$

puisque :

$$d'a' = OK.$$

La puissance magnétisante reçue est donc la somme de deux termes :

1° la puissance magnétisante pour la marche à vide,

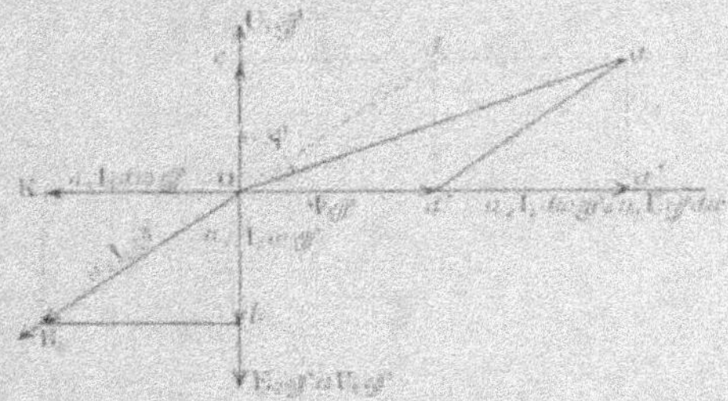

Fig. 13. — Diagramme simplifié d'un transformateur fonctionnant sous charge inductive.

2° la puissance magnétisante primaire supplémentaire, résultant de la charge déwattée.

Le rapport de la puissance magnétisante à la puissance réelle absorbée par un transformateur constitue la tangente de l'angle dont le cosinus est le facteur de puissance du transformateur.

CONDITIONS RÉELLES DE FONCTIONNEMENT D'UN TRANSFORMATEUR

MODIFICATION DES CONCLUSIONS DE LA THÉORIE PRÉCÉDENTE

Influence des fuites. — On conçoit que les fuites aient pour effet d'augmenter la proportion de la puissance magnétisante par rapport à la puissance réelle, et d'augmenter le décalage de l'élément I_1 par rapport à l'élément E_1 ou U_1.

Influence des joints. — Augmentation de réluctance, augmentation de la puissance magnétisante pour une même puissance réelle produite.

Influence des pertes Joule. — Se traduit par une consommation de puissance wattée.

Influence des pertes parasites (hystérésis, courants de Foucault). — On conçoit également que ces pertes correspondent à une disparition d'énergie wattée, car la quantité de chaleur développée dans le circuit magnétique entraîne la disparition d'une énergie réelle. Celle-ci ne se retrouve pas dans le secondaire.

Marche à vide. — La puissance absorbée par le primaire comprend une partie réelle et une partie magnétisante. La première englobe donc, d'après ce qui précède, les pertes Joule dans le primaire :

$$r_1 I_{0e}^2 \quad I_{0e} \text{ étant le courant à vide },$$

et les pertes par hystérésis et courants de Foucault.

Cette dernière catégorie de pertes peut s'exprimer par la formule :

$$P_0 \text{ (watts)} = V_{\cos^2} \left[\frac{\eta F \mathfrak{G}_{max}^{1.6}}{10^7} + \frac{1.231\, e^2 F^2 \mathfrak{G}_{max}^2}{10^{13}} \right],$$

formule dans laquelle :

e est exprimé en 1/10 (épaisseur des tôles),
$\mathfrak{G}_{max}$ = induction maxima dans les tôles,
η = coefficient de Steinmetz (environ 0,004).

Fig. 14. — Composantes wattée et dewattée d'un courant à vide de transformateur.

En particulier pour :

$\mathfrak{G}_{max}$ = 5,000 gauss, F = 50 périodes par seconde,
P_0 = 2 watts par kilogrammes de tôles.

Le courant à vide I_0 a donc deux composantes : l'une wattée correspondant à la puissance wattée dépensée P_0 (fig. 14) :

$$I_{0w} = \frac{P_0}{U_{\cos}},$$

la seconde I_{0dw} correspondant au flux Φ à entretenir dans le circuit magnétique ; ce courant magnétisant n'est du reste le plus souvent égal qu'au $\frac{1}{100}$ du courant normal.

Marche en charge. — Les puissances réelle et magnétisante absorbées par le primaire à vide s'accroissent alors des puissances réelle et magnétisante fournies par le secondaire dans le circuit extérieur et de la puissance réelle dépensée dans le circuit primaire, quand le courant passe de I_0 à I_1.

La puissance magnétisante correspondant à l'aimantation du circuit magnétique est sensiblement constante, mais les fuites ont pour effet de l'augmenter. L'introduction de ces diverses pertes dans le diagramme nécessite une étude complète du fonctionnement de l'appareil, étude que nous allons faire ci-dessous.

ÉTUDE DÉTAILLÉE DU FONCTIONNEMENT
ET DE LA CONSTITUTION DES TRANSFORMATEURS

MODE D'EMPLOI

Théorie complète du fonctionnement des transformateurs. — Le flux résultant, en conservant nos précédentes notations, est donné par l'égalité :

$$\Phi = \Phi'_1 + \Phi'_2.$$

Les flux qui agissent sur les enroulements primaire et secondaire sont :

$$\Psi_1 = \Phi + \Phi''_1,$$
$$\Psi_2 = \Phi + \Phi''_2.$$

On peut définir, comme on l'a fait pour les alternateurs, Φ''_1 et Φ''_2 comme des flux de s. i. en remarquant que ces s. i. sont partielles (dues aux fuites); Φ est donc le flux résultant de tous les flux non dispersifs. On peut écrire, en appelant λ_1 et λ_2 ces coefficients de s. i. partielles :

$$n_1\Phi''_1 = \lambda_1 I_1,$$
$$n_2\Phi''_2 = \lambda_2 I_2.$$

De même :

$$n_1\Psi_1 = n_1\Phi + \lambda_1 I_1,$$
$$n_2\Psi_2 = n_2\Phi + \lambda_2 I_2.$$

Les équations classiques suivantes seront applicables au primaire et au secondaire :

$$\begin{cases} U_1 = r_1 I_1 + \lambda_1 \dfrac{dI_1}{dt} + n_1 \dfrac{dI_1}{dt}, & (1) \\[2ex] -n_2 \dfrac{d\Phi}{dt} = r_2 I_2 + \lambda_2 \dfrac{dI_2}{dt} + U_2. & (2) \end{cases}$$

1. En égard à l'évidence intuitive des notions ci-dessous utilisées, nous ne rappellerons pas, même brièvement, les définitions de self-induction partielle et de self-induction totale d'un circuit magnétique. Voir la nota de la page 6.

Les énergies élémentaires dissipées ont pour expression[1] :

$$dW_1 = U_1 I_1 dt = r_1 I_1^2 dt + \Lambda_1 I_1 dI_1 + n_1 I_1 d\Phi,$$
$$dW_2 = U_2 I_2 dt = - r_2 I_2^2 dt - \Lambda_2 I_2 dI_2 - n_2 I_2 d\Phi.$$

Si dW_2 est l'énergie disponible aux bornes du secondaire,

$$dW_2 = U_2 I_2 dt;$$

on voit que $r_1 I_1^2 dt$ et $r_2 I_2^2 dt$ représentent les énergies perdues en chaleur de Joule; les termes $\Lambda_1 I_1 dt$ et $\Lambda_2 I_2 dt$ les énergies localisées, mais non perdues, dans les fuites; enfin les termes $n_1 I_1 d\Phi$ et $n_2 I_2 d\Phi$ les énergies potentielles dues à ce fait que les circuits parcourus par les courants I_1, I_2 embrassent un même flux Φ.

Il est à remarquer que $n_1 I_1 d\Phi$ et $n_2 I_2 d\Phi$, au moins durant la plus grande partie de la période, sont de signes contraires, I_1 et I_2 ayant plus ou moins tendance à l'opposition, et en tous cas offrant un angle d'écart supérieur à 90°.

Cherchons l'énergie perdue pendant le temps dt. C'est évidemment :

$$U_1 I_1 dt - U_2 I_2 dt = r_1 I_1^2 + r_2 I_2^2 \, dt + \Lambda_1 I_1 dI_1 + \Lambda_2 I_2 dI_2 + n_1 I_1 + n_2 I_2 \, d\Phi$$

expression dans laquelle la portion :

$$dW' = r_1 I_1^2 + r_2 I_2^2 \, dt$$

est réellement dissipée en chaleur de Joule dans les circuits primaire et secondaire. De même,

$$dW'' = n_1 I_1 + n_2 I_2 \, d\Phi$$

représente l'énergie dissipée par les phénomènes d'hystérésis et de courants de Foucault; c'est de l'énergie dégradée, comme dW'. Enfin

$$dW''' = \Lambda_1 I_1 dI_1 + \Lambda_2 I_2 dI_2$$

est l'énergie magnétisante mise en jeu par la self-induction des circuits, et existant sous forme potentielle dans ces circuits (empruntée durant une demi-période, et restituée dans l'autre).

A vide, l'énergie totale du secondaire est nulle; or elle a pour valeur la somme de l'énergie qu'il possède, et de celle qu'il reçoit du primaire. La différentielle de l'énergie primaire disponible

1. Sur la forme de l'énergie disponible dans un circuit soumis à des effets d'induction. Voir *Cours Municipal d'Électricité Industrielle*, Tome I, Courants continus, p. 178, XIII° Leçon.

(autre que celle due aux courants de Foucault) est, I_0 étant la valeur du courant primaire à vide :

$$n_1 I_0 d\Phi = n_1 I_0 d\Phi + n_1 (I_1 - I_0) d\Phi,$$

$n_1 I_0 d\Phi$ est relative à l'échauffement du fer.

$n_1 (I_1 - I_0) d\Phi$ est affectée à la transmission d'énergie au secondaire.

L'énergie perçue par le secondaire est :

$$n_2 I_2 d\Phi,$$

D'où :

$$n_1 (I_1 - I_0) d\Phi + n_2 I_2 d\Phi = 0,$$

D'où enfin la relation :

$$n_1 I_1 + n_2 I_2 = n_1 I_0, \qquad (3)$$

et comme à vide :

$$I_2 = 0,$$
$$I_1 = I_0.$$

On peut en conclure la constance des ampère-tours résultants à vide comme en charge.

Courant primaire à vide. — Soient M_0 et N_0 les composantes magnétisante et wattée de I_0, M_0 et N_0 leurs valeurs maxima instantanées. Nous aurons un courant sinusoïdal de la forme :

$$I_0 = M_0 \sin \Omega t + N_0 \cos \Omega t.$$

Le flux résultant ayant la même forme :

$$\Phi_0 = \Phi_{max} \sin \Omega t.$$

Nous pourrons poser pour la marche à vide :

$$U_1 = r_1 I_0 + n_1 \frac{d\Phi}{dt} + \lambda_1 \frac{dI_0}{dt}, \qquad (1'')$$

d'où :

$$U_1 I_0 dt = r_1 I_0^2 dt + n_1 I_0 d\Phi + \lambda_1 I_0 dI_0. \qquad (1''')$$

La puissance moyenne nécessaire sera (le troisième terme du second membre disparaissant pour une période complète) :

$$\frac{1}{T}\int_0^T U_1 I_0 dt = \frac{1}{T}\int_0^T r_1 I_0^2 dt + \frac{1}{T}\int_0^T I_0 n_1 d\Phi.$$

Mais entre I_0 et Φ, on a la relation magnétique connue :

$$\frac{4}{10}\pi n_1 I_0 = \Phi \mathcal{R}_{moy}.$$

si $\mathcal{R}_{moy}$ est la réluctance moyenne, prise par rapport au temps, du circuit magnétique. Nous obtiendrons ainsi l'expression de la puissance moyenne perdue à vide (effets d'hystérésis et de courants de Foucault) :

$$P_0 = \frac{1}{T} \int_0^T n_1 I_1 \, d\Phi.$$

Nous aurons donc pour les coefficients M_0 et N_0 :

$$N_0 = \frac{2P_0}{n_1 \Omega \Phi_0} 10^8,$$

$$M_0 = \frac{1}{\frac{1}{10} \pi n_1} i \mathcal{B}_{max} \frac{\Sigma L}{\mu_{moy}},$$

puisque :

$$\Phi_0 = \mathcal{B}_{max} S,$$

$$\mathcal{R}_{moy} = \frac{\Sigma L}{\mu_{moy} S}$$

(ΣL, longueur cumulée des tronçons du circuit magnétique du transformateur).

Sous cette forme, on voit que N_0 (composante wattée) sert à composer les pertes par hystérésis et courants de Foucault, et que M_0 (composante déwattée) est purement magnétisante.

DIAGRAMME DE FONCTIONNEMENT DES TRANSFORMATEURS

Les équations suivantes étant construites géométriquement :

$$\begin{cases} U_1 = r_1 I_1 + A_1 \dfrac{dI_1}{dt} + n_1 \dfrac{d\Phi}{dt}, & (1) \\[2mm] - U_2 = c_2 I_2 + A_2 \dfrac{dI_2}{dt} + n_2 \dfrac{d\Phi}{dt}, & (2) \\[2mm] n_1 I_1 + n_2 I_2 = n_1 I_{01} & (3) \\[2mm] U_2 = R_2 I_2 + \mathcal{K}_2 \dfrac{dI_2}{dt}, & (4) \end{cases}$$

nous donnent, une fois cumulées, le diagramme de fonctionnement des transformateurs. Mettons en évidence les **grandeurs** efficaces des quantités figurant dans ces équations. Ces quatre équations se transforment en égalités géométriques faciles à construire.

Première approximation. — *Courant à vide supposé nul*. — Pour simplifier, admettons d'abord que $I_a = 0$, ce qui est très légitime, vu sa faiblesse. Il vient, Φ_{max} représentant la valeur maxima du flux.

$$\overline{U_{1\,\text{eff}}} = \overline{r_1 I_{1\,\text{eff}}} + \overline{A_1 \Omega I_{1\,\text{eff}}} + \overline{n_1 \Omega \frac{\Phi_{max}}{\sqrt{2}}}, \qquad (1)$$

$$- \overline{U_{2\,\text{eff}}} = \overline{r_2 I_{2\,\text{eff}}} + \overline{A_2 \Omega I_{2\,\text{eff}}} + \overline{n_2 \Omega \frac{\Phi_{max}}{\sqrt{2}}}, \qquad (2)$$

$$\overline{n_1 I_{1\,\text{eff}}} + \overline{n_2 I_{2\,\text{eff}}} = 0 \text{ en valeur efficace}, \qquad (3)$$

En prenant comme origine des vecteurs celui servant à représenter $I_{2\,\text{eff}}$, le diagramme de fonctionnement du secondaire se

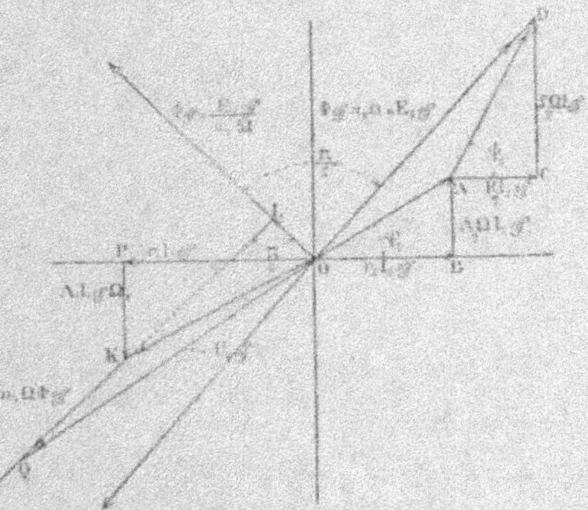

Fig. 15. — Épure de fonctionnement d'un transformateur sans intervention du courant primaire à vide.

construit sans difficulté, exactement comme celui d'un alternateur de f. é. m. $E_{2\,\text{eff}}$. La connaissance de r_2 et de $A_2 \Omega_2$ est du reste indispensable (fig. 15).

Connaissant $E_{2\,\text{eff}}$, nous avons Φ_{eff} en direction, à 90° en avant :

$$\Phi_{\text{eff}} = \frac{E_{2\,\text{eff}}}{n_2 \Omega}.$$

Si l'on suppose I_a négligeable, on aura :

$$I_{1\,\text{eff}} = - \frac{n_2}{n_1} I_{2\,\text{eff}}.$$

Prolongeons $I_{2\,\text{eff}}$ et prenons $r_1 I_{1\,\text{eff}}$ de l'autre côté de O (soit $\overline{OP}$).

Construisons $A_1\Omega I_{1eff} = PK$ à 90° en avant. Portons $n_1\Omega\Phi_{eff}$, égal à E_{1eff}, à 90° en avant de Φ et à partir de K. En joignant les points Q et O, nous obtiendrons U_{1eff}.

Remarque. — **Influence de I_v.** — On peut corriger ce diagramme en tenant compte de I_v, défini par ses deux composantes M_v et N_v (valeurs maxima). On voit que, si $\mathcal{J}_1$ est le courant primaire défini par :

$$\mathcal{J}_1 = I_1 + I_{1v}$$

nous aurons pour représentation de la chute de tension efficace exacte $r_1 I_{1eff}$, la diagonale du parallélogramme résultant construit sur $r_1 I_{1eff}$ et $r_1 I_{veff}$. On voit que la tension primaire devient ainsi OQ' au lieu de OQ (fig. 16).

Fixation de l'échelle. — On peut constater que ce diagramme

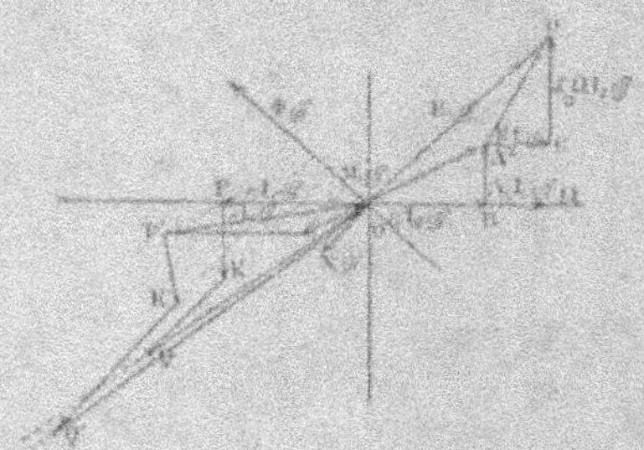

Fig. 16. — Épure de fonctionnement d'un transformateur avec intervention du courant à vide.

est complètement déterminé; s'il est construit à l'échelle, on connaît alors la valeur en volts d'une ligne du diagramme.

Il convient de remarquer que les trois points O, Q, Q' ne sont pas nécessairement en ligne droite, U_{1eff} n'étant proportionnel à Φ_{eff} que si I_{veff} est considéré comme négligeable.

Caractéristique externe. — Reprenons les équations

$$\begin{cases} \overline{U_{1eff}} = \overline{r_1 I_{1eff}} + \overline{A_1\Omega I_{1eff}} + \overline{n_1\Omega\Phi_{eff}}, & (1) \\ -\overline{U_{2eff}} = \overline{r_2 I_{2eff}} + \overline{A_2\Omega I_{2eff}} + \overline{n_2\Omega\Phi_{eff}}, & (2) \\ \overline{n_1 I_{1eff}} = -\overline{n_2 I_{2eff}} & (3) \end{cases}$$

(en faisant toujours $I_v = 0$) pour la marche en charge, ou les équations entre les quantités instantanées qui leur ont donné naissance :

$$U_1 = r_1 I_1 + \Lambda_1 \frac{dI_1}{dt} + n_1 \frac{d\Phi}{dt} \qquad (1)$$

$$- U_2 \frac{d\Phi}{dt} = r_2 I_2 + \Lambda_2 \frac{dI_2}{dt} + U_2, \qquad (2)$$

$$n_1 I_1 = - n_2 I_2. \qquad (3)$$

Éliminons $\Omega \Phi_{\text{eff}}$ $\left[\text{ou} \left(\dfrac{d\Phi}{dt} \right) \right]$ entre les deux premières ; il vient :

$$U_1 \frac{n_2}{n_1} + r_2 I_2 + \Lambda_2 \frac{dI_2}{dt} - r_1 I_1 \frac{n_2}{n_1} - \Lambda_1 \frac{dI_1}{dt} \frac{n_2}{n_1} = 0.$$

A cette équation correspond l'égalité géométrique :

$$\overline{U_{1\,\text{eff}}\,n_2} + \overline{r_2 I_{2\,\text{eff}}\,n_1} + \overline{\Lambda_2 \Omega I_{2\,\text{eff}}\,n_1} + \overline{U_{2\,\text{eff}}\,n_1} - \overline{r_1 I_{1\,\text{eff}}\,n_2} - \overline{\Lambda_1 \Omega I_{1\,\text{eff}}\,n_2} = 0$$

ou, comme d'après 3) et (3)', on a en direction et en grandeur :

$$I_{2\,\text{eff}} = - \frac{n_2}{n_1} I_{2\,\text{eff}},$$

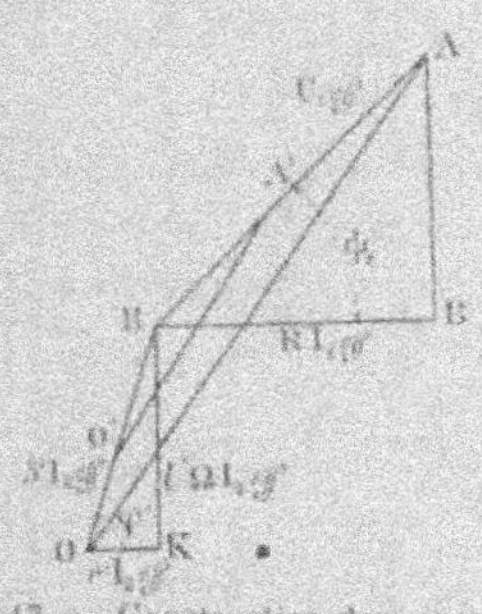

Fig. 47. — Construction des caractéristiques externes d'un transformateur.

Fig. 48. — Détermination de la caractéristique en court-circuit d'un transformateur.

il vient alors et enfin :

$$U_{2\,\text{eff}} \frac{n_2}{n_1} + U_{2\,\text{eff}} + \left[r_2 + \left(\frac{n_2}{n_1} \right)^2 r_1 \right] I_{2\,\text{eff}} + \left[\Lambda_2 + \left(\frac{n_2}{n_1} \right)^2 \Lambda_1 \right] I_{2\,\text{eff}} \Omega = 0.$$

Considérons la résistance et la self-induction fictives définies par :

$$r' = r_2 + \left(\frac{n_2}{n_1} \right)^2 r_1,$$

$$l' = \Lambda_2 + \left(\frac{n_2}{n_1} \right)^2 \Lambda_1.$$

L'équation précédente devient, en quantités instantanées :

$$r \, \mathrm{I}_2 + l \, \frac{d\mathrm{I}_2}{dt} + \frac{n_2}{n_1} \, \mathrm{U}_1 + \mathrm{U}_2 = 0.$$

Cette équation n'est autre que celle du fonctionnement d'un alternateur (de constantes r, l), sur un réseau extérieur de décalage Φ_2. La quantité $-\frac{n_2}{n_1} \mathrm{U}_1$ joue le rôle de f.é.m. (fig. 17).

Il nous suffit donc, sur la figure, de prendre BD comme origine avec

$$\left\{ \begin{aligned} \overline{\mathrm{ABD}} &= \Phi_2, \text{ décalage extérieur secondaire} \\[4pt] \overline{\mathrm{OBK}} &= \frac{\pi}{2} - \varphi, \\[4pt] \operatorname{tg} \varphi' &= \frac{l\omega}{r}, \end{aligned} \right.$$

U_{sec} variera donc en fonction de I_{sec} et de Φ_2, à tension primaire constante, exactement comme dans le cas d'un alternateur.

ANALOGIE DES CARACTÉRISTIQUES D'UN TRANSFORMATEUR AVEC CELLES D'UN ALTERNATEUR

Elles sont absolument identiques, au moins au point de vue de vue de la méthode de recherche et de l'établissement de la formule générale. Nous indiquerons néanmoins tout à l'heure une différence en ce qui concerne les significations des quantités entrant dans la formule.

Le problème revient en somme à construire :

1° Soit la caractéristique $\mathrm{U}_{sec} (\Phi_2)$ à $\mathrm{I}_{sec} = $ constante quand $\cos \Phi_2$ varie. Alors OBK est fixe ; le point A se déplace sur un cercle de rayon $\frac{n_2}{n_1} \mathrm{U}_{sec}$ et de centre O. La tension secondaire disponible est donnée à chaque instant par BA.

2° La caractéristique $\mathrm{U}_{sec} (\mathrm{I}_{sec})$ à $\Phi_2 = $ constante.

Si l'on prend pour variable le rapport :

$$\frac{\mathrm{BA}}{\mathrm{BO}} = \frac{\mathrm{Z}_2 \mathrm{I}_{sec}}{\mathrm{Z} \mathrm{I}_{sec}} = \frac{\mathrm{Z}_2}{\mathrm{Z}},$$

on voit que OA étant constant, le problème revient à placer OA dans l'angle fixe OBA, de manière que le rapport des segments $\frac{\mathrm{AB}}{\mathrm{BO}}$ ait une valeur $\frac{\mathrm{Z}_2}{\mathrm{Z}}$ fixe dans chaque cas.

Considérons le triangle BO'A' construit sur Z_2 et Z'. A chaque valeur de Z_2 correspond une longueur O'A' ; on a ainsi O'A' dans chaque cas. Le rapport :

$$\frac{\text{O'A'}}{\text{OA}} = \frac{\text{O'A'}}{\frac{n_2}{n_1}\,\text{U}_{1\,\text{eff}}},$$

nous donne $\dfrac{1}{\text{I}_{2\,\text{eff}}}$, $\text{I}_{2\,\text{eff}}$ correspond dans ce cas à un Z_2 donné et à $\Phi_2 = $ constante.

Enfin BA nous donne pour cette valeur de Z_2 et de $\text{I}_{2\,\text{eff}}$, celle de $\text{U}_{2\,\text{eff}}$.

Remarquons que dans $\text{I}_{2\,\text{eff}} = $ constante, la tension aux bornes U_{eff} diminue sensiblement quand Φ_2 croît.

Quand $\Phi_2 = 0$, $\text{U}_{2\,\text{eff}}$ se déduit de l'équation :

$$\left(\frac{n_2}{n_1}\,\text{U}_{1\,\text{eff}}\right)^2 = \text{U}_{2\,\text{eff}}^2 + Z^2\text{I}_{2\,\text{eff}}^2 - 2\text{U}_{2\,\text{eff}}\,\text{I}_{2\,\text{eff}}\,Z\,\cos\widehat{\text{OBA}},$$

c'est-à-dire, puisque

$$\Phi_2 = 0, \qquad \widehat{\text{OBA}} = \pi - \varphi :$$

$$\left(\frac{n_2}{n_1}\,\text{U}_{1\,\text{eff}}\right)^2 = \text{U}_{2\,\text{eff}}^2 + Z^2\text{I}_{2\,\text{eff}}^2 - 2\text{U}_{2\,\text{eff}}\,\text{I}_{2\,\text{eff}}\,Z\,\cos\varphi.$$

Quand Φ_2 croît jusqu'à la valeur $\Phi_2 = \varphi$, $\text{U}_{2\,\text{eff}}$ ne cesse de décroître.

Il croît ensuite, mais ce nouveau fonctionnement est à peu près en dehors de la pratique.

On peut ainsi contrôler ce fait expérimental qu'à tension primaire constante, et à courant secondaire constant, la tension secondaire baisse quand le décalage Φ_2 croît. Si l'on avait fait fonctionner le transformateur sous capacitance pure, la tension $\text{U}_{2\,\text{eff}}$ aurait été maxima ; elle aurait ensuite décru quand Φ aurait varié de $-\dfrac{\pi}{2}$ à 0.

Nécessité de la connaissance de z' et φ. — Il convient de préciser ici très nettement ce que représente le Z' de la formule précédente.

Fermons le transformateur sur un ampèremètre.

Modifions par un rhéostat primaire la tension $\text{U}'_{1\,\text{eff}}$, de manière à ce que pour la valeur $\text{U}''_{1\,\text{eff}}$ de celle-ci, le courant secondaire soit égal au courant $\text{I}_{2\,\text{eff}}$.

Nous aurons donc :

$$\frac{n_2}{n_1} U''_{1\,\text{eff}} = Z' I_{2\,\text{eff}}.$$

L'élément z' se déterminera par la mesure de Z', puis par celle, faite à part, de r', c'est-à-dire par la mesure du terme :

$$r_2 + \left[\frac{n_2}{n_1}\right]^2 r_1.$$

Comme nous l'avons expliqué dans le cas des alternateurs, une erreur commise sur l'évaluation de cet angle n'aura pas une grande importance, car les chutes de tension dans les circuits des transformateurs sont généralement très faibles, pour des charges même sensibles de ceux-ci.

Mais il est facile de voir que le z' ainsi obtenu n'est pas l'*impédance complète* :

$$Z = \sqrt{\left[r_2 + \left(\frac{n_2}{n_1}\right)^2 r_1\right]^2 + \left[\varepsilon'_2 + \varepsilon''_1 \left(\frac{n_2}{n_1}\right)^2\right]^2},$$

analogue à celle que l'on pourrait déduire de la conception de Behn-Eschenburg, en prenant par exemple pour ε'_1 et ε'_2 les quotients :

$$\varepsilon'_1 = \frac{n_1 \Omega \Phi_{1\,\text{eff}} + \Lambda_1 I_{1\,\text{eff}}}{\Omega I_{1\,\text{eff}}},$$

$$\varepsilon'_2 = \frac{n_2 \Omega \Phi_{\text{eff}} + \Lambda_2 I_{2\,\text{eff}}}{\Omega I_{2\,\text{eff}}};$$

c'est-à-dire en adoptant, aux chutes de tensions ohmiques près, les valeurs approchées :

$$\varepsilon'_1 = \frac{U_{1\,\text{eff}}}{\Omega I_{1\,\text{eff}}},$$

$$\varepsilon'_2 = \frac{\frac{n_2}{n_1} U_{2\,\text{eff}}}{\Omega I_{2\,\text{eff}}}.$$

CONSTITUTION PRATIQUE, MODES D'EMPLOI ET ESSAIS DES TRANSFORMATEURS

DONNÉES PRATIQUES RELATIVES A L'ÉTABLISSEMENT DES TRANSFORMATEURS

Nous étudierons plus loin, très en détail, la construction des transformateurs statiques. Pour l'intelligence de ce qui va suivre, les quelques notions ci-dessous sont néanmoins, d'ores et déjà, nécessaires.

Enroulement des bobines. — Chaque circuit, primaire ou secondaire, est monté sur un manchon isolant (carton, micanite, ambroïne).

Pour la BT, ce n'est guère que pour les basses intensités que l'on emploie des fils de cuivre ronds. (Section < 30ᵐᵐ²). Au dessus,

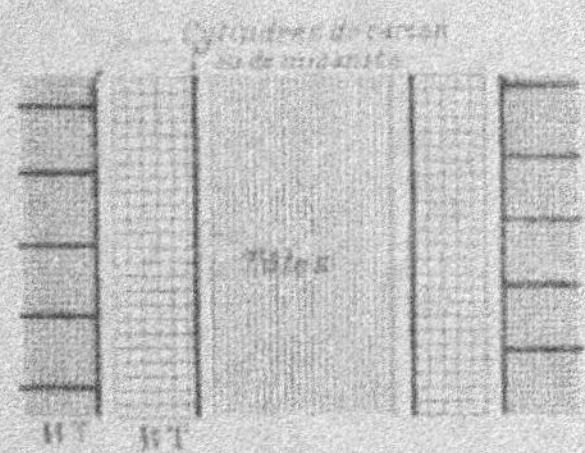

Fig. 19. — Coupe d'un transformateur.

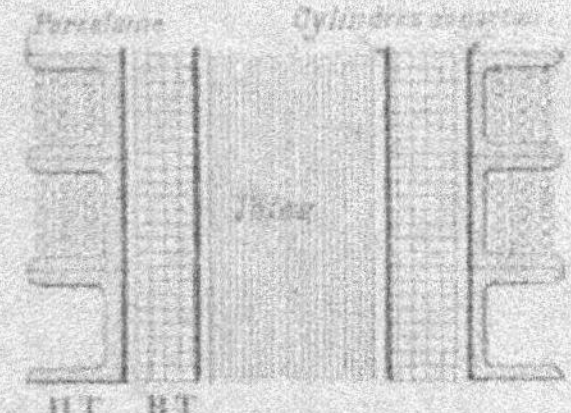

Fig. 19 bis. — Transformateur pour très haute tension (coupe).

il est fait usage de conducteurs en bandes méplates qui, à sections égales, sont moins encombrantes. Les isolants ordinaires (carton, toile, papier, etc.) sont employés pour les bobines, et améliorés par le passage à l'étuve et le vernissage à la gomme-laque (fig. 19).

Les enroulement haute tension doivent être faits par bobines sectionnées, dès qu'on dépasse 2.000 à 2.500 volts. (Nécessité de la réduction des différences de potentiel existant aux extrémités d'une même bobine).

Quelquefois les manchons supports sont métalliques.

Ce dispositif est meilleur au point de vue mécanique, inférieur au point de vue électrique (courants de Foucault).

Pour les transformateurs à très haute tension, on emploie des manchons en porcelaine soigneusement essayés au claquage (c'est-à-dire par l'application d'une tension alternative double ou triple de la tension de service). Le fil haute tension est logé dans des gorges ménagées sur le manchon (fig. 19 *bis*). Chaque rangée de fil est isolée de la suivante par une bande de papier paraffiné. Dans le cas de tensions très élevées, il faut, en outre, observer que la distance minima à garder entre deux conducteurs soumis à une différence de potentiel alternative soit suffisamment grande pour s'opposer au passage de toute décharge disruptive. Ainsi, l'air sec qui résiste admirablement au passage de l'électricité par induction, laisse passer, avec une déplorable facilité, l'étincelle disruptive.

Pour chaque matière isolante, on trace des courbes en portant en abscisses les distances explosives, et en ordonnées les tensions de rupture. On a, dans tous les cas, la forme générique indiquée ci-contre (fig. 20).

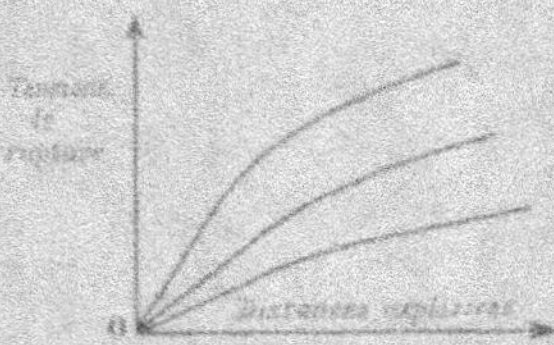

Fig. 20. — Relation entre les tensions de rupture et les distances explosives.

Il convient, dans la construction des transformateurs, de prendre comme épaisseur minima d'un isolant séparant deux conducteurs soumis à des tensions différentes, le triple ou le quadruple de la distance explosive correspondante.

Constitution des noyaux. — Les tôles ont une épaisseur de 0,3 à 0,5 millimètre, isolées au papier (0,06ᵐᵐ) ou au vernis isolant.

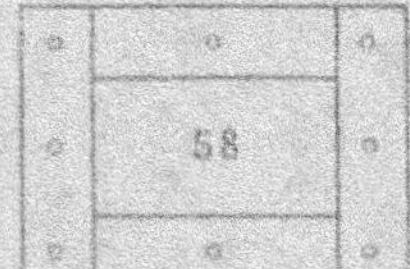
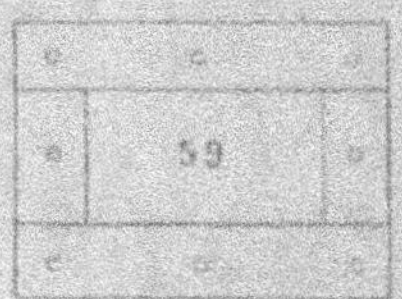

Fig. 21, 22 et 23. — Modes divers d'assemblage des tôles d'un transformateur.

Le coefficient η de Steinmetz doit être le plus faible possible.

On a adopté des dispositifs innombrables pour l'assemblage des tôles. De toutes façons, les joints sont alternés. Des boulons isolés

par des tubes de carton (presspahn) consolident l'assemblage
(fig. 21 à 23).

Cette disposition d'assemblage des tôles est bonne, car elle
permet de ne pas augmenter, dans des proportions sensibles, la réluctance du circuit
magnétique de mêmes dimensions, mais sans
joints. Moins bonne est la disposition qui
consiste à assembler séparément les divers
tronçons du circuit et à les presser l'un contre
l'autre par un procédé quelconque de serrage.

La figure 24 représentant le circuit magnétique des transformateurs de la Société « L'É-
clairage Électrique » montre l'analogie frap-
pante de forme du noyau, dans ce cas, avec
un circuit inducteur de dynamo.

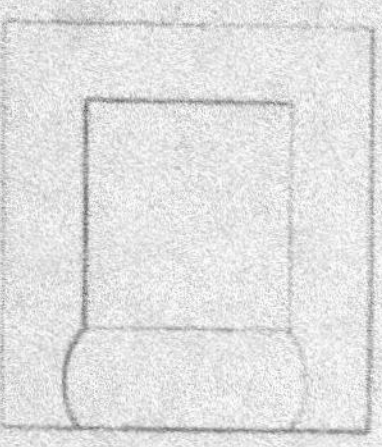

Fig. 24. — Circuit ma-
gnétique d'un transfor-
mateur Labour (Société
L'Éclairage Électri-
que).

Remarque sur la forme des noyaux. — Étant donné le sens
nécessaire et imposé du lamellage des noyaux, on ne peut réaliser
aisément des noyaux à sections circulaires.

Aussi cherche-t-on à concilier le souci de limiter au minimum le

Fig. 25 et 26. — Influence de la forme des noyaux sur le coût d'établissement
d'un transformateur.

nombre des joints nécessaires pour les tôles, avec la recherche du
maximum de section utile de fer, pour une section circulaire de
manchon donnée. En particulier la forme de croix, pour les
noyaux, est plus avantageuse que la forme carrée (fig. 25 et 26).

Un certain nombre de problèmes géométriques des plus intéressants sont soulevés par cette recherche.

Noyaux pour circuits magnétiques multiples. — Ils peuvent
être constitués aisément par des noyaux simples accolés. On voit
comment sont construits ces transformateurs : les feuilles, les
pattes relevées, sont mises en place l'une après l'autre dans le

vide intérieur des bobines, de part et d'autre de celles-ci, de manière à ce que les pattes, alors rabattues et formant joint, soient ainsi alternées (fig. 27 et 28).

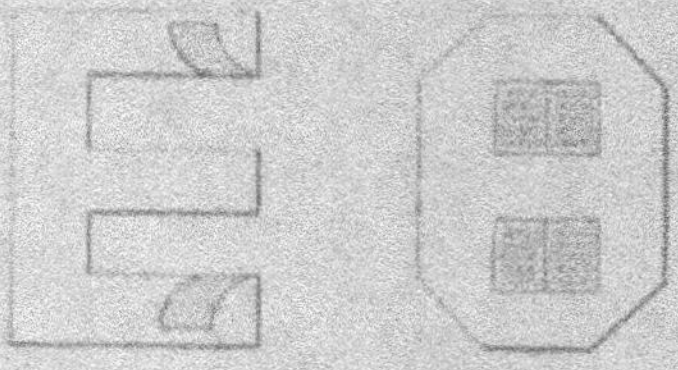

Fig. 27 et 28. — Noyaux pour circuits magnétiques multiples de transformateurs.

Une disposition ingénieuse permet de réduire au minimum le nombre des gabarits des tôles nécessaires.

CONDITIONS D'EMPLOI DES TRANSFORMATEURS

RELATIONS A IMPOSER ENTRE LES CHARGES DU TRANSFORMATEUR ET SON RENDEMENT

On vient de voir que les transformateurs peuvent être considérés comme le siège d'une perte constante dans le fer par des effets parasites (courants de Foucault et hystérésis), et que la perte Joule est, au contraire, variable et de la forme :

$$r_1 I_1^2 + r_2 I_2^2 = P_J.$$

Pour un facteur de puissance $\cos\Phi_2$ du réseau secondaire donné, I_2 est proportionnel à I_1, de telle sorte que P_J peut se mettre sous la forme :

$$P_J = R I_2^2.$$

Par exemple, pour $\Phi_2 = 0$, ou voisin de 0 (éclairage), on a donc :

$$\eta = \frac{P_u}{P_u + K + R I_{2eff}^2}$$

$$\eta = \frac{U_{2eff} I_{2eff} \cos\Phi_2}{U_{2eff} I_{2eff} \cos\Phi_2 + K + R I_{2eff}^2} \qquad (a)$$

avec

$$K = P_{F+H}.$$

Posons :

$$K = K' U_{2eff} \cos\Phi_2$$

et divisons les deux membres de (a) par I_{2eff}.

Il vient :

$$\eta = \frac{K'}{K' + \dfrac{K}{I_{2\text{eff}}} + R'\,I_{2\text{eff}}}$$

D'où le maximum de η pour :

$$\frac{K}{I_{2\text{eff}}} = R'\,I_{2\text{eff}}$$

c'est-à-dire :

$$K = R'\,I_{2\text{eff}}^2 .$$

égalité des pertes dans le fer et dans le cuivre.

Il y aura donc intérêt, dans le cas d'un service permanent à $P = C^{te}$, à choisir un transformateur ayant son maximum de rendement pour la puissance P considérée.

Imaginons, au contraire, un transformateur à vide pendant 22 heures sur 24 et consommant seulement 4 % de la puissance

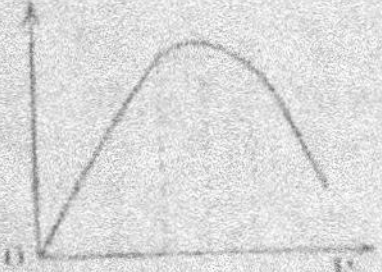

Fig. 29. — Transformateur toujours en pleine charge.

Fig. 30. — Transformateur à charge variable.

Courbes du rendement d'un transformateur en fonction des puissances fournies.

P_u qu'il fournit pendant 2 heures. La consommation d'énergie journalière en watts-heure sera environ :

$$0,04 P_u \times 22 + 2 P_u = P_u\,[0,88 + 2] = 2,88\,P_u .$$

On voit qu'environ la moitié de l'énergie sert à magnétiser le transformateur. Il y aura intérêt à prendre pour rendement maximum celui correspondant à une charge intermédiaire, de manière à ce que les pertes à vide ne soient pas trop fortes, et le rendement pas trop mauvais pour la charge normale.

TRANSFORMATEURS DE PHASE

Transformateur Scott. — Quelquefois se pose le problème consistant à transformer, pour utiliser des appareils existants, un courant m-phasé en un courant m'-phasé. Exemple :

Transformation de courant triphasé en courant alternatif simple, ou en un courant diphasé, ou inversement.

Un grand nombre de dispositifs ont été préconisés. Examinons simplement l'un d'eux, le transformateur Scott [transformation de triphasé en diphasé et inversement].

Prenons un système triphasé. Inversons les connexions d'une des phases, de manière à avoir un système de trois courants, les vecteurs représentatifs OA, OC', OB, faisant entre eux des angles de $\dfrac{2\pi}{6}$ au lieu de $\dfrac{2\pi}{3}$.

On constate aisément que OD, résultante de OC' et OB, est à 90° de OA, et égale à :

$$OA\sqrt{3} = OA'.$$

OA' étant un vecteur porté par OA et $\sqrt{3}$ fois plus grand que OA.

Ainsi OA' et OD sont égaux et à 90° l'un de l'autre. Les tensions qu'ils représentent sont donc diphasées. Voyons comment est réa-

Fig. 31 et 32. — Transformateur triphasé-diphasé Scott. Diagramme et schéma.

lisée matériellement cette disposition dans le transformateur Scott :

Il comprend deux transformateurs élémentaires accouplés comme l'indique la figure 32. On voit qu'en adoptant $\sqrt{3}$ fois plus de spires pour la branche OA' que pour les deux autres, on peut avoir des secondaires diphasés équilibrés. Ces transformateurs présentent de nombreux inconvénients : fuites magnétiques considérables qui nécessitent des soins spéciaux pour l'enroulement, et le choix d'inductions faibles. Ils ont surtout le grave défaut de déséquilibrer fortement les lignes primaires.

PRINCIPE DE LA TRANSFORMATION DES COURANTS m-PHASES EN COURANTS m'-PHASES (avec $m' = 2m$)

Transformation simultanée de phase et de tension. — On peut insérer des nombres de spires variables dans des transformateurs analogues au transformateur Scott.

NOTA. — Quelques autres dispositifs sont utilisés pour réaliser des transformateurs de phase et de tension, ou de phase, de tension et de fréquence. Nous ne pourrons, au moins ici, malgré leur très grand intérêt, nous occuper de l'étude de ces transformateurs, qui nécessitent une connaissance très poussée des machines électriques alternatives à collecteur.

Prenons pour fixer les idées le cas de transformateurs triphasés-hexaphasés ; cette opération est particulièrement simple dans le cas de transformateurs triphasés à double enroulement secondaire. Le choix de connexions convenables pour ces secondaires permet de mettre en évidence six circuits générateurs correspondant chacun à l'une des six phases réclamées [1].

MESURES DE SÉCURITÉ A ADOPTER DANS L'EMPLOI DES TRANSFORMATEURS

Eviter les contacts HT — BT. — Pour cela, on peut avec avantage intercaler un manchon métallique entre les deux enroulements, ce manchon étant relié à la terre. Un court-circuit venant à se produire, il y a mise à la terre des deux enroulements. Si en particulier un point du réseau secondaire [en dehors des fusibles

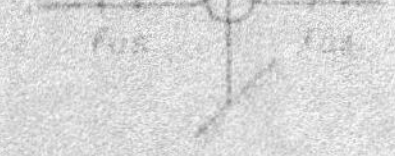

Fig. 33. — Dispositif de sécurité.   Fig. 34. — Autre dispositif de sécurité.
Protection des transformateurs.

du transformateur] est relié à la terre, il y a court-circuit franc, et les fusibles fondent. De même, si un point du primaire est relié à la terre, les fusibles du primaire fondent.

La simple liaison d'un point du circuit secondaire avec la terre [par exemple le milieu des enroulements] présente des avantages, car s'il y a court-circuit entre le primaire et le secondaire, la haute tension a un point à la terre.

Si alors la haute tension a un autre point à la terre, en dehors

1. On consultera, avec fruit, à ce sujet, le fascicule n° 56 de la collection l'*Encyclopédie électrotechnique*, pages 34 et 35, où est étudié l'emploi de ce mode de transformation pour l'alimentation en hexaphasé d'une commutatrice triphasée.

du transformateur, il y a court-circuit franc, les fusibles fondent et la ligne, ainsi que les récepteurs, sont protégés.

Cependant cette disposition présente des inconvénients, car si une autre terre se produit dans le transformateur au secondaire, cet enroulement secondaire peut être mis partiellement en court-circuit par le sol, et un incendie se déclarer dans le transformateur, une f.é.m. dans la portion court-circuitée continuant à être produite par la persistance du courant primaire.

Ce que nous avons dit des court-circuits possibles par la terre dans le transformateur s'applique aux courts-circuits par les lignes, si les fusibles sont absents ou trop fortement dimensionnés.

DISPOSITIONS TENDANT A LA SUPPRESSION DES INCONVENIENTS RÉSULTANT DE LA MISE A LA TERRE D'UN POINT DES SECONDAIRES

(a) **Dispositif Thomson-Houston**. — Plateaux métalliques, *ab*, en relation avec les fils secondaires et séparés du plateau *c*, en communication avec la terre, par une feuille de mica d'épaisseur telle

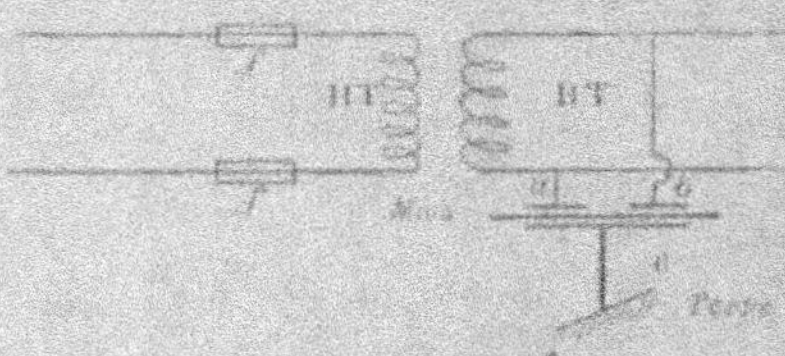

Fig. 35. — Protection des transformateurs. Dispositif Thomson-Houston.

que la tension secondaire totale du réseau entre *a* (ou *b*) et *c*, perce le mica. Un court-circuit se produit, le courant primaire augmente, les fusibles fondent. Mêmes conclusions si le circuit HT touche le circuit BT.

(b) **Dispositif Cardew**. — Il est basé sur des attractions électrostatiques. Soit un défaut [contact plus ou moins franc avec le primaire]. La tension en E augmente. L'attraction électrostatique établit un contact entre le plateau et la bande d'aluminium. Le fusible A fond. Dès lors le primaire est en court-circuit par B; les fusibles *f f*, fondent (fig. 36).

(*c*) **Dispositif Ferranti.** — Quand le réseau est en bon état, le courant des bobines primaires de *tt* est le même. Il s'établit un équilibre parfait entre les f.é.m. du secondaire (fig. 37).

Aucun courant ne traverse le fusible A.

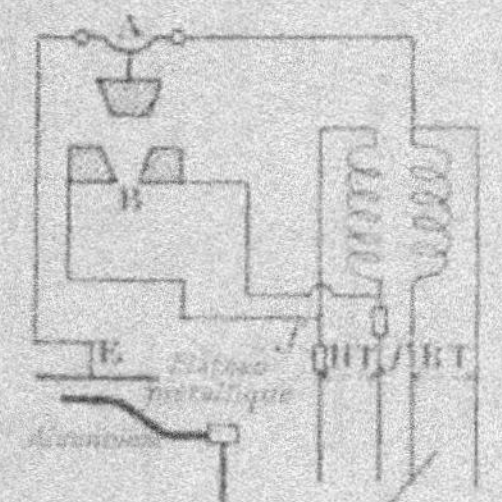

Fig. 36. — Protection des transformateurs. Dispositif Cardew.

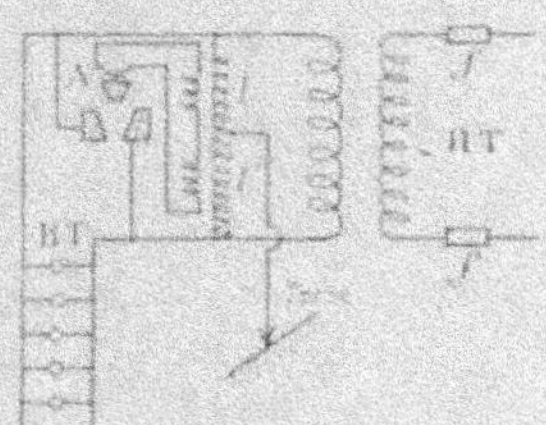

Fig. 37. — Protection des transformateurs. Dispositif Ferranti.

Soit la production d'un défaut :

L'équilibre est rompu, un courant traverse A et le fond. Le circuit BT est mis en court-circuit et les fusibles de la HT fondent.

TRANSFORMATEURS
CONSIDÉRÉS COMME SURVOLTEURS-DÉVOLTEURS

(*a*) Considérons le cas suivant : Soit un réseau devant être alimenté sous une tension U_{eg} (par ex. 120), alors qu'on ne dispose que de U_{d} (par exemple 100).

Au lieu d'employer un transformateur de 100-120, et de capacité égale à celle du réseau, on peut adopter un transformateur survolteur, de capacité égale à (120-100) I_{en}, I_{en} étant le courant normal ; ce transformateur aura donc une capacité cinq fois plus faible que le premier, d'où une notable économie (fig. 38). Le secondaire est enroulé pour donner 20 volts, et mis en série sur le réseau. Le primaire est en dérivation sous 100 volts.

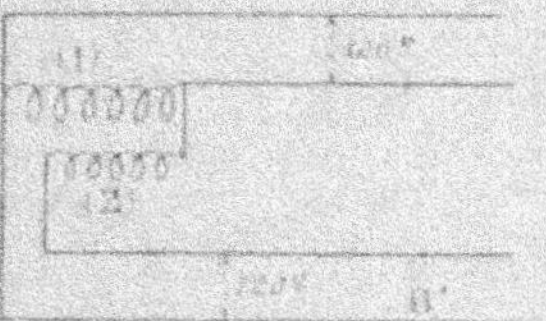

Fig. 38. — Transformateur survolteur.

Ce mode de survoltage [ou de dévoltage, si l'on inverse les connexions au secondaire] est des plus pratiques quand le survoltage ou le dévoltage est constant.

(*b*) On peut réaliser un survoltage variable automatique, par modification du nombre des spires secondaires, par exemple suivant la disposition de la figure 39, comportant essentielle

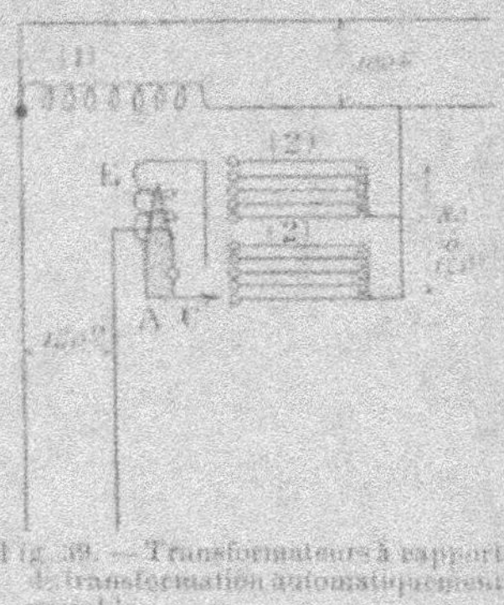

Fig. 39. — Transformateurs à rapport de transformation automatiquement variable.

ment: deux secondaires enroulés en sens inverse avec bobines sectionnées; un électro-aimant E excité par le courant I_a avec armature mobile A et curseur de contact C, venant mettre en circuit des bobines secondaires en plus ou moins grand nombre. Ce système fonctionnerait très simplement avec une tension convenable, conforme aux besoins, pour un $\cos \Phi$ donné.

(c) On peut aussi employer des transformateurs à induction mutuelle variable. Ceux-ci sont organisés comme des moteurs asynchrones à rotor enroulé, dans lequel l'un des enroulements est en dérivation sur le réseau et l'autre en série. Le rotor étant maintenu immobile, il agit par induction sur le stator, et crée dans les enroulements une f.é.m. qui s'ajoute géométriquement à la f.é.m. principale (fig. 40).

Cette f.é.m. supplémentaire est constante pour une position

Fig. 40. — Transformateurs à induction mutuelle variable.

déterminée du rotor par rapport au stator. Elle varie quand on change la position relative des deux parties du moteur. — Inconvénients: création d'une f.é.m. décalée sur la f. é. m. principale; en outre, les actions électro-magnétiques mises en jeu créent un couple qui tend à entraîner le rotor, et occasionnent par suite des difficultés de manœuvre.

ESSAIS D'UN TRANSFORMATEUR

A. **Essais d'isolement.** — Effectués à l'ohmmètre. On les complète par l'épreuve de la rigidité électrostatique des isolants en les soumettant à une tension alternative double ou triple de la tension de service.

B. Mesure du flux résultant et de $\mathcal{B}_{max}$ en charge. — On place une bobine d'épreuve de m spires, soit autour du noyau, soit autour des bobines HT ou BT, soit dans les diverses régions intéressantes du circuit magnétique (fig. 41).

On a notamment pour le flux résultant Φ_r, possédant U_{eff} par l'indication d'un voltmètre branché sur la bobine d'épreuve :

$$U_{eff} = \frac{m\,\Omega\,\Phi_{max}}{10^8\,\sqrt{2}}$$

D'où Φ_{max} et $\mathcal{B}_{max}$.

On peut passer de là à la connaissance de μ_{max} correspondant à $\mathcal{B}_{max}$, par la formule empirique suivante :

$$\mu_{max} = 5,3\,\mathcal{B}_{max}^{0,4}$$

C. Mesure des pertes dans le fer : P_{F+H}. — On mesure les pertes à vide au wattmètre, le primaire étant alimenté à la tension normale. Elles se décomposent en pertes ohmiques $r_1 I'^2_{eff}$, faciles à évaluer et le plus souvent négligeables (mesure de r_1 et de I_{oeff}), et en pertes dans le fer, obtenues par différence.

On a, pour les composantes du courant à vide :

$$\begin{cases} [I_{eff}]_{w} = \dfrac{P_{F+H}}{U_{eff}}, \quad I_w^2 = 0. \\[2mm] [I_{eff}]_{de} = \sqrt{I^2_{oeff} - [I_{eff}]^2_w} \end{cases}$$

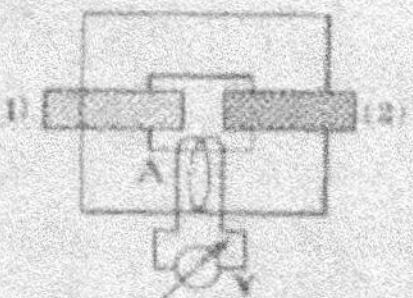

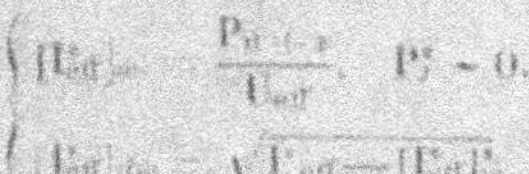

Fig. 41. — Mesure du flux dans un transformateur.

Ces mesures se font autant que possible sur le circuit BT.

Le courant à vide côté basse tension (BT), est proportionnel au courant à vide côté haute tension (HT) ; rapport de proportionnalité $\dfrac{n_2}{n_1}$.

D. Pertes dans le cuivre. — On peut naturellement calculer les pertes dans le cuivre pour un régime $I_{2\,eff}$ donné, car :

$$P_2 = r_1 I^2_{1\,eff} + r_2 I^2_{2\,eff}.$$

On peut aussi déterminer expérimentalement les pertes dans le cuivre, en mesurant la puissance consommée dans le transformateur, l'un des enroulements étant court-circuité, et l'autre branché sur la tension dont on dispose, avec l'intermédiaire d'un rhéostat manœuvré jusqu'à ramener l'in-

Fig. 42. — Mesure des pertes dans le cuivre d'un transformateur.

tensité normale dans l'enroulement court-circuité. Le transformateur étant en court-circuit, l'aimantation du noyau sera extrêmement faible, car les flux sont proportionnels aux tensions, ici très faibles (fig. 12).

On pourra donc ainsi déterminer P_J correspondant à la pleine charge.

REMARQUE. — On aurait pu déterminer ces deux pertes P_J et P_{F+a} par un calcul à priori basé sur la formule :

$$P_{a+F} = V_{cm^3} \left[\frac{F \eta \, \mathfrak{B}_{max}^{1,6}}{10^7} + \frac{1,234 \, F^2 \, \delta^2 \, \mathfrak{B}_{max}^2}{10^6} \right]$$

F = fréquence, η = Coef. de Steinmetz, V = volume des tôles, $\mathfrak{B}_{max}$ = induction maxima, δ = épaisseur des tôles en 1/10 millimètres, P_{F+a} = puissance perdue en watts (effets parasites).

Quant à la détermination de la puissance P_J perdue par effet Joule, on peut faire appel à un calcul basé sur la détermination de r_1, r_2, I_{1eff}, I_{2eff}. Il vaut mieux, au moins pour P_{F+a}, effectuer l'essai à vide.

E. **Essais en charge.** — **Tracé de la courbe du rendement.** — Ce que nous avons dit des machines génératrices s'applique ici intégralement.

a) On peut, ou bien charger le transformateur, côté HT par exemple, par des résistances plus ou moins inductives, et l'alimenter par le côté BT. Ceci suppose qu'on dispose d'une puissance égale à la capacité (terme impropre, mais courant) du transformateur.

b) On peut construire les caractéristiques de fonctionnement du transformateur, en déduire la puissance $U_{2eff} I_{2eff} \cos \Phi_2$ fournie et celle $U_{1eff} I_{1eff} \cos \Phi_1$ empruntée, et l'on aura ainsi la courbe du rendement en fonction de l'intensité :

$$\text{soit } \eta \, (I_{2eff}) \text{ à décalage extérieur } \Phi_2 = C^{te},$$

ou

$$\eta \, (\Phi_2) \text{ à } I_{2eff} = C^{te}.$$
$$\eta = \frac{U_{2eff} I_{2eff} \cos \Phi_2}{U_{1eff} I_{1eff} \cos \Phi_1}.$$

On réalise en somme, dans ce cas, ce qu'on peut appeler l'essai d'endurance, indispensable pour la mise en service effective du transformateur.

c) On peut tracer le rendement en fonction de $I_{2\,eff}$ et de Φ_2, l'une de ces deux quantités restant fixe, en utilisant la détermination expérimentale préalable de P_{1+2} et de P_2.

d) Enfin on peut charger ce transformateur par un procédé analogue à celui déjà indiqué pour l'essai de deux machines identiques.

Cos Φ_1 (ou cos φ) du transformateur (1).

a) Il peut être donné par la considération des caractéristiques, analogues à celles des alternateurs, avec la correction du courant

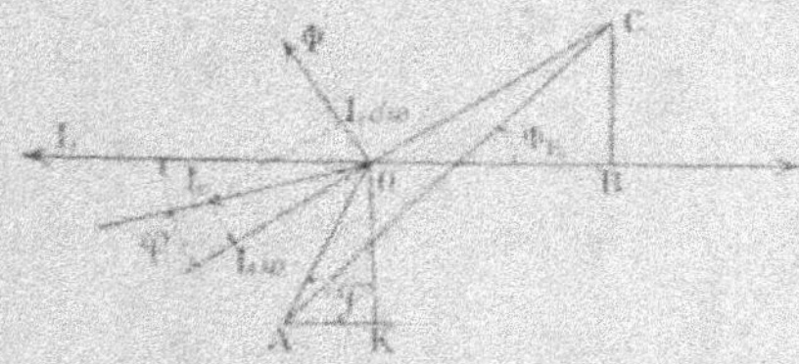

Fig. 43. — Détermination du facteur de puissance au primaire du transformateur.

à vide, ce courant à vide I_v étant la résultante des courants $I_{a\,v}$ et $I_{d\,\phi v}$. L'angle de I_1 ainsi construit avec U_1 donne Φ_1 (fig. 43).

b) Le cos φ du transformateur peut aussi être déterminé expérimentalement.

$$\cos \varphi = \frac{P_1}{U_{1\,eff}\, I_{1\,eff}}$$

P_1 = puissance lue au wattmètre
$U_{1\,eff}\, I_{1\,eff}$ = puissance apparente primaire.

REMARQUES. — I. — Dans toutes ces mesures, on peut faire jouer le rôle de primaire, suivant les commodités locales, soit au circuit HT, soit au circuit BT.

II. — On doit établir les caractéristiques :

$$\eta\,[U_{2\,eff}]\,\text{à}\,\Phi_2 = C^{te}, \quad \text{ou} \quad \eta\,[\Phi_2]\,\text{à}\,I_{2\,eff} = C^{te},$$

et non pas la caractéristique $\eta\,[P_2]$, car P_2 peut être fournie d'une infinité de façons, puisque :

$$P_2 = U_{2\,eff}\, I_{2\,eff}\, \cos \Phi_2.$$

1. On remarquera que le cos Φ_1 du primaire du transformateur joue absolument le même rôle que le facteur de puissance cos φ d'un récepteur quelconque alimenté par le même réseau. D'où pour nous, la possibilité d'emploi indifféremment des notations cos Φ_1 et cos φ.

De même pour $\cos \varphi$, qui doit être tracé soit en fonction de

$$\mathrm{I}_{2\,\text{eff}}, \text{ à } \mathrm{P}_2 = \mathrm{C}^e$$

soit en fonction de P_2, à $\mathrm{I}_{2\,\text{eff}} = \mathrm{C}^{te}$.

Essais de deux transformateurs identiques. — Ceci posé, considérons deux transformateurs identiques alimentés par une source HT ou BT (suivant les ressources de l'atelier).

Réunissons borne à borne les HT et les BT suivant le schéma de la figure 44.

Si les tensions primaires sont les mêmes, les transformateurs

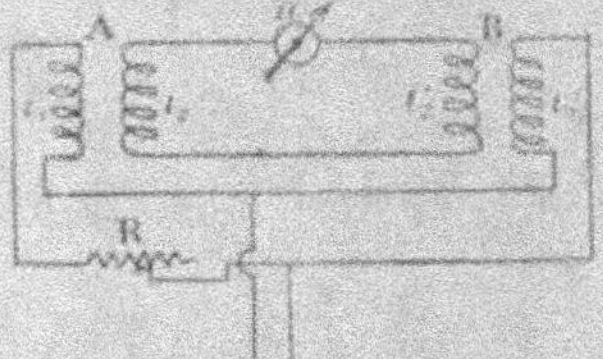

Fig. 44. — Essai de deux transformateurs identiques.

étant en opposition, il ne passe aucun courant dans le secondaire ; mais si l'on dérègle légèrement l'un des primaires par l'interposition d'une self ou d'un rhéostat réglable, les flux Φ_A et Φ_B seront différents. A, plus excité, débitera sur B. Il suffira d'une faible tension secondaire $(\mathrm{U}_2^A - \mathrm{U}_2^B)$ pour produire des courants intenses dans le circuit commun. On pourra donc mettre le transformateur en charge, mais, remarque très importante, il faut bien observer que là, le facteur de puissance $\cos \varphi$ sur lequel débite le générateur différentiel $(\mathrm{U}_2^A - \mathrm{U}_2^B)$ n'est autre que le $\cos \varphi'$, ou facteur de puissance de l'alternateur fictif équivalent à l'un des transformateurs. Cette conclusion s'établit très facilement par la considération des diagrammes.

Les rendements que l'on pourrait calculer par la connaissance de $\mathrm{U}_2 = \dfrac{n_2}{n_1}\,\mathrm{U}_1$ et de I_2 sont donc relatifs à $\cos \varphi'$; on aura ainsi :

$$\eta = \frac{\mathrm{U}_{2\,\text{eff}}\,\mathrm{I}_{2\,\text{eff}}\cos \varphi'}{\mathrm{U}_{2\,\text{eff}}\,\mathrm{I}_{2\,\text{eff}}\cos \varphi' + \dfrac{\mathrm{P}_g}{2}}$$

$\mathrm{P}_g =$ puissance lue au wattmètre et fournie par le réseau. Cette formule suppose les rendements identiques, bien que les charges ne le soient pas tout à fait pour les deux transformateurs.

REMARQUES. — I. — La puissance P_p mesurée au wattmètre englobe généralement la puissance perdue par effet Joule dans la résistance R de réglage du transformateur. On peut calculer cette puissance connaissant I_{eff} et R et la défalquer de P_p de sorte que :

$$P'_p = P_p - RI'_{eff}$$

II. — L'emploi d'une bobine de self supprimerait cette difficulté, mais en introduirait une autre, celle du déphasage entre U_1^a et U_2^a; il en résulterait aussi des complications pour les effets obtenus au secondaire.

F. Détermination de l'élévation de température. — Les puissances perdues : P_{F+H} et P_j provoquent, comme dans toute machine électrique, mais ici plus que dans tout appareil rotatif mieux ventilé, une élévation de température qui limite la puissance du transformateur. Elle est liée à la surface de refroidissement par watt transformé en chaleur dans la machine. Pour abaisser cette élévation de température et accroître ainsi la puissance d'un même transformateur, ou encore la puissance spécifique d'un poids donné de matériel transformateur, on refroidit artificiellement les transformateurs de forte puissance (insufflation d'air frais, immer-

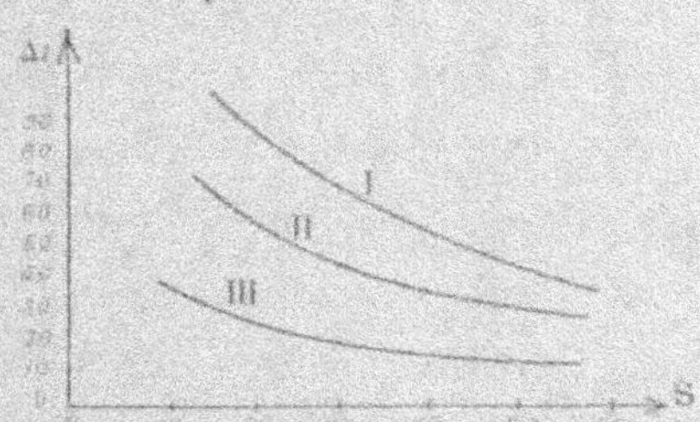

Fig. 13. — Détermination de l'élévation de température d'un transformateur.

sion dans l'huile. Cette huile, meilleure conductrice de la chaleur que l'air, se refroidit soit par la surface extérieure, soit par l'intermédiaire d'un serpentin à circulation d'eau froide.)

La figure 13 donne les courbes Δt (S) reliant les accroissements de température aux surfaces de refroidissement en centimètres carrés par watt transformé en chaleur.

La courbe (1) est relative à un transformateur à enveloppe de fonte hermétique et étanche;

La courbe (2) à un transformateur à enveloppe perforée ;

La courbe (3) à un transformateur à bain d'huile.

Remarquons que l'élévation de température ne doit pas dépasser 80° pour les enroulements isolés au coton, et 100 à 120° pour les tôles et les parties garanties par des isolants solides.

Diagramme de Kapp. — On utilise quelquefois, pour la prédétermination du rendement et du fonctionnement des transformateurs, un diagramme spécial dû à Kapp, qui se déduit très facilement des tracés de caractéristiques que nous avons fournis, mais

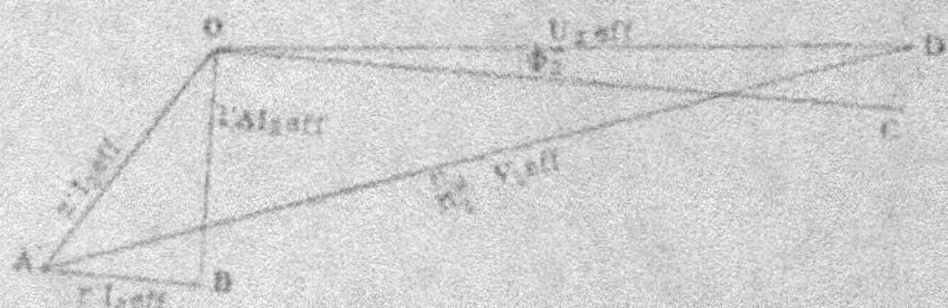

Fig. 46. — Essai d'un transformateur. Diagramme de Kapp.

qui doit cependant, étant employé directement par beaucoup d'ingénieurs, être étudié séparément.

Ce diagramme donne essentiellement les chutes de tensions secondaires pour les diverses valeurs de Φ_2, décalage secondaire. Menons (fig. 46) :

$$AB = r\, I_{2\text{eff}}$$

$$BO = l'\Omega\, I_{2\text{eff}}$$

alors :

$$AO = \frac{n_2}{n_1}\, U_{1\text{eff}}$$

$U_{1\text{eff}}$ étant la différence de potentiel lue au primaire lorsque l'ampèremètre secondaire indique le courant normal $I_{2\text{eff}}$ dans l'essai en court-circuit.

L'intersection de la droite OD, qui fait avec OC parallèle à AB l'angle Φ_2, et du cercle tracé de O comme centre avec un rayon égal à $\frac{n_2}{n_1} U_{1\text{eff}}$, nous donne le point D, et l'on a :

$$OD = U_{2\text{eff}}.$$

Ce tracé se justifie aisément en considérant les équations de fonctionnement des transformateurs.

DÉTERMINATION DES FUITES DES TRANSFORMATEURS

On voit que la méthode précédente, due à Kapp, et qui n'est autre chose que la méthode de Behn-Eschenburg appliquée au cas d'un transformateur, permet de prédéterminer la marche de ce transformateur sur un régime donné, c'est-à-dire la tension secondaire U_{2-a}, donc la chute de tension secondaire, quand on se donne la résistance R_2 et la réactance $\varepsilon_2 \Omega$ du réseau sur lequel travaille le secondaire.

Connaissant, d'autre part, r' et l' du transformateur :

$$r' = r_2 + \left(\frac{n_2}{n_4}\right)^2 r_1$$

$$l' = \Lambda_2 + \left(\frac{n_2}{n_4}\right)^2 \Lambda_1$$

on pourra, comme on sait, construire le diagramme de Behn-Eschenburg (fig. 46 *bis*) sur

$$AD = (U_{1-a}) \frac{n_2}{n_1}.$$

Reste donc à déterminer r' et l'. Nous en aurons le moyen en déterminant la caractéristique en court-circuit du transformateur.

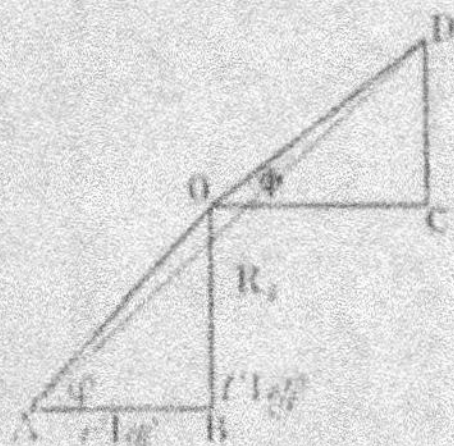

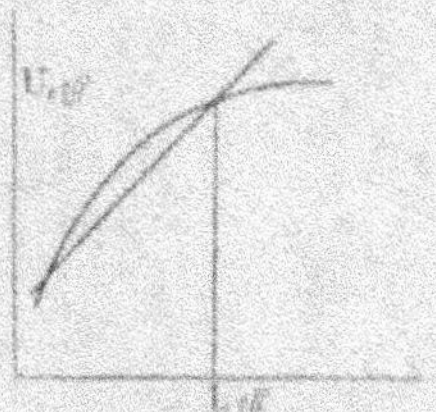

<table>
<tr><td>Fig. 46 bis. — Détermination graphique de fuites d'un transformateur.</td><td>Fig. 46 ter. — Détermination graphique des fuites d'un transformateur.</td></tr>
</table>

Soit U_{1-ct} la tension efficace primaire nécessaire pour créer dans le secondaire un courant I_{2-ct} égal à celui pour lequel on veut prédéterminer le régime. Soit même plus généralement la courbe caractéristique en court-circuit :

$$U_{1-ct}, I_{2-ct},$$

ou la courbe :

$$U'_{1-ct} = \frac{n_2}{n_1} I_{1-ct}.$$

Nous aurons ainsi le z' du transformateur :

$$z' = \sqrt{r'^2 + l'^2}.$$

Si nous mesurons directement :

$$r' = r_2 + r_1 \left(\frac{n_2}{n_1}\right)^2,$$

nous aurons le facteur de puissance propre du transformateur par la formule :

$$\cos\varphi' = \frac{r'}{\sqrt{r'^2 + l'^2}}.$$

Nous pourrons donc tracer le diagramme de Behn Eschenburg, exactement comme dans le cas d'un alternateur.

DISTINCTION DES FUITES PRIMAIRES ET DES FUITES SECONDAIRES

Il peut être intéressant, dans certains cas, de diviser ces fuites en fuites primaires et en fuites secondaires. On peut y arriver de la façon suivante :

Faisons fonctionner le transformateur à vide à sa tension pri-primaire normale. Mesurons la puissance consommée à vide, le facteur de puissance correspondant φ_0 du transformateur, le courant à vide, etc. Dans ces conditions, nous pourrons tracer le diagramme ci-contre donnant $U_{1\,eff}$ tension primaire, la longueur $I_{0\,eff}$ courant à vide, enfin $U_{2\,eff}$ tension lue au secondaire. Celui-ci étant à circuit ouvert, on a évidemment :

$$A_2 I_{2\,eff} = 0.$$

Resteront par suite les seules fuites primaires. Donc :

$$\overline{U_{1\,eff}} = \overline{r_1 I_{0\,eff}} + \overline{A_1 I_0{}^{eff}} + \overline{n_1 \Omega \Phi_{eff}},$$

mais :

$$n_2 \Omega \Phi_{eff} = U_{2\,eff},$$

donc :

$$\overline{U_{1\,eff}} = r_1 \overline{I_{0\,eff}} + \overline{A_1 \Omega\, I_{0\,eff}} + \overline{U_{2\,eff} \frac{n_1}{n_2}}.$$

Portons sur OA la différence lue, ou plutôt calculée :

$$OA = \overline{U_{1\,eff}} - \overline{U_{2\,eff}} \frac{n_1}{n_2}$$

$$OA = \overline{r' I_{0\,eff}}$$

et comme φ_2 est donné, en abaissant une perpendiculaire Aa sur OB, Oa représentera $r_2 I_{2\text{eff}}$ et Aa la quantité : $\Lambda_2 I_{2\text{eff}}$, d'où Λ_2.

Il sera bon, cette méthode étant, comme on le conçoit aisé-

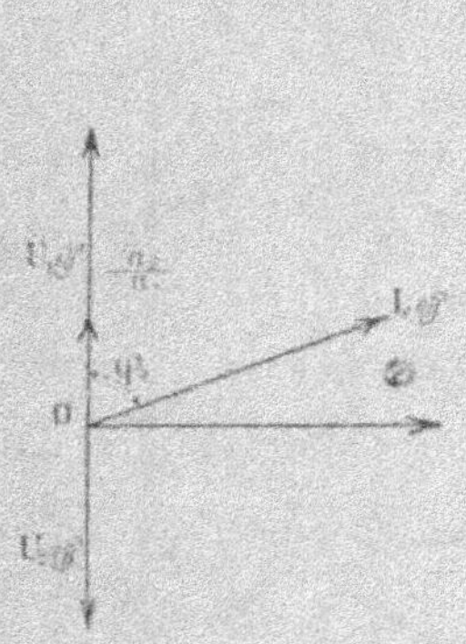

Fig. 46 quater. — Détermination des fuites dans un transformateur.

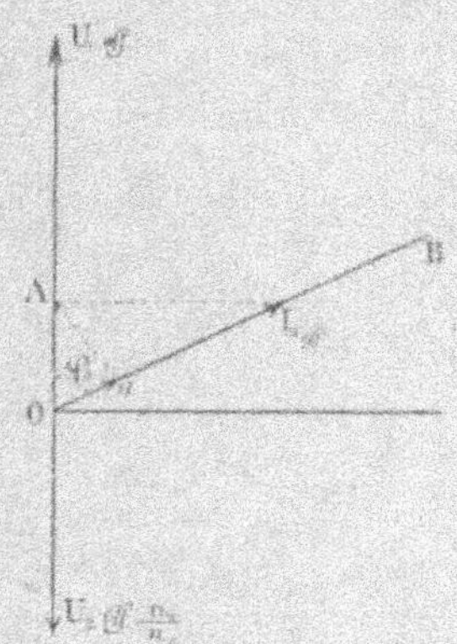

Fig. 46 quinq. — Détermination des fuites d'un transformateur.

ment, assez approximative, de constater toutes les fois que l'on pourra que $U_{1\text{eff}}$ et $U_{2\text{eff}}$ sont bien en opposition de phase dans cette marche à vide.

Si nous inversons (à condition que la chose soit matériellement possible) les rôles des deux circuits (permutation du primaire et du secondaire), nous pourrons calculer aussi Λ_2.

La formule :

$$\Lambda_1^2 \left(\frac{n_2}{n_1}\right)^2 + \Lambda_2^2 = z^2 - r'^2$$

constituer a une vérification des valeurs de Λ_1 et Λ_2, si l'on connaît le rapport de transformation :

$$\frac{n_2}{n_1} = \mu$$

Si l'on ne connaît pas ce rapport, les trois équations :

$$\overline{U_{1\text{eff}} - \mu U_{2\text{eff}}} = \overline{r_1 I_{2\text{eff}}^{(1)} + \Lambda_1 I_{2\text{eff}}^{(1)}}$$

$$U_{2\text{eff}} - \frac{1}{\mu} U_{1\text{eff}} = r_2 I_{2\text{eff}}^2 + \Lambda_2 I_{2\text{eff}}^{(2)}$$

$$z = \sqrt{r_2 + \mu^2 r_1^2 + \Lambda_2 + \mu^2 \Lambda_1^2}$$

permettront de déterminer :

$$\lambda_1, \lambda_2, \quad \text{et} \quad \rho.$$

APPENDICE

EXEMPLES DE GARANTIES IMPOSÉES A UN TRANSFORMATEUR

Spécification :

Transformateur monophasé	»
Puissance apparente	700 KVA
Tension primaire	600
— secondaire	27.000
Rapport de transformation	45
Fréquence	50

Garanties.

I. Rendement.
- En pleine charge. 0,98
- En demi-charge.. 0,97

II. Chutes de tension.
- Pleine charge ... 1 p. 100 } $\cos \varphi = 1$
- Demi-charge .... 0,5 —
- Pleine charge ... 3,5 — } $\cos \varphi = 0,75$
- Demi-charge .... 1,7 —

III. Échauffement maximum : 40° au-dessus de la température de l'eau de réfrigération, pour un afflux d'eau de 10 lit./minute.

IV. Puissance de surcharge.
- 50 p. 100 pendant une demi-heure.
- 25 — — deux heures.

V. Isolement.
- 34.000 volts pendant une minute.
- 38.000 — — une demi-heure.

AVANT-PROJET DE TRANSFORMATEUR

I. — MARCHE GÉNÉRALE THÉORIQUE DES CALCULS.

Données :

$U_{1\,eff}$, diff. de pot. primaire.
$U_{2\,eff}$, diff. de pot. secondaire.
F, fréquence du courant.
P_2, puissance utile normale ou secondaire.
$\cos\Phi_E$, facteur de puissance du réseau extérieur alimenté par le secondaire.
Chute de tension maxima entre la marche à vide et en charge.
η, rendement à un régime donné.

$a)$ Supposons le transformateur *monophasé* (fig. 47).

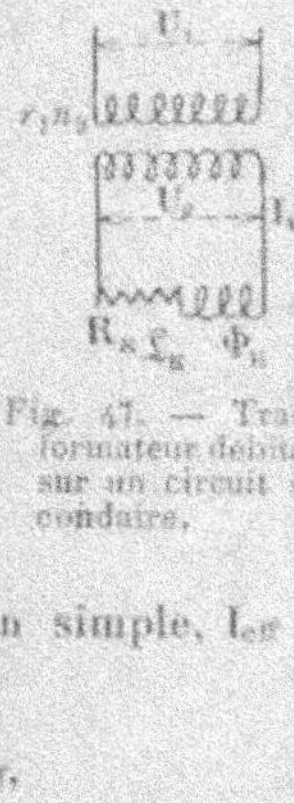

$$P_2 = U_{2\,eff}\, I_{2\,eff} \cos\Phi_E = R_E\, I^2_{2\,eff}.$$

D'où :

$$I_{2\,eff} = \frac{P_2}{U_{2\,eff}\cos\Phi_E}$$

$$R_E = \frac{(U_{2\,eff}\cos\Phi_E)^2}{P_2}$$

$$\mathcal{L}_2\,\Omega = R_E\,\mathrm{tg}\,\Phi_E.$$

Fig. 47. — Transformateur débitant sur un circuit secondaire.

$b)$ Supposons le transformateur *triphasé*. — En appelant U_{eff} la tension composée, u_{eff} la tension simple, I_{eff} le courant de ligne, il vient de même :

$$P_2 = U_{2\,eff}\, I_{2\,eff}\sqrt{3}\cos\Phi_E = 3R_E\, I^2_{2\,eff},$$

d'où :

$$I_{2\,eff} = \frac{P_2}{U_{2\,eff}\sqrt{3}\cos\Phi_E} \qquad R_E = \frac{(U_{2\,eff}\cos\Phi_E)^2}{P_2}.$$

En raison de l'identité des deux études, nous ne nous occuperons que du transformateur monophasé.

Pertes à vide. — Connaissant le rendement maximum, η_{max} à une charge donnée, on a immédiatement :

$$P_f = P_{a+c} = P_{tu}\frac{1-\eta}{2\eta_{max}}$$

$$P_p \text{ est égal à } P_f + P_{a+c}.$$

(P_f étant faible en raison de l'importance relative du courant magnétisant).

Dimensions du noyau. — Soit p la perte parasite en watts par centimètre cube de tôles. Elle est donnée par la formule :

$$p_{watts} = \frac{\eta F^2 \mathfrak{B}_{max}^{1.6}}{10^7} + \frac{1,234 F^2 e^2 \mathfrak{B}_{max}^2}{10^{13}}$$

Rappelons que pour les bonnes tôles :

$$0,002 < \eta < 0,003.$$

L'épaisseur e des tôles varie de $0^{mm},3$ à $0^{mm},5$.
L'épaisseur de l'isolant varie de $0^{mm},05$ à $0^{mm},07$.
En pratique, on adopte une valeur de $\mathfrak{B}_{max}$ telles que :

$$0,012 < p_{watts} < 0,016,$$

c'est-à-dire celle correspondant à une perte de $1,5$ à 2 watts par kilogramme de tôles.

Adoptons par exemple $0,014 = p$. Nous aurons le volume V_1 du noyau par l'équation :

$$pV_1 = P_{f+u}$$

Remarquons qu'il existe toujours industriellement entre les diverses dimensions des tôles utilisables, ou mieux de leurs gabarits, des relations empiriques simples, de sorte qu'on peut exprimer toutes les dimensions du paquet de tôles formant le noyau, en fonction d'une seule. Soit le noyau représenté fig. 48.

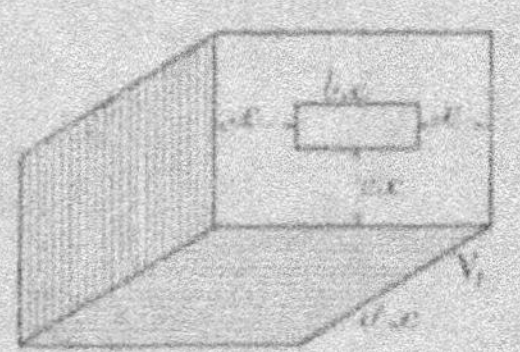

Fig. 48. — Noyau de tôles pour circuit magnétique de transformateur.

On rapporte les dimensions du noyau à l'une d'elles prise pour unité, et l'on cherche par tâtonnement les meilleures dimensions à adopter pour celle-ci, en tenant compte de la place des bobines et de la surface de refroidissement.

Enroulements. — **Calcul de E_{eff}.** — Les dimensions du transformateur devront être déterminées de façon que la chute de tension intérieure ne dépasse pas 2 p. 100 pour :

$$\cos \Phi_2 = 0,8.$$

Il en résulte :

$$E_{2\,\text{eff}} = 1,02\ U_{2\,\text{eff}}.$$

ce qui constitue un maximum pour $E_{2\,\text{eff}}$ comme on peut le voir par le diagramme.

Fig. 48 bis. — Chute de tension utilisable dans un transformateur.

Calcul du nombre de spires n_2.
On peut écrire :

$$\frac{n_2 \Omega \Phi_{\max}}{10^8} = E_{2\,\text{eff}} \sqrt{2}$$

Nous aurons à calculer également n_1, nombre de spires primaires; mais ce nombre n_1 ne peut être déterminé exactement que lorsque les enroulements seront connus. Prenons donc provisoirement la valeur approchée, très suffisante :

$$n_1 = n_2 \frac{U_{1\,\text{eff}}}{U_{2\,\text{eff}}}.$$

SECTION DES CONDUCTEURS PRIMAIRES ET SECONDAIRES

On sait que :

$$r_1 \mathfrak{J}^2_{1\,\text{eff}} + r_2 \mathfrak{J}^2_{2\,\text{eff}} = P_j = P_{\text{s}+\text{h}}.$$

$\mathfrak{J}_1$ et $\mathfrak{J}_2$ correspondant au rendement $\eta_{\max}$.

$\mathfrak{J}_{2\,\text{eff}}$ étant connu, $\mathfrak{J}_{1\,\text{eff}}$ l'est aussi par la relation approchée :

$$\mathfrak{J}_{2\,\text{eff}} = \frac{n_1}{n_2} \mathfrak{J}_{1\,\text{eff}}.$$

D'où :

$$\rho \left(\frac{n_1 l_1 \mathfrak{J}^2_{1\,\text{eff}}}{S_1} + \frac{n_2 l_2 \mathfrak{J}^2_{2\,\text{eff}}}{S_2} \right) = P_j = P_{\text{s}+\text{h}}. \qquad (a)$$

l_1 et l_2 étant les longueurs moyennes des spires primaires et secondaires, S_1 et S_2 étant les sections des conducteurs en millimètres carrés.

On peut tenir compte de l'augmentation de résistance des enroulements avec la température en prenant la valeur forte $\rho = 0,02$.

Recherche du minimum de cuivre. — Nous adjoindrons à l'équation (a) où l_1, S_1, l_2, S_2 sont inconnues, l'équation (b) correspondant au minimum de la fonction :

$$\varphi(S_1, S_2, l_1, l_2) = n_1 l_1 S_1 + n_2 l_2 S_2.$$

On constate aisément que cette condition se traduit par la suivante :

$$\Delta = \frac{P_{r+u}}{\rho\,[n_1 l_1 \mathcal{I}_{1\,\text{eff}} + n_2 l_2 \mathcal{I}_{2\,\text{eff}}]} = \frac{P_{r+u}}{\rho n_2 \mathcal{I}_{2\,\text{eff}}\,[l_1 + l_2]}, \qquad (b)$$

$$\Delta = \text{densité de courant}.$$

On déduit de cette équation :

$$S_1 = \frac{\mathcal{I}_{1\,\text{eff}}}{\Delta}$$

$$S_2 = \frac{\mathcal{I}_{2\,\text{eff}}}{\Delta}$$

Dans l'expression de Δ figurent les valeurs l_1 et l_2, longueurs moyennes des spires primaires et secondaires. On a toujours une idée de la valeur approchée de ces quantités, connaissant la longueur de la spire la plus voisine du noyau, le diamètre du fil à employer, le nombre des couches et celui des spires par couche. En plus r, rayon de la première spire, est souvent très important par rapport aux épaisseurs de l'enroulement, ce qui limite l'erreur commise, de sorte que Δ est en général facile à déterminer.

Fig. 43. — Coupe du noyau et des enroulements d'un transformateur.

DISPOSITION PRATIQUE DES ENROULEMENTS

Pour les grandes intensités, on emploie des conducteurs enroulés parallèlement, des câbles isolés, des bandes méplates enroulées de champ ou à plat.

Une fois la section des conducteurs déterminée, on complète l'étude des enroulement en s'assurant que les bobines peuvent être logées sur les noyaux et que leur surface de refroidissement est suffisante.

Surface de refroidissement. — La puissance absorbée par effet

Joule dans un fil de longueur l et de section s, parcouru par un courant $I_{2\text{eff}}$, est égale à :

$$\frac{\rho l I_{2\text{eff}}^2}{s} = \rho l \Delta I_{2\text{eff}}.$$

La perte par millimètre cube de cuivre sera :

$$p'_{\text{watts}} = \frac{l\rho \Delta I_{2\text{eff}}}{ls} = 0{,}02 \Delta^2 \text{ watts}.$$

C'est-à-dire environ : $2{,}25 \Delta^2$ watts par kilogramme.

Désignons par σ la surface de refroidissement à prévoir en centimètres carrés par watt perdu dans les bobines ; x^2 étant le rapport entre la section occupée par le conducteur isolé et celle occupée par le conducteur nu, cherchons une nouvelle expression du volume de cuivre installé sur le noyau, correspondant à 1 centimètre de hauteur.

Nous trouvons pour le volume correspondant à un anneau de rayon intérieur r et de rayon extérieur r', avec $r' = r + h$, et ayant 1 centimètre de hauteur :

$$1 \times h \times 2\pi \frac{r + r'}{2} = 2\pi h \left(r + \frac{h}{2} \right).$$

Le volume de cet anneau est donc :

$$\pi h (2r + h).$$

La puissance consommée est :

$$\frac{\pi h (2r + h) \Delta^2}{50 x^2} = \pi h (2r + h) p'.$$

car la fraction $\frac{1}{2}$ de la section de l'anneau est seule occupée par le cuivre.

Hauteur des enroulements. — De là, on déduit la valeur de h, puisque :

$$\text{Surf. latérale} = 1 \times 2\pi (r + h) = \frac{p_2}{\sigma},$$

d'où :

$$2\pi (r + h) \sigma = \pi h (2r + h) \frac{\Delta^2}{50 x^2},$$

ou bien :

$$2\pi(r + h) = 2\pi\left(r + \frac{h}{2}\right) h \frac{\varsigma \Delta^2}{50\,z^2}$$

D'où h en valeur approchée (h faible devant r) :

$$h = \frac{50\,z^2}{\varsigma \Delta^2}$$

Nombre d'ampère-tours par centimètre (*at/cm*) **de la bobine.** — On a évidemment, ν, étant le nombre de spires par unité de longueur de l'enroulement, et I_{at} le courant qui le parcourt :

$$z^2 \nu S = \frac{50\,z^2}{\varsigma \Delta^2} = h \times I^{at}.$$

s étant la surface de fil actif en centimètres carrés; s_1 en millimètres carrés, et comme :

$$\nu = \frac{h \times 1}{z^2 s_1} = \frac{50\,z^2}{z^2 \varsigma \Delta s_1} = \frac{50\,z^2 \Delta \times 100}{\varsigma \Delta^2 I_{at} z^2},$$

il résulte :

$$\nu I_{at} = \frac{5.000}{\varsigma \Delta}$$

ς : surface de refroidissement en centimètres carrés par watt perdu.

Δ : densité de courant en ampères par millimètre carré.

Détermination de Λ_1 et Λ_2. — Reste à déterminer la valeur de Λ_1 et Λ_2, coefficients de self-induction partielle, qui jouent un rôle dans le tracé des caractéristiques.

Ces valeurs peuvent être obtenues par comparaison avec des types existants. Dans le cas où l'enroulement compte n_1 spires primaires, n_2 spires secondaires, se succédant alternativement sur le noyau, on aura, m_1, m_2 étant les nombres de bobines distinctes subdivisant les enroulements primaire et secondaire d'une bobine, λ_1 λ_2 les coefficients de s. i. partielle d'une telle bobine :

$$\mathcal{L}_1 = m_1 \lambda_1 = \Lambda_1, \qquad \mathcal{L}_2 = m_2 \lambda_2 = \Lambda_2$$

et l'on peut donner de λ_1 et λ_2 les valeurs approchées suivantes :

$$\lambda_1 = 4\pi \frac{n_1^2}{m_1^2} \frac{S_1}{a_1 + \sqrt{a_1^2 + L_1^2}} 10^{-9}$$

$$\lambda_2 = 4\pi \frac{n_2^2}{m_2^2} \frac{S_2}{a_2 + \sqrt{a_2^2 + L_2^2}} 10^{-9},$$

a_1, a_2 étant les rayons des spires moyennes,

L_1, L_2 étant les longueurs des bobines élémentaires,

S_1, S_2 les surfaces embrassées par celles-ci.

Dans le cas d'enroulements concentriques, les mêmes formules, qu'on doit regarder comme ne donnant qu'un ordre de grandeur desdites quantités, peuvent encore servir, en prenant pour S, l'espace annulaire compris entre les deux bobines, car, dans l'espace intérieur, les deux flux dispersifs s'annulent l'un l'autre. L'espace annulaire doit être entendu comme compris de spire moyenne à spire moyenne.

Recherche expérimentale de Λ_1 et Λ_2. — Dans certains transformateurs, on a prévu des couplages permettant d'obtenir un rapport de transformation égal à 1.

Cette disposition donne des facilités particulières pour déterminer Λ_1 et Λ_2.

Rapport de transformation. — Connaissant r_1, r_2 et les coefficients Λ_1, Λ_2 des enroulements, on peut calculer le nombre des spires primaires et secondaires définitifs N_1 et N_2, dont n_1 et n_2 sont les valeurs approchées, par la formule suivante :

$$\frac{U_{1\,\text{eff}}}{U_{2\,\text{eff}}} = \frac{n_1}{n_2}\,\frac{\sqrt{\left[R_2 + \left(\frac{n_2}{n_1}\right)^2 r_1 + r_2\right]^2 + \Omega^2\left[\Lambda_1\left(\frac{n_2}{n_1}\right)^2 + \Lambda_2 + \mathcal{L}_2\right]^2}}{\sqrt{R_2^2 + \mathcal{L}_2^2\,\Omega^2}}$$

et modifier le nombre des spires primaires ne façon à obtenir pour $\dfrac{U_{1\,\text{eff}}}{U_{2\,\text{eff}}}$ la valeur fixée pour la transformation (fig. 50).

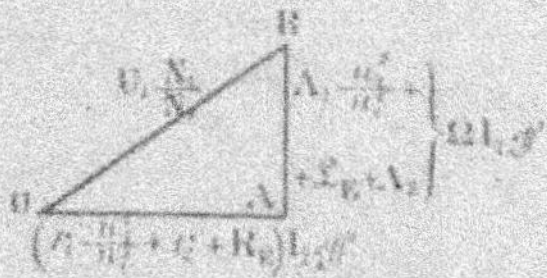

Fig. 50. — Rapport de transformation dans un transformateur.

Tracé des caractéristiques. — Nous pourrons alors tracer à priori les caractéristiques de fonctionnement du transformateur.

II. — CALCULS PRATIQUES

DÉTERMINATION DES DIMENSIONS PRINCIPALES APPROXIMATIVES D'UN TRANSFORMATEUR TRIPHASÉ

Spécification.

Tension primaire composée.....	10.000 v.
— secondaire	200 v.
Fréquence du courant.....	50 périodes.
Puissance réelle	75 kw.
Cos φ secondaire	0,8
Montage des enroulements.....	triangle
Rendement approximatif	0,96
$P_J = P_{Fe} = 0,02\,P_u$	»
$P_J = P_J$	»

Les puissances réelle (PR), magnétisante (PM), et apparente (PA), pour les deux circuits du transformateur seront, sachant que :

$$PR = PA \cos \varphi \qquad PM = PA \sin \varphi \qquad PM = PR \operatorname{tg} \varphi$$

		PR	PM	PA
Secondaire.	circuit extérieur.....	75.000^w	$\frac{0,6}{0,8}$ 75.000	94.000^{VA}
	circuit intérieur (P_J).	750	»	»
	Total.....	75.750^w	56.200^w	93.500^{VA}
Primaire.	circuit magn. ($P_{M\varphi}$).	1.500^w	1.800 t	»
	circuit intérieur (P_J).	750	»	»
	Total.....	2.250	1.800 t	»
	Total général.....	78.000^w	58.000^w	97.000^{VA}

(1) *Nota.* — Ce chiffre est choisi arbitrairement ; il sera modifié s'il y a lieu dans une deuxième approximation.

Courant secondaire. — (Fig. 51) :

$$\frac{93.500}{\sqrt{3} \times 200} = 270.$$

Courant primaire :

$$\frac{97.000}{\sqrt{3} \times 10.000} = 5^{A},6.$$

La méthode employée pour déterminer les dimensions principales approximatives du circuit magnétique sera la suivante :

On admettra une induction dans les tôles de 5.000 gauss pour laquelle les pertes $P_{f,\,c,\,F}$ sont de 2 watts environ par kilogramme pour la fréquence 50.

La perte dans le fer est une donnée : 1.500 watts.

Le poids de la partie magnétique s'en déduit : 750 kilogrammes.

On dessinera, en s'aidant de comparaisons avec des transforma-

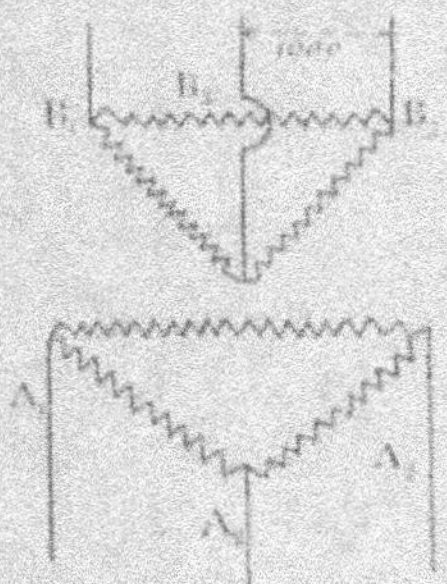

Fig. 51. — Projet de transformateur. Couplage du secondaire et du primaire.

Fig. 52. — Projet de transformateur. Dessin de la carcasse.

teurs de même puissance approximative, une carcasse à trois noyaux de 750 kilogrammes. C'est une première approximation de l'ossature du transformateur.

Après quelques tâtonnements, on est conduit à adopter pour la section utile des noyaux : $2^{déc},5$ et pour leur longueur, 80 centimètres.

Pour avoir la même induction dans les culasses et les noyaux, on est amené, comme il a déjà été dit, à donner aux culasses une section utile de $\dfrac{2,5}{\sqrt{3}}$ décimètres carrés. On leur donnera une longueur provisoire de 1 mètre. La carcasse ainsi constituée pèse 700 kilogrammes environ (fig. 52).

Enroulements. — On calculera des enroulements primaires et secondaires qui, appliqués à ce circuit magnétique, répondent aux conditions imposées. De la longueur de ces enroulements, ainsi que de la densité de courant admise, on déduit la perte par effet Joule correspondante. La densité de courant sera déterminée par cette condition que P_j ne dépasse pas 750 watts par enroulement.

La section de chacun d'eux s'en déduit, ainsi que l'encombrement des bobines qui le composent. Cet encombrement conduira à modifier certaines cotes du circuit magnétique. Enfin, on calculera le poids de cuivre nécessaire, le courant à vide I_v, etc. — Et si ces éléments ne sont pas tels qu'on les désire, on modifiera dans le sens convenable les diverses cotes, les sections étant calculées suivant la méthode ci-dessus.

Calcul des enroulements. — Le nombre d'a-t. nécessaires pour entretenir une induction maxima de 5.000 gauss dans le circuit magnétique, est de 2,5 at./cm. La longueur d'un circuit partiel est de :

$$80^{cm} + 2 \times 30 = 140^{cm}.$$

Chaque circuit partiel comprend en outre 2 joints de 0,03 centimètres, et l'on sait que, pour entretenir une induction de 5.000 gauss dans l'air, il faut 4.000 at. cm.

Par circuit magnétique partiel, il faut par suite :

$$2^{at},5 \, (80 + 2 \times 30) + 2 \times 0,03 \times 4.000^{at},$$

Soit 600 at. max., c'est-à-dire

$$\frac{600}{\sqrt{2}} = 425 \text{ at. effic.}$$

C'est le nombre d'at. efficaces qu'il est nécessaire d'avoir dans chacune des bobines primaires pour entretenir une induction de 5.000 gauss dans le circuit magnétique.

On utilisera ce résultat pour calculer le courant magnétisant et le courant à vide. Cette induction étant établie, on remarquera qu'une spire de 1 décimètre carré de surface et pour une fréquence de 50, est le siège d'une f. e. m. de $1^v,1$. On a en effet :

$$E_{eff} = \frac{\Omega \Phi_0}{\sqrt{2}} = 2\pi F \frac{\mathfrak{B}_{max}}{\sqrt{2}} S,$$

ou, en volts :

$$e_{eff} = \frac{2\pi F \mathfrak{B}_{max} S}{10^8 \sqrt{2}} = \frac{2 \times 3,14 \times 50 \times 5.000 \times 100}{10^8 \sqrt{2}}$$

d'où :

$$e_s = 1^v,1.$$

Une spire enroulée sur l'un quelconque des noyaux du transformateur sera le siège d'une f. e. m. de :

$$1,1 \times 2,5 = 2^v,75.$$

Il faudra par suite au primaire :

$$\frac{10.000}{2,75} = 3.640 \text{ spires.}$$

et au secondaire :

$$\frac{200}{2,75} = 73 \text{ spires.}$$

En admettant une chute de tension de 10 p. 100, on est conduit, pour un réglage se faisant par le secondaire, à adopter, pour cet enroulement, 80 spires au lieu de 73. En admettant provisoirement une densité de courant de 1 amp./millimètre carré, la section du fil primaire sera de $8^{mm^2},6$. (fil de 27/10 nu, et de 32/10 isolé).

Celle du secondaire serait : 270 millimètres carrés.

Les bobines primaires auraient les dimensions définies comme suit : *Hauteur* : 75 centimètres (5 centimètres en plus seraient utilisés pour faire les joues et isoler les bobines par rapport à la masse). Chaque couche de fil comprendrait :

$$\frac{750}{3,2} = 230 \text{ fils.}$$

Nombre de couches :

$$\frac{3.640}{230} = 16,$$

fournissant une épaisseur de 51 millimètres. Il y a lieu de prévoir 60 millimètres pour cette cote. Les bobines secondaires auront une épaisseur analogue. Enfin, si l'on réserve un jeu de 2 centimètres entre le fer et les enroulements, pour assurer un complément d'isolement à cet endroit, on arrive à une épaisseur totale de 15 centimètres.

La cote xy devra être de 30 centimètres au moins (fig. 52).

La longueur de la spire primaire moyenne peut alors se calculer. Elle est de 1 mètre environ.

Longueur totale du primaire pour une phase :

$$3.640^m \quad \text{c'est-à-dire approximativement} \quad \sim 3.700^m,$$

La perte de puissance par phase est :

$$37 \times 2 \times 5^w,6 = 415^w.$$

Pour les 3 phases :

$$415 \times 3 = 1.245^w.$$

REMARQUE. — On peut remarquer que la perte en volts par hectomètre pour un courant de 1 amp. millimètre carré est de 2 volts quand la résistivité est de 2 microhms par centimètre carré.

La perte consentie dans chaque enroulement (3 phases) est de 750 watts. Le fil ne doit donc travailler qu'à :

$$\frac{750}{1.245} = 0^w,6 \text{ ampt.}$$

la section du fil primaire est alors de même :

$$\frac{5,6}{0,6} = 9,4^{mm2}.$$

la section du fil secondaire est alors :

$$\frac{270}{0,5} = 430^{mm2}.$$

L'enroulement comprend 19 couches de 190 spires formant une épaisseur de 75 millimètres. Il y aura lieu par suite d'augmenter la cote *xy* de la figure 52 de 5 centimètres. Elle sera donc de 35 centimètres; la cote *ab* sera à peu près égale à $\sqrt{2,5}$, soit environ : $1,^{mm}6$.

Fig. 53. — Projet de transformateur. Fixation des dimensions des noyaux.

Chaque noyau aura pour dimension :

$$16^{mm} \quad \text{et} \quad \frac{16}{0,85} = 19^{mm} \text{(papier isolant)}.$$

Courant à vide. — Le courant à vide est la résultante du courant magnétisant et du courant watté dû aux pertes Joule.

Au lieu des courants, on peut considérer les puissances wattée et magnétisante correspondantes.

Courant magnétisant.

$$\frac{425}{3.640} = 0^a,117.$$

La puissance magnétisante par noyau est inférieure à :

$$0,117 \times 10.000 = 1.170^w.$$

La puissance wattée comprend 1.500 watts de pertes dans le fer ; le poids de la carcasse rectifiée est de 750 kilogrammes environ ; soit 500 watts par circuit partiel, et 250 watts par effet Joule dans chaque phase.

La puissance apparente à vide sera :

$$\sqrt{1.170^2 + 730^2} = 1.390^{VA}.$$

Fig. 34. — Projet de transformateur. Puissance vraie, puissance magnétisante et puissance apparente à vide.

Le courant à vide sera :

$$\frac{1.390}{10.000} = \sim 0^a,14.$$

Dans le fil intérieur il sera :

$$0,14 \sqrt{3} = 0^a,24.$$

Poids de cuivre nécessaire. — La puissance perdue par kilogramme de cuivre est liée à la fatigue du fil, ou densité de courant, par l'expression :

$$p = 2,25 \Delta^2 \text{ (par kilogramme de cuivre).}$$

On perd 1500 watts dans le cuivre, d'où le poids total :

$$\frac{1.500}{0,8} = 1.870 \text{ kilogrammes.}$$

Prix de revient approximatif.

Tôles..............................	750ᵏᵍ à 1ᶠ	750ᶠ
Cuivre............................	1.870ᵏᵍ à 2ᶠ,50	4.700
Total......................		5.450ᶠ
Main-d'œuvre : demi-prix de matière........		2.850
Total général..................		8.150ᶠ
Soit par prudence................		8.500
Prix du KVA.....................	$\dfrac{8.500}{97} =$	87

REMARQUE. — Si l'on avait admis pour la fatigue du fil : 1 amp./millimètre carré, le prix du cuivre nécessaire aurait été de :

$$\frac{4.780 \times 5,6}{9,4} = 2.800 \text{ francs.}$$

et le prix de revient du KVA serait descendu à 68 francs environ. Mais la perte dans les fils, au lieu d'être de 2 p. 100, aurait été de

3, 4 p. 100, avec un rendement réduit, en pleine charge, à 0,946. Cette réduction de rendement n'a pas une importance sérieuse si le transformateur n'est pas appelé à fonctionner en permanence à la pleine charge. Hormis ce cas, il y aurait lieu d'accepter le rendement de 0,946, moyennant une réduction notable du prix de revient. Cette remarque peut montrer l'intérêt qu'il y aurait à calculer le transformateur en se basant sur la densité de courant la plus avantageuse à adopter dans les enroulements, comme on l'a fait pour les lignes de transport.

ÉTUDE DÉTAILLÉE DE LA CONSTRUCTION
DES TRANSFORMATEURS STATIQUES

Rappel de notions déjà connues. — Nous avons déjà donné quelques détails sur la constitution générale des transformateurs. Nous reprendrons complètement cette question pour permettre au

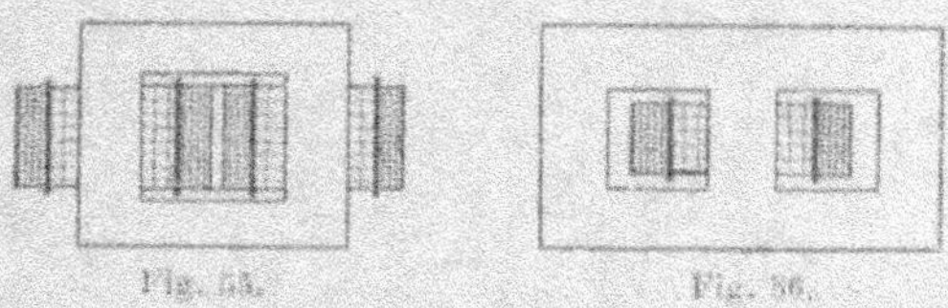

Fig. 55.

Fig. 56.

lecteur de posséder tous les éléments nécessaires pour établir le projet d'un tel appareil.

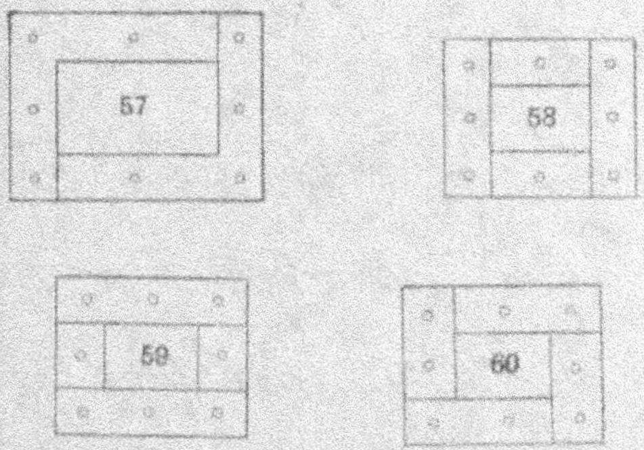

Fig. 57-58-59-60. — Tôles pour noyaux de transformateurs.

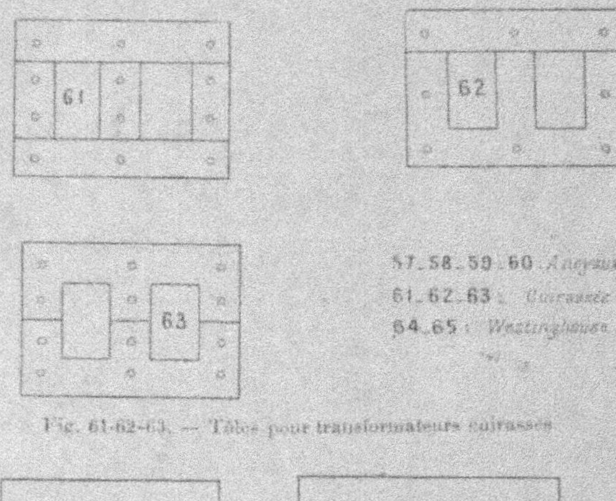

Fig. 61-62-63. — Tôles pour transformateurs cuirassés

Fig. 64-65. — Tôles pour transformateurs Westinghouse.

CIRCUITS MAGNÉTIQUES DE TRANSFORMATEURS MONOPHASÉS

Classification. — On peut distinguer deux types de transformateurs :

1° Les transformateurs à noyaux.

2° Les transformateurs cuirassés.

Les transformateurs à noyaux sont à peu près les seuls employés actuellement. Ils ont la forme indiquée, figure 55 ; le bobinage est toujours réparti sur les deux noyaux.

Les transformateurs cuirassés (fig. 56), ne sont employés que pour le monophasé, et pour des puissances inférieures à 20 KW. Dans le type cuirassé, les lignes de force sont plus courtes ; il faut donc moins d'ampères-tours pour produire le flux magnétique. Le nombre de spires étant moins grand, bien que la longueur de chaque spire soit plus grande, que dans le cas des transformateurs à noyaux, le poids de cuivre est moins considérable. Par contre le poids de fer est plus grand (d'où les pertes à vide plus importantes). Le refroidissement des bobines se fait mal, et les montage et démontage de ces bobines sont en général plus difficiles.

Constitution et forme du circuit magnétique. — Le circuit magnétique est formé de tôles de 0,3 à 0,5 millimètre d'épaisseur, isolées entre elles. Elles sont maintenues assemblées par des boulons entre deux tôles maîtresses dont l'épaisseur varie de 1 à 3 millimètres.

On doit toujours isoler soigneusement les boulons par des tubes en carton. Il faut en outre isoler, par des feuilles de carton ou de presspahn, le circuit magnétique du bâti en fonte, pour empêcher qu'une partie des lignes de force ne passe dans le bâti en y produisant des courants de Foucault nuisibles au rendement.

Il faut autant que possible que :

1° La réluctance du circuit magnétique soit réduite au minimum, et par conséquent, il convient de réduire les joints au minimum ;

2° La mise en place et l'enlèvement des bobines soit très facile, afin que l'on puisse remplacer très rapidement une bobine brûlée.

3° La forme des tôles à découper laisse le moins possible de déchets inutilisables.

Pour les transformateurs monophasés à noyaux, on utilise les formes des figures 57, 58, 59, 60.

La forme 57 ne s'emploie que pour des faibles puissances, car, pour de gros transformateurs, le démontage serait trop difficile.

Les formes les plus employées actuellement sont celles des figures 58 et 59. Dans le cas de transformateurs cuirassés, on a les formes 61, 62, 63.

Les formes 61 et 62 donnent moins de joints, mais provoquent un déchet plus considérable.

La forme 63 a été employée par la maison Ganz de Budapest.

Pour limiter les joints, la compagnie Westinghouse poinçonne ses tôles en une seule pièce suivant la forme de la figure 64. Les tôles sont ensuite repliées suivant le mode de la figure 65, introduites une à une dans les bobines, puis rabattues.

Transformateurs triphasés. — On sait que l'on peut constituer un transformateur triphasé avec trois noyaux seulement, chaque noyau étant recouvert par le bobinage correspondant à une phase. On a ainsi un appareil d'un prix plus réduit, d'un encombrement moindre et d'un rendement meilleur qu'avec un système de trois transformateurs monophasés.

Cependant, dans le cas de très grandes puissances, on peut avoir avantage à employer trois transformateurs monophasés, et on le fait assez souvent, car, dans ce cas, on n'a besoin, comme réserve de secours, que d'un seul transformateur monophasé, ce qui rend l'installation plus économique. De plus, si les transformateurs monophasés sont montés en triangle, dans le cas où l'un d'eux vient à être mis hors de service, on peut continuer à fonctionner avec les deux autres du même groupe, mais la puissance est réduite aux 2/3 de celle du groupe entier.

Les différentes formes du circuit magnétique dans le cas du triphasé sont celles des figures 66, 67, 68, 69.

Le dispositif 67 est assez employé.

Mais, le plus utilisé, et de beaucoup, est celui de la figure 69, parce qu'il est plus simple comme construction, et qu'il nécessite un peu moins de fer, d'où une diminution des pertes à vide.

Le dispositif de la figure 69 présente les inconvénients suivants :

1° Les trois noyaux n'étant pas placés symétriquement, la réluctance correspondant au noyau du milieu est un peu plus faible que celle des noyaux extrêmes ; aussi le courant magnétisant dans la phase du milieu est-il plus faible que dans les deux autres.

Cette dissymétrie, qui est surtout sensible à vide, disparaît en charge. Pour réduire cette dissymétrie, on donne aux culasses une section plus grande qu'aux noyaux, bien que le flux soit le même. On adopte souvent pour la section de la culasse 1,5 fois celle des noyaux. Cette dissymétrie n'a d'ailleurs, en pratique, aucune importance en général.

2° Ce dispositif est quelquefois encombrant dans le sens de la longueur, ce qui en rend l'emplacement assez difficile, dans un kiosque rond, par exemple, quand la puissance est considérable.

Pour diminuer cet encombrement, pour les faibles et moyennes puissances, on dispose souvent les noyaux supportant les bobines horizontalement ; le refroidissement se fait alors moins bien, car avec les noyaux verticaux, les bobines forment une véritable cheminée d'appel dans laquelle se produit un courant d'air dû au tirage déterminé par l'échauffement des noyaux et des bobines.

C'est pour cette raison, et aussi pour faciliter le remplacement des bobines, que les gros transformateurs sont toujours à noyaux verticaux.

CONFECTION DES JOINTS DU CIRCUIT MAGNÉTIQUE

Les joints doivent être faits aussi soigneusement que possible, pour réduire la réluctance au minimum. Il faut donc que les parties en contact soient bien dressées.

Pour le triphasé, dans le dispositif de la figure 67, il est évident que le croisement des tôles a pour effet de déterminer aux joints des circuits fermés. Il faut donc éviter le contact des paquets de tôles avec la couronne. On y arrive en plaçant dans le joint une feuille de papier Japon. Comme, dans un joint ordinaire, les tôles peuvent très bien ne pas être en face les unes des autres, il est indispensable, pour éviter des circuits fermés, de mettre également dans chaque joint une feuille de papier, malgré la légère augmentation de réluctance qui en résulte.

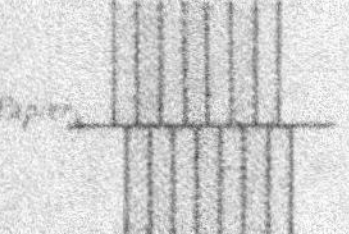

Fig. 65 *bis*. — Disposition fâcheuse de joints du circuit magnétique.

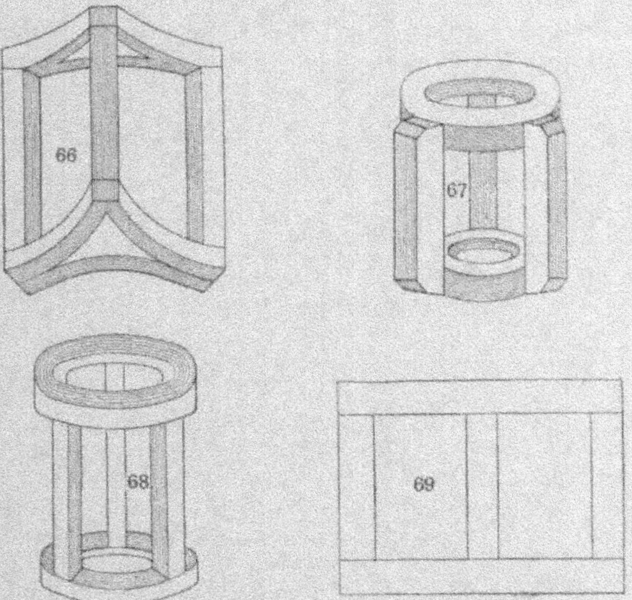

Fig. 66, 67, 68, 69. — Circuits magnétiques de transformateurs triphasés.

La réluctance d'un joint est assez variable : un bon joint peut avoir une réluctance égale à celle de 1/100 de millimètre d'air ; un mauvais joint, à celle de plus de 1/2 millimètre d'air.

Forme des noyaux. — Les noyaux de forme circulaire seraient évidemment les plus convenables pour le bobinage, puisqu'à éga-

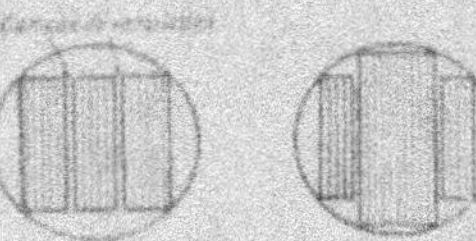

Fig. 72 et 73. — Forme des   Fig. 74. — Canaux de ventilation.
noyaux des transformateurs.

lité de section, ce sont ceux qui présentent le minimum de longueur périphérique. Avec l'emploi des tôles, la section circulaire devient trop difficile à réaliser, aussi emploie-t-on toujours l'une des formes indiquées, figures 72, 73, 74.

L'espace existant alors entre le noyau et le bobinage sert à la ventilation.

Dans les grands transformateurs, il faut en plus ménager, de distance en distance, des espaces d'air de 1 centimètre entre deux tôles consécutives, pour former des canaux de ventilation (fig. 74).

FIXATION DU CIRCUIT MAGNÉTIQUE AU BATI

L'ensemble formé par les noyaux et les culasses doit être fixé très solidement à deux carcasses en fonte, au moyen de boulons avec écrous et contre-écrous, pour éviter les vibrations des tôles, et par suite le ronflement du transformateur. La figure 75 donne le principe d'un tel mode de fixation : le transformateur est vu suivant une coupe par un plan vertical. Ces carcasses sont munies de nervures comme a, a' et d'orifices aménagés de façon que l'air puisse être aspiré par le bas et sortir par le haut. Dans les transformateurs à haute tension, les boulons qui se trouvent relativement près des bobines HT donnent lieu souvent à de grandes difficultés pour leur isolement. On doit les écarter le plus possible et les entourer d'un isolant suffisant. Pour éviter ces difficultés, la maison Brown-Boveri dispose parfois les boulons à l'intérieur des bobinages, comme le montre la figure 76 représentant une coupe d'un noyau ; on a, par contre, a craindre avec cette disposition les courants de Foucault dans les boulons.

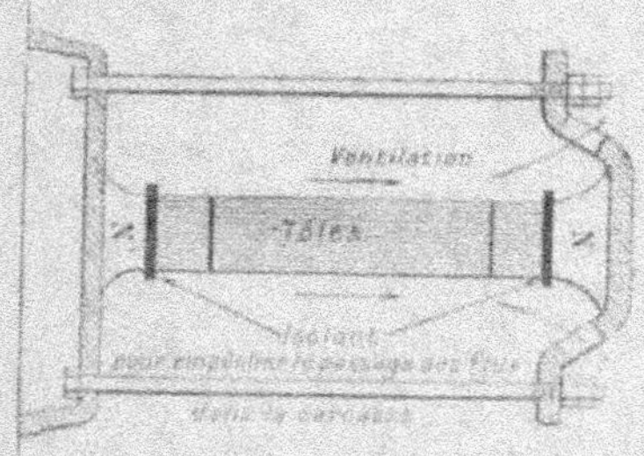

Fig. 75 — Isolant pour empêcher le passage de l'air dans la carcasse.

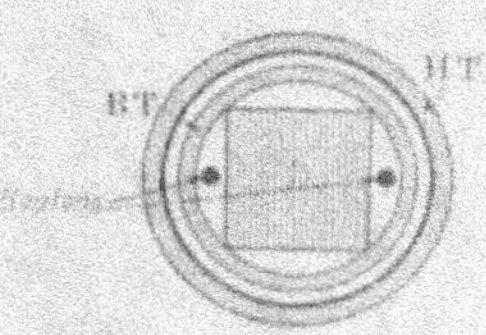

Fig. 76. — Coupe du noyau et des enroulements concentriques d'un transformateur.

Emplacement des bobines. — On ne place jamais les deux enroulements HT et BT sur deux noyaux différents, la dispersion

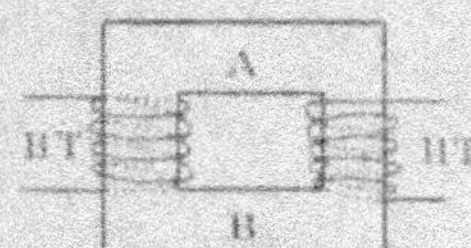

Fig. 77. — Disposition abandonnée.

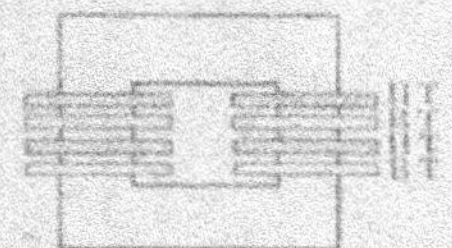

Fig. 78. — Bobines alternées.

serait trop grande, et par suite la chute de tension considérable. En effet, avec le dispositif de la figure 77, on a, entre les points A

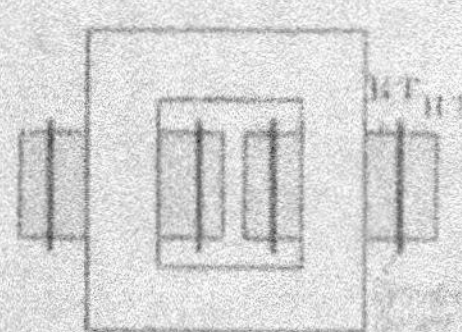

Fig. 79. — Bobines superposées.

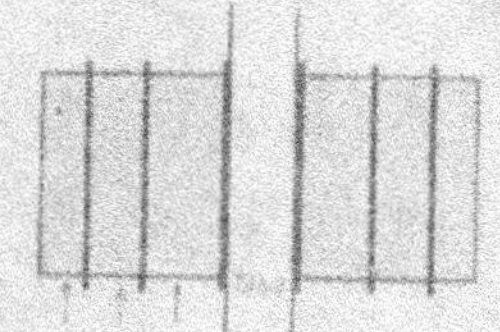

Fig. 80. — Ancien dispositif Aïoth. Emplacement des bobines d'un transformateur.

et B, une différence de potentiel magnétique égale sensiblement au produit du flux par la réluctance d'un noyau, tandis qu'en répartissant chaque enroulement sur chacun des noyaux, entre les points A et B, la différence de potentiel magnétique peut être nulle; les pertes de flux sont donc moins importantes.

Au point de vue de la dispersion, le mieux serait de disposer les enroulements en bobines alternées, en divisant les enroulements en le plus grand nombre de bobines possible, comme le représente la figure 78. Ce dispositif, qui a été employé en particulier par la maison Ganz, n'est que très rarement adopté, car l'isolement entre la HT et la BT est très difficile à réaliser, et on peut craindre des accidents graves résultant du passage de la HT dans la BT.

Le dispositif employé presque toujours, actuellement, consiste à bobiner les deux enroulements l'un sur l'autre, et à les séparer par un très bon isolant (fig. 79).

On peut indifféremment disposer la HT à l'intérieur ou à l'extérieur, mais le plus souvent on la place à l'extérieur, par dessus la basse tension, afin de n'avoir à l'isoler que par rapport à la BT. On a de plus, ainsi, un meilleur refroidissement des bobines HT, refroidissement qu'il importe surtout de bien assurer.

Quelquefois, pour diminuer la chute de tension en réduisant la dispersion, et pour pouvoir diviser plus facilement la HT en un plus grand nombre de bobines, on dispose l'enroulement BT à l'intérieur de deux enroulements HT, comme le montre la figure 80. La construction est dans ce cas plus compliquée et plus coûteuse ; aussi ce dispositif est-il très peu employé (utilisé néanmoins par la Société Alioth).

CONSTITUTION DES ENROULEMENTS

1° *Enroulement BT.* — Les enroulements à basse tension sont en général formés par une bande de cuivre nu qu'on enroule de champ sur un cylindre de carton comprimé spécial, ou de micanite, ayant à peu près la hauteur du noyau. Les spires sont isolées entre elles par une bande de carton ou de presspahn, ou par une simple corde imprégnée de gomme laque.

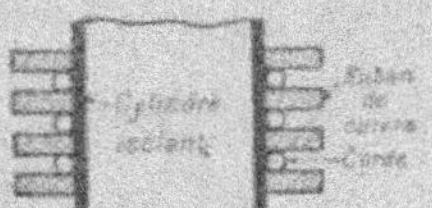

Fig. 81. — Constitution d'un enroulement basse tension du transformateur

La figure 81 montre en coupe un enroulement à basse tension. Le bobinage se fait donc comme celui des bobines inductrices des alternateurs. On a ainsi par rapport aux enroulements avec du fil rond isolé, un refroidissement bien meilleur et plus uniforme, un encombrement un peu plus réduit et un prix de revient un peu plus faible.

TRANSFORMATEURS POUR GRANDES INTENSITÉS

Ces dernières années, avec le développement prodigieux de l'électro-chimie, on est parvenu à construire des transformateurs de très grande puissance, de plus de 4.000 KVA, et capables de donner au secondaire des courants d'intensité énorme dépassant 40.000 ampères.

Avec de pareilles intensités, il est nécessaire, pour constituer l'enroulement secondaire, d'employer des tôles de cuivre de très grandes dimensions, ce qui rend la construction de ces transformateurs assez difficile, surtout par le fait des courants de Foucault trop intenses que l'on peut redouter dans des conducteurs d'aussi grande section.

Il arrive souvent, en effet, d'avoir à subir, dans les transformateurs à très grandes intensités, des pertes par courants de Foucault dans les conducteurs, supérieures aux pertes ohmiques, comme on peut s'en rendre compte en comparant les pertes mesurées en court-circuit avec les pertes ohmiques calculées après la mesure de la résistance des enroulements. Suivant le mode de construction, on trouve ainsi que le rapport de ces pertes peut varier de 1, 3 à 2, 5.

Il convient également, pour éviter des pertes et surtout des échauffements exagérés, de veiller tout particulièrement à assurer de très bons contacts entre les différentes spires secondaires, qui doivent être soigneusement rivées et soudées entre elles.

D'autre part, avec les très grandes intensités, on a à redouter des efforts mécaniques considérables s'exerçant entre conducteurs et dûs aux phénomènes électro-dynamiques, efforts qui peuvent être variables, car, par suite des changements brusques de charge provenant du déplacement des électrodes dans les fours, l'intensité peut subir de très fortes variations.

Il importe donc de fixer très solidement les enroulements pour éviter leur déplacement et l'usure des isolants.

Ces variations de courant peuvent, en outre, déterminer des surtensions assez grandes obligeant à apporter à l'isolement de l'enroulement primaire un soin tout particulier.

Pour limiter ces variations de courant et empêcher l'intensité de court-circuit de prendre une valeur trop considérable, l'on a intérêt à faire des transformateurs possédant une chute de tension relativement assez grande, chute de tension provenant principalement, bien entendu, des fuites du transformateur.

La tension aux bornes des fours devant être souvent assez différente, suivant la fabrication prévue, on peut facilement la modifier en couplant les spires *secondaires* soit en série, soit en parallèle, et obtenir ainsi toute la série des tensions de 10 volts en 10 volts et même de 5 volts en 5 volts depuis 25 volts, par exemple, jusqu'à une tension supérieure à 100 volts. On peut également, dans le même but, modifier l'enroulement primaire, mais, dans ce cas, il est à craindre que la puissance du transformateur ne soit

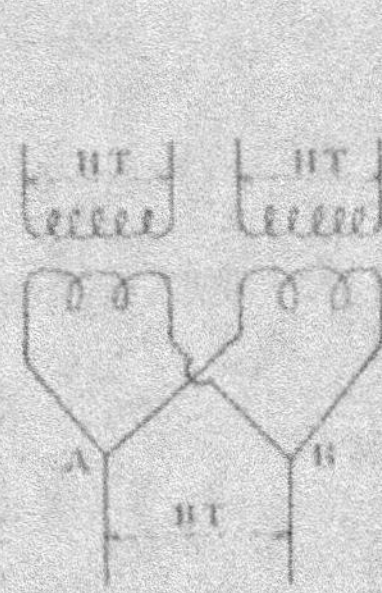

Fig. 82. — Transformateur pour grandes intensités. Couplage en parallèle des bobines.

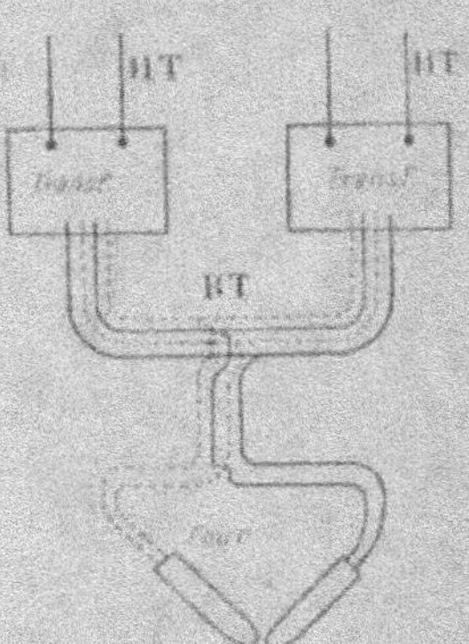

Fig. 83. — Transformateur à grande intensité. Dispositif de « sandwichage ».

diminuée, car une modification de l'enroulement primaire entraîne un changement dans le flux magnétique, lorsque la tension primaire reste constante (fig. 82).

Pour permettre la sortie des conducteurs à très grande section, et souvent aussi pour faciliter les couplages des spires secondaires, l'enroulement basse tension dans ces transformateurs, contrairement à ce qui se fait d'ordinaire, est placé à l'extérieur, l'enroulement haute tension se trouvant alors disposé entre l'enroulement basse tension et le circuit magnétique.

Quand on doit construire plusieurs transformateurs à grande intensité devant marcher en parallèle, pour que la chute de tension soit la même dans tous les transformateurs, il faut veiller tout particulièrement à ce que la résistance ohmique des différents enroulements BT soit rigoureusement la même entre les points A et B (fig. 82); sinon la charge serait très mal répartie; les transformateurs qui auraient une résistance un peu plus grande travailleraient beaucoup moins que les autres, qui pourraient alors être trop surchargés.

Bien entendu, il faut, pour diminuer la chute de tension, « sandwicher » les conducteurs depuis les bornes, c'est-à-dire employer des lames de cuivre appartenant alternativement à chacun des pôles (fig. 83) et placées très près les unes des autres.

Enroulements HT. — Entre la HT et la BT, on laisse d'abord un léger espace d'air servant à l'isolement, et surtout à la ventilation. La dispersion augmentant avec cet espace d'air, il ne faut pas l'exagérer.

On rencontre ensuite un cylindre isolant, qui est en carton spécial comprimé pour les tensions inférieures à 2.000 volts, en micanite

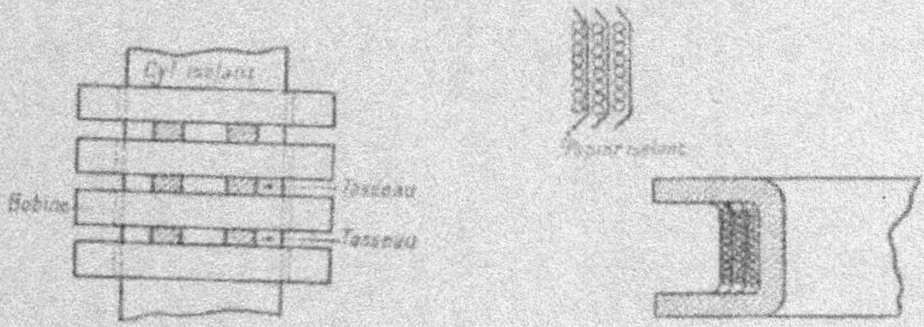

Fig. 84, 85 et 86. — Constitution des enroulements HT des tranformateurs.

pour les plus hautes tensions. La micanite, quoique d'un prix très élevé, est plus recommandable que le carton, car elle offre plus de sécurité comme isolant, et de plus, constituant un bon conducteur calorifique, elle préserve les enroulements contre la chaleur dégagée par les noyaux.

On compte, en général, une épaisseur de 1/2 millimètre de micanite par 1.000 volts.

Avant leur mise en place, on doit toujours essayer ces cylindres isolants pendant 10 minutes au moins, à une très haute tension, que l'on prend, en général, égale au triple de la tension normale du transformateur. Ils ne doivent être ni percés, ni échauffés d'une façon exagérée.

Afin de ne pas avoir une grande différence de potentiel entre les les fils voisins, et aussi pour faciliter les réparations, on divise toujours l'enroulement HT en plusieurs bobines distinctes que l'on empile les unes sur les autres, en les séparant par des rondelles isolantes (carton, presspahn, ou micanite); ou bien, pour faciliter le refroidissement, surtout dans les transformateurs à huile, en les maintenant écartées par des tasseaux isolants (fig. 84). On ne doit pas dépasser 1.000 volts entre les extrémités d'une même bobine; souvent, on n'admet que 500 volts, ou même 300 volts.

Le nombre des bobines est donc fixé par cette condition.

On emploie du fil isolé avec 2 ou 3 couches de coton. Avec 2 couches, on peut admettre 50 à 100 volts entre deux conducteurs voisins; avec 3 couches, 100 à 150 volts.

On compte une épaisseur de 1/10 de millimètre par couche de coton.

Pour éviter que, par suite de chocs durant le transport, ou pour une cause quelconque, le fil d'une rangée ne vienne à passer dans une autre rangée où il se trouverait à côté de fils à tension beaucoup plus élevée, on sépare chaque rangée par un papier isolant, puis on rabat les extrémités de ces papiers (fig. 85), et l'on enroule, autour de la bobine, une bande de toile. On évite ainsi des accidents qui, sans cela, sont souvent à craindre. Dans les transformateurs à très haute tension, pour rendre impossible le passage d'un fil d'une rangée à une autre, on enferme les bobines dans une enveloppe en matière isolante (fig. 86).

Les bobines doivent être bien séchées à l'étuve, dans laquelle on fait le vide, si possible. On les plonge, pendant qu'elles sont encore chaudes, dans un bain de gomme laque ou de vernis.

Essai des bobines. — Cet essai a pour but de dévoiler les défauts d'isolement dans les bobines. On place les bobines sur un circuit

Fig. 87 et 88. — Essais des bobines d'un transformateur.

magnétique convenable, celui d'un transformateur en construction, par exemple, et on applique entre les deux extrémités une tension beaucoup plus élevée que celle que les bobines auront à supporter normalement. La bobine qui présente un défaut d'isolement entre spires s'échauffe et change de couleur. On peut quelquefois se contenter de faire cet essai sur le transformateur terminé ; on applique alors une tension convenable (deux fois la tension normale) entre les bornes soit du primaire, soit du secondaire, en ayant soin de mettre une borne de chaque enroulement à la masse (fig. 87 et 88). On répète le même essai en isolant B et B' et en mettant à la masse A et A'. On a ainsi éprouvé : 1° l'isolement des deux enroulements par rapport à la masse; 2° l'isolement entre spires.

Bornes. — Pour la BT, on emploie la porcelaine, la fibre, le presspahn, etc. Pour la HT, on emploie la porcelaine, et, dans le cas de la très haute tension, des tubes de carton spécial huilé et comprimé, munis de distance en distance de rondelles en même matière, destinées à augmenter la ligne de fuite par rapport à la masse (fig. 89). Les bornes doivent être à une assez grande distance de la masse, à cause des poussières.

On admet un centimètre d'écart en tous cas, plus 1 centimètre par 1.000 volts.

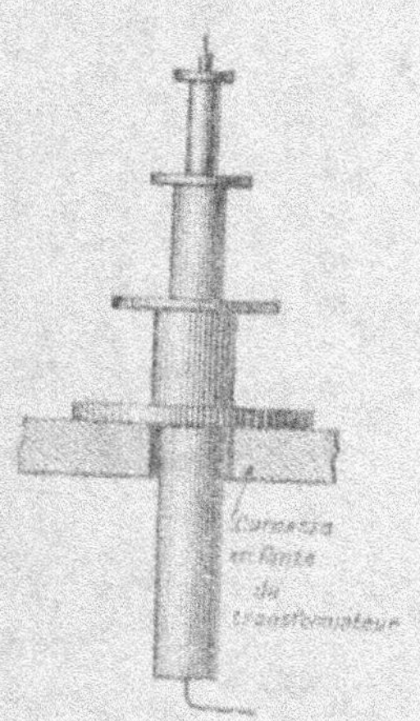

Fig. 89. — Borne de transformateur pour très haute tension.

REFROIDISSEMENT DES TRANSFORMATEURS

Le refroidissement des transformateurs a une très grande importance, car un transformateur n'est limité comme puissance que par son échauffement. On admet, en général, pour limite de la surélévation de température : 75° pour les enroulements; 65° pour le fer.

Le refroidissement des transformateurs a été étudié expérimentalement par Kapp (voir son ouvrage classique sur les transformateurs). La figure 90 représente deux courbes données par Kapp, qui permettent de voir d'abord l'influence avantageuse de l'huile, de constater ensuite l'augmentation rapide de température, au fur et à mesure qu'on diminue la surface de refroidissement par watt perdu; cette augmentation rapide s'explique facilement, car si :

P = puissance perdue transformée en chaleur,
S = surface totale de refroidissement,
$\Delta\theta$ = surélévation de témpéraure,

on a :

$$P = KS\Delta\theta.$$

K pouvant être considéré, en pratique, comme une constante.

Si l'on appelle s la surface de refroidissement par watt perdu, il vient :

$$S = Ps,$$

d'où :

$$1 = Ks\Delta\theta.$$

On doit donc avoir une hyperbole équilatère. Les courbes de la figure 90 s'en rapprochent assez sensiblement.

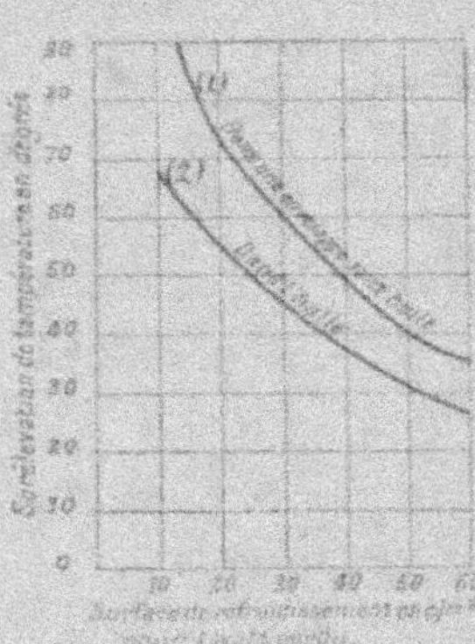

Fig. 90. — Surface de refroidissement en centimètres carrés pour 1 watt perdu.

On voit, d'après la courbe 1, que, pour un transformateur à refroidissement naturel, il faut environ 35 cm² de surface par watt perdu, pour que la surélévation de température ne dépasse pas 55°. En réalité, on peut admettre une surface plus faible, car dans le cas de Kapp, le transformateur était enfermé dans une enveloppe, et se trouvait, par conséquent, dans des conditions de refroidissement plus mauvaises que celles rencontrées ordinairement en pratique.

Aussi admet-on souvent avec le refroidissement naturel et pour les transformateurs de petite ou moyenne puissance, jusqu'à 5 ou 6 watts de perte par décimètre carré de surface de refroidissement.

Dans les transformateurs de grande puissance, comme la surface de refroidissement augmente avec les dimensions linéaires, beaucoup moins vite que le poids et par suite que les pertes, il faut, ou bien diminuer l'induction dans le fer et la densité du courant dans les enroulements, pour que la surface de refroidissement par watt soit suffisante, ce qui conduit à des transformateurs lourds et coûteux, ou bien employer des dispositifs spéciaux pour activer le refroidissement.

Les artifices de ventilation permettent de diminuer considérablement le prix des transformateurs, car on peut admettre pour le fer des inductions très fortes, même pour les grandes puissances, jusqu'à 13.000 ou 14.000 gauss pour les transformateurs à ventilation artificielle, et de 9.000 à 13.000 pour les transformateurs dans l'huile.

PRINCIPAUX ARTIFICES EMPLOYÉS POUR LE REFROIDISSEMENT DES TRANSFORMATEURS

1° **Ventilation artificielle.** — L'énergie nécessaire pour actionner le ventilateur est de 1/3 à 1/2 % de la puissance du transformateur, énergie dont on doit tenir compte dans l'évaluation du rendement.

On peut réduire cette consommation en adoptant un seul ventilateur pour plusieurs transformateurs.

Calcul du volume d'air. — La chaleur spécifique de l'air étant 0,306 gde cal. par mètre cube à la pression atmosphérique, on aura pour la chaleur enlevée :

$$Q = 0,306 \, V \Delta \theta \text{ g}^{\text{des}} \text{ cal.}$$

avec :

$V =$ volume d'air en m³,

$\Delta \theta =$ surélévation de température de l'air en degrés.

Exprimons Q en watts-seconde ; V étant ce volume d'air en millimètres cubes, on aura :

$$Q = 4,17 \times 0,306 \, V \times \Delta \theta = 1270 \, V \times \Delta \theta \text{ watts.}$$

Comme cette quantité de chaleur doit être au moins égale à celle dégagée par les pertes, si p représente ces pertes en watts, on aura finalement :

$$V = \frac{p}{1270 \, \Delta \theta}.$$

M. Behn Eschenburg donne, pour calculer le volume d'air, la formule suivante :

$$V = \frac{\varphi (1 - \eta)}{1,1 \, \Delta \theta}$$

dans laquelle :

$$V = \text{volume d'air à appeler par seconde en m}^3.$$
$$\varpi = \text{puissance du transformateur en K. W.}$$
$$\eta = \text{rendement.}$$

C'est au fond la même formule que plus haut, avec le coefficient 1,1, au lieu de 1,27, ce qui donne un peu plus de sécurité.

Surface de refroidissement. — Avec une bonne ventilation, on compte souvent 1 dm² de surface de refroidissement par 30 ou 40 watts de perte.

Cette puissance perdue par dm² est d'ailleurs très variable, car on peut pousser considérablement un transformateur en augmentant sa ventilation. (C'est là un avantage des transformateurs à ventilation forcée, de pouvoir augmenter leur puissance en cas de besoin, en remplaçant seulement le ventilateur par un plus puissant).

Il est bon, néanmoins, de ne pas exagérer la ventilation, d'abord pour ne pas trop diminuer le rendement, la puissance absorbée par la ventilation pouvant devenir importante, et ensuite surtout pour qu'en cas d'arrêt accidentel du ventilateur, le transformateur puisse continuer à fonctionner à pleine charge sans trop chauffer, pendant un temps suffisant pour que l'on puisse prendre des dispositions en conséquence.

2° Transformateurs dans l'huile. — L'huile a l'avantage d'assurer à la fois un meilleur refroidissement, parce que l'huile est assez bonne conductrice de la chaleur, un meilleur isolement, parce que l'étincelle traverse l'huile beaucoup plus difficilement que l'air (la distance explosive peut être réduite souvent de plus de moitié), et que les isolants, bois, papier, presspahn, acquièrent dans l'huile une très grande résistance d'isolement.

Huiles employées. — Huile résineuse spéciale, huile de vaseline ou de pétrole rectifiée. L'huile ne doit contenir ni eau, ni air, ni acide.

L'huile dissolvant certaines matières isolantes, il faut éviter l'emploi de ces matières comme, par exemple, la micanite qui, à la longue, s'effrite et se désagrège dans l'huile.

Remplissage. — On remplit la cuve du transformateur d'huile chaude après avoir séché très soigneusement le transformateur. Il est bon, pendant le remplissage, de continuer à chauffer en envoyant un courant dans la HT, la BT étant en court circuit.

Pour les très hautes tensions, on obtient de très bons résultats en faisant le vide avant le remplissage : pour cela, on place le transformateur dans une grande chambre fermée hermétiquement et dans laquelle on fait un vide aussi parfait que possible (jusqu'à 72 ou 73 centimètres). Une fois le vide obtenu, on envoie l'huile dans la cuve du transformateur. Il est alors inutile de chauffer l'huile. Cette huile se dilatant beaucoup, il ne faut pas remplir complètement la cuve.

Refroidissement de l'huile. — Jusqu'à 75 ou 100 KW, au maximum, il est inutile de refroidir l'huile artificiellement. On se contente de faire à la cuve, ordinairement en fonte, un très grand nombre de nervures, pour augmenter la surface du refroidissement. Pour les puissances élevées, il est indispensable de refroidir l'huile artificiellement. On y arrive par les moyens suivants :

Circulation d'huile. — Une petite pompe fait circuler l'huile de la cuve du transformateur dans un réfrigérant quelconque, d'où elle retourne au transformateur ; assez peu employé.

Thermo-siphon. — De chaque côté de la cuve centrale où se trouve le transformateur T sont placées deux petites cuves contenant un grand nombre de nervures et présentant une grande surface de refroidissement. L'huile se refroidit dans ces cuves latérales, et l'augmentation de densité qui en résulte, détermine un courant d'huile dans le sens des flèches. Exemple : transformateur de 750 KVA de l'A. E. G. de Berlin,

Fig. 91. — Refroidissement des transformateurs thermo-siphon.

pour le transport d'énergie de la Ferrière d'Allevard à Brignoud (Isère).

Circulation d'air. — Serpentin à la partie supérieure de la cuve et dans lequel on envoie un courant d'air par un ventilateur. Peu employé. Le dispositif suivant, lorsque l'eau ne fait pas défaut, est bien préférable.

Circulation d'eau. — L'eau circule dans un serpentin placé dans l'huile à la partie supérieure [Brown-Boveri (fig. 92), Oerlikon] Il faut alors que les joints du serpentin soient très bien faits, car les fuites sont toujours éminemment dangereuses pour l'isolement du transformateur.

On peut aussi faire circuler l'eau dans une cuve latérale contenant un grand nombre de chicanes et entourant la partie supérieure de la cuve à huile du transformateur (fig. 93). On n'a pas,

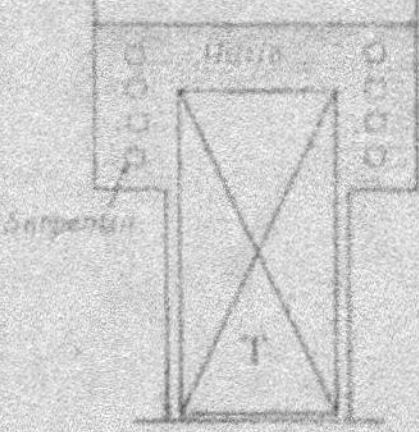

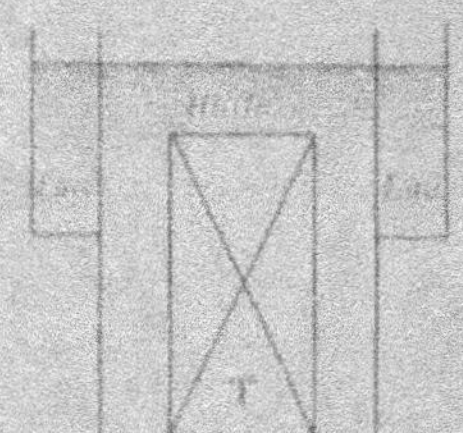

Fig. 92. — Refroidissement par circulation d'eau ou d'air.

Fig. 93. — Refroidissement par circulation d'eau dans une cuve latérale.

dans ce cas, à craindre les fuites. Dans tous les cas, on a intérêt à disposer le refroidissement à la partie supérieure pour qu'une circulation d'huile se produise par suite de l'augmentation de densité de l'huile refroidie.

Calcul du refroidissement par eau. — Un litre d'eau sortant avec une surélévation de température $\Delta\theta$ emporte : $4.170\ \Delta\theta$ watts, puisqu'une grande calorie représente 4.170 Joules.

Si p représente les pertes du transformateur en KW, et V le volume d'eau en litres par seconde, on a :

$$p = 4{,}17\ \text{V}\ \Delta\theta \text{ kilowatts} \qquad (1)$$

On peut donc faire varier V ou $\Delta\theta$.

Mais $\Delta\theta$, surélévation de température de l'eau, dépend de la surélévation de température du transformateur, de la surface du serpentin, et de la différence $\Delta\theta_1$, entre la température moyenne de l'eau $\left(t + \dfrac{\Delta\theta}{2}\right)$, (avec t, température ambiante) et la température de l'huile, sans laquelle la chaleur ne peut se transmettre. Si A est un coefficient tenant compte de toutes ces conditions, on aura :

$$p = \text{AS}\,\Delta\theta_1 \qquad (2)$$

S $=$ surface extérieure du serpentin.

La société Brown-Boveri a trouvé pour A, dans le cas d'un serpentin en fer, immergé dans l'huile minérale légère, et pour des transformateurs industriels déjà refroidis par le rayonnement de la cuve (sans nervures) :

$$A = 0,001035,$$

pour S exprimé en dm² et p en KW.

REMARQUE. — L'expérience ayant montré qu'il se forme autour du serpentin une couche d'huile de 5 millimètres d'épaisseur restant immobile et dont la conductibilité calorifique est très grande devant celle du métal formant le serpentin, on n'a aucun avantage à constituer celui-ci en cuivre plutôt qu'en fer.

Application. — On peut donner, comme application des deux formules précédentes, l'exemple suivant, emprunté à l'ouvrage très apprécié de l'un de nos collègues (1).

Transformateur triphasé de................	500 KVA
Rendement à pleine charge................	97 p. 100
Eau disponible : 8 litres par minutes........	15°
Température maxima admise pour l'huile..	60°

On veut calculer la longueur du serpentin constitué avec un tube de 30 millimètres de diamètre. Or :

$$p = 500 \times 0,03 = 15 \text{ kilowatts}.$$

d'où, d'après (1) :

$$\Delta\theta = \frac{15}{4,17\dfrac{8}{60}} = 27°.$$

L'eau sortira donc à la température :

$$27 + 15 = 42°,$$

Sa température moyenne sera :

$$\frac{15 + 42}{2} = 28°,5.$$

La différence de température entre l'huile et l'eau sera :

$$\Delta\theta_1 = 60° - 28°,5 = 31°,5.$$

(1) *La Technique des courants alternatifs*, tome II, chapitre XII. — Traduction, Montpellier.

D'autre part (2) donne :

$$S = \frac{15}{0,001035 \times 31,5} = 460 \text{ décimètres carrés,}$$

d'où la longueur du serpentin :

$$l = \frac{460}{\pi \times 0,3} = 49 \text{ mètres.}$$

longueur que l'on peut augmenter de 10 à 15 0/0 par sécurité.

COMPARAISON ENTRE LES TRANSFORMATEURS A VENTILATION ARTIFICIELLE ET LES TRANSFORMATEURS A HUILE

Les opinions sont très divisées à ce sujet, car les divers types des deux systèmes présentent des avantages et des inconvénients, que les conditions particulières de l'installation rendent plus ou moins sensibles.

Les transformateurs à ventilation artificielle présentent surtout l'avantage de permettre le remplacement facile des bobines HT en cas d'accident. Avec les transformateurs à huile, cette opération est beaucoup plus longue et plus délicate ; de plus, lorsque le transformateur a subi une avarie grave, il faut changer ou tout au moins filtrer l'huile, et au moment de la remise du transformateur dans cette huile, il est difficile de prendre sur place toutes les précautions que l'on prendrait à l'usine ; aussi, quand on ne possède pas un personnel exercé, est-il souvent préférable de retourner le transformateur en fabrique. On devra donc protéger très soigneusement les transformateurs à huile contre la foudre.

Les transformateurs à ventilation artificielle présentent par contre les inconvénients suivants :

Au moment de la mise en marche, et après chaque arrêt, il est quelquefois nécessaire de sécher très soigneusement les transformateurs, soit en installant un brasier dans le local où ils se trouvent, soit, ce qui est préférable quand on le peut, en envoyant un courant dans la HT, la BT étant en court-circuit.

Avec un transformateur à huile, il n'y a aucune précaution à prendre pour la mise en service.

A cause des grandes qualités isolantes de l'huile, les transformateurs dans l'huile, pour les très hautes tensions, sont plus faciles à construire, et résistent mieux.

Aussi les transformateurs pour les très hautes tensions (50.000 v. et au dessus) sont-ils toujours dans l'huile. Même ceux établis pour les tensions plus basses (20.000 v.) sont aussi plus souvent dans l'huile qu'à ventilation artificielle, surtout s'ils sont de faible puissance.

Lorsque les transformateurs à ventilation artificielle sont placés dans des kiosques, les moteurs ventilateurs doivent marcher continuellement et sans surveillance. Ils doivent également pouvoir démarrer seuls, dès que le courant est envoyé en ligne. Enfin, il faut que l'air envoyé dans les transformateurs ne soit pas trop humide et surtout ne contienne pas de poussières.

TRANSFORMATEURS SPÉCIAUX

I. — **Transformateurs à plusieurs bornes**. — Dans les très longs réseaux, il est indispensable de pouvoir régler la tension en différents points, suivant la charge et indépendamment de la station centrale.

On y arrive en plaçant dans les kiosques d'arrivée, des transfor-

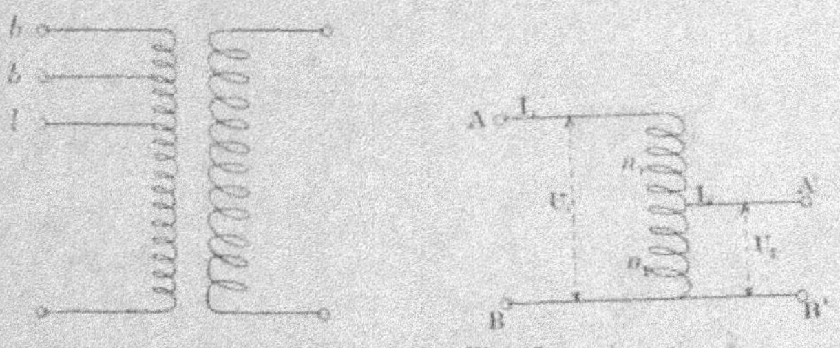

Fig. 94. — Transformateurs à plusieurs   Fig. 95. — Auto-transformateurs.
bornes.

mateurs à plusieurs bornes, permettant de faire varier le rapport de transformation. (fig. 94).

On dispose en général trois bornes b, b', b'' sur le primaire de préférence, de façon à faire varier la tension de 5 à 10 % en plus (borne b'') ou en moins (borne b).

II. — **Auto-transformateurs**. — Ce sont des transformateurs qui n'ont qu'un enroulement servant à la fois de primaire et de secondaire.

Si n_1 est le nombre de spires comprises entre les bornes A et A', et n_2 celui compris entre A' et B', on a sensiblement :

$$\frac{U_1}{U_2} = \frac{I_2}{I_1} = \frac{n_1 \pm n_2}{n_1}$$

avec le signe ($\pm$) car l'action des spires n_2 peut se retrancher de celle des spires n_1, ou s'y ajouter. On peut donc, avec ces transformateurs, augmenter ou diminuer la tension; aussi s'appellent-ils souvent survolteurs ou dévolteurs. Mais la variation de tension se fait dans un rapport fixe, dépendant du nombre de spires et non de la charge du réseau.

Comparé à un transformateur ordinaire à deux enroulements distincts, ce dispositif permet de réaliser une économie assez considérable, et d'autant plus importante que le rapport de transformation est plus voisin de 1. Soit :

K = Rapport de transformation,
P_1 = Poids de cuivre du transformateur ordinaire,
P_2 = Poids de cuivre de l'auto-transformateur.

Les deux transformateurs pouvant assurer le même service, on a :

$$\frac{P_1}{P_2} = \frac{K}{K-1};$$

c'est-à-dire que si K = 2/1, le poids de cuivre du transformateur ordinaire doit être double de celui de l'auto-transformateur.

Si K = 1,2/1, le poids de cuivre du transformateur ordinaire serait six fois plus grand que celui du transformateur à un seul enroulement.

En effet, si l'on admet que les spires sont toutes de même longueur, et que la densité de courant reste la même partout, on a sensiblement :

$$\frac{P_1}{P_2} = \frac{I_1 (n_1 + n_2) + I_2 n_2}{I_1 n_1 + n_2 (I_2 - I_1)}$$

car dans l'auto-transformateur les intensités se retranchent[1]. D'autre part, on a :

$$\frac{I_2}{I_1} = \frac{n_1 + n_2}{n_2} = K.$$

<hr>

[1]. On a adopté ici, aucune confusion n'étant possible, et pour simplifier les écritures, les notations

$$U_1, U_2, I_1, I_2,$$

au lieu des notations

$$U_{1er}, U_{2er}, I_{1er}, I_{2er}.$$

On en tire facilement :

$$\frac{P_1}{P_2} = \frac{K}{K-1}.$$

Dans les auto-transformateurs, il est à craindre que, dans certains cas, la différence de potentiel entre l'enroulement BT et la terre atteigne la valeur de la HT.

Ainsi (fig. 96), si la ligne correspondant à la borne A est à la terre, la ligne B' aura, par rapport à la terre, la différence de potentiel U_1. Pour éviter tout accident, il faut alors prendre la précaution de disposer des mises à la terre comme l'indiquent les figures 97, 98, 99.

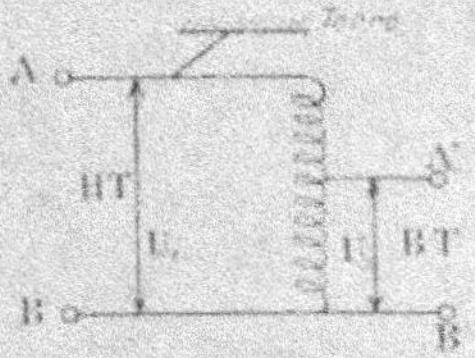

Fig. 96. — Possibilité d'accident par élévation de tension dans un auto-transformateur.

Les auto-transformateurs doivent donc être surtout employés lorsque le rapport de transformation est petit, par exemple, pour élever la tension de 3.000 à 5.000 volts.

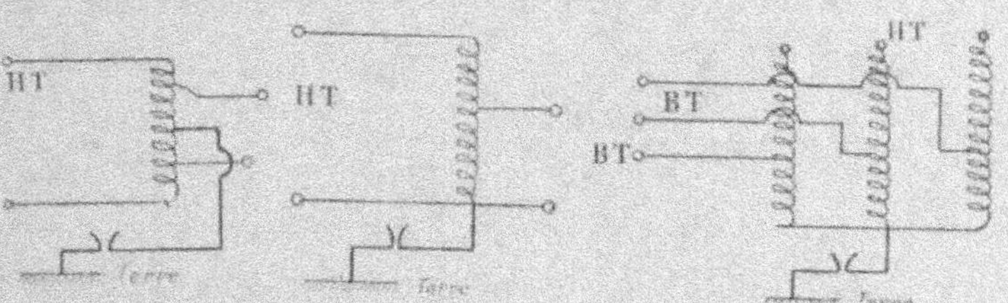

Fig. 97, 98 et 99. — Dispositif de sécurité à adopter dans le cas d'auto-transformateurs visés ci-dessus (fig. 95 et 96).

Lorsque l'on a soin de prendre les précautions convenables de mise à la terre, ces transformateurs ne présentent aucun inconvénient et permettent de réaliser une économie sensible.

III. — Auto-transformateurs pour le réglage de la tension. — La figure 100 donne le principe de ces appareils qui sont employés surtout pour le démarrage des moteurs, ou pour régler la tension dans un feeder.

Comme dans les réducteurs des batteries d'accumulateurs, il existe entre deux touches consécutives une certaine différence de potentiel.

On ne peut donc pas, en passant de l'une à l'autre, mettre ces

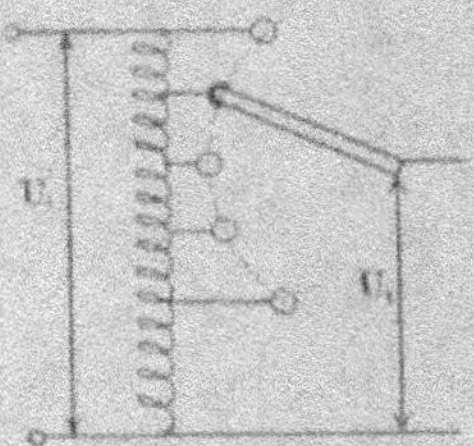

Fig. 106. — Auto-transformateur pour le réglage de la tension.

deux touches en court-circuit ; comme pour les réducteurs, on insère une résistance de passage.

Le réglage de la tension se fait par saccades.

MOTEURS ASYNCHRONES

PRINCIPE — CONSTITUTION — FONCTIONNEMENT

Généralités.

Principe des moteurs asynchrones. — On appelle moteurs asynchrones, ou moteurs d'induction, des moteurs constitués par un enroulement (primaire) parcouru par des courants alternatifs, diphasés ou triphasés, et par un enroulement (secondaire) composé de circuits fermés sur eux-mêmes, c'est-à-dire sans communication avec le réseau; un des circuits est mobile par rapport à l'autre, et il s'exerce entre eux un couple électrodynamique qui détermine la création d'une puissance mécanique.

Les moteurs de cette classe sont dits à champ tournant (notamment les moteurs à courants triphasés) parce que les enroulements primaires produisent, en somme, un champ tournant (ou, dans le cas du monophasé, un système de deux champs tournant en sens inverse) et que les enroulements secondaires, étant le siège de courants de même forme que ceux qui parcourent les enroulements primaires, tendent à se déplacer dans le sens du champ tournant (phénomènes notamment utilisés pour les compteurs à champs tournants.)

Les courants induits ne peuvent prendre naissance qu'autant que le mouvement du circuit qui leur est affecté, par rapport au circuit inducteur, n'est pas synchrone de la pulsation du courant alternatif du réseau, d'où le nom de moteurs asynchrones.

EXPÉRIENCE D'ARAGO

Courants de Foucault. Forme simple des moteurs asynchrones. Au point de vue historique, le principe des moteurs asynchrones est tout entier contenu dans l'expérience dite de la rotation d'Arago (fig. 101). Si l'on imprime à l'aimant NS un mouvement de rotation autour de l'axe Z, le disque de cuivre D tend à être entraîné et à suivre le mouvement de l'aimant ; de plus, le disque est le siège de courants de Foucault. Comme nous l'avons dit maintes fois, un couple C_2 s'exerce entre l'aimant et le disque (ou plus généralement entre le champ et les courants induits).

La puissance perdue par courants de Foucault est évidemment de la forme :

$$P_r = K (\omega_1 - \omega_2)^2$$

en appelant : ω_1 la vitesse angulaire du champ, ω_2 la vitesse angulaire du disque, et K une constante.

D'où :

$$C_2 = K (\omega_1 - \omega_2)$$

La puissance mécanique qu'il a fallu dépenser pour faire tourner l'aimant est :

$$P_m = C_2 \omega_1$$

La puissance mécanique recueillie est :

$$P_u = C_2 \omega_2.$$

La puissance perdue :

$$P_p = C_2 (\omega_1 - \omega_2)$$

et le rendement de l'opération :

$$\eta = \frac{P_u}{P_m} = \frac{C_2 \omega_2}{C_2 \omega_1} = \frac{\omega_2}{\omega_1}.$$

Observations. — Remarquons que dans les expériences du type de celle d'Arago, on suppose que les disques employés sont en métal non magnétique, pour que le phénomène ne se complique pas d'une question d'hystérésis. Nous citerons, parmi le grand nombre d'expérimentateurs dont les travaux ont contribué à la constitution définitive des moteurs à champs tournants, tels qu'ils sont employés aujourd'hui : Marcel Despretz, Ferraris, Nikola Tesla, Dobrowolsky, Brown et Blondel.

REMARQUES. I. — Comme on l'a vu, il faut que le mouvement relatif des deux circuits ne soit pas synchrone par rapport à la pulsation du courant d'alimentation.

Le primaire peut rester fixe (stator), c'est le cas général ; le secondaire est alors mobile (rotor). Cette répartition des rôles est logique, car le secondaire est souvent fermé sur lui-même, soit à demeure, soit au moins en marche normale. C'est la solution la plus prudente et la plus employée ; mais la répartition inverse est possible théoriquement (dans certains cas, en traction, par exemple) Les courants sont amenés au circuit fixe par des bornes, et au circuit mobile par des bagues et des frotteurs.

II. — On voit déjà l'analogie existant entre un transformateur et un moteur asynchrone.

Un tel moteur transforme une partie de la puissance fournie $C_p \omega_1$, en puissance mécanique $C_p \omega_2$. La puissance $C_p (\omega_1 - \omega_2)$ disparaît.

Dans un transformateur, la puissance fournie est restituée sous forme électrique.

Un moteur asynchrone dont le rotor est calé, constitue un véritable transformateur. Le rapport du nombre de conducteurs périphériques des deux circuits, en tenant compte du mode de groupement de ces conducteurs, donne le rapport de transformation.

Dans les deux cas, les pertes dans le fer et dans le cuivre du transformateur ou du moteur, constituent les deux sources analogues de perte d'énergie. A signaler en plus, dans le moteur, les pertes par frottements mécaniques.

CONSTITUTION THÉORIQUE D'UN CHAMP TOURNANT.

1° Par des courants diphasés. — Soit un système de deux bobines identiques à angle droit, alimentées par des courants diphasés :

$$I_1 = I_0 \cos \Omega t$$

$$I_2 = I_0 \cos \left(\Omega t + \frac{\pi}{2} \right)$$

Ce sont des courants de même valeur maxima et décalés de $\frac{\pi}{2}$ sur le diagramme circulaire.

Ces bobines engendrent des champs H_1 et H_2 de la forme :

$$H_1 = H_0 \cos \Omega t$$

$$H_2 = H_0 \cos \left(\Omega t + \frac{\pi}{2} \right).$$

Représentons H_1 et H_2 par deux vecteurs.

Ferraris a montré que le système des deux bobines engendre,

au voisinage du point d'intersection des vecteurs représentatifs de H_1 et H_2, un champ tournant de grandeur constante (fig. 102).

Soient X et Y les composantes de ce champ suivant deux axes dont les directions coïncident avec celles de H_1 et H_2 ; remarquons que H_1 et H_2 ont des longueurs variables, mais des directions fixes. On a identiquement :

$$X = H_1$$
$$Y = H_2$$

Donc on peut considérer H_1 et H_2 comme les composantes X et Y d'un champ de grandeur constante H_0, tournant avec la vitesse

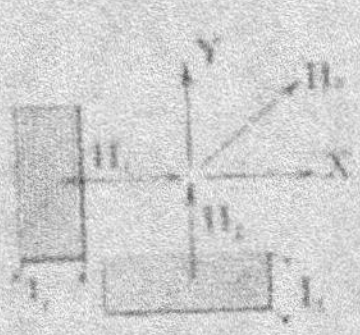

Fig. 102. — Constitution d'un champ tournant avec deux champs alternatifs rectangulaires, alimentés par des courants alternatifs en quadrature.

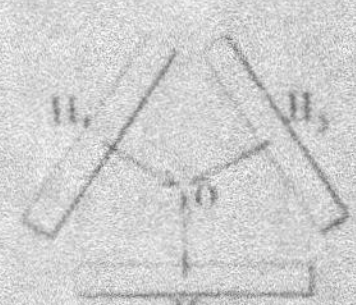

Fig. 103. — Constitution d'un champ tournant avec trois champs décalés de $2\frac{\pi}{3}$ dans l'espace et de $2\frac{\pi}{3}$ dans le temps.

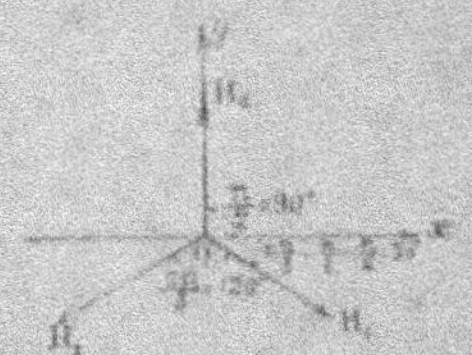

Fig. 104. — Composition de vecteurs permettant la constitution du champ tournant résultant.

angulaire Ω (pulsation du courant d'alimentation, égale à la vitesse de rotation du diagramme circulaire.)

2° Par des courants triphasés. — On peut, d'une façon analogue, réaliser un champ tournant avec trois bobines décalées de $\frac{2\pi}{3}$ dans l'espace, réparties symétriquement sur une circonférence et parcourues par des courants triphasés (fig. 103 et 104).

Les vecteurs représentant les champs créés par ces bobines se coupent au centre de la circonférence. Au voisinage de ce centre, les champs se combinent de façon à donner un champ tournant.

Prenons deux axes rectangulaires ox, oy, l'axe oy coïncidant avec la direction de H_1.

Projetons H_1, H_2, H_3 sur ces axes; si :

$$H_1 = H_0 \cos \Omega t$$
$$H_2 = H_0 \cos \left(\Omega t + 2\frac{\pi}{3} \right)$$

$$H_3 = H_0 \cos\left(\Omega t + 4\frac{\pi}{3}\right)$$

En supposant que H_2 est la phase en avance et H_1 la phase en retard, nous aurons pour les projections sur l'axe des x :

$$H_{1x} = H_0 \cos\Omega t \cos\left(-\frac{\pi}{6}\right)$$

$$H_{2x} = H_0 \cos\left(\Omega t + 2\frac{\pi}{3}\right) \cos\frac{\pi}{2}$$

$$H_{3x} = H_0 \cos\left(\Omega t + 4\frac{\pi}{3}\right) \cos\left(\frac{\pi}{2} + \frac{2\pi}{3}\right)$$

et pour les projections sur l'axe des y :

$$H_{1y} = H_0 \cos\Omega t \cos\left(-\frac{\pi}{2} - \frac{\pi}{6}\right)$$

$$H_{2y} = H_0 \cos\left(\Omega t + 2\frac{\pi}{3}\right) \cos(0)$$

$$H_{3y} = H_0 \cos\left(\Omega t + 4\frac{\pi}{3}\right) \cos\left(\frac{2\pi}{3}\right).$$

S'il existe un champ résultant (en particulier un champ de grandeur constante) dont les composantes soient respectivement représentées par H_1, H_2, H_3, on pourra écrire, pour les composantes de ce champ suivant les deux axes :

$$X = H_{1x} + H_{2x} + H_{3x}$$
$$Y = H_{1y} + H_{2y} + H_{3y}.$$

On constate aisément que X et Y ont respectivement pour valeurs :

$$X = 3\frac{H_0}{2}\cos\left[(-\Omega)t - \frac{\pi}{6}\right]$$

$$Y = 3\frac{H_0}{2}\cos\left[(-\Omega)t - \frac{\pi}{6}\right]$$

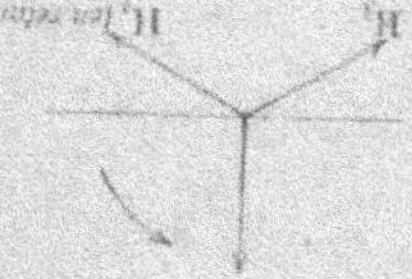

Fig. 105. — Champs tournants dûs à un système triphasé. Spécification des phases en avance et des phases en retard.

Le signe — figurant devant Ω dans l'expression des composantes du champ tournant peut être fait pour surprendre. Voyons ce qu'il signifie. Supposons animé de la vitesse angulaire Ω le diagramme des trois intensités triphasées de même valeur maxima. H_1 est en retard par rapport à H_2 ; dans le diagramme ci-contre, animé de la vitesse angulaire Ω dans le sens direct et habituel des angles, H_1 est décalé de $\frac{2\pi}{3}$ en arrière de H_2, fig. 105..

Sur la même feuille, animons le champ tournant $\dfrac{3H_0}{2}$ de la vitesse angulaire $-\Omega$; il se déplacera en sens contraire du sens de déplacement du diagramme représentant le système triphasé.

D'où la conclusion suivante:

Dans la constitution d'un champ tournant à l'aide de bobines triphasées (ou diphasées), le champ de grandeur constante se déplace en sens inverse de l'ordre de préséance des phases, avec la vitesse

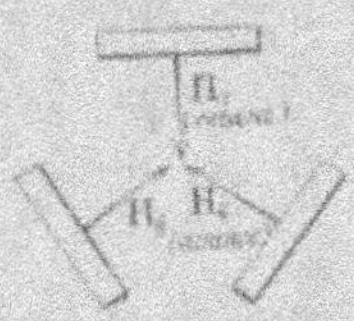

Fig. 106. — Champs tournants. Constitution de ces champs avec trois bobines élémentaires composantes. Phase en retard et phase en avance.

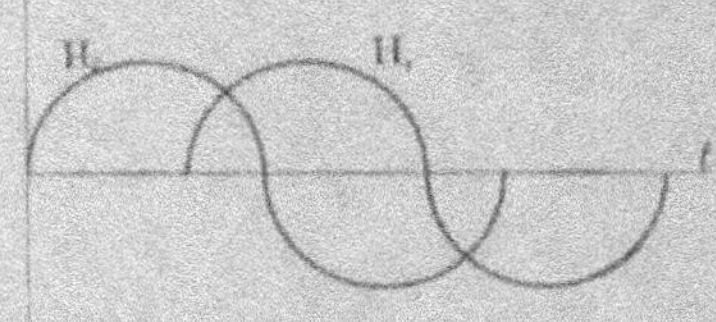

Fig. 107. — Champs tournants. Représentations géométriques simultanées des phases en avance et des phases en retard.

angulaire absolue Ω. En d'autres termes, il se dirige de la phase en avance vers la phase en retard.

Cette remarque est extrêmement importante. Dans le cas d'un moteur asynchrone schématique, tel que celui figuré ci-dessus, elle montre que, si l'on a marqué la phase H_2 en avance par rapport à la phase H_1, le champ se déplace dans le sens H_2 vers H_1 (fig. 106 et 107).

Appelons H'_1, H'_2 H'_3 les nouvelles valeurs des champs quand le temps est devenu :

$$t' = t + \frac{T}{3}$$

T étant la période du courant d'alimentation.

Nous aurons respectivement pour ces trois champs :

$$H'_1 = H_0 \cos\left(\Omega t + \Omega \frac{T}{3}\right) = H_0 \cos\left(\Omega t + \frac{2\pi}{3}\right) = H_2$$

et de même :

$$H'_2 = H_3$$
$$H'_3 = H_1$$

Donc tout se passe comme si, au bout du temps $\dfrac{T}{3}$, le champ H_2 s'était substitué au champ H_1, le champ H_3 au champ H_2, et le champ H_1 au champ H_3.

Généralisation. — *Moteurs et champs multipolaires.* — Sur une circonférence divisée en p parties égales, considérons p systèmes de trois bobines alimentées par trois courants triphasés, bobines se chevauchant ou non (voir ci-après constitution pratique des moteurs à champs tournants).

Les axes de ces bobines faisant entre eux des angles $\dfrac{2\pi}{3p}$, l'état magnétique de l'espace compris à l'intérieur de la circonférence

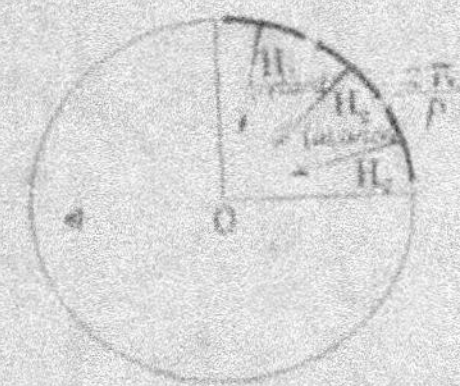

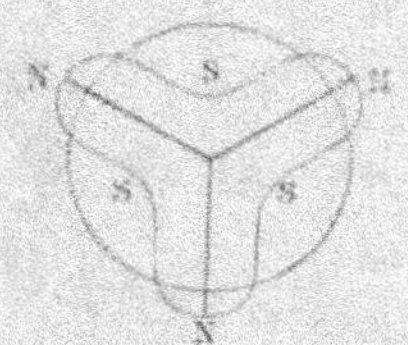

Fig. 108. — Champs tournants multipolaires. Constitution d'une péri de par trois bobines décalées de $\dfrac{2\pi}{3p}$ et parcourues respectivement par les courants d'un système triphasé.

Fig. 109 — Répartition instantanée dans l'entrefer de l'induction dans un moteur asynchrone à $2\,p = 6$ pôles.

peut être considéré comme caractérisé par les ordonnées d'une courbe qui se déplace, avec une vitesse angulaire $\omega = \dfrac{\Omega}{p}$, des phases en avance vers les phases en retard. Un « champ tournant » en résulte donc dans ledit espace (fig. 108 et 109).

Pour comprendre le mode d'action de ce champ tournant, nous pouvons le remplacer par un aimant à $2\,p$ pôles tournant avec la vitesse angulaire $\omega = \dfrac{\Omega}{p}$, ou encore au point de vue de la fréquence des effets qu'il va produire, par un aimant bipolaire $(p = 1)$ tournant avec la vitesse angulaire $p\,\omega = \Omega$.

Les champs créés par les trois bobines étant :

$$H_1 = H_0 \cos\Omega t$$

$$H_2 = H_0 \cos\Omega t \left(\Omega t + \frac{2\pi}{3}\right)$$

$$H_3 = H_0 \cos\Omega t \left(\Omega t + \frac{4\pi}{3}\right)$$

un raisonnement analogue à celui fait dans le cas précédent $(p = 1)$, nous montrerait que, lorsque le temps est devenu :

$$t = t + \frac{T}{3}$$

(T étant la période du courant d'alimentation), tout se passe comme si H_2 s'était substitué à H_1, H_3 à H_2, et H_4 à H_3, et ainsi de suite en se déplaçant sur la circonférence.

En général, si m est le nombre de phases, $2p$ le nombre de pôles, au bout du temps $\dfrac{T}{m}$, chaque champ s'est substitué au champ qui le précédait de $\dfrac{2\pi}{mp}$.

CONSTITUTION PRATIQUE DES MOTEURS A CHAMPS TOURNANTS

Nous distinguerons d'abord :

Le Stator ou primaire (dans le cas général).

Le Rotor ou secondaire —

Les circuits magnétiques sont constitués par des anneaux de tôle à faible coefficient d'hystérésis; elles sont rainées sur les surfaces en regard, et supportent les enroulements. L'intervalle qui les sépare, ou *entrefer*, doit être aussi faible que possible, condition dont on conçoit nettement l'utilité, car le moteur joue le rôle, comme nous l'avons dit, d'un transformateur à circuit secondaire mobile.

A. Enroulement du stator. — Dans la majorité des cas, l'enroulement du stator est identique à celui d'un alternateur polyphasé à pôles alternés et à bobines longues[1]. On sait que dans un tel enroulement, à un nombre de rainures (ou de groupes de rainures, comportant des fils enroulés parcourus par des courants de même sens), égal au nombre des phases, correspondrait un pôle de l'alternateur. On appellera donc pôle, dans un moteur d'induction, un tel ensemble de rainures enroulées.

Dans un moteur triphasé, un pôle comportera trois rainures (ou trois groupes de rainures) correspondant à une phase. Les rainures de même phase de deux pôles de noms contraires contiennent les fils d'une même bobine. C'est là une différence avec les pôles inducteurs d'alternateurs, avec qui on pourrait établir une analogie lointaine, le stator du moteur jouant le rôle de l'inducteur de l'alternateur. La figure (110) montre clairement cette différence.

---

1. Il peut cependant être à bobines courtes et comprendre une bobine par pôle et par phase.

ENROULEMENT DU MOTEUR

La figure 110 nous donne la représentation des champs : deux pôles forment un champ.

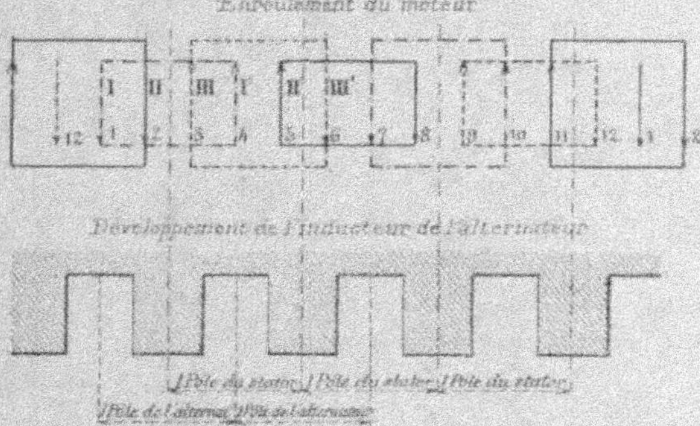

Fig. 110. — Constitution d'un moteur asynchrone. Comparaison avec l'enroulement d'un alternateur.

La bobine développée d'une phase donne l'aspect indiqué. Chaque phase comporte deux extrémités I I', II II', III III' (fig. 111).

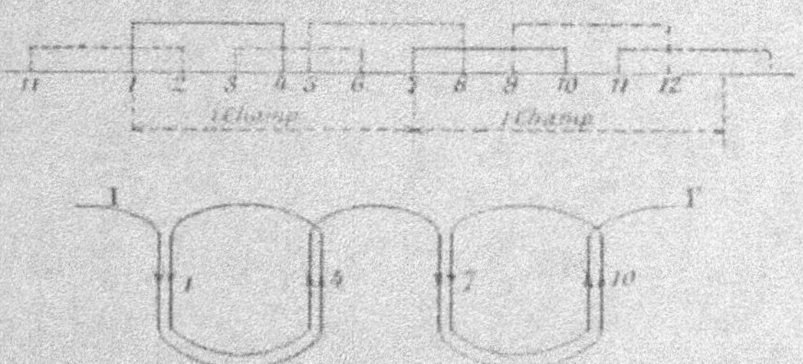

Fig. 111. — Constitution d'un moteur asynchrone. Enroulement du stator.

On peut coupler le stator en étoile (I II III couplés en un même

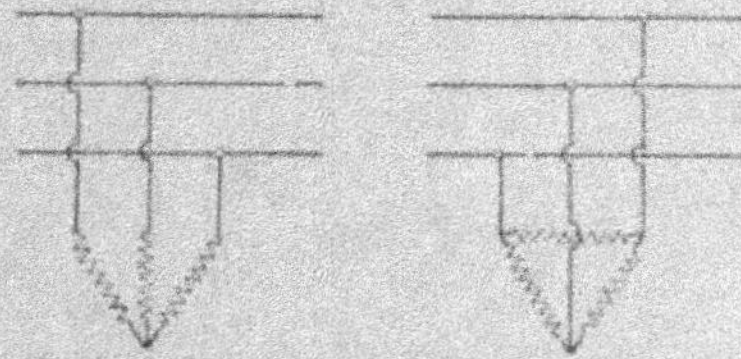

Fig. 112. — Constitution d'un moteur asynchrone. Couplage du stator en étoile.

Fig. 113. — Constitution d'un moteur asynchrone. Couplage du rotor en triangle.

point), avec les mêmes précautions que nous avons signalées pour les alternateurs (fig. 112).

On peut aussi adopter l'enroulement en triangle (fig. 113).

Fig. 114 et 115. — Enroulement d'un stator de moteur asynchrone à deux trous par pôle et par phase.

Les figures ci-après nous donnent une généralisation des enroulements précédents :

2 trous par pôle et par phase (fig. 114 et 115).
3   —   —   (fig. 116)

Fig. 116. — Enroulement d'un stator de moteur asynchrone à trois trous par pôle et par phase.

Autre mode d'enroulement. — Le précédent mode d'enroulement, dit par phases séparées, ou par bobines longues est, comme

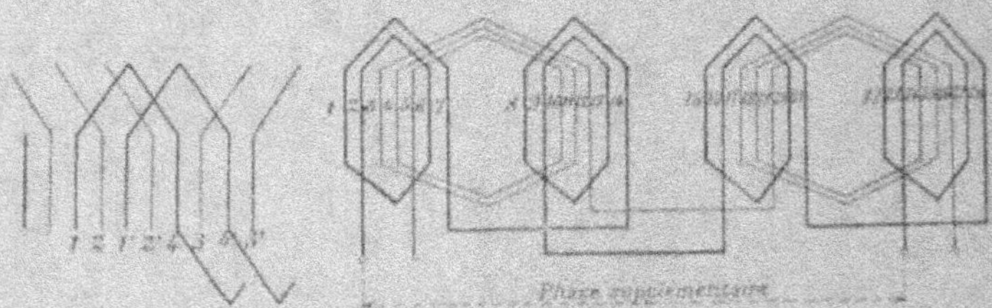

Fig. 117. — Enroulement de stator d'un moteur asynchrone à phases dites chevauchées.

Fig. 118. — Enroulement de stator de moteur asynchrone avec phase supplémentaire de démarrage.

nous l'avons dit, tout à fait analogue à ceux employés pour les alternateurs. Il est de beaucoup le plus employé.

On utilise aussi dans certains cas un mode dit « à phases chevauchées » tout à fait analogue à celui employé en courant continu, et représenté ci-contre (fig. 117).

On connaît aussi (Alioth) des enroulements chevauchés dans lesquels les conducteurs appartenant à une même phase sont juxtaposés sans l'intermédiaire de conducteurs appartenant à d'autres phases.

Ces enroulements présentent quelquefois certains avantages, au point de vue de la forme sinusoïdale des inductions dans l'entrefer.

Quelquefois aussi on rencontre des moteurs monophasés pourvus d'une phase supplémentaire servant simplement au démarrage (fig. 118).

Coefficient de réduction des enroulements. — On peut, de même que pour les alternateurs, définir un coefficient de réduction des inductions dans l'entrefer. C'est le nombre par lequel il faut multiplier (même dans le cas des inductions sinusoïdales) les inductions maxima, multipliées au préalable par $\dfrac{1}{\sqrt{2}}$, pour avoir les inductions efficaces (ce sont ces dernières qui entrent dans les calculs de la f.é.m. moyenne dans un conducteur). On trouve, dans l'immense majorité des cas, que ce coefficient est voisin de 0,95, et très rarement inférieur à 0,85.

On peut adopter cette dernière valeur qui est très suffisante dans un avant-projet. Nous aurons d'ailleurs l'occasion de revenir sur cette question.

B. Enroulement du rotor. — Les rotors des moteurs de faible puissance sont constitués par des barres de cuivre réunies latéralement par des frettes en cuivre ou en maillechort, et constituent ce qu'on appelle une cage d'écureuil. Cette cage fonctionne comme le disque de l'expérience d'Arago, c'est-à-dire tourne en vertu des courants induits développés dans les conducteurs qui la constituent.

Certaines relations lient le nombre de barres au système inducteur. On les comprendra mieux plus tard.

Pour les puissances supérieures à 4, 5, ou même 10 HP, on emploie des rotors enroulés à peu près comme les stators, mais pouvant être munis, dans certains cas, d'un nombre de phases différent de celui du stator, ce qui est théoriquement possible, étant donné ce fait que tout se passe, au point de vue du courant

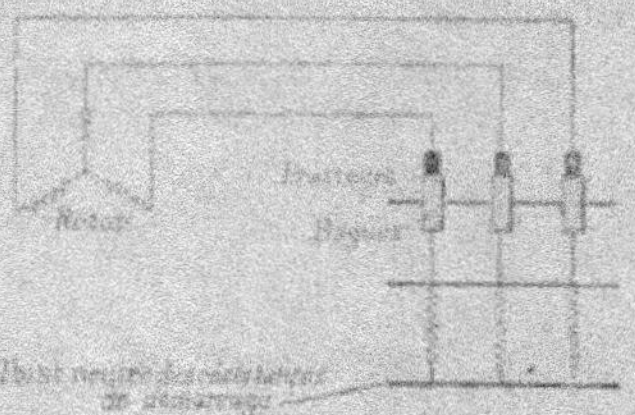

Fig. 119. — Enroulement en étoile de rotor de moteur asynchrone. Bagues et résistances de démarrage.

induit, comme si un champ constant, dû au stator, tournait avec la vitesse.

$$\Omega_1 = \frac{\Omega}{p} - \omega' \qquad \begin{cases} \Omega \text{ étant la pulsation du courant} \\ \qquad \text{d'alimentation} \\ \text{et } \omega' \text{ étant la vitesse angulaire du rotor.} \end{cases}$$

En d'autres termes, la manière dont est créé ce champ tournant, n'intervient pas, ou au moins théoriquement.

Les enroulements du rotor, toujours en étoile, aboutissent le plus souvent à 3 bagues, et de là, par des frotteurs, à des résistances de démarrage (fig. 119).

REMARQUE. — En ce qui concerne la constitution du secondaire, il convient, pour avoir toujours de bons démarrages, d'essayer de disposer d'un nombre de trous différent au primaire et au secondaire; sinon le moteur peut se trouver bloqué, fonctionnant alors comme un transformateur en court-circuit et ne démarrant pas en raison de la complète symétrie du système.

(Même remarque en ce qui concerne les enroulements avec nombre de trous multiples les uns des autres.)

PRODUCTION DES CHAMPS TOURNANTS EN PRATIQUE

On pourrait établir toute cette théorie des moteurs asynchrones en utilisant nos remarques sur la réaction d'induit des alternateurs. Nous laissons au lecteur le soin de le faire.

Champ dû au stator seul (champ statique). — Considérons un induit d'alternateur, ou un stator de moteur asynchrone triphasé, développé. Les bobines de la classe (1-4) développent à un instant donné un champ :

$$\mathcal{H}_1 = \mathcal{H}_0 \cos \Omega t$$

celles de la classe (3-6) un champ :

$$\mathcal{H}_3 = \mathcal{H}_0 \cos \left(\Omega t - \frac{2\pi}{3} \right)$$

celles de la classe [2 — 5,7] un champ :

$$\mathcal{H}_2 = \mathcal{H}_0 \cos \left(\Omega t + \frac{2\pi}{4} \right)$$

On a, comme l'on sait, la relation suivante entre les valeurs instantanées de ces champs :

$$\mathcal{H}_1 + \mathcal{H}_2 + \mathcal{H}_3 = 0$$

pure relation algébrique qui ne suppose rien sur la composition de ces valeurs, ce qui serait absurde (fig. 120).

Ce sont donc des champs triphasés, et leurs vecteurs représen-

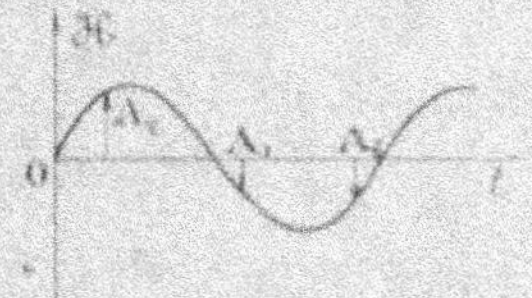

Fig. 120. — Répartition instantanée dans l'entrefer des inductions composantes dans un stator seul (moteur asynchrone).

Fig. 121. — Valeurs instantanées respectives des courants dans les trois phases du moteur.

tatifs, situés au milieu des bobines, ont une somme algébrique nulle. Pour tenir compte de la forme alternative du courant, déplaçons, en respectant l'ordre des phases ($\mathcal{H}_1$ en avance sur $\mathcal{H}_2$, $\mathcal{H}_2$ en retard sur $\mathcal{H}_3$), une courbe sinusoïdale de valeur maxima $\mathcal{H}_0$. Les intersections des axes des bobines A_1, A_2, A_3, avec cette courbe, nous donneront les valeurs des champs aux divers instants. On peut laisser la courbe sinusoïdale fixe et faire déplacer le système des ordonnées A_1, A_2, A_3 par rapport à cette courbe, et, en particulier, rapporter les positions de ce système à un index, ou faire l'hypothèse inverse (fig. 121).

Il en résulte que, lorsque les bobines du stator seront parcourues par un courant alternatif, tout se passera comme si la courbe sinusoïdale ci-dessus se déplaçait avec une vitesse égale à la pulsation, dans le sens inverse de celui de la préséance des phases, de manière à produire, dans les diverses phases, des champs respectivement donnés à un même instant par H_1, H_2, H_3, (H_1, H_2 et H_3 étant les grandeurs des vecteurs-intersections des axes des bobines avec la courbe précédente) :

H_1 est le champ moyen dû à la phase 1,
H_2 est le champ —   —   2.
H_3 est le champ —   —   3.

Suivant le mode d'enroulement, ces champs peuvent se superposer d'une manière analogue à la suivante. La figure 122 représente les bobines correspondant aux diverses phases. Les directions a_1 A_1, a_2 A_2, a_3 A_3, représentent celles des champs positifs.

Chacune de ces phases développe un champ H_1, H_2 ou H_3, ou une

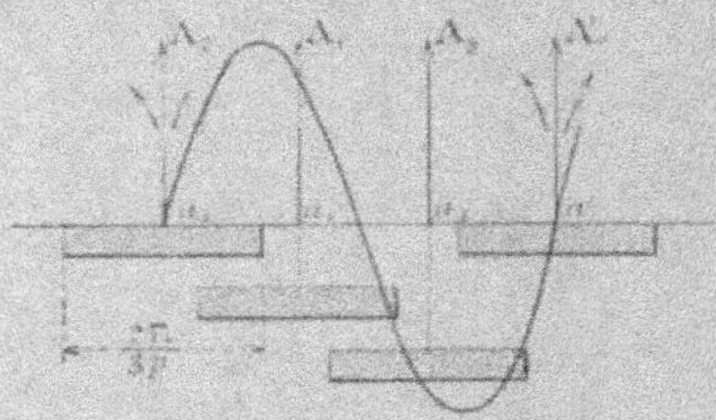

Fig. 122. — Valeurs instantanées respectives des champs dans les trois phases du moteur.

induction $\mathcal{B}_1$, $\mathcal{B}_2$, $\mathcal{B}_3$, dans la portion d'entrefer située en face. Les portions de l'entrefer correspondant aux espaces intercalaires séparant deux bobines d'une même phase, servent au retour des lignes de force. (Inductions représentées par — $\mathcal{B}_1$, — $\mathcal{B}_2$, — $\mathcal{B}_3$, puisque les lignes de force circulent en sens inverse.)

Il est facile de voir que, si l'on admet que les moteurs fonctionnent toujours loin de la saturation (c'est-à-dire que les inductions développées peuvent être considérées comme proportionnelles aux forces magnéto-motrices), ce qui caractérise à un instant donné la valeur de l'induction dans l'entrefer, c'est le nombre des amp.-tours instantanés enserrant cette partie de l'entrefer qui la constitue. Dans l'espace correspondant à deux encoches successives d'une même phase, l'induction reste la même. Elle s'accroît ou diminue brusquement quand on passe par une encoche (au moins théoriquement).

Il est à peu près inutile de dire, qu'en pratique, les courbes en escalier ainsi obtenues sont adoucies par de multiples causes que nous détaillerons plus loin.

L'induction dans l'entrefer, à un instant déterminé, s'obtiendra en faisant la somme algébrique des inductions partielles développées dans la région correspondante, à cet instant, en représentant (c'est une simple convention) par des ordonnées algébriquement positives ($+ \mathfrak{B}$) les inductions correspondant à un faisceau de lignes de force quittant un cadre de stator pour aboutir au rotor, et par des ordonnées algébriquement négatives ($- \mathfrak{B}$) les inductions dues aux lignes de force quittant le rotor pour gagner l'espace creux du stator sur la phase considérée [1].

REMARQUE. — Certains enroulements ne présentent pas ces espaces creux; mais les bobines garnissant les encoches 4-7, par exemple, reçoivent les flux émis par les bobines 1-4 et y ajoutent le leur. Les conventions de signes restent les mêmes.

DISTRIBUTION DE L'INDUCTION
DANS L'ENTREFER A UN INSTANT QUELCONQUE

Imaginons d'abord que le temps ne varie pas, c'est-à-dire que les courants du stator soient fixés à la valeur qu'ils possèdent à un certain moment. Considérons, pour simplifier, le moteur de la figure précédente. A l'instant $t = 0$, le courant qui parcourt la phase I est nul.

On a donc, (cadre 1 — 4) :

$$\mathfrak{B}_1 = \mathfrak{B}_0 \cos \Omega t = 0$$

$\mathfrak{B}_1$ est l'induction due à la phase I considérée comme si elle était seule.

Mais le cadre $[2 - (n - 1)]$ ou plus simplement $(2 - 5)$ exerce à ce moment l'induction (phase II) :

$$\mathfrak{B}_2 = \mathfrak{B}_0 \cos \left(\Omega t + \frac{2\pi}{3} \right).$$

Dans l'espace $(n - 3)$ reviennent les lignes de force de la phase III, donnant lieu à une induction composante

$$\mathfrak{B}_3 = \mathfrak{B}_0 \cos \left[\Omega t + \frac{4\pi}{3} \right]$$

---

1. Plus généralement ($+ \mathfrak{B}$) pour les cadres d'une demi-période, et ($- \mathfrak{B}$) pour les cadres de la deuxième demi-période.

prise avec le signe (—), car c'est un pôle creux, ou vide, c'est-à-dire correspondant à l'espace séparant deux bobines.

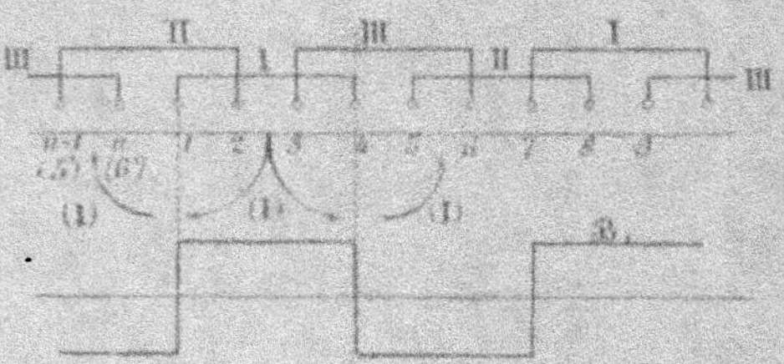

Fig. 123. — Construction des courbes de l'induction dans l'entrefer due à l'une des phases considérée comme isolée.

L'induction résultante, dans la portion d'entrefer correspondant à l'espace compris entre les encoches 1-2, sera :

$$\mathcal{B}_{1-2} = \mathcal{B}_1 + \mathcal{B}_2 + \mathcal{B}_3$$

et ainsi de suite.

D'où le tableau correspondant à la figure 123 :

De 1 à 2

$$\mathcal{B} = \mathcal{B}_1 + \mathcal{B}_2 - \mathcal{B}_3 = \mathcal{B}_0 \left[\cos \Omega t + \cos \left(\Omega t + \frac{2\pi}{3} \right) - \cos \left(\Omega t + \frac{4\pi}{3} \right) \right]$$

De 2 à 3

$$\mathcal{B} = \mathcal{B}_1 - \mathcal{B}_2 + \mathcal{B}_3 = \mathcal{B}_0 \left[\cos \Omega t - \cos \left(\Omega t + \frac{2\pi}{3} \right) - \cos \left(\Omega t + \frac{4\pi}{3} \right) \right]$$

De 3 à 4

$$\mathcal{B} = \mathcal{B}_1 - \mathcal{B}_2 + \mathcal{B}_3 = \mathcal{B}_0 \left[\cos \Omega t - \cos \left(\Omega t + \frac{2\pi}{3} \right) + \cos \left(\Omega t + \frac{4\pi}{3} \right) \right]$$

De 4 à 5

$$\mathcal{B} = -\mathcal{B}_1 - \mathcal{B}_2 + \mathcal{B}_3 = \mathcal{B}_0 \left[-\cos \Omega t - \cos \left(\Omega t + \frac{2\pi}{3} \right) + \cos \left(\Omega t + \frac{4\pi}{3} \right) \right]$$

De 5 à 6

$$\mathcal{B} = -\mathcal{B}_1 + \mathcal{B}_2 + \mathcal{B}_3 = \mathcal{B}_0 \left[-\cos \Omega t + \cos \left(\Omega t + \frac{2\pi}{3} \right) + \cos \left(\Omega t + \frac{4\pi}{3} \right) \right]$$

De 6 à 7

$$\mathcal{B} = -\mathcal{B}_1 + \mathcal{B}_2 - \mathcal{B}_3 = \mathcal{B}_0 \left[-\cos \Omega t + \cos \left(\Omega t + \frac{2\pi}{3} \right) - \cos \left(\Omega t + \frac{4\pi}{3} \right) \right]$$

1. Pour ne pas compliquer la figure à l'excès, on a représenté les inductions ne correspondant qu'au plein des bobines. Pour être complet, il faut, dans les portions d'entrefer correspondant aux parties creuses, installer des inductions de sens contraire.

Il est, du reste, facile de démontrer que les inductions dans chacune des six régions 1-2, 2-3, etc.., sont de la forme :

$$\mathfrak{B}_{1\text{-}2} = 2\,\mathfrak{B}_0 \cos\left(\Omega t + \frac{\pi}{3}\right)$$

$$\mathfrak{B}_{2\text{-}3} = 2\,\mathfrak{B}_0 \cos\left(\Omega t\right)$$

$$\mathfrak{B}_{3\text{-}4} = 2\,\mathfrak{B}_0 \cos\left(\Omega t - \frac{\pi}{3}\right) \text{ etc., etc.}$$

et ainsi de suite pour la demi-période suivante.

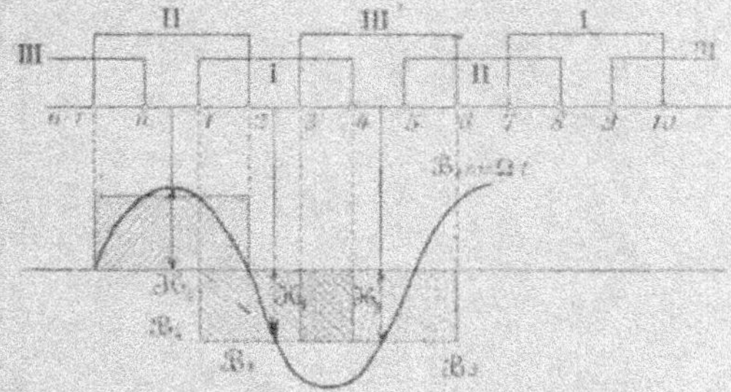

Fig. 124. — Distribution des inductions à un instant quelconque dans l'entrefer d'un moteur asynchrone.

La courbe ainsi obtenue se déplacera dans l'entrefer de manière à ce que, au bout du temps correspondant à l'écart $\frac{\pi}{6}$, l'induction $\mathfrak{B}_{1\text{-}2}$ ait pris la valeur qu'avait l'induction $\mathfrak{B}_{3\text{-}6}$ dans le sixième de période précédent. Tout se passera donc, au point de vue des effets généraux, comme si la courbe d'induction dans l'entrefer se déplaçait dans l'entrefer avec une vitesse angulaire $\omega \left(\omega = \dfrac{\Omega}{p}\right)$ cette vitesse ω étant celle du synchronisme (fig. 124).

REMARQUES. — I. Il semble que le résultat obtenu ci-dessus $\mathfrak{B}''_{\text{résult.}} = 2\,\mathfrak{B}_0$ soit en contradiction avec les résultats déjà obtenus.

Il semble qu'on aurait dû arriver au même résultat en considérant les trois champs alternatifs dûs respectivement aux trois phases, et en décomposant chacun de ces champs alternatifs, de grandeurs variables mais de directions fixes, en deux champs tournants (théorème de Leblanc).

Les flux Φ_{I}, Φ'_{II}, Φ''_{III} se combinent de manière à donner le flux résultant de grandeur constante $\left(\frac{3}{2}\Phi_a\right)$, mais tournant avec la vitesse angulaire ω. De même, les trois flux Φ''_{I}, Φ'_{II}, Φ''_{III}, ont, en un point de l'entrefer, un effet total instantané nul, si les trois inductions sont véritablement sinusoïdales et triphasées, ou du moins négligeable dans le cas des inductions non sinusoïdales ; on le démontre aisément, comme nous l'avons fait dans l'étude de la réaction d'induit des alternateurs triphasés.

Il en résulte que l'on peut, en faisant provisoirement abstraction de la réaction d'induit, (particulièrement importante ici puisque le secondaire est en court-circuit) considérer le stator du moteur asynchrone comme l'inducteur d'un alternateur, dans lequel, le champ inducteur étant supposé fixe, on entraîne la courbe d'induction dans l'entrefer avec la vitesse angulaire ω.

II. — Il existe une différence de nature entre l'enroulement précédent et celui consistant à faire chevaucher des bobines couvrant toute la phase (bobines longues), les pôles creux n'existant plus.

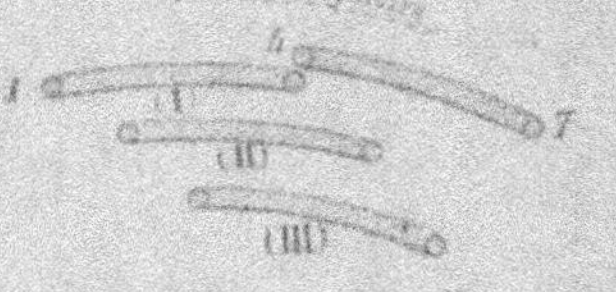

Fig. 125. — Constitution d'une période sur le stator dans le cas d'un moteur asynchrone à bobines longues.

Une période angulaire est simplement définie par l'écart des axes de deux bobines consécutives de même phase (fig. 125).

Dans ce mode d'enroulement n'existe plus de retour des lignes de force au stator. Tous les flux partent du stator et s'anéantissent, en se centralisant, dans le rotor.

Nota. — La notion du champ tournant, et de son intervention dans les études d'appareils qu'elle intéresse, constitue un point d'une si grande délicatesse, que nous ne saurions trop insister sur les hypothèses explicites ou implicites qu'elle suppose.

Nous avons tracé la courbe en escalier représentant les inductions dans l'entrefer ; quel que soit le mode d'enroulement, cette courbe peut être aisément construite.

Cette courbe se déforme à chaque instant dans l'espace, les courants générateurs variant eux-mêmes. En d'autres termes, la courbe glisse suivant les abscisses, et elle ne reste pas semblable à elle-même.

Si ces courants sont sinusoïdaux, les inductions $\mathfrak{B}$, composantes de l'induction totale, peuvent être considérées comme proportionnelles aux courants générateurs I_1, I_2, I_3. Même dans l'hypothèse

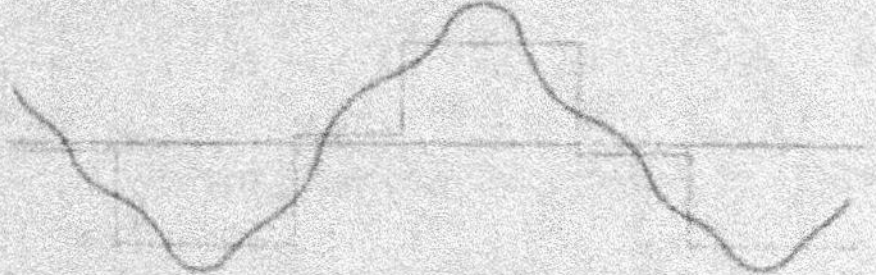

Fig. 126. — Constitution pratique instantanée de la courbe d'induction dans l'entrefer d'un moteur asynchrone. Sa relation avec la notion de champ tournant.

d'un arrondissement des courbes en escalier par les effets de la self-induction, il n'en est pas moins vrai que, au moment considéré, la courbe d'induction dans l'entrefer n'est pas une sinusoïde (fig. 126).

Au bout de 1/3 de période, par déformation progressive des $\mathfrak{B}_1$, $\mathfrak{B}_2$, $\mathfrak{B}_3$, la courbe $\mathfrak{B}$ se reproduit en $\mathfrak{B}'$ (fig. 127), les phases 2,3,1, jouant alors le rôle des phases 1, 2, 3, au temps $\dfrac{T}{3}$ précédent (fig. 127 et 128).

La conclusion est simple. En négligeant les différences surgissant entre les formes successives de l'induction dans l'entrefer dans l'intervalle $0 - \dfrac{T}{3}$ (différences dues à ce fait que les inductions varient brusquement de cadre à cadre), tout se passe comme si, à l'instant $t + \dfrac{T}{3}$, on avait déplacé la courbe $\mathfrak{B}$ (obtenue à

Fig. 127. — Conception du champ tournant, dans un moteur asynchrone, comme lié au déplacement de la courbe d'induction dans l'entrefer quand le temps varie.

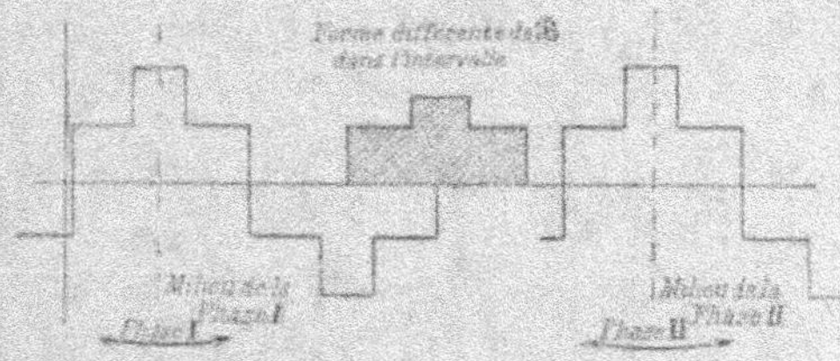

Fig. 128. — Déplacement de la courbe d'induction dans l'entrefer en fonction du temps (moteur asynchrone). Constitution de l'induction à un moment quelconque.

l'instant t), de l'intervalle $0 - \dfrac{T}{3}$. De même, à l'instant $t + \dfrac{2T}{3}$, tout se passe comme si on avait transporté la même courbe indéformable $\mathfrak{B}$, de la longueur $0 - \dfrac{2T}{3}$, et parallèlement à elle-même.

Expression du flux s'échappant d'un pôle. — Cherchons, ce qui nous sera indispensable dans la suite de notre étude, une représentation de Φ_m, flux alternatif s'échappant d'un pôle, et constituant le produit par la surface :

$$\Sigma = L\, \frac{2\pi}{2p}\, R$$

de l'ordonnée moyenne, à un instant considéré, de la courbe des $\mathfrak{B}$, caractérisant l'état magnétique des régions intéressées par le pôle (fig. 129 et 130).

Rappelons que cette courbe n'est autre que celle du maximum dans le temps du champ correspondant à un pôle. Évaluons donc le maximum de ce champ (à un instant donné).

Cette valeur est évidement la suivante, en désignant par Φ_m la

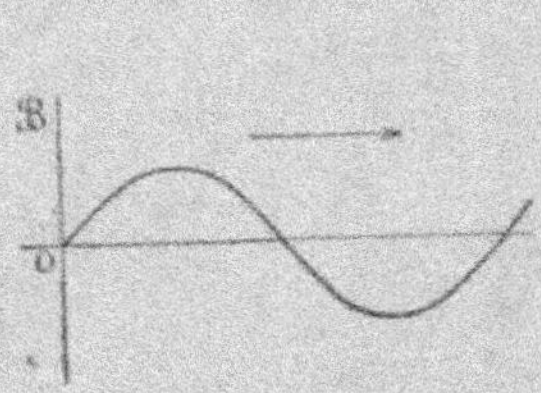

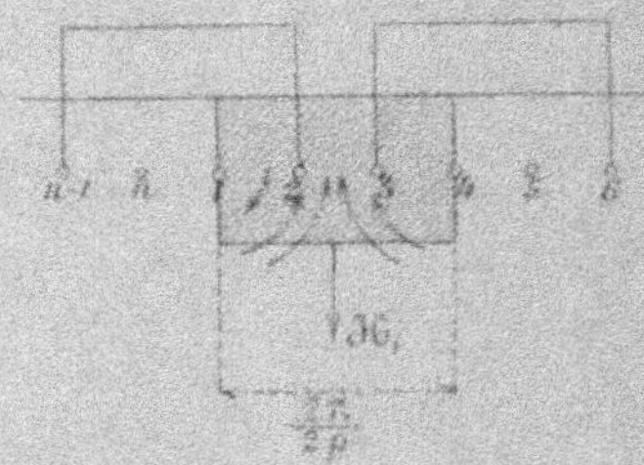

Fig. 129. — Constitution du flux à un instant quelconque dans l'entrefer d'un moteur asynchrone.

Fig. 130. — Constitution du flux à un instant quelconque dans l'entrefer d'un moteur asynchrone.

valeur instantanée du flux à un certain moment, et en prenant, pour fixer les idées, l'enroulement à pôles creux donné plus haut :

$$\Phi_m = \frac{2\pi}{2p} L\,\mathfrak{B}_1 R + \frac{2\pi}{2p \times 3} LR\,\mathfrak{B}_2 - \frac{2\pi}{2p \times 3} \times 2\,L\,R\,\mathfrak{B}_3$$

$$+ \frac{2\pi}{2p \times 3} LR\,\mathfrak{B}_2 - \frac{2\pi}{2p \times 3} 2\,LR\,\mathfrak{B}_3$$

c'est-à-dire

$$\frac{\pi}{p} LR \left[\mathfrak{B}_1 - \frac{1}{3}\,\mathfrak{B}_2 - \frac{\mathfrak{B}_3}{3} \right]$$

c'est-à-dire encore

$$\frac{\pi}{p} \, LR \, \mathfrak{B}_0 \left[\cos\Omega t - \frac{2}{3} \cos\Omega t \, \cos\frac{2\pi}{3} \right]$$

ou enfin

$$\Phi_m = \frac{\pi}{p} \, LR \, \mathfrak{B}_0 \, \cos\Omega t \left[1 + \frac{1}{3} \right] = \left(\frac{2\pi}{2p}\right) LR \, \mathfrak{B}_0 \, \frac{4}{3} \cos\Omega t$$

car

$$\cos\frac{2\pi}{3} = -\frac{1}{2}$$

Nous avons donc la forme du flux alternatif Φ_m s'échappant d'un pôle. On voit qu'il varie sinusoïdalement avec le temps, si le courant excitateur varie lui-même d'une façon sinusoïdale [1].

Généralisation.

Quels que soient les modes d'enroulement du stator du moteur asynchrone, enroulements du stator qui donneraient un champ tournant si les axes des bobines constitutrices étaient à $\frac{2\pi}{3p}$ les unes des autres, on pourra toujours évaluer le flux s'échappant d'un pôle, pour une valeur t du temps, en effectuant la mesure de l'aire enfermée par la courbe et l'axe des x (fig. 130).

Multiplions l'ordonnée moyenne (par rapport à l'espace) des $\mathfrak{B}$ (fonction du temps) par

$$\frac{2\pi}{p} \, LR$$

[1]. On peut trouver autrement ce résultat, en remarquant que :

$$\mathfrak{B}_{1-2} = 2\mathfrak{B}_0 \cos\left(\Omega t + \frac{\pi}{3}\right)$$

$$\mathfrak{B}_{2-3} = 2\mathfrak{B}_0 \cos(\Omega t)$$

$$\mathfrak{B}_{3-4} = 2\mathfrak{B}_0 \cos\left(\Omega t - \frac{\pi}{3}\right)$$

et que :

$$\Phi_m = \frac{2\pi}{2p} \, \frac{LR}{3} \, (\mathfrak{B}_{1-2} + \mathfrak{B}_{2-3} + \mathfrak{B}_{3-4}).$$

On arrive identiquement au même résultat.

(L étant la longueur des conducteurs, R le rayon moyen de l'entre-fer)

Nous aurons ainsi Φ_{cz}, éventuellement lié à la courbe d'induction en escalier correspondant au mode d'enroulement adopté.

Remarquons en particulier qu'avec le mode d'enroulement adopté (purement théorique, et abandonné parce qu'utilisant mal

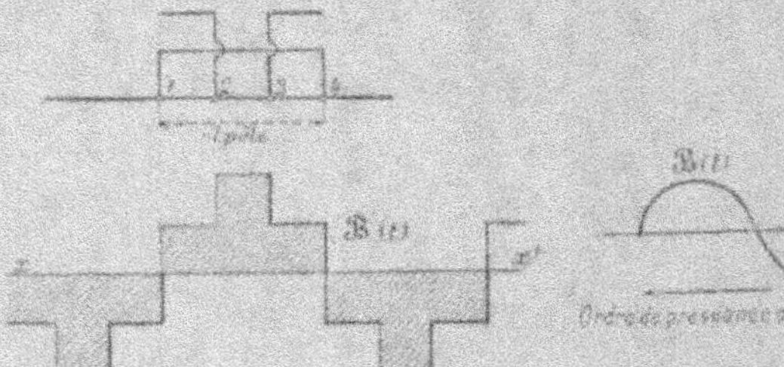

Fig. 131. — Constitution du flux émis par un pôle à un instant donné dans un moteur asynchrone.

Fig. 132. — Relation entre la rotation du champ et l'ordre de présence des phases dans un moteur asynchrone.

la surface du fer et donnant lieu à des fuites considérables) le champ tournant peut être considéré comme matérialisé par le déplacement de la courbe $\mathcal{B}(t)$ dans l'entrefer, avec la vitesse ω de rotation du champ (fig. 131 et 132).

On a de plus :

$$\Phi_{cz\,max} = \frac{\pi}{p}\,LR\,\mathcal{B}_0 \times \frac{4}{3}$$

alors que dans le cas de trois bobines décalées de $\dfrac{2\pi}{3p}$, mais ne se chevauchant pas production théorique du champ tournant de Ferraris, la valeur maxima du flux créé par une bobine serait :

$$\Phi_{cz\,max} = \frac{\pi}{p}\,LR\,\mathcal{B}_0$$

On sait que la valeur du champ tournant est 1,5 fois celle de la valeur maxima du champ créé par une bobine.

La différence entre ce cas théorique et le nôtre provient de ce que d'abord, dans le théorème de Ferraris, on décompose les champs dans le seul voisinage de leurs points d'intersection, et ensuite de ce que les enroulements pratiques sont tout à fait différents de ceux envisagés pour la conception précédente.

Remarquons du reste, ce que nous avons dit maintes fois, *qu'on ne peut pas rigoureusement* composer des flux, qui sont des *aires* ou des intégrales $\int \mathfrak{B}\,ds$, mais qu'on peut rigoureusement composer des champs $\mathcal{H}$, *approximativement* des inductions $\mathfrak{B}$ (quand la saturation n'existe pas) car $\mathcal{H}$ et $\mathfrak{B}$ représentent des vecteurs *en un point*. Mais on ne peut composer des flux qu'autant qu'on parle de f.é.m. moyennes :

$$\Phi_{moy} = S\,\mathfrak{B}_{moy}.$$

Pour être le plus rigoureux possible, force est donc de se reporter aux courbes d'inductions résultantes dans l'entrefer, et de supposer qu'elles se déplacent dans l'ambiance du stater (fig. 131).

On voit par cet exemple qu'il convient rigoureusement, dans chaque cas, de constituer la valeur du flux $\Phi_{13\,max}$ pour l'introduire dans les calculs, la théorie classique du champ tournant donnant des résultats insuffisants avec les enroulements chevauchés, très justement employés pour raison d'économie de place et de matière.

Considérons, toujours dans le cas des enroulements théoriques vus plus haut, les pôles constitués par

$$\overbrace{1 - 4} \qquad \overbrace{n - 1 - 2} \qquad \overbrace{2 - 6}$$

Les flux s'échappant de ces pôles peuvent, comme nous l'avons dit, être représentés par les expressions suivantes :

$$\Phi_{13} = \left(\frac{2\pi}{2p}\right) LR\,\mathfrak{B}_a \cos \Omega t \, \frac{4}{3}$$

$$\Phi'_{13} = \left(\frac{2\pi}{2p}\right) LR\,\mathfrak{B}_a \cos \left(\Omega t + \frac{2\pi}{3}\right) \frac{4}{3}$$

$$\Phi''_{13} = \left(\frac{2\pi}{2p}\right) LR\,\mathfrak{B}_a \cos \left(\Omega t - \frac{2\pi}{3}\right) \frac{4}{3}$$

Ce serait une erreur de considérer ces flux comme destinés, par leur combinaison mutuelle, à constituer le véritable flux tournant dont nous parlions, qui a pour valeur

$$\Phi_{13\,max} \left(\text{et non } \frac{2}{3}\,\Phi_{13\,max}\right)$$

Si nous avions voulu, utilisant le principe de Ferraris, considérer le flux tournant $\Phi_{13\,max}$ comme résultant des trois flux propres émis par les cadres (et non les flux totaux les traversant), nous aurions dû écrire

$$\Phi'_{rr} = \frac{3}{2}\Phi_s$$

avec le mode de groupement des bobines schématiques du théorème de Ferraris, ou ici :

$$\Phi'_{rr\,max} = 2\,\Phi_s,$$

avec :

$$\Phi_s = \frac{2\pi}{2p}\,\mathrm{LR}\,\mathfrak{B}_s$$

$\mathfrak{B}_s$, valeur maxima d'une induction partielle (ou de phase) émise par le cadre. Il en résulte pour $\Phi_{rr\,max}$ la valeur :

$$\Phi_{rr\,max} = 2\,\Phi_s.$$

Il y a, comme on le voit, une sensible différence entre la valeur du flux résultant et celle escomptée d'après le théorème de Ferraris. Cette différence tient au mode d'enroulement adopté, du reste commode, imposé par la nécessité d'avoir des inductions homogènes dans l'entrefer. Notre flux tournant, différent de la valeur théorique de Ferraris, a pour valeur, dans notre exemple :

$$\Phi_r = \frac{2\pi}{2p}\,\mathrm{LR}\,\mathfrak{B}_s \times 2.$$

Cette multiplication par $\frac{4}{3}$ de la valeur théorique de Ferraris :

$$\frac{3}{3}\frac{\pi}{p}\,\mathrm{LR}\,\mathfrak{B}_s$$

tient à l'enchevêtrement des phases, et à une utilisation déjà meilleure du fer du stator.

RAPPORT DE CETTE THÉORIE AVEC LA FORME ADOPTÉE POUR LA REPRÉSENTATION DES CHAMPS TOURNANTS

Remarquons que si, au lieu d'avoir des bobines inductrices (stator) constituées par des conducteurs enchevêtrés les uns dans les autres, ce qui masque quelque peu la loi de formation des champs tournants uniques résultants, nous avions eu affaire à des bobines parcourues par des courants décalés de $\frac{2\pi}{3}$ dans le temps, le le rapport entre la théorie classique du champ tournant et celle que nous venons d'exposer aurait été bien plus net.

Malheureusement, comme nous l'avons déjà dit, à un instant donné, l'induction dans l'entrefer représentée par la courbe en escalier que nous avons tracée n'est pas sinusoïdale, même si le courant

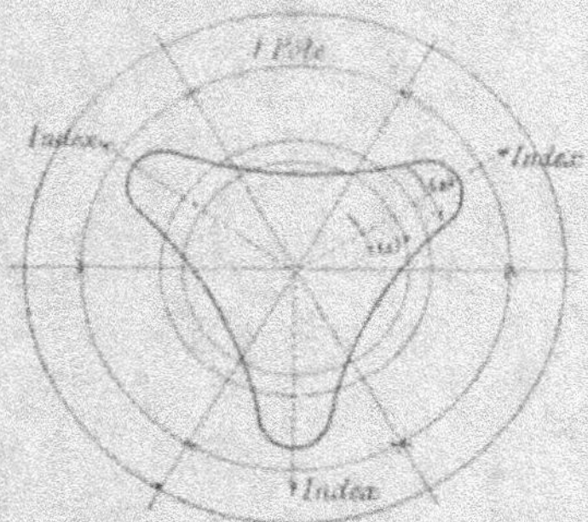

Fig. 133. — Rotation d'un champ hexapolaire de moteur asynchrone. Répartition des inductions en fonction du temps.

d'alimentation est sinusoïdal, dans l'espace, et l'on est obligé, pour la représenter, de faire appel à la série de Fourier, procédé que nous nous contentons de signaler pour l'instant.

Conclusion de l'analyse précédente : Pour nous résumer, si nous installons sur un inducteur ou stator, trois systèmes de bobines parcourues par des courants alternatifs décalés de 1/3 de période, et dont les axes font entre eux des intervalles égaux à 1/3 de l'intervalle compris entre deux pôles N et N (ou S et S) consécutifs de l'enroulement,

nous réaliserons un flux tournant dans l'espace avec la vitesse $\omega = \dfrac{\Omega}{p}$.

Prenons donc la courbe des inductions dans l'entrefer à un instant quelconque (valeurs données de I_1, I_2 et I_3) figurée par rapport à un axe curviligne ; nous aurons la représentation ci-dessus (fig. 133).

Dans cette figure, l'axe curviligne coïncide avec la circonférence moyenne de l'entrefer.

Animons cette courbe d'un mouvement de rotation de vitesse angulaire égale à ω. Nous avons réalisé un champ tournant, l'induit se déplaçant dans le sens du champ avec la vitesse ω'. Il y aura déplacement relatif de l'induit par rapport au champ, et la vitesse de ce déplacement sera :

$$\omega_r = \omega - \omega'.$$

Nous retombons exactement sur les mêmes conclusions que celles que nous avons obtenues par une autre voie.

Ainsi, à un champ tournant à $2p$ pôles, correspond un diagramme tournant à p index faisant entre eux un angle égal à $\dfrac{2\pi}{p}$.

De toutes façons, le rotor se trouvant dans un champ tournant, sera le siège de courants induits dont la fréquence sera évidemment :

$$p(\omega - \omega') = p\omega_r.$$

En principe, les enroulements du rotor constitueront un enroulement à $2p$ pôles et à phases fermées sur elles-mêmes. Il tournera dans le sens de la rotation du champ, et les courants induits dépendront de la vitesse relative de l'un par rapport à l'autre.

Si Ω est la pulsation du courant d'alimentation, ω' la vitesse du rotor, il n'y a couple que si :

$$\omega' \neq \frac{\Omega}{p}$$

En général, tant qu'on ne développera pas sur l'arbre du rotor une puissance étrangère suffisante, on aura :

$$\omega' < \frac{\Omega}{p}.$$

Dans le cas contraire, le couple moteur agit en sens contraire du sens de rotation du champ ; il est alors résistant et nous avons affaire à une génératrice asynchrone.

RÉACTION D'INDUIT

Glissement. — On appelle glissement, et l'on désigne par γ, l'expression :

$$\gamma = \frac{\dfrac{\Omega}{p} - \omega'}{\dfrac{\Omega}{p}} = \frac{\Omega - p\omega'}{\Omega} = \frac{\omega - \omega'}{\omega}$$

Ω étant la pulsation du courant d'alimentation, ω' la vitesse angulaire du rotor. Il en résulte les expressions suivantes, souvent utiles :

$$\Omega = \frac{1}{1 - \gamma}\, p\,\omega'$$

$$\omega' = (1 - \gamma)\,\frac{\Omega}{p}.$$

Fréquence des courants induits dans le rotor.

Puisque

$$\frac{\Omega}{p} - \omega' = \frac{\Omega - p\omega'}{p}$$

représente la vitesse relative du champ inducteur et par rapport au rotor, si le rotor était bipolaire, la fréquence serait :

$$f = \frac{1}{2\pi} \frac{\Omega - p\omega'}{2p}.$$

Mais comme il est multipolaire (en général il comporte $2p$ pôles, comme le stator) la fréquence sera p fois plus grande :

$$F = \frac{\Omega - p\omega'}{2\pi} = \frac{1}{2\pi} \gamma \Omega$$

On peut admettre que le glissement γ ne dépasse pas 5 pour 100. La fréquence F' sera donc toujours beaucoup plus faible que F, fréquence du courant d'alimentation.

Pour F = 50 périodes / sec., F' sera au maximum de 2,5 périodes par seconde.

Champ tournant de réaction d'induit. — Les courants polyphasés d'induit, ou de rotor, engendrent un champ de réaction d'induit (voir alternateurs). Rappelons que le champ de réaction d'induit dans un alternateur ne comprend, en somme, qu'une partie fixe (celle relative à $\frac{3}{2} \Phi'_a$, Φ'_a étant le flux dû à une phase), puisque les flux Φ''_a ont une somme nulle à chaque instant pour les trois phases en un point quelconque. Il en résulte que le flux inducteur primitif Φ_i et le flux d'induit $\Phi_a = \frac{3}{2} \Phi'_a$ (Φ_i qui tourne avec la vitesse géométrique ω par rapport à l'induit et Φ_a qui tourne par rapport à l'induit avec la vitesse $\omega-\omega'$, l'induit se déplaçant avec la vitesse absolue ω', se composent, car ils font tous deux partie d'un même système invariable par rapport à l'induit, considéré comme siège d'un observateur qui lui est indissolublement lié.

Ainsi donc, on peut concevoir que le flux de réaction d'induit et le flux inducteur primitif, ayant tous deux le même nombre de pôles, tournent tous deux avec une vitesse $\frac{\Omega}{p}$ par rapport au stator et donnent un champ résultant. On peut donc considérer le moteur asynchrone comme un alternateur ayant pour flux inducteur le flux résultant Φ à $2p$ pôles, dont l'induit serait court-circuité et qui, enfin tournerait dans le sens inverse de la rotation en génératrice (règle des trois doigts) avec la vitesse :

$$\frac{\Omega}{p} = \omega.$$

La figure 134 représente le développement des pôles inducteurs fictifs, les pôles d'induit étant également fictifs. Les courbes tracées représentent les inductions $\mathcal{B}_i$ et $\mathcal{B}_a$ qui existeraient si les flux Φ_i et Φ_a étaient seuls. Enfin on remarquera que la courbe poin-

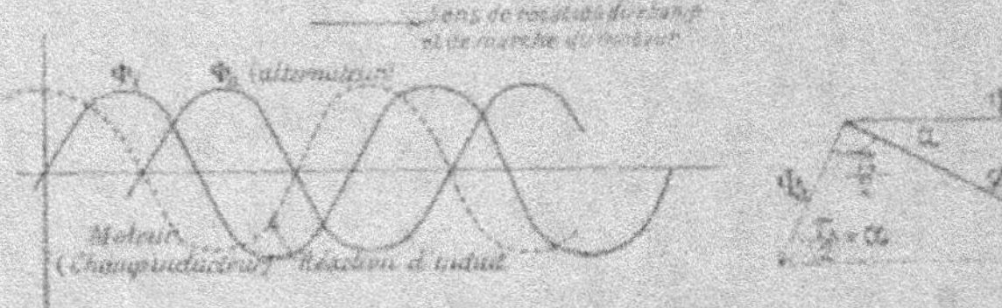

Fig. 134. — Représentations respectives simultanées des inductions dues au stator seul et au rotor seul dans un moteur asynchrone.

Fig. 135. — Constitution du champ résultant dans un moteur asynchrone par combinaison du champ de stator et du champ de rotor.

tillée Φ_a correspondant à la marche en moteur, doit être seule employée. Les positions relatives des courbes Φ_i et Φ_a sont intuitives. En particulier, si on les considère comme relatives aux inductions développées dans les portions de circuits magnétiques enserrées par une bobine d'inducteur et une bobine d'induit, le flux résultant maximum, et la position de la bobine d'induit correspondant au courant d'induit maximum, sont en quadrature, en supposant la réactance du rotor faible devant la résistance ($\gamma\Omega$ est faible devant Ω en raison de la petitesse de γ).

On aura donc le triangle de la figure 135. Ce triangle donne :

$$\frac{\Phi_r}{\sin\left(\frac{\pi}{2} - \alpha\right)} = \frac{\Phi_i}{1} = \frac{\Phi_a}{\sin\alpha}.$$

d'où

$$\sin\alpha = \frac{\Phi_a}{\Phi_i}$$

et

$$\Phi_r = \Phi_a \cot g\,\alpha$$

Ces relations permettent de déterminer tous les éléments du problème, si Φ_1 et Φ_2 sont connus.

Il est facile d'avoir une valeur approchée de Φ_1 et de Φ_2. Il suffit de les remplacer par les amp.-tours correspondants pour une phase et une période angulaire :

$$\frac{1}{3p}\,\frac{1}{2}\,n_1\,\mathrm{I}_{1\,\mathrm{eff}}\sqrt{2}$$

et

$$\frac{1}{3p}\,\frac{1}{2}\,n_2\,\mathrm{I}_{2\,\mathrm{eff}}\sqrt{2}.$$

n_1 et n_2 étant les nombres de génératrices primaires et secondaires, $\mathrm{I}_{1\,\mathrm{eff}}\sqrt{2}$ et $\mathrm{I}_{2\,\mathrm{eff}}\sqrt{2}$ étant les courants maxima dans le stator et le rotor ; les facteurs

$$\frac{n_1}{3p}\,\frac{1}{2}\quad\text{et}\quad\frac{n_2}{3p}\,\frac{1}{2}$$

représentent respectivement les nombres de spires par phase et par période. Ces nombres de spires seraient respectivement de

$$\frac{n_1}{3p}\,\frac{1}{4}\quad\text{et}\quad\frac{n_2}{3p}\,\frac{1}{4}$$

par phase et par pôle.

Remarque. — La construction du flux résultant soulève ici les mêmes difficultés que dans le cas des alternateurs (fig. 136 et 337).

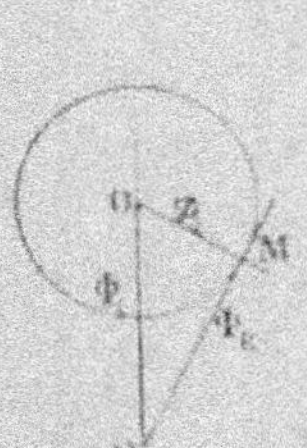
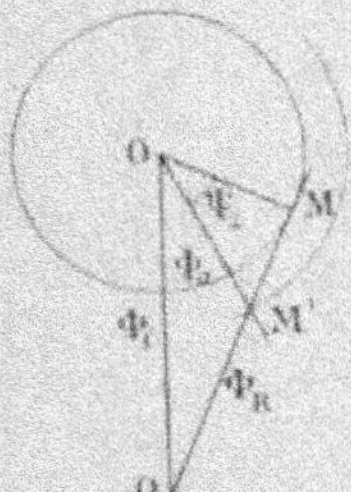

Fig. 136 et 137. — Construction graphique donnant le champ résultant dans un moteur asynchrone.

Si Φ_a, flux d'induit, est en concordance de phase avec la f. é. m. d'induction

$$\mathrm{E}_a = -\frac{d\Phi_a}{dt}$$

il suffit de mener, pour une intensité efficace donnée d'induit (d'alternateur) ou du rotor (de moteur asynchrone), une tangente issue de O_1 au cercle de rayon Φ_a ; soit O_1M cette tangente. Alors O_1M représente le flux résultant cherché Φ_a.

Supposons Φ_a décalé de Ψ_2 en arrière de E_a.

Menons un second cercle de rayon

$$OM = \Phi_a \cos \Psi_2.$$

Menons encore la tangente O_1M à ce cercle. La droite OM' décalée de Ψ_2 en arrière de OM et limitée au point M' représente le flux Φ_a ; O_1M' représente le flux résultant Φ_9.

On voit que OM' est en somme proportionnelle à la composante wattée du courant ou du flux d'induit (alternateur) ou du rotor (de moteur asynchrone).

Quoi qu'il en soit, γ étant connu avec une valeur approchée pour chaque charge (il varie très peu avec les moteurs bien construits) et la tangente de Ψ_2 étant donnée, comme nous le verrons plus loin, par la formule :

$$\mathrm{tg}\ \Psi_2 = \frac{\gamma \Omega \lambda_2}{r_2};$$

il est toujours facile de construire le flux résultant Φ_9 émanant d'un pôle.

EXPRESSION DU COUPLE D'UN MOTEUR ASYNCHRONE
ÉTUDE DU FONCTIONNEMENT DU MOTEUR ASYNCHRONE CONSIDÉRÉ COMME UN TRANSFORMATEUR

EXPRESSION DU COUPLE MOTEUR

ÉTABLISSEMENT DE LA FORMULE ALGÉBRIQUE DE CE COUPLE

Nous venons de voir que l'on pouvait considérer l'induit comme se déplaçant dans p champs magnétiques résultants ($2\,p$ pôles). Le flux émanant de chacun de ces pôles est Φ_{pr}, la vitesse relative de l'induit $\dfrac{\Omega}{p} - \omega'$. Ce mouvement n'est pas, comme on le sait, le mouvement réel, mais tout se passe comme si ce mouvement était effectif dans un système de champs fixes (fig. 138).

Considérons une génératrice G traversant ce champ à la vitesse :

$$\omega_2 = \frac{\Omega - p\omega'}{p} = \gamma\Omega.$$

L'angle d'écart de la génératrice par rapport à un maximum de Φ_{pr} sera :

$$\left(\frac{\Omega}{p} - \omega'\right) t = (\alpha - \beta)t$$

en prenant pour le temps une origine convenable, grâce aux relations :

$$\alpha = \frac{\Omega}{p}t \qquad \beta = \omega' t.$$

α, angle décrit par le champ tournant,

β, angle décrit par un point de l'induit qui se trouve en concordance au temps 0 avec le maximum du champ.

Fig. 138. — Moteur asynchrone. Constitution des inductions dans l'entrefer à un instant donné.

L'induction au point occupé par G aura pour expression :

$$\mathfrak{B} = \mathfrak{B}_0 \cos p \, (\alpha - \beta)$$

Appelons n_2 le nombre de génératrices du rotor, D étant le diamètre, L la longueur axiale du cylindre sur lequel les génératrices sont installées. Soit enfin $\mathfrak{B}$ la valeur de l'induction dans l'entrefer ; Φ_{pr} le flux émanant d'un pôle.

Φ_{pr} peut être considéré comme ayant pour valeur le flux maximum alternatif s'échappant d'un pôle.

On a donc :

$$\Phi_{pr} = \Phi_{G\,max}$$

c'est-à-dire

$$\Phi_{pr} = \sqrt{2} \, \Phi_{G\,eff}$$

Φ_G étant un flux alternatif sinusoïdal, comme nous l'avons dit, qu'on peut supposer dû à une fonction sinusoïdale.

D'où il vient :

$$\Phi_{pr} = \frac{\pi DL}{2p} \, \mathfrak{B}_{moy}$$

ou, en supposant l'induction sinusoïdalement répartie dans l'entrefer :

$$\mathfrak{B}_{max} = \frac{p \, \Phi_{pr}}{DL} \tag{1}$$

La force mécanique exercée par le champ H (relatif à Φ_{pr}) sur la génératrice G parcourue par le courant I_2, a pour expression :

$$F = \mathfrak{B}_{max} \, LI_2 \cos p \, (\alpha - \beta) \tag{2}$$

Le couple correspondant est :

$$C = \frac{FD}{2} = \left(\frac{p \, \Phi_{pr}}{DL} \right) \frac{D}{2} LI_2 \cos p \, (\alpha - \beta)$$

ou bien :

$$C = \left(\frac{p \, \Phi_{pr}}{2} \right) I_2 \cos p \, (\alpha - \beta). \tag{3}$$

Cherchons donc l'expression de I_2 en fonction de quantités connues.

Appelons e_2 la f. é. m. induite dans une génératrice du rotor. Soit r_2 la résistance ohmique de cette génératrice, λ_2 son coefficient de self induction partielle défini par le quotient $\dfrac{\Lambda_2}{n_2}$ de la self induc-

tion totale due aux fuites, par le nombre de génératrices du rotor.
(Cf. *transformateurs* XXIIIe Leçon).

On a, pour cette génératrice :

$$e_2 = r_2 I_2 + \lambda_2 \frac{dI_2}{dt} \tag{4}$$

Si W_2 est la vitesse tangentielle relative du rotor.

$$W_2 = \frac{D}{2} \left| \frac{d\alpha}{dt} - \frac{d\beta}{dt} \right| = \frac{D}{2} \left| \frac{\Omega}{p} - \omega' \right|$$

Donc :

$$W_2 = \frac{D}{2} \gamma\omega.$$

Nous aurons donc, pour le f. é. m. secondaire induite dans une génératrice :

$$e_2 = \mathfrak{B}_{max} LW_2 \cos p (\alpha - \beta) \tag{5}$$

Remplaçons $\mathfrak{B}_{max}$ et W_2 par leurs valeurs ; on a :

$$e_2 = \left(\frac{p\,\Phi_{pr}}{DL} \right) L \left(\frac{D}{2} \gamma\omega \right) \cos p (\alpha - \beta)'$$

ou, en simplifiant :

$$e_2 = \frac{\gamma\Omega\,\Phi_{pr} \cos p (\alpha - \beta)}{2} \tag{6}$$

Il en résulte que le courant secondaire dans une génératrice est :

$$I_{2max} = \frac{e_{2max}}{\sqrt{r_2^2 + \lambda_2^2\, \Omega^2\, \gamma^2}} = \frac{e_{2eff} \sqrt{2}}{\sqrt{r_2^2 + \lambda_2^2\, \Omega^2\, \gamma^2}}$$

ou

$$I_{2max} = \frac{\gamma\,\Omega\,\Phi_{pr}}{2 \sqrt{r_2^2 + \lambda_2^2\, \Omega^2\, \gamma^2}}$$

(car la pulsation du courant induit dans le rotor est seulement $\gamma\Omega$).

L'expression de la valeur efficace de I_2 serait :

$$I_{2eff} = \frac{\gamma\Omega\,\Phi_{pr}}{2 \sqrt{2} \sqrt{r_2^2 + \gamma_2\, \Omega_2\, \lambda_2^2}}$$

1. Expression de la forme $e_2 = e_2^0 \cos p (\alpha - \beta)$.

L'expression du couple devient alors :

$$C = \left(\frac{p\Phi_{pr}}{2}\right)\frac{\gamma\Omega\,\Phi_{pr}\cos p\,(\alpha-\beta)}{2\,(r_2^2+\gamma^2\Omega^2\lambda_2^2)}\left[r_2\cos p(\alpha-\beta)+\gamma\Omega\lambda_2\sin p\,(\alpha-\beta)\right]$$

ou

$$C = \frac{p\Phi_{pr}^2\gamma\Omega}{4}\,\frac{r_2\,[1+\cos 2p\,(\alpha-\beta)]+\gamma\Omega\lambda_2\sin 2p\,(\alpha-\beta)]}{2\,(r_2^2+\gamma^2\Omega^2\lambda_2^2)} \quad (8)$$

Considérons les n_2 génératrices du rotor décalées entre elles d'un angle $\frac{2\pi}{n_2}$, et formons la somme des couples, les angles $(\alpha-\beta)$ devenant respectivement :

$$\left[\alpha-\beta+\frac{2\pi}{n_2}\right], \qquad \left[\alpha-\beta+\frac{4\pi}{n_2}\right] \ldots\ldots \text{ etc.}\ldots$$

Remarquons que la somme des termes suivants est nulle :

$$\begin{cases}\cos 2p\,[\alpha-\beta]+\cos 2p\left(\alpha-\beta+\frac{2\pi}{n_2}\right)+\cos 2p\left(\alpha-\beta+\frac{4\pi}{n_2}\right)+\ldots \\ \sin 2p\,(\alpha-\beta)+\sin 2p\left(\alpha-\beta+\frac{2\pi}{n_2}\right)+\ldots\ldots\end{cases}$$

d'où l'expression du couple :

$$C_{total} = \frac{p\gamma\Omega\,\Phi_{pr}^2\,n_2\,r_2}{8\,(r_2^2+\gamma^2\Omega^2\lambda_2^2)}. \quad (9)$$

Remarquons qu'un calcul de différentiation très simple nous montre que le couple est maximum pour le glissement :

$$\gamma = \frac{r_2}{\lambda_2\Omega}.$$

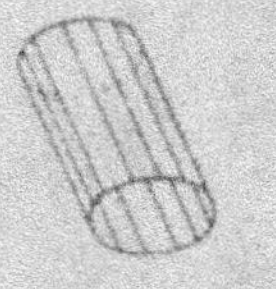

Fig. 139. — Moteur asynchrone; rotor en cage d'écureuil.

Dans le cas particulier d'un rotor en cage d'écureuil (fig. 139), on a :

$$r_2 = n_2 R_2$$

$$\lambda_2 = \frac{\mathcal{L}_2}{n_2}$$

et il vient :

$$C_{total} = \frac{p\Omega\gamma\,\Omega\,\Phi_{pr}^2\,R_2}{8\left[R_2^2+\gamma^2\Omega^2\frac{\mathcal{L}_2^2}{n_2^2}\right]} \quad (9\ bis)$$

On peut mesurer $\mathcal{E}_2$ dans certains cas, et R_2, résistance du rotor. On constate donc, dans le cas d'un moteur polyphasé, l'existence d'un couple constant.

Rappelons que, en nous tenant aux enroulements schématiques que nous avons décrits précédemment :

$$\Phi_{pr} = \Phi_{\varpi\,max} = \frac{3}{2}\,\Phi_{o\,max}$$

(dans le cas théorique de Ferraris, $\Phi_{o\,max}$ flux émanant d'un cadre), ou, en d'autres termes, que Φ_{pr} représente le produit par $\sqrt{2}$ du flux efficace $\Phi_{\varpi\,eff}$ compris dans l'espace d'un pôle, et agissant dans l'entrefer.

$$\Phi_{pr} = \Phi_{\varpi\,eff}\,\sqrt{2}.$$

Dans le cas d'un enroulement différent, on aura toujours le moyen de calculer Φ_{pr} en fonction de Φ_{ϖ}. Rappelons que dans le cas de l'enroulement à pôles creux déjà considéré,

$$\Phi_{pr} = \Phi_{\varpi\,max} = 2\,\Phi_0\ (\Phi_0 \text{ flux de phase})$$

PUISSANCE FOURNIE, PUISSANCE PERDUE, PUISSANCE RESTITUÉE. RENDEMENT.

Puissance utile. — Nous aurons pour la puissance utile électromagnétique théoriquement transformable :

$$P_u = C\,\omega'$$

c'est-à-dire, puisque

$$\omega' = 1 - \gamma\,\frac{\Omega}{p}$$

$$P_u = \left(\Omega\,\frac{1-\gamma}{p}\right)\,\frac{\gamma\,\Omega\,\Phi'_{pr}}{8}\,\frac{pn_2\,r_2}{r_2^2 + \gamma^2\,\Omega^2\,\lambda_2^2}$$

ou enfin :

$$P_u = \gamma\,\Omega_2\,\Phi'_{pr}\,(1-\gamma)\,\frac{n\,r}{8\,(r_2^2 + \gamma^2\,\Omega^2\,\lambda_2^2)}$$

et comme

$$I_{2\,eff} = \frac{\gamma\,\Omega\,\Phi_{pr}}{2\sqrt{2}\,\sqrt{r_2^2 + \gamma^2\,\Omega^2\,\lambda_2^2}}$$

il vient, pour l'expression de P_u :

$$P_u = \frac{1-\gamma}{\gamma}\,[n_2\,r_2\,I_{2\,eff}^2]$$

ou enfin :

$$P_u = \frac{1 - \gamma}{\gamma} P_{J2}.$$

P_{J2} étant la puissance perdue dans le rotor par effet Joule

$$\left(\text{Remarquons que le facteur } \frac{1 - \gamma}{\gamma} \text{ est grand, puisque } \gamma \text{ est petit}\right).$$

Puissance mécanique (à l'arbre)

$$P_m = P_u - P_p$$

P_p représente la puissance perdue dans le rotor, autrement que sous forme électrique.

C'est d'abord la puissance due aux frottements mécaniques $C_f \omega'$, et celle due à l'hystérésis et aux courants de Foucault $C_{f+h} \omega'$; C_{f+h} est une fonction linéaire de γ : $(a + b\gamma)$.

Donc :

$$P_m = P_u - [C_f + C_{f+h}] \omega'$$

Puissance fournie par le primaire.

$$P_1 = C \frac{\Omega}{p} = C\omega$$

ou bien :

$$P_1 = \frac{\Omega}{p} (p \gamma \Omega \Phi)_{bc}^2 \frac{n_2 r_2}{8 (r_2^2 + \gamma_2 \Omega_2 \lambda_2^2)}$$

Cette puissance comprend la puissance P_u théoriquement transformable, plus les pertes Joule P^{J2} dans le rotor.

D'où enfin :

$$P_1 = \frac{n_2 r_2 I_{eff}}{\gamma}.$$

Puissance électrique perdue.

$$P_1 - P_u = n_2 r_2 I_{eff}^2.$$

Rendement.

$$\eta = \frac{P_u}{P_1} = 1 - \gamma.$$

NOTE SUR LA VALEUR DU RENDEMENT DONNÉE CI-DESSUS

Ce rendement est celui de la transformation de la puissance P_1, fournie par le primaire, en la puissance P théoriquement transformable dans le secondaire (en puissance mécanique).

Il ne tient compte que de pertes Joule dans le secondaire, et non des pertes $P_f + P_{F_2+H_2}$ dans ledit secondaire, et des pertes Joule dans le primaire.

Soit l'induction résultante constante, comme ω' est très voisin de ω :

$$P_{f+F_1+H_1} = \sim C^{te}.$$

Les pertes $P_{F_2+H_2}$ du secondaire sont toujours très petites (glissement très réduit).

On a donc :

$$\eta_{vrai} = \frac{P_u - P_f - P_{F_2+H_2}}{P_1 + P_{J_1} + P_{F_1+H_1}}.$$

ASSIMILATION D'UN MOTEUR ASYNCHRONE A UN TRANSFORMATEUR

Rappel de notions déjà acquises. — Nous avons, dans l'étude générale du fonctionnement des moteurs asynchrones, trouvé pour l'expression du couple :

$$C_m = \frac{p\gamma\Omega\Phi_p^2 n_2 r_2}{8(r_2^2 + \gamma^2\Omega^2\lambda_2^2)}.$$

Cette formule résultait de la considération d'un champ tournant dans l'entrefer avec la vitesse angulaire ω (nous avions $2p$ pôles, p périodes). Pour l'expression de la f.é.m. d'induction développée dans une barre du rotor, nous avons trouvé :

$$e_{eff} = \frac{1}{2\sqrt{2}}\gamma\Omega\Phi_p$$

ou

$$e_{2\,instantanée} = \frac{1}{2}\gamma\Omega\Phi_p \cos p(\alpha - \beta)$$

avec

$$\begin{cases} \alpha = \omega t \\ \beta = \omega' t. \end{cases}$$

Le courant dans la même barre aura pour expression :

$$i_{2\,inst.} = \frac{\gamma\Omega\Phi_p \cos(\gamma\Omega t - \Psi_2)}{2\sqrt{r_2^2 + \gamma^2\Omega^2\lambda_2^2}}$$

avec

$$\cos\Psi_2 = \frac{r_2}{\sqrt{r_2^2 + \gamma^2\Omega^2\lambda_2^2}}.$$

Toutes les quantités figurant dans ces formules ont été pleinement définies.

Constitution d'un champ résultant dans le moteur asynchrone. — Une région déterminée du rotor participe à un circuit magnétique soumis à un flux de pulsation $\gamma\Omega$ (flux d'induit) et une région déterminée du stator participe à un circuit magnétique soumis à un flux de pulsation Ω (flux inducteur).

Prenons comme repère un observateur fixe. Pour cet observateur, la loi de variation des ordonnées des inductions qu'il voit défiler devant lui est une sinusoïde se déplaçant tout d'une pièce avec la vitesse ω. Les f. è. m. (ou les courants) développées dans la génératrice qui fait face sur ce rotor, et au moment considéré, à l'observateur, ont une pulsation juste égale à $\omega' - \omega = \gamma\omega$, puisque la génératrice se déplace avec la vitesse ω'. Donc, la courbe dont les ordonnées représentent les intensités perçues par l'observateur se déplace avec la vitesse : $\omega' + \gamma\omega = \omega$. Donc enfin :

LEMME. — Un observateur fixe voit défiler avec les mêmes vitesses (ω et $\omega' + \gamma\omega = \omega$) les courbes représentatives du champ tournant et du courant dans le rotor.

Par rapport à un observateur fixe, ces deux courbes se déplacent en restant dans une situation relative invariable ; elles peuvent donc être combinées, après transformations convenables de la seconde en inductions, ou des deux en ampères-tours générateurs de flux. Leur combinaison donnera un champ résultant tournant dans l'entrefer.

Évaluons les ampère-tours correspondants.

Chaque flux Φ_p a pour valeur $\frac{3}{2}\Phi'$, Φ' étant le flux maximum alternatif émanant d'une phase (principe général des champs tournants triphasés). S'il y a n_1 conducteurs au stator, on en a $\frac{n_1}{3p}$ par période et par phase, ou $\frac{n_1}{2 \times 3p}$ spires ; donc les ampère-tours maxima générateurs du flux Φ' sont :

$$\frac{n_1}{2 \times 3p}\,\mathrm{I}_{1\,\mathrm{eff}}\sqrt{2},$$

ou pour un pôle et par phase :

$$\nu_1\,\mathrm{I}_{1\,\mathrm{eff}} = \frac{n_1}{2 \times 3p}\,\frac{\mathrm{I}_{1\,\mathrm{eff}}\sqrt{2}}{2},$$

d'où nous déduisons :

$$\nu_1 = \frac{n_1 \sqrt{2}}{3p \times 4} = \frac{n_1}{3p \times 2\sqrt{2}}.$$

Nous pouvons opérer de même pour le rotor, et écrire :

$$\nu_2 = \frac{n_2 \sqrt{2}}{3p \times 4}$$

par pôle et par phase et

$$2\nu_2 = \frac{n_2 \sqrt{2}}{3p \times 2}$$

par champ.

Les ampère-tours secondaires seront, si I_{2eff} est le courant dans les barres du rotor, $\nu_2 I_{2eff}$ par pôle et $2\nu_2 I_{2eff}$ par champ. (I_2 a été calculé précédemment).

On peut donc parler de champ tournant résultant, tournant dans l'entrefer avec la vitesse ω et résultant de la combinaison des ampère-tours par pôle :

$$\nu_1 I_{1eff} = \frac{n_1}{2 \times 3p} \frac{I_{1eff}}{\sqrt{2}} \quad \text{et} \quad \nu_2 I_{2eff} = \frac{n_2}{2 \times 3p} \frac{I_{2eff}}{\sqrt{2}}.$$

REMARQUE. — Il y a donc un champ résultant tournant dans l'entrefer. Il y aura de ce fait perte de puissance par courants de Foucault et hystérésis dans le stator et dans le rotor. Dans le stator, puisque la pulsation est Ω, cette perte sera, en appelant V le volume du fer du stator, A' et B' des constantes convenables :

$$P_{F+H} = V(A\Omega^2 \mathfrak{B}_s^2 + B\Omega\mathfrak{B}_s^{1,6}).$$

Pour le rotor, la pulsation est $\gamma\Omega$, très faible; la perte sera :

$$P'_{F+H} = V'(A'\gamma^2\Omega^2 \mathfrak{B}_s^2 + B'\gamma\Omega\mathfrak{B}_s'^{1,6}).$$

donc, dans le rotor, les pertes par hystérésis et courants de Foucault sont négligeables.

Existence d'un flux résultant ou même d'ampère-tours résultants dans le moteur. — Nous pouvons donc mentalement supposer les organes tournants soumis à des champs constants, remplacés par des organes fixes soumis à des champs périodiques. La représentation vectorielle ou diagrammatique circulaire des phénomènes sera évidemment la même.

Constituons un tranformateur avec un noyau présentant les deux entrefers du moteur et le même circuit magnétique que ce

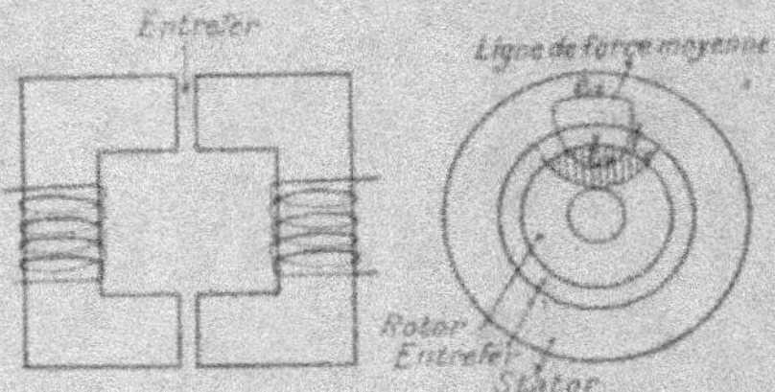

Fig. 140 et 140 bis. — Assimilation d'un moteur asynchrone à un transformateur.

moteur pour un *champ complet* (ou une période complète). Nous pouvons même le réduire au fer du stator et négliger le fer du retor, les réactions introduites par cette partie étant toujours très faibles [1].

Conclusions. — Ainsi on peut remplacer le moteur par un transformateur fictif, ce transformateur ayant deux enroulements par pôle, c'est-à-dire ayant comme ampère-tours :

$$\frac{z_i}{3p}\,\frac{I_{1\,eff}\sqrt{2}}{4} \qquad \text{et} \qquad \frac{z_i}{3p}\,\frac{I_{2\,eff}\sqrt{2}}{4}$$

donnant le flux Φ résultant dans les enroulements.

Nous allons maintenant examiner ce qui va se passer dans une tranche du stator correspondant à une période.

Étude analytique du fonctionnement du moteur asynchrone considéré comme transformateur. — Soit Φ_{1j} le flux émanant d'un pôle et d'une phase :

$$\Phi_{1j\,max} = \Phi_p.$$

1. Cette remarque peut se justifier de bien des manières :

La réluctance du tronçon de rotor intéressé serait, si ce tronçon appartenait à un transformateur statique, ou au stator lui-même :

$$\mathfrak{R}_r = \frac{l_r}{\mu_r S_r}$$

cette expression étant relative à la pulsation Ω (fig. 140 *bis*). Le flux n'y pénétrant que γ fois moins par seconde, tout se passe, au point de vue des effets intégraux et moyens, comme si cette réluctance était γ fois plus petite. La loi d'Ohm appliquée à ce circuit magnétique sera donc :

$$\mathcal{F} = \Phi\left(\frac{l_1}{\mu_1 S_1} + \frac{l_e}{S_e} + \gamma\,\frac{l_r}{\mu_r S_r}\right).$$

En fait, la partie fer du rotor ne doit pas intervenir dans le transformateur équivalent.

Nous avons évidemment, dans une section du stator, si U_1 est la tension d'alimentation :

$$U_1 = \frac{n_1}{3p}\left(r_1\,l_1 + \lambda_1\frac{dl_1}{dt} + \frac{1}{2}\frac{d\Phi_m}{dt}\right).$$

Pour le rotor :

$$0 = \frac{n_2}{3p}\left(r_2\,l_2 + \lambda_2\frac{dl_2}{dt} + \frac{1}{2}\frac{d\Phi_m}{dt}\right);$$

λ_1 et λ_2 sont les coefficients de dispersion du moteur asynchrone, comme dans le cas du transformateur (fig. 141).

On sait que dans la théorie simplifiée et classique que l'on donne d'habitude du fonctionnement du transformateur, les chutes de tension ohmique $r_1\,l_1$ et inductive $\lambda_1\frac{dl_1}{dt}$ étant supposées négligeables, au moins en première approximation, et la tension primaire U_1 étant constante, le flux résultant Φ est constant. On corrige cette théorie simpliste, ayant pour base la constance du flux primaire, par l'introduction de termes destinés à tenir compte de $r_1\,l_{1\text{eff}}$ et de $\lambda_1\,\Omega\,l_{1\text{eff}}$. Notamment, le diagramme général du fonctionnement du transformateur (établi en partant du secondaire) permet de tenir

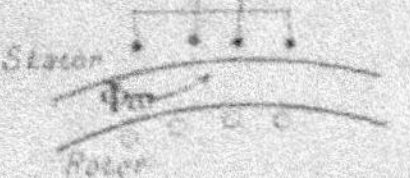

Fig. 141. — Moteur asynchrone. Étude de ce moteur considéré comme transformateur.

compte des termes $r_1\,l_{1\text{eff}}$, $r_2\,l_{2\text{eff}}$, $\lambda_1\,\Omega\,l_{1\text{eff}}$ et $\lambda_2\,\Omega\,l_{2\text{eff}}$, sans la moindre difficulté.

Dans le cas du moteur asynchrone, il ne saurait être rationnellement supposé que le flux résultant soit constant, au moins pour une étude un peu serrée du fonctionnement du moteur. Nous ne considérerons donc les études diagrammatiques qui suivent que comme un lien entre celles déjà données et celles à donner du fonctionnement du moteur asynchrone. Cette étude aura surtout pour but de faire mieux comprendre les principes sur lesquels sont basés les diagrammes industriels aujourd'hui très employés dans les ateliers et relatifs aux moteurs asynchrones.

Nous allons donc faire les hypothèses suivantes :

Chutes de tension ohmique et inductive négligeables, donc flux constant, si la tension primaire est constante.

Examinons plusieurs cas particuliers :

1° *Cas du moteur calé.* — On a un véritable transformateur en court-circuit. Suivant la position relative du stator et du rotor, on réalise évidemment une position plus ou moins favorable pour le passage du flux primaire au secondaire [1].

Le moteur fonctionne comme un transformateur en court-circuit; cependant, le courant dans le rotor n'atteint pas les valeurs dangereuses que l'on pourrait redouter, car ω étant nul, $\gamma = 1$ et la réactance du secondaire est beaucoup plus considérable qu'en marche normale ($\gamma = 0,05$). Certains moteurs ne peuvent cependant impunément supporter ce courant de court-circuit. C'est un

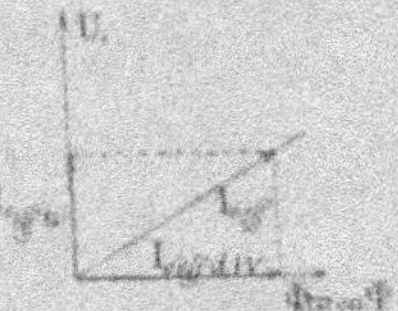

Fig. 142. — Moteur asynchrone. Constitution du courant primaire à vide.

Fig. 143. — Différence entre les circuits magnétiques de moteurs asynchrones et de transformateurs.

élément important dont il faudra tenir compte dans l'application des méthodes, actuellement très prisées, d'essais des moteurs asynchrones par utilisation de diagramme (Heyland, Blondel, etc.)

2° *Cas du rotor en marche à vide.* — Le moteur marchant au quasi-synchronisme (γ très voisin de 0), le courant secondaire est très faible. Il serait théoriquement nul s'il n'y avait pas de pertes par frottements mécaniques dans le rotor (les pertes magnétiques y sont négligeables). Nous aurons ainsi un véritable transformateur fonctionnant à vide, dans lequel le flux résultant Φ sera produit par un courant magnétisant I_{mag}, et dans lequel les pertes par effet Joule primaires (faibles, mais beaucoup moins que dans un transformateur à cause de l'entrefer), seront assurées par un courant watté primaire I_{watt} dans lequel entreront la puissance P_{fer} correspondant aux pertes par hystérésis et courants de Foucault, et la puissance P_f perdue par frottement de l'arbre du rotor sur ses supports.

1. En principe, le stator et le rotor ont le même nombre de pôles (fig. 143). Les deux bobines A_1B_1 et A_2B_2 étant en face l'une de l'autre, les lignes de force se distribuent d'une façon stable dans les deux circuits.

Il existe cependant des moteurs à stator triphasé et à rotor diphasé. Au point de vue théorique, avec la conception du champ tournant du stator, champ tournant dont les propriétés sont indépendantes du mode utilisé pour le réaliser, un tel fonctionnement ne soulève aucune difficulté.

3° *Cas du moteur en marche et en charge.* — Le flux résultant se conserve (analogie avec le transformateur). Alors que dans un transformateur le débit secondaire est fixé par la résistance du circuit secondaire, dans le cas du moteur c'est la puissance (ou le couple) que doit fournir le moteur qui fixera le régime.

Nous savons du reste que le couple s'exprime très facilement en

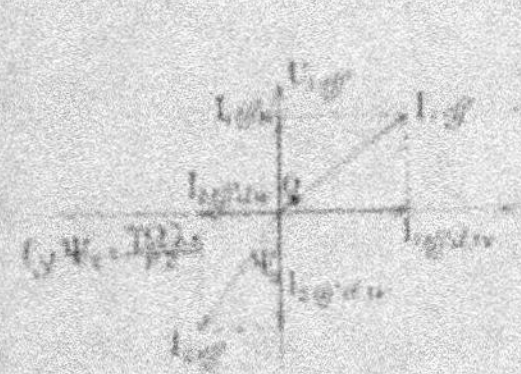

Fig. 144. — Moteur asynchrone. Constitution du courant primaire en charge.

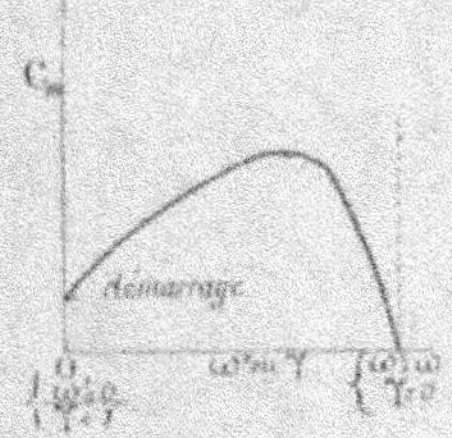

Fig. 145. — Caractéristique mécanique (couple en fonction de la vitesse) d'un moteur asynchrone.

fonction de la vitesse ω' ou du glissement γ. On peut donc connaître aisément les conditions du régime correspondant à un couple donné.

Le glissement sera pour nous la variable la plus commode à adopter. En effet, soit C_m le couple demandé au moteur. Nous avons la formule classique :

$$C_m = \frac{p\,\gamma\,\Omega\,\Phi_p^2\,n_2\,r_2}{8\,(r_2^2 + \gamma^2\,\Omega^2\,\lambda_2^2)}$$

Donc γ *est fixé quand on connaît* C_m. La même courbe, avec un changement d'abscisses, peut nous donner C_m (γ) ou C_m (ω').

Donc, pour C_m donné ou P_m donnée (puissance transformable) nous connaissons γ. Nous avons trouvé précédemment :

$$P_a = \frac{1 - \gamma}{\gamma}\, n_2\, r_2\, I_{2,a}^2$$

$$P_m = \frac{1}{\gamma}\, n_2\, r_2\, I_{2,a}^2;$$

d'où

$$P_a = P_m\,(1 - \gamma).$$

A chaque valeur de $I_{2,a}$ correspond un glissement donné et une puissance P_m donnée, sous une autre forme, par :

$$P_a = \frac{1 - \gamma}{\gamma}\, n_2\, r_2\, I_{2,a}^2 = P_m\,(1 - \gamma) = C_m\,\omega'\,(1 - \gamma)$$

donc

$$P_m = C_m \omega' = \frac{n_2 \, r_2 \, I_{2\,\text{eff}}^2}{\gamma}.$$

Inversement, nous aurons :

$$I_{2\,\text{eff}} = \sqrt{\frac{\gamma \, C_m \, \omega'}{n_2 \, r_2}}.$$

De même, nous avons :

$$\operatorname{tg} \Psi_2 = \frac{\gamma \, \Omega \, \lambda_2}{r_2}$$

la pulsation de $I_{2\,\text{eff}}$ étant $\gamma \Omega$.

Donc Ψ_2 est connu quand on connaît γ car Ω, λ_2 et r_2 sont des constantes.

Évaluons la puissance fournie au moteur et le courant watté primaire correspondant.

Nous avons :

$$P_{2t} = \frac{n_2 \, r_2 \, I_{2\,\text{eff}}^2}{\gamma} ;$$

d'où :

$$I_{1\,\text{eff}\,w} = \frac{n_2 \, r_2 \, I_{2\,\text{eff}}^2}{\gamma \, U_{1\,\text{eff}}}.$$

Il existe de même un effet démagnétisant dû au secondaire. Nous aurons les égalités suivantes entre les composantes wattées et dewattées des ampère-tours :

$$\begin{cases} \nu_2 \, I_{2\,\text{eff}\,w} = \nu_1 \, I_{1\,\text{eff}\,w} \\ \nu_2 \, I_{2\,\text{eff}\,dw} = \nu_1 \, I_{1\,\text{eff}\,dw} \end{cases}$$

Donc :

$$\begin{cases} I_{1\,\text{eff}\,w} = \dfrac{n_2 \, r_2 \, I_{2\,\text{eff}}^2}{\gamma \, U_{1\,\text{eff}}} + \dfrac{\nu_2}{\nu_1} I_{2\,\text{eff}} \cos \Psi_2 \\[2ex] I_{1\,\text{eff}\,dw} = I_{0\,\text{eff}\,dw} + \dfrac{\nu_2}{\nu_1} I_{2\,\text{eff}\,dw} \end{cases}$$

En outre, le courant primaire doit comprendre une composante wattée relative à P_{F+H} dans le primaire et une composante relative à la puissance Joule primaire totale P_{J1} (évaluée d'une manière approchée). Le courant primaire déwatté doit de même comprendre une composante supplémentaire pour compenser les fuites, soit i_{1dw}.

Les composantes du courant primaire seront finalement :

$$\begin{cases} I_{1\,\text{eff}\,w} = \dfrac{n_2 r_2 I_{2\,\text{eff}}^2}{\gamma U_{1\,\text{eff}}} + \dfrac{\nu_2}{\nu_1} I_{2\,\text{eff}} \cos \Psi_2 + \dfrac{P_{F+H}}{U_{1\,\text{eff}}} + \dfrac{P_{J1}}{U_{1\,\text{eff}}} \\ I_{1\,\text{eff}\,dw} = I_{0\,\text{eff}\,dw} + \dfrac{\nu_2}{\nu_1} I_{2\,\text{eff}\,dw} + i_{1\,dw}. \end{cases}$$

Conclusions générales. — D'après la formule donnant P_u :

$$P_u = \frac{1-\gamma}{\gamma} R_2 I_{2\,\text{eff}}^2,$$

étudier le fonctionnement du transformateur débitant sur la résistance $\frac{1-\gamma}{\gamma} R_2$, ce qui, avec la résistance R_2 du rotor donne

$$\left(\frac{1-\gamma}{\gamma} + 1\right) R_2 = \frac{R_2}{\gamma}$$

et transformant la puissance électrique en puissance électrique Joule, ou étudier le fonctionnement du moteur asynchrone transformant la puissance électrique en puissance mécanique,

$$P_u = \frac{1-\gamma}{\gamma} R_2 I_{2\,\text{eff}}^2,$$

c'est la même chose. D'où l'analogie du fonctionnement du moteur asynchrone avec celui du transformateur.

Remarques. — 1° *Différence des ordres de grandeur de divers éléments figurant dans cette comparaison.* — Dans le cas du moteur, les fuites sont beaucoup plus grandes que dans le cas du transformateur; les éléments $\lambda_1 I_{1\,\text{eff}}$ et $\lambda_2 I_{2\,\text{eff}}$ jouent un rôle relativement important dans la répartition des chutes de tension dans les deux enroulements.

2° La remarque précédente nous montre que nos hypothèses (chutes de tension négligeables) sont loin d'être justifiées ; d'où le caractère d'approximation très lâche de cette théorie dont le seul mérite est de donner une idée grossière du fonctionnement du moteur asynchrone.

3° On remarquera que cette théorie suppose la connaissance des courbes $C_m(\gamma)$ ou $C_m(\omega')$.

PRATIQUE DES MOTEURS ASYNCHRONES

FONCTIONNEMENT — DÉMARRAGE — RÉGULATION
ESSAIS — CARACTÉRISTIQUES

ÉTUDE PRATIQUE
DU FONCTIONNEMENT DES MOTEURS ASYNCHRONES

I. — Equilibre dynamique.

Le couple résistant étant fixé, on a évidemment :

$$C_r = C_m \frac{\gamma \Omega \Phi_p^2 n_2 r_2}{8 [r_2^2 + \gamma^2 \Omega^2 \lambda_2^2]} \text{ (en supposant } p = 1),$$

on en déduit, puisque

$$\Phi_p^2 = 2 \Phi_{2\,\text{eff}}^2,$$

est supposé constant, la valeur de γ ; d'où :

$$P_u = C_r \omega' = C_r \frac{\Omega}{p} (1 - \gamma)$$

si nous supposons qu'il n'y ait pas de puissance perdue par frottement, ou, si nous admettons 2 p. 100 pour cette puissance perdue [1] :

$$P_u = 1{,}02\, C_r\, \omega' = 1{,}02\, C_r\, \frac{\Omega}{p} (1 - \gamma).$$

Nous avons déjà trouvé précédemment :

$$P_u = \frac{1 - \gamma}{\gamma}\, n_2\, r_2\, I_{2\,\text{eff}}^2$$

d'où nous déduisons $I_{2\,\text{eff}}$.

Enfin l'équation :

$$n_1\, I_{1\,\text{eff}} = n_2\, I_{2\,\text{eff}},$$

nous donne la valeur approchée de $I_{1\,\text{eff}}$ correspondant à la machine

---

[1]. Valeur très fréquemment rencontrée dans les moteurs asynchrones.

supposée parfaite à vide (pas de pertes Joule ni par frottement dans le rotor, pas de fuites) :

$$I_{1\,\text{eff}} = -\frac{n_2}{n_1} I_{2\,\text{eff}}.$$

Ajoutons y géométriquement le courant à vide et nous aurons le courant primaire définitif.

Ainsi donc, à chaque valeur de C_r correspond un régime bien déterminé du moteur, et en particulier une valeur bien déterminée de γ ou de ω'.

II. — Mise en vitesse.

On peut étudier la mise en vitesse d'un tel moteur, comme nous l'avons fait pour les autres. Soit au démarrage :

$$C_{\text{moy}} = \frac{\gamma \Omega \Phi_p^2 n_2 r_2}{8[r_2^2 + \gamma^2 \Omega^2 \lambda_2^2]} \quad \text{avec } \gamma = 1.$$

Si $C_r < C_{\text{moy}}$, on a une mise en vitesse progressive, la loi d'accélération angulaire étant donnée par la formule bien connue :

$$\frac{\gamma \Omega \Phi_p^2 n_2 r_2}{8[r_2^2 + \gamma^2 \Omega^2 \lambda_2^2]} - C_r = k \frac{d\omega'}{dt} = -k \frac{\Omega}{p} \frac{d\gamma}{dt}$$

car

$$\frac{\Omega}{p}(1 - \gamma) = \omega'.$$

D'où en posant :

$$\left\{ \begin{aligned} A &= \Phi_p^2 \Omega n_2 r_2 \\[1em] B &= 8 r_2^2 \\[1em] B' &= 8\Omega^2 \lambda_2^2 \end{aligned} \right. \quad \text{et} \quad \left\{ \begin{aligned} a &= \frac{B}{A} \\[1em] a' &= \frac{B'}{A} \\[1em] b &= k\frac{\Omega}{p} \end{aligned} \right.$$

(les constantes dépendant de la tension d'alimentation du moteur et de sa constitution),
il vient :

$$\frac{\gamma}{a + a'\gamma^2} - C_r + b\frac{d\gamma}{dt} = 0,$$

équation différentielle très simple, qui peut être mise sous la
forme :

$$\frac{\gamma - a' \gamma^2 C_r - a C_r}{a + a' \gamma^2} + b \frac{d\gamma}{dt} = 0,$$

et qui est directement intégrable.

Nous laisserons au lecteur le soin de faire la discussion, en notant
les valeurs remarquables de γ :

$$\begin{cases} \gamma = 1 \text{ au démarrage,} \\ \gamma = 0 \text{ au synchronisme.} \end{cases}$$

Importance du couple de démarrage. — Dans certains cas, il y a
intérêt à demander au moteur, tantôt un couple de démarrage qui
soit maximum, la vitesse de régime étant bien déterminée (fig. 146)
tantôt un couple à peu près constant pour diverses vitesses (fig. 147)
(traction).

Un moteur qui réunirait ces deux conditions serait évidemment excellent, mais elles sont souvent assez difficiles à concilier.

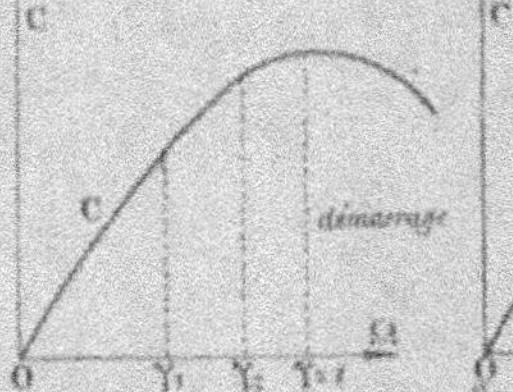

Fig. 146. — Caractéristique mécanique
transformée d'un moteur asynchrone
(couple en fonction du glissement).
Couple maximum au démarrage.

Fig. 147. — Caractéristique du couple
en fonction du glissement d'un moteur
asynchrone. Couple maximum après
le démarrage.

Remarquons tout d'abord que pour la bande correspondant aux
glissements pris entre γ_1 et γ_2, le couple varie peu. Le palier de la
courbe est toujours assez restreint en pratique.

D'une manière générale, alors que les courants continus permettent d'obtenir, avec les moteurs, des conditions de marche très
acceptables (couples satisfaisants à des vitesses différentes) les
moteurs asynchrones sont beaucoup moins bons à cet égard.

Aussi, n'est-il pas surprenant de voir dans l'industrie beaucoup
de transmissions et de machines-outils exigeant des vitesses
variables, être commandées par des réductions mécaniques de
vitesse, à rapport variable, permettant ainsi de faire travailler le

moteur asynchrone dans les mêmes conditions de puissance, de couple et de vitesse.

Un autre mode d'opérer, entraînant l'immobilisation d'un capital plus considérable, consisterait à employer un moteur beaucoup plus puissant qu'il n'est nécessaire.

III. Régulation d'un moteur asynchrone.

La régulation consiste à établir des variations arbitraires des couples en fonction des vitesses, par exemple, à réaliser C constant, quelle que soit la vitesse.

Il existe plusieurs procédés conduisant à ce résultat.

1° *Variation de la résistance du rotor.* — Nous aurons une valeur différente du couple, d'où une caractéristique différente, et une valeur différente du couple maximum C_{max} (fig. 148) correspondant à un glissement :

$$g' = \frac{r'_2}{\Omega \lambda_2}$$

On voit qu'à une même valeur de C_r ou de C_m correspondent deux vitesses différentes ω', puisque deux glissements différents

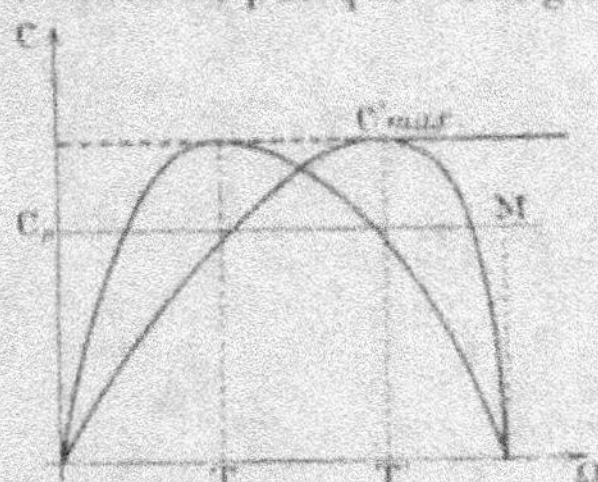

Fig. 148. — Régulation d'un moteur asynchrone par insertion de résistances sur le rotor. Déplacement du couple maximum.

La formule précédente nous montre que, d'une manière générale, quand on augmente la résistance du rotor, la vitesse diminue et quand on diminue cette résistance, la vitesse augmente.

Ces variations s'obtiennent naturellement au détriment du rendement. Ce mode de régulation est peu employé pour les moteurs fixes, mais il l'est nécessairement en traction.

2° *Commutation des pôles.* — Ce mode est peu employé car il consiste à rendre variable le couplage des inducteurs constituant le stator, de façon à faire varier le nombre de champs ou de paires de pôles. On modifie p et par suite $\dfrac{\Omega}{p}$, d'où une modification de la valeur de la vitesse du champ tournant.

3° *Variation de la fréquence du courant d'alimentation.* — C'est un procédé tout théorique.

4° *Dans le cas de plusieurs moteurs.* — On peut effectuer diverses combinaisons de couplage.

Modification du couplage des moteurs. — Le mode de régulation appelé couplage série-parallèle, dans le cas des moteurs à courants continus, s'appelle couplage en « tandem » dans le cas des moteurs à courants alternatifs.

On peut passer d'une vitesse dépendant de la fréquence du courant d'alimentation à une vitesse moindre, en réunissant les cir-

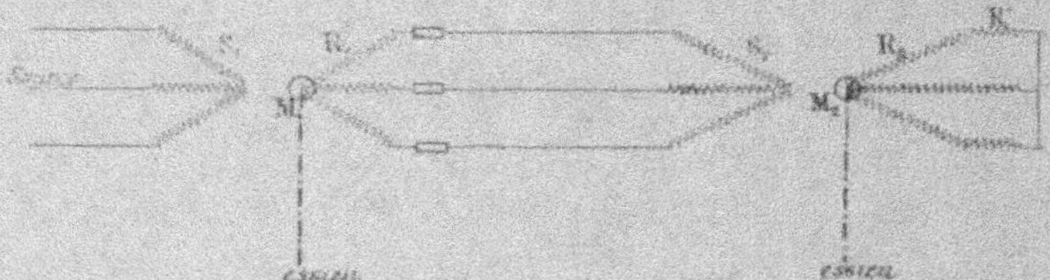

Fig. 149. — Régulation de deux moteurs asynchrones par couplage en tandem.

cuits du rotor d'un moteur M_1 au stator de M_2, le rotor de celui-ci étant fermé sur un rhéostat R (fig. 149).

Les rotors des deux moteurs sont accouplés mécaniquement, donc tournent à la même vitesse (méthode employée en traction).

La vitesse de rotation du champ est $\dfrac{\Omega}{p}$ dans M_1; soit γ_1 le glissement correspondant.

La vitesse de rotation du rotor a pour valeur :

$$\omega_1 = \frac{\Omega}{p}(1 - \gamma_1).$$

La vitesse du champ qui serait créé dans le rotor de M_2, si les deux rotors R_1 et R_2 n'étaient pas accouplés mécaniquement (les roues d'un équipement de traction étant solidarisées par les rails), serait :

$$\frac{\gamma_1 \Omega}{p}.$$

Soit γ_2 le glissement de M_2. La vitesse du rotor R_2 sera :

$$\omega_2 = (1 - \gamma_2)\frac{\Omega_{T_1}}{p}$$

Or on doit avoir

$$\omega_1 = \omega_2.$$

Donc :

$$(1 - \gamma_2)\frac{\Omega_{T_1}}{p} = (1 - \gamma_1)\frac{\Omega}{p}$$

ou bien

$$\gamma_1 = \frac{1}{2}\,\frac{1}{1 - \frac{\gamma_2}{2}}.$$

D'autre part, on sait que :

$$\gamma_2 = \text{environ } 0{,}05.$$

D'où il vient :

$$\gamma_1 = \sim \frac{1}{2},$$

ou bien :

$$\omega_1 = \omega_2 = \frac{1}{2}\frac{\Omega}{p}.$$

Si les moteurs étaient branchés en parallèle sur le réseau, la vitesse de chacun d'eux serait, au glissement (faible en réalité) près :

$$\omega_1 = \omega_2 = \frac{\Omega}{p}.$$

IV. — **Démarrage et mise en marche des moteurs asynchrones.**

Si l'on se reporte à l'expression du couple, on voit que la valeur de ce couple est fonction du glissement.

Sous une autre forme, on peut remarquer que, au repos, le moteur asynchrone fonctionne comme un véritable transformateur en court-circuit, dont le primaire est alimenté par la tension normale.

Il y a donc lieu de craindre une détérioration du moteur ou du réseau, si l'on ne modifie pas, ou le rapport de transformation, ou bien les enroulements primaires et secondaires.

D'autre part, nous avons vu que le couple, au démarrage, pouvait être amélioré en introduisant sur le circuit du rotor des résistances supplémentaires, court-circuitées en marche normale. On conçoit que les deux buts, abaissement de l'intensité au démarrage, et accroissement du couple, puissent être obtenus simultanément par l'insertion de ces mêmes résistances, car cela revient en somme, si l'on a diminué le courant, à le remettre plus ou moins en phase avec l'induction, ou le champ résultant, ce qui améliore, comme l'on sait, le couple. (On a vu que la composante wattée du courant primaire assure la puissance mécanique du secondaire, ou à son défaut, la puissance ohmique dissipée dans les résistances du secondaire.)

CONCLUSION PROVISOIRE. — Sauf pour les moteurs de faible puissance, on devra donc prévoir un système spécial de démarrage.

1° **Action sur le primaire.** — Méthode employée autrefois, et encore un peu aujourd'hui, pour les moteurs démarrant sous de faibles charges.

a) *Rhéostat court-circuité après la mise en vitesse.* (Schneider, AEG.)

b) *Modification du couplage des phases du primaire.* — On fait démarrer avec le stator en étoile $\left(\text{tension } \dfrac{U_{ac}}{\sqrt{3}}, \text{ position } a_1, a_2, a_3\right)$ puis, en vitesse on passe au couplage en triangle (tension U_{ac}, position b_1, b_2, b_3).

Il est bon de préparer le passage de l'un des couplages à l'autre

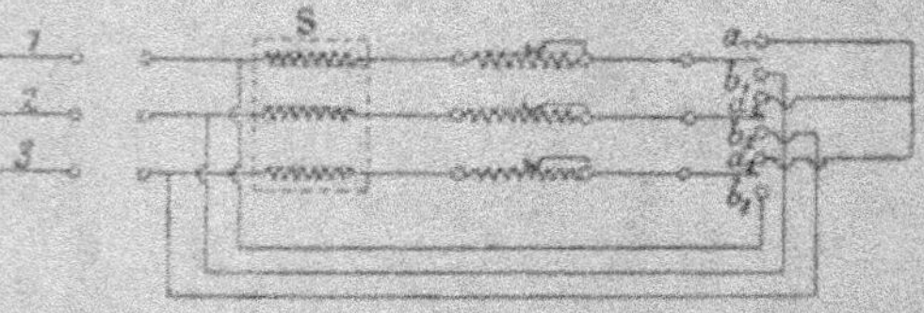

Fig. 150. — Régulation et mise en marche de moteurs asynchrones. Modification des couplages du primaire.

par insertion de résistances que l'on court-circuite lorsque le moteur a pris sa vitesse de régime (fig. 150).

c) Interposition de bobines de self entre le réseau et le moteur.

Même montage que pour le procédé précédent, (a). Disposition fâcheuse pour le réseau, qui souffre déjà du facteur de puissance très faible du moteur.

c') Autre mode de démarrage par bobines de self.

Les trois bobines de self sont prises entre les conducteurs 1, 2, 3, de la distribution. Elles sont couplées en étoile. Un système de prises de courant mobiles B_1, B_2, B_3, permet d'alimenter le stator $A_1 A_2 A_3$ à tension convenable (fig. 151).

Les spires prises entre B et O agiront comme le secondaire d'un transformateur. La f.é.m. induite dans les deux parties étant en opposition, le courant développé en OB s'ajoutera à celui du réseau. Si $B_1 B_2 B_3$ sont en particulier réglées à une certaine valeur, le

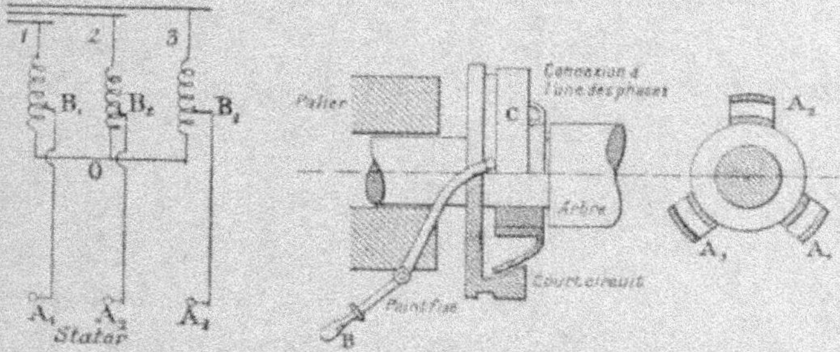

Fig. 151. — Mise en marche de moteurs asynchrones. Emploi de bobines de self sur le stator.

Fig. 152. — Mise en marche de moteurs asynchrones. Appareil court-circuiteur de rotor.

réseau n'aura à fournir que la moitié du courant de démarrage. Cette proportion peut varier avec la position de $B_1 B_2 B_3$.

De cette façon, on peut fixer la contribution du réseau, pendant le démarrage, au seul courant de marche normale.

2° Action sur le rotor. — a) *Insertion de résistances extérieures sur le secondaire.* — Ces résistances peuvent être liquides ou métalliques. Ce dispositif suppose une mise en court-circuit sur l'arbre du rotor, disposition dont la réalisation peut varier suivant le constructeur. En marche normale, la résistance est court-circuitée et le point neutre du rotor se trouve sur les bagues (fig. 152). Il n'y a donc plus de courant entre les bagues et le rhéostat.

Certains constructeurs adoptent la mise en court-circuit automa-

tique des résistances, au fur et à mesure que la vitesse augmente
(action de la force centrifuge par exemple) ; la solution est intéressante, mais par prudence doit être doublée d'un court-circuitage
à la main, et dont l'efficacité doit être contrôlée chaque fois.

Cas d'un moteur ne pouvant démarrer. — On peut agir sur le primaire en changeant le couplage en étoile en un couplage en trian-
gle. Si la tension étoilée est $U_{ség}$, en triangle elle sera : $U_{ség}\sqrt{3}$.
Φ_2^2, étant proportionnel à peu près à $U_{ség}^2$, donc à $U_{ség}^2$, on aura :

$$\Phi_{2\ triangle}^2 = 3\,\Phi_{2\ étoile}^2,$$

au moins en valeur [approchée ; d'où augmentation considérable
du couple.

b) **Insertion de résistances sur le rotor lui-même.** — Cette disposition, qui est très encombrante, existe dans quelques moteurs, en
particulier sur les monophasés, dont nous ferons une étude spéciale.
Cette disposition (comme celles du même genre) est intuitive.

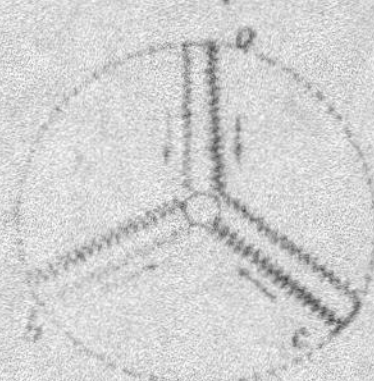

Fig. 153. — Mise en mar-
che de moteurs asyn-
chrones. — Dispositif
Siemens et Halske
emploi de deux en-
roulements au rotor.

REMARQUE : **Dispositif Siemens-Halske.** —
Il comporte deux enroulements induits divisés
en deux parties comprenant chacune trois
phases, effectués avec le même fil, et constitués par des conducteurs logés dans les
mêmes encoches.

L'un des enroulements a un nombre de fils
double de l'autre. Les f. é. m. et les résistances sont dans le rapport de 2 à 1 (fig. 153).

Démarrage. — On a la disposition indiquée à la figure 153,
enroulements en opposition.
On a :

$$i_2 = \frac{e_2}{3r_2}.$$

Marche normale. — On court-circuite les points a, b, c par un collier de cuivre qui y est passé. Le courant de circulation est pour
l'un des enroulements :

$$\frac{2e_2}{2r_2}$$

et pour l'autre :

$$\frac{c_2}{c_3}$$

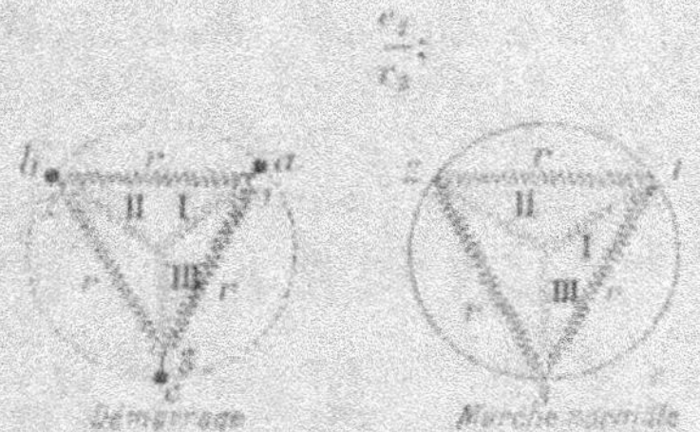

Fig. 154. — Mise en marche de moteurs asynchrones.
Emploi de deux enroulements sur le rotor.

la résistance est le tiers de la résistance au démarrage.

Dispositif général. — Le second dispositif est beaucoup plus employé (fig. 154).

Il consiste, les trois phases du rotor étant couplées en étoile, à insérer des résistances r calculées de façon à produire un couple convenable au démarrage. En marche normale, ces résistances sont court-circuitées.

V — Changement du sens de marche.

Dans un moteur asynchrone, le rotor et le champ tournant ont même sens de rotation ; nous savons que c'est le sens inverse de celui de la préséance des phases.

Fig. 155 et 156. — Moteurs asynchrones. Théorie élémentaire du changement de marche.

Dans le moteur schématique représenté fig. 155 et 156, en supposant les bobines alimentées respectivement par les courants :

$$I_1 = I_0 \cos \Omega t \quad \text{pour } B_1,$$

$$I_2 = I_0 \cos \left(\Omega t - 2\,\frac{\pi}{3} \right) \quad \text{pour } B_2,$$

$$I_3 = I_0 \cos \left(\Omega t - \frac{4\pi}{3} \right) \quad \text{pour } B_3,$$

le sens de rotation du champ et du rotor est celui de la flèche f.

Permutons deux bobines, B_2 et B_4 par exemple, c'est-à-dire alimentons B_2 par le courant I_4 et B_4 par le courant I_2. Tout se passera comme si B_2 avait pris, sur la figure précédente, la place de B_4 et réciproquement.

Le sens de rotation du champ et du rotor sera celui de la flèche f'. Le moteur tournera donc en sens inverse du sens précédent.

CONCLUSION PRATIQUE. — Pour inverser le sens de rotation d'un moteur asynchrone, il suffit de permuter deux phases entre elles.

Il ne faut pas croiser seulement les connexions d'une phase, ce qui développerait dans le stator des courants à 60 degrés et non à 120 degrés.

VI. — Influence du bobinage du rotor
sur le couple, le glissement, le rendement
et la régulation. Moteurs à enroulements spéciaux

1° PROPRIÉTÉS CARACTÉRISTIQUES DES MOTEURS A CAGE D'ÉCUREUIL ET A ROTORS BOBINÉS.

L'équation du couple peut s'écrire, en divisant l'expression classique par r_2 :

$$C = \frac{p\,\gamma\,\Omega\,\Phi_p^2\,n_2}{8\left[1 + \dfrac{\gamma^2\Omega^2\lambda_2^2}{r_2^2}\right]r_2} \tag{1}$$

Pour une même valeur de γ, C est fonction de r_2. Considérons deux cas :

1°) r_2 grand par rapport à $\gamma\Omega\lambda_2$.

2°) r_2 petit.

Dans tous les cas, la courbe du couple peut se construire, mais en poussant les choses à l'extrême, et supposant :

que dans le 2e cas r_2 est négligeable,

»   »   1er » $\gamma\Omega\lambda_2$ »

nous aurons les formules approchées :

$$C = \frac{\gamma\,\Omega\,\Phi_p^2\,n_2}{8r_2} \tag{1'}$$

$$C'' = \frac{\gamma\,\Omega\,\Phi_p^2\,n_2}{8r_2\dfrac{\gamma_2\,\Omega_2\,\lambda_2^2}{r_2^2}} = \frac{\Omega\,\Phi_p^2\,n_2\,r_2}{8\gamma\,\Omega^2\,\lambda_2^2} \tag{1''}$$

Tant que γ n'est pas très voisin de 0 dans le 2e cas (synchronisme), pour r_2 donné, le couple est inversement proportionnel à γ. Il est représenté par la courbe :

$$f(r_2, \lambda_2) = C\gamma.$$

Le couple, faible au démarrage, croît ensuite. Dans les environs du synchronisme, la courbe prend pratiquement la forme indiquée en pointillé (γ faible, influence de r_2) fig. 137. Ces courbes de couple sont relatives à des rotors à cage d'écureuil, pour lesquels r_2 est très

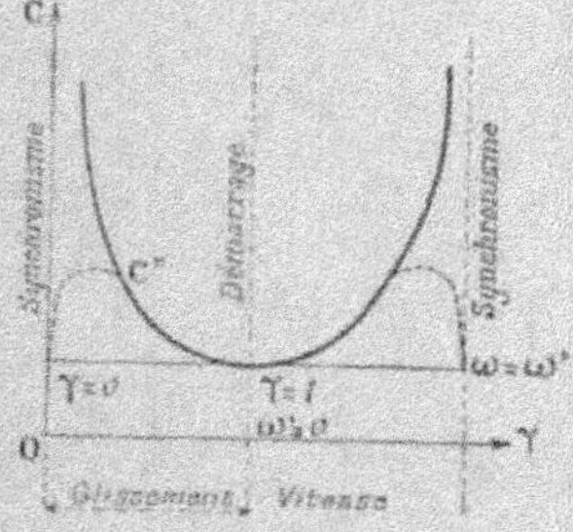

Fig. 137. — Caractéristique mécanique du moteur asynchrone à cage d'écureuil.

Fig. 138. — Caractéristique mécanique d'un moteur asynchrone à rotor bobiné.

faible, et les fuites énormes, sauf au voisinage du synchronisme pour lequel $\gamma = 0$, ce qui atténue l'impédance.

On démontrerait aisément que dans le cas du rotor bobiné, avec résistance supplémentaire, la mise en marche, aux basses vitesses, et en vertu du fait du moulage des flux dans les circuits magnétiques du secondaire, la self-induction partielle joue un rôle beaucoup moins important.

Sauf pour $\gamma = 1$ (démarrage) et aux environs de ce moment, pour lequel $\gamma \Omega \lambda_2$ peut devenir sensible, le couple se présente sous la forme approchée

$$C = \frac{\gamma \Omega \Phi_p^2 n_2 r_2}{8 r_2^2}.$$

c'est-à-dire que C varie à peu près proportionnellement à γ, d'où la forme de la courbe C (γ) et de la courbe C (ω') dans le cas d'un rotor bobiné.

Conclusion. — En résumé, on peut donner les conclusions suivantes :

1° Les rotors bobinés, surtout avec résistances de démarrage, donnent lieu à des couples décroissant généralement lorsque la vitesse ω' croît (maximum au démarrage), et ont un fort glissement à la charge normale (ce qui se déduit immédiatement de la forme du couple). Ils ont donc un rendement électro-magnétique ρ_e faible ; rappelons que, au point de vue du rotor seul, $\rho_e = 1-\gamma$, abstraction faite des frottements.

2°. Au contraire les rotors en cage d'écureuil ont un couple qui croît avec la vitesse (sauf dans le cas du voisinage du synchronisme), un glissement faible pour la marche normale, donc un bon rendement électro-magnétique.

L'application de ces remarques à la régulation est intuitif.

Constance du couple maximum. — On voit que, si l'on reprend, dans le cas particulier du rotor bobiné, l'expression approchée :

$$C = \rho\,\frac{\gamma\,\Omega\,\Phi_p^2\,n_2\,r_2}{r_2^2},$$

C_{max} a lieu pour

$$\gamma_2 = \frac{r_2}{\Omega\lambda_2}$$

qui nous permet d'écrire d'une manière approchée

$$\frac{1}{\rho}\,C_{max} = \frac{(\Omega\,\Phi_p^2\,n_2)}{r_2^2}\,\frac{r_2}{\Omega\lambda_2} = \frac{\Omega\,\Phi_p^2\,n_2}{\Omega\lambda_2}$$

ne dépendant pas de r_2. Le maximum du couple se conserve donc ; C_{max} se déplace suivant une droite parallèle aux abscisses, et cette valeur C_{max} a lieu pour une valeur de γ d'autant plus grande (vitesse ω' d'autant plus petite) que la résistance insérée sur le rotor est plus grande, c'est-à-dire qu'on emploie plus de résistances de démarrage (fig. 159). La différence $C_{max}\,(\omega'_a-\omega'_b)$ représente la puissance perdue dans les résistances. On voit que le rendement de l'opération (rendement considéré comme relatif à la puissance électrique transformable en puissance mécanique, c'est-à-dire aux seules pertes Joule du rotor), qui était $\dfrac{ob}{oc}$ avant l'insertion des résistances, devient $\dfrac{oa}{oc}$ après, c'est-à-dire plus mauvais.

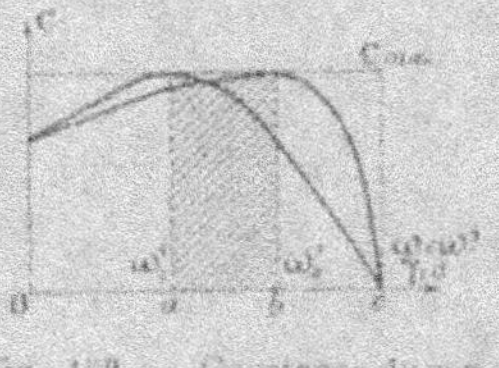

Fig. 159. — Constance du couple moteur maximum dans un moteur asynchrone.

L'aire hachurée représente la puissance perdue supplémentaire,

2° PROCÉDÉS SPÉCIAUX DE DÉMARRAGE FONDÉS SUR DES MODIFICATIONS INTÉRIEURES APPORTÉES A LA CONSTITUTION DES STATORS ET DES ROTORS

SYSTÈMES BOUCHEROT, α, β, γ.

Ces moteurs sont à rotor en cage d'écureuil et possèdent, outre les propriétés classiques de ces machines, des avantages spéciaux, d'habitude réservés aux moteurs à rotors bobinés. Ils démarrent en charge avec un couple variant de 1 à 2,5 fois le couple normal, avec quasi-proportionnalité du couple au courant absorbé, condition qui n'est pas réalisée ordinairement avec les moteurs en cage d'écureuil.

Type α. — Deux stators montés sur un bâti commun. La partie mobile comprend deux armatures calées sur le même arbre, et

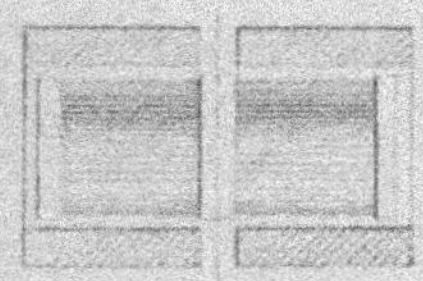

Fig. 166. — Moteur asynchrone Boucherot type α, à stator mobile.

munies d'une cage d'écureuil ordinaire, avec une large frette en métal très résistant au milieu du rotor. Un des stators est fixe, l'autre peut être décalé d'un angle correspondant à un demi-champ (intervalle de deux pôles consécutifs de l'un des stators).

Ainsi, au démarrage, les courants induits dans les barres homologues des deux cotés de la cage d'écureuil, sont de sens contraires, et se réunissent en quantité à travers la frette (en général en maillechort).

Tout se passe comme dans un véritable rotor bobiné, et pourvu de résistance de démarrage. Le couple développé est à peu près proportionnel au courant absorbé. Tout revient à donner à la frette une résistance convenable. Avec une forte résistance, le courant absorbé et le couple sont faibles; pour de faibles résistances, c'est l'inverse. Au fur et à mesure que s'opère le démarrage, on diminue l'angle des stators. En régime, les stators sont dans le prolongement l'un de l'autre. La frette de maillechort est dès lors sans effet; tout se passe comme si l'on avait deux machines juxtaposées.

Normalement les deux stators sont en tension, mais pour avoir un couple très fort au démarrage, on peut les coupler en quantité à ce moment-là.

II. **Type β.** — Procédé réservé aux moteurs de grande puissance pour lesquels la manœuvre d'un des stators nécessiterait de grands efforts mécaniques.

Ce deuxième procédé consiste à déphaser le courant dans l'un des stators par rapport au courant dans l'autre. Les sections de bobinage des stators aboutissent à un commutateur à balais. L'inconvénient du procédé consiste dans le grand nombre de fils de connexion nécessaires pour le fonctionnement de ce commutateur, dénommé *commutateur* ou *transformateur de phase*.

Dans le cas de couples de démarrage faibles, on peut avoir des connexions telles que les deux stators soient en opposition, mais soient ensuite remis en concordance de phase après le démarrage (fig. 161).

Transformateur de phase Boucherot pour moteur sans mouvement du stator. — *Principe.* — Soit un moteur asynchrone à champ tournant, à inducteur fixe et à induit mobile emboîtés l'un dans l'autre, le moteur réel ayant encore deux stators, mais tous deux fixes, s_1 et s_2, et un rotor en cage d'écureuil.

Considérons le courant d'alimentation des phases I, II et III, dis-

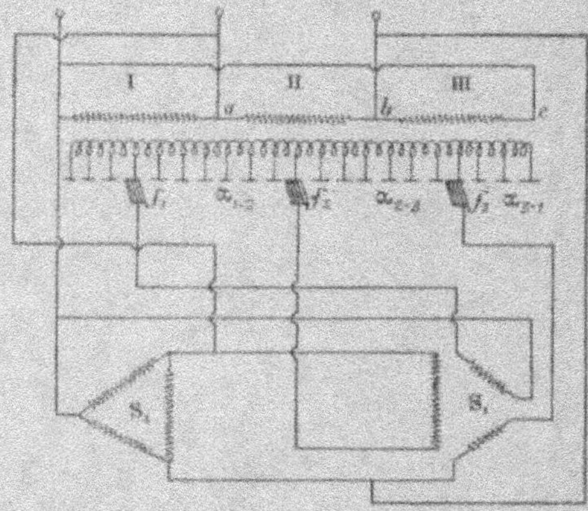

Fig. 161. — Transformateur de phase pour moteur asynchrone Boucherot type β.

tribué au stator s_1 à enroulement triangulaire normal, et à s_2 à enroulement modifié. On voit que les stators s_1 et s_2 sont couplés en parallèle (stator fixe du moteur α). Dans l'un, l'enroulement triangulaire est simplement réalisé à la manière habituelle, c'est-à dire par trois phases connectées bout à bout. Dans l'autre (stator mobile du type z), par l'intermédiaire de retours aux balais f_1, f_2, f_3, on a interposé les enroulements pourvus de f. é. m. d'induction supplémentaires $e_{1,3}, e_{2,3}, e_{3,1}$, de telle sorte que les courants dans chacune des branches de s_2 sont décalés par rapport aux courants dans les branches de s_1.

Si les balais sont en face de a, b, c, les f. é. m. récoltées dans f_1, f_2, f_3 sont décalées de $180°$ par rapport à celles de I, II, III. Avec des connexions croisées, on pourra avoir un courant de même sens dans s_2 que dans s_1 mais plus ou moins fort.

Soient f_1, f_2, f_3 les milieux de intervalles a, b, c. Alors, dans z_{12} existe une f. é. m. composée de deux parties :
l'une est, par exemple :

$$\frac{1}{2} \, \mathrm{E_{max}} \sin \Omega t,$$

$\mathrm{E_{max}}$ étant la f. é. m. maxima développée dans une tranche f_1, f_2 quand f_1 et f_2 coïncident avec a et b et relative à la moitié de l'enroulement comprise entre f_1 et f_2.

La deuxième est :

$$\frac{1}{2} \, \mathrm{E_{max}} \sin \left(\Omega t + \frac{2\pi}{3} \right)$$

pour la même raison.

La f. é. m. totale est donc :

$$\frac{1}{2} \, \mathrm{E_{max}} \left[\sin \Omega t + \sin \left(\Omega t + \frac{2\pi}{3} \right) \right]$$

ou bien :

$$\frac{\mathrm{E_{max}} \sqrt{3}}{2} \sin \left(\Omega t + \frac{2\pi}{6} \right).$$

On voit que sa superposition à celle induite dans les enroulements normaux de s_1 produira dans certains cas un déphasage entre les branches homologues de s_1 et s_2. Dans le cas général, les composantes de cette f. é. m. supplémentaire décalée de $\frac{2\pi}{3}$ seront proportionnelles au nombre de spires enserrées par af_1 et af_2.

En pratique, par la manœuvre des balais, on réalisera des rapports convenables de spires. On pourra ainsi produire une différence de phase de 0 à 1/2 période, entre les branches correspondantes des stators s_1 et s_2.

Autre conception du même appareil. — On peut présenter l'appareil sous une forme schématique un peu différente, par exemple celle de la figure 162. L'inducteur comporte des enroulements polyphasés traversés par les courants d'alimentation, provenant

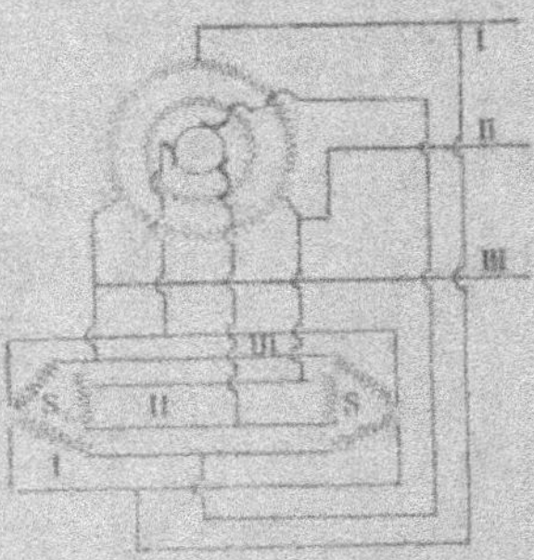

Fig. 162. — Transformateur de phase du moteur asynchrone Boucherot type β.

de la ligne, et développant dans le secondaire un ou plusieurs champs tournants.

Le secondaire est formé par un enroulement à courant continu ordinaire muni d'un collecteur.

Chaque fil de ligne aboutit d'une part, à l'une des extrémités du circuit inducteur du moteur à faire démarrer, et d'autre part, au bobinage polyphasé du transformateur de phase, les autres extrémités du circuit inducteur du moteur aboutissant à des balais f_1, f_2, f_3 pouvant glisser sur le collecteur.

La figure 162 représente le cas d'un montage triphasé en triangle; S_1 représente le stator fixe du moteur à faire démarrer; S_2 représente le stator qui dans le type α est mobile, mais qui est fixe dans le cas actuel. Ce dernier stator est relié aux balais f_1, f_2, f_3.

En modifiant l'orientation des balais, on change la phase des courants de B_1 par rapport à celle des courants de B_2. La course des balais permet d'établir toutes les différences de phase comprises entre 0 et 1/2 période.

Donc au lieu de déplacer un des stators, il suffit de faire tourner progressivement les 3 balais f_1, f_2, f_3. On s'arrête quand les balais sont arrivés à la position pour laquelle le décalage est nul entre les phases correspondantes de B_1 et B_2.

III. Type γ. — L'inducteur est identique à celui d'un moteur asynchrone ordinaire.

L'induit est constitué par plusieurs cages d'écureuil jouissant de la propriété d'avoir un couple plus énergique au démarrage qu'en marche normale. Ces cages, généralement au nombre de deux, sont concentriques. La portion annulaire d'armature comprise

Fig. 163. — Moteur asynchrone Boucherot type γ à rotormixte.

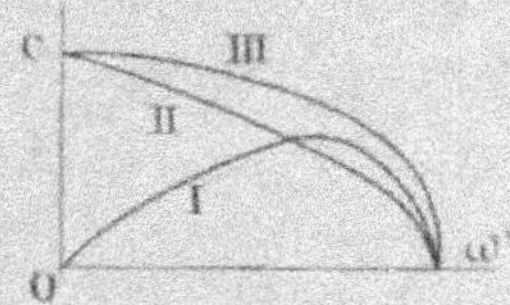

Fig. 164. — Moteur asynchrone Boucherot type γ. Forme de la caractéristique mécanique.

entre les deux rotors R'_2, R''_2, est pourvue de fentes destinées à augmenter la réluctance du circuit magnétique. La cage C'_2 est composée de génératrices ayant une résistance relativement considérable, et une faible self-induction. Si cette cage existait seule, on aurait une courbe de couple C'_2 semblable à celle relative à un rotor bobiné avec résistance de démarrage (I. Glissement fort, rendement faible, valeur maxima du couple vers le démarrage. Si C''_2 existait seule, on aurait la courbe II, car cette cage est constituée par des génératrices à faible résistance et à forte self. Les deux cages fonctionnant ensemble, les deux couples produits se superposent. Le couple résultant est égal à la somme des couples composants (courbe III).

On sait que les courants induits sont proportionnels aux impédances

$$\sqrt{r'^2_2 + \lambda'^2 \Omega^2 \gamma^2} \quad \text{et} \quad \sqrt{r''^2_2 + \gamma^2 \Omega^2 \lambda''^2}.$$

Or, au démarrage ($\gamma = 1$) les impédances sont relativement grandes car r'^2 est grand et $\Omega^2 \lambda^2$ aussi. Or la résistance de C''_2 est faible. Il suffit donc du passage d'un flux très faible à travers cette cage pour développer des courants suffisamment intenses pour s'opposer au passage du flux principal dans cette partie. Ces courants sont décalés (prédominance de $\gamma^2 \Omega^2 \lambda''^2$) par rapport à la f.é.m. qui les engendre, d'où formation d'une sorte d'écran magnétique (qui a tendance à repousser le flux).

Ainsi donc C''_2 joue le rôle d'écran magnétique. Le flux est surtout localisé dans la portion annulaire, malgré les fentes radiales.

Cependant C''_2 limite le courant par sa résistance, et le maintient en phase avec la f.é.m. induite.

Donc, même pour un courant modéré, un couple énergique peut être réalisé. La résistance r'_2 est ajoutée une fois pour toutes, pour permettre le passage du courant nécessaire à la production du couple demandé.

Au voisinage du synchronisme (à vide) la fréquence du flux passant dans le rotor est faible. C''_2 laisse passer la majeure partie du flux dans la partie centrale de l'armature. Le moteur fonctionne comme si C''_2 existait seule (faible résistance).

RÉSUMÉ DES THÉORIES PRÉCÉDENTES

LA PRATIQUE DE LA MISE EN MARCHE DES MOTEURS ASYNCHRONES POLYPHASÉS

En résumé, d'après ce que nous avons dit, les cas les plus fréquents auxquels on aura affaire, seront les suivants :

I. **Rotor en court circuit.** — Il suffit de fermer l'interrupteur permettant d'établir les communications entre les bornes du moteur et les fils du réseau.

Si le moteur tourne en sens inverse du sens voulu, il suffit d'in-

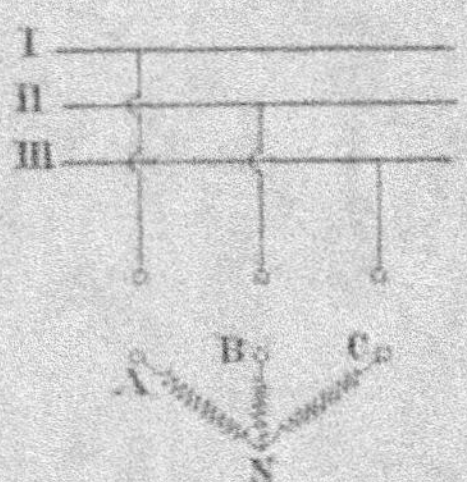

Fig. 165. — Rotor en étoile de moteur asynchrone en court-circuit; mise en marche.

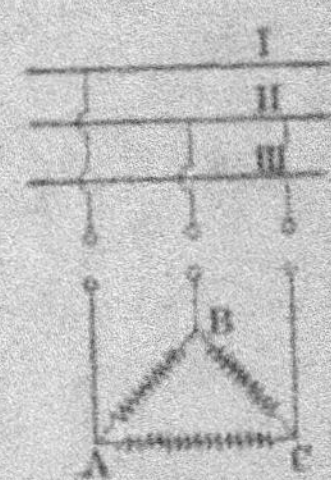

Fig. 166. — Rotor en triangle de moteur asynchrone en court-circuit. Mise en marche.

verser les fils aboutissant à deux bornes pour changer le sens de rotation.

Les schémas 165 et 166 montrent le couplage des enroulements avec les bornes, et de celles-ci avec le réseau dans le montage en étoile et dans le montage en triangle.

On remarquera que les ponts AN, BN, CN étant équilibrés par construction, la tension U est nulle au point neutre. Il est donc inutile de réunir ce point au fil neutre du réseau, même si celui-ci existe.

En général, les divers éléments du moteur, et en particulier la résistance du rotor, sont calculés de façon à permettre l'existence d'un couple suffisant pour démarrer le moteur en charge.

Cependant si un moteur monté en étoile démarrait difficilement, on pourrait avantageusement augmenter son couple de démarrage en couplant les enroulements en triangle. La tension U_{toa} devient alors $U_{\text{tea}}\sqrt{3}$, et Φ^2 entrant dans l'expression du couple de démarrage varie de 1 à 3 (au moins théoriquement, comme nous l'avons vu précédemment).

II. Rotor enroulé. — La manette du rhéostat de démarrage étant placée de manière que les circuits du rotor se ferment sur les résistances maxima, on ferme l'interrupteur A (fig. 167).

Le moteur démarre. Au fur et à mesure que la vitesse augmente, on amène la manette du rhéostat de la position DD' à la position MM

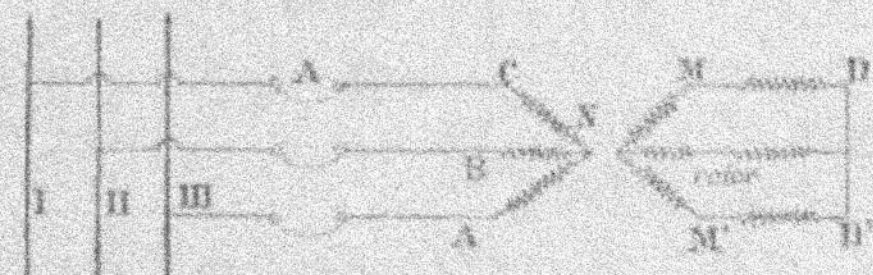

Fig. 167. — Rotor bobiné de moteur asynchrone. Démarrage sur résistances.

correspondant à la mise en court-circuit des enroulements induits.

Comme nous l'avons dit, cette mise en court-circuit sur certains moteurs est faite automatiquement lorsque sa vitesse atteint la vitesse normale.

Si le moteur tourne en sens inverse du sens voulu, on inverse les fils d'arrivée à deux bornes.

REMARQUE. — Si le moteur démarrait difficilement, on emploierait simultanément ou séparément les moyens suivants :

1° Le moyen le plus simple et le plus employé (justifié théoriquement pour la première fois par M. Leblanc) consiste à augmenter la résistance de démarrage. L'expression du couple contient en effet au numérateur la résistance du rotor.

2° On peut coupler différemment les enroulements primaires. S'ils sont montés en étoile, on peut les monter en triangle. On peut aussi coupler les pôles de manière à réduire la résistance ohmique du primaire.

CAS PARTICULIER DES MOTEURS DE TRACTION
COUPLAGE EN TANDEM

Comme nous l'avons dit, les moteurs de traction sont souvent accouplés par deux; l'accouplement électrique est conforme au schéma ci-dessous. (fig. 168) Quant à l'accouplement mécanique, il est réalisé par ce fait que chacun des moteurs commande un essieu de la même voiture.

Si A et B ont le même nombre de paires de pôles, la vitesse que prend la locomotive est celle d'un moteur qui aurait deux fois

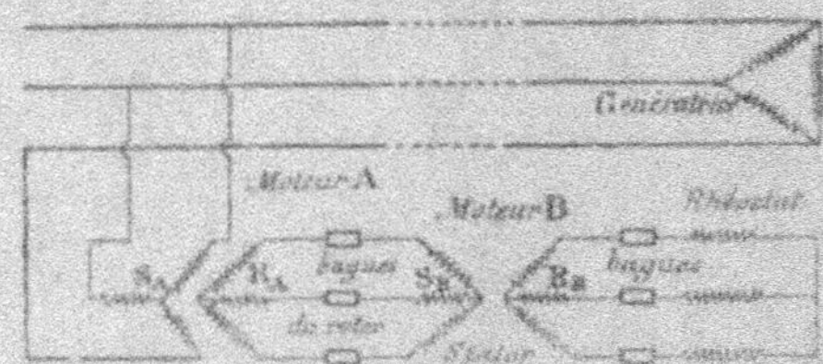

Fig. 168. — Rotors bobinés de moteurs asynchrones. Couplage en tandem. Mise en marche sur résistance.

plus de paires de pôles que chacun d'eux. Si A et B n'ont pas le même nombre de paires de pôles, la vitesse est celle que prendrait un moteur unique ayant un nombre de paires de pôles égal à la somme des paires de pôles des deux moteurs.

On peut avoir une vitesse double de la précédente, en couplant en parallèle les deux moteurs qui dans ce cas ont le même nombre de paires de pôles.

La récupération dans les descentes peut se faire à chacune des vitesses qui correspond au couplage employé.

MÉTHODES GÉNÉRALES D'ESSAIS DES MOTEURS ASYNCHRONES
MODES PRATIQUES DE CONSTRUCTION DE CES MOTEURS
ESSAIS DE MOTEURS ASYNCHRONES

Comme pour toute autre classe de machines, fixes ou rotatives, à courant continu ou alternatif, les moteurs asynchrones doivent être soumis à des essais comportant :

1° L'épreuve des matériaux destinés à être employés pour la construction des moteurs ;

2° Les essais d'atelier (réception par l'agent du client chargé de cette mission, ou par le constructeur lui-même);

3° Les essais en service.

1° *Épreuve des matériaux.*

Partie mécanique : Vérification des coussinets, des paliers, du graissage, et des organes affectés à ce rôle, du faux rond, et du balourd, du rotor, de l'arbre.

Partie magnétique : Essais des tôles employés.

Partie électrique : Isolement des sections, construction des bobines, isolement des bagues, du rotor (très délicat). Isolement des bornes.

Essais d'atelier. — Ils comportent naturellement une marche en charge, (voir si le cahier des charges l'impose), une vérification de l'isolement, une mesure de l'échauffement des circuits, une mesure de la résistance du stator, et si possible du rotor ; ces dernières opérations effectuées après l'arrêt de la machine, le plus possible après la marche en charge. Enfin un tracé de la caractéristique $C(\gamma)$ ou $C(\omega)$, et une évaluation du rendement et du $cos \varphi$ à pleine charge, et si possible aux charges intermédiaires.

Essais en service. — Les principaux de ces essais peuvent être refaits. On vérifiera notamment le $cos \varphi$, les garanties relatives au courant de démarrage, et à la charge, à la surcharge, et à l'échauffement, en un mot à l'endurance, qualité beaucoup plus précieuse que le rendement.

En résumé, en dehors des essais d'isolement, de caractère intuitif, les essais des moteurs se ramènent à la réalisation de la marche en charge et au tracé des caractéristiques.

ESSAIS EN CHARGE

Considérations générales. — Le couple résistant, appliqué au moteur, peut être fourni par un frein mécanique ou par un frein électrique (dynamo étalonnée débitant sur des résistances).

Pour les moteurs de puissance supérieure à 10 HP, l'emploi du frein électrique s'impose.

Cette méthode nécessite la mise en jeu d'une puissance électrique supérieure à celle du moteur à essayer. Elle n'est donc pas toujours applicable, lorsqu'il s'agit de moteurs puissants, ou que le constructeur ne dispose pas de la puissance électrique nécessaire.

Dans ce dernier cas, l'on échauffe le moteur en faisant traverser ses circuits, celui du stator principalement, par le courant correspondant à la charge normale, mais on s'arrange de manière que ce courant soit presque entièrement déwatté. Pour cela, il suffit de faire fonctionner le stator comme une bobine de réactance. A cet effet, on cale le rotor, ou bien on en démonte les paliers, et on laisse cet organe dans le stator, de façon que les entrefers soient égaux.

On retire le rotor plus ou moins du stator jusqu'à ce que l'ampèremètre du circuit du stator marque l'intensité voulue I_{st}. Si le rotor est enroulé, on peut en outre agir sur un rhéostat de démarrage. Le courant I_{st} se calcule facilement, puisqu'on connaît Φ et que

$$P = U_{ct}\, I_{st}\, \cos\varphi\,;$$

on se place dans les conditions les plus défavorables en calculant I_{st} pour $\cos\varphi$ ayant la valeur minima imposée par le cahier des charges. L'échauffement des circuits est le même que si la machine avait travaillé à pleine charge. L'échauffement du fer est sensiblement le même aussi.

Exemple de ce calcul. — Moteur de 14 HP sur la poulie.

Rendement imposé pour $\cos\varphi = 0,7$ 0,85
Tension composée 250ᵛ

Intensité normale :

$$I_{st} = \frac{14 \times 736}{0,85} \times \frac{1}{0,7} \times \frac{1}{250\sqrt{3}}$$

d'où

$$I_{st} = 40 \text{ amp.}$$

A. — Méthode directe.

Elle consiste essentiellement dans l'absorption dans un frein de la puissance fournie à l'arbre (frein de Prony ou génératrice étalonnée.)

Le frein à cordes (fig. 169) donne notamment :

$$P_u = 1,03\, N' (P - p)\left(r + \frac{d}{2}\right)$$

d = diamètre de la corde en mètres,
r = rayon de la poulie en mètres.

Le frein de Prony (fig. 170) donne :

$$P_m = 0,105 \, CN.$$

N = nombre de tours par minute,
C = couple Pl en kgm.

On mesure au wattmètre (méthode de deux wattmètres)

$$P_1 = P_{1\,app} \cos\varphi.$$

On a :

$$\eta = \frac{P_m}{P_1}$$

$$\cos\varphi = \frac{P_1}{P_{1\,app}}.$$

Les causes d'erreur sont doubles.

1° Emploi du frein, levier jamais horizontal ; 2° déséquilibre des

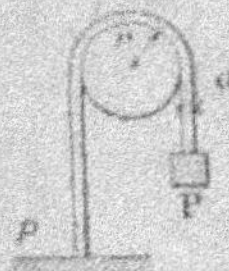

Fig. 169. — Essai au frein à corde d'un moteur asynchrone.

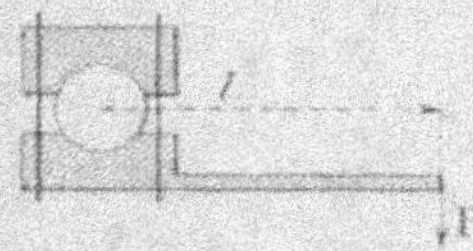

Fig. 170. — Essai au frein de Prony d'un moteur asynchrone.

phases : méthode des deux wattmètres, avec lecture de I_1, I_2, ϑ_1, ϑ_2, ou même d'un seul wattmètre muni d'un commutateur.

Ainsi donc, en outre des mêmes incertitudes que nous avons déjà signalées, d'autres encore s'introduisent par la méthode directe. Le freinage par voie électrique donne des résultats dont l'exactitude est de même liée à l'excellence de la courbe de rendement utilisée.

B. — Méthodes indirectes.

Méthode des pertes séparées. — D'après ce que nous avons dit de l'assimilation possible d'un transformateur et d'un moteur asynchrone, cette méthode est intuitive.

Appelons P_0 la puissance à vide nécessaire pour provoquer la marche (au quasi-synchronisme) du moteur. On a :

$$P_0 = P_{m+n} + P_f + P_2' + P_3'.$$

Or P_3' est faible, négligeable dans ce cas.

On peut mesurer P_j, perte Joule à vide, connaissant le courant primaire à vide, et R_1; on peut aussi mesurer P_2; on a donc P_{F+H} et P_f.

P_{F+H} baisse quand la charge croît (voir diagramme de Blondel), mais pas beaucoup, car l'élément important de P_{F+H} est la fraction relative au primaire, et le flux Φ, dans cette portion du circuit magnétique, se conserve, de la marche à vide à la marche en charge.

De même P_f varie très peu, (car la vitesse varie seulement de quelques tours), dans le cas de l'accouplement direct de la machine mue, mais peut varier sensiblement dans le cas de l'accouplement par courroie. (Voir ce qui a été dit à ce sujet (cours municipal 1ʳᵉ partie, courants continus,   leçon, page   .)

On peut du reste dissocier les pertes P_{F+H} et P_f par la méthode chronométrique, par les méthodes de Houssman et de Mordey, ces dernières assez délicates.

Nous avons donc, pour la puissance perdue totale :

$$P_2 = P_{F+H} + P_f + R_1 I_{1a}^2 + R_2 I_{2a}^2.$$

Détermination des pertes Joule. — On peut, par la méthode de la perte de charge, mesurer assez facilement R, en tenant compte de ce fait, que dans le cas de l'enroulement en étoile, (fig. 171),

Fig. 171. — Évaluation de la résistance d'un rotor enroulé en étoile.

Fig. 172. — Évaluation de la résistance d'un rotor enroulé en triangle.

si I_{1a} désigne le courant dans une des phases du primaire, la résistance mesurée aux bornes est :

$$R'_1 = \frac{2R_1}{3},$$

R_1 étant la résistance à introduire dans la formule donnant les pertes Joule ; I_{1a} est donné par la formule de l'essai en charge.

Si l'enroulement est en triangle (fig. 172), la résistance R mesurée entre les bornes A et B est évidemment donnée par :

$$\frac{1}{R} = \frac{1}{r} + \frac{1}{2r} = \frac{3}{2r},$$

d'où

$$R = \frac{2}{3} r.$$

La perte Joule dans une phase $\left(\text{parcourue par le courant } \frac{I_{1\text{eff}}}{\sqrt{3}} \right)$ est :

$$p_3 = r \frac{I_1^2}{3} = \frac{3}{2} R \frac{I_1^2}{3} = \frac{1}{2} R I_1^2.$$

La perte Joule est :

$$P_3 = 3 p_3 = \frac{3}{2} R I_{1\text{eff}}^2$$

(formule générale, à condition que I_1 soit le courant de ligne).

CONSTRUCTION DU DIAGRAMME

I_1^0 à vide donne deux composantes :

$$\frac{P_{f+u} + P_f + R I_{1\text{ eff}}^2}{U_{1\text{eff}} \sqrt{3}} = I_{1\text{ eff watt.}}^0 \qquad (1)$$

et $I_{1\text{ emw}}^0$ donnée par la relation liant les flux et ampère-tours, et déduite immédiatement de la connaissance du flux Φ_{eff} donné par :

$$\Phi_{\text{eff}} = \frac{U_{1\text{ eff}}}{\frac{n_1}{2} \Omega}.$$

$\Phi_{\text{eff}} = $ flux résultant supposé constant.

Nous connaissons (fig. 173) :

$$OA = n_1 I_{1\text{ eff } w}, \quad OB = n_1 I_{1\text{ eff } w}; \quad OC = n_1 I_{1\text{ eff}}.$$

De O comme centre, avec $n_1 I_{1\text{ eff}}$ comme rayon, décrivons un arc de cercle, qui coupe AC en M; OM est $n_1 I_{1\text{ eff}}$.

Nous avons :

$$OD = n_1 I_{1\text{ eff } w};$$

donc :

$$BD = n_1 (I_{1\text{ eff } w} - I_{1\text{ eff } w}).$$

BD définit, par la relation :

$$n_1 [I_{1\text{ eff } w} - I_{1\text{ eff } w}^0] = n_2 I_{2\text{ eff } w},$$

le courant secondaire watté $I_{2\text{ eff } w}$.

---

1. Remarquons que $I_1^{0}{}_{\text{eff}}$ est beaucoup plus considérable pour un moteur asynchrone que pour un transformateur, à cause des fuites.

Calculons celui-ci très largement, de façon à tenir compte de la self-induction légère du rotor. Nous aurons enfin I_{2at_0}.

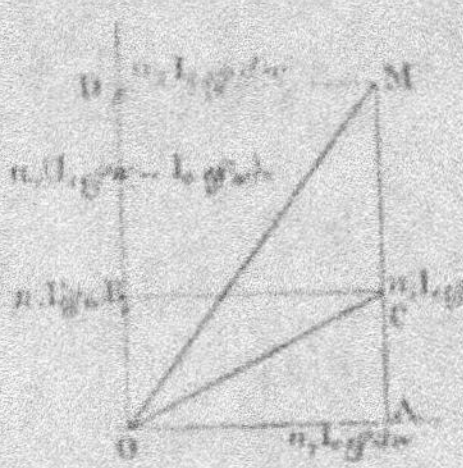

Fig. 173. — Évaluation du courant à vide d'un moteur asynchrone.

Pour calculer P_{j2}, il faut donc déterminer encore r_2 (pour une génératrice), ou R_2 (pour l'ensemble du rotor).

R_2 se calcule, le plus souvent, car il est difficilement mesurable.

On a du reste :

$$P_{j2} = \frac{1-\gamma}{\gamma} \, n_2 \, r_2 \, I_{2at},$$

qui, le glissement étant toujours faible (2 à 4 %) donne avec une valeur moyenne :

$\gamma = 3 \%$, I_{2at} en fonction de r_2, résistance mesurée, ou calculée, d'une génératrice du rotor. On a donc déterminé P_{j1} et P_{j2} correspondant à un régime donné, de puissance fournie.

Évaluation du rendement. — La puissance motrice est :

$$P_{m} = P_{a} - P_{p}.$$

P_{p} représente la puissance perdue dans le rotor autrement que sous forme électrique (c'est-à-dire puissance perdue par frottements mécaniques, par hystérésis et courants de Foucault, ces dernières étant faibles).

La puissance fournie est :

$$P_{f} = (P_{a} - P_{p}) + P_{j1,2} + P_{f1} + P_{j2};$$

d'où le rendement :

$$\eta = \frac{P_{a} - P_{p}}{P_{a} - P_{p} + P_{j1,2} + P_{f1} + P_{j2}}.$$

REMARQUE. — L'emploi de cette méthode doit être complété par un essai fictif en charge du moteur, consistant à faire supporter à ses enroulements les courants pour lesquels ceux-ci ont été établis.

Mode d'échauffement artificiel du moteur. Pour réaliser un essai approché d'endurance). Nous avons indiqué précédemment (page 148) comment devait être effectué cet essai. — Rappelons que l'on peut se faire ainsi une idée approchée de l'endurance du moteur, en le transformant en bobine de réactance alimentée par courant déwatté, c'est-à-dire en le calant, ou mieux en faisant, les paliers étant démontés, glisser le rotor dans le stator jusqu'à ce que les entrefers étant égaux en haut et en bas, on ait l'intensité voulue au primaire. On détermine P_1 et I_{1eff}, donc on connaît cos φ, qu'on peut modifier jusqu'à la valeur correspondant au minimum imposé par le cahier des charges.

On verra facilement, d'après ce que nous avons dit plusieurs fois, que les pertes dans le fer et dans le cuivre sont sensiblement les mêmes que si la machine avait tourné en pleine charge. Dans le cas des rotors bobinés, on peut aussi avec avantage, employer le rhéostat de démarrage et de réglage du courant secondaire.

En ce qui concerne l'échauffement, ne pas admettre plus de 40° comme élévation de température du fer du stator au-dessus de l'ambiance.

MESURE DES VITESSES ET DES GLISSEMENTS

Que l'on procède à l'essai en charge par l'emploi du frein électrique, ou mécanique, la mesure de γ ou de ω s'impose. Mesurer ω directement (tachymètre ou cinémomètre) est délicat, car il est évident qu'une erreur de 1 ou 2 % sur les tours lus, entraîne une erreur considérable sur le glissement qui est toujours faible.

On a donc avantage à mesurer directement le glissement par une méthode stroboscopique ou différentielle.

Principe. — Le moteur asynchrone à $2\,p'$ pôles porte un disque avec un trait blanc radial. Soit un moteur synchrone, alimenté par la même source que le moteur asynchrone,
et portant un disque pourvu d'une fente radiale (Fig. 174). Notons la fréquence f des apparitions du trait à travers la fente; f est le nombre de fois par seconde que le trait a été vu à travers la fente. C'est aussi la différence des nombres de tours effectués respectivement par les deux moteurs pendant une seconde.

Fig. 174. — Mesure du glissement d'un moteur asynchrone par la méthode stroboscopique.

Soit F la fréquence du courant d'alimentation des moteurs, N le nombre de tours du moteur synchrone pendant une seconde, N' le nombre de tours du moteur asynchrone pendant une seconde.

Nous avons :

$$N = \frac{F}{p'}$$

$$N = \frac{F}{p}(1 - \gamma)$$

et

$$f = N - N' = \frac{F}{p} - \frac{F'}{p'}(1 - \gamma).$$

D'où nous déduisons :

$$\gamma = 1 - \frac{\dfrac{F}{p} - f}{\dfrac{F}{p}}.$$

Nous savons d'ailleurs que :

$$\omega' = \frac{\Omega}{p'}(1 - \gamma).$$

Variantes. — I. On peut monter, sur l'arbre du moteur à étudier, un disque portant autant de secteurs blancs et noirs qu'il y a de pôles, et éclairer ce disque par une lampe à incandescence ou à arc alimentée par le réseau. Le disque paraît immobile au synchronisme. Il paraît tourner quand γ est différent de 0. La fréquence de la rotation apparente du disque est :

$$f = f_1 - f_2$$

f_1 étant la fréquence du phénomène lumineux et f_2 celle de la rotation du moteur. Pour pouvoir mesurer f, on est quelquefois obligé de commander le disque par un réducteur de vitesse.

II. On peut remplacer la mesure optique par une mesure acoustique, le trait et la fente étant remplacés par un contact faisant partie d'un circuit de sonnerie.

CHOIX D'UN MOTEUR ASYNCHRONE

QUALITÉS A EXIGER D'UN MOTEUR ASYNCHRONE

Les qualités à exiger sont toujours :

1° Un bon rendement ;

2° Un couple de démarrage suffisant ;

3° Un couple normal, sous un γ normal ;

4° Un facteur de puissance aussi élevé que possible.

Nous n'avons pas grand chose à ajouter au sujet des conditions 1 et 3 qui sont intuitives. Voyons ce qu'on peut penser des deux autres.

INFLUENCE DU FACTEUR DE PUISSANCE DU MOTEUR
SUR LA PUISSANCE APPARENTE DÉVELOPPÉE SUR LE RÉSEAU. —
COMPARAISON ENTRE LE MOTEUR SYNCHRONE ET LE MOTEUR
ASYNCHRONE

Les moteurs asynchrones sont toujours l'objet de fuites magnétiques importantes. Travaillant à faible charge, ils ont un facteur
de puissance faible (0,6 à 0,7). Le moteur asynchrone acceptable
est celui pour lequel le facteur de
puissance croît le plus vite possible
après l'apparition d'une puissance
motrice, si faible soit-elle. On peut
dire la même chose du rendement.

Si, en particulier pour la demi-
charge $\dfrac{Pu}{2}$, le rendement et le cos φ
sont, par impossible, tous deux égaux
à 0,50, on voit que la puissance
apparente fournie par le réseau est :

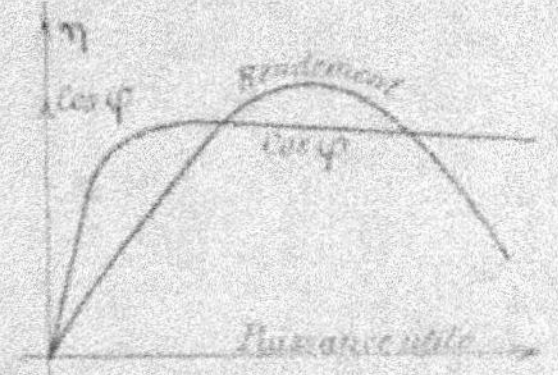

Fig. 175. — Moteurs asynchrones.
Caractéristiques du rendement et
du cos φ en fonction de la vitesse.

$$\frac{0.5\ P_u}{0.5^2} = 2P_u.$$

ce qui correspond, comme on le voit à une utilisation déplorable
de la puissance du réseau, puisque la puissance apparente
à demi-charge est le double de ce qu'elle serait en marche normale,
si η et cos φ restaient les mêmes.

Les moteurs aussi mal construits constituent heureusement
aujourd'hui une exception.

Comme nous l'avons dit, les moteurs synchrones peuvent être
munis d'une excitation calculée ou réglée de manière à ce que le
facteur de puissance qu'ils introduisent sur le réseau soit égal à 1,
ou mieux par une avance du courant qu'ils absorbent sur la tension
qu'il fournit, de façon à rendre égal à 1 le cos φ total du récepteur
fictif constitué par lui-même et les autres récepteurs. Cela constitue un précieux avantage à l'actif des moteurs synchrones.

CARACTÉRISTIQUES DES MOTEURS ASYNCHRONES

Les conditions de fonctionnement des moteurs asynchrones peuvent être traduites graphiquement sous forme de caractéristiques.

Caractéristique γ (P_u). — On sait que le couple peut se mettre sous la forme :

$$C_m = \frac{p\,\gamma\,\Omega\,\Phi_p^2\,n_2\,r_2}{8\,(r_2^2 + \gamma^2\,\lambda_2^2\,\Omega^2)}.$$

La puissance utile est :

$$P_u = C_m\,\omega' = \frac{1-\gamma}{\gamma}\,P_{t_2} = \frac{1-\gamma}{\gamma}\,n_2\,r_2\,\frac{\Phi_p^2\,\gamma^2\,\Omega^2}{8\,(r_2^2 + \gamma^2\,\lambda_2^2\,\Omega^2)}$$

ou

$$P_u = \gamma\,(1-\gamma)\,n_2\,r_2\,\Omega^2\,\Phi_p^2\;\frac{1}{8\,(r_2^2 + \gamma^2\,\lambda_2^2\,\Omega_2)}.$$

Posons :

$$A = n_2\,r_2\,\Omega^2\,\Phi_p^2; \quad B = 8\,r_2^2; \quad C = 8\,\Omega^2\,\lambda_2^2.$$

Nous aurons :

$$P_u = \gamma\,(1-\gamma)\,\frac{A}{B + C\gamma^2}.$$

Dans le cas particulier de moteurs à très faible réactance de rotor

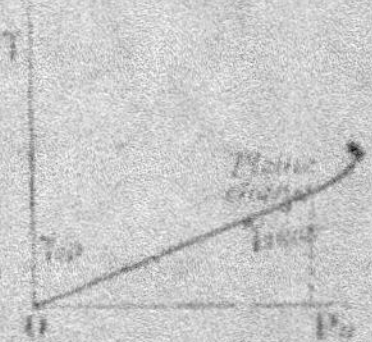

Fig. 176 et 177. — Moteurs asynchrones. Caractéristique du glissement en fraction la puissance utile.

(fuites faibles), on peut adopter la formule approchée, $\lambda_2\,\Omega^2$ étant négligeable devant r_2^2 :

$$P_u = \gamma\,(1-\gamma)\,\frac{A}{B} = A'\,\gamma\,(1-\gamma), \quad \text{en posant} \quad A' = \frac{A}{B}.$$

Cette équation représente une parabole ; on peut l'écrire, avec un changement d'axes intuitif :

$$P_u = A''\,\gamma^2.$$

Cette parabole est facile à construire (fig. 176) ; elle se traduit, P_u étant prise comme abscisse, par une branche presque rectiligne dans certains moteurs (fig. 177). Si, en effet, nous négligeons $1-\gamma$ devant γ, nous pouvons écrire :

$$P_u = A'\,\gamma.$$

On peut admettre que, en première approximation, la puissance utile est proportionnelle au glissement, dans toute la région des puissances utiles comprises entre la marche à vide (γ voisin de zéro) et la marche en pleine charge (γ = 0,05 environ).

Connaissant les glissements, on peut avoir la puissance perdue par effet Joule dans le rotor par la formule :

$$P_{jr} = \frac{\gamma}{1 - \gamma} P_{tr}.$$

En résumé, dans la plupart des moteurs, on peut admettre que le glissement, en fonction de P_u, peut se représenter par une droite remontant légèrement, plus sensiblement quand on est dans les environs de la pleine charge.

Caractéristique $C_m(\omega)$. — C'est la caractéristique mécanique du moteur. Elle a la forme indiquée sur la figure 178. Le couple passe par un maximum correspondant à un glissement γ_1 donné par :

$$\gamma_1 = \frac{r_2}{\lambda_2 \Omega}.$$

La courbe a une forme tombante presque rectiligne dans les environs de la pleine charge (fig.   ).

Nous avons : $C_m \omega' = O_m \times M_{ar} = P_m$ puissance théoriquement transformable, très peu différente de P_u. La puissance de pleine charge est généralement très voisine de la valeur correspondant au couple maximum.

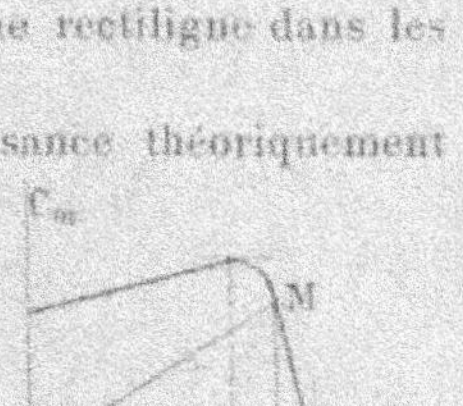

Stabilité et instabilité. — Il est facile de voir que, seule, la partie de la courbe du couple comprise depuis le couple maximum jusqu'au synchronisme est utilisable. En

Fig. 178. — Caractéristique mécanique du moteur asynchrone.

effet, il faut qu'à un ralentissement de vitesse ($\omega'_1 < \omega'$), déterminé par une surcharge, corresponde un couple plus considérable. Cette condition n'est réalisée que dans la portion de la courbe du couple comprise depuis γ = 0 (synchronisme) jusqu'à γ = γ_1 (couple maximum).

Caractéristique des $\cos \varphi$, de la puissance primaire fournie, de l'intensité primaire et du rendement, en fonction de P_u. — Cherchons, par un essai à vide, à déterminer ces diverses caractéristiques.

Faisons donc fonctionner le moteur à vide sous la tension normale, et mesurons la puissance P_0 qu'il absorbe.

$$P_0 = P_{F+R} + P_{J1} + P_f$$

En mesurant la résistance r_1 du stator et l'intensité absorbée à vide I_0, nous pouvons calculer :

$$P_{J1} = r_1 I_0^2.$$

Donc, nous pouvons déterminer l'ensemble P_0 des pertes par frottements, hystérésis et courants de Foucault :

$$P_0 = P_f + P_{F+R}.$$

La puissance perdue au rotor étant, pour une charge P_u, donnée par P_{J_2} (mesurée si l'on peut accéder au rotor, ou calculée), la puissance primaire fournie sera :

$$P_1 = \overbrace{P_u + P_2}^{P_m} + P_f + P_{F+R} + P_{J_1}.$$

P_{J_1} peut être déterminée d'une façon très suffisante de la manière suivante : formons :

$$I_{1\,\text{eff}} = \frac{P_u + P_0}{U_{1\,\text{eff}} \sqrt{3}}$$

avec un léger excès pour tenir compte de P_{J_1} (évaluée à 2 ou 3 %), et composons $I_{1\,\text{eff}}$ et $I_{\mu\,\text{eff}}$ (fig. 179) ; nous aurons le courant définitif $I_{1\,\text{eff}}$ et le facteur de puissance $\cos \varphi$; donc aussi

$$P_{J_1} = r_1 I_{1\,\text{eff}}^2.$$

Nous aurons ainsi pour chaque puissance utile P_u :

1° le rendement :

$$\eta = \frac{P_u}{P_1},$$

2° le $\cos \varphi$

3° la puissance primaire fournie P_1.

Le rendement passe par un maximum généralement compris entre l'origine et la pleine charge, et d'autant plus voisin de cette pleine charge que le moteur travaillera plus ordinairement au voisinage de cette pleine charge (fig. 179 *bis*).

La puissance fournie est représentée par une courbe d'allure d'abord approximativement rectiligne, puis présentant un coude plus ou moins indiqué sur l'ordonnée du maximum de *rendement*, et remontant ensuite.

Le facteur de puissance part d'une certaine valeur (moteur à vide) que l'on doit s'efforcer de rendre le plus grande possible, de manière à éviter les inconvénients de certains anciens moteurs qui prennent plus d'ampères à vide qu'en charge.

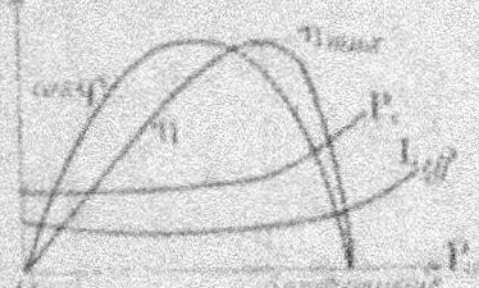

Fig. 179. — Constitution du courant primaire d'un moteur asynchrone.

Le cos φ passe en général par un maximum pour une charge déterminée, ensuite il décroît. Les efforts des constructeurs doivent porter sur la réalisation d'une partie quasi-rectiligne de la courbe la plus longue possible, de la charge la plus basse possible à la charge la plus voisine possible de la charge maxima.

Notons que la faiblesse d'un cos φ à vide (φ > 60°) peut se traduire, dans le cas d'un moteur triphasé, par des déviations en sens contraire des deux wattmètres; les indications sont alors à retrancher l'une de l'autre, tandis qu'on doit les totaliser quand elles sont de même sens.

La courbe de l'intensité absorbée ou, ce qui revient au même, des ampères-tours primaires, se rapprochera d'autant plus de la courbe

Fig. 179 bis. — Ensemble des caractéristiques d'un moteur asynchrone rapportées à la puissance utile.

Fig. 180. — Variation du facteur de puissance et de l'intensité primaire dans un moteur asynchrone, en fonction de la puissance utile.

de la puissance primaire P_1 que cos φ sera à peu près constant pendant plus longtemps.

Si cos φ monte très vite, de la marche à vide à une charge encore faible, il peut arriver que I_{1ef} passe par un minimum plus ou moins esquissé, pour remonter ensuite d'une manière continue. C'est évident si l'on se reporte à l'équation

$$I_{1ef} = \frac{P_1}{U_{1ef} \sqrt{3} \cos\varphi} \quad \text{(moteur triphasé)}.$$

Telles sont les caractéristiques fondamentales à tracer au laboratoire d'essais sur un moteur asynchrone polyphasé :

$$\eta(P_u), \quad \zeta(P_u) \quad \text{d'où} \quad P_1(P_u), \text{ ou inversement},$$

$$\cos\varphi(P_u) \quad \text{d'où} \quad I_{1ef}(P_u), \text{ ou inversement}.$$

Remarque. Utilité des caractéristiques C (ω) et C (γ). — Comme nous avons déjà eu l'occasion de le dire, la considération des caractéristiques est très importante, car elles caractérisent le fonctionnement du moteur et la nature de la machine-outil à laquelle on veut l'appliquer (fig. 181).

La région AB renseigne sur la stabilité de marche, les glissements, les couples correspondants. Le point B correspond, comme

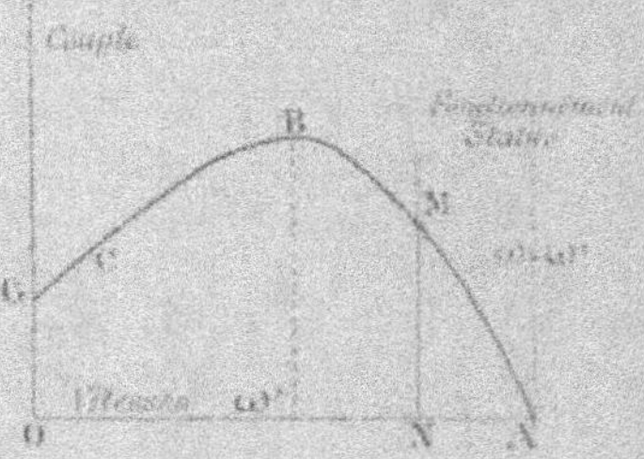

Fig. 181. — Caractéristiques mécaniques diverses d'un moteur asynchrone. Position du couple maximum. Vitesse correspondante.

on sait, au décrochage du moteur, OG représente le couple au démarrage, et pour certaines applications, il est intéressant de le connaître.

Pour le tracé de la caractéristique, il est essentiel de mesurer *simultanément* un couple MN et la vitesse $\omega' = ON$ du rotor, ou encore le glissement correspondant AN. Les couples se mesurent directement au frein d'absorption (Puissance $<$ 10 ou 20 HP), ou se déduisent des watts fournis par une dynamo tarée servant de frein électrique (puissance $>$ 20 HP). Les vitesses se mesurent au compte-tours, ou au cinémomètre, ou mieux encore, par une méthode stroboscopique.

1er *Exemple.* — Un frein d'absorption de 0,75 de bras de levier est chargé de 14 kgs et est en équilibre à la vitesse de 950 tours par minute.

Le couple est de

$$0,75 \times 14 = 10,5 \text{ kgm.}$$

La puissance développée sur la poulie est, en HP :

$$\frac{2\pi \times \dfrac{950}{60} \times 10,5}{75} = 14 \text{ HP.}$$

2° *Exemple*. — Un frein électrique manchonné sur l'arbre d'un moteur donne 6.500 watts dans son circuit extérieur. La vitesse est de 950 tours/min. Son rendement, déterminé par une étude antérieure, au régime de 970 t./m. et dans les mêmes conditions au point de vue du champ inducteur, est de 0,8. La puissance développée sur la poulie est :

$$\frac{6500}{0,8} = 8125 \text{ watts,}$$

et, en kgmt/sec. :

$$\frac{8125}{9,81} = 830 \text{ kgmt/sec.}$$

Le couple est :

$$\frac{830}{\frac{2\pi}{60} \times 970} = 8,15 \text{ kgm}t. \ —$$

Les points C et B de la caractéristique, correspondant au couple de démarrage et au couple maximum, sont intéressants à connaître.

Si le frein était chargé à 10 kgs et avait un bras de levier de 0,75, que le moteur démarre quand on ferme l'interrupteur, mais ne démarre pas quand on le charge à (10 kgs + ε), ε étant une quantité très petite, le couple de démarrage est :

$$10 \times 0,75 \text{ kgm} = 7,5 \text{ kgm.}$$

Pour la détermination du couple maximum, on charge le frein jusqu'au décrochage du moteur. Supposons que le frein électrique marquant 7.900 w., la vitesse étant de 950 t/min., le moteur décroche quand on augmente très peu la charge. Le rendement de la dynamo à cette vitesse étant 0,75, la puissance sur la poulie sera de 14 HP, et le couple maximum de 10,5 kgm. Quant au glissement, il est de 5 %.

La mesure des vitesses au moyen des compte-tours et même des chronomètres est sujette à des erreurs, et, comme nous l'avons dit, on lui substitue de préférence la mesure des glissements. Quand on ne possède pas de cinémomètre, on se sert d'une dynamo-tachymètre munie d'un voltmètre.

ÉTUDE DES MOTEURS ASYNCHRONES MONOPHASÉS
EMPLOI DES MOTEURS ASYNCHRONES
COMME GÉNÉRATRICES

MOTEURS ASYNCHRONES MONOPHASÉS

Constitution. — La constitution des moteurs monophasés est la même que celle des moteurs polyphasés, à cela près qu'ils ne contiennent qu'un seul enroulement à une ou plusieurs paires de pôles, parcouru par un courant alternatif simple. Le rotor peut être également en cage d'écureuil (faibles puissances).

Considérons l'une des bobines correspondant à un pôle. Le champ alternatif qu'elle exerce est décomposable en deux champs égaux tournant avec les vitesses fictives Ω et $-\Omega$. On peut donc prévoir, ce que l'on constate expérimentalement, que sauf artifice spécial le moteur ne démarre pas seul. Pour effectuer le démarrage, il faut créer une dissymétrie.

On arrive à créer une dissymétrie en installant sur le stator un deuxième enroulement parcouru par un courant plus ou moins décalé sur le courant qui parcourt l'enroulement normal, c'est-à-dire en créant provisoirement une sorte de moteur diphasé, donc à champ tournant. Cet enroulement peut être mis en court-circuit ou bien adjoint au premier (avec concordance de phases du courant d'alimentation), une fois le démarrage effectué.

Forme du couple. — Supposons donc le démarrage produit et l'induit à la vitesse ω'. Le stator peut être alors considéré comme constitué par la superposition de deux stators de moteurs polyphasés, l'un alimenté par un courant de pulsation Ω, mais dont le vecteur figuratif tourne dans le sens positif de rotation des angles, le second étant de même pulsation, mais le vecteur tournant en sens inverse.

Il en résulte que, l'induit tournant avec la vitesse ω', par exemple dans le sens positif des angles, sera soumis à un couple C'_z de la part du premier champ tournant, et à un couple C''_2 de la part du second. Nous aurons donc,

$$C'_2 = \frac{p\,\gamma_1\,\Omega\,\Phi'^2_p\,n_2\,r_2}{8\,[r^2_2 + \gamma^2_1\,\Omega^2\,\lambda^2_2]}$$

$$C''_2 = \frac{p\,\gamma_2\,\Omega\,\Phi'^2_p\,n_2\,r_2}{8\,[r^2_2 + \gamma^2_2\,\Omega^2\,\lambda^2_2]}.$$

Φ'_p est le flux moyen résultant dû à chacun des champs tournants composants du champ alternatif. Si Φ_p représente la valeur du flux résultant émanant d'un pôle, on a :

$$\Phi'^2_p = \frac{1}{2}\,\Phi_p.$$

et comme :

$$\gamma_1 = \left(\frac{\Omega}{p} - \omega'\right)\frac{p}{\Omega} = \frac{\omega - \omega'}{\omega}$$

$$\gamma_2 = \left(\frac{\Omega}{p} + \omega'\right)\frac{p}{\Omega} = -\frac{\omega + \omega'}{\omega},$$

il résulte que les couples auront pour expression :

$$C_2 = \frac{p\,(\omega - \omega')\,\Phi^2_p\,n_2\,r_2}{32\,[r^2_2 + p^2\,(\omega - \omega')^2\,\lambda^2_2]}$$

$$C''_2 = -\frac{p\,(\omega + \omega')\,\Phi^2_p\,n_2\,r_2}{32\,[r^2_2 + p_2\,(\omega + \omega')^2\,\lambda^2_2]}.$$

On a du reste,

$$C'_2 > C''_2,$$

en valeur absolue, car :

$$\left|\frac{\omega - \omega'}{r^2_2 + p^2\,(\omega - \omega')^2\,\lambda^2_2}\right| > \left|\frac{\omega + \omega'}{r^2_2 + p^2\,(\omega + \omega')^2\,\lambda^2_2}\right|,$$

ce qui se ramène à l'inégalité :

$$2\,\omega'\,[p^2\,(\omega^2 - \omega'^2)\,\lambda^2_2 - r^2_2] > 0,$$

ou :

$$p^2\,(\omega - \omega')\,(\omega + \omega')\,\lambda^2_2 - r^2_2 > 0,$$

ou bien

$$p^2\,(\omega - \omega')^2\,\frac{\omega + \omega'}{\omega - \omega'}\,\lambda^2_2 - r^2_2 > 0,$$

Dans les moteurs en cage d'écureuil, nous savons que r^2_2 est faible devant $p^2\,(\omega-\omega')^2\lambda^2_2$, même pour les valeurs de ω' voisines de ω.

Dans les moteurs à rotor bobiné, les termes r_2^2 et $\lambda_2^2\, p^2\,(\omega\text{-}\omega')^2$ sont des facteurs ayant même importance, mais au démarrage $(\omega' = 0)$, le deuxième a une valeur particulièrement forte ; il est multiplié par

$$\frac{\omega + \omega'}{\omega - \omega'}$$

alors égal à 1. A mesure que ω' croît, $\omega\text{-}\omega'$ décroît, mais le terme $\dfrac{\omega+\omega'}{\omega-\omega'}$ croît beaucoup, jusqu'à atteindre à peu près :

$$\frac{2\omega}{0{,}05\,\omega} = \sim 40,$$

pour la valeur du glissement

$$\gamma = 0{,}05.$$

L'inégalité écrite peut être considérée comme vérifiée ; elle l'est en fait, de par le fonctionnement même de moteur.

Caractéristique mécanique. — On pourra donc encore se représenter le moteur comme soumis à la différence des deux couples

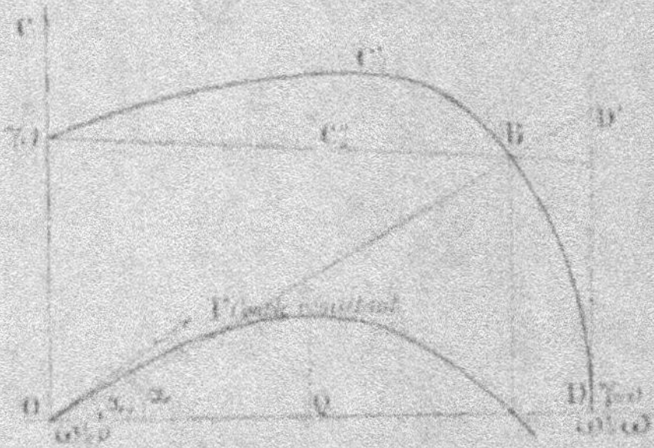

Fig. 182. — Moteurs asynchrones monophasés. Construction de la caractéristique mécanique définitive.

$C'_2 > 0$ et $C''_2 < 0$ (fig 49). Ils partent de la même valeur au démarrage, mais C''_2 conserve une valeur différente de 0, soit :

$$C''_2 = -\frac{2\,p\,\omega\,\Phi_h^2\,n_2\,\lambda_2}{32\,[\,r_2^2 + 4\,p^2\,\omega^2\,\lambda_2^2\,]}$$

quand $\omega' = \omega$.

Au contraire, à ce moment :

$$C'_2 = 0.$$

Il en résulte que le couple résultant Γ est donné par la différence de C'_1 et de C'_2. Il part de 0, s'annule avant le synchronisme, au moins théoriquement, bien que la chute BD soit en général rapide dans les environs du synchronisme.

On se rappellera en effet que le glissement est toujours compris entre 0,05 et 0,10, c'est-à-dire que, ω' vitesse de régime, est toujours peu différente de ω. On voit que, pour avoir un fonctionnement stable, il faut amener le moteur asynchrone monophasé à la vitesse $\omega' > OO$ (fig. 82). Alors la stabilité est assurée.

Équilibre dynamique. — La question se traite comme dans le cas des moteurs asynchrones polyphasés, une fois connue la courbe représentant le couple résultant. Algébriquement, on a :

$$\Gamma = \frac{p\,\Phi_p^2\, n_2\, r_2\, \Omega}{32}\left[\frac{\gamma_1}{r_2^2 + \gamma_1^2\,\Omega^2\,\lambda_2^2} + \frac{\gamma_3}{r_2^2 + \gamma_3^2\,\Omega^2\,\lambda_2^2}\right]$$

car γ_3 est négatif ; ou bien en remplaçant γ_1 et γ_3 par :

$$\frac{\omega - \omega'}{\omega} \quad \text{et} \quad \frac{\omega + \omega'}{\omega}$$

et simplifiant :

$$\Gamma = \frac{p\,\Phi_p^2\, n_2\, r_2\, \Omega}{32}\left[\frac{2\omega'\,[p^2\,(\omega^2 - \omega'^2)\,\lambda_2^2 - r_2^2]}{\omega\,[r_2^2 + p^2\,(\omega - \omega')^2\lambda_2^2]\,[r_2^2 + p^2\,(\omega + \omega')^2\lambda_2^2]}\right]$$

Cette équation définit pleinement ω', mais elle est assez compliquée au point de vue algébrique. En remarquant que

$$\gamma_3 = -\frac{\omega + \omega'}{\omega} = \frac{\omega - \omega'}{\omega} - 2 = \gamma_1 - 2,$$

on aurait pu établir cette équation en fonction du glissement γ_1. Cette forme serait encore plus compliquée, néanmoins très utile. Nous laisserons au lecteur le soin de l'établir.

PROCÉDÉS DE DÉMARRAGE

Démarrage à l'aide d'un champ auxiliaire. — Pour les petits moteurs, on provoque souvent le démarrage en tirant sur la courroie, ce qui donne au moteur une vitesse suffisante pour créer un couple appréciable.

Comme nous l'avons dit, pour les gros moteurs, on emploie un champ auxiliaire alimenté par un courant déphasé par rapport au premier (introduction d'une capacité ou d'une forte self sur le second circuit, dit de démarrage, qui, s'il ne sert qu'à cet usage, peut avoir une section très faible).

La fig. 182 *bis* donne une disposition fréquemment adoptée (ateliers Œrlikon).

L'interrupteur général I, précédé des fusibles *ff'*, permet, au

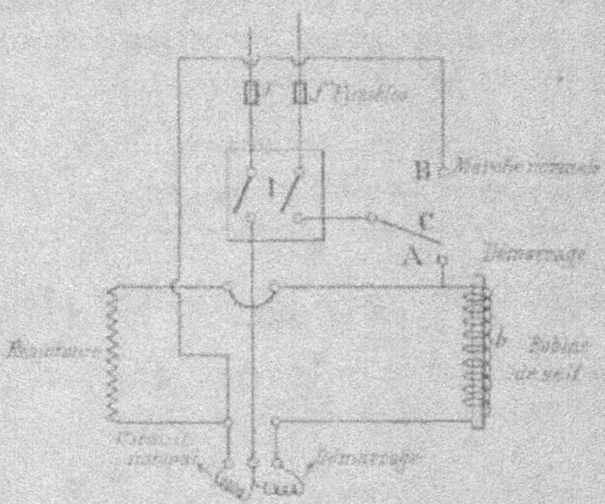

Fig. 182 *bis*. — Réalisation du démarrage d'un moteur asynchrone monophasé au moyen d'un champ auxiliaire.

moyen du commutateur unipolaire C dans la position A, de faire démarrer le moteur au moyen de deux circuits dérivés (circuit normal auquel on adjoint une résistance, circuit dérivé auquel on adjoint une bobine de self). Dans la position B, le commutateur C correspond à la marche normale : suppression de la résistance et du circuit de démarrage.

Autre dispositif. — Le dispositif représenté ci-contre (fig. 182 *ter*) est une modification très fréquemment rencontrée du dispositif précédent.

I. — *Mise en marche*. — *a*). Démarrage : Mettre au stator l'interrupteur bipolaire dans la position 1, et au rotor la manette du démarreur dans la position X.

b) Marche normale : au stator, position 2, au rotor position Y.

II. — *Arrêt*. — Au stator, amener l'interrupteur de la position 2 à la position 0 ; au rotor, ramener le démarreur de la position Y à la position X.

III. — *Changement de marche.* — Permuter entre elles les extrémités X et Y.

REMARQUE. Dans le procédé Heyland, pour la mise en marche,

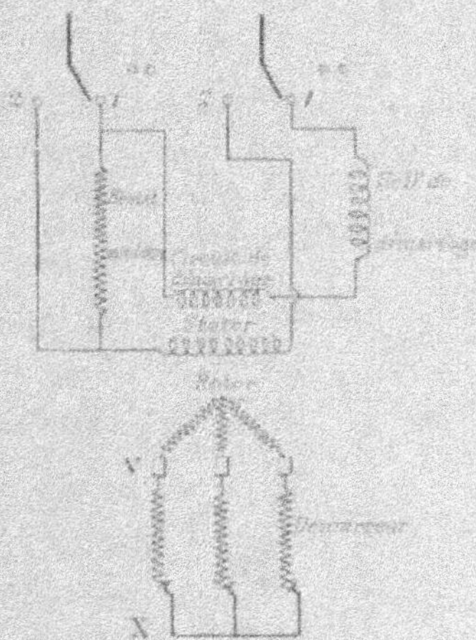

Fig. 182 *ter.* — Démarrage d'un moteur asynchrone monophasé au moyen d'un champ auxiliaire.

des moteurs monophasés, l'enroulement auxiliaire est un enroulement en court-circuit.

Dispositif Ricardo Arno. — Le principe de cette méthode consiste à insérer sur l'induit une résistance telle que la tangente à l'origine de la courbe du couple résultant, soit le plus près possible de l'axe des ordonnées, ce qui correspondra à une valeur la plus grande possible de l'accroissement du couple correspondant à un même accroissement de ω'.

Cherchons la dérivée du couple par rapport à ω' ; nous avons :

$$\operatorname{tg}\alpha = \frac{d\Gamma}{d\omega'} = \frac{p^2 a^2 \Phi_p^4 r_2}{32}\left[\frac{(\Omega - p\omega)^2 \lambda_2^2 - r_2^2}{[r_2^2 + (\Omega - p\omega)^2 \lambda_2^2]^2} + \frac{(\Omega + p\omega)^2 \lambda_2^2 - r^2}{[r_2^2 + (\Omega + p\omega)^2 \lambda_2^2]^2}\right]$$

On a de même à l'origine :

$$\operatorname{tg}\alpha_0 = \frac{p^2 a_2 \Phi_p^4}{16}\frac{[\Omega^2 \lambda_2^2 - r_2^2] r_2}{[r_2^2 + \lambda_2^2 \Omega^2]^2}$$

Égalons à 0 la dérivée de $tg\,\alpha_0$ par rapport à r :

Il vient :

$$r_2^4 - 6\Omega^2 \lambda_2^2 r_2^2 + \Omega^4 \lambda_2^4 = 0$$

D'où :

$$r_2^2 = \Omega^2 \lambda_2^2 \left[3 \pm \sqrt{8}\right]$$

ou bien :

$$r_2^2 = \Omega^2 \lambda_2^2 \left[3 \pm 2,82\right].$$

Cherchons si les deux valeurs correspondant au double signe satisfont à la question : on trouve que r_2 α, devant être positif, donc $\Omega^2 \lambda_2^2 - r_2^2$ devant l'être aussi, la racine

$$3 - \sqrt{8}$$

convient seule. La résistance critique est :

$$r_2 = \Omega \lambda_2 \sqrt{3 - 2,82} = 0,41 \; \Omega.$$

Réalisation pratique du dispositif précédent. — Bobinons le rotor en triphasé, et munissons le de trois bagues venant amener

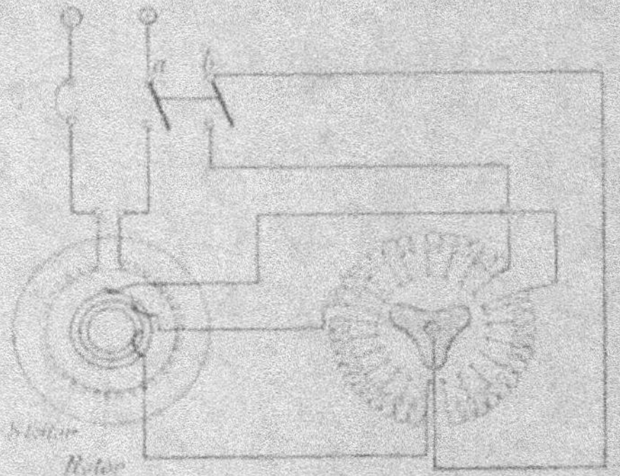

Fig. 183. — Démarrage d'un moteur asynchrone monophasé par le procédé Riccardo-Arnó.

par trois frotteurs le courant secondaire à un rhéostat triphasé, calculé sur les bases précédentes (fig. 183). On voit que les trois phases sont fermées sur le point neutre de la figure, avec court-circuitage de résistances en marche normale.

Il suffit d'un léger mouvement donné avec la main pour produire un couple énergique; souvent une telle impulsion n'est pas même nécessaire.

La fermeture avec un léger retard d'une des phases du rotor (interrupteur à deux temps) suffit pour réaliser ce mouvement par la dissymétrie créée.

DIFFÉRENCES CAPITALES ENTRE LE MOTEUR MONOPHASÉ
ET LE MOTEUR POLYPHASÉ

Les moteurs monophasés ne démarrent pas seuls. Ils ont un couple toujours beaucoup plus faible pour un volume et un poids donné que les moteurs polyphasés. Enfin, même au synchronisme, ils seraient parcourus par un courant, celui-ci dû au champ tournant avec la vitesse — ω, donc avec la vitesse relative 2ω par rapport au rotor.

Par suite de raisons pratiques, justifiables par des raisons théoriques dont l'exposé nous entraînerait trop loin, les rotors de moteurs monophasés sont, ou bien établis en cage d'écureuil, ou bien bobinés en polyphasés, ce qui améliore beaucoup le démarrage.

EMPLOI DES MOTEURS ASYNCHRONES COMME GÉNÉRATRICES

Généralités. — Si l'on fait tourner un moteur asynchrone plus vite que le synchronisme, le moteur fonctionne comme frein et renvoie au réseau de la puissance (courant watté).

La courbe de la figure (courbe du couple en fonction de la

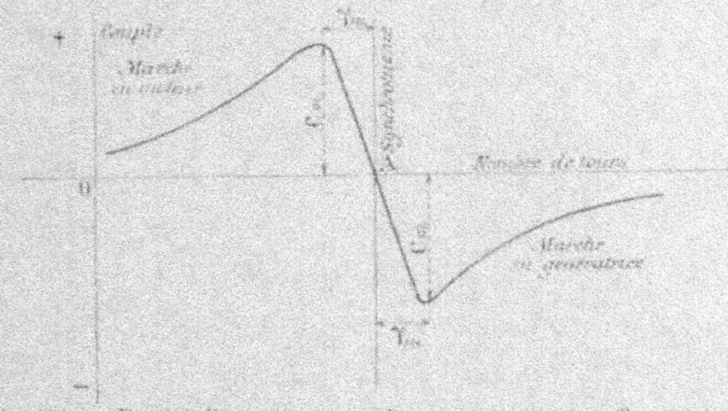

Fig. 184. — Emploi d'un moteur asynchrone en génératrice. Caractéristique de marche en moteur et en génératrice.

vitesse) montre suffisamment de quelle façon se comporte le moteur fonctionnant en génératrice asynchrone.

Pour le fonctionnement en moteur comme pour la marche en génératrice :

Le couple maximum C_{max} *est pratiquement proportionnel au carré de la tension* et indépendant de la résistance du rotor.

Le glissement γ_m correspondant au couple maximum est proportionnel à la résistance du rotor et indépendant de la tension.

La région de fonctionnement stable en génératrice est symétrique, par rapport au point A, de celle de fonctionnement stable en moteur.

La fréquence du courant dans le réseau étant constante, on voit que la génératrice asynchrone doit tourner d'autant plus vite qu'elle donne plus de puissance.

On voit également que l'augmentation de vitesse (glissement en avant) correspondant à la pleine charge est d'autant plus grande que la résistance du rotor est plus grande.

Décrochage. — Si le couple du moteur entraînant la génératrice asynchrone devient plus grand que le couple maximum C_{max}, la génératrice se décroche, absorbe un courant considérable (courant magnétisant), ne donne presque plus de puissance au réseau et le moteur qui l'actionne s'emballe.

Le décrochage d'une génératrice asynchrone peut avoir lieu surtout par suite d'une baisse de tension (comme dans le cas d'un moteur asynchrone).

Excitation d'une génératrice asynchrone. — Une génératrice asynchrone ne peut pas produire du courant par elle-même; il faut qu'elle soit excitée par un alternateur ordinaire qui puisse lui fournir le courant magnétisant nécessaire à l'aimantation de son circuit magnétique.

En d'autre termes, une génératrice asynchrone ne peut produire que du *courant watté*, et pour cela il faut qu'elle absorbe du *courant déwatté* (ou magnétisant).

Diagramme de fonctionnement en génératrice asynchrone. — Pour la marche en moteur asynchrone, le point M se déplace sur le demi-cercle supérieur (fig. 185).

Pour la marche en génératrice, le point G se déplace sur le demi-cercle inférieur.

Pour la marche en moteur.

OM = courant total absorbé,
OM' = courant watté,
MM' = courant déwatté,
φ_0 = décalage du courant sur la tension.

Pour la marche en génératrice.

OG = courant total.

OG' = courant watté.

GG' = courant déwatté.

φ_2 = décalage de I sur la tension.

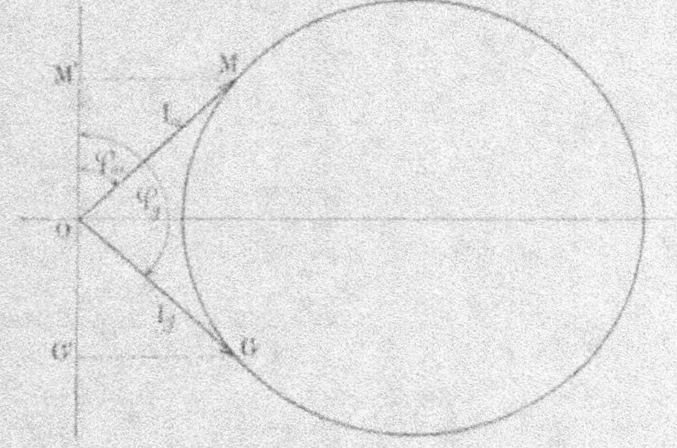

Fig. 188. — Fonctionnement d'un moteur asynchrone en génératrice. Diagramme correspondant.

Si la tension est constante :

OM = à la puissance wattée absorbée en réseau [1].

OG' = à la puissance wattée fournie en réseau.

MM' et GG' = à la puissance magnétisante observée dans les deux cas au réseau.

Comme on le sait, le diagramme d'Heyland s'applique également à la marche en génératrice.

Courbes du courant et du cos φ en fonction de la puissance absorbée ou rendue au réseau. — Au moyen du diagramme précédent, on peut très facilement tracer les courbes de l'intensité et du cos φ en fonction de la puissance absorbée ou rendue au réseau. Ces courbes sont en pratique très intéressantes à connaître.

Connaissant le rendement aux diverses charges (rendement dé-

1. Le symbole = signifiant proportionnel à

terminé par la méthode des pertes séparées), on peut également tracer les courbes en fonction de la puissance mécanique. (Puis-

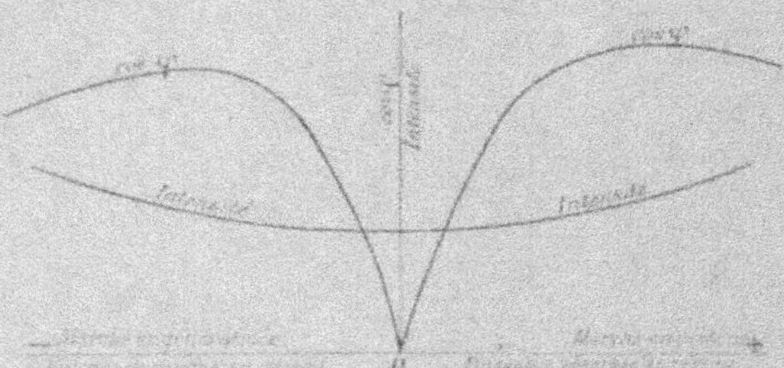

Fig. 186. — Caractéristique du facteur de puissance et de l'intensité dans un moteur asynchrone; cas de la marche en génératrice.

sance utile dans le cas de la marche en moteur et puissance absorbée pour la marche en génératrice.)

Avantages des génératrices asynchrones. — Comme il est possible d'employer un rotor en cage d'écureuil pour n'importe quelle puissance, une génératrice asynchrone est plus robuste, plus simple et moins coûteuse qu'un alternateur.

Le tableau d'une génératrice asynchrone se réduit à celui d'un moteur asynchrone ordinaire.

Le couplage d'une génératrice asynchrone sur un réseau s'effectue aussi simplement que la mise en marche d'un moteur.

Le réglage de la tension est indépendant de la génératrice asynchrone et se fait par l'alternateur excitateur qui peut être placé à la station d'arrivée.

Inconvénients des génératrices asynchrones. — Les génératrices asynchrones doivent absorber du courant magnétisant pour fournir du courant watté. Il faut pour les exciter un alternateur capable de donner une puissance magnétisante assez considérable. Cette puissance doit être en général égale aux 2/3 de la puissance wattée fournie par les génératrices asynchrones.

En se reportant au diagramme précédent, on voit, en effet, que si une génératrice asynchrone fournit une puissance wattée proportionnelle à OG', elle absorbe une puissance magnétisante proportionnelle à GG', puissance qui doit être fournie par l'alternateur.

D'autre part, l'alternateur doit non seulement fournir la puissance magnétisante nécessaire aux génératrices asynchrones, mais encore toute celle qui est absorbée par les moteurs asynchrones. Il faut donc, comme alternateur excitateur, une machine très puissante correspondant environ aux 2/3 de la somme des puissances des génératrices et des moteurs asynchrones. La puissance perdue dans l'alternateur est par suite relativement grande.

L'emploi des génératrices asynchrones n'est donc intéressant que dans certains cas particuliers dont nous allons indiquer les principaux.

Emplois pratiques des moteurs asynchrones fonctionnant comme génératrices. — 1° *Pour le freinage et la récupération dans le cas de la traction ou de la commande des appareils de levage.* (Machines d'extraction, treuils, etc.)

Application.

ESSAI — NUMÉRO	TENSION EN VOLTS	INTENSITÉ EN AMPÈRES	PUISSANCE ABSORBÉE AU RÉSEAU		FONCTIONNEMENT EN
			EN KW	EN HP	
1	435	85	46	62,5	moteur
1	475	64	— 29,4	— 40	génératrice

Pendant l'essai n° 1, on montait 2 berlines de déblai et on descendait 2 berlines vides.

Pendant l'essai n° 2, on montait 2 berlines vides et on descendait 2 berlines de déblai.

2° *Pour l'utilisation d'une ou de plusieurs petites chutes d'eau.* — Supposons qu'une usine, alimentée par un réseau à courant triphasé, possède une petite chute d'eau, la puissance de cette chute pourra être utilisée très simplement en plaçant une turbine actionnant une génératrice asynchrone couplée sur le réseau. Il sera dans ce cas inutile de placer un régulateur de vitesse sur la turbine, car c'est la fréquence du réseau qui réglera la vitesse. Il faudra placer seulement un limiteur de vitesse pour éviter l'emballement de la turbine en cas d'arrêt accidentel du réseau.

La turbine pourra commander en même temps une transmission, qui pourra même absorber suffisamment de puissance pour faire marcher la génératrice asynchrone en moteur, par moment.

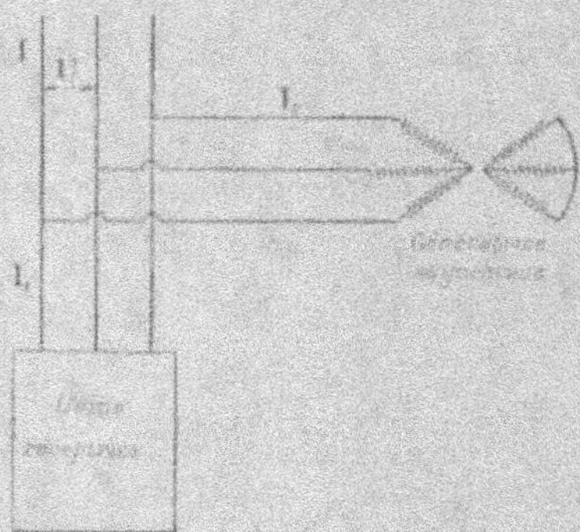

Fig. 187. — Marche d'un moteur asynchrone en génératrice.
Schéma du fonctionnement.

U = tension du réseau (tension simple).
I_1 = courant absorbé par les moteurs de l'usine réceptrice.
I_2 = courant de la génératrice asynchrone.
I = courant résultant absorbé au réseau.
φ_1, φ_2 et φ décalages de I_1, I_2 et I par rapport à U.
OP_1 = Puissance absorbée par l'usine.
OP_2 = Puissance fournie par la génératrice asynchrone.
OP = Puissance fournie par le réseau.

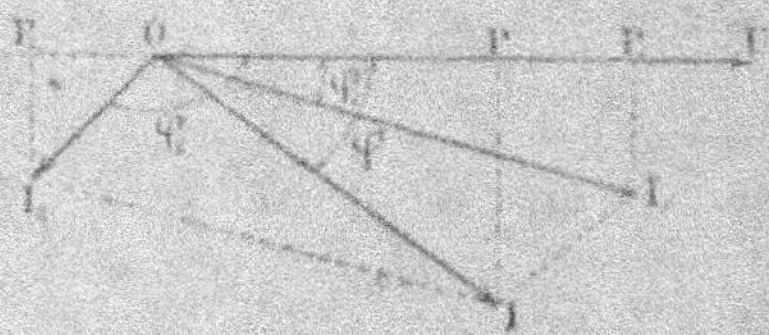

Fig. 188. — Marche d'un moteur asynchrone en génératrice.
Diagrammes de fonctionnement.

REMARQUES. — Lorsque l'usine réceptrice achète son énergie à un réseau, il y a lieu de faire les observations suivantes :

Si l'usine achète le courant au réseau à *l'ampèremètre*, l'utilisation de la chute n'est pas bonne pour l'usine, car la somme à payer est dans ce cas proportionnelle au vecteur OI, qui est peu différent comme longueur de OI_1.

Si le courant est acheté au *wattmètre*, la chute est bien utilisée, car la somme à payer, au lieu d'être proportionnelle à OP_1, sera proportionnelle à $OP = OP_1 - OP_2$, avec OP_2 proportionnel à la puissance de la chute aux rendements près.

Pour le réseau, cette disposition est désavantageuse si le courant est vendu au wattmètre, car la génératrice asynchrone absorbant du courant magnétisant abaisse le cos φ. Il n'en est pas de même si le courant est vendu à l'ampèremètre, car le courant magnétisant est payé comme le courant watté.

Application. — Le tableau qui suit donne le résultat des essais effectués sur un moteur asynchrone de 80 HP commandant avec une turbine de 50 HP l'une des transmissions d'une usine. La transmission est utilisée pour le service de l'usine pendant une partie de l'année seulement ; elle absorbe alors toute la puissance de la turbine et par moments celle du moteur électrique entière-

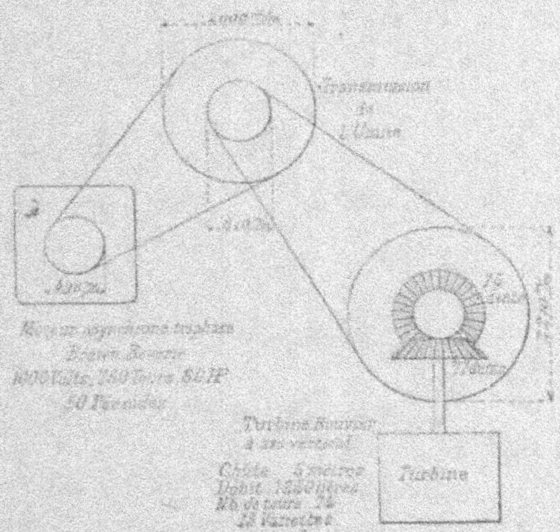

Fig. 189. — Schéma de l'installation d'un moteur asynchrone fonctionnant comme génératrice auxiliaire équilibreuse d'énergie consommée.

ment. Lorsque la transmission ne doit pas fonctionner pour le service de l'usine, on fait marcher le moteur électrique en génératrice, pour réduire l'énergie absorbée au réseau par le reste de l'usine (fig. 189).

On voit, d'après l'essai précédent, que la turbine permet de renvoyer au réseau 29 kilowats, soit près de 40 chevaux.

FONCTIONNEMENT EN	PUISSANCE absorbée au réseau (méthode des 2 wattmètres)			TENSION aux bornes volts	INTENSITÉ en ampères	$U \times I\sqrt{3}$ volts-ampères	Cos φ	OBSERVATIONS
	W^1 watts	W^2 watts	$W^1 + W^2$ watts					
Moteur asynchrone	+ 8250	− 5350	+ 2900	1008	13,35	23318	0,124	Moteur fonctionnant à vide (courroie enlevée).
	+ 11000	− 1700	+ 9300	995	14,0	24126	0,385	Moteur entraînant la turbine, toutes les vannettes étant fermées.
	+ 9700	− 3500	+ 6200	987	13,35	23175	0,267	1 vanette ouverte.
	+ 6500	− 6200	+ 500	994	12,8	22036	0,022	3 vannettes ouvertes.
Génératrice asynchrone	+ 4000	− 9000	− 5000	1005	13,2	23029	0,22	6 vannettes ouvertes.
	− 2750	− 17500	− 20250	1007	17,75	30973	0·65	10 vannettes ouvertes.
	− 7000	− 22000	− 29000	9907	21,8	37792	0,767	Pleine admission.

Emploi des génératrices asynchrones pour remplacer les alternateurs dans les groupes à vapeur de secours des usines hydro-électriques. — Lorsque le groupe à vapeur de secours doit être placé à côté de l'usine hydro-électrique, il peut être dans bien des cas plus avantageux d'employer, à la place d'un alternateur, une génératrice asynchrone avec rotor en court-circuit. L'installation est alors plus simple et un peu moins coûteuse.

Réglage de la fréquence. — Comme par suite de son glissement relatif, la génératrice asynchrone doit tourner d'autant plus vite que la puissance qu'elle doit fournir est plus grande (ce qui est normalement le contraire), si l'on veut avoir un réglage précis de la fréquence, le tachymètre du régulateur de la machine à vapeur ne devra pas être commandé par celle-ci, mais par un petit *moteur synchrone.*

Inconvénient de l'emploi d'une génératrice asynchrone. — La génératrice asynchrone nécessitant le fonctionnement d'un alternateur pour son excitation, si l'usine hydro-électrique vient à être arrêtée, le groupe à vapeur de secours est inutilisable.

Cas particulier. — Lorsqu'une usine hydroélectrique, qui manque d'eau à certaines époques, alimente plusieurs moteurs asyn-

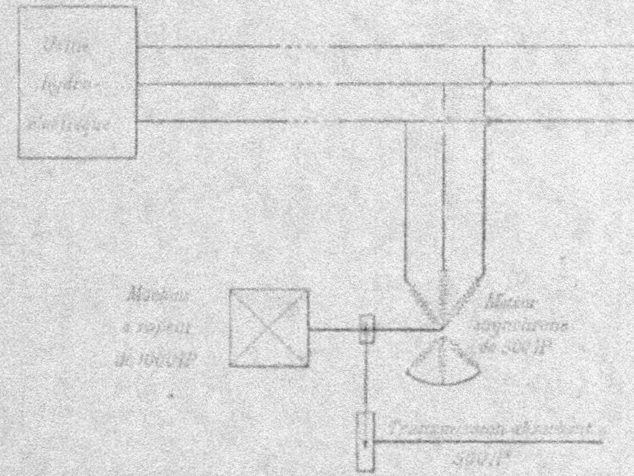

Fig. 199. — Schéma de l'installation d'un moteur asynchrone fonctionnant comme génératrice auxiliaire équilibreuse d'énergie consommée.

chrones d'assez grande puissance, il convient d'examiner s'il est possible et avantageux, au lieu de mettre un groupe complet de secours (machine à vapeur et alternateur) de placer simplement une ou plusieurs machines à vapeur commandant un ou plusieurs moteurs afin, non seulement de faire fournir directement par les machines à vapeur la puissance absorbée par les moteurs du réseau, mais encore de renvoyer de la puissance au réseau en faisant fonctionner les moteurs en génératrices asynchrones.

Supposons, par exemple, que le réseau alimente en temps normal un moteur asynchrone de 500 H P. En faisant actionner ce moteur par une machine à vapeur de 1.000 HP, on peut évidemment décharger l'usine hydro-électrique de 1.000 HP.

On peut ainsi, par rapport à un groupe complet de secours, réaliser une économie très importante et obtenir un meilleur rendement, puisque les 500 HP, absorbés par la transmission, sont fournis directement par la machine à vapeur.

REMARQUE. — Si l'usine hydro-électrique vient à être arrêtée, la machine à vapeur ne peut fournir que la puissance absorbée par la transmission, soit 500 HP.

Application. — Cette disposition vient d'être appliquée dans papeterie très importante des environs de Grenoble où deux machines à vapeur de secours, donnant chacune 300 HP, peuvent attaquer deux transmissions commandées chacune en temps normal par un moteur asynchrone.

4° *Emploi des génératrices asynchrones dans le cas d'un transport de force devant alimenter, à la station d'arrivée, des moteurs synchrones ou des commutatrices.* — À l'usine génératrice, on ne met que des génératrices asynchrones qui sont excitées par les moteurs synchrones ou les commutatrices de la station d'arrivée.

Pour la mise en marche, il est alors indispensable de faire fonctionner les moteurs synchrones ou les commutatrices comme des alternateurs, afin de pouvoir exciter les génératrices asynchrones. Pour cela, il faut entraîner les moteurs synchrones ou les commutatrices par un petit moteur quelconque ne devant servir que pour le départ, ou bien faire tourner les commutatrices comme des moteurs à courant continu, ce qui est toujours possible lorsqu'on dispose à la station d'arrivée d'une batterie d'accumulateurs.

Le réglage de la tension se fait à la station d'arrivée par l'excitation des moteurs synchrones ou des commutatrices. C'est là un avantage qui, dans certains cas, peut être important.

Pour le réglage de la fréquence, si l'on veut obtenir une assez grande précision, il faut commander les tachymètres des turbines par de petits moteurs synchrones (1).

Essai de fonctionnement en génératrice d'un moteur asynchrone excité par un alternateur marchant en moteur. — Le schéma suivant indique d'une façon suffisante de quelle façon a été fait le montage des machines et des appareils de mesure (fig. 191).

Deux dynamos à courant continu excitées en dérivation actionnaient l'une un alternateur triphasé, l'autre un moteur asynchrone.

En agissant sur l'excitation des deux dynamos, on pouvait faire marcher l'une comme moteur et l'autre comme génératrice, tout en maintenant constante la fréquence du courant alternatif.

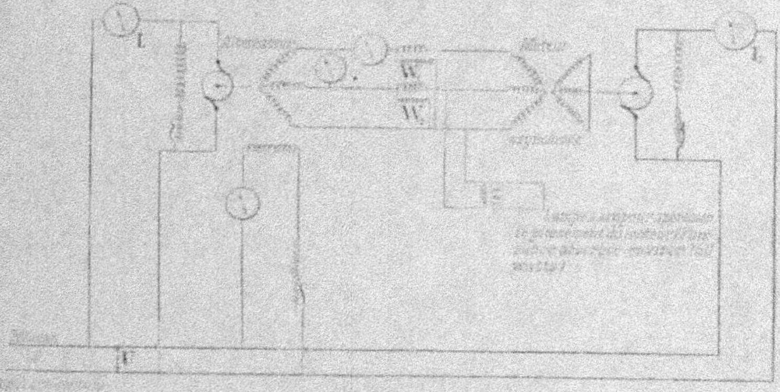

Fig. 191. — Marche en génératrice d'un moteur asynchrone excité par un alternateur fonctionnant en moteur.

Lorsque la puissance fournie par l'alternateur au moteur asynchrone est positive, l'alternateur est générateur et le moteur asynchrone moteur ; mais, lorsque cette puissance est négative, l'alternateur est moteur et le moteur asynchrone devient génératrice.

Les résultats obtenus sont indiqués au tableau de la page 180.

3° *Emploi des génératrices asynchrones pour produire du courant continu avec des turbines à vapeur.* — Les turbines à vapeur tournant à très grande vitesse, il est difficile, à cause de la construction du collecteur et de la commutation, de faire des dynamos à

1. Dans une telle installation, le rôle spécial de l'alternateur lui a valu, de la part de M. Leblanc (qui a magistralement traité le problème algébrique et géométrique du fonctionnement des moteurs asynchrones en génératrices), le nom d'« alternateur chef d'orchestre » dans le concert des génératrices asynchrones.

	DYNAMO DE L'ALTERNATEUR — MARCHE EN			NOMBRE DE TOURS DE L'ALTERNATEUR	EXCITATION DE L'ALTERNATEUR AMPÈRES	PUISSANCE FOURNIE PAR L'ALTERNATEUR AU MOTEUR			POUR L'ALTERNATEUR ET LE MOTEUR		GLISSEMENT DU MOTEUR	DYNAMO DU MOTEUR ASYNCHRONE — MARCHE EN			
	$U \times I_1$ WATTS	U VOLTS	I_1 AMPÈRES			W_1 WATTS	W_2 WATTS	$W_1 + W_2$ WATTS	TENSION VOLTS	INTENSITÉ AMPÈRES		U VOLTS	I_2 AMPÈRES	$U \times I_2$ WATTS	MARCHE EN
	+ 5070	130	+ 39	1500	1,63	+ 950	+ 2550	+ 3500	120	27	+	130	— 14	— 1820	Génératrice
Moteur	+ 1333,5	127	+ 10,5	Id.	1,25	— 300	+ 850	+ 550	120	10	— 0	127	+ 6	+ 762	
	+ 312	125	+ 2,5	Id.	1,25	— 800	+ 375	— 425	120	11	— 0	125	+ 15	+ 1875	Moteur
Génératrice	— 2043	122	— 16,5	Id.	1,63	— 2400	— 550	— 3050	120	27,5	—	122	+ 45	+ 5490	

courant continu tournant à la même vitesse pour pouvoir employer l'accouplement direct.

Pour éviter de construire une dynamo à courant continu tournant à très grande vitesse, on peut faire entraîner par la turbine une génératrice asynchrone et alimenter avec celle-ci une commutatrice produisant le courant continu qui est nécessaire et excitant la génératrice asynchrone. La commutatrice dans ce cas peut être une commutatrice de construction normale et, d'autre part, la génératrice asynchrone ayant son rotor en court-circuit peut être construite facilement pour tourner à de très grandes vitesses.

Comme la commutatrice et la génératrice asynchrone avec rotor en court-circuit ont un très bon rendement, le rendement de l'ensemble peut être presque égal à celui d'une dynamo à courant continu à très grande vitesse.

Bien entendu, il faut pour la mise en marche pouvoir faire fonctionner la commutatrice comme un alternateur en l'alimentant par le côté continu pour pouvoir exciter la génératrice asynchrone.

Application. — Cette disposition a été appliquée par la Société Alsacienne de Constructions mécaniques à l'usine de la Compagnie du gaz d'Orléans, où une turbine à vapeur système Zoelly de 1.000 HP tournant à 3.000 tours, actionne directement une génératrice asynchrone produisant du courant triphasé à 50 périodes, transformé ensuite en courant continu à 500 volts, au moyen d'une commutatrice tournant à 500 tours.

6° Application. — *Amortisseur Leblanc pour alternateurs accouplés.* — L'amortisseur Leblanc est destiné à améliorer la marche en parallèle des alternateurs.

Il consiste en une grille formée de barres de cuivre parallèles à l'axe de la machine et disposées dans les épanouissements polaires au voisinage de l'entrefer. Toutes les extrémités de ces barres sont réunies par des rondelles dans un plan perpendiculaire à l'axe.

On peut considérer une telle machine comme double, savoir, comme un alternateur combiné à une machine d'induction à cage d'écureuil.

Si la vitesse est supérieure à celle du synchronisme, la machine d'induction fait office de frein.

Si la vitesse est inférieure à celle du synchronisme, la machine d'induction joue le rôle de moteur et crée un couple moteur qui accélère le mouvement.

CONSTRUCTION DES MOTEURS ASYNCHRONES A CHAMP TOURNANT

CALCUL D'UN TEL MOTEUR

CONSTRUCTION DES MOTEURS ASYNCHRONES

Inducteur et induit. — Un moteur asynchrone est, comme on le sait, composé de deux parties : l'inducteur et l'induit :

L'inducteur, qui est branché directement sur le réseau (d'où le nom qu'on lui donne, parfois, de primaire), crée un champ tournant qui donne naissance dans l'induit (secondaire) à des courants. Ces courants, réagissant sur le champ inducteur, produisent le couple moteur.

Stator et rotor. — Dans un moteur asynchrone, la partie fixe s'appelle *stator*, et la partie mobile *rotor*.

Il n'existe pas de raison *a priori* pour rendre l'inducteur fixe plutôt que l'induit.

L'expérience montre cependant qu'il y a avantage à rendre l'inducteur fixe, parce que :

1° L'isolement d'un enroulement fixe est plus facile à réaliser que celui d'un enroulement mobile; on peut dès lors prévoir l'inducteur pour être branché sur un réseau à assez haute tension (5.000 et même 10.000 v.), dans le cas des grandes puissances.

2° Après le démarrage, l'induit étant en général mis en court-circuit, on peut bien, lorsque l'induit est mobile, mettre celui-ci en court-circuit à l'intérieur de la partie tournante, puis relever les balais frottant sur les bagues, pour diminuer l'usure de celles-ci, tandis que si l'inducteur était mobile, les balais devraient porter continuellement sur les bagues.

3° Le stator possédant une surface de refroidissement plus grande que le rotor, on peut y admettre des pertes spécifiques un peu plus grandes (c'est-à-dire une induction plus forte). Pour profiter de cet avantage, il faut que le stator soit l'inducteur, puisque les pertes dans le fer de l'induit sont pratiquement négligeables,

Cas où l'on peut avoir avantage à faire l'induit fixe et l'inducteur mobile. — Lorsque l'inducteur doit être branché sur un réseau à assez basse tension, et lorsqu'il n'est pas possible de mettre l'induit en court-circuit sur la partie tournante (moteurs de traction), il peut être avantageux de faire l'induit fixe et l'inducteur mobile, car la ligne de force est plus courte dans le rotor que dans le stator (fig. 192) et par consé-quent les pertes totales dans le fer peuvent être un peu diminuées, puisqu'elles n'exis-tent que dans l'inducteur.

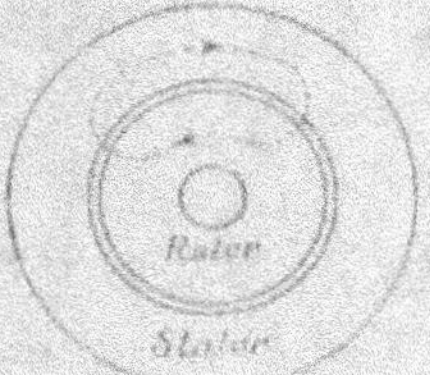

Fig. 192. — Constitution essentielle d'un moteur asynchrone au point de vue magnétique.

C'est pour cette raison qu'on a construit autrefois quelques moteurs à inducteur tournant, mais aujourd'hui, *toujours* l'inducteur est fixe et l'induit tournant. Aussi appelle-t-on ordinairement l'inducteur stator et l'induit rotor.

Analogies et différences entre l'inducteur et l'induit au point de vue de la construction. — L'inducteur et l'induit d'un moteur asyn-chrone sont en réalité deux véritables induits d'alternateur placé l'un dans l'autre.

Ces deux parties auront donc une construction à peu près sem-blable et, d'une façon générale, tout ce qui a été dit au sujet de la construction de l'induit des alternateurs pourra s'appliquer ici, notamment : pour le nombre et la forme des encoches, pour les tôles, les enroulements et le bobinage, la forme de la carcasse et les conditions qu'elle doit remplir.

Cependant, malgré les ressemblances existant entre l'inducteur et l'induit, ces deux parties sous bien des rapports conservent une certaine indépendance.

L'inducteur et l'induit sont différents l'un de l'autre. — 1° *Par le nombre des phases.* — Le stator peut par exemple être diphasé, et le rotor triphasé, sans avantages ni inconvénients bien importants.

Le nombre des phases du stator est déterminé par celui du réseau sur lequel il doit être branché ; quant à l'induit, il est le plus sou-vent triphasé. Quelques constructeurs le bobinent en diphasé, afin d'avoir un rhéostat de démarrage un peu plus simple, comme on le verra par la suite. Dans tous les cas, le nombre de pôles doit être le même au stator et au rotor.

2° *Par l'intensité*. — Supposons que le stator et le rotor aient le même nombre de phases, trois par exemple. Si, en pleine charge, le courant dans le rotor est I_2, sous la tension U_2, on pourra toujours établir l'enroulement du rotor pour que le courant qui y circule ait une valeur déterminée I_2 convenablement choisie, mais dans ce cas les nombres de spires n_1 et n_2 du stator et du rotor seront liés l'un à l'autre par la relation approximative suivante :

Fig. 193. — Primaire et secondaire (stator et rotor) d'un moteur asynchrone.

$$\frac{I_1}{I_2} = \frac{n_2}{n_1}$$

On se donne en général I_2 suffisamment grand pour que l'on puisse employer au rotor un enroulement à barres, plus avantageux que l'enroulement à bobines.

Il ne faut pas cependant que cette intensité soit trop considérable, car il pourrait en résulter certaines difficultés pour la construction et le fonctionnement des bagues, du rhéostat du démarrage et de l'appareil de mise en court-circuit.

Dans le cas où le moteur doit être commandé à distance par le rhéostat de démarrage, (lorsqu'on veut faire varier la vitesse par exemple, ou lorsque le moteur doit démarrer très fréquemment), il faut faire I_2 assez faible pour réduire l'importance de la ligne allant du moteur au rhéostat.

Lorsque l'enroulement du moteur est ouvert, il fonctionne comme un transformateur, et l'on a sensiblement :

$$\frac{U_1}{U_2} = \frac{n_1}{n_2}$$

la tension U_2 existant au moment du démarrage, on devra donc prévoir le bobinage du rotor pour qu'il puisse résister à cette tension.

3° *Par le bobinage*. — On peut employer par exemple un enroulement à bobines pour le stator, si l'intensité n'est pas trop grande, et un enroulement à barres pour le rotor.

4° *Par le nombre d'encoches par pôle*. — Non seulement on n'est pas tenu de prendre pour le stator et pour le rotor un même nombre de trous, mais il faut au contraire, ainsi qu'on le verra dans la suite, pour avoir un bon couple de démarrage, choisir des nombres de trous différents.

Cette indépendance relative qui existe entre le stator et le rotor simplifie beaucoup la construction des moteurs asynchrones en facilitant la construction en série. Les moteurs de même puissance et de même vitesse peuvent avoir en particulier tous leurs rotors identiques, et ne différer que par l'enroulement du stator, que l'on modifie suivant la tension et le nombre de phases du réseau.

Tôles du rotor et du stator. — Pour le stator (inducteur), les tôles employées sont les mêmes que pour les alternateurs.

Pour le rotor (induit), la fréquence des flux étant très faible, on peut employer sans inconvénient des tôles ayant une épaisseur plus forte (1 millimètre par exemple).

En général, cependant, on découpe dans les mêmes tôles le stator et le rotor. Les tôles du stator et du rotor sont toujours percées d'encoches. Si l'on voulait ne pas employer d'encoches, il faudrait faire l'entrefer relativement très grand, pour loger les enroulements, et il en résulterait un courant magnétisant absorbé considérable et absolument inadmissible.

Forme des encoches. — Comme pour les alternateurs, on distingue les encoches : *fermées, ouvertes, et en partie ouvertes*. La forme des encoches a une assez grande importance et, comme pour les alternateurs, les avis des constructeurs sont très partagés sur la question de savoir quelle est la forme la plus avantageuse.

Avec les encoches *complètement fermées*, le flux est plus sinusoïdal, la perte dans les dents est plus faible, mais la dispersion est plus grande.

Avec les encoches *complètement ouvertes*, on a l'avantage de pouvoir employer des bobines faites d'avance sur gabarit, mais l'entrefer a une réluctance plus forte, car l'induction étant plus forte en face des dents, le flux est mal réparti dans l'entrefer. Les dents sont soumises à des variations de grande fréquence qui déterminent un ronflement du moteur et engendrent des pertes par hystérésis et courants de Foucault très importantes.

Ces variations d'aimantation peuvent, en effet, faire doubler les pertes dans le fer par rapport aux valeurs calculées avec les formules ordinaires.

Actuellement, on emploie surtout les encoches *en partie ouvertes*

et les encoches *complètement ouvertes* à cause de la possibilité de
pouvoir employer des bobines faites sur gabarit avec ces dernières.

Dimensions des encoches. — Les encoches ne doivent pas être
trop larges, car la saturation des dents serait trop grande (fig. 194).
Elles ne doivent pas non plus être trop longues, car les lignes de

Fig. 194. — Encoches des tôles d'un moteur asynchrone.

force seraient trop longues et, par suite, le courant magnétisant
trop considérable. Autrefois, on faisait les encoches à peine plus
larges que les dents.

Actuellement, pour réduire le prix des moteurs, on fait travailler
davantage la matière; aussi a-t-on diminué beaucoup la largeur
des dents, qui est devenue très faible, et n'atteint souvent pas la
moitié de celle des encoches;

La détermination des dimensions les plus avantageuses à donner
aux encoches est très délicate, et c'est l'expérience surtout qui sert
de guide au constructeur.

Nombre d'encoches par pôle. — Avantages et inconvénients d'un
grand nombre d'encoches:

1° Le flux est plus sinusoïdal;

2. La dispersion moins grande, donc le courant magnétisant
moins grand, et par conséquent le $\cos \varphi$ plus élevé. Le flux de
fuite autour d'une rainure sera en effet d'autant plus important que
le nombre de conducteurs par rainure sera plus grand, à cause du
grand nombre d'ampère-fils par rainure (produit du nombre
d'ampères passant dans un conducteur, par le nombre de ces con-

ducteurs). Si on répartit le nombre de conducteurs dans un grand nombre de rainures, on diminue donc le flux de fuite autour de chaque rainure.

Par contre, avec un petit nombre d'encoches par pôle, la construction est plus simple, moins coûteuse, et les isolants tiennent moins de place.

En général, le nombre d'encoches par pôle est supérieur à 2 et inférieur à 6. Le nombre d'encoches est surtout élevé dans les moteurs de grande puissance et dans ceux qui fonctionnent à basse fréquence, car dans ce cas le pas polaire peut être très grand.

Le nombre d'encoches du rotor ne doit pas être un multiple du nombre d'encoches du stator. — Supposons qu'il y ait un même nombre d'encoches au stator et au rotor, et supposons qu'au démarrage, les dents du stator soient en face des encoches du rotor (fig. 195) et inversement. On voit facilement que dans ces conditions le flux de dispersion étant très faible, celui du stator sera

Fig. 195. — Précautions à adopter dans le choix du nombre d'encoches du stator et du rotor.

considérable et, aussi que le flux passant dans le rotor étant très faible, le couple de démarrage pourra être insuffisant.

Il en serait de même évidemment en prenant un nombre de trous au stator, multiple de celui au rotor.

Il faut donc, pour que le couple de démarrage ne soit pas trop faible dans certaines positions du rotor constituant des points morts, que le nombre d'encoches du stator et du rotor soient différents, et non multiples l'un de l'autre. Le nombre d'encoches du rotor est en général plus grand que celui du stator (une fois et demie environ).

Fixation et serrage des tôles. — Pour le stator comme pour l'induit des alternateurs, et pour le rotor comme pour l'induit des dynamos à courant continu.

Entrefer. — Il faut faire l'entrefer des moteurs asynchrones aussi faible que possible, afin de réduire le courant magnétisant et augmenter par suite le $\cos \varphi$ de moteur.

Dans les moteurs asynchrones en effet, c'est l'entrefer qui absorbe la presque totalité de la force magnéto-motrice produite par le courant magnétisant, les tôles n'exigeant qu'une force magnéto-motrice relativement très faible. La perméabilité des tôles n'a donc pas besoin d'être grande, car elle n'a que relativement peu d'influence sur le courant absorbé par le moteur.

On ne donnera donc à l'entrefer que la valeur *nécessaire, mécaniquement*, pour permettre au rotor de tourner dans le stator sans avoir à redouter un contact entre ces deux parties. Dans les petits moteurs, l'entrefer n'atteint pas 3/10 de millimètre et, dans les gros, il dépasse rarement deux millimètres.

Une augmentation, même très faible, de l'entrefer accroît considérablement le décalage que le moteur introduit sur le réseau, mais ne diminue pas d'une façon sensible la puissance ni la capacité de surcharge du moteur.

Pendant la construction, il faudra veiller à donner aussi exactement que possible à l'entrefer la valeur adoptée pour le calcul du moteur, car c'est de cette valeur que dépendra le $\cos \varphi$ garanti par le constructeur.

La petitesse de l'entrefer exige des paliers très robustes et des coussinets largement dimensionnés, pour que l'usure soit extrêmement faible.

D'autre part, il est indispensable, le moteur une fois construit, de vérifier très soigneusement l'entrefer en différents points, car le rotor étant soumis à des attractions magnétiques, analogues à celles qui existent dans les alternateurs et les dynamos, une dissymétrie dans l'entrefer de quelques dixièmes de millimètre peut déterminer une résultante capable de faire chauffer les paliers.

La vérification de l'entrefer se fait en général au moyen d'un jeu de lames métalliques ayant des épaisseurs différentes, mais parfaitement déterminées. La lame correspondant à l'entrefer doit pouvoir entrer facilement en différents points de l'entrefer.

Ordinairement, on donne au rotor une très légère excentricité, de façon que l'entrefer du haut soit plus petit que celui du bas, afin de permettre une usure plus ronde des coussinets.

Enroulements et bobinage. — L'enroulement en anneau a été assez longtemps employé, surtout pour l'inducteur, car cet enroulement se prête assez à l'emploi de tensions élevées, la différence de tension entre deux conducteurs voisins pouvant être très faible. La figure 196, qui représente pour le stator un enroulement triphasé, avec montage en étoile, indique d'une façon suffisamment claire comment l'enroulement en anneau ordinaire peut être appliqué aux moteurs asynchrones. L'enroulement en anneau a été abandonné pour les moteurs asynchrones, comme il l'a été pour les alternateurs et les dynamos à courant continu, et pour les mêmes raisons.

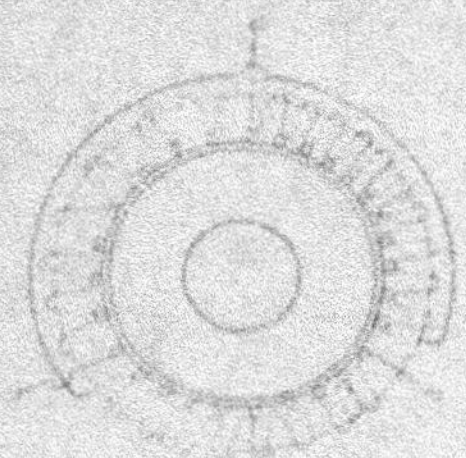

Fig. 196. — Enroulement et bobinage d'un moteur asynchrone. Type anneau.

Actuellement, pour les rotors et les stators, l'enroulement en tambour est seul employé.

Stator (inducteur). — Les enroulements utilisés sont les mêmes que ceux décrits pour les alternateurs. Le bobinage se fait également de la même façon.

Rotor (induit). — Deux cas sont à considérer, suivant que l'on devra ou non employer des résistances pour le démarrage.

Si le moteur doit démarrer avec une résistance dans le rotor, l'enroulement de celui-ci est identique également à celui d'un induit d'alternateur.

En général, les rotors portent un enroulement triphasé monté en étoile, et chaque phase est reliée à une bague calée sur l'arbre.

On a vu que si n_1 et n_2 représentent les nombres des spires au stator et au rotor, et U_1 la tension aux bornes du stator, la tension U_2 entre les bagues du rotor quand celui-ci est ouvert, c'est-à-dire quand les bagues ne sont pas reliées au rhéostat de démarrage, est donnée par la relation

$$\frac{U_2}{U_1} = \frac{n_2}{n_1}$$

Le point neutre du rotor étant presque toujours relié à la masse, la tension que l'enroulement a à supporter n'est donc au maximum que :

$$\frac{U_2}{\sqrt{3}}$$

En isolant le point neutre, la tension entre l'enroulement et la masse pourrait atteindre U_2, si l'une des phases possédait un défaut d'isolement par rapport à la masse.

Comme l'enroulement à barres est plus économique que celui à bobines, on le choisit de préférence pour le rotor.

Actuellement, sauf dans des cas spéciaux, tous les rotors

Fig. 193. — Enroulements ondulés de rotors de moteurs asynchrones.

possèdent des enroulements ondulés avec une ou deux barres par encoche. Comme pour tous les enroulements à barres, à cause des intensités assez considérables qui doivent y passer, il faut veiller tout particulièrement à ce que les soudures des barres entre elles soient très bien faites, afin d'éviter les mauvais contacts pouvant chauffer sous le passage du courant et déterminer la fusion des soudures.

Dans le cas des rotors de petites et de moyennes dimensions, les soudures des barres peuvent s'effectuer simplement et rapidement de la façon suivante :

Les barres étant disposées cylindriquement sur le rotor, de façon à ce que les extrémités E et E' des barres qu'il s'agit de souder avec les extrémités correspondantes des barres de dessous soient placées sur deux cercles, on entoure d'un mince ruban de cuivre les extrémités des barres que l'on doit souder, et qui ont été étamées au préalable (fig. 199). On trempe ensuite dans un bain de soudure annulaire toutes les extrémités à souder placées d'un même côté du rotor; les soudures se font ainsi toutes à la fois et il ne reste plus qu'à enlever les bavures.

La maison Brown-Boveri, pour tous ses enroulements à barres, remplace le ruban de cuivre par un fil de cuivre étamé, enroulé

Fig. 198 et 199. — Constitution mécanique des enroulements de rotors de moteurs asynchrones.

en 8 sur les deux barres; on est ainsi assuré d'avoir toujours de très bons contacts, mais ce dispositif augmente un peu les frais de main-d'œuvre.

Si le moteur peut démarrer sans introduction de résistance sur l'induit, on emploie :

Soit un rotor en cage d'écureuil,

Soit un rotor bobiné composé de plusieurs circuits.

Rotors en cage d'écureuil. — Ils sont formés en général de barres de cuivre isolées ou non, logées dans des encoches, et court-circuitées de chaque côté du rotor par deux anneaux en cuivre.

La construction des rotors en cage d'écureuil est donc extrêmement simple; suivant les cas, on peut avoir intérêt à donner à la cage d'écureuil une certaine résistance électrique.

Inconvénients des rotors en cage d'écureuil possédant une faible résistance. — Au démarrage, le couple est faible, le courant absorbé est considérable (environ trois fois le courant de marche normale).

Ces inconvénients peuvent être évités en augmentant, soit la résistance des barres, soit celle des deux anneaux réunissant ces barres.

Inconvénients des rotors en cage d'écureuil ayant une certaine résistance. — En marche normale, le rendement est plus faible, l'échauffement du rotor est plus grand, et le glissement plus considérable.

Ces inconvénients peuvent dans certains cas s'effacer devant l'avantage que l'on retire à augmenter la résistance du rotor.

Ainsi, par exemple, pour un moteur de treuil qui doit démarrer souvent avec un fort couple de démarrage et fonctionner relativement peu de temps en marche normale, on aura certainement intérêt à perdre un peu sur le rendement pour obtenir un bon démarrage.

Pour donner une certaine résistance au rotor, il est préférable d'augmenter celle des anneaux, plutôt que celle des barres. Les anneaux, étant mieux ventilés, peuvent évacuer plus facilement la puissance perdue par effet Joule provenant de l'augmentation de résistance. Pour avoir un bon couple de démarrage, on peut faire les anneaux en laiton, en fer, en maillechort et en alliage encore plus résistant.

Rotors bobinés. — Les anneaux ne possédant pas une surface de refroidissement bien considérable, peuvent chauffer d'une façon

Fig. 200. — Rotors bobinés de moteurs asynchrones.
Modes d'association des conducteurs.

exagérée si, pour avoir un bon couple de démarrage, il est nécessaire de leur donner une certaine résistance.

Pour éviter cet inconvénient, on peut, au lieu de réunir toutes ces barres ensemble, au moyen de deux anneaux, les mettre en court-circuit par groupes de 2, 4, 6, etc., au moyen de barres de connexion disposées par exemple en fourche (fig. 200, 201 et 202) comme dans le cas des enroulements à barres ordinaires.

Il faut, bien entendu, que les barres soient reliées ensemble, de

Fig. 201. — Rotors bobinés de moteurs asynchrones. Connexions avant et connexions arrière.

telle façon qu'à chaque instant les f.é.m. s'ajoutent dans les différents circuits (fig. 200).

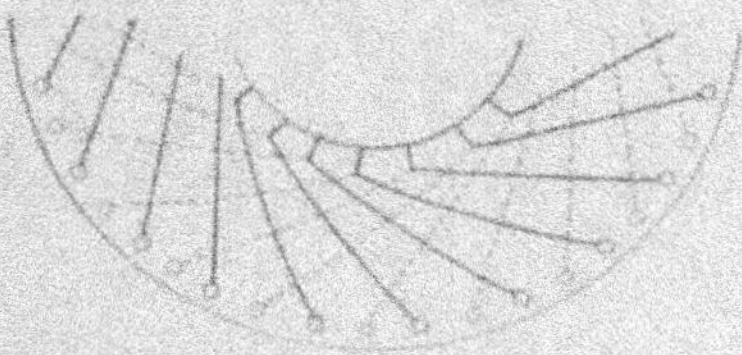

Fig. 202. — Connexions des rotors de moteurs asynchrones.

Il est donc possible de donner sans inconvénient une certaine résistance aux conducteurs de connexion, car leur surface de refroidissement est assez considérable.

Résistances de démarrage. — Afin d'augmenter le couple et de limiter le courant absorbé par le moteur, il faut, ainsi qu'on le sait, introduire des résistances sur le rotor au moment du démarrage.

Ces résistances peuvent être :

soit tournantes avec le rotor ;

soit fixes et placées à l'extérieur du rotor auquel elles sont reliées par l'intermédiaire de bagues.

a) **Résistances tournantes.** — Ces résistances, qui sont introduites sur le rotor au moment du démarrage, sont mises en court-circuit quand le moteur approche de sa vitesse normale.

Ces résistances sont donc supprimées sans diminution progressive de leur valeur. Pour cette raison, elles ne peuvent convenir qu'à des moteurs devant démarrer à vide ou sous de faibles charges.

et servent alors plutôt à limiter le courant absorbé par le moteur qu'à augmenter le couple.

Ces résistances doivent pouvoir chauffer fortement sans inconvénient pour elles ni pour les enroulements voisins.

Elles doivent *surtout pouvoir être changées facilement*, car il arrive souvent que ces résistances, qui ne sont pas faites pour supporter le courant pendant longtemps, brûlent, par suite de l'oubli assez fréquent de leur mise en court-circuit après le démarrage.

b) **Résistances fixes.** — Ces résistances sont introduites dans le circuit du rotor, au moyen de bagues calées sur l'arbre. Ces bagues peuvent être mises en court-circuit après le démarrage (fig. 203).

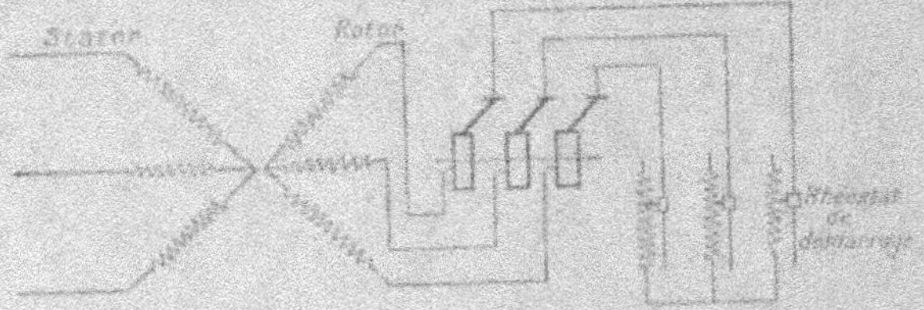

Fig. 203. — Connexions d'un rotor de moteur asynchrone
avec son rhéostat de démarrage.

A cause des bagues, cette disposition est un peu moins simple et plus coûteuse que la précédente, mais elle a l'avantage de rendre

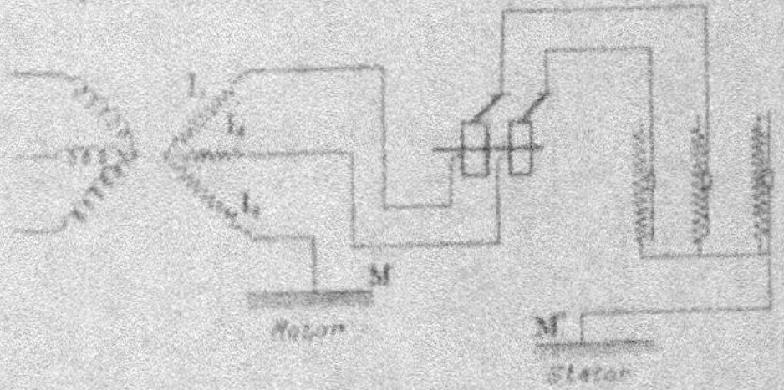

Fig. 204. — Connexions d'un rotor de moteur asynchrone avec son rhéostat
de démarrage par l'intermédiaire des *masses de rotor et de stator.*

possible et même de faciliter la diminution progressive des résistances pendant le démarrage.

Il est toujours mauvais, dans le but de supprimer une bague, de relier l'une des résistances à l'une des phases par l'intermédiaire des masses du rotor et du stator (fig. 204).

Dans ce cas, en effet, le courant du rotor, qui est souvent très considérable, devant passer par l'arbre et les paliers, peut rencontrer de ce fait une résistance beaucoup plus grande que celle offerte par les bagues. Il pourra donc arriver que, lorsque les résistances du rhéostat seront presque hors-circuit, le moteur conserve un glissement assez grand, à cause de la résistance supplémentaire rencontrée par I, et ce glissement pourra faire prendre aux courants I_1 et I_2 des valeurs exagérées.

D'autre part, les paliers peuvent chauffer sous le passage du courant et enfin, en mettant à la masse l'extrémité de la phase III, les isolants du rotor ont à supporter une tension $\sqrt{3}$ fois plus forte que celle à laquelle ils doivent résister quand le point neutre est relié à la masse.

Rhéostats de démarrage. — On emploie, soit des rhéostats liquides, soit des rhéostats métalliques.

Les rhéostats liquides sont moins coûteux que les rhéostats métalliques, mais ils sont moins propres et demandent un peu d'entretien. Ils sont constitués ordinairement par trois lames métalliques reliées aux bagues et pouvant plonger lentement dans de l'eau, rendue conductrice avec du carbonate de soude. L'eau forme point neutre.

Calcul. — Les rhéostats métalliques se calculent de la même façon que ceux qui sont employés pour le démarrage des moteurs à courant continu.

Connaissant U_2, tension entre bagues, et I_2, courant dans le rotor pour un couple donné, on calcule chaque résistance pour supporter le courant I_2 sous la tension

$$\frac{U_2}{\sqrt{3}}$$

Comme pour les moteurs à courant continu, les résistances entre les plots des rhéostats ne doivent pas être égales entre elles, mais calculées de telle façon qu'en passant d'un plot à un autre l'intensité n'augmente que dans une proportion déterminée. (Voir nos Conférences faites à l'Institut sur l'appareillage.)

Fig. 205. — Moteur asynchrone. Rhéostat de démarrage pour rotor enroulé en triphasé.

On est donc conduit à faire des rhéostats dans lesquels la résistance varie relativement beaucoup au début, et très peu à la fin.

Les rhéostats métalliques sont ordinairement montés comme l'indique la fig. 205. Le point neutre est formé par trois bras métalliques qu'on peut, au moyen d'un volant, faire tourner dans le sens de la flèche pour diminuer les résistances.

Rhéostat pour rotor diphasé. — Dans le but de simplifier la construction des rhéostats de démarrage, quelques constructeurs bobinent leurs rotors en diphasé (Compagnie Générale Électrique de Nancy). Les rhéostats ne comportent en effet dans ce cas que deux séries de touches (fig. 206).

Si au rotor la tension entre les deux fils extrêmes est U_2, elle sera $\dfrac{U_2}{\sqrt{2}}$ entre chaque fil extrême et le fil commun aux deux phases.

Le rhéostat doit être monté de telle façon que chaque enroulement n'ait à supporter que la tension $\dfrac{U_2}{\sqrt{2}}$.

Comme *le fil commun communique en général avec la bague du milieu*, il faut avoir soin de relier à cette bague le double bras du rhéostat, sans quoi l'une des résistances du rhéostat pourrait avoir à supporter la tension U_2 qui serait pour elle trop élevée.

L'emploi d'un rotor et d'un rhéostat diphasés exige donc que les

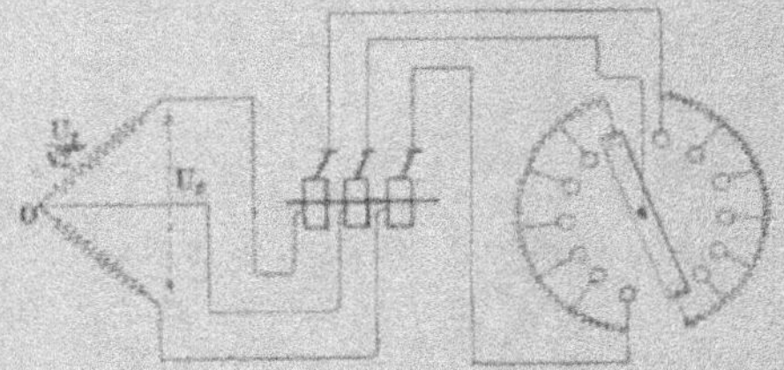

Fig. 206. — Moteur asynchrone. Rhéostat de démarrage
pour rotor enroulé en diphasé.

connexions soient faites convenablement pour éviter de brûler le rhéostat.

C'est là le principal inconvénient de ce dispositif.

Rhéostat pour démarrage de longue durée. — Lorsque les appareils entraînés par le moteur présentent une certaine inertie, le démarrage doit s'effectuer en un temps suffisamment long.

Pour éviter dans ce cas une manœuvre trop rapide du rhéostat,

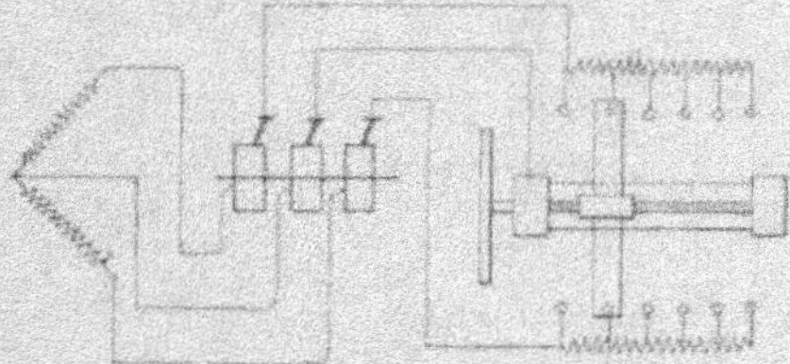

Fig. 207. — Moteur asynchrone. Commande par vis du rhéostat de démarrage.

on peut commander celui-ci au moyen d'une vis, comme l'indique la fig. 207.

On peut évidemment, en triphasé, employer une disposition analogue en disposant une troisième rangée de plots.

Rhéostats de démarrage pour moteurs de traction, de treuils, etc. Ces rhéostats sont ordinairement commandés par des controllers analogues à ceux employés pour les moteurs de traction à courant continu.

Ces controllers sont formés de deux cylindres tournants : l'un servant à modifier le sens de rotation du moteur, en inversant deux phases au stator, l'autre ayant pour but de mettre progressivement en court-circuit les résistances de démarrage.

Afin de simplifier les controllers, on emploie souvent des rotors diphasés.

La fig. 208 représente le controller employé par la Société A. E. G. pour la commande des moteurs de treuils employés souvent dans les usines.

Dans ce type de controller assez courant, C_1 représente le cylindre permettant d'inverser le sens de rotation du moteur. A cet effet, deux phases sont coupées et leurs extrémités aboutissent à 4 frotteurs fixes. Sur le cylindre C_1, établi en matière isolante, sont fixées 8 touches en cuivre convenablement reliées ensemble. Suivant qu'on fera tourner le cylindre dans le sens de la flèche f, ou dans celui de la flèche f_1, les touches venant en contact avec les frotteurs fermeront le circuit du stator de façon à faire tourner le moteur dans un sens ou dans l'autre.

Le cylindre C_2, qui sert à enlever progressivement les résistances du rotor, est formé de deux parties symétriques, correspondant chacune à un sens de rotation du moteur. Sur chacune de ses parties sont fixées des touches qui, pouvant venir en contact avec des frotteurs fixes reliés aux résistances et au rotor, permettent de court-circuiter progressivement ces résistances.

Une seule manivelle commande les deux cylindres. Lorsque cette

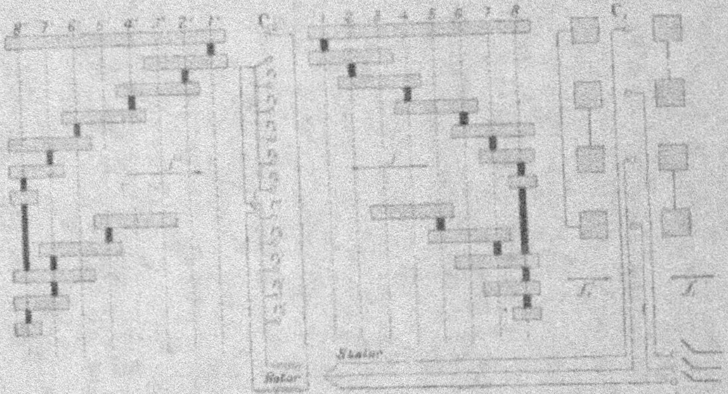

Fig. 208. — Rhéostat de démarrage et combinateur pour moteur asynchrone de traction, de treuil, etc.

manivelle est dans la position d'arrêt du moteur, elle se trouve en face du mécanicien qui peut alors la faire tourner, dans un sens ou dans l'autre, d'environ un demi-tour. Chaque sens de rotation de la manivelle correspond à un sens de rotation du moteur (montée et descente du treuil).

Le fonctionnement du controller sera donc le suivant :

En faisant tourner la manivelle dans un sens, on commence par déplacer le cylindre C_1 (dans le sens de f_1 par exemple); le courant est alors envoyé dans le stator. Pendant ce temps, le cylindre C_2 tourne dans le sens de f et prend la position 1 ; toutes les résistances sont insérées sur le rotor.

Si l'on continue à faire tourner la manivelle, C_2 prend les positions 2, 3, 4, etc. Dans la position 8, le rotor est en court-circuit.

Faisons tourner la manivelle en sens inverse; C_1 et C_2 tournent respectivement suivant les flèches f'_1 et f'.

On remarquera que les résistances ne sont pas enlevées en même temps sur les deux phases. Ainsi, quand on passe de la position 1 à la position 2, on n'enlève que la résistance r_1 ; puis de 2 à 3 c'est r_2 seulement qui est mis en court-circuit. On peut ainsi, avec un nombre restreint de résistances par phase, obtenir un démarrage plus progressif.

(Dans le controller de la fig. 208, avec 5 résistances par phases, on aura 8 positions du controller.)

Lorsque les résistances sur chaque phase ne sont pas les mêmes, les courants ne sont pas égaux, mais la différence est faible et sans importance.

Bagues et balais. — Les bagues permettant de relier le rotor au rhéostat de démarrage sont montées en général comme celles qui, dans les alternateurs, sont destinées à amener le courant à l'inducteur.

Cependant, ces bagues étant susceptibles, beaucoup plus que celles des alternateurs, de se détériorer par suite de fausses manœuvres (intensité trop grande au démarrage, ou rupture de courant sur les bagues, par relevage des balais avant la mise en court-circuit du rotor), il *faut que leur changement puisse s'opérer assez facilement.*

On n'emploiera donc pas les bagues en acier qui sont posés comme des frettes sur une couronne isolante entourant l'arbre.

Les balais employés ordinairement sont soit en cuivre, quand on peut les relever (leur résistance est alors très faible), soit en charbon, quand ils doivent frotter continuellement sur les bagues, car ils sont alors plus tendres, et s'usent de préférence aux bagues.

Il faut dans ce cas mettre en parallèle sur chaque bague un nombre suffisant de balais pour diminuer leur résistance globale, et cela afin de ne pas augmenter le glissement du moteur, donc de ne pas diminuer le rendement.

Appareil de mise en court-circuit. — Il a pour but de mettre l'enroulement du rotor en court-circuit sur le rotor lui-même, afin de permettre, après le démarrage, de relever les balais pour diminuer l'usure des bagues.

Il en existe un assez grand nombre de modèles ; la fig. 209 représent un type assez simple et assez pratique :

Trois contacts, formés de feuilles de cuivre (comme les contacts de certains interrupteurs), sont fixés à une tige pouvant coulisser dans un trou ménagé dans l'arbre. En poussant le bouton qui termine cette tige, on peut amener les trois contacts sur des plaques de cuivre *p* reliées à l'enroulement du rotor et mettre ainsi celui-ci en court-circuit, la tige qui supporte les trois contacts formant point neutre.

L'appareil de mise en court-circuit doit être très robuste. Les contacts surtout doivent être excellents, car l'intensité qu'ils ont à

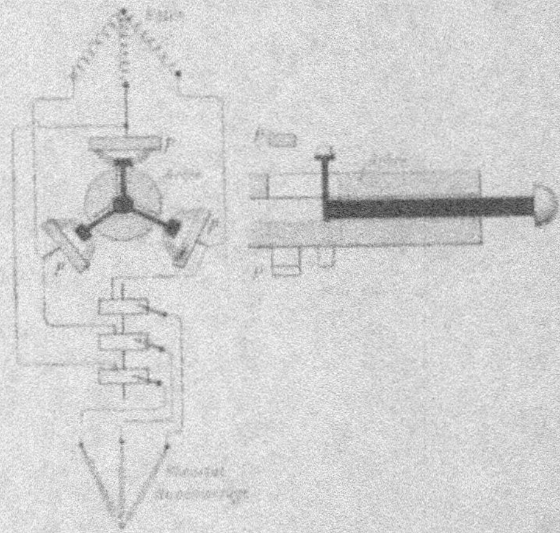

Fig. 209. — Moteur asynchrone. Appareil de mise en court-circuit des balais.

supporter est souvent considérable. Ils doivent pouvoir facilement se remplacer en cas d'usure, car ils peuvent être rapidement détériorés quand, par suite d'une fausse manœuvre, on vient à ouvrir le circuit du rotor avec l'appareil de mise en court-circuit, avant de couper le circuit du stator. La détérioration peut être en effet dans ce cas très importante, car l'appareil de mise en court-circuit, ne devant en aucun cas fonctionner comme interrupteur, n'est presque jamais à rupture brusque pour ne pas en compliquer sa construction.

Jusqu'à ces derniers temps, les appareils de mise en court-circuit ont été trop négligés. Insuffisamment robustes, difficilement remplaçables et présentant de mauvais contacts, ils ont donné lieu à bien des mécomptes.

Avant-projet de moteur asynchrone.

I. — MARCHE GÉNÉRALE THÉORIQUE DES CALCULS.

Soit à calculer un moteur asynchrone capable de donner P_u chevaux à l'arbre.

Données :

Cos φ, F, Ω, U, sont donnés pour un régime déterminé. Inducteur fixe (stator), Induit mobile (rotor).

Notations :

P_1	Puissance primaire à fournir.
P_{h+f}	Pertes par hystérésis et courants de Foucault.
P_u	Puissance électromagnétique (P_{ut} de la théorie générale, c'est-à-dire celle théoriquement transformable en puissance mécanique par un rotor parfait).
P_f	Puissance perdue par frottements.
$U_{1\text{ext}}$	Différence de potentiel entre 2 fils de ligne pour une phase extérieure.
$U'_{1\text{ext}}$	Tension d'une phase intérieure, dépendant du mode d'enroulement.
$I_{1\text{ext}}$	Courant dans un fil de phase extérieure.
$I'_{1\text{ext}}$	Courant dans une phase intérieure (dépendant également du mode d'enroulement).
$\cos\varphi$	Facteur de puissance du moteur (primaire).
$F = \dfrac{\Omega}{2\pi}$	fréquence primaire.
ω'	vitesse angulaire de l'induit.
$\gamma = \dfrac{\Omega - p\omega'}{\Omega}$	glissement.
η	Rendement commercial.
$2p$	Double du nombre de paires de pôles de l'inducteur.
$\Phi_n (t)$	Valeur instantanée du flux par pôle et par phase.
$\mathcal{B}_{moy}$	Induction moyenne dans l'entrefer.
$\mathcal{B}_{1moy}$	» » dans le primaire.
$\mathcal{B}_{2moy}$	» » dans le secondaire.
n_1	Nombre de conducteurs primaires.
n_2	» » secondaires.
r_1, l_1, λ_1	Résistance, self-inductions complète et partielle d'une génératrice primaire.

---

1. Φ_n représente pour nous la valeur alternative du flux total traversant les cadres, constituant la maille d'un champ ou un pôle. Nous avons déjà dit ce qu'il fallait penser des différences entre $\Phi_{n\,max}$ réel et $\dfrac{4}{\pi} \Phi_{n\,max}$, valeur du champ tournant théorique, d'après le principe de Ferraris.

$r_2\, l_2\, \lambda_2$ Mêmes valeurs pour le secondaire.

D   Diamètre d'alésage du rotor (ou à très peu de chose près, diamètre de l'inducteur à l'intérieur).

D_1 Diamètre extérieur du noyau.

L   Longueur totale axiale du noyau de l'inducteur.

L_1 »   » des tôles (long. utile).

a Nombre d'ampère-tours efficaces par cm de la circonférence intérieure de l'inducteur.

V   Vitesse tangentielle du flux.

A. — CALCUL DE L'INDUCTEUR

Recherche des dimensions. — Le rendement η est connu, au régime normal. On a donc :

$$P_1 = 736\, P_u\, \frac{1}{\eta}$$

$$P_1 = \sqrt{3}\, U_{1\,\text{eff}}\, I_{1\,\text{eff}} \cos\varphi = 3\, U'_{1\,\text{eff}}\, I_{1\,\text{eff}} \cos\varphi. \qquad (1)$$

Les valeurs à adopter pour $U'_{1\,\text{eff}}$ et $I_{1\,\text{eff}}$ se déduisent du mode de couplage choisi pour les circuits du moteur (étoile ou triangle).

Facteur de puissance.

$$\begin{cases} 0,8 < \cos\varphi < 0,9 : \text{moteur de 10 HP et au-dessus,} \\ 0,7 < \cos\varphi < 0,8 : \text{faibles puissances.} \end{cases}$$

On se donne $\cos\varphi$ (expérience antérieurement acquise).

Recherche d'une valeur approchée de $I_{1\,\text{eff}}$.

On a l'équation :

$$U'_1 = \frac{n_1}{3p}\left[r_1 I_1 + l_1 \frac{dI_1}{dt} + \frac{1}{2}\frac{d\Phi_q}{dt} \right]. \qquad (2)$$

On peut négliger, au moins en première approximation, les deux premières chutes de tension, d'où l'équation (3) :

$$\frac{n_1}{3p}\frac{\Omega\Phi_{q\,\text{max}}}{2\sqrt{2}} = \frac{\pi F n_1\, \Phi_{q\,\text{max}}}{3\sqrt{2}\,p} = U_{1\,\text{eff}}\, 10^c. \qquad (3)$$

Si l'on admet, par exemple, que les enroulements des pôles sont en série, pour fixer les idées, Φ_q max est, rappelons-le, la valeur maxima du flux embrassé par un pôle du stator, mais émis par une phase du stator par champ.

Or, bien que dans le temps on ait, comme nous l'avons dit dans la théorie des champs tournants :

$$\Phi_{2\,max} = \Phi_{2\,moy}\,\frac{\pi}{2}$$

on doit néanmoins admettre que dans le noyau inducteur le flux se déplace en conservant la même valeur maxima $\Phi_{2\,max}$. (Le courant d'alimentation étant supposé sinusoïdal.)

On connaît d'autre part $\mathcal{B}_{moy}$ par la formule

$$\Phi_{2\,max} = \frac{\pi DL}{2p}\,\mathcal{B}_{moy}. \tag{4}$$

En un point géométriquement fixé de l'entrefer, l'induction passe de 0 à $\mathcal{B}_{max}$ quand le temps varie.

On peut donc adopter une représentation sinusoïdale de celle-ci.

On a de même :

$$n_1\,F_{1\,eff} = \pi D a \tag{5}$$

Portons ces valeurs dans l'équation (3), en exprimant $U_{1\,eff}$ en fonction de P, et de $\cos \varphi$. Nous obtenons, en égalant les deux valeurs de $U_{1\,eff}$ ainsi obtenues,

$$D^2\,L = \frac{2\sqrt{2}.10^8}{\pi^2\,\mathcal{B}_{moy}\,a\,\dfrac{F}{p}}\,\frac{P_1}{\cos\varphi}. \tag{6}$$

La vitesse de rotation du moteur devra toujours être peu différente de celle du champ. On prendra donc un nombre de pôles tel que la vitesse tangentielle V ne soit pas excessive

$$V = \pi D\,\frac{F}{p} \tag{7}$$

Introduisons cette valeur dans (6). Nous obtenons l'équation :

$$DL = \frac{2\sqrt{2}.10^8}{\pi^2\,\mathcal{B}_{moy}\,a\,V}\,\frac{P_1}{\cos\varphi} \tag{8}$$

$$L = \frac{2\sqrt{2}\times 10^8}{\pi^2\,\mathcal{B}_{moy}\,a\,VD}\,\frac{P_1}{\cos\varphi}. \tag{9}$$

Valeurs numériques. — On prendra pour $\mathcal{B}_{moy}$, a et V des valeurs respectivement comprises dans les limites suivantes :

$$3000 < \mathcal{B}_{moy} < 5000 \text{ gauss,}$$
$$100 \text{ at} < a < 200 \text{ at/cm,}$$
$$3000 \text{ cm/sec} < V < 3500 \text{ cm/sec.}$$

Méthode de calcul. — Soit le nombre de pôles non fixé; on calculera une première valeur de D au moyen de l'équation (8) :

$$DL = \frac{2\sqrt{2}.10^8}{\pi^2 \mathfrak{B}_{moy}\, a\, V \cos\varphi}\, P_t \qquad (8)$$

en attribuant une valeur arbitraire au rapport $\dfrac{L}{D}$. [Dans les moteurs existants, on constate une tendance à aplatir le plus possible ces moteurs asynchrones, pour diminuer les difficultés de ventilation, et augmenter le rayonnement].

Soit cette valeur approchée de D égale à D_0 ; portons-la dans (7). Il en résulte une valeur approchée de $\dfrac{F}{p}$, une autre définitive de D et une autre de L par l'équation (en remarquant qu'à p ainsi trouvé, généralement fractionnaire, il faut substituer le nombre entier le plus voisin) :

$$L = \frac{2\sqrt{2}.10^8}{\pi^2 \mathfrak{B}_{moy}\, a\, V D \cos\varphi}\, P_t \qquad (9)$$

Approximations successives. — Répétons les calculs sur $\mathfrak{B}_{moy}$, a et V ; on arrive assez vite aux valeurs définitives de D et de L, tous trois compris dans les limites précédemment indiquées.

Flux. Calcul par excès. — On peut alors calculer la valeur du flux utile par l'équation (3) connaissant n, déduit de l'équation (5) :

$$\frac{a_1}{3p}\frac{\Omega\,\Phi_{t\,max}}{2\sqrt{2}} = \frac{\pi F a_1 \Phi_{t\,max}}{3\sqrt{2}\,p} = U_{t en} 10^8$$

Cette équation ne tenant pas compte de la chute de tension, on calculera ainsi Φ_t par excès.

Valeur de l'induction dans l'inducteur. — On choisira la valeur de l'induction, donc $\mathfrak{B}_{moy}$, de façon à ce que la perte par hystérésis et courants de Foucault soit de 0,015 à 0,016 watts par centimètre cube, soit 2 watts par kilogramme de tôles.

Diamètre extérieur. — Le diamètre extérieur de tôles se déduit de l'équation :

$$D_1 = D + L_1 \mathfrak{B}_{t\,moy} = \frac{\pi}{2}\Phi_{t\,moy}\left(ou\ \frac{\mathfrak{B}_{t\,max}}{\Phi_{t\,max}}\right) \qquad (10)$$

car il ne passe que $\frac{1}{2}\Phi_{1\,max}$ dans une section de l'anneau, Φ_1 étant relatif à un pôle; $\varkappa_1$ est le coefficient d'Hopkinson relatif au primaire. Il peut être calculé par les méthodes déjà données. C'est cependant là un calcul très délicat; mieux vaut la détermination expérimentale.

Enroulement primaire. — Le nombre des encoches doit être au moins de 6 par pôle. En augmentant ce nombre, on diminuera le coefficient de self-induction. On n'utilise plus l'enroulement à pôle creux, qui nous a provisoirement servi pour nos études théoriques du fonctionnement des moteurs asynchrones.

Section des conducteurs. — Elle se détermine de façon que la densité de courant ne dépasse pas la valeur choisie comme correspondant à la perte Joule dans l'inducteur.

La densité la plus fréquemment admise est de 3 ampères par millimètre carré, ce qui correspond à une perte de 2 watts par kilogramme de cuivre. Avec une densité de δ ampères par millimètre carré la perte dans le cuivre serait de :

$$2{,}25 \times \delta^2 \text{ watts par kilogramme.}$$

Résistance d'une génératrice. — On l'obtient en divisant la résistance d'une phase par le nombre de conducteurs de la phase.

Self-induction d'une génératrice. — Elle est donnée par le quotient de la self-induction d'une phase par le nombre de conducteurs, et ne peut se calculer exactement. Il est cependant fait usage quelquefois de la formule :

$$\lambda_1 = \frac{n_1}{p\sqrt{2}}\left(\frac{\pi^2}{2}\sqrt{\frac{\mathrm{DL}}{2p}} + \chi\right)10^9,$$

applicable dans l'air. Si l'on veut avoir la self-induction totale ou complète, c'est-à-dire celle liée à la présence du fer, il faut multiplier λ_1 par le μ_1 correspondant :

$$\mu_1 = \frac{\mathfrak{B}_{1\,moy}}{\mathfrak{IC}_1}$$

χ est le périmètre, en centimètres, de la section méridienne du noyau de l'inducteur.

Cette formule est très artificielle et ne doit être employée qu'avec les plus grandes réserves.

B. — CALCUL DE L'INDUIT

Afin de réduire la réluctance du circuit magnétique, on donne à l'entrefer la plus faible valeur possible. Il est en général égal à 1/500 du diamètre d'alésage de l'inducteur. Même pour des moteurs de 30 HP, il n'est pas rare d'avoir des entrefers de 1,2 à 1,5 millimètres.

Étant donnée la faible fréquence du champ dans l'induit, les pertes parasites ont une influence aussi très faible ; d'où la possibilité d'adopter une faible épaisseur radiale et de prendre par suite $\mathfrak{B}_{2moy}$ beaucoup plus grand que $\mathfrak{B}_{1moy}$.

Puissances mécanique et électromagnétique. — La première est égale à la seconde, diminuée des pertes par effet Joule dans le secondaire, et aussi par frottements.

On aura donc à calculer les éléments de l'enroulement secondaire, en majorant par prudence de 4 à 5 % la puissance utile à obtenir.

$$P_u = \frac{1-\gamma}{\gamma}\, n_2\, r_2\, I^2_{2\,\text{eff}} = \frac{1-\gamma}{\gamma}\, R_2\, I^2_{2\,\text{eff}}.$$

On connaît la vitesse de fonctionnement du moteur pour le régime normal de pleine charge. Donc le γ correspondant est connu. À cette valeur du glissement correspond en effet la valeur fournie du rendement. R_2 est la résistance du secondaire, constituée par les enroulements bout à bout. Le produit $n_2\, r_2\, I^2_{\text{eff}}$ est donc déterminé.

Rapport de transformation $\dfrac{n_1}{n_2}$. — Il est indéterminé. On pourra le choisir de façon que la f. é. m. secondaire ait une valeur non dangereuse pour le personnel.

Prendre au moins 9 encoches par pôle au-dessous de 8 à 10 HP (cage d'écureuil).

Au-dessus, induit enroulé avec bobines à circuit ouvert, comportant autant de pôles que l'inducteur.

Tracé de l'enroulement   ⎫
Densité de courant   ⎬ Comme pour le primaire.
Détermination de r_2 et λ_2 ⎭

ÉTUDE COMPLÉMENTAIRE

Prédétermination du fonctionnement. — Le courant magnétisant nécessaire pour produire le flux Φ_{3max} nécessaire résultant
se détermine comme dans une dynamo. On trace la trajectoire du
flux dans les noyaux et l'entrefer, on calcule la force magnétomotrice nécessaire et l'on a, à une constante près, $\dfrac{4\pi}{10}$, le nombre d'(at)
maxima par pôle, également nécessaires.

$$\mathcal{F} = \Sigma \, \Phi_{3moy} \, \mathcal{R}_{moy},$$

$\mathcal{R}_{moy}$, réluctance moyenne pour un parcours magnétique (inducteur, induit, entrefer), limité à un champ :

$$\mathcal{R}_{moy} = \frac{l}{\mu_{moy}\, \delta}$$

μ_{moy} déduite des courbes de magnétisme, et correspondant au
$\mathcal{B}_{moy}$ du tronçon, d'où la valeur de la composante déwattée du
courant primaire à vide :

$$\frac{4}{10}\,\pi\, \nu_1\, I_{1\,\text{eff}\,d\acute{e}w} = \Sigma \, \Phi_{3moy} \, \mathcal{R}_{moy},$$

$I_{1\,\text{eff}\,d\acute{e}w}$ étant exprimé en ampères, ν_1 représentant le nombre de
spires correspondant à un pôle et une phase :

$$\nu_1 = \frac{n_1}{2p} \times \frac{1}{3p \times 2}.$$

Nous avons donc :

$$I_{1\,\text{eff}\,d\acute{e}w} = \frac{1}{\dfrac{4\pi}{10}\left(\dfrac{n_1}{4 \times 3p}\right)} \Phi_{3max}\, \mathcal{R}_{moy}.$$

D'où enfin :

$$\begin{cases} I_{1\,\text{eff}\,d\acute{e}w} = \dfrac{10 \times 3p\, \Phi_{3max}\, \mathcal{R}_{moy}}{\pi\, n_1} \\[2ex] \dfrac{n_1}{3p}\, I_{1\,\text{eff}\,d\acute{e}w} = \left(\dfrac{10}{\pi}\right)\mathcal{R}_{moy}\, \Phi_{3max}. \end{cases}$$

Déterminons P_{F+H}, puissance totale perdue par hystérésis et courants de Foucault, dans l'induit et dans l'inducteur, en tenant compte des fréquences respectives. On aura :

$$\Gamma_{\text{eff}\,e} = \frac{2\sqrt{2}\,P_{F,a}}{n_1 \Omega \Phi_{2\,\max}} \times 10^8,$$

car la tension induite dans une spire est : $\Omega \Phi_{2\max}$.

Pour $\frac{n_1}{2}$ spires, la puissance fournie est :

$$\frac{n_1}{2} \Phi_{2\,\max} \times \frac{\Gamma_{\text{eff}\,e}\,\Omega\sqrt{2}}{2} = P_{F,a},$$

d'où l'on déduira facilement la valeur de $\Gamma_{\text{eff}\,e}$.

Caractéristiques. — Pour vérifier si les conditions fixées sont remplies, on trace le diagramme du moteur au moyen des équations

$$\begin{cases} \dfrac{3U_1}{n_1} = r_1 I_1 + \lambda_1 \dfrac{dI_1}{dt} + \dfrac{1}{2}\dfrac{d\Phi_2}{dt} & \text{(A)} \\ n_1 I_1 + n_2 I_2 = n_1 I_0 & \text{(B)} \\ r_2 I_2 + r_2 I_2 \dfrac{1-\gamma}{\gamma} + \lambda_2 \dfrac{dI_2}{dt} + \dfrac{1}{2}\dfrac{d\Phi_2}{dt} = 0 & \text{(C)} \end{cases}$$

avec la valeur de Φ_2 trouvée précédemment.

Prenons γ comme variable indépendante. On construira successivement les équations (C), (B), (A), comme pour un transformateur.

Connaissant U_1, on aura γ, puisque l'échelle du diagramme est connue.

On aura successivement, $e_{2\text{eff}}$ étant la f. é. m. réelle de pulsation $\gamma\Omega$ dans le secondaire :

$$e_{2\,\text{eff}} = \frac{\gamma\Omega\Phi_{2\,\max}}{2\sqrt{2}}$$

$$\operatorname{tg}\varphi_2 = \frac{\gamma\Omega\lambda_2}{r_2}$$

$$I_{2\,\text{eff}} = \frac{\gamma e_{2\,\text{eff}}\cos\varphi_2}{r_2}.$$

$$P_m = \frac{1-\gamma}{\gamma} n_2 r_2 i^2_{2\,\text{eff}} = \frac{\gamma(1-\gamma)\,n_2\,e^2_{\text{eff}}\cos\varphi_2}{r_2}$$

$$P_u = \frac{P_m - P_f}{736}.$$

Déterminons P_{Fer_1}, $I_{1w\,eff}$, $I_{1\,eff}$; nous aurons :

$$(I_{1\,eff})^2 = (I_{1w\,eff})^2 + (I_{1w\,eff})^2.$$

On pourra prendre, avec une approximation suffisante :

$$I_{1\,eff}\ \text{corrigé} = \sqrt{\left(\frac{n_2}{n_1}\right)^2 I_{2\,eff} + I_{1\,eff}^2}.$$

La puissance électrique absorbée est :

$$P_1 = P_u + P_{Fer_1} + a_1\, r_1\, I_{1\,eff} + a_2\, r_2\, I_2.$$

Enfin :

$$\eta = \frac{736\, P_u}{P_1}$$

et

$$\cos\varphi = \frac{P_1}{3\, U_{1\,eff}\, I_{1\,eff}}.$$

Répétons les mêmes calculs pour quelques valeurs de γ

On pourra tracer toutes les caractéristiques du moteur, rapportées à la puissance utile.

Avant projet de moteur asynchrone [1].

II. — MARCHE GÉNÉRALE DES CALCULS

Données.

$$\left\{\begin{array}{ll}
\text{Puissance sur la poulie} & 10.000 \text{ watts.} \\
\text{Vitesse au synchronisme} & 1.000 \text{ tours par minute.} \\
\text{Vitesse en pleine charge} & 950 \text{ tours par minute.} \\
\text{Voltage composé} \ldots\ldots & 240 \text{ volts.} \\
\text{Fréquence} \ldots\ldots\ldots\ldots & 50 \text{ périodes.}
\end{array}\right.$$

donc

$$p = \frac{3000}{1000} = 3.$$

Dimensions principales.

Soit D le diamètre du stator.

Soit L la longueur du moteur.

Le même moteur pourrait être construit pour 1.500 tours par minute en ne mettant que 4 pôles.

1. D'après le commandant Cordier, de la Société Technique de l'artillerie, ingénieur électricien de l'Université de Grenoble, ancien professeur d'Électricité industrielle à l'École de Fontainebleau.

On admettra qu'à cette vitesse angulaire correspond une vitesse périphérique de 30 m/sec. A 1.000 tours, la vitesse sera donc de 20 m/sec, d'où,

$$D = 38 \text{ cm (1)}.$$

La formule empirique de Kapp, du reste réductible à la formule (6) de la théorie exposée ci-dessus, savoir :

$$P = CD^2 L N 10^{-4},$$

avec :

$$\begin{cases} C = \text{constante} = 0,5 \text{ à } 0,7 \text{ pour } F = 50 \text{ périodes.} \\ N = \text{nombre de tours par minute.} \end{cases}$$

donne :

$$L = 17 \text{ centimètres}$$

si l'on prend :

$$\begin{cases} C = 0,6, \\ N = 950, \\ D = 38. \end{cases}$$

On essaiera les dimensions :

$$D = 38 \text{ centim.,} \quad L = 17 \text{ centim.} \quad \text{ou} \quad L = 15 \text{ centim. utile.}$$

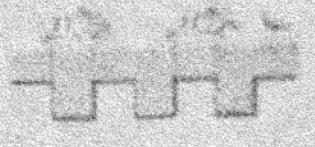

La vitesse étant imposée et la fréquence donnée, 50 cycles par seconde, il faudra 3 paires de pôles, soit 6 pôles. Pour pouvoir répartir l'enroulement sur la périphérie, on adoptera 3 encoches par pôle et par phase, soit $3 \times 6 = 18$ encoches par phase, et en tout :

$$3 \times 18 = 54 \text{ encoches.}$$

Fig. 210. — Avant-projet de moteur asynchrone. Détermination des encoches.

L'écartement des encoches sera :

$$\pi \times \frac{380}{54} = 22 \text{ millimètres.}$$

En prenant la longueur des encoches égale à celle des dents, on aura :

$$\text{Largeur d'une encoche : 11 millimètres.}$$

Admettons une induction maxima dans l'entrefer de 4.000 gauss ; l'induction dans les dents sera :

$$2 \times 4.000 \times \frac{17}{15} = 9.050 \text{ gauss.}$$

---

1. Voir nos Conférences faites à l'Institut Électrotechnique sur la Construction des machines dynamos, et sur celle des alternateurs.

Si les bobines entrant dans la constitution de chaque phase n'utilisaient qu'une encoche par pôle, et si cette encoche ne contenait qu'un fil, la f. é. m. développée serait, puisqu'il y a trois bobines [1] :

$$3 \times 1^v,1 \times \frac{9.050}{5.000} \times 9 \times 0,11 \times 1,5 = 8^v,9,$$

$9 \times 0,11$ étant la largeur de 9 encoches (18 par phase) et 1,5 étant la longueur de l'une d'elles.

Le voltage aux extrémités de la phase est 240 volts, si nous supposons le moteur enroulé en triangle.

Les bobines induites devront donc avoir :

$$\frac{240}{8,9} = 27 \text{ spires.}$$

et chaque encoche devrait comprendre 27 fils.

Ces fils étant répartis dans 3 encoches, puisque chaque bobine

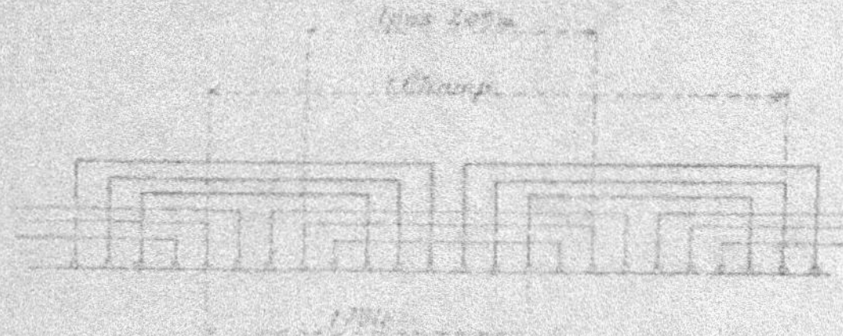

Fig. 211. — Avant-projet de moteur asynchrone. Épure de l'enroulement.

comprend 3 bobines partielles, chaque encoche du moteur comprendra 9 fils, et chaque phase comprendra :

$$3 \times 27 = 81 \text{ spires ou } 162 \text{ fils.}$$

Longueur moyenne d'une spire $= 4$ mètre environ :

Section des fils. — Elle est déterminée par la perte Joule consentie ; on admettra pour cette perte 1 % de la puissance totale par phase, soit 3 % pour les 3 phases.

---

1. F. é. m. induite dans une bobine ayant $\frac{n_1}{2}$ spires :

$$e_{es} = 2.22 \, \frac{F}{50} \, \frac{n_1}{2} \, \frac{\mathfrak{B}_0}{10^4} \, \frac{S}{100}$$

$\mathfrak{B}_0$, induct. max., S surface de la spire en décimètres carrés.

Le rendement que l'on cherche à obtenir est de 0,88 environ. On perdra 3 % dans le cuivre du stator, 2,5 % dans le cuivre du rotor, et enfin 2,5 % par les frottements mécaniques.

Le $\cos \varphi$ admis pour faire le calcul des intensités est 0,85.

Intensité dans les fils du stator. — Elle est donnée par :

$$\frac{10.000}{0,88 \times 0,85} \times \frac{1}{240\sqrt{3}} = 32 \text{ ampères.}$$

La longueur d'une phase est :

$$81 \times 1 = 81 \text{ mètres.}$$

Perte consentie :

$$1 \text{ %, soit } 100 \text{ watts.}$$

Si le fil travaillait à 1 ampère par millimètre carré, la perte serait :

$$1,8 \times \frac{81}{100} \times 32^{\text{amp}} = 47 \text{ watts.}$$

Le fil devra travailler à :

$$\frac{100}{47} = 2,1 \text{ amp./millimètre carré.}$$

Section du fil :

$$\frac{32}{2,1} = 15 \text{ millimètres carrés.}$$

On emploiera du fil de 44/10 nu et 48/10 isolé.

Dimensions des encoches. — Les encoches à demi fermées ont les dimensions indiquées par la figure 212.

La valeur

$$9.050 \times \frac{1,1}{08} = 14.200 \text{ gauss,}$$

[car leur largeur a passé de 14 millimètres, largeur admise, à 22 — 14 = 8] représentera par suite l'induction dans les dents.

Ce chiffre est trop élevé, et la dent trop étroite. Cela nous conduirait à augmenter D dans le projet définitif.

Épaisseur du stator. — La perte dans le fer des dents étant relativement grande, on cherchera à avoir une faible perte dans la carcasse du stator, et l'on adoptera dans ce but une induction maxima de 4.500 gauss.

Le flux compris dans un demi-pas sera :

$$4.000 \times 10 \times 17 = 680.000 \text{ maxwells},$$

10 centimètres représentant l'écart d'un demi-pôle.

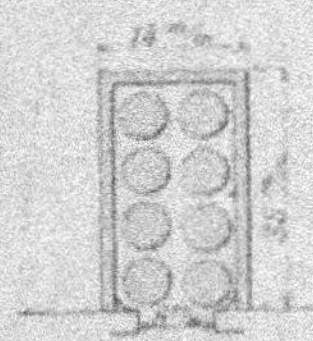

Fig. 212. — Avant-projet du moteur asynchrone. Logement des conducteurs dans les encoches.

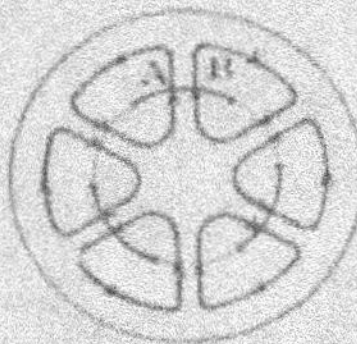

Fig. 213. — Avant-projet de moteur asynchrone. Répartition des flux dans le stator et dans le rotor.

Fig. 214. — Avant-projet de moteur asynchrone. Fixation des pertes dans le fer du stator.

C'est le flux qui doit traverser la carcasse du stator et y créer une induction de 4.500 gauss.

L'épaisseur est donc :

$$e = \frac{680.000}{15 \times 4.500} = 101 \text{ millimètres}.$$

D'où l'épaisseur du stator : 136 millimètres.

Pertes dans le fer du stator. — Volume du stator supposé sans encoches :

$$\pi \times 5,17 \times 1,36 \times 1,5 = 33 \text{ décimètres carrés},$$

car le diamètre de la circonférence moyenne est :

$$D = 3,8 + \frac{1,36}{2} = 5,17.$$

Poids :

$$7,8 \times 33 = 260 \text{ kilogrammes}.$$

Induction maxima moyenne :

$$\frac{680.000}{15 \times 13,6} = 3.330 \text{ gauss}.$$

Si la perte par hystérésis et courants de Foucault est de 2 watts par kilogramme, sous l'induction maxima de 5.000 gauss, elle sera de 0,89 par kilogramme pour une induction de 3.300 gauss.

La perte est donc :

$$0,89 \times 260 = 232 \text{ watts.}$$

Soit 2,3 % au lieu de 2,5 %, perte qui avait été prévue.

Perte totale dans le stator.

$$\begin{array}{lr}
\text{Cuivre} \dots\dots\dots\dots\dots\dots\dots\dots\dots\dots & 300 \text{ watts} \\
\text{Fer} \dots\dots\dots\dots\dots\dots\dots\dots\dots\dots\dots & \underline{232 \quad -} \\
\text{Total} \dots\dots\dots\dots\dots\dots\dots\dots & 532 \text{ watts}
\end{array}$$

Surface de refroidissement. — Elle est supérieure à 75 décimètres carrés; 1 décimètre carré de surface de refroidissement aura donc moins de 10 watts à dissiper.

L'échauffement sera acceptable.

Courant magnétisant (à vide). — Alors la dispersion est négligeable. Nous prendrons donc comme épaisseur de l'entrefer, au moins en première approximation : $0^{mm},5$.

D'où l'entrefer total pour un champ : 1 millimètre. Pour entretenir une induction résultante de 4.000 gauss dans cet entrefer, il faut par bobine :

$$\left(\frac{1}{1,5}\right) 4.000 \times 0,8 \times 0^{cm},1 = 213 \text{ (at)}_{max.}$$

puisqu'il faut 800 (at)$_{max}$ pour produire 4.000 gauss dans un entrefer de 1 centimètre.

Le circuit fer exige :

$$\begin{array}{lr}
\text{Dents} \dots\dots\dots\dots\dots\dots & 6^{st} \times [2 \times 3,4] = 42 \text{ (at)}_{max} \\
\text{Carcasse} \dots\dots\dots\dots\dots & 2^{st},5 \times 60 = \underline{150 \quad -} \\
\text{Soit au total (stator et rotor)} \dots\dots\dots & 192 \text{ (at)}_{max.}
\end{array}$$

Et avec l'entrefer :

$$213 + 192 = 405 \text{ (at)}_{max.}$$

ou bien :

$$\frac{405}{\sqrt{2}} = 286 \text{ (at)}_{eff.}$$

magnétisants, que chaque bobine devra donner.

Chaque bobine comportant 27 spires, le courant magnétisant à vide sera :

$$\frac{286}{27} = 10^{amp},6.$$

Puissance magnétisante consommée.

$$10,6 \times 240 \sqrt{3} = 4.400 \text{ v. a.}$$

Cos φ du moteur (supposé sans dispersion).

Puissance réelle au primaire :

Pertes Joule rotor..............................	250 watts
Puissance sur la poulie................	10.000 —
Pertes par frottements................	200 —
Pertes Joule stator....................	300 —
Pertes dans le fer du stator.........	232 —
Total...............................	10.982 watts

Donc :

$$\cos \varphi = \frac{10.982}{\sqrt{10.982^2 + 4.400^2}} = 0,93.$$

En évaluant la dispersion à 30 % à pleine charge, le courant magnétisant serait de 13,8 ampères, la puissance magnétisante serait de 5.600 watts et :

$$\cos \varphi = 0,9.$$

Constitution du rotor. — Le rotor sera enroulé en étoile et les extrémités de ses enroulements seront connectées à des résistances de démarrage. Il aura 6 pôles comme le stator. On lui donnera 3 phases, mais chaque pôle ne comportera que 2 encoches.

Chaque encoche ne contient qu'un seul fil. Chaque bobine comportera par la suite 2 spires, soit 6 spires par phase.

En régime normal, c'est-à-dire de 950 tours par minute, le courant I_t, uniquement watté, dans les enroulements du rotor, sera tel que la puissance dépensée soit :

$$\underset{\text{utile}}{10.000^{w}} + \underset{\text{frottém.}}{200} + \underset{\text{Joule}}{250} = 10.450 \text{ watts.}$$

Le courant dans chaque phase sera :

$$\mathrm{I}_{rot} = \left(\frac{10.450}{3 \frac{240}{\sqrt{3}}} \right) \times \left(\frac{10.000}{950} \right) \times \frac{27}{6} = 118^{a},5. \qquad (1)$$

En effet, remarquons que, si le rotor et le stator comprenaient tous deux le même nombre de fils, étant aussi enroulés tous deux en étoile, on aurait les relations de proportionnalité :

$$K\Phi I_{2\text{eff}} \times 950 = 10.450 \text{ watts,}$$

$$K\Phi I_{1\text{eff}} \times 1.000 = 10.450 + 532 = 10.982 \text{ watts.}$$

D'où :

$$I_{2\text{eff}} = I_{1\text{eff}} \times \frac{10.450}{10.982} \times \frac{1.000}{950},$$

Or $I_{1\text{eff}}$ est donné par l'équation :

$$10.982 = 3 I_{1\text{eff}} \times \frac{240}{\sqrt{3}},$$

D'où

$$I_{2\text{eff}} = \frac{10.982}{3 \, \dfrac{240}{\sqrt 3}} \times \frac{10.450}{10.982} \times \frac{1.000}{950}$$

Comme chaque phase du rotor ne comprend que 6 spires au lieu de 27, il vient finalement :

$$I'_{2\text{eff}} = \frac{10.450}{240\sqrt 3} \times \frac{1.000}{950} \times \frac{27}{6} = 118^a,5.$$

Chaque spire ayant une longueur de 1 mètre, une phase a donc 6 mètres de longueur.

Si le fil travaillait à 1 ampère par millimètre carré, la perte en volts serait :

$$6 \times 0,018 = 0^v,11 \text{ par phase.}$$

soit :

$$118^a,5 \times 0,11 = 13 \text{ watts.}$$

La perte consentie est :

$$\frac{250}{3} = 83 \text{ watts.}$$

le fil devra donc travailler à :

$$\frac{83}{13} = 6^{\text{amp}},4 \text{ par millimètre carré.}$$

La section du fil est alors :

$$18^{\text{mm}^2},5.$$

Dans un projet définitif, on pourrait réduire la perte dans le cuivre du rotor, de manière à être conduit à employer des fils de plus grande section.

Épaisseur du rotor. — La perte dans le fer du rotor étant négligeable (en raison du petit nombre de cycles d'hystérésis décrits par seconde), on peut admettre sans inconvénient des inductions doubles de celles admises pour le stator. On prendra par conséquent une épaisseur moitié moindre que celle du stator.

Résistance du démarrage. — Au démarrage, le voltage aux extrémités d'une phase est :

$$\frac{240}{\sqrt{3}}\,\frac{6}{27} = 31 \text{ volts.}$$

La résistance à introduire pour que le couple au démarrage soit égal au couple normal est celle qui donnera un courant de 118,5 ampères dans cette phase.

Pour obtenir un couple de démarrage double du couple normal, on devrait introduire dans chaque phase la résistance :

$$0^{\text{ohm}},13.$$

THÉORIES CLASSIQUES RELATIVES
AUX MOTEURS ASYNCHRONES

DIAGRAMME DE BLONDEL

APPLICATION AUX ESSAIS DE CES MOTEURS
DIAGRAMMES CIRCULAIRES

Il convient maintenant d'étudier le fonctionnement des moteurs asynchrones à l'aide de diagrammes simples déformables analogues à ceux en usage pour les alternateurs, moteurs synchrones et transformateurs.

C'est ce que nous allons faire ci-dessous, comme complément et comme extension de la théorie géométrique simple, que nous avons donnée plus haut, de l'assimilation d'un moteur asynchrone à un transformateur.

Rappel de résultats déjà acquis. — Rappelons brièvement les résultats déjà acquis dans cet ordre d'idées.

Nous avons démontré que tout se passait comme si un flux résultant constant Φ_p par pôle (et non par phase) tournait dans le sens de la rotation de l'induit, avec la vitesse :

$$\omega = \frac{\Omega}{p},$$

D'après la théorie de Ferraris :

$$\Phi_p = \frac{3}{2} \Phi_{a\,max} = \Phi_{r\,max},$$

en appelant $\Phi_{a\,max}$ la valeur maxima du flux alternatif créé par une phase du stator, et $\Phi_{r\,max}$ la valeur maxima du flux s'échappant d'un pôle.

Les enroulements pratiquement adoptés pour les phases du moteur asynchrone modifient ce rapport $\frac{3}{2}$ qui est tout théorique ;

Ainsi que nous l'avons déjà indiqué, le calcul est à faire dans chaque cas. Si l'on veut rattacher cette théorie à celle déjà exposée pour la réaction d'induit des machine alternatives[1], et utilisant en somme le théorème de Leblanc (décomposition d'un champ alternatif en deux champs tournants, de valeur constante égale à la moitié de la valeur maxima de celle du champ alternatif) on peut remarquer que Φ_{a_1}, Φ_{a_2}, Φ_{a_3}, flux alternatifs émis respectivement par la première, la deuxième, la troisième phase, se décomposent en trois flux tournants Φ'_{a_1}, Φ'_{a_2}, Φ'_{a_3} de valeur commune :

$$\Phi_0 = \frac{\Phi_{a\,max}}{2}$$

qui se combinent pour nous donner

$$\Phi_{rj\,max} = \Phi_p$$

et trois flux tournant en sens contraire (vitesse $-\,\omega$) qui se superposent en valeur instantanée, et se détruisent :

$$\Phi''_{a_1} + \Phi''_{a_2} + \Phi''_{a_3} = 0.$$

Rappelons que Φ_p a pour valeur :

$$\Phi_p = \frac{2}{\sqrt{2}}\,\Phi_{rj\,eff} = \Phi_{rj\,max}.$$

On a vu par quelles hypothèses successives l'on est obligé de passer pour rendre théoriquement assimilable à celle d'un transformateur l'étude d'un moteur asynchrone. Cette assimilation suppose *les phénomènes rapportés à un observateur fixe*.

Une autre manière d'envisager la question consiste à rapporter les phénomènes à un observateur solidarisé avec le rotor. Par rapport à cet observateur, le flux inducteur a pour expression $\Phi_{rj\,max} \cos \gamma \Omega t$; il a même pulsation que le flux de réaction d'induit et on peut encore les composer en un flux tournant résultant de pulsation $\gamma \Omega$.

INTRODUCTION AUX DIAGRAMMES DE BLONDEL ET HEYLAND

Effet de la dispersion. — Nous avons démontré l'existence d'un flux résultant Φ_p ; il peut être considéré comme dû, par phase et par champ, à la fois à un courant primaire I, réel, de pulsation

---

[1]. Voir *Cours Municipal d'Électricité Industrielle, courants alternatifs*, 1er fascicule, X° leçon, page 208.

Ω, et à un courant secondaire fictif, de pulsation Ω, mais de valeur efficace égale à celle du courant réel (de pulsation $\gamma\Omega$) — ou encore, comme nous venons de le dire, en prenant pour repère le rotor, on peut considérer le flux statique de pulsation $\gamma\Omega$, et le courant induit de pulsation également donnée par $\gamma\Omega$. — Nous pouvons, seulement à ces conditions, assimiler pleinement un moteur asynchrone à un transformateur.

Remarquons encore que l'induction correspondant à la saturation n'étant pas atteinte (cas général des moteurs asynchrones), nous pouvons admettre que les flux sont proportionnels aux courants générateurs, ce qui simplifiera les diagrammes.

Le courant primaire I_1 donne naissance à un flux $\nu_1 \Phi_1$

$\left[\nu_1 = \text{coefficient d'Hopkinson donné par} \right.$

$$\nu_1 = 1 + \frac{\Lambda_1 I_1}{\Phi_1} = 1 + \sigma_1$$

σ_1 étant le coefficient de dispersion relatif au primaire $\left.\right]$.

Appelons de même $\nu_2 \Phi_2$ le flux dû au courant secondaire, Λ_2 et σ_2 ayant respectivement les mêmes significations que les termes correspondants définis pour le primaire. Le diagramme suivant (fig. 215) peut représenter les phases des flux dans les deux circuits, mais il faut remarquer que Φ_1 et Φ_2 ayant, au point de vue des phases, la représentation ci-contre, il y aurait tendance à l'opposition, s'il n'y avait que des courants wattés. Si donc l'on veut faire une composition de flux, on doit soigneusement tenir compte de cette condition d'orientation ; Φ_1 est en phase avec le courant I_1 générateur de Φ_2.

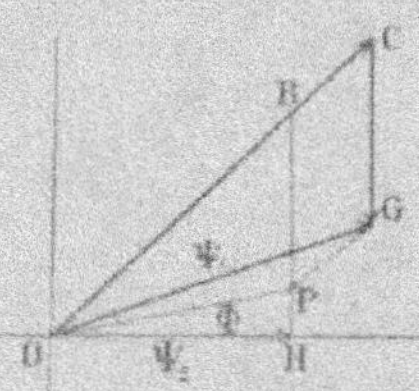

Fig. 215. — Diagrammes de fonctionnement des moteurs asynchrones. Situations respectives des divers flux.

Flux résultant primaire et secondaire. — Le flux résultant dans le primaire est :

$$\overline{\Psi_1} = \overline{\nu_1 \Phi_1} + \overline{\Phi_2}$$

Dans le secondaire :

$$\overline{\Psi_2} = \overline{\nu_2 \Phi_2} + \overline{\Phi_1}$$

REMARQUE. — Remarquons que la f.é.m. d'induction, développée dans le secondaire, fait un angle de 90° en arrière de Ψ_2. Elle coïncide donc avec Φ_2 en direction.

On peut, en effet, puisque la notion de f. é. m., comme nous l'avons dit maintes fois, ne correspond à aucune réalité concrète, sauf dans le cas où cette f. é. m. est mesurable comme différence de potentiel (c'est-à-dire à vide), admettre que le secondaire est :
1° ou bien le siège d'une force électromotrice e_2 effective, assurant la chute de tension *ohmique* (et rien de plus) $\dfrac{R_2}{\gamma} I_2$ eff (c'est-à-dire la chute de tension ohmique modifiée pour tenir compte de la puissance mécanique fournie), cette f.é.m. ayant pour valeur :

$$e_{2\text{eff}} = \Omega \overline{\Psi}_{2\text{eff}} = \frac{R_2}{\gamma} I_{2\text{eff}} = \overline{OH} \ (\text{fig. 216}).$$

2° ou bien le siège d'une f.é.m. $e_{2\text{eff}}$ dérivant du flux commun Φ

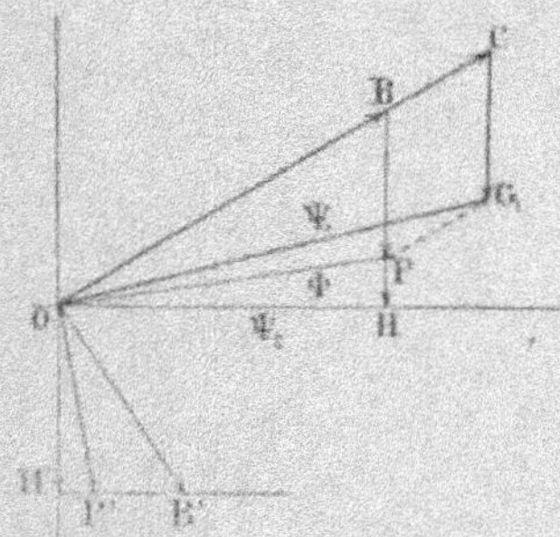

Fig. 216. — Diagrammes de fonctionnement des moteurs asynchrones.
Relation entre les f.é.m. d'induction et les flux générateurs.

(flux résultant que nous avons considéré dans le cas des transformateurs), mais que cette f. é. m. doit assurer, en outre de la chute de tension ohmique $\dfrac{R_2}{\gamma} I_{2\text{eff}}$, la chute de tension inductive de fuite ou de self-induction partielle, ou dispersive :

$$\lambda_2 \Omega I_{2\text{eff}} = \overline{HP}.$$

Naturellement $e_{2\text{eff}}$ est perpendiculaire à Φ_{eff} (flux commun), ou encore OP' est perpendiculaire à OP.

3° Ou bien le siège d'une f. é. m. $e'_{2\text{eff}} = \overline{OH}$, dérivant du flux Φ_{eff}, portion du flux émis par le primaire et passant dans le secondaire; mais alors $\overline{HB}$ assurant, en outre de la chute de tension ohmique $\frac{R_2}{\gamma} I_{2es}$, la chute de tension inductive secondaire complète :

$$\mathcal{L}_2 \Omega I_{2es} = \overline{HB}.$$

$\mathcal{L}_2$ coefficient de self-induction complète du secondaire (e'_{2es} étant encore perpendiculaire à Φ_1, ou OB' perpendiculaire à OB).

Les vecteurs Φ, Ψ_1 et Ψ_2, c'est-à-dire le flux commun aux deux parties du moteur, le flux résultant dans le primaire et le flux résultant dans le secondaire, jouent un rôle des plus importants sur lequel nous aurons constamment à insister.

DIFFÉRENCE FONDAMENTALE, ENTRE LE DIAGRAMME DE BLONDEL ET CELUI D'HEYLAND

Nous pouvons dès maintenant donner la différence de principe existant entre ces deux diagrammes. Dans celui d'Heyland on suppose, contrairement à l'hypothèse de Blondel, négligeables les fuites secondaires. Elles sont certainement moins fortes qu'au primaire, en raison de la constitution du bobinage du rotor, mais l'hypothèse de leur nullité est tout à fait gratuite.

PRÉLIMINAIRES A L'ÉTUDE PARTICULIÈRE DU DIAGRAMME DE BLONDEL

Relation entre les flux et les (amp.-tours). — Soient toujours n_1 et n_2 les nombres de conducteurs actifs du stator et du rotor.

Par pôle et par phase, il y a :

$$\left(\frac{n_1}{2}\right) \frac{1}{3 \times 2p} = \frac{n_1}{3 \times 4p} \text{ spires.}$$

Nous avons $2p$ pôles, donc p champs. D'après la théorie de Ferraris, le flux maximum est :

$$\Phi_p = \Phi_{Pmax} = \frac{3}{2} \Phi_{omax},$$

ou en général, A étant une constante dépendant du mode de construction du moteur :

$$\Phi_p = A \Phi_{omax}.$$

Ce flux est créé par un certain nombre (d'amp.-tours donné par :

$$\Phi_{\sigma\,max} \Sigma \mathcal{R}_{moy} = \frac{4}{10}\,\pi\,|at|_{max} = \frac{4}{10}\,\pi I_{max}\,\frac{n_1}{3 \times 2p}$$

(car il y a : $\dfrac{n_1}{3 \times 2p}$ spires par champ.)

La réluctance $\mathcal{R}_{moy}$ est celle calculée avec l'induction moyenne correspondant au cas de la figure 217, c'est-à-dire qu'elle correspond à un entrefer de largeur $2e$ et de surface $a\,b.\,L$.

$$ab.L = \frac{2\pi}{2p}\,\frac{D}{2}\,L = \frac{\pi DL}{2p}.$$

En assimilant le moteur asynchrone à un transformateur, on voit qu'à chaque instant l'induction dans un pôle du stator varie. Sa valeur moyenne est :

$$\mathcal{B}_{moyen} = \frac{2}{\pi}\,\frac{\Phi_{\sigma\,max}}{\dfrac{\pi DL}{2p}} = \frac{4p\,\Phi_{\sigma\,max}}{\pi^2 DL},$$

ou, en remarquant que, d'après la théorie de Ferraris :

$$\Phi_p = \Phi_{\sigma\,max} = \frac{3}{2}\,\Phi_a,$$

$$\mathcal{B}_{moyen} = \frac{4p\,\Phi_p}{\pi^2 DL} = \frac{12}{2\pi}\left(\frac{p\,\Phi_{p\,max}}{\pi DL}\right) \tag{1}$$

ou

$$\mathcal{B}_{moyen} = \frac{6}{6,28} \times \frac{p\,\Phi_{a\,max}}{\pi D^2} = \sim 0,95\,\frac{p\,\Phi_{a\,max}}{\pi DL}.$$

$\Phi_{a\,max}$ est, rappelons-le, la valeur maxima du flux émis par une phase dans le transformateur-moteur. On retrouve ainsi, avec un coefficient de correction, une formule (1) bien connue et qui joue un rôle de premier ordre dans l'étude des machines électriques.

De la connaissance de $\mathcal{B}_{moy}$, on déduit celle de $\mu_{1\,moy}$ et $\mu_{2\,moy}$ pour le stator et le rotor.

Théoriquement, on devrait prendre $\mathcal{B}_{1\,moy}$ et $\mathcal{B}_{2\,moy}$ correspondant à $\Psi_{1\,moy}$ et $\Psi_{2\,moy}$, flux résultants dans le primaire et dans le secondaire. Cette correction pourra être faite si l'exactitude recherchée l'exige.

De même, si l_1, l_2 sont les longueurs moyennes de lignes de force dans le stator et le rotor (fig. 218), on aura :

$$\mathcal{R}_{1moy} = \frac{1}{\mu_{1moyen}} \cdot \frac{l_1}{\dfrac{\pi DL}{2p}}$$

$$\mathcal{R}_{2moy} = \frac{1}{\mu_{2moyen}} \cdot \frac{l_2}{\dfrac{\pi DL}{2p}}$$

en admettant, au moins en valeur approchée, que les flux se déplacent dans le stator et dans le rotor, suivant des canaux magné-

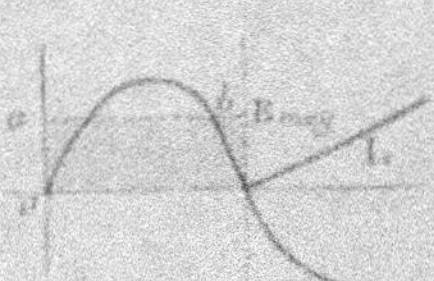

Fig. 217. — Diagramme de Blondel. Relation entre les flux et les ampère-tours.

Fig. 218. — Diagramme de Blondel. Constitution des champs du moteur.

tiques de section constante. Le fait n'a pas du reste une grande importance, étant donné le rôle capital de l'entrefer au point de vue de la répartition des ampère-tours.

Nous pourrons donc écrire, pour les flux Φ_1 et Φ_2, provoqués par les (amp.-tours) primaires et secondaires, considérés comme s'ils étaient seuls :

$$\Phi_{1max} = \frac{2\pi}{10} \frac{n_1}{3p} \frac{I_{1eff} \sqrt{2}}{\mathcal{R}_{moy}}$$

$$\Phi_{2max} = \frac{2\pi}{10} \frac{n_2}{3p} \frac{I_{2eff} \sqrt{2}}{\mathcal{R}_{moy}}$$

avec

$$\mathcal{R}_{moy} = \mathcal{R}_{entrefer} + \mathcal{R}_{1moy} + \mathcal{R}_{2moy}.$$

Nous avons supposé implicitement toutes les spires en série, soit au stator, soit au rotor, et pour chaque phase, un flux Φ_{1max} engendré pour le stator, et un flux Φ_{2max} engendré, pour le rotor.

Φ_1 et Φ_2 ne sont pas les valeurs des flux du champ tournant, lesquelles sont données, d'après la théorie de Ferraris par :

$$\Phi_{ps} = \frac{3}{2}\,\Phi_{1max} \quad \text{pour le stator,}$$

$$\Phi_{pr} = \frac{3}{2}\,\Phi_{2max} \quad \text{pour le rotor,}$$

Perpendicularité de OH et BH. — Remarquons que, sur le diagramme suivant, (fig. 219), OH et BH sont perpendiculaires, car OH est le flux résultant dans le secondaire, et on sait que la self-induction, même partielle, du secondaire étant nulle ici, puisqu'on

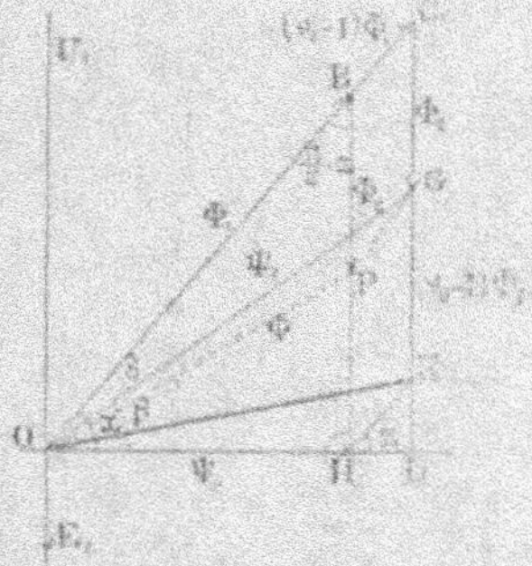

Fig. 21. — Diagramme de Blondel. Situation générale respective des divers flux.

dans le considère le flux exact, mais complet (fuites comprises), passant secondaire, on aura :

$$\begin{cases} I_2 \text{ en phase avec } E_2 \text{ induite dans le secondaire,} \\ E_2 \text{ à } 90° \text{ en arrière de } \Psi_2. \end{cases}$$

Donc la figure prendra l'aspect indiqué (fig. 219) :

$$\begin{cases} \overline{OC} : \text{flux primaire propre,} \\ \overline{OG} : \text{flux résultant primaire,} \\ \overline{OH} : \text{flux résultant secondaire,} \end{cases}$$

Le point K constitue l'extrémité de la parallèle CK à BH, avec

$$GK = (\nu_2 - 1)\,\Phi_{par}.$$

HK étant parallèle à OC, donc ayant pour valeur,

$$HK = BC = (\nu_1 - 1)\,\Phi_{par}.$$

et l'angle

$$\widehat{HBO} = \frac{\pi}{2} - \alpha,$$

de même que $\widehat{HKD}$. Évaluons $tg\beta$ en fonction de $tg\alpha$. On a :

$$tg\beta = \frac{GD}{OD} = \frac{GK + KD}{OD}$$

$$tg\beta = \frac{(\nu_1 - 1)\,\Phi_{1\,\text{eff}}\sin\alpha + (\nu_2 - 1)\,\Phi_{2\,\text{eff}}}{\nu_1\,\Phi_{1\,\text{eff}}\cos\alpha}.$$

On en déduit, puisque dans le triangle $\widehat{OHB}$:

$$\nu_2\,\Phi_{2\,\text{eff}} = \Phi_{1\,\text{eff}}\sin\alpha$$

$$tg\beta = \frac{(\nu_1 - 1)\sin\alpha + \dfrac{\nu_2 - 1}{\nu_2}\sin\alpha}{\nu_1\cos\alpha}$$

$$tg\beta = \left[1 - \frac{1}{\nu_1\nu_2}\right]tg\alpha.$$

La quantité $\left[1 - \dfrac{1}{\nu_1\nu_2}\right]$ joue un très grand rôle dans les moteurs asynchrones considérés, en somme, comme des transformateurs à circuits magnétiques imparfaits. Appelons τ ce facteur de dispersion. Alors :

$$tg\beta = \tau\,tg\alpha.$$

Remarques. I. — **Bases du diagramme de Blondel** — On voit quelles sont les prémisses de la théorie de Blondel : courants primaire et secondaire de même fréquence, flux agissant dans le primaire et dans le secondaire de même fréquence également.

Pour passer de là à la théorie que nous avons donnée précédemment (assimilation à un transformateur), il suffirait de construire le vecteur Φ, résultant de Φ_1 et Φ_2, soit OP, [avec PG égal et parallèle à CB, c'est-à-dire $(\nu_1 - 1)\,\Phi_{1\,\text{eff}}$] et de prendre ce nouveau flux Φ comme origine du diagramme.

Dans le diagramme de Blondel, nous prendrons au contraire pour origine la longueur OG (Ψ_1) (fig. 220) ; α représente l'angle de $\nu_2\Phi_2$ et de Ψ_2, β l'angle de $\nu_2\Phi_2$ avec Ψ_1, enfin δ l'angle de Ψ_1 avec Ψ_2.

Ayant Φ_1, nous aurons immédiatement $A_1I_1 = (\nu_1 - 1)\,\Phi_1$, puisque α, β, δ sont connus. Il sera donc possible de faire rentrer les deux théories l'une dans l'autre.

Remarquons que OK, résultante de $\nu_1\Phi_1$ et de $\nu_2\Phi_2$, représenterait le flux résultant qui circulerait dans le circuit magnétique si les flux $\nu_1\Phi_1$ et $\nu_2\Phi_2$ étaient entièrement non dispersifs.

II. — Influence de la forme du bobinage. — Appelons K_1 et K_2 les coefficients de réduction de l'enroulement, c'est-à-dire les facteurs plus petits que 1 par lesquels il faut multiplier les (at) théoriques [considérés comme afférents à la f.é.m. sinusoïdale instantanée développée dans un conducteur, multipliée par la moitié du nombre de conducteurs considérés] pour avoir les (at) effectifs.

L'enroulement théorique utilisé ici est l'enroulement à un con-

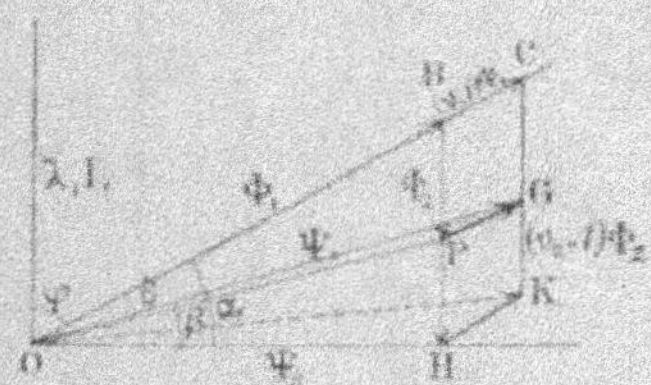

Fig. 220 — Diagramme de Blondel. Relation de position entre les flux et les intensités.

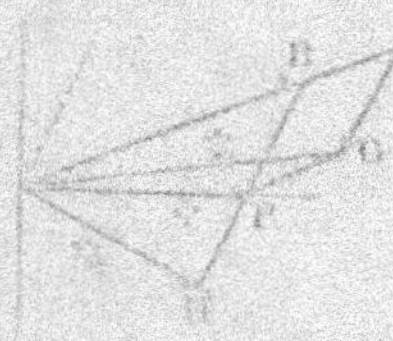

Fig. 221 — Diagramme de Blondel. Construction du flux résultant.

ducteur par pôle et par phase. Les valeurs des (at) effectifs seront donc, non seulement proportionnelles aux nombres de spires et au courant, mais encore à quelque chose de plus : à ces facteurs K_1 et K_2. Supposons provisoirement ceux-ci égaux à 1.

III. — Construction du flux résultant Φ dans le circuit magnétique — On voit que, pour rattacher la théorie de Blondel à celle que nous avons étudiée précédemment, il suffit de mener par le point G, extrémité de $\Psi_{1\text{eff}}$, (fig. 221) une parallèle à I_1, c'est-à-dire à Φ_1, ce qui nous donnera la direction de $\lambda_1 I_1$, et par le point H, extrémité de Φ_2, une perpendiculaire à $\Psi_{2\text{eff}}$. Le point d'intersection F appartient à Φ, flux résultant de Φ_1 et Φ_2.

IV. — Relations entre les ampère-tours primaires et secondaires dans la théorie de Blondel. — On remarquera que dans cette théorie, les (at) primaires peuvent être très différents des (at) secondaires.

$$\frac{n_1 I_{1\text{eff}}}{3p} \gtrless \frac{n_2 I_{2\text{eff}}}{3p}$$

ce que nous savons déjà d'après la relation :

$$n_1 I_1 + n_2 I_2 \neq n_1 I_1^0,$$

car Φ_1 et Φ_2 sont différents. Le seul lien avec la théorie précédente consiste en ce fait que Φ_1 et Φ_2 ont une résultante commune [flux résultant Φ]. En plus, sauf dans le cas de transformateurs spéciaux, nous avons vu que $n_1 I_1^0$ est toujours faible.

Les $(at)_{eff}$ primaires et secondaires calculés plus haut sont relatifs aux flux Φ_1 et Φ_2 supposés les mêmes tout le long des circuits magnétiques qui leur sont affectés.

Mais il y a dispersion. On peut en tenir compte en remarquant qu'il y a, dans l'expression suivante, plusieurs termes constitutifs des réluctances :

$$\left(\frac{4\pi}{10}\right)\frac{n_1}{6p} I_1 = \nu_1 \Phi_1 \mathcal{R}'_{(\text{stator})} + \Phi_1 \mathcal{R}''_{\text{entref.}} + \Phi_1 \mathcal{R}'''_{(\text{rotor})}.$$

On peut définir $\mathcal{R}_{moy}$ comme l'expression de la somme :

$$\nu_1 \mathcal{R}'_{moy} + \mathcal{R}''_{moy} + \mathcal{R}_{moy},$$

$\mathcal{R}'$ correspondant à la portion de circuit magnétique afférente au stator

$\mathcal{R}''$ correspondant à la portion de circuit magnétique afférente à l'entrefer.

$\mathcal{R}'''$ correspondant à la portion de circuit magnétique afférente au rotor.

$\mathcal{B}_{moy}$ est la valeur moyenne de l'induction correspondant au flux résultant moyen dans les portions intéressées du circuit magnétique. S'il n'y avait pas de fuites, on aurait :

$$\left(\frac{4}{10}\pi\right)\frac{n_1}{6p} I'_1 = [\mathcal{R}' + \mathcal{R}'' + \mathcal{R}''']\Phi_1$$

$$\left(\frac{4}{10}\pi\right)\frac{n^2}{6p} I'_2 = [\mathcal{R}' + \mathcal{R}'' + \mathcal{R}''']\Phi_2.$$

I'_1 et I'_2 étant les nouvelles valeurs de courants nécessaires. D'où :

$$I_{1eff} = I'_{1eff}\left[\frac{(\nu_1 - 1)\mathcal{R}'}{\mathcal{R}' + \mathcal{R}'' + \mathcal{R}'''} + 1\right]$$

$$I_{1eff} = I'_{2eff}\left[\frac{(\nu_2 - 1)\mathcal{R}'''}{\mathcal{R}' + \mathcal{R}'' + \mathcal{R}'''} + 1\right]$$

On aurait pu établir les mêmes expressions en valeurs instantanées. Il en résulte, comme la somme géométrique $\Phi_1 + \Phi_2$ constitue le flux résultant Φ :

$$\left(\frac{2}{10}\right)\frac{\pi}{3p}\left[n_1 I_1 + n_2 I_2\right] = (\mathcal{R}' + \mathcal{R}'' + \mathcal{R}''')\,\Phi$$

$$= \frac{2\pi n_1}{10 \times 3p}\,I'_0.$$

On aura donc, en remplaçant I'_1 et I'_2 par leurs valeurs données ci-dessus :

$$\frac{2\pi}{10}\cdot\frac{1}{3p}\left[n_1 I_1 + n_2 I_2 - \frac{n_1(\nu_1 - 1)\mathcal{R}' I_1 + n_2(\nu_2 - 1)\mathcal{R}' I_2}{\mathcal{R}' + \mathcal{R}'' + \mathcal{R}'''}\right] = \frac{2\pi}{30p}I'_0.$$

On voit que l'expression susvisée des (at) de la théorie générale devient ici :

$$n_1 I_1 + n_2 I_2 - \frac{n_1(\nu_1 - 1)\mathcal{R}' I_1 + n_2(\nu_2 - 1)\mathcal{R}' I_2}{\mathcal{R}' + \mathcal{R}'' + \mathcal{R}'''} = n_1 I'_0.$$

ce qui nous donne la relation cherchée entre les (at) à vide et les (at) en charge.

V. — Différence radicale entre la théorie de Blondel et la précédente, relative au choix de Φ constant. — Dans les précédentes théories relatives aux transformateurs, nous avons supposé, au moins en première approximation, dans l'équation relative au primaire :

$$U_1 = \frac{n_1}{3p}\left[r_1 I_1 + \lambda_1 \frac{dI_1}{dt} + \frac{1}{2}\frac{d\Phi}{dt}\right]$$

que la somme $r_1 I_1 + \lambda_1 I_1$ était négligeable, en vertu de la relation approchée :

$$U_{1\,\text{eff}} = \frac{n_1 \Omega \Phi_{\max}}{3p\sqrt{3}}.$$

les chutes de tension $r_1 I_{1\,\text{eff}}$ et $\lambda_1 \Omega I_{1\,\text{eff}}$ ne s'introduisant que comme correction.

Bien que cette hypothèse soit acceptable dans certains cas particuliers, il est rationnel, mais moins simple, de supposer comme l'a fait Blondel, seulement négligeable $r_1 I_1$, mais non $\lambda_1 I_1$. On a ainsi le moyen de mettre en évidence le rôle des fuites primaires, notamment très importantes au démarrage; mais on verra que cette hypothèse entraîne une certaine complication dans les diagrammes.

THÉORIE DE BLONDEL

I. — GÉNÉRALITÉS

Hypothèse. — Supposons les chutes de tension ohmiques négligeables dans le primaire. On a alors le droit de supposer $\Psi_{1\text{eff}}$, flux résultant dans le primaire, constant, car $U_{1\text{eff}}$ est de valeur constante.

Ainsi :

$$\begin{cases} U_{1\text{eff}} = - E_{1\text{eff}} = \dfrac{n_1 \Omega \Psi_{1\text{eff}}}{2 \times 3} \\[2ex] U_{1\text{eff}} = \dfrac{n_1 \Omega \Psi_{1\text{max}}}{2 \times 3 \times \sqrt{2}} \end{cases}$$

en supposant, pour simplifier, l'enroulement du genre série.

REMARQUE. — **Facteur de correction des f. é. m.** — Ici devraient apparaître les facteurs de réduction K_1, K_2, des f. é. m. analogues à ceux étudiés pour les alternateurs, et tenant compte de ce que le flux étant sinusoïdal, les f.é.m. développées dans toutes les bobines ne sont pas en phase à la fois.

Ψ_1 est, du reste, le flux dû aux (at) réduits et non aux (at) théoriques [rapports de réduction K_1, K_2, des (at) théoriques]. Pour ne pas compliquer les raisonnements, nous laisserons provisoirement de côté ce nouveau facteur, abandonnant au lecteur le soin de l'introduire dans les calculs, ce qui est extrêmement simple.

Analyse des fuites. — Elles comprennent, comme dans toutes les machines, les fuites latérales par les joues des deux cylindres constitués par le stator et le rotor, puis celles relatives aux gues de force qui se forment dans l'entrefer réluctance constituée surtout par de l'air; mais des fuites beaucoup plus graves sont à craindre, par les isthmes des tôles, si ceux-ci sont trop étroits (fig. 222); comme dans ce cas la portion air est beaucoup plus faible, l'état magnétique du fer intervient dans la constitution des circuits de fuite dans le

Fig. 222. — Diagramme de Blondel. Analyse des fuites.

stator; aussi n'y a-t-il plus proportionnalité entre le flux dispersif et le courant primaire.

En supposant τ constant :

$$\tau = 1 - \frac{1}{\varkappa_1 \varkappa_2}.$$

cela revient à admettre que les encoches sont suffisamment repercées, c'est-à-dire qu'elles ont au moins la largeur de l'entrefer.

Constance de $\Psi_{1\mathrm{eff}}$. — Ainsi, dans notre hypothèse, Ψ_1 est constant ; on a donc dans le diagramme :

$$OG = \Psi_{1\mathrm{eff}} = C^{te}.$$

Menons CP faisant un angle β avec OG, c'est-à-dire parallèle à OD (fig. 223).

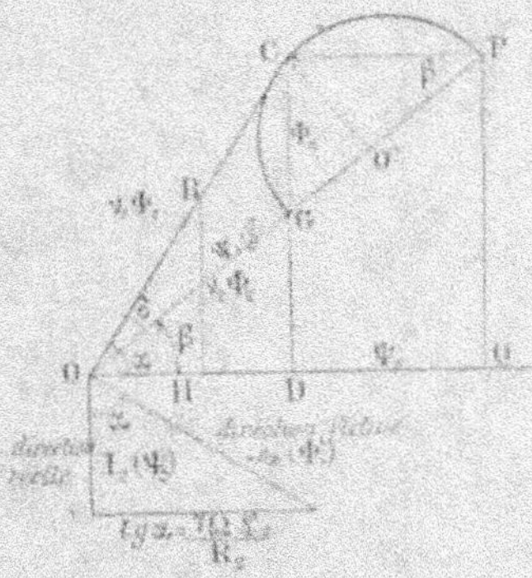

Fig. 223. — Diagramme de Blondel. Construction du cercle lieu de l'extrémité du vecteur représentant le flux primaire.

Soit Q le pied de la perpendiculaire abaissée de P sur OD. On voit que les fuites étant supposées constantes, on aura :

$$OP = OG \times \frac{OQ}{OD}.$$

ou

$$OP = OG \times \frac{PQ\,\mathrm{tg}\,\alpha}{CD\,\mathrm{tg}\,\beta}$$

$$OP = OG \,\frac{\mathrm{tg}\,\alpha}{\mathrm{tg}\,\beta}.$$

c'est-à-dire :

$$OP = \frac{OG}{\tau} = \frac{\Psi_{1\mathrm{eff}}}{\tau} = C^{te}.$$

OP est donc constant. Il en est de même de GP ; donc C se déplace sur un cercle de rayon égal à $\frac{1}{2}$ GP. En général, τ n'étant pas constant, le lieu de C n'est pas un cercle, mais une fonction de τ (I_1).

Cette courbe peut être tracée expérimentalement, avec quelques précautions. Elle fournira les valeurs de τ pour chaque valeur de I_1, et, portée dans le diagramme général, permettra de modifier celui-ci convenablement.

On peut concevoir à ce sujet l'emploi, relativement aisé, d'une méthode d'approximations successives.

Valeur de α. Rapprochement avec les théories précédentes. — Rappelons que α est le décalage entre Ψ_2, flux résultant secondaire, et I_1, courant primaire. C'est par suite l'angle existant entre le courant I_1 et la f.é.m. e_1 due au flux primaire Φ_1, s'il était seul.

On peut mettre en évidence les effets dus à Φ_1 seul. Cette éventualité ($\Phi_2 = o$, Φ_1 existant seul) correspond à la marche au synchronisme ou à vide. On a en effet alors :

$$\Phi_2 = 0, \quad I_2 = 0$$

et

$$\Psi_2 = \Phi_1 = \Phi.$$

Appelons $\mathcal{L}_2$ la self-induction totale due au flux principal, c'est-à-dire la self-induction complète du transformateur auquel nous assimilons le moteur asynchrone, et fonctionnant avec son secondaire à circuit ouvert ; soit R_2 la résistance correspondante du rotor. Nous avons :

$$\begin{cases} \mathcal{L}_2 = n_2 l_2 \\ R_2 = n_2 r_2. \end{cases}$$

Nous aurons aussi :

$$\operatorname{tg} \alpha = \frac{\tau \Omega \mathcal{L}_2}{R_2}.$$

En effet, le courant I_2 est décalé dans la barre du rotor d'un angle α donné par

$$\operatorname{tg} \alpha = \frac{\tau \Omega \mathcal{L}_2}{R_2}$$

car il est de pulsation $\tau \Omega$; ou encore, sous une autre forme, dans le triangle des chutes de tension assurées par $e'_{2\text{eff}}$, on a :

$$\overline{e'_{2\text{eff}}}^2 = \frac{R_2}{\tau} \overline{I_{2\text{eff}}} + \overline{\mathcal{L}_2 \Omega I_{2\text{eff}}}^2.$$

Il est à peine besoin de dire combien cette quantité $C_4\,\Omega$ est difficile à mesurer directement, bien que paraissant ne contenir que des quantités immédiatement accessibles. Ceci dit pour montrer combien de difficultés sont soulevées quand on veut appliquer rigoureusement un diagramme.

Remarque. — Nous ne saurions trop insister sur un point que nous avons déjà signalé :

Le diagramme tracé sur la même feuille (même pulsation) pour le primaire et le secondaire s'applique également en supposant le secondaire, soit en court-circuit sur la résistance $\dfrac{R_2}{\gamma}$ ou fermé en série avec la résistance :

$$R = \frac{1-\gamma}{\gamma}\,\frac{n_2}{3}\,r_2$$

et siège d'effets électriques et magnétiques de pulsation Ω, — soit de résistance unitaire (par barre) r_2, mais soumis à des effets électriques et magnétiques de pulsation $\gamma\Omega$.

On peut, en effet, ou bien considérer le circuit secondaire comme en court-circuit et soumis à une f.é.m. d'induction due au flux de pulsation $\gamma\Omega$, la résistance du rotor étant pour une phase R_2, ou pour une génératrice r_2, — ou bien considérer le rotor comme soumis à une f.é.m. de pulsation Ω et débitant sur la résistance

$$R = \frac{1-\gamma}{\gamma}\,\frac{n_2}{3}\,r_2,$$

ou encore, ce qui revient au même, comme débitant en court-circuit sur la résistance $\dfrac{R_2}{\gamma}$ par phase.

Nous savons, la résistance $\dfrac{R_2}{\gamma}$ étant introduite, que, si l'on appelle Ψ_2 l'angle de décalage de i_2 par rapport à la force électromotrice e'_2 due au flux Φ (avec $\Phi = \Phi_1 + \Phi_2$), l'on a, en appelant $\mathcal{L}_2$ la self-induction totale du secondaire :

$$\text{tg}\,\psi_2 = \frac{\gamma\,\Omega\,\mathcal{L}_2}{R_2} = \frac{\Omega\,\mathcal{L}_2}{\dfrac{R_2}{\gamma}}$$

(voir théorie générale)

L'angle Ψ_2 de la théorie générale est donc le même que celui dénommé α dans la théorie de Blondel.

Il revient donc au même de supposer que le rotor possède une f.é.m. totale dérivant de Φ_1, de pulsation $\gamma\Omega$, somme géométrique de la chute de tension ohmique $R_2 I_{2\mathrm{eff}}$ et de la chute de tension inductive complète $\gamma\Omega \ell_2 I_{2\mathrm{eff}}$, ce rotor étant en court-circuit, — ou bien de supposer qu'il est le siège de la f.é.m. dérivant du flux Φ_1, de pulsation Ω, et assurant la chute de tension ohmique $R_2 I_{2\mathrm{eff}}$ et la chute de tension inductive complète $\ell_2 \Omega I_{2\mathrm{eff}}$, ce rotor travaillant

sur la résistance $R_2 \dfrac{1-\gamma}{\gamma}$.

Courant primaire équivalent à 1 ampère secondaire. — Si nous faisons abstraction de la période de démarrage, nous pouvons, dans ce qui précède, prendre pour γ une valeur approchée, par exemple la moyenne des quantités à vide et en pleine charge [γ sera égal à 0,02 — 1 — 0,98, pour un moteur moyen]. Nous pouvons substituer aux flux, les courants générateurs dans les diagrammes précédents, à condition de connaître le courant primaire équivalent à 1 ampère secondaire, c'est-à-dire de connaître le rapport de transformation.

Rapport de transformation. — Considérons le triangle construit sur v, $\Phi_{1\mathrm{eff}}$, $\Phi_{2\mathrm{eff}}$ et $\Psi_{1\mathrm{eff}}$: soit OCG. Si l'on connaissait le coefficient a de proportionnalité de I_1 à I_2, coefficient que l'on peut appeler *rapport de transformation des intensités*, on aurait par cela même le coefficient d'équivalence d'un ampère secondaire à un ampère primaire. Or, comme on l'a vu :

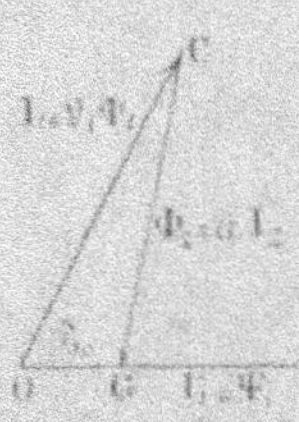
Fig. 124. — Diagramme de Blondel. Évaluation du rapport de transformation.

$$\Phi_{2\mathrm{max}} = \frac{2\pi}{10}\left(\frac{n_2}{3p}\right)\frac{I_{2\mathrm{eff}}\sqrt{2}}{\mathcal{R}_{\mathrm{moy}}}$$

$$\Phi_{1\mathrm{max}} = \frac{2\pi}{10}\left(\frac{n_1}{3p}\right)\frac{I_{1\mathrm{eff}}\sqrt{2}}{\mathcal{R}_{\mathrm{moy}}}$$

expressions à multiplier, pour être exact, par K_1 et K_2 coefficients de réduction des enroulements, pour tenir compte de l'affaiblissement pratique de l'effet des ampères-tours. On a ainsi :

$$\frac{\Phi_{1\mathrm{max}}}{\Phi_{2\mathrm{max}}} = \frac{n_1 I_{1\mathrm{eff}}}{n_2 I_{2\mathrm{eff}}}$$

D'où, a étant une constante :

$$\frac{\nu_1 \Phi_{1max}}{\Phi_{1max}} = \frac{K_1 n_1 \nu_1}{K_2 n_2} \frac{I_{1eff}}{I_{2eff}} = \frac{I_{1eff}}{a I_{2eff}}$$

On aura donc :

$$a = \frac{K_2 n_2}{K_1 n_1 \nu_1}$$

C'est ce que nous pourrons appeler le rapport de transformation des intensités dans le moteur asynchrone.

<h2 style="text-align:center">II. — DÉTERMINATION DES DIVERS ÉLÉMENTS
DU DIAGRAMME</h2>

Rappel des résultats préliminaires. — Nous avons obtenu le diagramme ci-contre, avec :

$$\overline{OC} = a \Phi_1,$$
$$\overline{CG} = \Phi_2,$$
$$\overline{OG} = \Psi_1,$$
$$\operatorname{tg}\alpha = \gamma \frac{a C_2}{R_2},$$
$$\tau = \frac{\operatorname{tg}\beta}{\operatorname{tg}\alpha},$$
$$\overline{OP} = \overline{OG}\,\frac{1}{\tau}$$

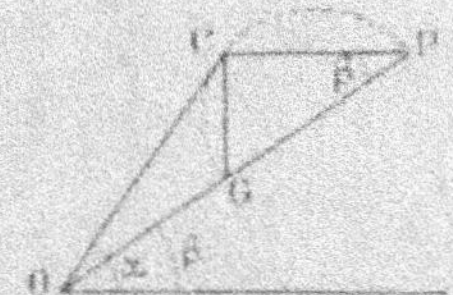

Fig. 225. — Diagramme de Blondel. Détermination géométrique des divers éléments caractérisant la marche du moteur.

Courant primaire à vide. — Soit I'_{1eff} le courant primaire à vide. Sa composante déwattée I'_{1dw} sert au maintien du flux constant Ψ_1; donc $\overline{OG}$ pourra représenter soit Ψ_1, soit I'_{1dwett}.

Portons en OS (fig. 226) la valeur I'_{1weff} de la composante wattée du courant primaire à vide. Elle sert à assurer les pertes parasites, les pertes Joule et les pertes par frottements à vide (quasi-synchronisme). La direction OS est celle de E_{1eff}, décalée à 90° en arrière de Ψ_1. Donc U_{1eff} égal, à $R_1 I_{1eff}$ près, et opposé à E_{1eff} sera à 90° en avant de Ψ_1.

Représentation du glissement. — Supposons tracés le triangle des flux PCG et la demi-circonférence, lieu de C. La longueur OC peut représenter I_1 et CG peut représenter I_2. Joignons PC et prolongeons PC jusqu'à sa rencontre avec l'axe des U_1, soit Z. Alors $\overline{OZ}$ peut représenter le glissement.

Remarquons en effet que :

$$\widehat{CPO} = \beta \quad \text{et que} \quad \overline{OZ} = \overline{OP}\,\text{tg}\,\beta\,;$$

ou, comme

$$\overline{OP} = \frac{\overline{OG}}{\tau} = \frac{I_{1\,d_{w}\,\text{eff}}}{\tau},$$

$$\overline{OZ} = I_1\,d_{w\,\text{eff}}\,\text{tg}\,\alpha = I_1\,d_{w\,\text{eff}}\,\frac{\gamma\Omega\,\mathcal{E}_2}{R_2}.$$

Donc $\overline{OZ}$ est proportionnel au glissement. Au facteur $\frac{1}{R_2}$ près, $\overline{OZ}$ représente la chute de tension fictive $\gamma\Omega\mathcal{E}_2 R_2 I_{1\,d_w\,\text{eff}}$.

Remarque. — **Valeur du glissement en %. — Menons la droite** PuU faisant avec OP l'angle ε donné par :

$$\text{tg}\,\varepsilon = \frac{\mathcal{E}_2\Omega}{R_2}\tau.$$

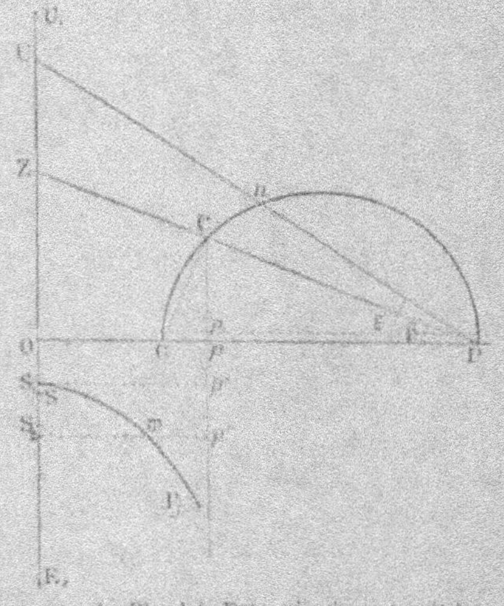

Fig. 226. — Diagramme de Blondel. Détermination géométrique des divers éléments caractérisant la marche du moteur.

Nous avons :

$$\overline{OU} = \overline{OP}\,\text{tg}\,\varepsilon = \frac{I_1\,d_{w\,\text{eff}}}{\tau}\,\tau\,\frac{\mathcal{E}_2\,\Omega}{R_2} = \frac{\mathcal{E}_2\,\Omega}{R_2}\,I_1\,d_{w\,\text{eff}}$$

et

$$\frac{\overline{OZ}}{\overline{OU}} = \gamma.$$

Si le point U est dans les limites du diagramme, et si nous divisons OU en 100 parties égales, OZ donnera directement le glissement en %. En général, le point U est en dehors du diagramme ; on calcule alors OZ par la formule :

$$\overline{OZ} = \overline{OP}\, \mathrm{tg}\, \beta.$$

Puisque OP est constant, γ est proportionnel à $\mathrm{tg}\beta$. Nous verrons plus loin comment peut se faire la détermination du point u, limite du fonctionnement sur la circonférence.

Représentation de la vitesse. — Nous avons :

$$\overline{UZ} = 1 - \gamma = \frac{\omega'}{\omega}.$$

Donc $\overline{UZ}$ peut représenter la vitesse ω'.

Puissance wattée primaire. — Si nous comptons à part la perte Joule primaire, la puissance wattée primaire sera :

$$P_{1o} = E_{1} \cos I_{1} \cos \varphi.$$

Donc, puisque E_{1} est constant, $\overline{Op}$ sera proportionnel à cette puissance.

C'est cette puissance P_{1o} qui est théoriquement transformable en puissance mécanique.

Puissance électro-magnétique. — Nous l'avons à l'aide des résultats précédents, car elle est donnée par :

$$P_u = \frac{1 - \gamma}{\gamma}\, R_2\, r_2\, I^2_{2 \mathrm{eff}}.$$

Rendement de l'induit (Pertes Joule comprises).
C'est :

$$\eta\ (\text{rendement électro-magnétique}) = 1 - \gamma.$$

Il peut donc être représenté par $\overline{UZ}$.

Couple moteur théorique. — Nous avons :

$$C_m = \frac{P_{12}}{\omega} = \frac{E_{2\,\text{eff}} I_{2r\,\text{eff}}}{\omega},$$

Il peut donc être représenté par $\overline{C_p}$.

Couple utile réel. — En évaluant à 2 % les pertes par frottements, ce couple utile sera :

$$C_u = 0{,}98\, C_m,$$

ou

$$C_u = 0{,}98\, \rho\, \frac{E_{2\,\text{eff}} I_{2r\,\text{eff}}}{\Omega}\, \frac{1}{1 - \gamma}$$

Or, $1 - \gamma$ est toujours très voisin de 1. On peut prendre pour γ une
valeur moyenne et l'introduire dans l'expression de C_u ; enfin C_u varie surtout avec I_{2r}... C'est donc effectuer une correction de correction qu'introduire la valeur exacte de γ au lieu de sa valeur approchée. Le couple C_u pourra donc se représenter par le vecteur $\overline{C_{p2}}$.
Comme :

$$C_m = C_u - C_{p2}$$

C_p représentant le couple de pertes, le vecteur $\overline{p_2p_1}$ représentera C_{p2}.

Pertes par hystérésis et courants de Foucault. — Elles peuvent
être considérées comme assurées par une composante wattée supplémentaire du courant primaire, soit $\overline{OS_1}$ donnée, par exemple,
dans le cas d'un moteur triphasé, par

$$\overline{SS_1} = \frac{P_{f+h}}{U_{\text{eff}} \sqrt{3}},$$

REMARQUE. — Si nous supposons les pertes par hystérésis, courants de Foucault et frottements, constantes à vide et en charge,
et si P' est la puissance primaire à vide, nous pourrons écrire :

$$P_{u+r} = (P_{u+r})_0 = P'_1 - (P_{J1})_0 - P_f.$$

Nous pourrons avoir P_f (pertes par frottements) par une méthode
d'extrapolation analogue à celle, bien connue, utilisée dans l'étude
des machines à courant continu.

Pertes Joule primaires. — Elles sont, si J_1 est la nouvelle valeur du courant primaire (somme géométrique de $\overline{OC} = I_{1\text{eff}}$ et de $\overline{OS_1}$) :

$$P_{J_1} = R_1 \, J^2_{1\text{eff}}$$

Elles peuvent être considérées comme assurées par une composante wattée supplémentaire du courant primaire, soit $\overline{S_1 S_1}$, donnée, dans le même cas que ci-dessus (moteur triphasé), par :

$$\overline{S_1 S_1} = \frac{P_{J_1}}{U_{1\text{eff}} \sqrt{3}} \cdot$$

REMARQUES. — 1° La perte Joule secondaire n'intervient pas dans cette détermination, car elle est comprise dans la puissance P_{1a} :

$$P_{1a} = E_{2\text{eff}} \, I_{2\text{eff}}.$$

2° Il peut être plus commode, dans les environs du synchronisme, de considérer $P_{1a} \times 0.98$ comme étant la puissance mécanique vraie, et d'ajouter à P_2 la perte Joule secondaire P_{J_2} :

$$P_{J_2} = \gamma \, P_{1a}.$$

La courbe des puissances totales perdues par effet Joule sera :

$$P_2 = P_{J_1} + P_{J_2}.$$

C'est une parabole du second degré. Construisons cette courbe. Soit p le point correspondant à $I_{1\text{eff}}$ donné par OC. La puissance primaire fournie sera représentée par :

$$\overline{Cp} + \overline{pp'} + \overline{p'p''} = \overline{Cp''}.$$

Rendement. — C'est le rapport :

$$\eta = \frac{\overline{Cp_1}}{\overline{Cp''}} \cdot$$

REMARQUES. — **Variations du couple.** — Le couple croît depuis 0 (marche à vide) jusqu'à

$$C_{\text{max}} = \frac{\overline{GP}}{2},$$

correspondant à un glissement déterminé, puis il décroît.

Variations du facteur de puissance. — Le facteur de puissance (cosinus de l'angle de U_1 et de I_1) commence par croître depuis le synchronisme, jusqu'à une certaine valeur (droite OC tangente au cercle), puis il décroît.

Région possible de fonctionnement. — C'est l'arc de circonférence compris entre G et u.

Influence de R_2 sur le couple. — On voit que le couple maximum $C_{max} = \dfrac{PG}{2}$ est indépendant de R_2. Mais R_2 intervient en modifiant l'inclinaison de PU, donc le rapport de OZ et OH, donc, enfin, en attribuant une valeur de γ différente au maximum du couple. On peut donc dire que, dans l'hypothèse de U_1 constante, le couple maximum est indépendant de la résistance du secondaire, mais correspond à un glissement fonction de celle-ci.

On vérifiera de même :

1° Que le couple, au démarrage, sera, pour un même couple normal, plus petit avec une résistance R_2 faible, qu'avec une forte.

2° Que le couple normal maximum correspondra à un glissement d'autant plus grand que R_2 sera plus grand.

D'où il résulte :

a) L'utilité des résistances de démarrage, court-circuitées en marche normale;

b) L'impossibilité, dans les moteurs à cage d'écureuil, d'avoir à la fois un bon couple de démarrage, et un glissement faible en marche normale.

3° Que les résistances de démarrage introduisent une baisse de rendement, le couple n'étant pas modifié par elles pour une intensité primaire donnée, mais le glissement pouvant être considéré comme leur étant proportionnel :

$$C = \frac{p\gamma\Omega\Phi_1^2 n_2 r_2}{8(r_2^2 + \varepsilon)}$$

ε, terme inductif, étant négligeable dans ce cas.

4° Que le courant de démarrage est en fait diminué par l'insertion de résistances sur l'induit.

5° Que l'emploi de courants magnétisants, relativement considérables, à vide, entraîne une diminution de la résistance R_m, mais qu'ainsi, on a un aussi bon couple maximum. Cependant le facteur de puissance est plus faible.

III. — DÉTERMINATION PRATIQUE DES ÉLÉMENTS
DONT LA CONNAISSANCE EST NÉCESSAIRE
POUR LE TRACÉ DU DIAGRAMME DE BLONDEL

Construction du diagramme. — Adoptons une échelle arbitraire pour les flux, et une autre, également arbitraire, pour les intensités primaires : OG pourra représenter le flux primaire $\Psi_{1\,à\,vide}$ à vide, et le courant primaire déwatté à vide $I'_{d\,à\,vide}$, générateur de ce

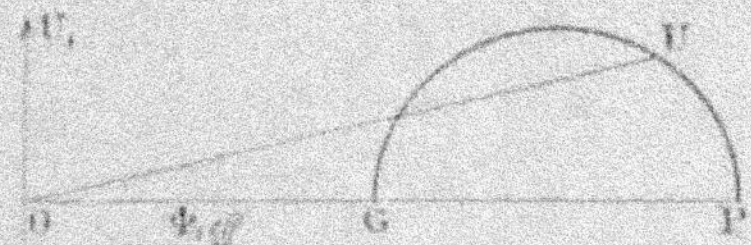

Fig. 227. — Diagramme de Blondel. Détermination des éléments nécessaires pour la construction de ce diagramme.

flux (fig. 227). Il nous faut donc connaître la circonférence de diamètre GP, et le point u limitant, sur cette circonférence, le déplacement du point figuratif du fonctionnement.

Détermination du diamètre G P. — On a, comme l'on sait :

$$GP = OG \frac{1}{1 - \dfrac{1}{\nu_1 \nu_2}} = \frac{OG}{\tau}$$

On s'est donné OG ; il faut donc déterminer $\nu_1 \nu_2$, ou τ.

Calcul du coefficient $\tau = \dfrac{1}{1 - \dfrac{1}{\nu_1 \nu_2}}$.

Rappelons que nous avons posé précédemment :
$$\nu_1 \Phi_1 = \Phi + \lambda_1 I_1$$
$$\nu_2 \Phi_2 = \Phi + \lambda_2 \Phi_2.$$

Donc :
$$\nu_1 = 1 + \frac{\lambda_1 I_1}{\Phi_1} = 1 + \frac{\lambda_1 I_1}{a_1 I_1} = 1 + \frac{\lambda_1}{a_1}$$
$$\nu_2 = 1 + \frac{\lambda_2 I_2}{\Phi_2} = 1 + \frac{\lambda_2 I_2}{a_2 I_2} = 1 + \frac{\lambda_2}{a_2}$$

en rappelant a_1 et a_2 les coefficients de proportionnalité des flux aux intensités.

On voit que la connaissance de λ_1 et λ_2 s'impose. On donne souvent des modes de calcul de λ_1 et λ_2; il est à peine utile de dire à quel point ces modes de calcul théorique doivent être spécieux. Nous ne ferons pas mention de ces formules.

Détermination de $\nu_1 \nu_2$. — Supposons que le rotor (cas général des moteurs d'une puissance supérieure à 10 chevaux) soit disposé de manière à permettre une étude des enroulements, et en même temps, de déconnecter ledit rotor d'avec les résistances de démarrage et de réglage.

Supposons le rotor calé et son circuit ouvert. Appliquons au stator une tension U_{1eff} et mesurons la tension au rotor E_{2eff} (cas analogue à celui d'un transformateur fonctionnant à vide).

Nous avons :

$$E_{2eff} = -U_{1eff} = K_1 \Psi_{1eff} = K_1 \nu_1 \Phi_{1eff},$$

et, puisque

$$\Psi_{2eff} = \Phi_{1eff},$$

$$E_{2eff} = K_2 \Phi_{1eff},$$

K_1 et K_2 étant des coefficients de proportionnalité.

Donc :

$$\frac{U_{1eff}}{E_{2eff}} = \frac{K_1}{K_2} \nu_1.$$

Alimentons maintenant le rotor sous une tension U_{2eff} et mesurons E_{1eff} au stator; nous pouvons écrire :

$$U_{2eff} = K_2 \nu_2 \Phi_2^{eff}$$

$$E_{1eff} = K_1 \Phi_{2eff}.$$

Donc :

$$\frac{U_{2eff}}{E_{1eff}} = \frac{K_2}{K_1} \nu_2.$$

Nous aurons donc :

$$\frac{U_{1eff}\, U_{2eff}}{E_{1eff}\, E_{2eff}} = \nu_1 \nu_2.$$

Détermination du point u (fig. 228).

a) Par un essai en court-circuit. — Ce point peut être déterminé très simplement par un essai en court-circuit quand le moteur le supporte.

Cet essai s'effectue avec le rotor calé, avec tension primaire $U_{1\text{ eff}}$ normale appliquée au stator. On mesure le courant $I_{cc\text{ eff}}$, l'on forme $R_1 I'_{cc\text{ eff}}$, et l'on détermine la composante wattée correspondante :

$$I_{1\text{ eff } w} = \frac{R_1 I'^2_{cc\text{ eff}}}{U_{1\text{ eff}}\sqrt{3}},$$

qu'on ajoute à la composante wattée $J'_{cc\text{ eff}}$, correspondant aux pertes à vide. On a ainsi le point O'', centre d'un cercle de rayon $I_{w\text{ eff}}$ qui coupe le cercle de diamètre GP en deux points, dont le seul u correspond à la solution cherchée.

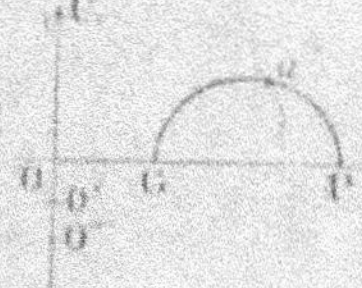

Fig. 228. — Diagramme de Blondel. Détermination des éléments nécessaires pour la construction de ce diagramme.

b) Par détermination de $tg\beta_0$ correspondant au démarrage. — On a vu la proportionnalité de $tg\beta$ à γ, mais on ne connaît pas, au moins d'une manière expérimentale, la valeur du coefficient de proportionnalité. Si on le connaissait, on aurait par cela même la valeur de $tg\beta_0$ correspondant à $\gamma = 1$.

Mais on a :

$$tg\beta_0 = \left(1 - \frac{1}{q_1\, q_2}\right) tg\alpha_0,$$

et en plus, en général, comme nous l'avons vu :

$$tg\alpha = \gamma \left(\frac{\Omega\, x_2}{R_2}\right).$$

Si nous pouvons déterminer $tg\alpha_0$ correspondant au démarrage, ($\gamma = 1$) nous connaîtrons $tg\beta_0$, donc la position du point u. Pour

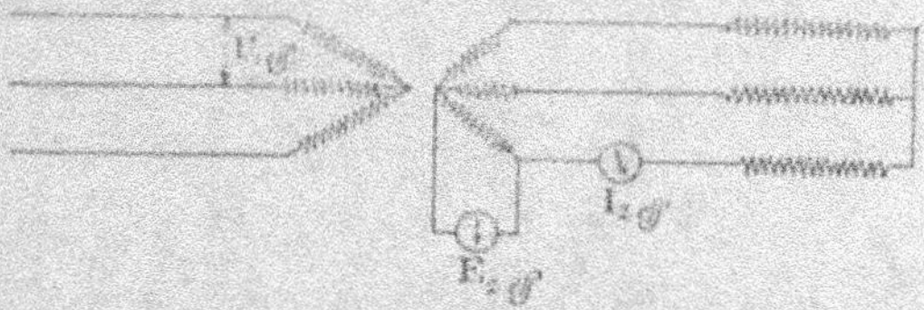

Fig. 228 bis. — Diagramme de Blondel. Détermination des éléments nécessaires à la construction du diagramme.

cela, alimentons le stator à la tension normale $U_{1\text{ eff}}$ et mesurons la f. é. m. développée au rotor à circuit ouvert, soit $E_{2\text{ eff}}$.

Fermons le circuit du rotor sur une résistance ohmique considérable, le rotor étant calé, et mesurons le courant $I_{2\text{ eff}}$ avec un ampèremètre de sensibilité appropriée (fig. 228 *bis*). Nous pouvons admettre, vu la faiblesse de $I_{2\,eff}$, que la f. é. m. $E_{2\,eff}$ est restée la même qu'à circuit ouvert. Nous avons :

$$E_{2\,eff} = (R_2 + R'_2)\, I_{eff} + C_2\,\Omega\, I_{2\,eff}.$$

en appelant R_2 la résistance propre du rotor et R'_2 la résistance mise en série avec lui.

Connaissant :

$$R''_2 = R_2 + R'_2,$$
$$I_{2\,eff} \quad \text{et} \quad E_{2\,eff},$$

nous aurons $C_2\Omega$ par la formule :

$$C_2\,\Omega = \frac{1}{I_{2\,eff}}\, \sqrt{E^2_{2\,eff} - R''^2_2\, I^2_{2\,eff}}.$$

Portons cette valeur de $C_2\Omega$ dans l'expression de $\mathrm{tg}\,\alpha_0$:

$$\mathrm{tg}\,\alpha_0 = \frac{C_2\,\Omega}{R''_2}.$$

Nous aurons ainsi $\mathrm{tg}\,\alpha_0$, et nous en déduirons $\mathrm{tg}\,\beta_0$. Le point a sera l'intersection de la circonférence de diamètre PG et de la droite issue de P et faisant avec GP l'angle β_0.

THÉORIES CLASSIQUES RELATIVES
AUX MOTEURS ASYNCHRONES

(Suite)

THÉORIES RELATIVES AUX MOTEURS D'INDUCTION
APPLICATION AUX ESSAIS DE CES MOTEURS

DIAGRAMME D'HEYLAND

C'est le plus ancien en date, et le plus simple.

Généralités sur ce diagramme

Hypothèse. — *Il n'y a pas de dispersion au secondaire.* — Si nous faisons $v_2 = 1$, le diagramme de Blondel prend l'aspect suivant (fig. 229) :

Fig. 229. — Diagramme d'Heyland. Représentation des flux envisagés dans ce diagramme.

Nous avons :

$$\overline{OB} = \Phi_{1\,\text{eff}}$$

$$\overline{OC} = v_1\,\Phi_{1\,\text{eff}}$$

$$\overline{CG} = \Phi_{2\,\text{eff}}$$

$$\overline{OG} = \Psi_{1\,\text{eff}}$$

$$\overline{OH} = \Psi'_{1\,\text{eff}}$$

$$\overline{BC} = \overline{HG} = \Lambda_1\,I_{1\,\text{eff}}.$$

Les formules relatives au diagramme de Blondel deviennent :

$$\gamma' = 1 - \frac{1}{v_1} \qquad \text{et} \qquad \operatorname{tg}\beta' = \left(1 - \frac{1}{v_1}\right)\operatorname{tg}\alpha.$$

Relations entre ces diverses quantités. — Les triangles semblables OWB et OGC nous donnent :

$$\frac{\overline{OG}}{\overline{OW}} = \frac{\overline{OC}}{\overline{OB}} = \frac{\nu_1 \Phi_{1\,\text{eff}}}{\Phi_{1\,\text{eff}}} = \nu_1.$$

Donc :

$$\overline{OW} = \frac{\overline{OG}}{\nu_1}.$$

Or, si la tension $U_{1\,\text{eff}}$ est constante, le flux $\Psi_{1\,\text{eff}}$ sera constant et les vecteurs $\overline{OG}$ et $\overline{OW}$ aussi. Comme d'ailleurs BH est perpendiculaire à OH, le lieu du point H est la circonférence décrite sur OW comme diamètre.

Évaluons $\overline{WH}$. Les triangles semblables HWG et BWO nous donnent :

$$\frac{\overline{WH}}{\overline{WB}} = \frac{\overline{HG}}{\overline{OB}} = \frac{(\nu_1 - 1)\,\Phi_{1\,\text{eff}}}{\Phi_{1\,\text{eff}}} = \nu_1 - 1.$$

D'où nous déduisons aisément :

$$\overline{WH} = \left(1 - \frac{1}{\nu_1}\right)\Phi_2 = \tau' \Phi_{2\,\text{eff}}.$$

On a donc en $\overline{WH}$, si τ est constant, une représentation de $\Phi_{2\,\text{eff}}$ propre au secondaire, c'est-à-dire du flux que le secondaire émettrait s'il était seul et s'il était parcouru par le même courant $I_{2\,\text{eff}}$.

Remarque sur l'hypothèse d'Heyland.

Il peut sembler anormal de considérer comme nulle la dispersion λ_2 dans le rotor et comme sensible la dispersion λ_1 dans le stator. Il importe de remarquer que ces deux dispersions jouent un rôle bien différent.

Le moteur asynchrone en charge, et notamment en pleine charge, est un véritable transformateur statique travaillant sur un réseau absolument dépourvu de réactance, puisque la puissance mécanique développée à l'arbre correspond à une puissance électrique fictive purement wattée. Le terme $\frac{R_2}{\tau} I_{2\,\text{eff}}$ vaut peut-être 0,98 de la puissance totale P_u, laissant 0,02 à peine pour les chutes de tension dans le rotor (ohmique et inductive). On a donc, au moins en pleine charge, une limite très nette de l'approximation faite. Comme λ_2 est un coefficient et que τ varie peu de la marche en charge à la marche à vide, il en résulte que cette même approximation se conserve à peu près aux différentes charges.

On peut du reste utiliser la remarque précédente pour l'introduction de corrections quasi évidentes.

Le même raisonnement ne peut pas s'appliquer au primaire : le facteur de puissance $\cos \varphi$ a toujours une valeur médiocre et les fuites et la self-induction ne sont limitées que par des questions de construction.

Direction des courants générateurs des flux. — I_1 peut être représenté par $\overline{HG}$ et I_2 peut être représenté par $\overline{BH}$, ou encore par $\overline{WH}$ (fig. 229), en vertu d'une relation établie plus haut.

Diagramme intermédiaire. — Nous pouvons donner au dia-

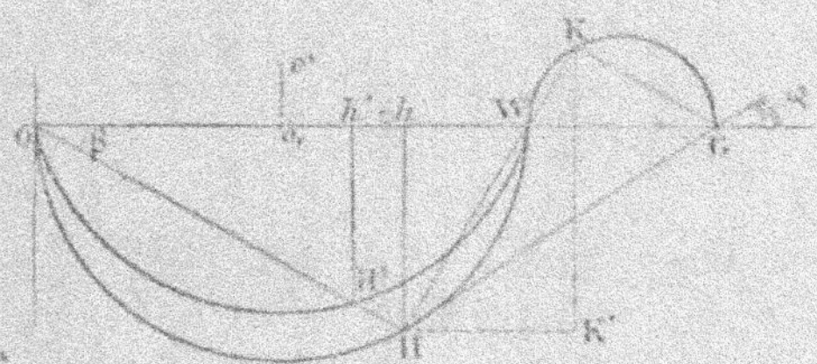

Fig. 230. — Diagramme d'Heyland. Forme de ce diagramme le rapprochant de celui de Blondel.

gramme précédent la forme représentée par la figure 230, qui le relie à la forme définitive que lui a donnée l'auteur de la théorie.

Nous avons :

$$\overline{OG} = \Psi_{1\,\text{eff}} \qquad\qquad I_{1\,\text{eff}} = \overline{GH}$$
$$\overline{OH} = \Psi_{2\,\text{eff}} \qquad\qquad I_{2\,\text{eff}} = \overline{WH}$$
$$\overline{HW} = \tau' \, \Phi_{2\,\text{eff}} \qquad\qquad \text{(Le symbole} = \text{signifiant propor-}$$
$$\overline{HG} = \Lambda_1 \, I_{1\,\text{eff}} = \Psi'_{1\,\text{eff}} \qquad \text{tionnel à...)}.$$

Décomposition du courant primaire. — Nous pouvons décomposer le courant primaire, représenté par $\overline{HG}$, en deux composantes.

l'une wattée $\overline{HK}$ perpendiculaire au flux $\Psi_{1\,\text{eff}}$, et l'autre déwattée ou magnétisante $\overline{KG}$, parallèle au flux $\Psi_{1\,\text{eff}}$.

Nous pouvons aussi effectuer la décomposition suivante : prolongeons HW et, de G, abaissons la perpendiculaire GK sur cette droite. Le lieu de K est la demi-circonférence décrite sur WG comme diamètre. Le courant I_1 pourra être décomposé en deux composantes : l'une, $\overline{HK}$, perpendiculaire à $\Psi_{1\,\text{eff}}$ dirigée suivant le courant secondaire, et s'annulant avec lui (synchronisme) ; l'autre, $\overline{KG}$, parallèle à $\Psi_{2\,\text{eff}}$. Remarquons que les triangles OHW et WKG sont semblables. Donc, a étant une constante :

$$\overline{WK} = a\,I_{2\,\text{eff}} \qquad \overline{KG} = a\,\Psi_{2\,\text{eff}}.$$

Pour chacune des positions du point K sur son cercle, nous aurons des valeurs bien déterminées de $I_{1\,\text{eff}}$, P_1, χ, $\cos\varphi$, faciles à construire. Remarquons en particulier que $I_{1\,\text{eff}}$ est minimum pour le secondaire à vide ; il se réduit alors au courant magnétisant, abstraction faite des diverses pertes, qui se traduisent par une absorption de courant watté.

Introduction des pertes — Les pertes parasites, à cause de l'influence prépondérante du primaire, peuvent être supposées constantes.

Les pertes par effet Joule interviennent, suivant les expressions de l'auteur, par un affaiblissement du champ principal, $\Psi_{1\,\text{eff}}$, et du champ d'armature, $\Psi_{2\,\text{eff}}$. On peut admettre que $U_{1\,\text{eff}}$ utile aux bornes du stator n'est pas diminuée par la chute de tension due au courant déwatté, dont une partie, $\overline{WG}$, correspond à la marche à vide et l'autre partie, $\overline{HW}$, constitue le supplément inhérent à la marche en charge. Seule est réduite la composante $\overline{KK'}$ de $\overline{HK}$, appelée, par amphibole, courant secondaire. On peut donc tenir compte de la chute de tension ohmique dans le primaire en diminuant $\overline{HH'}$, c'est-à-dire en substituant au cercle de diamètre OW un autre cercle ayant son centre sur la perpendiculaire élevée au milieu O_1 de OW, à une distance O_1O' telle que :

$$\frac{O_1O'}{OG} = \frac{r_1\,I_{1\,\text{eff}}}{U_{1\,\text{eff}}}$$

I_{1eff} correspondant à la pleine charge. Nous aurons ainsi une seconde circonférence de centre O', le point courant était H'.

Il reste à expliquer cette façon de procéder.

Le lieu du point H' est un cercle. — Les raisonnements que l'on peut fournir à ce sujet ne sont pas tout à fait rigoureux; le suivant semble le moins pénible.

On peut considérer Ψ'_{1eff} à vide comme dérivant de la tension U_{1eff}, ou comme engendrant la f. é. m. E_{1eff} qui équilibre cette tension.

En charge, on peut de même admettre que Ψ'_{1eff} correspond à E_{1eff} différence géométrique de E_{1eff} et de R_1I_{1eff}), c'est-à-dire que Ψ'_{1eff} en charge peut être considéré comme la différence géométrique du flux Ψ_{1eff} et du flux φ, ce flux φ étant lié à R_1I_{1eff} par le même coefficient de proportionnalité que Ψ'_{1eff} à E_{1eff}.

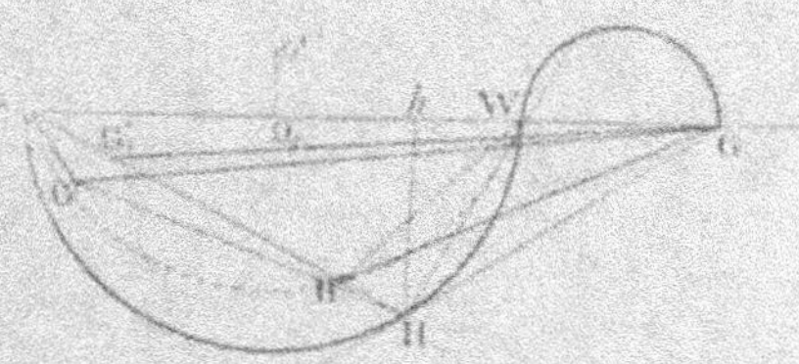

Fig. 231. — Diagramme d'Heyland. Relation entre les f. é. m. d'induction et les flux générateurs.

Reprenons le diagramme tracé précédemment (fig. 232) :

Au flux Ψ_{1eff}, nous devons substituer le flux $\Psi'_{1eff} = \overline{GG'}$; le vecteur $\overline{GG'}$ est la résultante de $\overline{GH} = A_1I_{1eff}$, qui est le même que précédemment, et de $\overline{G'H}$, qui représente la nouvelle valeur du flux secondaire, soit Ψ''_{1eff}. (OG' est perpendiculaire à GH).

Or, M. Heyland fait remarquer qu'on peut, à $\overline{WG}$ près, toujours

Fig. 232. — Diagramme d'Heyland. Représentation géométrique des hypothèses constitutives de ce diagramme.

faible h (il constitue la majeure partie du courant primaire à vide, surtout déwatté], remplacer $\overline{GH}$ par $\overline{HW}$.

Avec cette hypothèse simplificative, $\overline{GG'}$ prend la situation OG'_1, c'est-à-dire que Ψ'_{1eff} n'est pas modifié en grandeur.

Enfin, M. Heyland substitue, au triangle OG'₁G, le triangle GHH', tel que HH' = OG'.

Nous sommes donc amenés à chercher le lieu du point H' tel que HH' soit constamment proportionnel à HW.

Or, le triangle rectangle HH'W ayant ses deux côtés de l'angle droit proportionnels reste semblable à lui-même. Donc l'angle HH'W est constant; son supplément, c'est-à-dire l'angle WH'O, est aussi constant. Le lieu du point H' est donc une circonférence passant par W et G, dont le centre O' est sur la perpendiculaire O_1O' élevée au milieu de OW, et à une distance O_1O' donnée par :

$$O_1 O' = OG \times \frac{R_1 I_{1\,eff}}{U_{1\,eff}}.$$

Avec nos notations habituelles, ce second cercle représente le cercle de puissance totale secondaire, ou puissance théoriquement transformable, Pm_1 (le rotor est alors supposé sans aucune perte).

REMARQUES. 1° **Forme du diagramme donnée par l'auteur.** — Pour passer de la forme précédente à la forme donnée par M. Heyland,

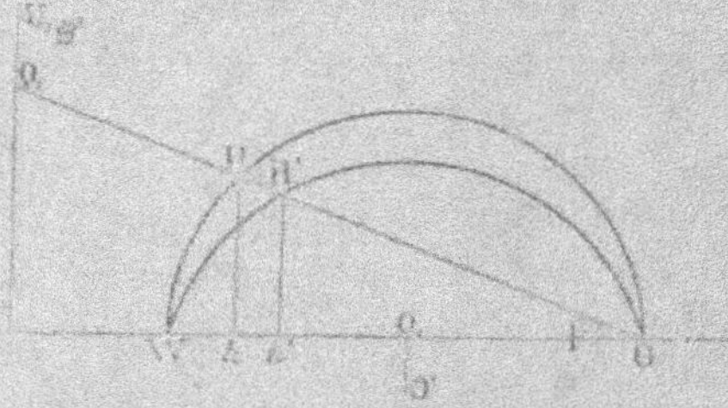

Fig. 223. — Diagramme d'Heyland. Construction des cercles de puissances absorbées au primaire et théoriquement transformables au secondaire. Comparaison avec le diagramme de Blondel.

il suffit d'inverser les lettres O et G et de faire tourner de 180 degrés la feuille du diagramme.

On a alors la forme ci-contre (fig. 223).

2° On voit l'analogie avec le diagramme de Blondel.

Le cercle unique de Blondel avec centre sur l'axe origine, représentait la puissance P_{a_1} à laquelle il fallait ajouter le produit, par $\sqrt{3}\,U_{1\,eff}$, des composantes wattées supplémentaires correspondant aux pertes parasites et aux pertes Joule primaires.

Dans le cas du diagramme d'Heyland, un premier cercle de la puissance totale primaire, de centre O_1 sur l'axe origine, sont adjoints un second cercle, de puissance totale secondaire P_{ts_1}, de centre O' au-dessous de l'axe, et enfin un troisième cercle de puissance secondaire utile, P_{us_2}, que nous allons déterminer.

Cercle de puissance utile secondaire. — La puissance P_{us_2} qui serait fournie à l'arbre serait, s'il n'y avait pas de frottements :

$$P_{us_2} = P_{ts_1} - R_2 I_{2\text{eff}}^2.$$

On a, comme on sait :

$$P_{us_2} = P_{ts_1}(1 - \gamma) = \frac{P_{t_2}}{\gamma}(1 - \gamma).$$

Or, si nous supposons que γ est toujours proportionnel à $\operatorname{tg}\beta$, ce qui n'est pas tout à fait exact, nous pourrons écrire :

$$P_{us_2} = \overline{H'h'} = \frac{P_{us_2}}{1 - \gamma}.$$

Cherchons une représentation de P_{us_2}.

Fig. 234. — Constitution du diagramme d'Heyland. Détermination des centres des cercles. Cercle de puissance utile secondaire.

Soit GuZ la droite correspondant à $\gamma = 1$. Menons les droites $GH'Q$, $ZH'h'$ et $h'H'$. Soit H' l'intersection des droites GO et $h'H'$ (fig. 234).

Si nous posons :

$$K\gamma = \operatorname{tg}\beta.$$

nous aurons :

$$\frac{OQ}{OZ} = \gamma$$

et

$$\frac{QZ}{OZ} = 1 - \gamma.$$

D'autre part, les triangles semblables QZH' et H''h''H'' nous donnent :

$$\frac{H''h''}{QZ} = \frac{H'H''}{QH'}$$

Nous pouvons encore écrire :

$$\frac{H''h''}{QZ} = \frac{H'H''}{QH'} = \frac{h'h''}{Oh'}$$

Les triangles $h''h'H'$ et $h'OZ$, semblables, nous donnent :

$$\frac{H'h'}{OZ} = \frac{h'h''}{Oh'}$$

Des deux égalités précédentes, nous déduisons :

$$\frac{H''h''}{QZ} = \frac{H'h'}{OZ}$$

ou enfin :

$$H''h'' = \frac{QZ}{OZ} H'h' = (1 - \gamma) P_{u_1} = P_{u_2}.$$

Ainsi donc, $H''h''$ représente P_{u_2}. On démontrerait aisément que le lieu du point H'' est une circonférence passant par les points W et G, et tangente en G à la droite GZ. Son centre se trouve sur la droite O_1O', définie précédemment, et sur la droite GO'' perpendiculaire à la droite GuZ.

Le cercle ainsi défini est ce qu'on peut appeler le cercle des puissances utiles secondaires P_{u_2}. En défalquant de P_{u_2} les pertes par frottements, nous aurons la puissance utile *réelle*.

Remarque. — Les pertes parasites, avons-nous dit précédemment, peuvent être supposées constantes. On peut en tenir compte en retranchant, des puissances P_{u_1} ou P_{u_2}, les pertes parasites données, par exemple, par l'essai à vide, c'est-à-dire en retranchant, de $H'h'$ ou $H''h''$, une longueur proportionnelle à la composante wattée du courant assurant ces pertes, soit, pour la pleine charge :

$$i_{1\,par} = \frac{P_{1\,fer} + P_f}{U_{1\,en}\cos\varphi} \ (\cos\varphi \ \text{à pleine charge}).$$

DÉTERMINATION DES ÉLÉMENTS DE FONCTIONNEMENT
DU MOTEUR ASYNCHRONE

Puissance primaire absorbée. — Elle est donnée par :

$$P_1 = U_{1\,\text{eff}}\, I_{1\,\text{eff}} \cos\varphi = U_{1\,\text{eff}}\, I_{1\,\text{eff}w}.$$

Elle est proportionnelle à $I_{1\,\text{eff}w}$ ($U_{1\,\text{eff}}$ étant constante), c'est-à-dire est donnée par $\overline{Hh}$.

Puissance secondaire P_{m1} (pertes Joule comprises).

Nous avons vu qu'elle est donnée par l'ordonnée $\overline{H'h'}$ du second cercle, ou, si nous tenons compte des pertes parasites supposées constantes, par l'ordonnée $\overline{H'h'}_1$, $h'h'_1$ étant égal à $I_{1\,\text{eff}w}$.

Couple utile. — Le couple utile C_m, dont il faut défalquer à chaque instant le couple correspondant aux pertes à vide C_p, qui

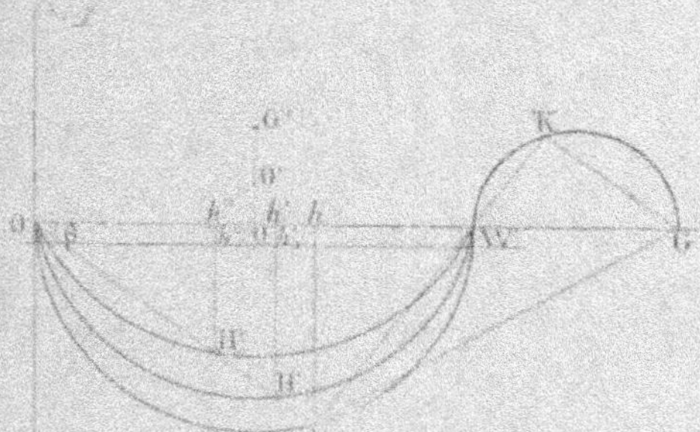

Fig. 231. — Détermination par le diagramme d'Heyland des éléments caractéristiques du fonctionnement d'un moteur asynchrone.

n'est théoriquement constant que si la vitesse ne varie pas trop, c'est-à-dire aux environs du synchronisme, est donné par la formule :

$$C_m = \frac{P_{m2}}{\omega'} = \frac{P_{m1}\,(1-\gamma)}{\omega\,(1-\gamma)} = \frac{P_{m1}}{\gamma} = H'h'.$$

Par conséquent, le cercle de puissance primaire transformable P_{m1} donne aussi à l'échelle près le couple C_m (comprenant le couple de pertes à vide).

Puissance utile secondaire P_u (ou P_{m3} de la théorie précédente). — Elle est donnée par l'ordonnée $H''h''$ du troisième cercle, ou, en tenant compte des pertes parasites, par l'ordonnée $H''h''_1$.

Glissement. — Nous avons dit précédemment que γ est proportionnel à tg β. Nous savons en effet que :

$$\Psi_{2\,eff} = \frac{R_2}{\gamma}\,I_{2\,eff}$$

ou :

$$\gamma = K\,\frac{I_{2\,eff}}{\Psi_{2\,eff}}$$

K étant une constante de proportionnalité. Or, puisque :

$$\overline{OH} = \Psi_{2\,eff} \quad \text{et} \quad \overline{HW} = I_{2\,eff},$$

$$\text{tg}\,\beta = \frac{\overline{HW}}{\overline{OH}} = \frac{I_{2\,eff}}{\Psi_{2\,eff}}$$

Donc :

$$\gamma = K\,\text{tg}\,\beta.$$

K pourra être déterminé en remarquant que $\gamma = 1$ pour le court-circuit (rotor calé).

REMARQUE. — Pour avoir la forme le plus souvent employée du diagramme d'Heyland, il suffit, ainsi que nous l'avons dit plus haut, d'inverser les lettres G et O et de faire tourner de 180 degrés le diagramme précédent.

APPLICATION PRATIQUE DU DIAGRAMME D'HEYLAND

Mesures à effectuer. — Les essais à effectuer sont les suivants :

1° *Marche à vide.* — Soit $U_{1\,eff}$ normal ; on mesure $I_{1\,eff}$, courant à vide et P_{0}, puissance absorbée ; d'où $cos\,\varphi_0$ à vide et $I_{1\,eff\,r}$ et $I_{1\,eff\,b}$.

2° *Moteur calé.* — On mesure :

$$\left\{ \begin{array}{l} I_{1\,eff\,cc} \\ U_{1\,eff\,cc} = U_{1\,eff} \text{ normal (si le moteur peut supporter l'essai).} \\ P_{cc} \end{array} \right.$$

ce qui donne le facteur de puissance en court-circuit $cos\,\varphi_{cc}$.

3° *Mesure de la résistance du stator.*

Construction du diagramme. — 1° *Cercle des puissances primaires.* — Portons $\overline{oa} = I_1$ en faisant avec l'axe $OU_{1\,\text{eff}}$ l'angle φ_0 de la marche à vide. Le point a est un point du cercle.

Portons $\overline{ou} = I_{1\,\text{c.c. eff}}$ faisant avec le même axe l'angle $\varphi_{\text{c.c.}}$ déduit de l'essai en court-circuit.

Le point u appartient aussi au cercle, dont le centre O_1 sera sur l'axe OG et sur la perpendiculaire à la droite au menée au milieu

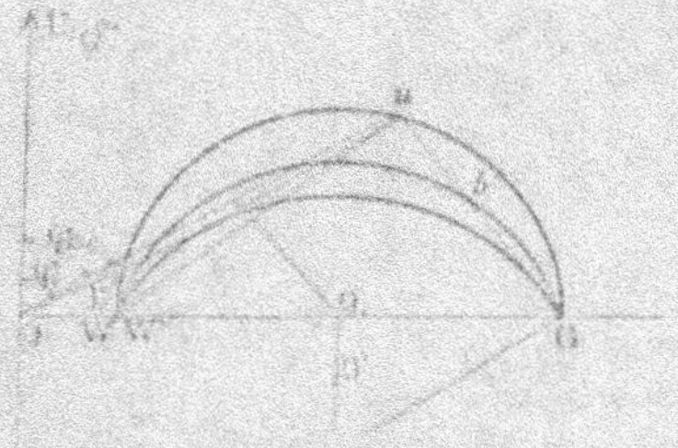

Fig. 236. — Diagramme d'Heyland. Détermination des éléments expérimentaux nécessaires pour la construction du diagramme.

de au. Remarquons que φ_0 est voisin de $90°$. Nous pouvons donc substituer au point a le point W' tel que $\overline{OW'} = I_0$ eff. Cela revient à remplacer le point W par le point W' (très voisin, en fait, de W).

Nous avons ainsi le cercle des puissances primaires absorbées et les points W et G.

Cercles des puissances P_{m1}. — 1° Ce cercle passe par les points W et G et son centre est sur la droite $O_1 O''$, perpendiculaire à WG, à une distance $O_1 O'$ donnée par :

$$O_1 O' = \frac{r_1 I_{1\,\text{eff}}}{U_{1\,\text{eff}}}$$

en convenant que OG représente $U_{1\,\text{eff}}$.

2° Une autre manière d'opérer repose sur la remarque suivante : le rapport.

représente le rapport des pertes Joule dans le rotor aux pertes Joule dans le stator, pour le cas du court-circuit.

Connaissant la résistance des enroulements et les courants qui y passent, on peut déterminer le point u.

En pratique, si nous remarquons que $\overline{OG} = U_{1\,\mathrm{eff}}$, que l'angle en G est sensiblement droit (OW négligeable devant OG), donc que

$$uG = U_{1\,\mathrm{eff}} \cos \varphi_{c.c.} = \frac{U_{1\,\mathrm{eff}}\, I_{c.c.\,\mathrm{eff}} \cos \varphi_{c.c.}}{I_{c.c.\,\mathrm{eff}}}$$

représente les chutes de tension dans le cas du court-circuit, nous pouvons écrire :

$$\overline{ub} = R_1\, I_{c.c.\,\mathrm{eff}}.$$

Connaissant R_1 et $I_{c.c.\,\mathrm{eff}}$, nous aurons $\overline{ub}$, à l'échelle pour laquelle $\overline{OG} = U_{1\,\mathrm{eff}}$. D'où le point b. Nous connaissons donc les deux points b et G du cercle. Son centre O' étant sur la droite $O_1 O'$, ce cercle est complétement déterminé.

Rappelons que les ordonnées de ce cercle représentent, à l'échelle près, les couples totaux C_{tot}.

Cercle des puissances utiles P_u (P_{m_2} de la théorie précédente). — Son centre O" est sur la droite $O_1 O''$, et aussi sur la droite GO" perpendiculaire à uG.

Glissement. — M. Heyland a indiqué une construction graphique commode pour déterminer le glissement.

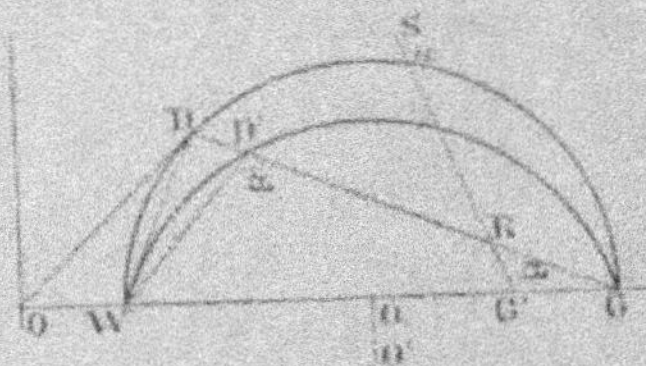

Fig. 237. — Détermination graphique rapide du glissement dans le diagramme d'Heyland.

Elle résulte de l'expression du glissement :

$$\gamma = A \frac{I_{2\,\mathrm{eff}}}{\Psi'_{2\,\mathrm{eff}}}.$$

A étant une constante, $I_{2\,\mathrm{eff}}$ le courant représenté par WD, $\Psi'_{2\,\mathrm{eff}}$

le flux résultant secondaire après correction relative aux pertes Joule.

La relation précédente est immédiate, si l'on remarque que I_{sec} peut être considéré comme engendré par la f.é.m. E_{sec} dérivant du flux Ψ'_{sec}.

Donc, on a (fig. 237) :

$$\gamma = A \frac{\overline{WD}}{\overline{D'G}}.$$

Or, nous avons vu que $\overline{WD}$ est proportionnel à $\overline{WD'}$; donc :

$$\gamma = A \frac{\overline{WD'}}{\overline{O'G}}$$

A' étant une nouvelle constante.

D'un point quelconque G' de WG, menons une droite SG' faisant avec WG un égal égal à $\widehat{WD'G}$. On a, l'angle $\widehat{WD'G}$ étant constant, dans les triangles WD'G et G'RG :

$$\frac{D'W}{RG'} = \frac{GD'}{GG'}$$

ou :

$$\frac{D'W}{GD'} = \frac{RG'}{GG'}$$

et

$$\gamma = A \frac{\overline{RG'}}{\overline{GG'}}$$

ou bien comme $\overline{GG'}$ est constant :

$$\gamma = K \cdot \overline{RG'}.$$

En particulier, lorsque le moteur sera calé, γ sera égal à 100 %. Si donc nous choisissons le point G, tel que la droite G'S passe par le point u de l'essai en court-circuit, $\overline{G'u}$ représentera le glissement de 100 %.

Si on divise $\overline{G'u}$ en 100 parties égales, on aura à chaque instant en mesurant $\overline{G'R}$, le glissement en pour cent :

$$\frac{\overline{G'R}}{\overline{G'u}} = \frac{n}{100}.$$

Remarque sur l'essai en court-circuit. — L'essai en court-circuit, à la tension normale, est en général impossible à cause de l'échauffement à redouter.

Aussi mesure-t-on $I_{eff.c.c.}$ et $P_{c.c.}$ sous une tension réduite U'_{1eff}. On a vraisemblablement :

$$\frac{I_{eff.c.c.}}{I_{eff.c.c.}} = \frac{U_{1eff\,normal}}{U'_{1eff}}$$

d'où :

$$I_{eff.c.c.} = I_{eff.c.c.}\,\frac{U_{1eff\,normal}}{U'_{1eff}}.$$

Ceci revient à supposer que le z du transformateur-moteur est resté le même dans les deux cas, c'est-à-dire sous les deux tensions.

Le flux Φ_{1eff} est, dans cet essai, assez faible devant $v_1\Phi_{1eff}$; on peut supposer que $\Psi_{1eff} = v_1\Phi_{1eff}$; Ψ_{1eff} conservant une direction fixe, quelle que soit la tension U_{1eff}, il en sera de même pour $v_1\Phi_1$, c'est-à-dire que φ_1 sera constant.

Bien entendu, cette constance du facteur de puissance $\cos\varphi_1$ n'est qu'approchée. Le mieux est de construire la courbe $I_{eff.c.c.} = U_{1eff}$ et, par extrapolation, de déduire le courant de court-circuit correspondant à la tension normale.

APPLICATION DU DIAGRAMME D'HEYLAND

EXEMPLE NUMÉRIQUE

Essais sur un moteur asynchrone triphasé.

1° *Essais à vide.*

$$U'_{1eff} = 135 \text{ volts} ;$$

Intensités $\quad (I_{1eff})_1 = 9$ amp.

sur $\qquad (I_{1eff})_2 = 10^a,4 \qquad (I_{1eff})_{moy} = 9^a,8.$

les 3 phases $\quad (I_{1eff})_3 = 10^a.$

$(P_a)_{1-2} = 18,5 \times 50 = 925.$ $\quad$ { méthode des 2 wattmètres ;

$(P_a)_{2-3} = 9 \times 50 = -450.$ $\quad$ { constante des appareils $= 50$.

$$P_0 = 925 - 450 = 475 \text{ watts}.$$

2° *Essais en court-circuit*

$$U''_{1eff} = 25^v,5$$

Intensités $\quad I_{eff.c.c.(1)} = 25^a,25$

pour $\qquad (I_{eff.c.c.})_2 = 25^a \qquad (I_{eff.c.c.})_{moy} = 25^a,3$

les 3 phases $\quad (I_{eff.c.c.})_3 = 24^a,75.$

$$(P_{e\text{-}ch})_{at} = 18,3 \times 25 = 456,5$$
$$(P_{ee})_{fa} = -0,5 \times 25 = -12,5$$
$$P_{ec} = 456,5 - 12,5 = 444 \text{ watts.}$$

2° *Résistance du stator,*

$$R_1 = 0^{m},115$$

par phase.

CONSTRUCTION DU DIAGRAMME

Détermination des points W et G. — 1° Si $\overline{OA}$ est le courant à vide, $\overline{Oa}$ en est la composante wattée; nous la déduisons de la puissance à vide :

$$I_{oat} \cos\varphi_0 = \frac{475}{\sqrt{3} \times 133} = 2,03 \text{ amp.}$$

Nous connaissons donc $\overline{OA}$ et la longueur de $\overline{OA} = 9,8$ ampères.
D'où le point A, intersection de la droite aA, parallèle à l'axe OWG (fig. 238).

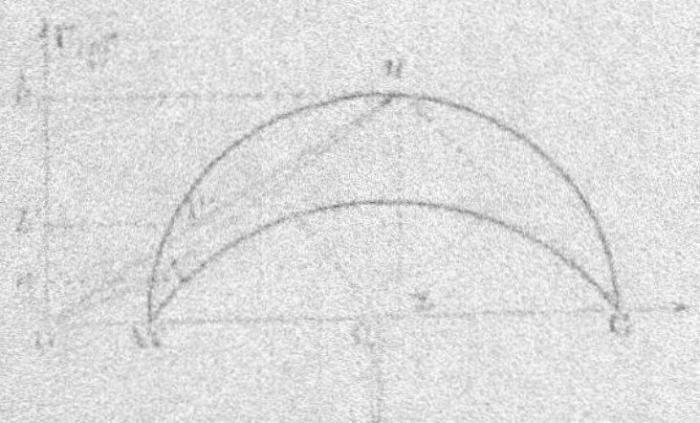

Fig. 238. — Mode de construction du diagramme d'Heyland en pratique.

et du cercle tracé de O comme centre avec un rayon égal à 9,8 (l'échelle des intensités est prise arbitrairement).

2° Déterminons le point U correspondant au fonctionnement en court-circuit; calculons la composante wattée $\overline{ob}$ du courant de court-circuit pour une tension de 25,3 volts :

$$\overline{oU} = I_{c.c.at} \cos\varphi_{c.c.} = \frac{444}{\sqrt{3} \times 25,3} = 10,04 \text{ amp.}$$

Nous connaissons $\overline{ob}$ et $\overline{OU} = 23,3$ ampères. D'où le point U.

La droite OF' est la direction du courant de court-circuit.

Le courant de court-circuit qui correspond à 135 volts est :

$$x = \frac{135}{25,5} \times 23,3 = 123,3 \text{ amp.}$$

Donc :

$$\overline{ou} = 123,3 \text{ amp.}$$

d'où le point u.

Nous connaissons deux points du cercle des puissances primaires. Son centre O_1 est à l'intersection de OG et de la perpendiculaire élevée au milieu de AU.

L'intersection de ce cercle avec l'axe OG donne les points W et G.

REMARQUE. — Nous aurions pu, pour déterminer le point u, calculer la puissance correspondant au court-circuit sous la tension 135 volts ; d'où nous aurions déduit la composante wattée $\overline{ob}$ du courant réel de court-circuit ; nous aurions trouvé :

$$P_{cc} = 441 \times \frac{123,3 \times 135}{25,5 \times 23,3} = 13.400 \text{ watts.}$$

$$I_{cc} \cos \varphi_{cc} = \frac{13.400}{\sqrt{3} \times 135} = 57^a,4 = \overline{ob}$$

avec

$$\overline{ou} = 123,3 \text{ amp.}$$

Échelle des puissances. — Le vecteur Uu représente la puissance absorbée en court-circuit, soit 13.400 watts, ce qui fixe l'échelle des puissances. L'ordonnée du point A nous aurait donné la même échelle, cette ordonnée étant égale à P$_1$ = 475 watts.

Cercle des puissances utiles. — Ce cercle passe par les points W et G et est tangent à la droite UG. Son centre est sur la perpendiculaire élevée, au point G, sur la droite UG et aussi sur la perpendiculaire à WG menée par le point O. Soit O' ce centre.

L'échelle des puissances utiles est la même que celles des puissances absorbées.

Cercles des couples. — Pour déterminer ce cercle, nous déterminerons le point β donné par:

$$\overline{u\beta} = r_1 I_{eff} = 0,145 \times 123,3 = 14^v,2.$$

L'enroulement primaire étant en étoile, la tension pour une phase est:

$$\frac{135}{\sqrt{3}} = 78 \text{ volts.}$$

Nous mesurons $\overline{u\beta}$ à une échelle telle que $\overline{OG}$ représente 78 volts (fig. 239).

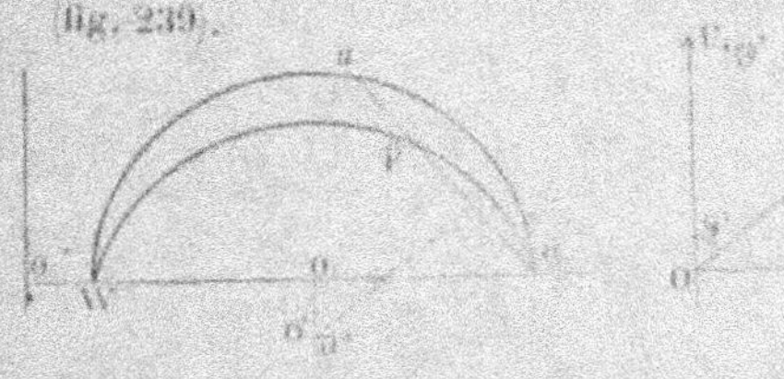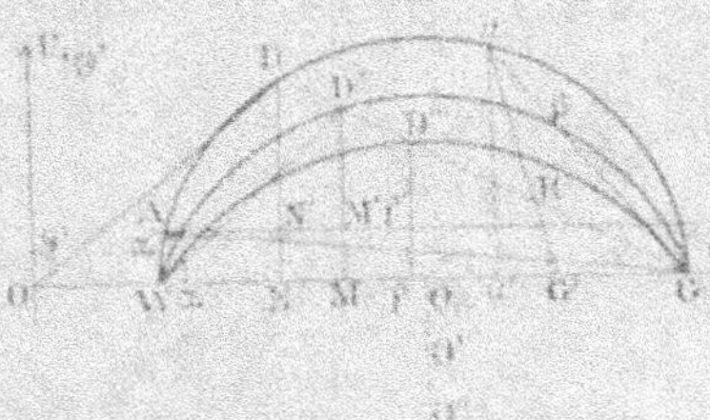

Fig. 239 et 240. — Mode de construction du diagramme d'Heyland en pratique. Son application à la détermination des conditions de fonctionnement d'un moteur asynchrone.

Le cercle passe par β et par G; son centre O' est sur la droite O,O' et aussi sur la perpendiculaire élevée au milieu de βG.

Échelle des couples. — La détermination de l'échelle des couples peut se faire de deux manières.

Fig. 241. — Diagramme d'Heyland — Détermination de l'échelle des couples.

1° Par la marche à vide.

Par le point A correspondant au fonctionnement à vide, menons une parallèle à OG; la longueur NN' représente la puissance perdue à vide, soit P_0; si C_0 est le couple correspondant, ω_0 la vitesse correspondante, on a:

$$C_0 = \frac{P_0}{\omega_0}$$

Ce couple est mesuré par la longueur zz' (fig. 240 et 241); d'où l'échelle des couples.

2° Par l'essai en court-circuit.

Mesurons le couple à ce moment (rotor calé) avec un peson ou une balance. Soit C_{cc}. Il représente $\overline{uu'}$ (fig. 240). D'où encore l'échelle des couples.

REMARQUE. — Nous tiendrons compte des pertes parasites en retranchant des diverses ordonnées la longueur $XX' = P_0$.

Glissement. — Nous mènerons par le point u une droite faisant avec OG un angle égal à l'angle $\widehat{WD'G}$ constant, soit UG' cette droite; le glissement est $\dfrac{\overline{RG'}}{UG}$.

Étude du moteur pour 30 ampères. — De O comme centre décrivons un arc de cercle avec un rayon représentant 30 ampères à

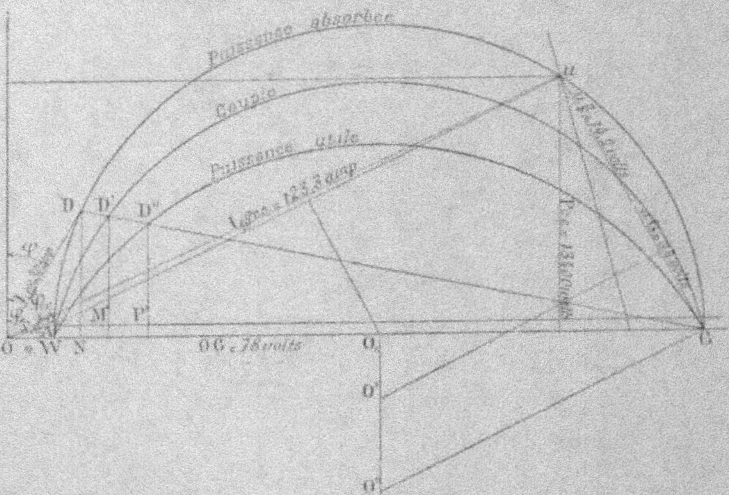

Fig. 242. — Étude du fonctionnement d'un moteur asynchrone par le diagramme d'Heyland. Exemple pratique.

l'échelle des intensités. Soit D le point d'intersection de ce centre avec le cercle des puissances.

Nous aurons :

	Résultats
$\overline{OD} = I_{\text{eff}}$	$I_{\text{eff}} = 30$ ampères
$\overline{DN} = $ puissance absorbée	$DN = 6715$ watts
$\overline{D'P'} = $ puissance utile	$D'P' = 5355$ watts.
$\overline{D'M'} = $ couple	$D'M' = 31$ joules-couple
$\dfrac{\overline{D'P'}}{\overline{DN}} = \eta$	$\eta = 0{,}80$
$\widehat{U_{\text{eff}} OD} = \varphi$ (pour 36 ampères)	$\varphi = 29^{\circ}, \quad \cos\varphi = 0{,}88$
$100 \times \dfrac{G'R}{G'u} = \gamma$ en %.	$\gamma = 6\,\%.$

Tracé des caractéristiques. — Refaisons les mêmes déterminations pour des intensités comprises entre l'intensité à vide et l'intensité maxima (30 amp.) Nous pourrons alors tracer, en prenant P_u comme axe des abscisses, les caractéristiques suivantes :

1°	$I_{\text{eff}}\,(P_u).$
2°	$\eta\,(P_u).$
3°	$\cos\varphi\,(P_u).$
4°	$\gamma\,(P_u).$

COUPLAGE DES ALTERNATEURS

THÉORIE SIMPLIFIÉE DES OSCILLATIONS PENDULAIRES D'UN ALTERNATEUR BRANCHÉ SUR UN RÉSEAU

Généralités.

But de l'étude. — Étudions le cas d'un alternateur monophasé branché sur un réseau et entraîné par un moteur qui, dans le cas le plus général, n'aura pas un couple constant, quel que soit l'instant choisi du tour de l'arbre (les turbines à vapeur et hydrauliques peuvent être considérées comme ayant des couples constants pendant ce tour).

Comme nous l'avons dit maintes fois dans le cas des machines thermiques, le couple des moteurs à vapeur et à gaz n'étant pas constant, on peut considérer le couple total C comme résultant d'un couple C_{moy} constant, et d'un couple pulsatoire Γ donné par la relation :

$$\Gamma = C - C_{moy} \, ;$$

et s'annulant deux fois par période du couple C.

Hypothèses. — Faisons les hypothèses suivantes :
Couple résistant constant.
Couple moteur pulsatoire.

Rappels et définitions. — Si l'on avait affaire à un couple résistant C_g constant, le problème serait simple. Puisque $C_{moy} = C_g$, en posant :

$$\Gamma = k \frac{d\omega'}{dt}, \tag{1}$$

K représentant le moment d'inertie de la partie tournante et

---

(1) Voir notre *Cours municipal d'Électricité industrielle*, tome I, courants continus, Geisler, éditeur, à Paris.

$\dfrac{d\omega'}{dt}$ l'accélération angulaire, la loi du mouvement $\omega'(t)$ serait définie par l'équation :

$$C - C_{moy} = \Gamma = k \frac{d\omega'}{dt},\qquad(2)$$

ou :

$$C_{moy} + \Gamma = C_g + k \frac{d\omega'}{dt}\qquad(2')$$

équivalente à (1) et à (2), puisque l'état de régime est caractérisé par la relation

$$C_{moy} = C_g.$$

Soit ν coups de piston par tour, N tours par seconde. La durée τ de la période du couple moteur sera :

$$\tau = \frac{1}{\nu N}.$$

n voit que la vitesse angulaire instantanée ω' va varier ; elle

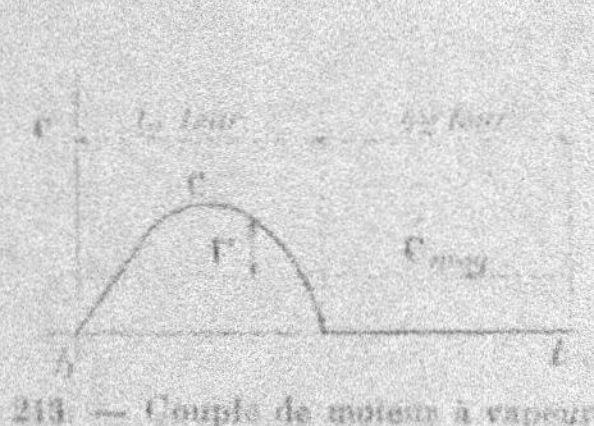

Fig. 243. — Couple de moteur à vapeur à simple effet.

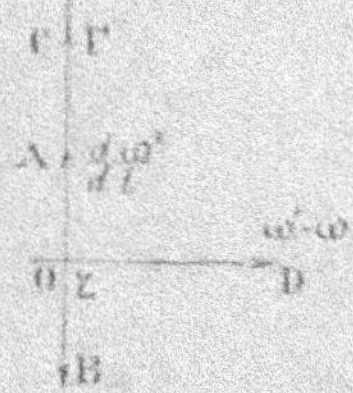

Fig. 244. — Diagramme des situations respectives de l'accélération angulaire, de la vitesse différentielle et de l'écart angulaire.

oscillera de part et d'autre de la moyenne de la vitesse ω'. Soit ω cette vitesse moyenne.

Les rapports égaux :

$$\frac{\omega'_{max} - \omega}{\omega},\qquad \frac{\omega' - \omega_{min}}{\omega},$$

dénommés *degré de non uniformité*, de même que le rapport :

$$\frac{\omega'_{max} - \omega'_{min}}{\omega},$$

dénommé *coefficient d'irrégularité*, peuvent donc caractériser le degré d'irrégularité du groupe constitué par le moteur et la dynamo.

On peut d'ailleurs imaginer deux rayons vecteurs balayant l'aire des diagrammes, et tournant avec les vitesses ω' et ω. Ces rayons seront en coïncidence à certains moments, puis en désaccord ; enfin au bout d'une demi-circonférence, ils seront de nouveau en coïncidence.

Supposons que la fonction périodique Γ soit sinusoïdale, hypothèse toute gratuite, mais simplificatrice. Cette hypothèse peut sembler très lointaine de la réalité.

En fait, si l'allure de Γ avec le temps diffère beaucoup d'une sinusoïde, de même que celle de $(\omega' - \omega)$ en fonction de la même variable, on constate pratiquement que l'allure de ζ, angle d'écart (fig. 244) se rapproche assez sensiblement de celle d'une sinusoïde [1].

Dès lors, Γ et $\dfrac{d\omega'}{dt}$ peuvent être, avec une certaine approximation et suivant notre représentation habituelle, figurés par deux vecteurs, $\overline{OC}$ et $\overline{OA}$, ayant même direction et de grandeurs dans le rapport de K à L

$$\left(\Gamma = K \frac{d\omega'}{dt}\right).$$

La fonction $(\omega' - \omega)$ est en retard de $\dfrac{\pi}{2}$ sur sa dérivée $\dfrac{d\omega'}{dt}$ et peut être figurée par le vecteur $\overline{OD}$.

Enfin ζ, angle d'écart, donné par l'intégrale :

$$\int (\omega' - \omega)\, dt$$

peut être figuré par le vecteur $\overline{OB}$, à 90° en arrière de $\overline{OD}$.

Du reste, $\overline{OA}$ représentant la valeur maxima de la dérivée, de pulsation :

$$\Omega = \frac{2\pi}{\tau}$$

On a :

$$OA = \frac{2\pi}{\tau} (\omega' - \omega)_{max} = \frac{2\pi}{\tau} \overline{OD}.$$

---

1. Dans le cas où Γ et $\dfrac{d\omega'}{dt}$ seraient représentées par des courbes trop différentes d'une sinusoïde, on pourrait recourir aux représentations analytique de Fourier et graphique vectorielle, suivant un principe donné plus loin.

D'où :

$$\overline{OD} = (\omega' - \omega)_{max} = \frac{\overline{OA}}{2\pi},$$

$$\overline{OD} = \frac{\Gamma_{max}}{K\dfrac{2\pi}{\tau}} = \frac{C_{max} - C_{moy}}{K\dfrac{2\pi}{\tau}}.$$

$\overline{OD}$ est donc connu, si l'on connait $(C_{max} - C_{moy})$, excès absolu d'un couple extrême sur le couple moyen. On aura de même :

$$\overline{OB} = \zeta_{max} = \frac{(\omega' - \omega)_{max}}{\dfrac{2\pi}{\tau}}.$$

Donc :

$$\overline{OB} = \zeta_{max} = \frac{\overline{OD}}{2\pi N\nu}$$

$$\overline{OB} = \frac{C_{max} - C_{moy}}{2\pi N\nu K} \cdot \frac{1}{2\pi N\nu} = \frac{C_{max} - C_{moy}}{K\,4\pi^2 N^2 \nu^2}.$$

Alors, d'après la relation :

$$\overline{OB} = \frac{(\omega' - \omega)_{max}}{2\pi N\nu},$$

nous aurons :

$$(\omega' - \omega)_{max} = \omega\nu\zeta_{max},$$

$$\zeta_{max} = \frac{1}{\nu}\,\frac{(\omega' - \omega)_{max}}{\omega}.$$

On voit que la valeur de ζ_{max} n'est autre que la fraction $\dfrac{1}{\nu}$ du degré de non uniformité. Cet écart ζ est d'autant moindre que le degré de non uniformité est moindre, et aussi, toutes choses égales, que le nombre de coups de piston est plus grand : d'où l'avantage des moteurs polycylindriques.

EXEMPLES. — I. *Machine à vapeur monocylindrique à double effet.* On a ici :

$$\nu = 2.$$

Soit

$$\frac{(\omega' - \omega)_{max}}{\omega} = \frac{1}{100}.$$

Alors :

$$\zeta_{max} = \frac{1}{200} \text{ radian} = \sim 30'.$$

II. *Moteur à gaz monocylindrique à quatre temps.*
On a ici :

$$\nu = \frac{1}{2}.$$

Soit :

$$\frac{\omega'_{max} - \omega}{\omega} = \frac{1}{100}.$$

Alors :

$$\zeta_{max} = \frac{1}{50} \text{ radian} = \sim 2 \text{ degrés.}$$

Cas d'un alternateur. — Ce que nous avons dit plus haut, essentiellement relatif à un couple résistant constant, ne peut s'appliquer à un alternateur dont le couple générateur ne l'est pas.

Evaluation de cet écart ζ, en fractions de période du courant donné par l'alternateur. — Soient p paires de pôles, p périodes par tour.

Une période occupe $\dfrac{1}{p}$ tour ou $\dfrac{2\pi}{p}$ radians. Un écart de ζ radians vaudra :

$$\frac{\zeta}{\frac{2\pi}{p}} \text{ période} \quad \text{ou} \quad \frac{p\zeta}{2\pi} \text{ période.}$$

On sait en outre qu'une période est représentée par un tour complet du diagramme. La fraction de tour correspondant à ζ sera donc représentée par :

$$\frac{p\zeta}{2\pi} \times 360 \text{ degrés}$$

valeur d'autant plus plus grande, que p est plus grand.

On dit quelquefois, que le nombre de degrés électriques degrés dans la rotation du diagramme, supposée de 360 degrés pour une période, est :

$$\frac{p\zeta}{2\pi} \times 360$$

et que l'écart en radians électriques est :

$$\frac{p\zeta}{2\pi}.$$

Ces expressions, bien qu'incorrectes, permettent de passer facilement de l'hypothèse simpliste d'un alternateur bipolaire, à celle beaucoup plus compliquée, mais absolument générale, d'un alternateur multipolaire.

Oscillations d'un alternateur à vide. — Le cas pratique se rapprochant le plus du cas d'un couple résistant constant, serait celui d'un alternateur fonctionnant à vide, pour lequel le couple résistant :

$$C_f + C_{F+n}$$

est, sinon à peu près constant, du moins constitué par des termes constants en prépondérance, pour une excitation donnée et une vitesse donnée.

Au lieu d'un alternateur à vitesse angulaire constante, nous aurons un alternateur dont l'écart sera donné par la loi :

$$\frac{p\zeta}{2\pi} = \frac{p}{2\pi}\,\frac{1}{\gamma}\,\frac{C_{max} - C_{moy}}{\omega\frac{2\pi}{\tau}K}$$

ou bien :

$$\frac{p\zeta}{2\pi} = \frac{p}{2\pi}\,\frac{C_{max} - C_{moy}}{4\pi^2 N^2 \gamma K}.$$

ÉTUDE DES OSCILLATIONS D'UN ALTERNATEUR BRANCHÉ SUR UN RÉSEAU

Nous plaçant dans le cas d'un seul alternateur branché sur un réseau, nous allons étudier les lois d'oscillations de ses balancements.

Cette étude n'est pas valable dans le cas de deux ou plusieurs alternateurs branchés en parallèle car, d'après ce que nous verrons, l'excès de puissance fournie par l'un des alternateurs (celui en avance) est, au moins en partie, consacré à accélérer le ou les alternateurs en retard.

Cet effet, bien caractéristique, de la marche des alternateurs en parallèle est dit : « synchronisant ».

Nous attirons donc dès maintenant l'attention du lecteur sur ces deux points très importants :

1° Effet du couple synchronisant sur la marche de deux ou plusieurs alternateurs en parallèle.

2° Différence de ce cas, avec le cas examiné ci-dessous d'un alternateur fonctionnant également sur un réseau.

La partie tournante dépassant le mouvement moyen, les couples divers, fonctions de la vitesse (courants de Foucault, frottements, etc.), croissent.

Dans le cas d'alternateurs en parallèle apparaît le couple synchronisant, dont l'effet est de rapprocher les uns des autres les divers alternateurs et aussi d'accroître (conséquence paradoxale en apparence, mais très aisément explicable au point de vue analytique), le désaccord entre la vitesse instantanée de l'alternateur et sa vitesse moyenne.

En d'autres termes, les divers couples résistants, pris ensemble, ont une valeur maxima, dans le cas d'alternateurs en parallèle, plus grande que dans le cas d'un seul alternateur à vide sur un réseau.

Ces conclusions vont ressortir nettement de l'exposé ci-dessous.

Relations entre le couple synchronisant, le couple moteur, et le couple résistant. — Cherchons le maximum du couple Γ.

$$\Gamma = C_m - C_g$$

de façon à construire le diagramme circulaire relatif aux quatre éléments :

$$\Gamma, \quad \frac{d\omega'}{dt}, \quad \omega' - \omega, \quad \zeta = \int (\omega' - \omega)\,dt.$$

Posons :

$$\varpi = \frac{E_0 I_0}{\omega'}$$

Soit P_a la puissance apparente de l'alternateur ; nous avons :

$$E_0 I_0 = 2 P_a \quad \text{et} \quad \varpi = \frac{2 P_a}{\omega'^2},$$

soit C_g le couple générateur, évidemment de la forme :

$$C_g = \varpi \omega' \sin \omega t \sin(\Omega t - \psi);$$

soit enfin $(a\omega' + b)$ un terme englobant les divers couples antagonistes secondaires (frottements, Foucault)[1], les uns constants, les
autres proportionnels à la vitesse.

Supposons l'alternateur débitant sur un réseau peu réactant, de
telle façon que l'impédance soit pratiquement indépendante de la
fréquence.

Le couple ζ sera donné par l'expression :

$$\Gamma = C_m - \varpi\omega' \sin(\Omega t - \phi)\sin\Omega t - (a\omega' + b).$$

Le terme dû aux courants de Foucault et aux frottements,
devrait même, si l'on était rigoureux, comporter des termes de la
forme

$$- a\omega' \cos^2\Omega t$$

(dûs au développement, dans les pièces polaires, de f.é.m $-\dfrac{d\phi}{dt}$ décalée de 90° sur le courant I dans l'induit.

Le terme $(a\omega' + b)$, qui est très faible devant les autres, peut,
du reste, être supprimé. Le conserver ne générait en rien le calcul, et ne ferait que l'allonger un peu[2].

En résumé, si l'alternateur est seul sur le réseau, nous avons
l'expression simple :

$$\Gamma_{max} = [C_m - \varpi\omega' \sin\Omega t \sin(\Omega t - \Psi)]_{max} ;$$

si l'alternateur est couplé en parallèle avec d'autres, nous aurons,
de par l'effet du couple synchronisant :

$$\Gamma_{max} = [C_m - \varpi\omega' \sin\Omega t \sin(\Omega t - \Psi) \pm C_s]_{max}.$$

C_s jouera le rôle de couple moteur pour l'alternateur en retard,
et de couple résistant pour l'alternateur en avance.

ÉTUDE DES OSCILLATIONS D'UN ALTERNATEUR UNIQUE BRANCHÉ
SUR UN RÉSEAU (alternateur bipolaire).

Nous pouvons construire C_m qui dépend du type de moteur
choisi, soit ici moteur à vapeur à double effet (soit pris pour simplifier le cas théorique de bielles infinies et d'absence de détente).

On sait que, dans ce cas, C_m est représenté par une série de
demi-sinusoïdes.

1. Termes constants.
2. *Id.*

On peut construire de même :

$$C_g = \varpi \omega' \sin \Omega t \sin (\Omega t - \Psi).$$

1re *Approximation.* — Pour cela, après avoir d'abord supposé, pour simplifier, l'alternateur bipolaire, supposons ω constante et égale à la vitesse moyenne ω.

Construisons la courbe :

$$C_g = \varpi \omega \sin \Omega t \sin (\Omega t - \Psi).$$

L'écart $\chi = OM$ des origines des deux courbes C_m et C_g (ou de leurs maxima, si elles sont sinusoïdales), correspond à l'écart an-

Fig. 215. — Variations respectives du couple moteur et du couple générateur d'un groupe électrogène à courants alternatifs à basse fréquence.

gulaire existant entre la manivelle de la machine à vapeur et le vecteur représentant la f.é.m. dans la bobine.

Dans le cas simpliste où $\psi = 0$, on notera les positions coïncidentes de l'axe d'une bobine).

En abscisses, on portera les angles α décrits par le bouton de

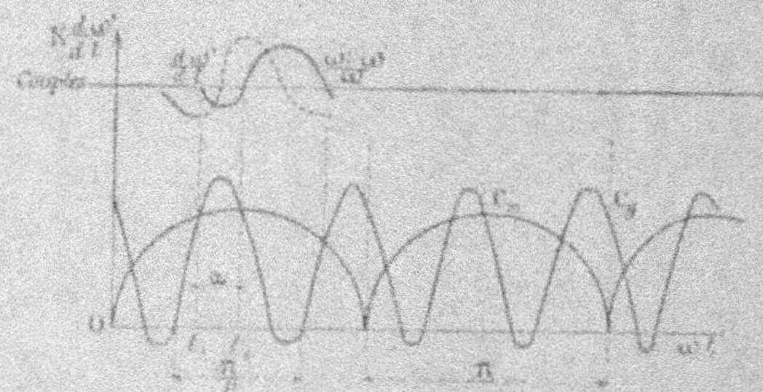

Fig. 216. — Variations respectives des couples moteur et générateur de groupe électrogène à courants alternatifs dans le cas d'une fréquence normale.

manivelle et le vecteur représentatif de la f.é.m. (alternateur bipolaire).

D'une manière générale, si la machine est multipolaire ($2p$ pôles), la machine à vapeur conservant la même disposition théorique donnée plus haut, nous aurons, pour les deux couples, les formes indiquées sur la figure 246.

On traiterait d'une façon analogue les cas les plus compliqués de la pratique : machines polycylindriques à détente, etc. C'est une simple question de tracés graphiques, basée sur la connaissance des lois $C_q(t)$ et $C_m(t)$.

2ᵉ *Approximation*. — Nous avons supposé dans ce tracé $\omega' = \omega$ en prenant[1] :

$$C_q = \eta\omega \sin\Omega t \sin(\Omega t - \Psi).$$

On peut, par une série de corrections, avoir une forme de C_q plus exacte. Nous ne faisons qu'en indiquer les principes, mais on pourrait, d'après cette étude, appliquer très aisément, et aussi loin qu'on le voudrait, ce système de corrections, bien que cela soit à peine nécessaire en pratique.

Par exemple, déterminons sur la figure les Γ_{max} correspondant

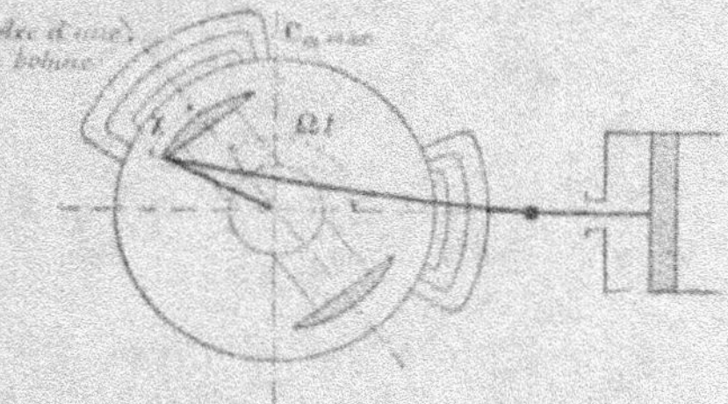

Fig. 247. — Calage de la manivelle dans ses rapports avec la phase de la f.e.m. de l'alternateur.

au plus grand écart entre C_m et C_q, entre deux valeurs égales et séparées par un angle z; Γ supposé sinusoïdal pourra alors s'exprimer très simplement par la formule :

$$\Gamma = \Gamma_{max} \sin\frac{p\pi\omega(t - t_1)}{z}.$$

On vérifie, en effet, que Γ s'annule pour $t = t_1$ et $t = t_2$, t_1 et t_2 étant les limites du temps correspondant à l'écart angulaire z_1, et l'équation pendulaire s'écrit, dans cet intervalle :

$$K\frac{d\omega'}{dt} = \Gamma_{max} \sin\frac{p\pi\omega(t - t_1)}{z}.$$

---

1. On peut légitimer cette première approximation en remarquant qu'un groupe générateur *réglé* possède une vitesse instantanée qui diffère de 1 à 2 %, en plus ou moins de la vitesse moyenne dans les cas les plus défavorables.

Déduisons en une nouvelle valeur x_{max} correspondant à une courbe sinusoïdale, que l'on tracera sur la figure, pour chaque intervalle α. On remarquera que α correspond à l'accolement de deux quarts de sinusoïde de valeurs maxima généralement différentes :

$$\omega'(t) = \omega + f(t).$$

Nous aurons alors une forme plus approchée de C_9 en multipliant celle donnée précédemment par le rapport $\dfrac{\omega'}{\omega}$ correspondant ; et ainsi de suite, pour la recherche des nouvelles valeurs de Γ'_{max}, Γ''_{max}, etc.

Conclusions. — On voit que la solution du problème des oscillations d'un seul alternateur branché sur un réseau, nécessite la connaissance et la représentation explicites de la fonction C_m, soit par voie graphique, soit par voie algébrique.

On ne peut donner aucun résultat général sur la question sans cette connaissance.

I. *Applications.*

Reprenons, a titre d'application, la formule :

$$\Gamma_{max} = [C_m - \varpi\omega' \sin\Omega t . \sin(\Omega t - \Psi)]_{max}.$$

Soit χ l'angle de calage de la manivelle par rapport au rayon vecteur origine du temps (1).

Supposons encore que nous ayons un moteur monocylindrique à double effet (bielles pratiquement infinies, pas de détente), cas simple, mais très rare en pratique.

L'équation pendulaire sera, avec $\omega = 2\pi N$:

$$K\frac{d\omega'}{dt} = \frac{C_0}{2}[1 + \cos(2\pi\nu N t - \chi)] - \varpi\omega' \sin\Omega t \sin(\Omega t - \Psi).$$

Or on sait que :

$$- 2\sin\Omega t \sin(\Omega t - \psi) = \cos(2\Omega t - \psi) - \cos\Psi,$$

D'où

$$K\frac{d\omega'}{dt} = \frac{C_0}{2}[1 + \cos(2\pi\nu N t - \chi)] + \frac{\varpi\omega'}{2}[\cos 2\Omega t - \Psi] - \frac{\varpi\omega'}{2}\cos\Psi,$$

ou bien

$$K\frac{d\omega'}{dt} + \frac{\varpi\omega'}{2}\cos\Psi - \frac{C_0}{2}\cos(2\pi\nu N t - \chi) - \frac{C_0}{2} - \frac{\varpi\omega'}{2}\cos(2\Omega t - \Psi) = 0.$$

1. Ou au vecteur représentatif de la position du pôle de l'inducteur mobile le plus voisin du rayon du bouton de manivelle. (fig. 247).

Dans les termes en ω, on peut supposer

$$\omega' = \sim \omega \,(1).$$

On aura donc la forme simple :

$$K\frac{d\omega'}{dt} + \frac{\varpi\omega\cos\Psi}{2} - \frac{C_0}{2} - \frac{C_0}{2}\cos(\gamma\omega t - \Psi) - \frac{\varpi\omega}{2}\cos[2\Omega t - \Psi] = 0.$$

D'autre part, on doit avoir, sous peine de déréglement définitif du régime, et d'arrêt :

$$\frac{\varpi\omega}{2}\cos\Psi - \frac{C_0}{2} = 0.$$

En effet, la valeur moyenne du couple moteur

$$\frac{C_0}{2}\{1 + \cos(\gamma\omega t - \chi)\}$$

est évidemment $\dfrac{C_0}{2}$.

La puissance moyenne fournie à l'alternateur est donc :

$$\frac{C_0}{2}\,\omega.$$

D'autre part, la puissance fournie au réseau par l'alternateur est :

$$E_{\text{eff}}\,I_{\text{eff}}\cos\Psi = \frac{E_0 I_0}{2}\cos\Psi.$$

L'état de régime sera caractérisé par l'égalité :

$$\omega\frac{C_0}{2} = \frac{E_0 I_0}{2}\cos\Psi$$

dans la limite des approximations déjà faites ; d'où :

$$\frac{C_0}{2} = \frac{E_0 I_0}{2\omega}\cos\Psi,$$

ou

$$\frac{C_0}{2} = \frac{E_0 I_0}{\omega^2}\cdot\frac{\omega\cos\Psi}{2},$$

ou

$$\frac{C_0}{2} = \frac{\varpi\omega}{2}\cos\Psi.$$

1. Le symbole $\sim$ signifie approximativement.

On peut arriver à ce résultat d'une autre façon. En effet, si la quantité

$$\left[\frac{\varpi\omega}{2}\cos\Psi - \frac{C_0}{2}\right]$$

était différente de 0, soit

$$\frac{\varpi\omega\cos\Psi}{2} - \frac{C_0}{2} = a,$$

il suffirait d'intégrer l'équation :

$$K\,d\omega' + a\,dt - \frac{C_0}{2}\cos[\nu\omega t - \chi]\,dt - \frac{\varpi\omega}{2}\cos(2\Omega t - \Psi)\,dt = 0,$$

entre deux limites T_1 T_2 comprenant la plus grande des 2 périodes :

$$\frac{2\pi}{\nu\omega} \quad \text{et} \quad \frac{2\pi}{\Omega},$$

multiples l'une de l'autre, pour avoir des termes périodiques tous nuls, à l'exception de

$$\int_{T_1}^{T_2} a\,dt.$$

Donc K $d\omega$, pris entre ces deux limites, croîtrait indéfiniment en valeur absolue, et, suivant le signe de a, l'alternateur s'emballerait ou se décrocherait.

C'est du reste, comme on le sait, le rôle du régulateur de proportionner le couple moteur au couple résistant.

Représentation bi-vectorielle. — On a, comme on l'a vu :

$$\frac{C_0}{2} = \frac{\varpi\omega\cos\Psi}{2},$$

ou

$$\frac{C_0}{2} = \frac{E_0 I_0 \cos\Psi}{2\omega};$$

Notre équation devient :

$$K\frac{d\omega'}{dt} - \frac{E_0 I_0\cos\Psi}{2\omega}\cos(\nu\omega t - \chi) - \frac{E_0 I_0}{2\omega}\cos(2\Omega t - \Psi) = 0,$$

ou bien :

$$K\frac{d\omega'}{dt} = \frac{E_0 I_0}{2\omega}[\cos\Psi\cos(\nu\omega t - \chi) + \cos(2\omega t - \Psi)].$$

Soit $(\omega' - \omega)$ l'excès algébrique variable de la vitesse, par rapport à la vitesse moyenne ω.

Nous aurons la relation différentielle :

$$\frac{K\,d(\omega' - \omega)}{dt} = \frac{E_0 I_0}{2\omega} \left[\cos \Psi \cos (\nu \omega t - \chi) + \cos (2\Omega t - \Psi) \right],$$

et en intégrant, on obtient l'expression du vecteur $K (\omega' - \omega)$, décalé à $90°$ en arrière du vecteur $K \dfrac{d\omega'}{dt}$.

$$K(\omega' - \omega) = \frac{E_0 I_0}{2\omega} \left[\frac{\cos \Psi \sin (\nu \omega t - \chi)}{\nu \omega} + \frac{\sin (2\Omega t - \Psi)}{2\Omega} \right].$$

Remarquons, à titre de vérification, que ces expressions sont homogènes, c'est-à-dire bien exactes au point de vue des dimensions, car une expression de la forme, $K\omega^2$, est bien équivalente à une expression de la forme $E_0 I_0$.

Donc, nous avons trouvé :

$$K \frac{d(\omega' - \omega)}{dt} = X + X',$$

avec :

$$\begin{cases} X = \dfrac{E_0 I_0}{2\omega} \cos \Psi \cos (\nu \omega t - \chi). \\[2mm] X' = \dfrac{E_0 I_0}{2\omega} \cos (2\Omega t - \Psi). \end{cases}$$

Représentation de l'accélération angulaire. — On peut, par une

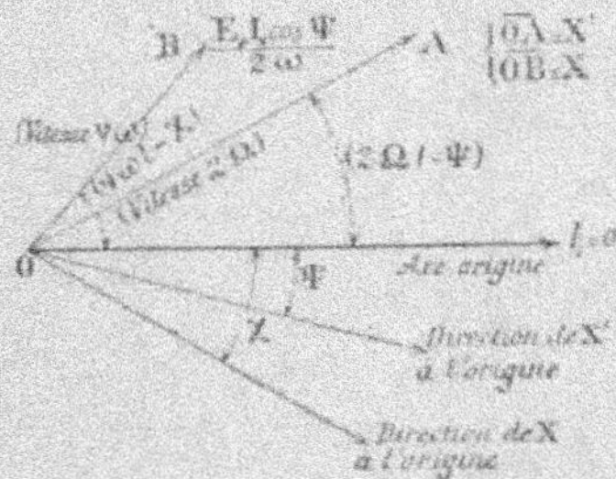

Fig. 248. — Représentation bi-vectorielle de l'accélération angulaire.

généralisation de la méthode diagrammatique, représenter (fig. 248), par la somme algébrique des projections sur un axe des vecteurs OA et OB, animés des vitesses respectives 2Ω et $\nu\omega$, la quantité

$$K \frac{d(\omega' - \omega)}{dt}$$

On pourrait de même représenter le vecteur :

$$K(\omega' - \omega) = Y + Y',$$

$$\begin{cases} Y = \dfrac{E_0 I_0}{2\omega} \dfrac{\cos \Psi}{\nu\omega} \sin(\nu\omega t - \chi), \\ Y' = \dfrac{E_0 I_0}{2\omega} \dfrac{1}{2\pi} \sin(2\Omega t - \Psi). \end{cases}$$

La fonction $K \dfrac{d(\omega' - \omega)}{dt}$ s'obtiendra par addition des ordonnées des deux courbes ci-dessous (fig. 249).

Représentation de la vitesse angulaire différentielle. — De même pour la fonction $K(\omega' - \omega)$, qui est la somme des deux sinusoïdes

$$\begin{cases} Y = \dfrac{E_0 I_0}{2\omega} \dfrac{\cos \Psi}{\nu\omega} \sin(\nu\omega t - \chi) \\ Y' = \dfrac{E_0 I_0}{2\omega} \dfrac{1}{2\Omega} \sin(2\Omega t - \Psi). \end{cases}$$

On peut donc avoir très simplement les variations de vitesse angulaire $(\omega' - \omega)$.

Angle d'écart de l'alternateur par rapport à sa position moyenne. — Il est donné par l'intégrale

$$K\zeta = K \int (\omega' - \omega)\, dt = \frac{E_0 I_0}{2\omega} \Bigg[\underbrace{-\frac{\cos \Psi \cos(\nu\omega t - \chi)}{\nu^2\omega^2}}_{Z} \underbrace{-\frac{\cos(2\Omega t - \Psi)}{4\Omega^2}}_{Z'} \Bigg].$$

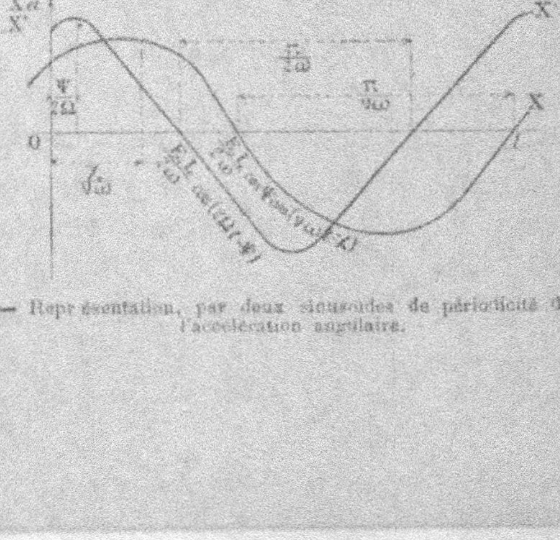

Fig. 249. — Représentation, par deux sinusoïdes de périodicité différente, de l'accélération angulaire.

Les vecteurs Z et Z' sont proportionnels, respectivement, aux vecteurs X et X' et de direction opposée, avec :

$$\frac{1}{\nu^2 \omega^2} \quad \text{et} \quad \frac{1}{4\Omega^2}$$

comme coefficients de proportionnalité.

REMARQUES. — I. *Détermination graphique du maximum de ζ.*

On peut donc déterminer graphiquement le maximum de ζ, angle d'écart de l'alternateur par rapport à sa position moyenne, par la construction des sinusoïdes Z et Z'.

Ces maxima (et minima) correspondent aux racines de la dérivée,

$$K (\omega' - \omega) = 0,$$

c'est-à-dire :

$$\frac{\cos \Psi \sin (\nu \omega t - \chi)}{\nu \omega} + \frac{\sin (2\Omega t - \Psi)}{2\Omega} = 0,$$

ou encore :

$$\sin (\nu \omega t - \chi) + \frac{\nu \omega}{2\Omega \cos \Psi} \sin (2\Omega t - \Psi) = 0,$$

ou enfin :

$$\sin (\nu \omega t - \chi) + \frac{\nu}{2p \cos \Psi} \sin (2\Omega t - \Psi) = 0,$$

équation qu'on peut construire graphiquement : c'est l'intersection de deux sinusoïdes.

II. *Généralisation.*

Nous avons été conduits à admettre la forme simple

$$C_m = \frac{C_0}{2} [1 + \cos (\nu \omega t - \chi)]$$

$$= C_0 \cos^2 \left(\frac{\nu \omega t - \chi}{2} \right)$$

pour le couple moteur.

Dans le cas général, C_m étant une fonction périodique du temps, on pourra écrire :

$$\Gamma = K \frac{d\omega'}{dt} = C_m - c\omega \sin \Omega t \sin (\Omega t - \Psi)$$

en supposant encore :

$$\omega' = -\omega$$

et en prenant toujours comme origine du temps celui correspondant à l'un des zéros de la f.é.m. de l'alternateur.

$C_m(t)$, fonction périodique, pourra se mettre sous la forme suivante (en conservant la notation C_g pour désigner la valeur

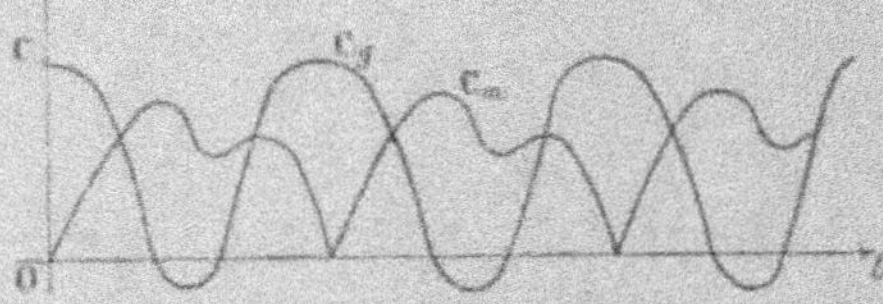

Fig. 250. — Représentation, dans le cas le plus général, des couples générateur et moteur d'un groupe électrogène à courants alternatifs.

moyenne de ce couple, par raison de similitude avec nos précédentes notations) :

$$C_m(t) = \frac{C_0}{2} + \frac{C_2}{2}\cos(\nu\omega t - \chi) + \frac{C_4}{2}\cos(2\nu\omega t - \chi') + \dots$$

forme la plus générale de la fonction périodique bien connue sous le nom de série de Fourier. Nous avons représenté sur la figure 250, C_m et C_g, en les rapportant au même axe des abscisses ; nous voyons en particulier que C_g est à certains moments négatif

(fraction $\frac{\varphi}{\pi}$ de la période, si φ est le décalage entre E et I).

Nous aurons encore :

$$\frac{C_0}{2} = \frac{\varpi\omega}{2}\cos\Psi = \frac{E_0 I_0}{2\omega}\cos\Psi,$$

car l'équation différentielle donnant $K\dfrac{d\omega'}{dt}$ ne doit comprendre que des termes périodiques.

III. *Cas particulier d'un nombre de pôles égal au nombre de coups de piston par tour.*

Dans l'hypothèse simpliste

$$C_m = \frac{C_0}{2}[1 + (\nu\omega t - \chi)],$$

faisons :

$$\nu\omega = 2\Omega,$$

c'est-à-dire :

$$\nu = 2p.$$

Nous aurons alors :

$$K \frac{d(\omega' - \omega)}{dt} = \frac{E_0 I_0}{2\omega} [\cos \Psi \cos \chi \cos 2\Omega t + \cos \Psi \sin \chi \sin 2\omega t$$

$$+ \cos 2\Omega t \cos \Psi + \sin 2\Omega t \sin \Psi],$$

ou bien :

$$K \frac{d(\omega' - \omega)}{dt} = \frac{E_0 I_0}{2\omega} [\cos 2\Omega t \cos \Psi (1 + \cos \chi)$$

$$+ \sin 2\Omega t (\cos \Psi \sin \chi + \sin \Psi)].$$

Posons :

$$\begin{cases} M \cos \sigma = \cos \Psi (1 + \cos \chi), \\ M \sin \sigma = \cos \Psi \sin \chi - \sin \Psi, \end{cases}$$

d'où

$$\begin{cases} M^2 = \cos^2 \Psi (1 + \cos \chi)^2 + (\cos \Psi \sin \chi + \sin \Psi)^2 \\ \operatorname{tg} \sigma = \dfrac{\cos \Psi \sin \chi + \sin \Psi}{\cos \Psi (1 + \cos \chi)} \end{cases}$$

ou enfin, tous calculs faits :

$$\begin{cases} M^2 = 1 + \cos^2 \Psi + 2 \cos \Psi \cos (\Psi - \chi) \\ \operatorname{tg} \sigma = \dfrac{\sin \chi + \operatorname{tg} \Psi}{1 + \cos \chi}. \end{cases}$$

On pourra donc écrire :

$$K \frac{d(\omega' - \omega)}{dt} = \frac{E_0 I_0}{2\omega} M (\cos 2\Omega t \cos \sigma + \sin 2\Omega t \sin \sigma),$$

ou bien :

$$K \frac{d(\omega' - \omega)}{dt} = \frac{E_0 I_0}{2\omega} M \cos(2\Omega t - \sigma),$$

mouvement simplement pendulaire, de période

$$\frac{2\pi}{2\Omega} = \frac{\pi}{\Omega};$$

puis :

$$K (\omega' - \omega) = \frac{M}{2\Omega} \frac{E_0 I_0}{2\omega} \sin (2\Omega t - \sigma),$$

et enfin :

$$K \int (\omega' - \omega) \, dt = - \frac{M}{2\omega} \frac{E_0 I_0}{4\Omega^2} \cos(2\Omega t - \sigma),$$

EXEMPLE. — Données d'un exemple numérique. — Prenons un exemple, se rapprochant du reste au seul point de vue numérique, de celui traité par le professeur Sartori (*Technique des courants alternatifs*, tome II, p. 507) et utilisé par cet auteur pour illustrer les théories de Rosemberg et Görges, relatives à deux ou plusieurs alternateurs couplés en parallèle, théories que nous examinerons plus loin.

Contrairement à l'hypothèse de l'auteur cité plus haut, considérons un seul groupe électrogène constitué par un alternateur monophasé et un moteur à vapeur, groupe défini comme suit :

Moteur à vapeur : compound tandem ;

Alternateur monophasé : 105 t./min.

575 K.V.A. soit 300 K. W. pour $\cos\varphi = 0,8$;

Type à inducteur mobile.

Volant pour régulariser la vitesse, ayant comme moment d'inertie : 80×10^9 gr. masse-cm^2 ; soit 80×10^2 kgr. masse-mètre^2

$$2p = 48 \qquad \mathrm{F} = 42 \text{ périodes.}$$

Tension aux bornes : $\mathrm{U}_{ef} = 2.000^{v}$.

L'intensité de court-circuit correspondant à une charge de 800 K. W. sera quatre fois l'intensité normale.

On fait débiter l'alternateur sur une résistance liquide.

La puissance moyenne du moteur est de 440 HP indiqués.

Le diagramme des couples, ou, ce qui revient au même, des efforts tangentiels sur le bouton de la manivelle, est représenté ci-après (fig. 254).

Nous avons 105 t./min. c'est-à-dire 1,75 t./sec. D'où la durée d'un demi-tour :

$$\frac{1}{2 \times 1,75} = 0^{s},286.$$

Soit environ 1/4 de seconde.

D'autre part, la fréquence 42 correspond à 84 oscillations de la puissance alternative, puisqu'il y a, par seconde, 42 oscillations de la f.é.m. ou du courant. En effet, la puissance est de la forme :

$$\mathrm{P} = \mathrm{E}_0\, \mathrm{I}_0 \sin\Omega t \sin(\Omega t - \Psi),$$

$$\mathrm{P} = -\frac{\mathrm{E}_0 \mathrm{I}_0}{2} \{\cos(2\Omega t - \Psi) - \cos\Psi\},$$

c'est-à-dire de pulsation 2Ω.

Or :

$$\Omega = 2\pi f,$$
$$2\Omega = 2\pi f' = 4\pi f,$$

d'où

$$f' = 2f.$$

Il y a donc bien 84 oscillations par seconde dans la puissance alternative, ce que l'on savait, du reste, *a priori*.

Nous pouvons construire la différence des couples. Nous voyons

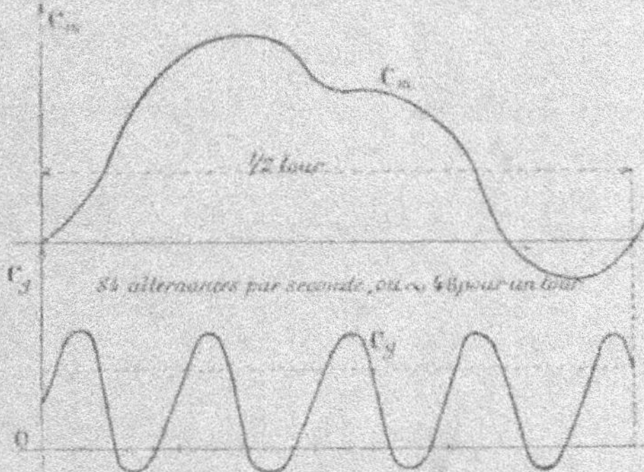

Fig. 251. — Représentations simultanées des couples générateur
et moteur en pratique.

que cette différence va être essentiellement fonction de C_g, lui-même variant rapidement avec le temps (ce que beaucoup d'auteurs négligent), et aussi dépendra de la position relative de la manivelle et du vecteur représentant la f.é.m., en un mot dépendra du calage de la manivelle du moteur.

A. — Hypothèse provisoire.

C_g = Constante.

Si C_g était constant, on pourrait calculer l'écart relatif des vitesses du moteur à vapeur par les formules données dans tous les cours de machines thermiques et particulier dans ceux professés à l'Institut et dans notre *Cours d'Électricité Industrielle* (courants continus, première partie).[1]

[1] *Cours municipal d'Électricité Industrielle*. Geisler, éditeur, à Paris.

On a, en particulier, en appelant ΔW le plus grand excès du travail moteur sur le travail résistant par tour, ou l'excès inverse, la relation :

$$\frac{P}{g} R^2 \omega^2 E = \Delta W. \tag{1}$$

avec :

$$
\begin{cases}
E = \dfrac{\omega_{max} - \omega_{min}}{\omega}, \\[2ex]
\dfrac{P}{g} = \text{masse du volant}, \\[2ex]
R = \text{rayon moyen}.
\end{cases}
$$

On a, de plus, la seconde relation (Voir les tracés classiques du général Morin) [1]

$$\frac{\Delta W}{75 \times P_{nr} \times \dfrac{60}{N}} = \frac{\text{excès max. de trav. dans un tour}}{\text{travail total dans un tour}}. \tag{2}$$

Nous représenterons ici ce rapport par λ.

$$P_{nr} = \text{puissance en HP indiqués},$$
$$N = \text{nombre de tours par minute}.$$

Dans le cas de C_2 constant, nous aurons :

$$N = 105,$$
$$P_{nr} = 440,$$
$$\lambda = 0,50.$$

Cette valeur de λ est supposée déterminée par le tracé du général Morin.

Donc :

$$\Delta W = 0,50 \frac{75 \times P_{nr} \times 60}{N} = 94 \times 10^2$$

qui, porté dans (1), avec :

$$\frac{P}{g} R^2 = 8.000 \text{ kgm}^2$$

donne pour E la valeur numérique

$$E = 0.00972,$$

1. *Cours municipal d'Électricité Industrielle*, t. I, courants continus.

soit pratiquement :

$$E = 0,01.$$

Calculons l'écart relatif de vitesse :

$$\frac{\omega_{max} - \omega_{min}}{2\omega} = \frac{E}{2},$$

soit :

$$\frac{E}{2} = 0,005.$$

Connaissant graphiquement et analytiquement l'expression de l'accélération angulaire $\dfrac{d\omega'}{dt}$, nous pouvons remonter, par intégration, à la valeur de la vitesse :

$$\omega' = \omega_{moy} + \int_{e}^{t} \frac{d(\omega' - \omega)}{dt}\, dt,$$

$$\omega' = \omega_{moy} + \int_{0}^{t} d(\omega' - \omega).$$

Nous pourrons donc calculer point par point l'intégrale ω', et il

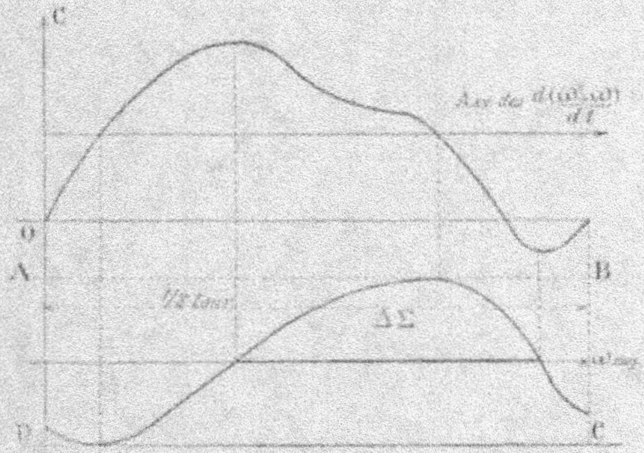

Fig. 232. — Application à un exemple numérique du calcul de l'écart angulaire,
de la vitesse différentielle et de l'accélération angulaire.

est facile de constater que la courbe obtenue est de la forme figurée ci-dessus (fig. 256).

De même, on démontre aisément que ζ_{max} (angle d'écart maximum) est donné, en radians, par l'expression :

$$\zeta_{max} = \pm \pi \frac{E}{2} \frac{\Delta\Sigma}{\text{surf. ABCD}}.$$

$\Delta\Sigma$ représentant l'aire maxima enfermée par la courbe ω et l'ordonnée ω_{moy}.

L'évaluation faite, dans le cas actuel, de la surface $\Delta\Sigma$ donne numériquement :

$$\frac{\Delta\Sigma}{\text{surf. (ABCD)}} = \sim 0,25.$$

Or :

$$\frac{E}{2} = 0,005$$

d'où

$$\zeta_{max} = 180 \times 0,005 \times 0,25 = 0,225.$$

c'est-à-dire que la manivelle, pendant un tour, se décale de

$$\frac{225}{1.000} \text{ de degré}$$

par rapport à la manivelle théorique.

L'alternateur ayant 24 champs polaires, nous savons que l'écart angulaire maximum électrique, est donné par la formule (décalage du vecteur instantané dans le diagramme électrique) :

$$\delta_{max} = p\zeta_{max} = 24 \times 0,225 = 5,40.$$

REMARQUE. — L'étude faite précédemment nous donnerait sans ambiguité la loi du mouvement d'un moteur à vapeur attelé à une dynamo à courant continu C_g étant lié à la vitesse par la relation :

$$C_g = \frac{(N n \Phi_p)^2}{2\pi R N}$$

mais s'écartant très peu de sa valeur moyenne, car les oscillations de vitesse sont faibles. Le cas d'un alternateur est beaucoup plus complexe.

B. — Cas général.

C_g variable.

Alors, nous aurons, le couple résistant étant variable :

$$C_g = \frac{E_0 I_0}{2\pi N} \cos\Omega t \cos(\Omega t - \Psi).$$

Par le graphique ci-dessous (fig. 253), on voit comment se modifient nos conclusions lorsqu'on tient compte de la variabilité du couple résistant de l'alternateur.

Au point de vue graphique, on remarquera que la courbe

$$Y = C_m - (C_g)_{moy}$$

ne peut plus servir que d'indication générale pour l'allure du phénomène, ladite courbe étant dentelée par l'introduction de la différence :

$$C_g - (C_g)_{moy}.$$

On peut encore écrire évidemment :

$$K \frac{d\omega'}{dt} = C_m - C_g = [C_m - (C_g)_{moy}] + [(C_g)_{moy} - C_g]$$

cela revient donc, pour avoir $C_m - C_g$, à construire la courbe $[C_m - (C_g)_{moy}]$ et à ajouter à ses ordonnées la différence :

$$(C_g)_{moy} - C_g,$$

ou encore à retrancher :

$$- [C_g - (C_g)_{moy}].$$

Soit :

$$Y = C_m - (C_g)_{moy}$$
$$Y' = C_g - (C_g)_{moy}$$
$$Z = Y - Y' = C_m - C_g.$$

Prenons des exemples empruntés à la figure 253 :

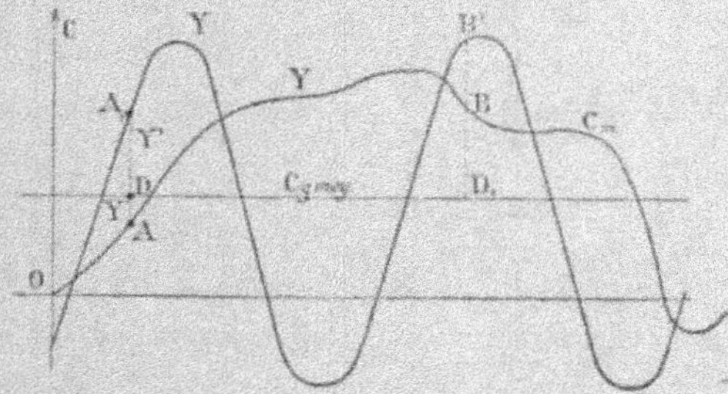

Fig. 253. — Application à un exemple numérique du calcul de l'écart angulaire, de la vitesse différentielle et de l'accélération angulaire.

Pour le point D, en particulier, $Y > 0$, $Y' < 0$, $K \dfrac{d\omega'}{dt}$ est négatif et a pour valeur absolue :

$$[DA_1 + DA].$$

Il suffit donc de retrancher algébriquement Y' de Y pour avoir Z.

Nous aurions au contraire pour le point D_1, en valeur absolue :

$$Z = D_1 B - D_1 B'$$

donc $Z < 0$, et ainsi de suite.

La courbe définitive est donc celle des $C_m - C_{g\,moy}$, à partir de laquelle on porte, pour chaque point, la valeur de Y' avec son signe.

Cette courbe, facile à construire, a évidemment, aux oscillations rapides près de la fréquence de l'alternateur, la forme de :

$$C_m - C_{g\,moy}$$

mais elle est très dentelée par ces oscillations [1].

On obtient ainsi la figure ci-après (fig. 251). En vertu de la périodicité vingt-quatre fois plus grande de la fréquence électrique par rapport à la fréquence mécanique, la courbe médiane

$$- C_m - (C_g)_{moy}$$

donnera à peu près l'allure du phénomène.

Mais, dans l'intervalle d'une période, le couple d'accélération

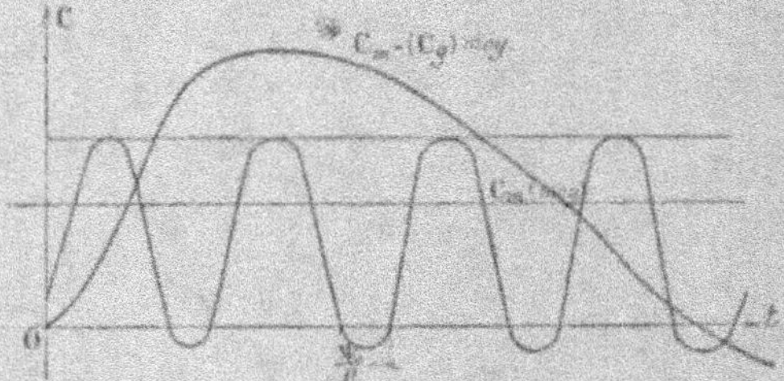

Fig. 251. — Application à un exemple numérique du calcul de l'écart angulaire, de la vitesse différentielle et de l'accélération angulaire.

angulaire, à certains moments, pourra avoir une valeur bien supérieure à celle que fournit cette courbe.

Les circonstances les plus défavorables, c'est-à-dire celles correspondant au maximum d'irrégularité, correspondront évidemment au cas où l'écart

$$[C_m - C_{g\,moy}]_{max} = C_{m\,max} - C_{g\,max}$$

aura lieu en même temps que l'écart maximum :

$$[C_m - C_{g\,moy}]_{max} = C_{m\,max} - C_{m\,moy}$$

[1]. L'amplitude des oscillations de C_g dépasse, dans la plupart des cas, la valeur maxima de C_m, le couple générateur C_g pouvant être négatif ($\Psi < 0$).

qui s'ajoutera au premier. Or, on peut adopter pour C_g la forme suivante[1] :

$$C_g = \frac{E_0 I_0}{2\pi N} \left[\cos \Omega t \cos (\Omega t - \Psi)\right]$$

$$C_g = \frac{E_0 I_0}{4\pi N} \times 2\cos \Omega t \cos (\Omega t - \Psi)$$

$$C_g = \frac{E_0 I_0}{4\pi N} \left[\cos \Psi + \cos (2\Omega t - \Psi)\right].$$

Pour

$$(2\Omega t - \Psi) = 2K\pi,$$

on aura :

$$C_{g\,max} = \frac{E_0 I_0}{4\pi N} \left[1 + \cos \Psi\right].$$

Donc :

$$[C_g - C_{g\,moy}]_{max} = C_{g\,max} - \frac{E_0 I_0}{4\pi N} \cos \Psi$$

$$[C_g - C_{g\,moy}]_{max} = \frac{E_0 I_0}{4\pi N} \left[1 + \cos \Psi - \cos \Psi\right]$$

$$= \frac{E_0 I_0}{4\pi N} = \frac{C_{g\,moy}}{\cos \Psi}.$$

On voit par conséquent que l'écart maximum

$$(C_g - C_{g\,moy})_{max}$$

peut être accru à certains moments de l'écart propre dû à l'alternateur, d'où un écart total :

$$C_{a\,max} - C_{g\,moy} + \frac{C_{g\,moy}}{\cos \Psi}$$

Ou enfin, puisque cet écart peut s'écrire :

$$C_{a\,max} + C_{g\,moy} \left[\frac{1}{\cos \Psi} - 1\right]$$

et, en posant :

$$\operatorname{tg} \frac{\Psi}{2} = t$$

$$\cos \Psi = \frac{1 - t^2}{1 - t^2}$$

$$\frac{1}{\cos\Psi} - 1 = \frac{1+i^2}{1-i^2} - 1$$

$$\frac{1}{\cos\Psi} - 1 = \frac{2i^2}{1-i^2} = \frac{2\operatorname{tg}^2\frac{\Psi}{2}}{1-\operatorname{tg}^2\frac{\Psi}{2}}$$

Nous aurons, pour l'écart total

$$C_{\omega\,max} + C_{g\,moy}\,\frac{2\operatorname{tg}^2\frac{\Psi}{2}}{1-\operatorname{tg}^2\frac{\Psi}{2}}.$$

Augmentation d'accélération angulaire, dans le cas d'un alternateur, par rapport au cas d'une dynamo à courant continu. — L'accroissement relatif des accélérations angulaires acquises,

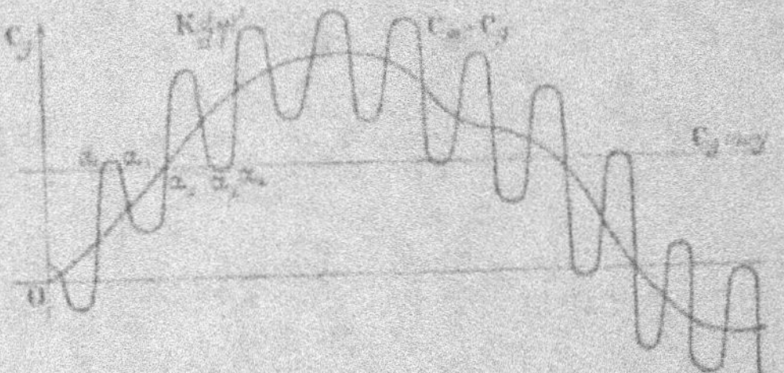

Fig. 235. — Influence sur l'écart angulaire maximum de la forme variable du couple générateur.

toutes choses égales, par les deux groupes, sera, en désignant cette quantité par z_i,

$$z_i = \frac{C_{\omega max} + C_{g moy}\dfrac{1-\cos\Psi}{\cos\Psi} - C_{\omega max} + C_{g moy}}{C_{\omega max} - C_{g moy}},$$

ou encore

$$z_i = \frac{C_{g moy}\dfrac{1+\cos\Psi}{\cos\Psi} + C_{g moy}}{C_{\omega max} - C_{g moy}}$$

$$z_i = \frac{C_{g max}}{[C_{\omega max} - C_{g moy}]\cos\Psi}.$$

Pour un moteur déterminé, on connaît, d'après le diagramme

de son couple en fonction des angles décrits par le bouton de manivelle :

$$(C_{q\,max} - C_{q\,moy}).$$

Soit :

$$C_{q\,max} - C_{q\,moy} = a C_{q\,moy}$$

avec $a < 1$.

Nous aurons une augmentation d'accélération angulaire :

$$\frac{C_{q\,moy}}{a \cos \Psi \, C_{q\,moy}} = \frac{1}{a \cos \Psi}$$

Application. — Dans le cas qui nous occupe, nous avons, d'après le diagramme :

$$C_{max} = 2 C_{q\,moy}.$$

alors

$$a = 1.$$

Donc l'augmentation relative de l'accélération angulaire est ici $\frac{1}{\cos \Psi}$, soit en particulier 1 quand

$$\cos \Psi = 1.$$

Ainsi, dans le cas le plus favorable d'un alternateur débitant sur un réseau dont le facteur de puissance est égal à 1, l'accélération angulaire est doublée.

Conséquences. — Les dentelures de la courbe $\frac{K \, d\omega'}{dt}$ correspondant à une demi-période de l'alternateur, couperont toutes en général l'axe de $C_{q\,moy}$. En d'autres termes, dans chacun des inter-

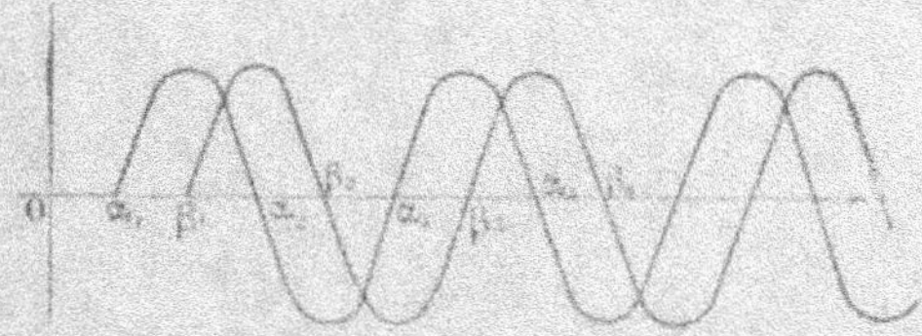

Fig. 226. — Formes sinusoïdales approchées des accélérations angulaires et écarts angulaires.

valles $z z_1$, $z_1 z_2$, $z_2 z_3$,.... etc. de grandeurs variables, l'accélération angulaire variera (fig. 235).

Aux zéros de cette accélération correspondront les maxima et minima de $(\omega' - \omega)$.

Nous pouvons intégrer graphiquement dans l'intervalle l'expression précédente, ainsi que nous l'avons indiqué précédemment.

On peut, pour simplifier, assimiler dant chaque intervalle $z_1\, z_2$ de $\dfrac{K\, d\omega'}{dt}$, les courbes à des sinusoïdes. Il en résultera pour $K\,(\omega' - \omega)$ des courbes d'ordonnées proportionnelles, mais en quadrature, constituées aussi par des arcs de sinusoïdes, différentes pour chaque intervalle $z_1\, z_2$ [1].

---

[1]. On consultera avec intérêt les fascicules 38 et 39 de l'Encyclopédie électrotechnique relativement à l'accroissement relatif des oscillations des alternateurs couplés sur un réseau par le fait de la variabilité de leur couple avec le temps.

[Régulation des groupes électrogènes].

COUPLAGE DES ALTERNATEURS
(Suite.)

ÉTUDE GÉNÉRALE
DES DIVERS MODES DE COUPLAGE DES ALTERNATEURS
PHÉNOMÈNES
DE SYNCHRONISATION DANS LE COUPLAGE EN PARALLÈLE

Nécessité d'un couplage.

Une question se pose, pour les alternateurs, analogue à celle que nous avons étudiée dans le cas des machines à courants continus.

Pour un réseau réclamant une puissance, ou très variable, ou très considérable, il y a lieu de se demander si l'on ne peut pas

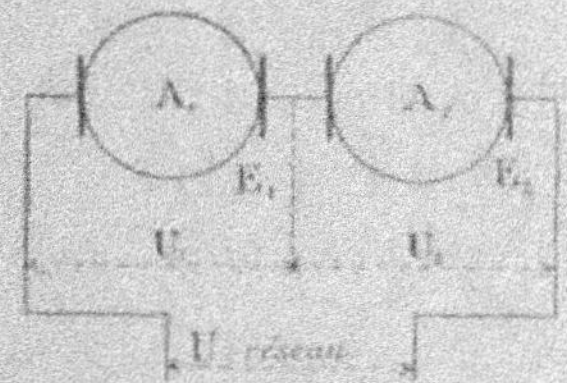

Fig. 257. — Couplage de deux alternateurs en série (pratiquement impossible).

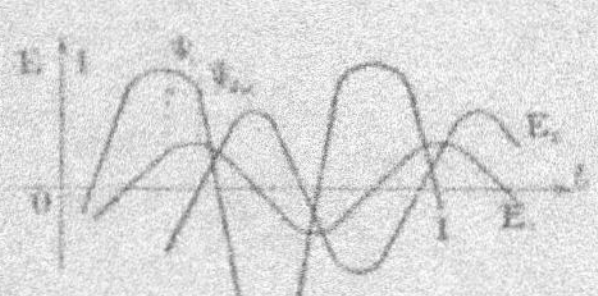

Fig. 258. — Couplage en série de deux alternateurs (théoriquement impossible); situations respectives des f.é.m. et des courants.

associer ces machines en série ou en parallèle, de manière à satisfaire aux demandes d'énergie dans les conditions les plus économiques.

COUPLAGE EN SÉRIE

Généralités.

Soient E_1 E_2 les f. é. m. de deux alternateurs A_1 A_2 couplés en série. Elles ne sont pas nécessairement en phase, c'est-à-dire que, si l'on rapporte à la position d'un index mobile avec les alternateurs, les valeurs du courant I et des f. é. m. E_1, E_2, et si l'on considère, pour chacun des alternateurs, à un instant donné, les vecteurs,

$$E_1 = OC, \qquad E_2 = CF,$$

le courant I sera décalé par rapport à E_1 d'un angle θ_1, et par rapport à E_2 d'un angle θ_2 (fig. 259).

Le diagramme classique nous donnera :

$$U_{1\,\text{eff}} \qquad \text{et} \qquad U_{2\,\text{eff}},$$

tensions aux bornes de chacune des unités, et U_{eff} tension aux

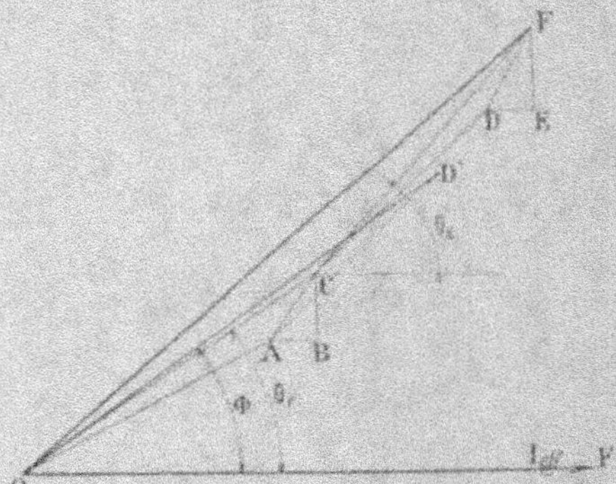

Fig. 259. — Couplage en série de deux alternateurs ; diagramme de fonctionnement.

bornes de l'ensemble des deux machines, enfin : $I_{\text{eff}}r$, chute de tension dans chacun des alternateurs supposés identiques.

Un tel couplage est instable. — C'est-à-dire que, des deux fractions de la puissance totale, celle assurée par la machine en avance décroîtra à mesure que l'avance croîtra, et inversement pour la machine en retard.

Il y a donc instabilité : l'avance croîtra spontanément pour l'une, puisque le moteur qui l'entraîne aura à fournir, pour un régime donné de l'admission, une puissance de plus en plus petite, et ce sera l'inverse pour l'autre machine.

La conséquence de ce qui précède est donc la tendance à l'opposition de phase et à la destruction de toute puissance.

Formons en effet les expressions des puissances moyennes, P_{1moy} et P_{2moy}, fournies par chacun des deux alternateurs :

$$P_1 = E_{1\,eff}\,I_{1\,eff}\cos\theta_1,$$
$$P_2 = E_{2\,eff}\,I_{2\,eff}\cos\theta_2.$$

Dans le cas actuel :

$$I_{1\,eff} = I_{2\,eff}$$

et nous supposerons que

$$E_{1\,eff} = E_{2\,eff}.$$

On a donc :

$$P_{1moy} = K\cos\theta_1, \qquad P_{2moy} = K\cos\theta_2,$$

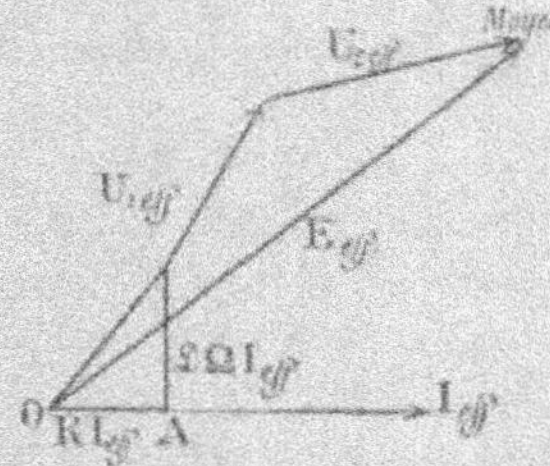

Fig. 260. — Diagramme simplifié du couplage en série de deux alternateurs.

K étant une constante. La puissance P_{1moy} diminue donc quand θ_1 croît, et P_{2moy} augmente quand θ_2 décroît.

REMARQUE. — Cependant, dans le cas où I serait décalé en avant de E_1 et de E_2, il y aurait stabilité (circuit extérieur présentant une grande capacité). Mais ce cas ne se présente jamais en pratique.

On ne peut donc pas pratiquement, coupler des alternateurs en série. — Ce serait, du reste, une complication inutile, car cette application serait surtout intéressante pour la production des hautes tensions [1]. Or, dans ce cas, l'emploi des transformateurs élévateurs de tension est tout indiqué.

---

1. Le couplage en série est utilisé en courant continu pour la production des hautes tensions, 60 000 à 120 000 volts (Thury).

REMARQUE. — Une dernière remarque à ce sujet. Nous venons de voir que la puissance à fournir par l'alternateur en retard était plus considérable que celle de l'alternateur en avance. *Si le moteur mécanique n'a pas de régulateur*, cette condition est impossible à réaliser, car les caractéristiques mécaniques de moteurs mécaniques sont toujours des courbes plus ou moins analogues à celles représentées ci-contre (fig. 264). Une loi domine l'ensemble de la question, savoir : diminution du couple quand la vitesse augmente. Si le moteur est pourvu d'un régulateur, on peut, et c'est en fait un problème d'un intérêt purement théorique, établir pour le régulateur une loi de fonctionnement telle qu'il augmente l'admission (donc C_m) quand la

Fig. 264. — Formes générales des caractéristiques mécaniques de moteurs (décroissance du couple quand la vitesse croît, pour une admission constante.)

vitesse croît. Avec deux ou trois alternateurs de capacité double (ou triple) de celle nécessaire, on peut donc arriver à décharger l'un d'eux qui fonctionne alors comme moteur synchrone à vide (en opposition) de phase avec le premier au détriment de l'autre (ou des autres) à qui incombe toute la charge.

Mais c'est là un pur jeu expérimental, sans aucune portée pratique.

COUPLAGE EN PARALLÈLE

Généralités. — Ce problème est d'une extrême complica-

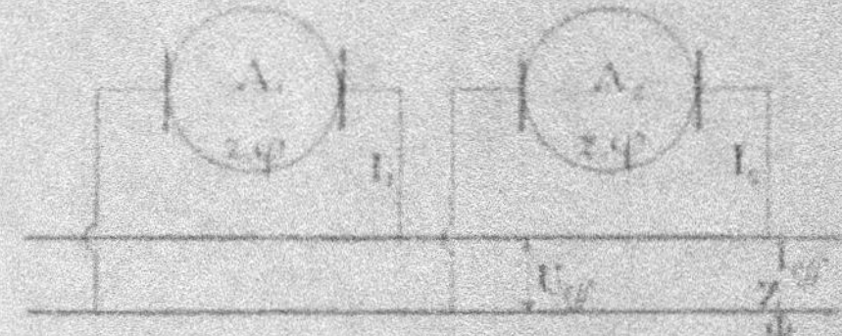

Fig. 262. — Couplage en parallèle de deux alternateurs.

tion : il doit cependant être traité dans toute sa généralité, car toute solution à hypothèses restrictives serait sans intérêt.

Tracé du diagramme. — Soient deux alternateurs identiques A_1, A_2, de même f.é.m.

$$E_{1\,\mathrm{eff}} = E_{2\,\mathrm{eff}}$$

d'impédance z et de décalage respectif donnés, travaillant sur un réseau d'impédance Z et de décalage Φ donnés.

Supposons le problème résolu, c'est-à-dire le diagramme tracé. Soit

$$OB = U_{\text{eff}} ;$$

$OK = RI_{\text{eff}}$ donne la direction de I_{eff}.

$BD_1 = zI_{1\,\text{eff}} = $ chute de tension dans l'alternateur A_1,
$BD_2 = zI_{2\,\text{eff}} = \quad\quad — \quad\quad — \quad\quad — \quad\quad A_2$.

Dans le diagramme figurent z_1 et z_2, angles de E_1 et de E_2 avec U, c'est-à-dire le décalage entre les f.é.m. et la tension aux bornes.

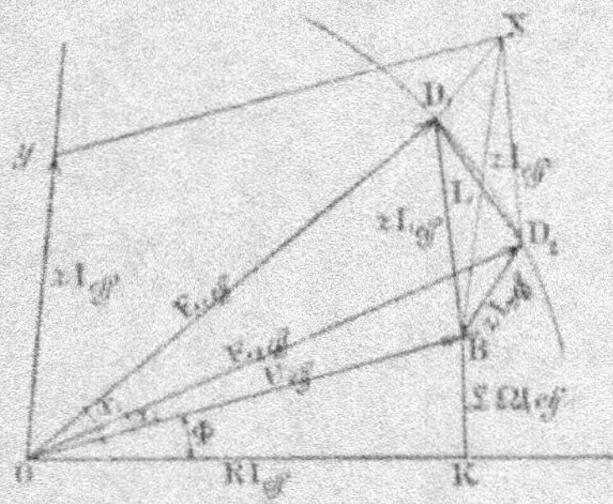

Fig. 263. — Diagramme général du couplage de deux alternateurs en parallèle.

Si, au lieu de deux alternateurs, nous n'en considérions qu'un, nous aurions le diagramme suivant, dans lequel figurerait l'angle z_{max} de E par rapport à U (fig. 264 et 265).

On retrouve le diagramme de fonctionnement fréquemment étudié.

Si nous avions deux alternateurs en parallèle avec f.é.m. en phase, le diagramme serait le suivant, (fig. 266).
Comme les courants $I_{1\,\text{eff}}$ et $I_{2\,\text{eff}}$, fournis par chacun d'eux, sont égaux, chacun subit la chute de tension :

$$zI_{1\,\text{eff}} = zI_{2\,\text{eff}} = \frac{1}{2} zI_{\text{eff}}.$$

S'il n'y avait qu'un seul alternateur, la chute de tension BD' aurait été deux fois plus forte, et par conséquent

$$E_{\text{eff}} > E_{1\,\text{eff}}.$$

(Résultat déjà signalé pour des groupes de dynamos accouplées, dans le cas des courants continus).

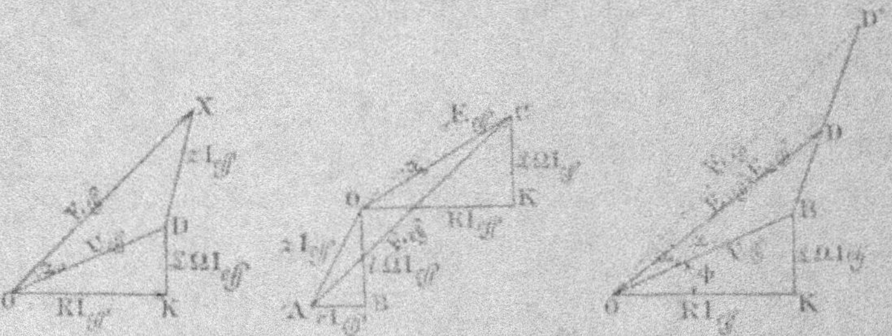

Fig. 264 et 265. — Comparaison des diagrammes de fonctionnement sur un réseau d'un alternateur unique et de deux alternateurs couplés en parallèle.

Fig. 266. — Diagrammes comparés du fonctionnement sur un réseau d'un alternateur unique et de deux alternateurs couplés en parallèle.

REMARQUE. — Ceci posé, nous voyons que, pour les deux alternateurs, définir z_1 et z_2, ou définir z, angle de U_{eff} avec $E_{1eff} = E_{2eff}$, quand les deux machines sont en phase, et

$$\theta = x_1 - x_2$$

écart des deux machines, revient au même.

Nous prendrons comme données :

$$\begin{cases} E_{1eff} = E_{2eff} \\ z_1 \qquad z_2 \end{cases} \qquad \begin{cases} \varphi & z \\ \Phi & Z \end{cases}$$

Le problème revient à calculer :

$$U_{eff}, \quad I_{1eff}, \quad I_{2eff}, \quad I_{eff}.$$

Si l'on a $E_{1eff} \gtrless E_{2eff}$, le diagramme est à peine différent, et pas beaucoup plus compliqué.

On voit que, une fois en possession de ces données, la seule connaissance du point B permettrait d'achever le diagramme (fig. 263). Or nous connaissons I_{eff} en direction. C'est OK ; I_{eff} est en outre la résultante de I_{1eff} et I_{2eff}, décalés respectivement d'un angle φ en arrière de BD_1 et BD_2. Faisons donc tourner I_{1eff} et I_{2eff} d'un angle φ dans le sens direct. Nous retombons sur BD_1 BD_2 ; quant à I_{eff}, il a pour nouvelle direction une droite OY faisant avec OK l'angle φ, ou bien avec OB l'angle $\varphi - \Phi$.

Du reste, la diagonale BX du parallélogramme construit sur BD_1 et BD_2 comme côtés, a pour valeur $z I_{eff}$, et elle est parallèle à OY qui a une direction fixe. Le problème est donc résolu en traçant par le point L, milieu de $D_1 D_2$, la parallèle BX, à OY, c'est-à-dire faisant l'angle φ avec OK.

On tracera donc OK, puis OB faisant un angle Φ avec OK, puis :

$$OD_1 = E_{1\,\text{eff}}, \qquad OD_2 = E_{2\,\text{eff}}$$

faisant avec OA les angles α_1 et α_2. On mènera OY faisant l'angle φ avec OK, et par L, une parallèle à OY, qui coupera OB au point B.

En projetant B sur OK, on aura K. Joignant BD_1, BD_2, on aura le diagramme complet, c'est-à-dire

$$U_{\text{eff}}, \quad I_{1\,\text{eff}}, \quad I_{2\,\text{eff}}, \quad I_{\text{eff}}.$$

ÉTUDE DE LA STABILITÉ DU SYSTÈME

Cherchons l'expression des puissances $P_{1\,\text{moy}}$, $P_{2\,\text{moy}}$ fournies par chaque machine.

$$P_{1\,\text{moy}} = E_{1\,\text{eff}} I_{1\,\text{eff}} \cos [E_{1\,\text{eff}}, I_{1\,\text{eff}}],$$

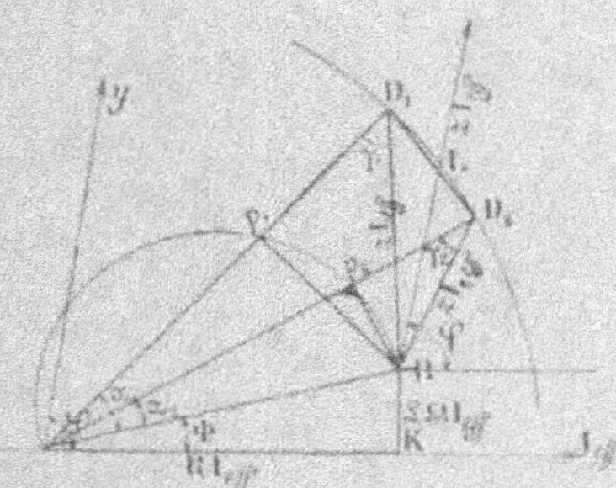

Fig. 267. — Couplage de deux alternateurs en parallèle. — Diagramme général de fonctionnement.

et comme :

$$[E_{1\,\text{eff}}, I_{1\,\text{eff}}] = \gamma_1 - \varphi_1$$

au moins en valeur absolue,

$$P_{1\,\text{moy}} = E_{1\,\text{eff}} I_{1\,\text{eff}} \cos (\gamma_1 - \varphi).$$

Pratiquement φ est très voisin de $\dfrac{\pi}{2}$ (85° en général). Pour simplifier, prenons la valeur approchée, $\dfrac{\pi}{2}$.

Nous aurons :

$$P_{1\,moy} = E_{1\,eff}\, I_{1\,eff} \sin \gamma_1 = K\, \overline{B p_1},$$

K étant une constante. De même :

$$P_{2\,moy} = E_{2\,eff}\, I_{2\,eff} \sin \gamma_2 = K\, \overline{B p_2},$$

puisque nous supposons :

$$E_{1\,eff} = E_{2\,eff} \quad \text{et} \quad \alpha_1 = \alpha_2.$$

On voit donc que :

1° $$P_{1\,moy} > P_{2\,moy},$$

2° Si α_1 croît, P_{1moy} croît aussi, car pour U_{eff} donné, le lieu de p_1 et de p_2 est un cercle de diamètre OB.

Il en est de même évidemment pour α_2. Donc l'équilibre est stable.

Effet synchronisant. — Les puissances P_1 et P_2 instantanées, fournies au réseau par chaque alternateur, sont :

$$\begin{cases} P_1 = E_1 I_1, \\ P_2 = E_2 I_2. \end{cases}$$

Posons, en supposant l'alternateur A_1 le plus chargé,

$$\begin{cases} I_R = I_1 + I_2, \\ I_s = I_1 - I_2, \end{cases}$$

et cherchons I_1 et I_2 en fonction de I_R et I_s :

$$I_1 = \frac{I_R + I_s}{2},$$

$$I_2 = \frac{I_R - I_s}{2}.$$

Introduisons ces valeurs dans P_1 et dans P_2.

$$\begin{cases} P_1 = E_1 I_1 = E_1 \dfrac{I_R + I_s}{2}, \\ P_2 = E_2 I_2 = E_2 \dfrac{I_R - I_s}{2}. \end{cases}$$

Ce procédé de décomposition permet de considérer les puissances fournies par chaque alternateur comme divisibles en deux parts : la puissance fournie au réseau :

$$\frac{E_1 I_E}{2} \quad \text{et} \quad \frac{E_2 I_E}{2}$$

et la puissance différentielle :

$$\frac{E_1 (I_1 - I_2)}{2} \quad \text{et} \quad \frac{E_2 (I_1 - I_2)}{2}.$$

Cette décomposition peut être rendue encore plus intuitive de la manière suivante.

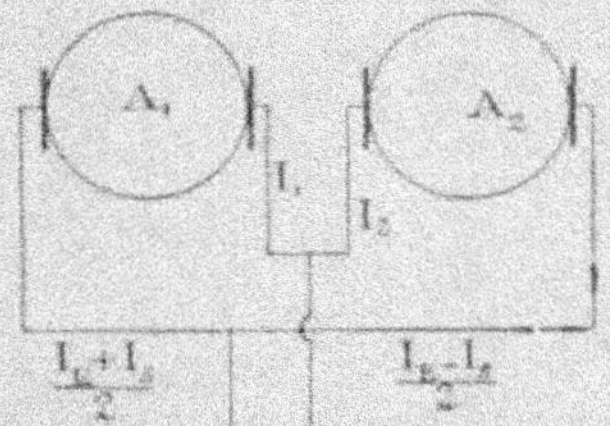

Fig. 268. — Couplage de deux alternateurs en parallèle. — Schéma du couplage. Constitution du courant synchronisant.

Écrivons l'expression ci-dessous, pour la puissance fournie au réseau par le premier alternateur, savoir :

$$P_1 = E_1 I_1 = E_1 \frac{I_1 + I_2}{2} + E_1 \frac{I_1 - I_2}{2}.$$

De même, pour le deuxième alternateur :

$$P_2 = E_2 I_2 = E_2 \frac{I_1 + I_2}{2} - E_2 \frac{I_1 - I_2}{2},$$

ce qui revient à décomposer la puissance fournie par chaque alternateur en deux parts : l'une fournie au réseau, avec contribution pour chaque alternateur de la moitié du courant total, l'autre fournie en plus par A_1 et reçue par A_2.

En supposant les deux alternateurs uniquement réactants, on peut écrire, d'une manière très suffisamment approchée

$$E_1 - l \frac{dI_1}{dt} = E_2 - l \frac{dI_2}{dt} = U,$$

ou encore :

$$E_1 - E_2 = l \left[\frac{dI_1}{dt} - \frac{dI_2}{dt} \right].$$

Cette relation, établie par combinaison des deux équations obtenues par l'application de la loi d'Ohm aux deux portions de circuits d'alternateurs branchés sur la différence de potentiel U, permet donc de considérer le courant :

$$I_1 - I_2$$

comme dérivant d'une f.é.m. fictive :

$$E_1 - E_2.$$

On peut donc admettre, par un mécanisme semblable à celui adopté dans la première partie de ce cours (courants continus) pour expliquer d'une manière simple le fonctionnement des moteurs, que l'alternateur A_1 est le siège du courant :

$$I_1 = \frac{I_g + I_s}{2},$$

avec :

$$\begin{cases} I_g = I_1 + I_2 \\ I_s = I_1 - I_2 \end{cases}$$

que l'alternateur A_2 est le siège du courant :

$$I_2 = \frac{I_g - I_s}{2}$$

et, par conséquent, que l'alternateur A_2 est parcouru par les deux courants de sens contraire I_g et I_s.

Ce courant moteur I_s, agissant sous la différence de potentiel $E_1 - E_2$, pour communiquer à A_2 un complément d'énergie motrice (mais I_s étant algébriquement annulé par une portion de I_g égale et de signe contraire traversant les enroulements), on peut admettre :

1° Que chaque alternateur fournit respectivement la puissance de réseau :

$$E_1 \frac{I_g}{2}, \quad E_2 \frac{I_g}{2}.$$

2° Que l'alternateur en avance fournit en outre la puissance

$$E_1 \frac{I_s}{2} = E_1 \frac{I_1 - I_2}{2},$$

que l'autre reçoit sous forme de puissance motrice :

$$E_2 \frac{I_s}{2} = E_2 \frac{I_1 - I_2}{2}.$$

De même, dans une transmission d'énergie d'une génératrice à un moteur, la source fournit la puissance : UI_m perçue par le moteur sous la forme $E'I_m$ (puissance théoriquement transformable).

Représentation du courant synchronisant. — Le courant I_s est dit courant synchronisant (à cause de son rôle spécial).

Revenons à la figure 267.

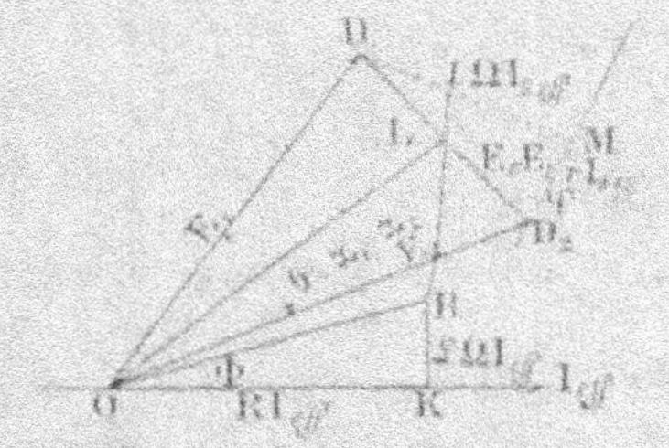

Fig. 269. — Couplage de deux alternateurs en parallèle. Tracé du courant synchronisant.

Posons

$$\alpha_1 - \alpha_2 = \theta.$$

On a évidemment, les deux alternateurs étant supposés identiques :

$$E_0 \cos(\Omega t + \theta) = rI_1 + l\frac{dI_1}{dt} + R(I_1 + I_2) + \mathcal{L}\frac{d(I_1 + I_2)}{dt},$$

$$E_0 \cos\Omega t = rI_2 + l\frac{dI_2}{dt} + R(I_1 + I_2) + \mathcal{L}\frac{d(I_1 + I_2)}{dt}.$$

Donc :

$$\begin{cases} E_0 \cos(\Omega t + \theta) - E_0 \cos\Omega t = r(I_1 - I_2) + l\dfrac{dI_1 - dI_2}{dt}, \\ E_0 \cos(\Omega t + \theta) + E_0 \cos\Omega t = (r + 2R)(I_1 + I_2) + (l + 2\mathcal{L})\, d\dfrac{I_1 + I_2}{dt}. \end{cases}$$

Posons, comme précédemment :

$$I_s = I_1 - I_2,$$
$$I_e = I_1 + I_2,$$

il vient :

$$-2E_0 \sin\frac{2\Omega t + \theta}{2} \sin\left(\frac{\theta}{2}\right) = rI_s + l\frac{dI_s}{dt},$$

$$2E_0 \cos\frac{2\Omega t + \theta}{2} \cos\frac{\theta}{2} = (r + 2R)I_e + (l + 2\mathcal{L})\frac{dI_e}{dt}.$$

Les deux expressions ci-dessus peuvent s'écrire de la manière suivante :

$$2E_0 \cos\left(\Omega t + \frac{\theta}{2} + \frac{\pi}{2}\right) \sin\frac{\theta}{2} = r I_s + l\,\frac{dI_s}{dt},$$

$$2E_0 \cos\left(\Omega t + \frac{\theta}{2}\right) \cos\frac{\theta}{2} = (r + 2R)\,I_g + (l + 2c)\,\frac{dI_g}{dt}.$$

On a immédiatement I_s en grandeur et en direction sur la figure 269.

On a de même :

$$OL = \frac{1}{2}(E_1 + E_2)_{\text{eff}}$$

Donc on peut construire OL, somme géométrique de

$$(r + 2R)\,I_{g\,\text{eff}}$$

et de

$$(l + 2c)\,\Omega I_{g\,\text{eff}}.$$

OB représente du reste la tension U_{eff} et BL la chute de tension $zI_{g\,\text{eff}}$ de l'alternateur de capacité double, assurant le même service et donnant la même tension U_{eff} aux bornes.

Force électromotrice de synchronisation et courant synchronisant. — Nous avons vu précédemment que l'on pouvait considérer le courant synchronisant I_s comme dérivant fictivement de la force électromotrice $E_s = E_1 - E_2$ d'après la relation :

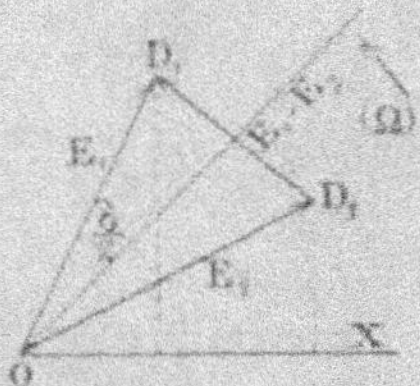

Fig. 270. — Couplage de deux alternateurs en parallèle. Tracé du courant synchronisant et de la f.é.m. de synchronisation.

$$E_1 - E_2 = l\,\frac{d(I_1 - I_2)}{dt} = l\,\frac{dI_s}{dt}.$$

Là doit s'arrêter l'analogie, et l'on ne peut continuer à traiter cette équation comme nous l'avons fait pour les quantités sinusoïdales, et notamment lui appliquer la méthode des diagrammes tournants; E_1 et E_2 changent de situation dans le diagramme même, celui-ci tournant d'une pièce avec la vitesse angulaire ω (ou Ω, si p, nombre de paires de pôles, n'est pas égal à 1).

Nous savons en effet que les alternateurs se balancent de part et d'autre de leur position moyenne, leur situation par rapport à un vecteur tournant représentant cette position moyenne étant définie par un angle $\frac{\delta}{2}$, auquel correspond une portion de circonférence, sur le diagramme de vitesse Ω, donnée par

$$\frac{\delta}{2} = \frac{\mu\zeta}{2}.$$

L'équation rigoureusement exacte en valeur instantanée :

$$E_1 - E_2 = l\left(\frac{dI_1}{dt} - \frac{dI_2}{dt}\right)$$

ne saurait être écrite en valeur efficace :

$$(E_1 - E_2)_{\text{eff}} = l\,\Omega\,(I_1 - I_2)_{\text{eff}}$$

qui suppose essentiellement l'unipériodicité de la fonction; du reste, l n'a pas la même valeur pour les deux f.é.m., qui ne sont pas de même fréquence.

Le développement de Fourier peut seul nous permettre de donner à la formule précédente, par une généralisation algébrique, une portée suffisante.

Soit τ la périodicité des balancements que nous supposerons (nous le justifierons après) de forme sinusoïdale en fonction du temps; nous pourrons écrire, dans le diagramme général considéré comme fixe :

$$[E_1 - E_2] = [E_1 - E_2]_{\text{max}}\,\sin\left(\frac{2\pi t}{\tau}\right)$$

et, en supposant que ce diagramme est animé d'une vitesse Ω, nous aurons, comme projection de la quantité $E_1 - E_2$ sur un axe fixe X (fig. 270), avec une origine des temps arbitraire :

$$(E_1 - E_2)_X = (E_1 - E_2)_{\text{max}}\,\sin\frac{2\pi t}{\tau}\,\cos\left(\Omega t + \frac{\pi}{2} - \chi\right);$$

en posant :

$$\begin{cases} \chi' = \dfrac{\pi}{2} - \chi \\ \mu = \dfrac{2\pi}{\tau}, \end{cases}$$

enfin, en remarquant qu'on peut écrire :

$$\mu t = \zeta,$$

nous pourrons donner à l'expression précédente la forme :

$$(E_1 - E_2)_x = \frac{(E_1 - E_2)_{max}}{2} \left\{ \sin\left[(\mu + \Omega)t + \chi'\right] + \sin\left[(\mu - \Omega)t - \chi'\right] \right\};$$

ou encore :

$$(E_1 - E_2)_x = \frac{1}{2}(E_1 - E_2)_{max} \left[\sin(\Omega t + \zeta + \chi') - \sin(\Omega t - \zeta + \chi') \right];$$

ou, en appelant ζ_0 l'angle maximum de l'écart :

$$(E_1 - E_2)_x = \frac{1}{2}(2 E \sin \zeta_0) \left[\sin(\Omega t + \zeta + \chi') - \sin(\Omega t - \zeta + \chi') \right].$$

Rigoureusement, une fois calculé

$$E_1 - E_{2 \, max} \qquad \text{c'est-à-dire} \qquad E_0 \sin \zeta_0,$$

(et nous verrons qu'on calcule assez facilement $\zeta_0 = \zeta_{max}$), on pourra tracer les deux diagrammes ci-dessous (fig. 271 et 272).

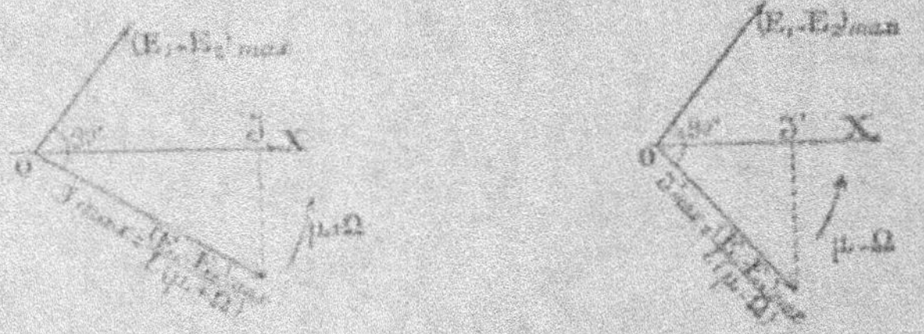

Fig. 271 et 272 — Couplage en parallèle de deux alternateurs. Représentation bivectorielle de la f.é.m. synchronisante et du courant synchronisant.

Ces diagrammes tournent avec les vitesses respectives

$$(\mu + \Omega) \qquad \text{et} \qquad (\mu - \Omega).$$

Les projections sur l'axe OX nous permettront de connaître $\mathcal{I}_x$ et $\mathcal{I}'_x$ dont la somme algébrique nous donnera $(I_1 - I_2)$.

On voit que $[\mathcal{I}_x + \mathcal{I}'_x]$ construit à chaque instant n'est pas décalé exactement à 90° en arrière de $(E_1 - E_2)$, grâce à l'inégalité des dénominateurs $(\mu + \Omega)$ et $(\mu - \Omega)$, bien que chaque composante $\mathcal{I}$ et $\mathcal{I}'$ le soit de 90° sur sa f.é.m. génératrice.

REMARQUE. — Nous avons insisté longuement sur ces difficultés, pour bien faire comprendre au lecteur à quelle prudence on est conduit, dans l'interprétation diagrammatique de phénomènes analogues à ceux que nous venons d'étudier [1].

Sous peine de tomber dans l'absurde, on ne doit utiliser ce diagramme que pour l'étude de quantités de même périodicité.

Cette remarque est fondamentale, mais trop souvent méconnue par les auteurs que pousse un besoin de généralisation excessive.

En supposant même, ce qui n'est pas exact, que la self-induction de l'alternateur soit la même pour les périodicités

$$\tau, \quad \frac{2\pi}{\Omega}, \quad \frac{2\pi}{\mu - \Omega}, \quad \frac{2\pi}{\mu + \Omega}$$

nous aurons :

$$\frac{d(I_1 - I_2)}{dt} = \frac{E_0 \sin \zeta_0}{l} \left\{ \sin[(\mu + \Omega)t + \chi'] + \sin[(\mu - \Omega)t - \chi'] \right\},$$

c'est-à-dire, au signe près :

$$I_1 - I_2 = \frac{E_0 \sin \zeta_0}{l} \left[\frac{\cos[(\mu + \Omega)t + \chi']}{\mu + \Omega} + \frac{\cos[(\mu - \Omega)t - \chi']}{\mu - \Omega} \right]$$

ou, en d'autres termes :

$$I_1 - I_2 = \frac{E_0 \sin \zeta_0}{l} \frac{\cos[(\mu + \Omega)t + \chi']}{\mu + \Omega} + \frac{E_0 \sin \zeta_0}{l} \frac{\cos[(\mu - \Omega)t - \chi']}{\mu - \Omega}.$$

On peut donc définir $(I_1 - I_2)$ comme une somme $(\mathcal{J} + \mathcal{J}')$, $\mathcal{J}$ et $\mathcal{J}'$ étant donnés par :

$$\mathcal{J} = \frac{E_0 \sin \zeta_0}{l(\mu + \Omega)} \cos[(\mu + \Omega)t + \chi'],$$

$$\mathcal{J}' = \frac{E_0 \sin \zeta_0}{l(\mu - \Omega)} \cos[(\mu - \Omega)t - \chi'].$$

D'où :

$$\mathcal{J}_{\text{eff}} = \frac{E_{\text{eff}} \sin \zeta_0}{l(\mu + \Omega)}$$

$$\mathcal{J}'_{\text{eff}} = \frac{E'_{\text{eff}} \sin \zeta_0}{l(\mu - \Omega)}.$$

[1]. On serait arrivé à des résultats encore plus compliqués, en remarquant que dans les équations

$$E_1 = r_0 I_1 + l \frac{dI_1}{dt} + U_1$$

$$E_2 = r_0 I_2 + l \frac{dI_2}{dt} + U_2.$$

U_1 et U_2, dans le cas de périodicités différentes de E_1 et E_2, ne sont pas nécessairement les mêmes en valeur instantanée.

En d'autres termes, à condition de se rappeler que $(I_1 - I_2)$ constitue un vecteur déformable, dans le diagramme tournant, comme $(E_1 - E_2)$ lui-même, on peut admettre que $(I_1 - I_2)$ dérive de la f.é.m. $(E_1 - E_2)$, qu'il est pratiquement en retard de $90°$ sur cette f.é.m. à laquelle il est proportionnel en valeur maxima.

(Ceci est d'autant plus vrai que les pulsations μ et Ω sont plus différentes).

AUTRE EXPRESSION VECTORIELLE DE LA F.ÉM.
DE SYNCHRONISATION

On peut admettre cependant, vu la très grande différence d'ordre de grandeur de Ω et de μ, que le courant synchronisant, I_s, est sensiblement décalé, à chaque instant, de $\frac{\pi}{2}$ en arrière de $E_1 - E_2$, bien que représenté par une fonction sinusoïdale bipériodique et non monopériodique.

Nous aurons alors, sur le diagramme de la figure 269, une représentation de courant synchronisant.

On a en effet :

$$z(I_1 - I_2) = \text{projection } \overline{D_2 D_1} \text{ sur l'axe origine.}$$

On doit, z étant supposée connue (impédance moyenne de l'un des alternateurs), de même que l'échelle des I_s, reporter ce vecteur

$$z(I_1 - I_2),$$

d'un angle z, ou sensiblement $\frac{\pi}{2}$, en arrière, pour avoir le courant $(I_1 - I_2)$ en position.

Dans le diagramme de la figure 269, $(E_1 - E_2)$ est représenté en grandeur et en direction par $\overline{D_1 D_2}$.

On voit, ce qui est évident, que le courant synchronisant, et aussi la puissance synchronisante, s'annulent pour $\delta = 0$ (alternateurs en phase).

Pour simplifier, posons, ce qui est souvent plus commode :

$$\zeta = \frac{\delta}{2},$$

$\delta =$ écart angulaire des deux alternateurs.

On pourrait assez avantageusement faire appel, ici, à la méthode, bien connue, d'emploi des imaginaires.

Nous utiliserons simplement la méthode vectorielle.

La f.é.m. e, différence géométrique de E_1 et E_2, a pour valeur vectorielle :

$$e = E_1 - E_2 = 2 E_0 \sin \frac{\delta}{2}$$

et pour valeur instantanée, si E_1 et E_2 ont pour expression :

$$E_1 = E_0 \cos \Omega t$$
$$E_2 = E_0 \cos (\Omega t - \delta)$$
$$e = E_0 [\cos \Omega t - \cos (\Omega t - \delta)]_,$$

ou bien :

$$e = - 2 E_0 \sin \left(\Omega t - \frac{\delta}{2} \right) \sin \frac{\delta}{2}.$$

Dans cette formule, δ est évidemment fonction du temps. Il caractérise le balancement de l'alternateur.

On peut encore, du reste, écrire l'expression suivante de e, qui se déduirait géométriquement de la figure 269 :

$$e = 2 E_0 \sin \frac{\delta}{2} \cos \left(\Omega t - \frac{\delta}{2} + \frac{\pi}{2} \right).$$

REMARQUE. — Rappelons, ce que nous ne saurions trop faire, qu'un grand nombre d'auteurs raisonnent sur cette expression, et non sur celles qui en découlent (courant synchronisant, puissance synchronisante, etc.), en introduisant des quantités efficaces, moyennes, ou maxima, dans lesquelles δ est considéré comme fixe.

On commet ainsi une erreur analogue à celle que l'on ferait, si, dans l'évaluation d'une puissance, on traitait E et I à part au lieu de se préoccuper de la valeur moyenne du produit E I.

On aurait ainsi :

$$P_{moy} = E_{moy} I_{moy}.$$

au lieu de :

$$P_{moy} = E_{eff} I_{eff} \cos \varphi,$$

et encore, dans ce cas, E et I ont-ils même périodicité, tandis que les angles ζ et Ωt ne sont pas reliés, dans le cas qui nous occupe, par une relation aussi simple.

COUPLAGE DES ALTERNATEURS

(*Suite.*)

FONDEMENTS D'UNE THÉORIE GÉNÉRALE DES OSCILLATIONS PENDULAIRES DES ALTERNATEURS COUPLÉS EN PARALLÈLE

Rappel des résultats obtenus dans la précédente leçon.

Nous avons montré que, à côté du couplage en série de deux alternateurs, couplage qui ne s'appliquait que dans des circonstances tout à fait exceptionnelles, le couplage en parallèle donnait toutes les garanties désirables au point de vue de la stabilité. Nous avons sommairement indiqué que cette stabilité était beaucoup accrue par un effet *synchronisant*, dû à un courant *synchronisant*

$$I_s = I_1 - I_2$$

et procédant d'une *f. é. m. de synchronisation* :

$$e = E_s = E_1 - E_2$$

Nous allons maintenant étudier en détail le mécanisme intime des phénomènes de synchronisation.

Expression de I_s en fonction de la force électromotrice de court-circuit E_{cc} de l'alternateur. — On peut admettre, comme nous l'avons dit, que I_s est à 90° en arrière de

$$e = E_1 - E_2$$

en raison de la très forte réactance des alternateurs, comparée à leur résistance.

Cherchons une expression du courant synchronisant I_s. Pour cela, imaginons que, l'excitation des alternateurs restant la même, ils soient fermés en court circuit l'un sur l'autre, c'est-à-dire que les f. é. m. étant, non plus à 180° l'une de l'autre, mais en concordance, ils ne fournissent plus aucun courant au réseau extérieur.

La réactance sur laquelle travaille la f. é. m. 2E est double de celle sur laquelle travaille la f. é. m. E dans l'essai en court-circuit d'un seul alternateur, mais le courant de court-circuit ainsi produit sera le même qu'avec un seul alternateur ayant la f.é.m. E_{eff}.

On aura donc, I_{eff}^{cc} étant le courant de court-circuit, et le courant synchronisant travaillant aussi sur la réactance des deux alternateurs en série :

$$\frac{\text{vecteur } I_s}{\text{vecteur } e} = \frac{I_{eff}^{cc}}{E_{eff}}$$

Cette égalité peut être établie à chaque instant, entre les valeurs instantanées :

$$I_s = I_1 - I_2 \quad \text{et} \quad e = E_1 - E_2$$

sur le diagramme circulaire général, et les valeurs efficaces :

$$I_{eff}^{cc} \quad \text{et} \quad E_{eff}.$$

On aura donc :

$$I_s = I_{eff}^{cc}\,\frac{e}{E_{eff}} = I_0^{cc}\,\frac{e}{E_0}$$

Or, d'après ce que nous avons vu :

$$\frac{e}{2E_0} = -\sin\frac{\delta}{2}\sin\left(\Omega t - \frac{\delta}{2}\right) = \sin\frac{\delta}{2}\cos\left(\Omega t + \frac{\pi}{2} - \frac{\delta}{2}\right).$$

D'où :

$$I_s = 2I_0^{cc}\sin\frac{\delta}{2}\cos\left(\Omega t - \frac{\delta}{2}\right)$$

car I_s doit être porté à 90° en arrière de e. E_0 et I_0 désignent les valeurs maxima de E et de I, I_s et e désignent les valeurs instantanées du courant synchronisant et de la force électromotrice synchronisante sur le diagramme général.

RÔLE DU COURANT SYNCHRONISANT. — EFFET SYNCHRONISANT

S'il n'y avait pas d'effet synchronisant, c'est-à-dire pas de couplage en parallèle, à une augmentation légère de vitesse suffisamment faible pour que le régulateur du moteur n'agisse pas (ce qu'il ne doit pas faire du reste dans les oscillations du couplage en parallèle, et ce que l'on comprendra beaucoup mieux, en outre, après la prochaine leçon) correspondrait le même couple moteur de la machine motrice, (même diagramme : admission inchangée), donc une puissance fournie par la machine, proportionnelle à la vitesse ω'. Le moteur commandant l'alternateur en avance donnerait donc, C_{1m} représentant la valeur instantanée du couple qui le caractérise, une puissance :

$$C_{1m}\left(\frac{\omega'}{\omega}\right)\omega > C_{1m}\omega.$$

De même, l'alternateur (2), en retard, recevrait à l'arbre, de la part de son moteur, un couple C_{2m}, donc une puissance :

$$C_{2m}\omega'' < C_{2m}\omega,$$

C_{1m} et C_{2m} sont, comme nous l'avons dit, des valeurs instantanées des couples.

En général, ce sont des fonctions du temps, ou de la position de la manivelle, plus ou moins compliquées.

Elles dépendent également, mais beaucoup moins directement, de la vitesse, pour une admission donnée (notion de carastéristique mécanique). Restreignons-nous provisoirement au cas de couples moteurs constants et égaux :

$$C_{1m} = C_{2m}$$

par exemple au cas de turbines hydrauliques ou à vapeur, commandant lesdits alternateurs, et ayant, à l'instant considéré, la même admission.

Il résulte de l'ensemble des phénomènes liés aux différences de puissances fournies par les moteurs, et à celles des puissances reçues par les générateurs, un *effet synchronisant*, c'est-à-dire une tendance au rapprochement des deux machines, et à leur remise en phase.

Évaluons en effet la puissance mise en jeu par le courant synchronisant.

Pour faire cette évaluation, il faut remarquer que les f. é. m. des deux machines sont forcément différentes, à la fois parce que leurs phases varient, et parce que les vitesses des alternateurs qui les produisent varient aussi.

Pour simplifier, la plupart des auteurs considèrent les valeurs représentant, sur les diagrammes, les f. é. m. comme de grandeur constante, et se balançant dans ce diagramme de part et d'autre du vecteur représentant la f. é. m. en position moyenne. C'est là une hypothèse inexacte, qui revient à négliger *a priori* l'une des causes de variation de f. é. m. de chacun des alternateurs.

Étant donné que cette hypothèse est acceptée par un grand nombre d'auteurs, nous allons nous-même, dans un but de simplification, traiter la question dans ces conditions, mais nous nous sommes réservé d'en donner ailleurs[1] une étude plus générale, en supposant variables à la fois la vitesse et la période de chaque alternateur. Il est inévitable que la deuxième hypothèse, conforme à la réalité, entraine des difficultés de calcul plus considérables que la première, qui ne tient compte que de l'un des éléments du phénomène. Il n'en est pas moins vrai que cette seconde hypothèse permet, seule, d'expliquer certains effets qui échappent aux ormules simples, mais incomplètes, résultant de la première conception.

ÉTUDE DE L'EFFET SYNCHRONISANT

HYPOTHÈSE : FORCE ÉLECTROMOTRICE CONSTANTE POUR CHAQUE ALTERNATEUR, EN VALEUR MAXIMA

Puissance synchronisante mise en jeu. — Pour chaque alternateur, elle a pour expression, en valeur instantanée :

$$p_1 = \frac{E_1 I_s}{2} = E_0 I_0 \cos\Omega t \cos\left(\Omega t - \frac{\delta}{2}\right) \sin\frac{\delta}{2}$$

$$p_2 = \frac{E_0 I_s}{2} = E_0 I_0 \cos(\Omega t - \delta) \cos\left(\Omega t - \frac{\delta}{2}\right) \sin\frac{\delta}{2}.$$

Fig. 273. — Étude de l'effet synchronisant. Expression du courant synchronisant.

Mais on a :

$$2\cos\Omega t \cos\left(\Omega t - \frac{\delta}{2}\right) = \cos\left(2\Omega t - \frac{\delta}{2}\right) + \cos\frac{\delta}{2}$$

$$2\cos(\Omega t - \delta) \cos\left(\Omega t - \frac{\delta}{2}\right) = \cos\left[2\Omega t - \frac{3\delta}{2}\right] + \cos\frac{\delta}{2}.$$

<hr>

[1]. Note sur le couplage des alternateurs et les diverses hypothèses mises en jeu dans l'étude analytique des phénomènes. [Brochure autographiée faisant partie des publications de l'Institut.]

Nous aurons donc, pour les puissances respectives fournies par les alternateurs :

$$p_1 = \frac{E_0 I_0'}{2} \sin \frac{\delta}{2} \left[\cos\left(2\Omega t - \frac{\delta}{2}\right) + \cos \frac{\delta}{2} \right]$$

$$p_2 = \frac{E_0 I_0''}{2} \sin \frac{\delta}{2} \left[\cos\left(2\Omega t - \frac{3\delta}{2}\right) + \cos \frac{\delta}{2} \right].$$

On voit que cette puissance se compose de deux parties : l'une, monopériodique, donnée par :

$$p'_1 = p'_2 = \frac{E_0 I_0'}{4} \sin \delta$$

et l'autre, bipériodique :

$$p''_1 \neq p''_2 \text{ en valeur instantanée :}$$

$$p''_1 = \frac{E_0 I_0'}{2} \sin \frac{\delta}{2} \cos\left(2\Omega t - \frac{\delta}{2}\right)$$

$$p''_2 = \frac{E_0 I_0''}{2} \sin \frac{\delta}{2} \cos\left(2\Omega t - \frac{3\delta}{2}\right).$$

La somme algébrique de ces puissances, somme qui constitue la puissance différentielle existant entre les deux puissances des alternateurs, et servant à la synchronisation, sera donc, à un instant donné :

$$P_s = \frac{E_0 I_0''}{2} \sin \frac{\delta}{2} \left[\cos\left(2\Omega t - \frac{\delta}{2}\right) + \cos\left(2\Omega t - \frac{3\delta}{2}\right) + 2\cos \frac{\delta}{2} \right].$$

Or :

$$\cos\left(2\Omega t - \frac{\delta}{2}\right) + \cos\left(2\Omega t - \frac{3\delta}{2}\right) = 2\cos\left(\frac{4\Omega t - 2\delta}{2}\right) \cos \frac{\delta}{2}.$$

D'où :

$$P_s = \frac{E_0 I_0''}{2} \sin \frac{\delta}{2} \left[2\cos\left(2\Omega t - \delta\right) \cos \frac{\delta}{2} + 2\cos \frac{\delta}{2} \right]$$

$$P_s = \frac{E_0 I_0''}{2} \sin \delta \; \left(\cos\left(2\Omega t - \delta\right) + 1\right)$$

expression équivalente à $(E_1 + E_2) I_0$.

On a donc ainsi la puissance synchronisante, somme des deux puissances synchronisantes des deux alternateurs.

Couple synchronisant. — On peut appeler puissance synchronisante l'expression précédente, et couple synchronisant, la suivante :

$$C_s = \frac{E_0 I_0^{cc}}{2\omega} \sin\delta \,[\cos(2\Omega t - \delta) + 1].$$

car la puissance P_s est égale au produit, par la vitesse de la machine, du couple correspondant.

On peut chercher l'expression du couple synchronisant, en fonction du couple normal, (de même d'ailleurs que pour la puissance).

On constate d'abord que P_s est la somme algébrique de deux puissances, car on peut écrire :

$$P_s = \frac{E_0 I_0^{cc}}{2} \sin\delta + \frac{E_0 I_0^{cc}}{2} \cos(2\Omega t - \delta) \sin\delta.$$

La puissance :

$$\frac{E_0 I_0^{cc}}{2} \sin\delta$$

a pour période $\dfrac{2\pi}{\mu}$.

Le deuxième terme :

$$\frac{E_0 I_0^{cc}}{2} \cos[2\Omega t - \delta] \sin\delta$$

peut s'écrire :

$$\frac{E_0 I_0^{cc}}{4} \,[\sin 2\Omega t - \sin 2(\Omega t - \delta)].$$

C'est donc la somme algébrique de deux fonctions qui ont pour périodes respectives :

$$\frac{\pi}{\Omega - \mu} \quad \text{et} \quad \frac{\pi}{\Omega}$$

en supposant toujours δ fonction harmonique simple du temps :

$$\delta = \mu t + \mu'.$$

On pourra donc constater dans l'expression de la puissance

synchronisante, l'existence de trois termes de périodes différentes :

$$2\delta \qquad \text{de période} \qquad \frac{2\pi}{\mu}$$

$$2\Omega t \qquad\qquad - \qquad\qquad \frac{2\pi}{2\Omega} = \frac{\pi}{\Omega}$$

$$2(\Omega t - \delta) \qquad\qquad - \qquad\qquad \frac{2\pi}{2\Omega - 2\mu} = \frac{\pi}{\Omega - \mu}.$$

Cherchons à mettre en évidence les valeurs moyennes de la puissance et du couple, en remarquant que

$$P_{moy} = \frac{E_0 I_0}{2} \cos\varphi,$$

(P_{moy} désigne la puissance moyenne fournie par un alternateur).

$$P_s = P_{moy} \frac{I_0^{cc}}{I_0 \cos\varphi} \sin\delta \,[\cos(2\Omega t - \delta) + 1]$$

$$C_s = C_{moy} \frac{I_0^{cc}}{I_0 \cos\varphi} \sin\delta \,[\cos(2\Omega t - \delta) + 1].$$

Les δ étant toujours très petits, on peut étudier les oscillations des alternateurs par les formules précédentes, dans lesquelles on négligera le terme du second degré en $\sin\delta$. On écrira donc :

$$P_s = P_{moy} \left(\frac{I_0^{cc}}{I_0 \cos\varphi} \right) \sin\delta \,(1 + \cos 2\Omega t).$$

De même pour le couple :

$$C_s = C_{moy} \left(\frac{I_0^{cc}}{I_0 \cos\varphi} \right) \sin\delta \,(1 + \cos 2\Omega t).$$

Nous avons donc, résultat important, exprimé la puissance synchronisante en fonction de la puissance de la machine, de même que le couple synchronisant en fonction du couple de la machine.

Nous pourrons encore adopter les formes très commodes qui correspondent à la même approximation :

$$P_s = P_{moy} \left(\frac{I^{cc}}{I_0 \cos\varphi} \right) \delta \,(1 + \cos 2\Omega t)$$

$$C_s = C_{moy} \left(\frac{I_0^{cc}}{I_0 \cos\varphi} \right) \delta \,(1 + \cos 2\Omega t).$$

DIFFÉRENCE DES PUISSANCES FOURNIES AU RÉSEAU EXTÉRIEUR

Si I_E est le courant extérieur, cette différence est évidemment :

$$\frac{1}{2}(E_1 - E_2)\, I_0 = I_E \frac{E_0}{2} \left[\cos \Omega t - \cos (\Omega t - \delta)\right],$$

avec les mêmes hypothèses que plus haut sur la constance de E_0. Nous aurons, en appelant Ψ l'angle de décalage de l'intensité du réseau, soit $(\alpha_0 + \Phi)$, par rapport à la f. é. m. moyenne, faisant l'angle α_0 en avant de U :

$$\frac{1}{2}(E_1 - E_2) I_E = \left(\frac{U_0}{2Z}\right) E_0 \cos\left(\Omega t - \frac{\delta}{2} - \Psi\right)\left[\cos \Omega t - \cos(\Omega t - \delta)\right].$$

Or :

$$2\cos\left(\Omega t - \frac{\delta}{2} - \Psi\right)\cos \Omega t = \cos\left(\frac{\delta}{2} + \Psi\right) + \cos\left(2\Omega t - \frac{\delta}{2} - \Psi\right),$$

$$2\cos\left(\Omega t - \frac{\delta}{2} - \Psi\right)\cos(\Omega t - \delta) = \cos\left(-\frac{\delta}{2} + \Psi\right) + \cos\left(2\Omega t - \frac{3\delta}{2} - \Psi\right).$$

Ainsi donc :

$$(E_1 - E_2)\frac{I_E}{2} = \frac{U_0 E_0}{4Z}\left[\cos\left(\frac{\delta}{2} + \Psi\right) - \cos\left(-\frac{\delta}{2} + \Psi\right)\right.$$
$$\left. + \cos\left(2\Omega t - \frac{\delta}{2} - \Psi\right) - \cos\left(2\Omega t - \frac{3\delta}{2} - \Psi\right)\right].$$

Donc, par une autre transformation facile :

$$(E_1 - E_2)\frac{I_E}{2} = \frac{U_0 E_0}{4Z}\left[-2\sin \Psi \sin\frac{\delta}{2} - 2\sin\frac{\delta}{2}\sin(2\Omega t - \Psi - \delta)\right].$$

Posons

$$I_0 = \frac{E_0}{2Z}$$

Il vient :

$$(E_1 - E_2)\frac{I_E}{2} = -I_0 E_0\left[\sin(2\Omega t - \Psi - \delta)\sin\frac{\delta}{2} + \sin \Psi \sin\frac{\delta}{2}\right].$$

La puissance différentielle fournie au réseau par les deux alternateurs aura donc pour expression :

$$P_E = (E_1 - E_2)\frac{I_E}{2} = -\frac{2P_{moy}}{\cos \Psi}\left[\sin\frac{\delta}{2}\sin(2\Omega t - \Psi - \delta) - 2P_{moy}\sin\frac{\delta}{2}\,\mathrm{tg}\,\Psi\right].$$

Cette expression peut se mettre sous la forme plus simple :

$$P_s = (E_1 - E_2)\frac{I_s}{2} = -\frac{2P_{moy}}{\cos\Psi}\sin\frac{\delta}{2}\,[\sin(2\Omega t - \Psi - \delta) + \sin\Psi].$$

Mettons encore en évidence les valeurs de δ, les termes du deuxième degré en sin δ étant toujours négligés. Nous aurons :

$$P_s = (E_1 - E_2)\frac{I_s}{2} = -\frac{2P_{moy}}{\cos\Psi}\frac{\delta}{2}\,[\sin(2\Omega t - \Psi) + \sin\Psi],$$

ou

$$P_s = (E_1 - E_2)\frac{I_s}{2} = -\frac{P_{moy}}{\cos\Psi}\delta\,[\sin(2\Omega t - \Psi) + \sin\Psi],^{1}$$

forme évidemment intéressante à conserver.

Nous pouvons de même calculer l'expression du couple correspondant :

$$C_s = \frac{(E_1 - E_2)\,I_s}{2\omega} = \left(-\frac{P_{moy}}{\omega\cos\Psi}\right)\delta[\sin(2\Omega t - \Psi) + \sin\Psi].$$

DIFFÉRENCE DES PUISSANCES FOURNIES PAR LES ALTERNATEURS

Les décalages Φ et Ψ étant à peu près les mêmes, [Φ, décalage de U et I_E, Ψ, décalage de E_0 et I_s] cette différence est évidemment

$$\mathfrak{P} = P_S + P_s = P_{moy}\left(\frac{I_e^{c}}{I_e\cos\Psi}\right)\delta(\cos 2\Omega t + 1) - P_{moy}\frac{\delta}{\cos\Psi}[\sin(2\Omega t - \Psi) + \sin\Psi],$$

c'est-à-dire

$$\mathfrak{P} = \delta P_{moy}\left(2\Delta\cos 2\Omega t + 2\Delta - \frac{\sin(2\Omega t - \Psi)}{\cos\Psi} - \operatorname{tg}\Psi\right),$$

en posant :

$$2\Delta = \frac{I_e^{c}}{I_e\cos\Psi},$$

$$\mathfrak{P} = \delta P_{moy}\left(2\Delta\cos 2\Omega t + 2\Delta - \frac{\sin 2\Omega t\cos\Psi}{\cos\Psi} + \frac{\cos 2\Omega t\sin\Psi}{\cos\Psi} - \operatorname{tg}\Psi\right),$$

$$\mathfrak{P} = \delta P_{moy}(2\Delta + 2\Delta\cos 2\Omega t + \operatorname{tg}\Psi\cos 2\Omega t - \operatorname{tg}\Psi - \sin 2\Omega t),$$

1. On remarquera que cette puissance est de signe contraire à la puissance synchronisante. C'est du reste logique, car à égalité des f. é. m. maxima $E_1^{\prime} = E_2^{\prime\prime}$, et des courants $\frac{I_s}{2}$, le décalage de E_1 est plus grand en général que celui de E_2.

et finalement :

$$\mathcal{P} = \delta P_{moy} (a + b \cos 2\Omega t + c \sin 2\Omega t),$$

a, b, c étant des constantes connues, qu'on obtiendra par identification de la dernière équation avec la précédente, ce qui donnera :

$$\begin{cases} a = 2\Delta - \operatorname{tg}\Psi, \\ b = 2\Delta + \operatorname{tg}\Psi, \\ c = -1. \end{cases}$$

Couple différentiel total. — Nous aurons de même pour le couple :

$$C = \frac{\mathcal{P}}{\omega} = \frac{\delta P_{moy}}{\omega} (a + b \cos 2\Omega t + c \sin 2\Omega t).$$

Application. — Soit, ce qui est fréquemment réalisé :

$$\begin{cases} I_0^{cc} = 4I_0, \\ \cos\varphi = 0,75, \end{cases}$$

d'où :

$$\varphi = 41°,20', \qquad \operatorname{tg}\varphi = 0,879,$$

$$2\Delta = \left(\frac{I_0^{cc}}{I_0 \cos\varphi}\right) = \frac{4}{0,75} = 5,32,$$

$$\Delta = 2,66,$$

$$2\Delta - \operatorname{tg}\varphi = 4,44,$$

$$2\Delta + \operatorname{tg}\varphi = 6,199.$$

Donc la puissance $\mathcal{P}$ est donnée dans ce cas par :

$$\mathcal{P} = \delta P_{moy} [- \sin 2\Omega t + 6,2 \cos 2\Omega t + 4,44].$$

D'une manière générale, elle est fournie par une expression de la forme :

$$\mathcal{P} = \delta P_{moy} (a + b \cos 2\Omega t + c \cos 2\Omega t),$$

avec

$$\begin{cases} a = \dfrac{I_0^{cc}}{I_0 \cos\varphi} - \operatorname{tg}\varphi, \quad \text{donc } a > 0, \\[2mm] b = \dfrac{I_0^{cc}}{I_0 \cos\varphi} + \operatorname{tg}\varphi \quad \text{et} \quad b > 0, \\[2mm] c = -1, \end{cases}$$

et

$$\cos \varphi > 0,$$

puisque

$$-\frac{\pi}{2} < \varphi < 0.$$

AUTRE MÉTHODE POUR ARRIVER A L'EXPRESSION DU COUPLE SYNCHRONISANT

Nous pouvons, par une autre méthode, arriver à l'expression déjà trouvée du couple synchronisant.

Remarquons que la formule trouvée plus haut est polypériodique, mais que, si l'on se préoccupe de la seule période à l'exclusion des autres (qui, dans l'espèce ne font qu'onduler en quelque

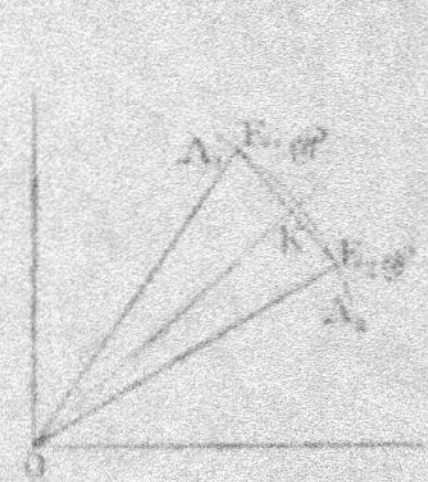

Fig. 274. — Couplage de deux alternateurs en parallèle. — Expression du couple synchronisant.

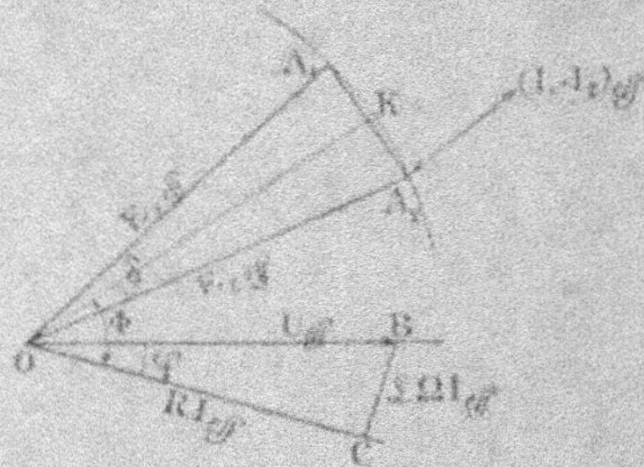

Fig. 275. — Couplage de deux alternateurs en parallèle. — Diagramme général du fonctionnement sur un réseau

sorte le phénomène), on peut écrire, pour expression de la puissance synchronisante :

$$P_s = P_{moy} \delta \frac{I^2}{I_0 \cos \varphi} (1 + \cos 2\Omega t),$$

c'est-à-dire, en nous restreignant au terme en δ seul :

$$P_s = P_{moy} \delta \Delta,$$

expression analogue à celle que nous avons utilisée [1].

Considérons encore les deux alternateurs couplés en parallèle,

1. Cette expression est donnée par beaucoup d'auteurs, mais sans qu'il soit attaché une importance suffisante aux hypothèses qui permettent de l'établir.

et supposons toujours leurs f.é.m. égales en valeurs maxima et efficace.

Les puissances fournies par les deux alternateurs sont respectivement, suivant les expressions connues :

$$P_1 = E_1 I_1 = E_1 \frac{I_s + I_a}{2}$$

$$P_2 = E_2 I_2 = E_2 \frac{I_s - I_a}{2},$$

avec :

$$\begin{cases} I_1 + I_2 = I_s \\ I_1 - I_2 = I_a. \end{cases}$$

Donc, $P_1 - P_2$, différence des puissances fournies par les deux alternateurs, peut s'écrire

$$P_1 - P_2 = E_1 I_1 - E_2 I_2,$$

$$P_1 - P_2 = E_1 \frac{I_s + I_a}{2} - E_2 \frac{I_s - I_a}{2}$$

$$P_1 - P_2 = (E_1 - E_2) \frac{I_s}{2} + (E_1 - E_2) \frac{I_a}{2}.$$

Le premier terme du second membre représente la différence des puissances fournies au réseau extérieur, P_R. Nous l'avons englobée précédemment dans la puissance différentielle totale, ou synchronisante au sens le plus large. Elle est, par contre, négligée par beaucoup d'auteurs, qui s'attachent surtout à l'effet synchronisant proprement dit. Cette omission peut du reste se justifier pratiquement, comme nous allons le voir ci-dessous, en tenant compte des grandeurs relatives de

$$(E_1 - E_2) \frac{I_s}{2} \quad \text{et de} \quad (E_1 + E_2) \frac{I_a}{2},$$

mais encore faut-il justifier ce procédé simplificatif.

Forme de P_R. — P_R est de la forme :

$$P_R = (E_1 - E_2) \frac{I_s}{2}.$$

On a immédiatement une représentation de P_R sur la figure 275.

Considérons la longueur OC, représentant I_s en direction, et RI_s en grandeur (R résistance du réseau extérieur, $L\Omega$ sa réactance).

On aura :

$$P_{a\,moy} = \frac{\overline{OC} \times \overline{A_1 A_2}}{2R} \cos \widehat{\overline{OC}, \overline{A_1 A_2}}$$

c'est-à-dire :

$$P_{a\,moy} = \frac{\overline{OC} \times \overline{A_1 A_2}}{2R} \sin\Phi,$$

Φ représentant l'angle de décalage total du réseau et des f.é.m. des alternateurs supposées en phase.

Mais, dans la figure 275, on a :

$$(E_1 - E_2)_{eff} = \overline{A_1 A_2} = 2E_{eff} \sin \frac{\omega}{2}.$$

Donc :

$$P_{a\,moy} = \frac{\overline{OC} \times 2E_{eff} \sin \frac{\omega}{2}}{2R} \sin\Phi,$$

ou encore, en remarquant qu'on a sensiblement :

$$\overline{OC} = RI_{eff} = U_{eff} \cos\varphi$$
$$= E_{eff} \cos\Phi,$$

$$P_{a\,moy} = 2E^2_{eff} \frac{\sin \frac{\omega}{2} \cos\Phi \sin\Phi}{2R},$$

ou bien :

$$P_{a\,moy} = \frac{2 E^2_{eff}}{2Z} \sin\Phi \sin \frac{\omega}{2}$$

$$P_{a\,moy} = E_{eff} \left(\frac{E_{eff}}{Z}\right) \sin \frac{\omega}{2} \sin\Phi$$

$$P_{a\,moy} = \frac{P_{moy}}{\cos\Phi}\, \omega \sin\Phi.$$

On retrouve l'expression monopériodique donnée plus haut [à $\sin(2\Omega t - \Phi)$ près], l'angle Φ actuel étant désigné plus haut par la lettre Ψ.

Forme de P_{s}. — Cherchons maintenant une expression analogue de la puissance synchronisante :

$$P_{s\,moy} = \left(\frac{E_1 + E_2}{2}\right)_{eff} (I_1 - I_2)_{eff},$$

Le cosinus de l'angle des deux directions est égal à 1, car le vecteur $(I_1 - I_2)_{\text{eff}}$ est décalé à 90° en arrière du vecteur

$$A_1 A_2 = z (I_1 - I_2)_{\text{eff}}.$$

Donc, puisque

$$\left(\frac{E_1 + E_2}{2}\right)_{\text{eff}} = \overline{OK}$$

on a :

$$P_{s\,moy} = \overline{OK} \cdot \frac{\overline{A_1 A_2}}{z} = \frac{2}{z} \text{ surface } OA_1 A_2.$$

C'est une formule intéressante, montrant déjà l'évanouissement de Ps quand $z = 0$.

On peut donner à $P_{s\,moy}$ une autre forme. Comme OK est très voisin de $OA_1 = OA_2$, on peut écrire :

$$P_{s\,moy} = \frac{1}{z} E_{\text{eff}} \left(2 E_{\text{eff}} \sin \frac{\varphi}{2}\right).$$

Mais :

$$z = \frac{(E_1 - E_2)_{\text{eff}}}{(I_1 - I_2)_{\text{eff}}} = \frac{E_{\text{eff}}}{E_{\text{eff}}^{cc}},$$

en supposant (théorie de Behn-Eschenburg) le courant I_{eff}' de court-circuit, déterminé pour chaque alternateur avec un régime de vitesse et d'excitation correspondant à l'obtention de la f.é.m. E_{eff}.

Donc :

$$z = \frac{E_{\text{eff}}}{I_{\text{eff}}'},$$

Transportons cette valeur de z dans l'expression de $P_{s\,moy}$:

$$P_{s\,moy} = I_{\text{eff}}' \, 2 E_{\text{eff}} \sin \frac{\varphi}{2}$$

ou encore :

$$P_{s\,moy} = E_0 I_0^{cc} \sin \frac{\varphi}{2}$$

I_0^{cc} et E_0^{cc} étant les valeurs maxima des quantités correspondantes.

Comparaison entre P_s et P_R. — Pour comparer aisément $P_{s\,moy}$ et $P_{R\,moy}$, nous pouvons adopter les formes suivantes :

$$\begin{cases} P_{s\,moy} = \dfrac{2E^2_{eff}}{z}\sin\dfrac{\delta}{2} \\[2ex] P_{R\,moy} = \dfrac{2E^2_{eff}}{2Z}\sin\dfrac{\delta}{2}\sin\Phi. \end{cases}$$

On voit ainsi que la puissance synchronisante $P_{s\,moy}$ et la puissance différentielle de réseau sont dans le rapport

$$\frac{P_{s\,moy}}{P_{R\,moy}} = \frac{2Z}{z\sin\Phi} = \frac{2ZI_{s\,eff}}{zI_{s\,eff}\sin\Phi} = \frac{ZI_{s\,eff}}{\left(\dfrac{z}{2}\right)I_{s\,eff}\sin\Phi}.$$

Or la chute de tension dans le réseau extérieur, $ZI_{s\,eff}$, est beaucoup plus considérable que celle dans un alternateur *unique* de réactance z, assurant la production de courant $\dfrac{I_{eff}}{2}$. Ainsi donc, dans les limites d'approximation que nous avons fixées dans l'établissement de cette théorie, considération des chutes de tension dans les machines comme négligeables, ou plutôt, comme des quasi-infiniment petits du même ordre que δ), on peut admettre que la puissance synchronisante intervient seule.

C'est l'hypothèse que nous conserverons désormais.

Effet de la puissance synchronisante. — **Equation du mouvement de l'alternateur** — Reprenons l'expression de la puissance synchronisante donnée plus haut :

$$P_{s\,moy} = E_0 I^{sc}_0 \sin\frac{\delta}{2},$$

qui peut s'écrire, en supposant que :

$$\sin\frac{\delta}{2} = -\frac{\delta}{2}$$

$$P_{s\,moy} = E_0 I^{sc}_0 \frac{I_0\cos\varphi}{I_0\cos\varphi}\frac{\delta}{2},$$

$$P_{s\,moy} = E_0 I_0 \cos\varphi \frac{\delta\,I^{sc}_0}{2I_0\cos\varphi}$$

$$P_{s\,moy} = 2P_{moy}\,\delta\,\frac{I^{sc}_0}{2I_0\cos\varphi}.$$

et en posant :

$$\Delta = \frac{P_r}{2 I_0 \cos \varphi},$$

nous avons :

$$P_{s\,moy} = 2 P_{moy}\, \delta \Delta.$$

A cette puissance correspond une puissance $\dfrac{P_{s\,moy}}{2}$ fournie en plus de la puissance P_r [moitié de la puissance que fournit l'alternateur *fictif* et *unique* de capacité double, et tournant avec la vitesse angulaire non constante ω', moyenne des deux ω] par l'alternateur en avance, et une puissance $\dfrac{P_{s\,moy}}{2}$ fournie en moins par l'alternateur en retard [1]. Nous pouvons donc écrire pour les équations des deux alternateurs couplés, (ω_1 étant la vitesse angulaire du groupe en avance, ω_2 celle du groupe en retard) :

$$\left\{ \begin{aligned} & K \frac{d\omega_1}{dt} = C_m - C_k - \Gamma_s && (a) \\[2mm] & K \frac{d\omega_2}{dt} = C_m - C_k + \Gamma_s && (b) \end{aligned} \right.$$

avec

$$\left\{ \begin{aligned} & \Gamma_s = \frac{P_{s\,moy}}{2\omega} \\[2mm] & C_k = \frac{P_r}{2\omega}. \end{aligned} \right.$$

Equation du mouvement moyen. — (Celui de l'alternateur fictif de capacité double, et de vitesse angulaire ω').

Ajoutons les deux équations (a) et (b), nous aurons :

$$K \frac{d\omega_1 + d\omega_2}{dt} = 2 C_m - 2 C_k;$$

ou, comme :

$$2\omega' = \omega_1 + \omega_2,$$

$$2 K \frac{d\omega'}{dt} = 2 C_m - 2 C_k,$$

ou enfin

$$K \frac{d\omega'}{dt} = C_m - C_k.$$

<hr>

[1]. Sur les oscillations d'un alternateur unique branché sur un réseau, voir même tome, XXIXe leçon.

C'est le mouvement d'un alternateur fournissant la puissance P_a, recevant le couple moteur C_m, ayant un moment d'inertie K, c'est-à-dire jouant le même rôle qu'un des alternateurs réels, ou encore le mouvement d'un alternateur fictif de moment d'inertie 2 K, recevant le couple 2 C_m et engendrant la puissance :

$$2 P_a = 2 E_a I_a \cos \Omega t \cos (\Omega t - \Phi);$$

c'est donc aussi le mouvement que prendrait l'alternateur unique par lequel il faudrait remplacer les deux alternateurs couplés, si l'on voulait conserver les mêmes conditions générales de fonctionnement.

Équation du balancement de chaque alternateur par rapport à l'alternateur fictif. — Retranchons (a) et (b) membre à membre; nous obtenons :

$$K \frac{d(\omega_1 - \omega_2)}{dt} + 2 \Gamma_v = 0.$$

Mais :

$$\frac{d(\omega_1 - \omega_2)}{dt} = \frac{d(\omega_1 - \omega)}{dt} + \frac{d(\omega - \omega_2)}{dt}.$$

Appelons : $\delta_1 = p \zeta_1$ et $\delta_2 = p \zeta_2$ les angles de E_1 et E_2 avec le vecteur de vitesse ω, $p \zeta_1'$ et $p \zeta_2'$ les angles de E_1 et E_2 avec le vecteur ω' (fig. 276).

Il vient :

$$\frac{d(\omega_1 - \omega_2)}{dt} = \frac{d^2(p\zeta_1 + p\zeta_2)}{p\, dt^2} = \frac{d^2}{p\, dt^2}(p\zeta_1 + p\zeta_2) = \frac{d^2}{p\, dt^2}\delta.$$

Les ζ sont des angles d'écart de vecteurs dans le diagramme mécanique, ou représentatif du mouvement du bouton de manivelle.

Or les angles δ correspondent, sur le diagramme électrique, à $2 p \zeta$

$$\delta = 2 p \zeta.$$

Fig. 276. — Couplage de deux alternateurs en parallèle. Représentation des oscillations par rapport à l'alternateur de mouvement moyen et de capacité double.

dans le cas de p paires de pôles pour l'alternateur, et quel que soit le nombre ν de coups de piston par minute. Nous aurons l'équation pendulaire, en remplaçant Γ_v par sa valeur :

$$\Gamma_v = \frac{P_{vmoy}}{2\omega} = \frac{2 P_{moy}}{2\omega} \delta \Delta$$

dans l'équation :

$$\mathrm{K}\,\frac{d\,(\omega_1 - \omega_2)}{dt} + 2\Gamma_a = 0\,;$$

donc :

$$\frac{\mathrm{K}}{p}\frac{d^2\delta}{dt^2} + 2\,\frac{\mathrm{P_{moy}}}{\omega}\,\Delta\,\delta = 0,$$

c'est-à-dire :

$$\frac{d^2\delta}{dt^2} + 2p\,\frac{\mathrm{P_{moy}}\,\Delta\,\delta}{\mathrm{K}\omega} = 0.$$

Or, on a :

$$\mathrm{P_{moy}}\,\Delta = \frac{\mathrm{E_0 I_0}}{2}\,\cos\varphi\cdot\frac{\mathrm{I_0^{cc}}}{2\mathrm{I_0}\cos\varphi}$$

$$\mathrm{P_{moy}}\,\Delta = \frac{\mathrm{E_0 I_0^{cc}}}{4}.$$

D'où :

$$\frac{d^2\delta}{dt^2} + 2\,\frac{\mathrm{E_0 I_0^{cc}}}{4}\,\frac{p^2}{\mathrm{K}\omega p}\,\delta = 0,$$

ou encore

$$\frac{d^2\delta}{dt^2} + p^2\,\frac{\mathrm{E_0 I_0^{cc}}}{2\mathrm{K}\Omega}\,\delta = 0.$$

Donc δ est de la forme :

$$\delta = \delta_0\,\sin(\mu t + \mu').$$

Formons l'expression :

$$\frac{d^2\delta}{dt^2} + p^2\,\frac{\mathrm{E_0 I_0^{cc}}}{2\mathrm{K}\Omega}\,\delta$$

et égalons-la à zéro :

$$-\delta_0\,\sin(\mu t + \mu')\mu^2 + p^2\,\frac{\mathrm{E_0 I_0^{cc}}}{2\mathrm{K}\Omega}\,\delta_0\,\sin(\mu t + \mu') = 0,$$

d'où nous déduisons :

$$\mu = p\,\sqrt{\frac{\mathrm{E_0 I_0^{cc}}}{2\mathrm{K}\Omega}}$$

Cette expression a du reste pour valeur :

$$\mu = \frac{2\pi}{\tau_0}$$

en appelant τ_0 la période du balancement 2, ce qui nous donne :

$$\tau_0 = \frac{2\pi}{p} \sqrt{\frac{2K\Omega}{E_0 \Gamma_0}}$$

Quand les balancements de chaque alternateur autour de l'alternateur fictif ont même période que le balancement de cet alternateur fictif, soit :

$$\tau_1 = \frac{1}{\sqrt{N}}$$

il y a possibilité de décrochage, et par conséquent d'arrêt des alternateurs.

REMARQUE. — On remarquera l'analogie existant entre cette théorie, et celle bien connue du renforcement par résonnance des oscillations d'un système vibratoire. L'exemple classique de deux diapasons caractérise parfaitement le phénomène.

Malgré l'existence d'un déphasage au début, et si les circonstances de milieu s'y prêtent, (par exemple s'il y existe une certaine élasticité telle que celle de l'atmosphère interposée entre deux diapasons ou deux pendules synchrones) les oscillations des deux systèmes finissent par entrer en résonnance.

AUTRE MÉTHODE

Nous pouvons arriver d'une manière plus saisissante à montrer la coexistence du décrochage des alternateurs avec l'établissement d'une résonnance entre τ_0 et τ_1 ; mais ce dernier mode opératoire présente, par contre, le désavantage sur le premier de ne pas montrer la signification générale du terme :

$$\frac{2\pi}{p} \sqrt{\frac{2K\Omega}{E_0 I_0}}$$

qui, nous nous en souvenons, représente la période de balancement τ_0 d'un alternateur réel, par rapport à l'alternateur médian.

Appelons encore ω' la vitesse angulaire de l'alternateur fictif médian, ω_1 et ω_2 celles des alternateurs couplés.

Nous pouvons poser, comme précédemment :

$$K \frac{d\omega'}{dt} - \Gamma = C_m - C_e ;$$

donc

$$\left(K\,\frac{d\omega}{dt}\right)_{max} = \Gamma_{max}.$$

Appelons ε un facteur plus petit que l'unité, destiné à tenir compte de ce que Γ_{max} et Γ_{2max} ne sont pas en phase. Nous pouvons poser comme plus haut :

$$\left[K\,\frac{d\omega_1}{dt}\right]_{max} = \left[K\,\frac{d\omega}{dt}\right]_{max} + \varepsilon\Gamma_{2max},$$

$$\left[K\,\frac{d\omega_1}{dt}\right]_{max} = \Gamma_{max} + \varepsilon\,\frac{P_{moy}\,2_{max}\,\Delta}{\omega}.$$

D'autre part :

$$\left[K\,\frac{d\omega_1}{dt}\right]_{max} = K\,\frac{d}{dt}\,(\omega_1 - \omega)_{max} = K\left[\frac{d^2\zeta}{dt^2}\right]_{max}.$$

Donc :

$$K\left[\frac{d^2\zeta}{dt^2}\right]_{max} = \Gamma_{max} + \varepsilon\,\frac{P_{moy}}{\omega}\,\Delta\,2_{max}.$$

Or, on a :

$$\frac{d^2\zeta}{dt^2} = \frac{d}{dt}\,(\omega' - \omega)\,;$$

ζ est l'angle d'écart de l'alternateur fictif, de vitesse ω', par rapport au vecteur ω, de vitesse constante.

On a, de plus :

$$\frac{\varepsilon}{2} = p\zeta$$

Donc :

$$2_{max} = 2p\zeta_{max}$$

et :

$$\left[K\,\frac{d^2\zeta}{dt^2}\right]_{max} = \left[K\,\frac{d^2\zeta}{dt^2}\right]_{max} - 2\varepsilon p\,\frac{P_{moy}}{\omega}\,\Delta\zeta_{max}. \tag{1}$$

Cette équation ne peut être résolue que par approximations successives. Posons :

$$a = 2\varepsilon p\,\frac{P_{moy}\Delta}{\omega} = \frac{\varepsilon E_0 I_0^{cc}\,p^2}{4\Omega}.$$

L'équation (1) s'écrit, en remplaçant $\left[K \dfrac{d^2\zeta}{dt^2} \right]_{max}$ par sa valeur Γ_{max} :

$$K \left[\frac{d^2\zeta}{dt^2} \right]_{max} = \Gamma_{max} - a\zeta_{max}. \tag{2}$$

Négligeons le terme en $a\,\zeta_{max}$; nous aurons :

$$K \left[\frac{d^2\zeta}{dt^2} \right]_{max} = \Gamma_{max}.$$

Cette équation nous donne une première valeur approchée de ζ_{max}, soit ζ_{1max} :

$$\zeta_{1max} = - \frac{\Gamma_{max}}{K\nu^2\omega^2}$$

car Γ est une fonction périodique de période $\nu\,\omega$.
Portons cette valeur dans (2); nous aurons :

$$K \left[\frac{d^2\zeta}{dt^2} \right]_{1max} = \Gamma_{max} + \frac{a}{K\nu^2\omega^2}\,\Gamma_{max} = \Gamma_{max}\left(1 + \frac{a}{K\nu^2\omega^2} \right).$$

Posons :

$$A = \frac{a}{K\nu^2\omega^2} = \frac{s\,E_0\,I_0^{ex}\,p^2}{2\,K\,\Omega\,\nu^2\omega^3}.$$

Nous avons :

$$K \left[\frac{d^2\zeta}{dt^2} \right]_{max} = \Gamma_{max}(1 + A).$$

Cette équation nous donne une nouvelle valeur de ζ_{max}, soit ζ_{2max} :

$$\zeta_{2max} = - \frac{\Gamma_{max}}{K\nu^2\omega^2}(1 + A).$$

Portons cette valeur dans l'équation (2); nous aurons :

$$K \left[\frac{d^2\zeta}{dt^2} \right]_{2max} = \Gamma_{max} + \frac{a}{K\nu^2\omega^2}\,\Gamma_{max}(1 + A) = \Gamma_{max}(1 + A + A^2)$$

et ainsi de suite.
Nous avons donc :

$$K \left[\frac{d^2\zeta}{dt^2} \right]_{max} = \Gamma_{max}(1 + A + A^2 + A^3 + \ldots).$$

Le terme entre parenthèses est égal à $\dfrac{1}{1-A}$; donc :

$$K\left[\dfrac{d^2\zeta}{dt^2}\right]_{max} = \Gamma_{max}\dfrac{1}{1-A}$$

et

$$\zeta_{max} = -\dfrac{\Gamma_{max}}{K\nu^2\omega^2}\dfrac{1}{1-A}.$$

Plaçons-nous dans le cas défavorable :

$$\varepsilon = 1,$$

on a :

$$K\left[\dfrac{d^2\zeta}{dt^2}\right]_{max} = \Gamma_{max}\dfrac{1}{1-\dfrac{E_0 I_0^{cc} p^2}{2K\Omega\nu^2\omega^2}} = \dfrac{\Gamma_{max}\, 2K\Omega\nu^2\omega^2}{2K\Omega\nu^2\omega^2 - E_0 I_0^{cc} p^2}$$

On voit encore que pour :

$$1-A = 0,$$

ou

$$2K\Omega\nu^2\omega^2 - E_0 I_0^{cc} p^2 = 0,$$

c'est-à-dire pour

$$\tau_0 = \dfrac{2\pi}{p}\sqrt{\dfrac{2K\Omega}{E_0 I_0^{cc}}} = \tau,$$

il y a décrochage, ζ_{max} devenant infini.

Nous pouvons encore écrire :

$$\zeta_{max} = \zeta'_{max} + \zeta'_{max}\dfrac{A}{1-A},$$

ou

$$\zeta_{max} = \zeta'_{max} + \zeta'_{max}\dfrac{1}{\dfrac{2K\Omega\nu^2\omega^2}{E_0 I_0^{cc} p^2}-1}.$$

Le terme ζ'_{max} représente l'écart de l'alternateur fictif de capacité double et de vitesse ω'; le terme

$$\zeta'_{max}\dfrac{1}{\dfrac{2K\Omega\nu^2\omega^2}{E_0 I_0^{cc} p^2}-1}$$

représente la valeur maxima maximorum (cas le plus défavorable) de l'écart de l'un des alternateurs par rapport à l'alternateur fictif.

Les éventualités de décrochage sont mises en évidence aussi bien avec ce mode de calcul qu'avec le précédent.

TROISIÈME MÉTHODE PERMETTANT
DE DÉTERMINER LES CONDITIONS DE RÉSONNANCE
DES OSCILLATIONS DANS LE COUPLAGE EN PARALLÈLE
DES ALTERNATEURS

On peut retrouver d'une manière très simple, par les méthodes habituelles de l'analyse, les résultats déjà obtenus.

En effet, nous pouvons remarquer que l'équation de fonctionnement de l'un des deux alternateurs est évidemment de la forme.

$$\frac{K}{2p}\frac{d^2\delta}{dt^2} = \Gamma_{max}\sin(\nu\omega t - \chi) - \frac{P_{moy}\Delta\delta}{\omega}.$$

Les termes entrant dans cette formule ont été maintes fois définis.

D'où l'équation :

$$\frac{K}{2p}\frac{d^2\delta}{dt^2} + \frac{E_0 I_0^m}{4\omega}\delta = \Gamma_{max}\sin(\nu\omega t - \chi).$$

L'intégrale de cette équation, soit δ, est la somme de l'intégrale générale de l'équation sans second membre, soit δ', et d'une intégrale particulière de l'équation avec second membre, soit δ'' :

$$\delta = \delta' + \delta''.$$

L'équation sans second membre :

$$\frac{K}{2p}\frac{d^2\delta'}{dt^2} + \frac{E_0 I_0^m}{4\omega}\delta' = 0$$

admet évidemment pour solution :

$$\delta' = \delta_0 \sin(\mu t + \mu'),$$

avec :

$$\mu^2 = \frac{p^2 E_0 I_0^m}{2K\omega};$$

L'équation avec second membre :

$$\frac{K}{2p}\frac{d^2\delta''}{dt^2} + \frac{E_0 I_0^m}{4\omega}\delta'' = \Gamma_{max}\sin(\nu\omega t - \chi).$$

admet comme solution particulière :

$$\delta'' = A \sin(\nu\omega t - \chi).$$

On en déduit facilement :

$$A = \frac{\Gamma_{max}}{\dfrac{E_0 I_0^{cc}}{4\omega} - \dfrac{K}{2p}\nu^2\omega^2}$$

ce qui peut encore s'écrire :

$$A = \frac{\Gamma_{max}\, 4p\Omega}{p^2 E_0 I_0^{cc} - 2K\Omega\nu^2\omega^2}$$

D'où l'expression suivante pour δ :

$$\delta = \delta' + \delta'' = \delta_0 \sin\left(p\sqrt{\frac{E_0 I_0^{cc}}{2K\Omega}}\, t + \mu'\right) + \frac{4p\Omega\Gamma_{max}}{p^2 E_0 I_0^{cc} - 2K\Omega\nu^2\omega^2}\sin(\nu\omega t - \chi).$$

Le premier terme représente le mouvement propre de l'alternateur, autour de l'alternateur fictif de capacité double.

La période de ce mouvement τ_0 est donnée par :

$$2\pi = \nu\tau_0,$$

d'où

$$\tau_0 = \frac{2\pi}{p}\sqrt{\frac{2K\Omega}{E_0 I_0^{cc}}}$$

Le deuxième terme représente le mouvement contraint de l'alternateur, c'est-à-dire le mouvement modifié par l'effet synchronisant.

Nous constatons encore sur cette formule l'effet du décrochage produit par la condition critique :

$$p^2 E_0 I_0^{cc} = 2K\Omega\nu^2\omega^2.$$

APPLICATION
RECHERCHE DE LA VITESSE N_0 CRITIQUE D'UN ALTERNATEUR POUR LAQUELLE DOIT AVOIR LIEU LA RÉSONNANCE

Considérons le cas pratique d'un alternateur monophasé commandé par un moteur à vapeur monocylindrique, à double effet, tournant à 105 tours par minute.

$$\nu = 2$$

$$P_a = 375 \text{ kva.}$$

$$P = 200 \text{ kw.} \qquad \cos\varphi = 0,75,$$

$$U_{eff} = 2.000 \text{ volts} \qquad I_{eff} = 200 \text{ amp.}$$

$$2p = 48 \text{ pôles} \qquad \text{fréquence} = 42 \text{ périodes.}$$

Soit :

$$E_{\text{eff}} = 3I_{\text{eff}} = 600 \text{ amp.}$$

La régulation cyclique à 1/200 pour 105 tours par minute a conduit à adopter un volant de :

$$80 \times 10^8 \text{ gr.-masse-cm}^2,$$

donc pour 105 t/min. :

$$\tau_0 = \frac{60}{105 \times 2} = \frac{60}{210} = 0^{\text{sec}}28.$$

On a de plus, en exprimant en ergs par cm. les deux termes du rapport :

$$\tau = \frac{2\pi}{p} \sqrt{\frac{2K \times 2\pi \times 42}{2 \times U_{\text{eff}} \times E_{\text{eff}} \times 10^7}}$$

ou, en remplaçant :

$$\tau = \frac{2\pi}{p} \sqrt{\frac{\sim 2K \times 6 \times 42}{2 \times 2.000 \times 600 \times 10^7}}$$

$$\tau = \frac{2\pi}{p} \sqrt{\frac{\sim 2 \times 80 \times 252 \times 10^8}{24 \times 10^{12}}}$$

$$\tau = \sim \frac{6}{24} \sqrt{1,68} = \sim 0^{\text{sec}}32.$$

On voit que les ordres de grandeur de τ et de τ_0 sont à peu près les mêmes.

On s'efforcera en général de les différencier beaucoup.

Calculons la vitesse de la machine correspondant à une fréquence telle que la résonnance se produise, à supposer que tension, intensité et puissance restent les mêmes (réglage approprié).

Nous aurons dans ces conditions :

$$\tau_0 = \tau = 0^{\text{sec}}32,$$

or :

$$\tau = \frac{1}{\nu N}$$

et

$$\nu = 2 ;$$

donc

$$N = \frac{1}{2 \times 0,32} = 1,56$$

ou par minute : $\sim$ 94 tours.

COUPLAGE DES ALTERNATEURS
(Suite.)

THÉORIE DES OSCILLATIONS PENDULAIRES DES ALTERNATEURS COUPLÉS EN PARALLÉLE (suite.)

Théorie du couplage (d'après M. BOUCHEROT).

On a vu, dans la précédente leçon, que nous avons pu arriver d'une manière simple à la condition critique de résonnance pour les alternateurs couplés. Il importe d'indiquer d'autres théories plus classiques arrivant au même résultat et qui doivent être connues du lecteur.

Principe de la théorie de M. Boucherot. — On se souvient que, dans une précédente leçon, nous avons établi pour le cas d'un alternateur isolé, et avec un certain nombre d'hypothèses restrictives, la relation simple suivante :

$$\Gamma = K\frac{d^2\zeta}{dt^2} = C_m - C_9 = \frac{C_0}{2}\left[1 + \cos(\omega t - \chi)\right] - \frac{E_0 I_0}{\omega}\cos\Omega t \cos(\Omega t - \Psi). \quad (1)$$

Si nous faisons abstraction de la périodicité du deuxième terme et si nous prenons sa valeur moyenne :

$$C_\Psi = \frac{E_0 I_0}{2\omega}\cos\Psi = \frac{C_0}{2},$$

la relation (1) devient :

$$K\frac{d^2\zeta}{dt^2} = \frac{C_0}{2}\cos(\omega t - \chi). \quad (1')$$

Dans le cas d'alternateurs couplés en parallèle, cette relation se modifie par l'adjonction au second membre d'un couple supplémentaire, dit « couple synchronisant » (au sens le plus large du mot), couple différentiel pour chaque alternateur moitié du couple différentiel total :

$$C_{diff} = \frac{\delta}{2}\frac{P_{moy}}{\omega}\left(2\Delta - tg\,\varphi\right)$$

ou, en supposant pour simplifier

$$\operatorname{tg}\varphi = \sim 0,$$

$$C_{alt} = \frac{2 P_{moy}}{\omega}\,\Delta.$$

Nous avons donc, pour le cas des alternateurs couplés :

$$K\,\frac{d^{2}\delta_{1}}{dt^{2}} = \frac{C_{o}}{2}\cos\,(\nu\omega t - \chi) + \frac{P_{moy}\,\Delta}{\omega}\,\delta_{1}. \qquad (2)$$

Rappelons que :

δ_{1} est l'angle d'écart électrique, ζ_{1} l'angle d'écart géométrique de l'alternateur couplé par rapport au vecteur de rotation uniforme ω, et ζ' le même angle pour l'alternateur isolé sur le réseau (fig. 276).

Remarquons que :

$$\delta_{1} = 2 p\,\zeta_{1}.$$

La relation (2) peut s'écrire :

$$K\,\frac{d^{2}\zeta_{1}}{dt^{2}} = \frac{C_{o}}{2}\cos\,(\nu\omega t - \chi) + \frac{2 p\,P_{moy}\,\Delta}{\omega}\,\zeta_{1} = \Gamma_{1}. \qquad (2')$$

Retranchons (1') de (2') :

$$K\,\frac{d^{2}\zeta_{1}}{dt^{2}} - K\,\frac{d^{2}\zeta'}{dt^{2}} = \frac{2 P_{moy}\,p\,\Delta}{\omega}\,\zeta_{1}. \qquad (3)$$

Ayant alors, par la méthode employée dans une précédente leçon, tracé les courbes de couple, d'accélération angulaire $K\,\dfrac{d\omega}{dt}$, d'écart de vitesse $(\omega'-\omega)$ et de ζ' dans le cas de l'alternateur isolé, nous aurons les mêmes courbes relatives à l'alternateur couplé par approximations successives (voir XXIXe leçon).

M. Boucherot suppose les angles ζ sinusoïdaux entre deux zéros consécutifs de la courbe Γ.

Il évalue le rapport :

$$\lambda = \frac{\zeta_{1\,max}}{\zeta'_{max}}$$

et arrive à la condition critique de résonnance que nous avons trouvée précédemment ; il en conclut l'identité des périodes :

$$\tau = \frac{1}{\nu N}\ \text{de l'alternateur unique}$$

$$\tau_{1} = \frac{2\pi}{p}\ \sqrt{\frac{2 K \Omega}{E_{o} I_{o}^{a}}}\ \text{de l'alternateur couplé.}$$

REMARQUES. I. — Comparaison des phénomènes d'oscillations observés dans le cas des dynamos, et d'alternateurs couplés en parallèle. — Nous avons vu que pour les moteurs à couple irrégulier, le fait d'entraîner un alternateur au lieu d'une machine à courant continu, se traduit par la multiplication des effets d'irrégularité angulaires par le facteur :

$$\frac{1}{a \cos \Psi}$$

ou par :

$$\frac{1}{a} \quad \text{si} \quad \Psi = 0.$$

Dans le cas du moteur idéal à double effet, le couple variant suivant une loi sinusoïdale :

$$C = C_0 \sin^2 \alpha,$$

on trouve aisément que $a = \dfrac{1}{2}$.

Donc, dans ce cas, l'accélération angulaire est double de celle correspondant à une machine à courant continu de mêmes constantes mécaniques et électriques.

Quant à l'angle d'écart maximum, ζ_{max}, il est doublé dans le cas de l'alternateur. On en déduit aisément un mode de comparaison de l'écart d'un groupe moteur-dynamo avec celui d'un des groupes moteur-alternateur d'une station centrale. Cette comparaison a pour base l'expression :

$$\frac{\zeta_{max}}{\zeta_{1 \, max}}$$

dont on peut aisément calculer la valeur, $\zeta_{1 \, max}$ correspondant au nouvel écart maximum de l'alternateur couplé, et ζ_{max} étant la valeur maxima du balancement de l'alternateur fictif de mouvement moyen.

II. — On voit que l'étude de l'équation des oscillations pendulaires est liée à la connaissance de nombreuses données expérimentales :

Angle χ de la manivelle avec les axes polaires, forme du couple du moteur mécanique employé, décalage du réseau, etc.

On ne saurait donc trop s'élever contre des tentatives de résolution à priori, par des formules générales, d'un problème supposant la connaissance de tant de données qui sont forcément très variables suivant les cas étudiés.

Nous pourrons donc dans tous les cas déterminer graphiquement :

$$P_{max}, \quad P'_{max}, \quad \chi.$$

On remarquera en passant la grande influence de l'angle χ, quand on tient compte des dentelures dues aux termes de pulsation ω.

Conclusions. — On pourrait tirer de cette étude d'intéressantes conclusions pratiques, sans cependant qu'il y ait lieu d'attacher aux théories précédentes une trop grande valeur. Certains des points actuellement admis comme certains sont cependant de la plus extrême confusion, et c'est très explicable, étant donnés les facteurs nombreux, purement expérimentaux et sans lien nécessaire entre eux, ne constituant en quelque sorte que des contingences indépendantes, qui figurent dans une étude à peu près complète comme celle que nous avons esquissée.

Un exemple fixera les idées à ce sujet :

Le rapport $\dfrac{I_{cc}}{I_{ca}}$ peut être considéré, et il l'est en fait, par les divers auteurs, comme un facteur important de l'aptitude au couplage des alternateurs.

En effet, ce facteur intervient d'une manière directe dans la constitution de la puissance synchronisante :

$$\frac{P_{max}\,\Delta^2}{2}$$

pour un alternateur, ou du couple synchronisant :

$$\frac{P_{max}\,\Delta^2}{2\omega},$$

Malheureusement, suivant certains mêmes des auteurs précités, et suivant les cas, ou plutôt, suivant la manière d'envisager la question, pour un alternateur, des accroissements de ce rapport ou des diminutions de ce rapport peuvent entraîner des variations dans le même sens de l'aptitude du couplage.

Ce rapport ne peut donc être considéré comme une constante de mérite de la machine à ce point de vue spécial.

Théorie du couplage (d'après Rosenberg et Görges).

Malgré les hypothèses peu justifiables que nous avons signalées comme constituant véritablement les bases de la théorie ci-dessous, sans en citer explicitement le nom des auteurs, nous donnerons cependant ladite théorie en détail parce qu'elle est en quelque sorte classique, et qu'elle permet, à certains points de vue, l'étude approchée de l'allure du phénomène.

Mais nous devons signaler que, si les résultats obtenus avec cette théorie offrent une certaine analogie de forme avec ceux que nous avons trouvés, des différences essentielles subsistent, qui permettent d'émettre quelques doutes sur la simplification des résultats obtenus par la méthode de Rosenberg et Görges.

Rappel des bases de cette théorie. — MM. Rosenberg et Görges évaluent, comme nous l'avons fait, en supposant les f.é.m. E_1 et E_2 des deux alternateurs de grandeur constante, la valeur de E_2, en fonction de E_1 et δ. Nous avons trouvé avec eux, sous le bénéfice de ces hypothèses :

$$e_0 = 2E_0 \sin \frac{\delta}{2},$$

$e_0 =$ valeur de la f.é.m. de synchronisation, et

$$\frac{E_2}{e_0} = \frac{2E_0^2}{2E_0};$$

donc :

$$E = 2E_0 \sin \frac{\delta}{2},$$

Posons :

$$\delta_2 = \frac{\delta}{2} = \frac{\delta_1 - \delta_2}{2};$$

La puissance synchronisante pour chaque alternateur est donnée par :

$$P_2 = E_{02} \cdot \delta_{02} \cdot i \cos \frac{\delta}{2} = \frac{1}{2} E_0 \delta^2 \cos \frac{\delta}{2}.$$

ou bien :

$$P_4 = \frac{1}{2} E_0 I_0^{cc} \sin\frac{\delta}{2} \cos\frac{\delta}{2},$$

$$P_5 = \frac{1}{4} E_0 I_0^{cc} \sin\delta,$$

qu'on peut écrire :

$$P_5 = \frac{1}{4} \frac{E_0 I_0 \cos\varphi \, I_0^{cc}}{I_0 \cos\varphi} \sin\delta,$$

ou enfin :

$$P_5 = \frac{P_{moy} I_0^{cc}}{2 I_0 \cos\varphi} \sin\delta,$$

P_{moy} étant la puissance moyenne de l'alternateur.

On en déduit aisément la valeur du couple synchronisant (en passant du sinus à l'angle) :

$$C_5 = C_{moy} \frac{I_0^{cc}}{2 I_0 \cos\varphi} \delta,$$

δ est, chez les auteurs précités, *l'angle maximum d'écart électrique des deux alternateurs*.

Il est bien certain que ces expressions, bien que ne tenant qu'incomplétement compte du phénomène, comme nous l'avons montré, donnent cependant des indications précieuses sur les éléments qui peuvent être considérés comme caractérisant l'aptitude au couplage desdits alternateurs.

Les formules ci-dessus, combinées avec celles que nous avons déjà indiquées, appellent les remarques suivantes :

REMARQUES SUR LE COUPLAGE DES ALTERNATEURS

Remarque I. — **Mode d'action pratique de la puissance synchronisante.** — Le couple synchronisant agit donc pour ramener les alternateurs en concordance de phases, mais il donne lieu à une force de sens contraire à celle qui produit l'écart angulaire.

En d'autres termes, avec nos notations habituelles, l'expression :

$$\frac{1}{2} \frac{K}{p} \frac{d^2\delta}{dt^2} = K \frac{d^2\zeta}{dt^2},$$

couple d'accélération angulaire, et $\dfrac{\delta}{p}$ écart angulaire, étant représentés, au moins en première approximation, par les vecteurs du diagramme 277. C_s agit comme frein, quand $\delta > 0$, et d'une manière générale, il agit à contre sens de

$$K \frac{d^2\delta}{dt^2} \;{}^{(1)}.$$

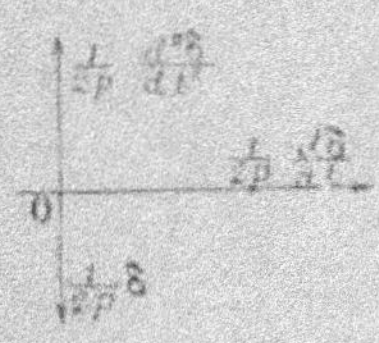

Fig. 277. — Couplage de deux alternateurs en parallèle. Situations respectives diagrammatiques des accélérateurs angulaires, des vitesses angulaires et des écarts angulaires.

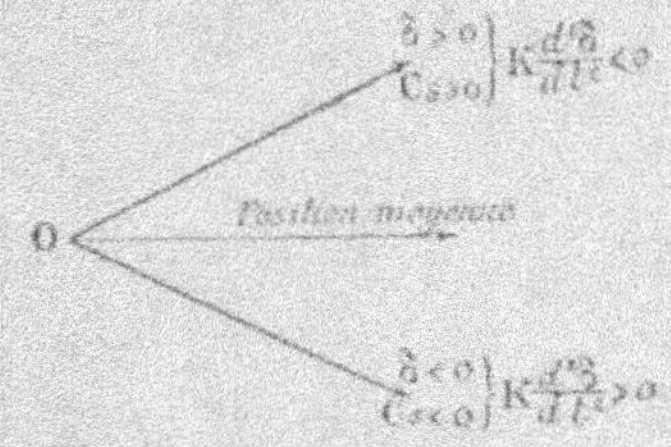

Fig. 278. — Couplage en parallèle de deux alternateurs. Relations de signe entre le couple synchronisant, l'accélération angulaire et l'écart angulaire. L'accélération angulaire est proportionnelle et de signe contraire, donc directement opposée, à l'écart angulaire.

L'équation :

$$\frac{K}{2\rho} \frac{d^2\delta}{dt^2} = \Gamma_{m_1}$$

ou bien :

$$K \frac{d^2\zeta}{dt^2} = \Gamma_m$$

de l'alternateur à vide, est modifiée, dans le cas de l'alternateur couplé, de la façon suivante :

$$\frac{K}{2p} \frac{d^2\delta}{dt^2} = \Gamma_m + \Gamma_s = C_m - C_g + \Gamma_s$$

$\Gamma_s =$ couple synchronisant;
$C_g =$ couple générateur, supposé constant dans la théorie de Rosenberg et Görges, mais en réalité périodique, avec une pulsation beaucoup plus considérable que celle du couple moteur.

Les écarts angulaires sont donc accrus, malgré la présence du couple synchronisant.

On peut donc concevoir la puissance synchronisante comme

---

1. Ce fait résulte très simplement des relations existant entre une fonction périodique et sa dérivée seconde.

jouant le rôle d'un régulateur réversible avec lequel on voudrait régler des oscillations rapides.

REMARQUE II. — **Influence du couple synchronisant sur le coefficient d'irrégularité d'un alternateur.** — Le coefficient d'irrégularité est augmenté par la présence de ce couple synchronisant. En d'autres termes, le z maximum calculé pour l'alternateur unique branché sur le réseau, devient ici z_{max} plus grand pour l'alternateur couplé.

Il est facile de voir, d'après ce que nous avons dit, que cette augmentation est liée au nombre d'impulsions par tour du moteur; c'est immédiat, d'après notre théorie. En effet :

$$z_i = \zeta + \zeta_0 \sin\left[\frac{1}{p}\sqrt{\frac{2k\overline{\omega}}{I_0 I_0^2}}\, t + \mu\right],$$

avec

$$\zeta = \frac{z}{2p}$$

Nous avons déjà vu que dans le cas de l'alternateur branché seul sur le réseau, le maximum d'écart angulaire dépendait directement du coefficient d'irrégularité de l'alternateur, et inversement du nombre d'impulsions par tour.

Conséquemment, si les deux moteurs ont le même coefficient d'irrégularité, l'écart angulaire sera plus grand pour celui qui a le plus petit nombre d'impulsions par tour.

Nous avons déjà signalé que cet écart angulaire est toujours faible, de l'ordre du degré, même dans les moteurs ayant un faible coefficient d'irrégularité.

EXEMPLES. — 1° *Moteur à vapeur monocylindrique* pour lequel

$$v = 2.$$

Coefficient d'irrégularité : $\dfrac{1}{150}$.

Écart angulaire : $\dfrac{1}{300}$ de circonférence;

Soit :

$$z = \frac{1}{300} + \frac{360}{2\pi} = \frac{10}{100} \text{ de degré.}$$

2° Moteur à gaz à quatre temps et à un cylindre

$$\gamma = \frac{1}{2}.$$

Coefficient d'irrégularité : $\dfrac{1}{80}$

$$\zeta = \frac{2}{80} \times \frac{360}{\pi} = 2,8 \text{ degrés.}$$

Par contre, l'écart angulaire du vecteur de la f.é.m. par rapport à celui de la tension, ou de la f.é.m. fictive, de direction confondue avec celle du vecteur de vitesse angulaire constante, est donné par :

$$\frac{\delta}{2} = p\zeta,$$

si p est le nombre de champs polaires de l'alternateur.

Le couple synchronisant s'éteignant et renaissant tour à tour, quand la vitesse angulaire variable des alternateurs atteint la valeur constante ω et s'en écarte en plus ou en moins, on voit que la puissance synchronisante mise en jeu sera d'autant plus considérable, toutes choses égales d'ailleurs, que le nombre d'impulsions par tour sera plus grand.

Si l'on veut conserver une certaine constance dans ce phénomène d'irrégularité, il faut choisir des moteurs dont l'écart angulaire soit d'autant plus faible qu'est plus grand le nombre d'impulsions par tour.

Exemple fourni par M. Rosenberg (*Electrotechnische Zeitschrift*, 1902, n° 20, 21, 22).

1° Moteur à vapeur à deux cylindres, manivelles à 90°,

2° moteur à gaz à quatre temps,

commandant tous deux le même alternateur. Même écart angulaire correspondant à 15° électriques avec $p = 13$ d'où

$$\zeta = 1°.$$

Pour les deux moteurs :

$$C_0 = -\frac{C_{max}}{2}.$$

Pour cet écart angulaire, d'après la formule :

$$C_0 = C_{max} \frac{I_a^{ce}}{2I_0 \cos\Psi} \sin\delta,$$

ou

$$C_0 = \frac{P_{max}}{\omega} \frac{I_a^{ce}}{2I_0 \cos\Psi} \sin\delta,$$

pour le moteur à vapeur, C_s a pour valeur, tous calculs faits,

$$C_s = 0,84 \, \Gamma_{max}.$$

$\Gamma_{max} =$ différence maxima entre le couple moteur et le couple résistant.

Pour le moteur à gaz, nous aurons de même :

$$C_s = 0,071 \, \Gamma_{max}$$

On voit donc que le couple synchronisant agit beaucoup plus faiblement dans le cas du moteur à gaz que dans le cas du moteur à vapeur, en ce qui concerne l'amplitude des écarts.

Comme nous l'avons dit également, on ne doit que faiblement tenir compte du couple produit par les courants de Foucault, (induits dans les pièces polaires ou les circuits amortisseurs) sauf dans le dernier cas, où la production de ce couple est escomptée pour l'effet à obtenir. Ces couples, proportionnels à $\omega' - \omega$, ne sont d'ailleurs pas suffisamment importants pour justifier leur introduction dans le calcul.

Remarque III. — **Variations du coefficient d'irrégularité.** — *Méthode graphique de Rosenberg pour l'étude de l'accroissement du coefficient d'irrégularité d'un alternateur couplé en parallèle, par rapport à la valeur de ce coefficient quand l'alternateur travaille seul.*

L'alternateur est supposé à couple résistant constant.

Portons la valeur initiale du couple d'accélération angulaire :

$$OF = K \left(\frac{d^2 \delta}{dt^2} \right)_0 \frac{1}{2p};$$

portons (fig. 279)

$$OB = \frac{OF}{K} \frac{1}{\omega_0}$$

et

$$OA = \frac{OF}{K} \frac{1}{\omega_0^2} = 2$$

Nous savons que :

$$C_s = C_{moy} \frac{\Gamma_p}{2L_s \cos \varphi} \, 2$$

Donc, on peut prendre pour expression approchée de C_s la valeur OA avec une échelle convenable. OF, OA, OB, caractérisant les conditions de marche d'un alternateur seul. Mais OF, OB, OA

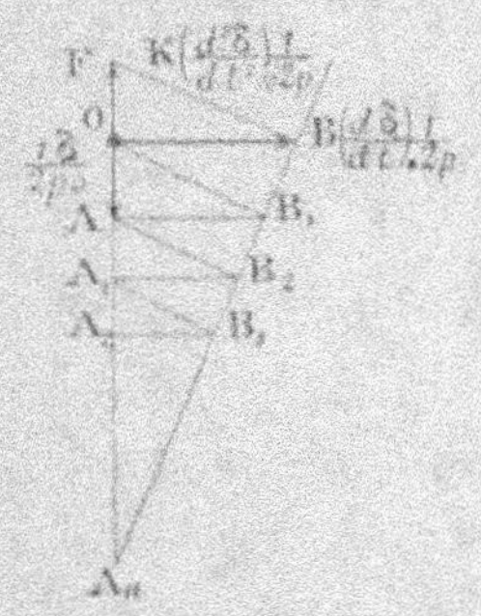

Fig. 279. — Couplage en parallèle de deux alternateurs. Recherche graphique de l'accroissement du coefficient d'irrégularité dans ce cas.

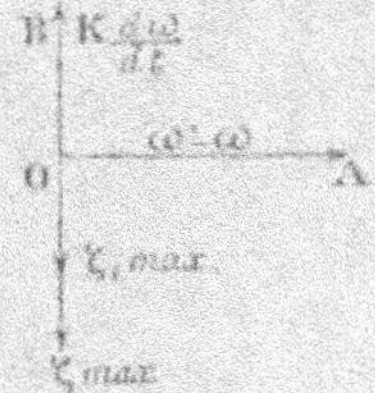

Fig. 280. — Couplage en parallèle de deux alternateurs. Relations graphiques entre l'accélération angulaire, la vitesse angulaire et les écarts angulaires.

sont proportionnels, K étant donné. A une certaine valeur OA du couple synchronisant, correspond un accroissement de la vitesse angulaire :

$$\frac{d\zeta}{dt}$$

donné par une parallèle OB_1 à FB; AB_1 mesure l'accroissement de vitesse :

$$\frac{1}{2p}\left(\frac{d\zeta}{dt}\right)_{max}$$

Il lui correspond l'augmentation AA_1 d'écart angulaire, et ainsi de suite.

On obtient enfin le point A_n tel que OA_n caractérise l'écart angulaire maximum. On voit comment est effectuée la construction : la droite BB_1 part de B et passe par B_1, intersection de la parallèle AB_1 à OB avec la droite OB_1.

Point de convergence. — Il est facile à déterminer algébriquement.

On a en effet :

$$\frac{OA_n}{OA} = \frac{OB}{OB - AB_1}$$

Mais :

$$\frac{AB_1}{OB} = \frac{OA}{OF} = q$$

$$AB_1 = q \cdot OB.$$

On aura :

$$\frac{OA_2}{OA} = \frac{1}{1-q}$$

$$OA_3 = \frac{1}{1-q}$$

Par conséquent, à des forces synchronisantes représentées par les fractions :

$$\frac{1}{10}, \quad \frac{1}{5}, \quad \frac{1}{4}, \quad \frac{1}{2}$$

de la force initiale, correspondent des écarts définitifs égaux à :

$$\frac{10}{9}, \quad \frac{5}{4}, \quad \frac{4}{3}, \quad 2$$

de l'écart angulaire initial.

Le coefficient d'irrégularité sera amplifié dans les mêmes proportions.

On voit, d'après ce qui précède, que l'augmentation de valeur du coefficient d'irrégularité est d'autant plus petite que le nombre d'impulsions par tour est plus petit, le rapport entre le couple d'accélération angulaire initial et le couple synchronisant étant alors très petit.

REMARQUE. — On ne saurait donner une portée abusive à ces résultats, car, comme nous l'avons démontré, le couple générateur n'étant pas constant, l'équation donnant l'écart angulaire est bipériodique.

Module de résonnance.

(D'après GORGES. *Electrotech.-Zeitschrift*, n° 49, 1902.)

Nous exposerons la suite de cette théorie dans l'esprit de ses auteurs, mais toujours avec nos notations.

Soit τ le temps correspondant à un cycle du moteur.

$\Delta\omega_0 = (\omega' - \omega)_0$ l'accroissement maximum, en valeur absolue, de la vitesse angulaire, $\left[\frac{d^2\zeta}{dt^2}\right]_0$ la valeur maxima de l'accélération angulaire.

Nous avons :

$$(\omega' - \omega)_0 = \frac{\tau}{2\pi}\left[\frac{d^2\zeta}{dt^2}\right]_0$$

$$\zeta_0 = \frac{\tau^2}{4\pi^2}\left[\frac{d^2\zeta}{dt^2}\right]_0$$

Nous aurons également pour l'écart angulaire électrique :

$$\frac{\delta_0}{2} = p\zeta_0 = \left[\frac{d^2\zeta}{dt^2}\right]_0 \frac{\tau^2}{4\pi^2} p$$

et :

$$\Gamma_0 = \frac{P_0}{\omega} = K\left[\frac{d^2\zeta}{dt^2}\right]_0$$

P_0 étant la *puissance pendulaire ou différentielle* maxima et Γ_0 le couple *pendulaire ou différentiel* maximum.

$$\Gamma_0 = \frac{P_0}{2\pi f} p = \frac{P_0}{2\pi N} = \frac{P_0 p}{\Omega} = \frac{P_0}{\omega}$$

D'où :

$$\frac{\delta_0}{2} = p\zeta_0 = \frac{P_0}{K\Omega}\frac{p^2\tau^2}{4\pi^2}$$

$$\frac{\delta_0}{2} = \frac{P_0}{K\omega} p \frac{\tau^2}{4\pi^2}.$$

Rappelons maintenant l'expression de la puissance synchronisante :

$$P_s = P_{moy}\frac{I_0''}{2 I^0 \cos\psi}\sin\delta = P_{moy}\frac{I_0''}{2 I^0 \cos\psi}\sin 2\theta$$

avec

$$\delta = 2\theta$$

$$P_s = P_{moy} \frac{I_0}{2\,l^0 \cos\varphi}\, 2\sin\theta\cos\theta$$

ou encore :

$$P_s = P_{moy} \frac{I_0^{cc}}{I_0 \cos\varphi}\, \sin\theta\cos\theta.$$

Posons, pour simplifier :

$$a = P_{moy} \frac{I_0^{cc}}{I_0 \cos\varphi}$$

et prenons :

$$\sin\theta = \theta \quad\text{et}\quad \cos\theta = 1.$$

Nous aurons :

$$a = 2P_{moy}\,\Delta, \quad\text{avec}\quad \Delta = \frac{I_0^{cc}}{2\,I_0 \cos\varphi},$$

et

$$P_s = a\,\theta.$$

a est la puissance synchronisante par unité d'angle d'écart; le couple correspondant en unités C. G. S. ou pratiques (Joules), sera :

$$\frac{a}{2\pi f} = \frac{a}{\omega}.$$

Nous pouvons donc toujours, d'après cette théorie, définir la puissance synchronisante et le couple synchronisant comme proportionnels à δ.

Or, nous avons vu plus haut que :

$$\frac{OA_n}{OA} = \frac{1}{1 - q},$$

Posons :

$$\zeta = \frac{1}{1 - q} = \frac{1}{1 - \dfrac{P_{s\,max}}{P_s}}.$$

Comme :

$$P_\delta = \frac{\delta_0}{2}\, K\Omega\, \frac{4\pi^2}{p^2\, \tau^2}$$

$$P_{s\,max} = a\,\theta_0 = 2P_{moy}\,\Delta\, \frac{\delta_0}{2} = \delta_0\, P_{moy}\,\Delta.$$

Nous aurons :

$$\zeta = \cfrac{1}{1 - \cfrac{2\,\mathrm{P}_{moy}\,\Delta\,p^2\,\tau'^2}{4\,\mathrm{K}\,\Omega\,\pi^2}}$$

ζ est appelé par Görges : *Module de résonnance*. Soit τ' le temps d'oscillation dans le cas particulier :

$$\mathrm{P}_0 = \mathrm{P}_s.$$

Nous avons :

$$4\,\mathrm{K}\,\Omega\,\pi^2 = 2\,p^2\,\mathrm{P}_{moy}\,\Delta\,\tau'^2,$$

donc :

$$\tau' = \frac{\pi}{p}\sqrt{\frac{2\,\mathrm{K}\,\Omega}{\mathrm{P}_{moy}\,\Delta}},$$

ou encore, en remplaçant $\mathrm{P}_{moy}\,\Delta$ par sa valeur :

$$\mathrm{P}_{moy}\,\Delta = \frac{\mathrm{E}_0\,\mathrm{I}_0^{cc}}{4},$$

$$\tau' = \frac{2\pi}{p}\sqrt{\frac{2\,\mathrm{K}\,\Omega}{\mathrm{E}_0\,\mathrm{I}_0^{cc}}},$$

résultat trouvé précédemment par une autre méthode. Si nous ne négligeons pas la différence entre $\cos\theta$ et 1, nous aurons :

$$\tau' = \frac{2\pi}{p}\sqrt{\frac{2\,\mathrm{K}\,\Omega}{\mathrm{E}_0\,\mathrm{I}_0^{cc}\cos\theta}}.$$

Remarque. — Il faut, bien entendu, exprimer ces quantités en unités concordantes.

Si K est exprimé en kilogrammètres, il faut le réduire en joules, c'est-à-dire le multiplier par 9,81 ou, inversement, on peut conserver K en kilogrammètres et multiplier $\mathrm{E}_0\mathrm{I}_0$ par

$$\frac{1}{g} = 0,102.$$

On peut encore écrire, on le démontrerait simplement, ζ_0 étant la période des oscillations de l'alternateur couplé, ζ celle de l'alternateur seul [en négligeant les termes dûs à la pulsation Ω] :

$$\zeta = \frac{1}{1 - \cfrac{\tau'^2}{\tau_0'^2}} = \frac{\tau_0'^2}{\tau_0'^2 - \tau'^2}$$

expression appelée par Görges : « Module de résonnance ».

Ceci montre dans quelle mesure l'oscillation propre de l'alternateur peut être aidée par les oscillations dues aux impulsions du moteur, ce qui a pour effet d'augmenter l'amplitude des oscillations propres.

Cas défavorable

$$s_0 = s, \qquad \xi = \infty;$$

décrochage inévitable, à moins qu'il ne se produise un couple amortisseur très énergique, qui ait pour effet de modifier la période propre de l'alternateur.

Résumé de la théorie de MM. Rosenberg et Görges.

Ainsi, quand la puissance synchronisante maxima (ou le couple synchronisant maximum) vient à égaler la puissance pendulaire maxima (ou le couple pendulaire maximum), le facteur :

$$\frac{1}{1-q}$$

devient infini.

Comme l'angle d'écart ζ_{max} devient infini (après couplage, il est donné par le produit de ζ_{max} (alternateur seul) par $\frac{1}{1-q}$), on voit que la construction n'est plus possible et l'alternateur se décroche.

En résumé, il y a résonance, et probabilité du décrochage, quand la période des oscillations de l'alternateur couplé, et celle des oscillations de l'alternateur seul, viennent à coïncider.

Ce fait se produit quand la condition :

$$\frac{1}{\sqrt{N}} = \frac{2\pi}{p}\sqrt{\frac{2K\Omega}{E_0 I_2^{cc}\cos\theta_0}}$$

est réalisée, ou, pratiquement, quand la suivante l'est (cos θ étant toujours voisin de 1) :

$$\frac{2\pi}{p}\sqrt{\frac{E_0 I_2^{cc}}{2K\Omega}} = \frac{1}{\sqrt{N}}$$

APPLICATION DES THÉORIES PRÉCÉDENTES
AU CAS DU COUPLAGE EN PRATIQUE DES ALTERNATEURS

1° Accroissement d'écart angulaire. — On peut appliquer la théorie précédente au cas des alternateurs couplés sur un réseau et envisagés dans la précédente leçon.

En particulier, on peut évaluer l'amplification d'écart angulaire dûe au couple synchronisant. Cette évaluation, faite en se reportant aux résultats trouvés à la XXIX° leçon et au graphique de la figure 232, a donné comme résultat numérique 2 p. 100.

Ainsi donc, l'écart angulaire d'un seul alternateur branché sur un réseau (écart que nous avons évalué précédemment) est accru, du fait du couple synchronisant, de 2 p. 100.

2° Cas d'une dynamo à courant continu. — Nous avons vu que le fait, pour le moteur à vapeur, d'entraîner un alternateur, au lieu d'une dynamo à courant continu, accroît l'écart angulaire δ_0, calculé à l'aide de $C_{2\,max}$), de la quantité :

$$\frac{1}{a\cos\psi}\,\delta_0$$

avec :

$$a = \frac{C_{a\,max} - C_{q\,moy}}{C_{q\,moy}}$$

Or ici, si l'on a trouvé sur le diagramme :

$$C_{a\,max} - C_{q\,moy} = 0,50$$

et si l'on prend :

$$\cos\psi = 0,80$$

on voit que l'écart angulaire maximum maximorum peut devenir :

$$\delta_0 + \delta_0\,\frac{1}{0,50 \times 0,80} = \delta_0 \times 3,50.$$

Cette augmentation est donc très sensible.

CALCUL DE LA PÉRIODE PROPRE DE L'ALTERNATEUR COUPLÉ

Nous la calculerons par la formule :

$$\tau_0 = \frac{2\pi}{p}\sqrt{\frac{2KUI_0\cos\psi}{P_{moy}\,I_s^2\,\cos\phi}}$$

Soit :

$$P_{moy} = 440 \text{ HP indiqués}$$

(la puissance électrique est 270 kw.).

Donc, soit la même puissance vraie, avec le facteur de puissance 0,8.

Soit
$$\begin{cases} p = 24 \\ K = 8.000 \text{ kgm}^2 \text{ (masse)} \\ \Omega = 2\pi f = 264 \end{cases} \text{ et } \begin{cases} I_s^v = 4 I_s \\ \cos\Psi = 0,8 \\ \cos\theta = 0,999 \end{cases}$$

On a immédiatement :

$$\tau_0 = \frac{6,28}{24} \sqrt{\frac{8.000 \times 2,64 \times 0,08 \times 2 I_s}{270.000 \times 0,999 \times 4 I_s}} = 0^{sec},47.$$

La période des oscillations forcées de l'alternateur dues aux impulsions du moteur à vapeur est :

$$\tau = \frac{60}{210} = 0^{sec},276$$

car, par minute, il y a 210 impulsions (105 tours).

On voit que la période propre des oscillations n'est pas très différente de la valeur précédente. Ajoutons à ce fait que l'écart angulaire maximum maximorum découlant du couple variable de l'alternateur a une valeur à peu près double de celle calculée; il peut donc arriver que la résonnance se produise, avec éventualité de décrochage. On n'a pas évité les effets de résonnance, nuisibles pour des alternateurs conduisant des moteurs synchrones.

Le module de résonnance est exprimé par la formule :

$$\zeta = \frac{\tau_0^2}{\tau_0^2 - \tau^2}$$

qui donne dans ce cas :

$$\zeta = \frac{\overline{0,166}^2}{\overline{0,166}^2 - \overline{0,276}^2} = 1,087.$$

COUPLAGE DES ALTERNATEURS
(Suite.)

RÉGULATION DES MOTEURS
COMMANDANT DES ALTERNATEURS EN PARALLÈLE

Rappels. — Généralités.

Influence sur C'_m et C''_m du volant et du régulateur. — On voit que l'un des éléments les plus importants qui nous sont nécessaires dans l'étude des oscillations des alternateurs, c'est la connaissance de C'_m et C''_m, couples des moteurs entraînant les alternateurs, en fonction du temps, ou, ce qui revient au même, en fonction des arcs parcourus. Les moteurs sont généralement pourvus d'organes dits régulateurs, dont le rôle consiste à modifier l'admission suivant les efforts développés par le moteur, et à proportionner, par conséquent, le couple moteur moyen au couple résistant moyen.

La connaissance de $C_m(t)$ suppose donc en outre celle du type de moteur choisi, celle du régime d'admission, c'est-à-dire celle de la position d'un index lié au régulateur [1].

En outre, comme le régulateur n'est jamais parfait, c'est-à-dire que la courbe des couples moyens réalisés par le jeu du régulateur n'est jamais une droite parallèle à l'axe des C_{moy}, il faut connaître la courbe Γ du régulateur, liant les couples moyens obtenus, en fonction des vitesses réalisées.

Remarquons en outre que le rôle dévolu à l'organe dénommé volant est tout autre.

Il consiste à maintenir par son inertie, entre des limites données, équidistantes de la vitesse moyenne ω, les vitesses angu-

---

1. La notion si féconde de caractéristique mécanique d'un moteur tient toute entière dans ce fait que pour une admission donnée e (paramètre), il existe une courbe unique $C_m(\omega)$ reliant les valeurs de C_m et de ω (variables).

laires du système tournant (partie mobile de l'alternateur, volant et organes annexes tel que le manchon d'accouplement)[1].

Rappel de notions fondamentales. — Le régulateur comporte essentiellement un tachymètre lié à la valve de l'agent moteur, et qui ferme plus ou moins cette valve suivant la valeur de la vitesse.

Si le régulateur était parfait (isochrone), la vitesse serait la

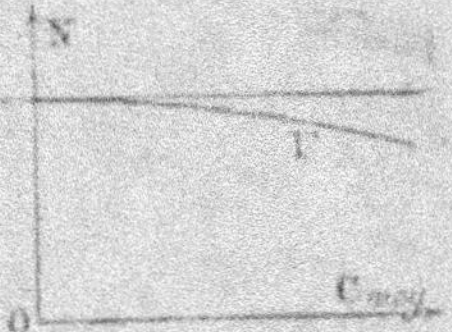

Fig. 281. — Courbe caractéristique d'un groupe électrogène réglé. Décroissance légère de la vitesse quand le couple croît.

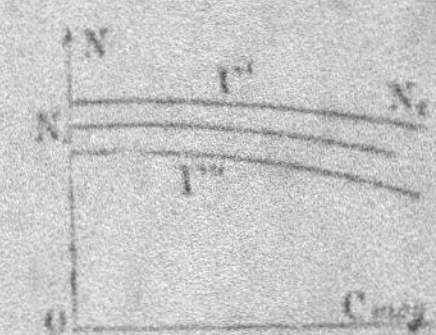

Fig. 282. — Caractéristiques diverses de régulation d'un groupe électrogène réglé, quand on modifie l'organe de réglage (ressort).

même pour toutes les charges; il n'en est pas ainsi généralement, de telle sorte que la courbe de fonctionnement ou courbe d'*efficacité*, ou *caractéristique* du régulateur, a généralement la forme indiquée ci-contre (Courbe tombante, fig. 281). L'écart de réglage sera :

$$\frac{N_o - N_c}{N_c}$$

les quantités N_{moy} et C_{moy} étant les valeurs moyennes des vitesses et des couples par tour;

N_o et N_c étant les vitesses à vide et en charge (même formule, en introduisant la notion de vitesse angulaire).

De plus, en vertu de l'inertie du régulateur, les vitesses, pour une même charge, oscillant entre deux valeurs extrêmes, la courbe Γ' sera remplacée par une bande limitée par les courbes Γ'' et Γ''' (fig. 282).

REMARQUE. — Rappelons que la sensibilité d'un régulateur peut toujours être modifiée dans de très larges limites à l'aide du frein[2].

---

1. On se reportera avec intérêt pour l'étude de cette délicate question, à nos « Leçons sur la régulation des groupes électrogènes », *Encyclopédie électrotechnique*, fascicules 38 et 39.
2. Voir les « Leçons » précitées sur la Régulation des groupes électrogènes.

constitué essentiellement, on le sait, par un piston lié cinématiquement au manchon du régulateur et se déplaçant dans un corps
de pompe rempli d'un liquide visqueux.

On sait que son rôle consiste à atténuer les oscillations du régulateur, oscillations qui tendent à se produire en vertu de l'inertie
des parties du régulateur en mouvement, et à faire dépasser, au
manchon de celui-ci, la position correspondant à la charge établie.

Le rôle de ce frein est très important dans la marche en parallèle des alternateurs. C'est à lui qu'il faut d'abord s'adresser,
quand on éprouve quelques difficultés dans le couplage.

Même pour des régulateurs de même type, affectés à des moteurs
de même puissance, les courbes Γ ne sont pas identiques. Si
elles coïncident à vide, elles divergent ensuite; il en résulte

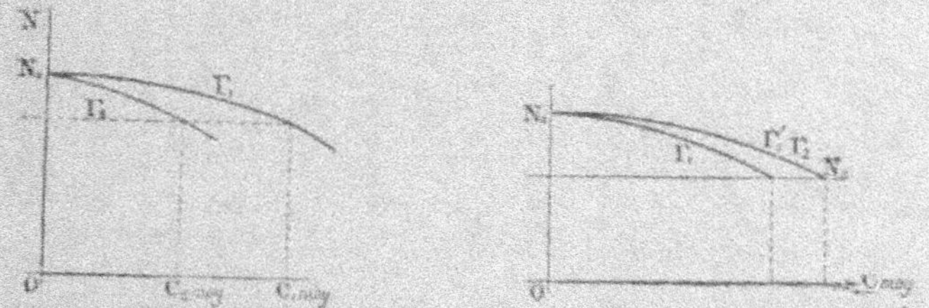

Fig. 283 et 284. — Caractéristiques de régulation de deux groupes électrogènes
couplés en parallèle, la charge étant presque totalement assurée par un seul.

que dans toute l'étendue des charges C_m, deux machines ayant la
même vitesse N_c ne supportent pas la même charge.

La courbe Γ, ou plutôt la bande $\Gamma' \Gamma''$, n'est unique qu'à la condition de ne pas modifier les liaisons existant entre le régulateur
et la valve.

Dans la majorité des régulateurs, il existe un organe de réglage
[ressort ou poids], tel qu'une modification apportée à celui-ci
entraîne une modification correspondante de l'allure de la courbe
moyenne Γ.

On voit qu'en touchant au régulateur, on a pu obtenir une
courbe Γ'' différente de Γ_1, mais qui permet aux deux machines de
supporter la même charge C_{max} à la même vitesse N_c (fig. 283
et 284).

C'est là le mode opératoire qu'il faut adopter dans le couplage
des alternateurs.

En effet, soient deux alternateurs, l'un en charge, l'autre à vide.

Soit Γ_2 la courbe relative à l'alternateur en charge, et N_c le point correspondant au régime actuel.

Pour coupler l'autre alternateur avec celui-là, il faut que sa vitesse soit la même à vide :

$$N_0 = N_e$$

Effectuons le couplage. La vitesse de l'alternateur A_1 augmente, celle de l'alternateur A_2 diminue ; il faut modifier, sur l'une ou l'autre machine, la liaison de la valve au régulateur de façon que les vitesses des machines soient les mêmes, aux états de charge voulus.

Qualités d'un régulateur au point de vue du couplage des alternateurs. — L'écart de réglage étant

$$\frac{N_0 - N_c}{N_c}$$

la régulation doit être d'autant plus rapide que l'écart de réglage est plus fort. C'est la qualité qui est réclamée aux groupes associés en parallèle.

Il faut y joindre une sensibilité modérée, car le régulateur ne doit

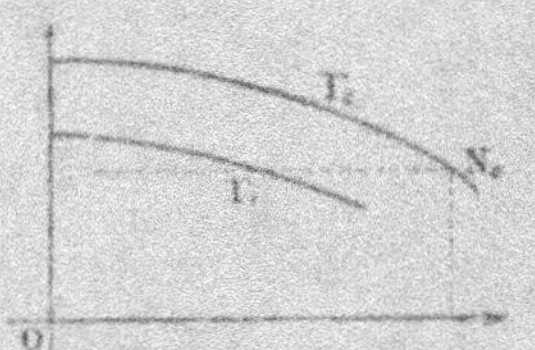

Fig. 285. — Caractéristique de régulation de deux groupes électrogènes couplés en parallèle assurant des charges inégales.

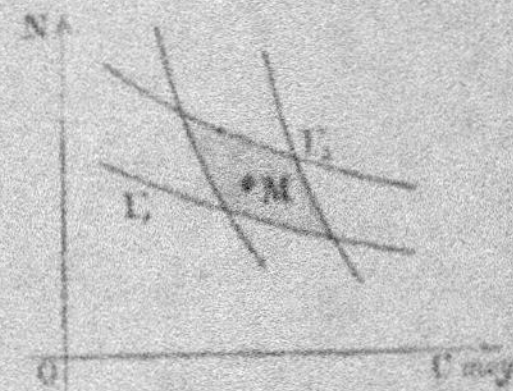

Fig. 286. — Appréciation des qualités des régulateurs destinés à des groupes fonctionnant en parallèle.

pas agir pour des variations instantanées de la vitesse par tour.

Les alternateurs étant couplés, le point figuratif du fonctionnement M se trouve dans la zone commune aux diverses courbes Γ, (fig. 286).

Ce fait nécessite une sensibilité modérée, liée à la largeur de la bande Γ.

Ces courbes sont généralement confondues avec des droites inclinées sur l'axe des C_{moy}.

On voit que plus ces droites sont inclinées (fig. 287), pour une même largeur de bande $\Gamma'' - \Gamma'$ (qu'on appelle parfois la *stabilité du régulateur*][1] plus les couples C_m correspondant à une même vitesse peuvent être différents, ainsi que les charges assumées par les deux machines.

Il y a donc intérêt, pour l'équilibre des charges, à avoir des droites le moins inclinées possible.

En particulier, une courbe telle que celle figurée ci-contre fig. 288

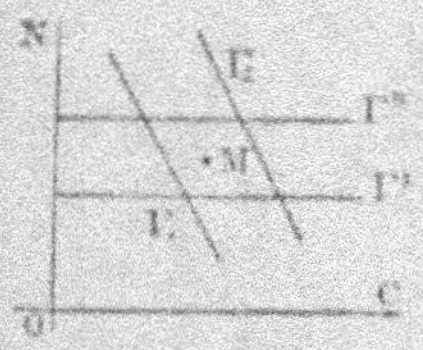

Fig. 287. — Appréciation des qualités des régulateurs destinés à des groupes fonctionnant en parallèle.

Fig. 288. — Forme de caractérisques de régulation à éviter pour les groupes destinés à fonctionner en parallèle.

est inadmissible [variation trop grande possible pour les charges à même vitesse dans la zône d'inflexion].

Conclusions. — Le choix des meilleurs régulateurs et du meilleur mode de régulation semble être une question d'espèce. Les conclusions sont différentes suivant qu'on a affaire à des moteurs hydrauliques, à vapeur, ou à explosion.

Nous ne pouvons que renvoyer le lecteur aux traités spéciaux, quelque intéressante que soit cette étude, dont l'ampleur est incompatible avec le cadre étroit de ce cours.

RELATION ENTRE LA MARCHE DES ALTERNATEURS EN PARALLÈLE, ET LES TRANSMISSIONS D'ÉNERGIE PAR ALTERNATEURS ET MOTEURS SYNCHRONES

Bases de l'étude théorique. — On a vu que dans un moteur synchrone marchant à vide, le courant I_m envoyé par l'alternateur était de sens opposé à la f.c.é.m. du moteur; de telle sorte que si E_1 est la f.é.m. de l'alternateur A_1, E_2 la f.c.é.m. du moteur A_2, on a :

$$E_1 - E_2 = [z\ I]$$

1. Pour la pleine compréhension de cette notion, voir nos « Leçons » précitées sur la Régulation des groupes électrogènes.

le symbole [i] représentant la valeur instantanée de la résultante :

$$2rI + 2l\frac{dI}{dt}$$

r et l étant relatifs à chaque machine. I est un courant de circulation. Soit A_2 entraîné au synchronisme par rapport à A_1. Augmentons la puissance disponible en A_2 [jusque-là égale à celle qu'il

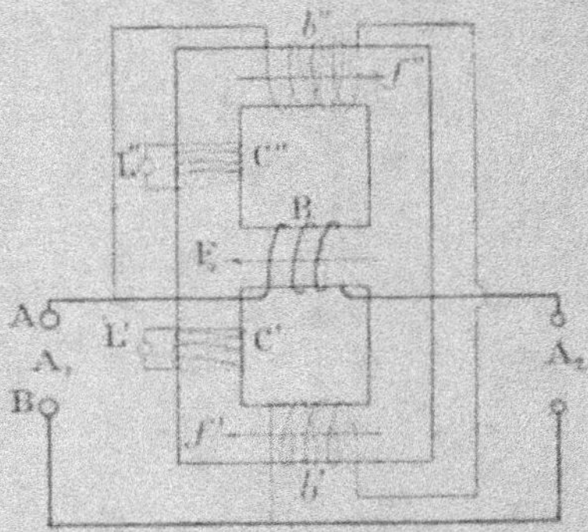

Fig. 289. — Mode de contrôle expérimental des conditions de marche de deux alternateurs en parallèle.

recevait de A_1] de la puissance motrice empruntée à un moteur analogue à celui menant A_1.

Modifions l'excitation de façon que

$$E_1 = E_2.$$

Alors : $I = 0$, et nous avons deux alternateurs en parallèle à vide, c'est-à-dire à circuit extérieur ouvert. Fermons le circuit sur un réseau : nous aurons, si U est la différence de potentiel entre A et B (fig. 289) :

$$\begin{cases} E_1 - U = rI_1 + l\dfrac{dI_1}{dt} \\ E_2 - U = rI_2 + l\dfrac{dI_2}{dt} \end{cases}$$

On voit donc que si E_1 et E_2 sont égaux en grandeur maxima et symphasiques, les deux alternateurs sont également chargés. En particulier, on constatera que le sens du courant est inversé dans A_2, quand cette machine fonctionne en générateur par rapport à celui que possédait ce courant quand la machine fonctionnait en moteur.

Remarquons que la condition de l'égalité des puissances est plus large que celle de l'égalité et du symphasisme de E_1 et E_2.

Expérimentalement. — On peut constater la possibilité de ces deux modes de fonctionnement, de la façon suivante (fig. 289) :

Les bobines b' et b'' reliées en série, sont en dérivation sur la tension AB du réseau. Les flux qu'elles produisent ont les directions respectives f' et f''.

La bobine B est en série sur le réseau.

Soit A_2 fonctionnant en génératrice; B produit un flux de direction F_1.

Donc, F_1 et f'' étant de même sens, la lampe L'' branchée sur le secondaire C'' redoublera d'éclat; comme F_1 et f' sont opposés, l'éclat de la lampe L', branchée sur le secondaire C', diminuera.

Soit A_2 fonctionnant en moteur. Pour une même valeur de la différence de potentiel, le courant en B est inversé. D'où maximum d'éclat pour L' et minimum pour L''.

PROCÉDÉS PRATIQUES DE COUPLAGE

ALTERNATEURS MONOPHASÉS

Il faut tout d'abord que les vitesses en charge des alternateurs déjà couplés et celle, à vide, de l'alternateur à coupler soient les mêmes.

Il faut donc réaliser le synchronisme à vitesse normale.

Puis, le synchronisme étant sensiblement réalisé, saisir le

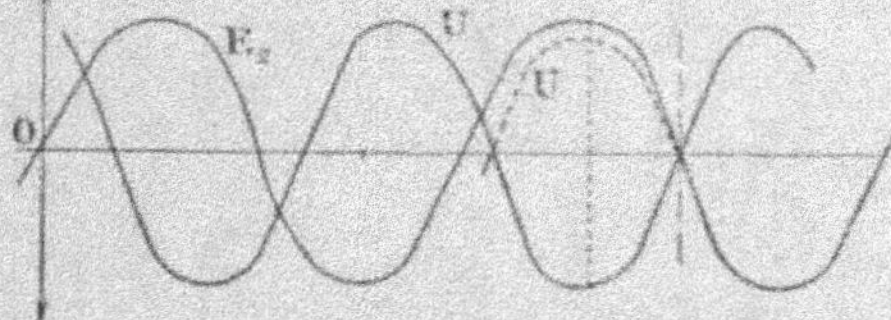

Fig. 290. — Couplage en parallèle de deux alternateurs monophasés.

moment, pour effectuer le couplage, où la tension du réseau et la f.é.m. de l'alternateur sont à peu près en opposition (fig. 290). Il faut en effet que le courant susceptible de passer dans l'alternateur au moment du couplage soit très faible.

Donc, deux opérations :

1° Recherche du synchronisme.

2° Opposition des phases.

Mise au synchronisme. — 1° Emploi du tachymètre (peu précis).

2° Une méthode consiste à observer la partie tournante de A_2 à la lumière d'une lampe à arc alimentée par le premier alternateur.

Le nombre des extinctions de cet arc est $2F$, si $F = p N$ est la périodicité du synchronisme; T étant la période, celle des allumages sera $\dfrac{T}{2}$. C'est le temps que met un pôle tournant de A_2 à se substituer au pôle immédiatement précédent.

Si le synchronisme est réalisé, A_2 paraît immobile; sinon, suivant que sa vitesse sera trop forte, ou trop faible, il paraîtra

Fig. 291. — Procédé optique de couplage en parallèle
de deux alternateurs monophasés

tourner lentement dans le sens de son mouvement, ou en sens contraire.

On peut procéder autrement. Plaçons-nous à une certaine distance des deux machines et regardons-les se projeter sur un mur éclairé (fig. 291).

Si les deux machines sont à la même vitesse, et si l'observateur vise AB, l'ensemble des deux alternateurs produit le même effet qu'un seul : le mur paraît très gris. Sinon les lignes de gris et de noir se déplacent.

REMARQUE. — Les méthodes stroboscopiques, mettant en jeu une différence de vitesses, sont beaucoup plus exactes que les méthodes cinématiques, mesurant des vitesses absolues. En effet :

Soient N et $N' + \varepsilon$ les nombres de tours par minute des deux alternateurs.

Ils font défiler : le premier, $2 p N$, le second, $2 p (N + \varepsilon)$ pôles, devant l'observateur pendant ce même temps.

Imaginons qu'en une minute on ait vu un déplacement relatif à un intervalle polaire, alors :

$$2p\,[N + \varepsilon] - 2pN = 2p\varepsilon = 1$$

d'où :

$$\varepsilon = \frac{1}{2p},$$

On peut ainsi apprécier une fraction de tour beaucoup plus faible qu'avec un cinémomètre.

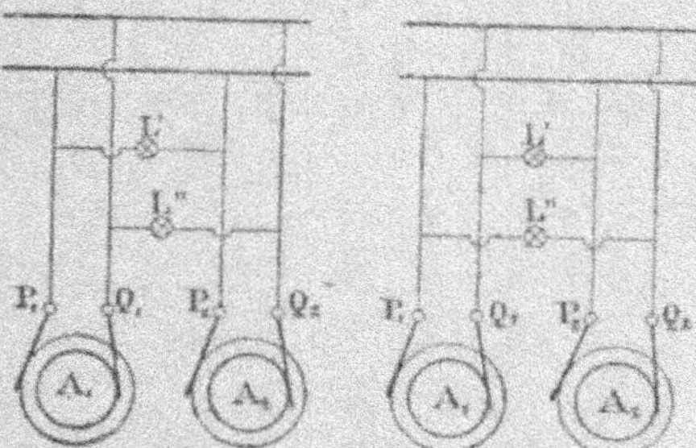

Fig. 292. — Couplage de deux alterna-
teurs monophasés à l'extinction.

Fig. 293. — Couplage de deux alterna-
teurs monophasés à l'allumage.

(Un tour de plus ou de moins constitue, dans ce dernier cas, en effet, la limite de précision ultime de l'appareil.)

Mise en phase. — Les f.é.m. des deux alternateurs sont concordantes par rapport au circuit total, mais elles sont opposées l'une par rapport à l'autre, exactement comme pour deux piles en opposition travaillant en parallèle sur un circuit extérieur.

On aura donc à effectuer le couplage quand P_1 et P_2, Q_1 et Q_2 seront au même potentiel (fig. 292). On couplera donc les lampes L' L" à l'extinction.

Cependant les lampes s'éteignant avant que la différence de potentiel s'annule, pour avoir moins d'incertitude, on couplera à l'allumage (fig. 293), en croisant les connexions des lampes (maximum d'éclat).

Dispositif pour alternateurs à haute tension. — On emploie des transformateurs abaisseurs de tension, comme l'indique la figure 294.

On peut encore coupler soit à l'allumage (fig. 294), soit à l'extinction (fig. 295). Le premier mode est pratiquement le meilleur.

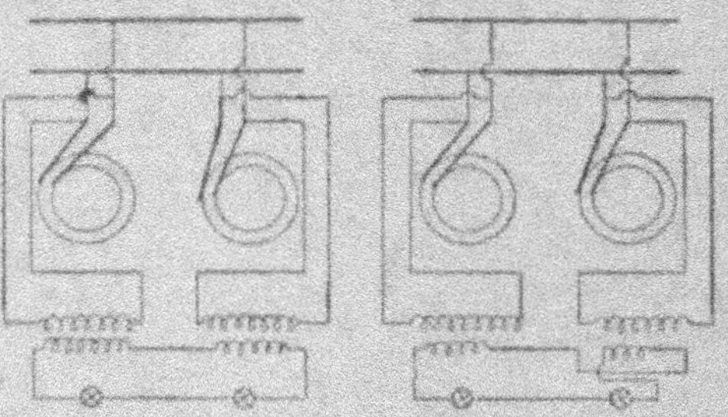

Fig. 294. — Couplage à l'allumage de deux alternateurs monophasés à haute tension.

Fig. 295. — Couplage à l'extinction de deux alternateurs monophasés à haute tension.

ALTERNATEURS DE TRÈS GRANDE PUISSANCE

Il est nécessaire, dans ce cas, de déterminer très exactement la phase. On emploie le dispositif suivant (usine du Niagara).

Une bobine fixe est alimentée par l'alternateur en service; un équipage mobile est composé de deux bobines rectangulaires $a_1 a_2$,

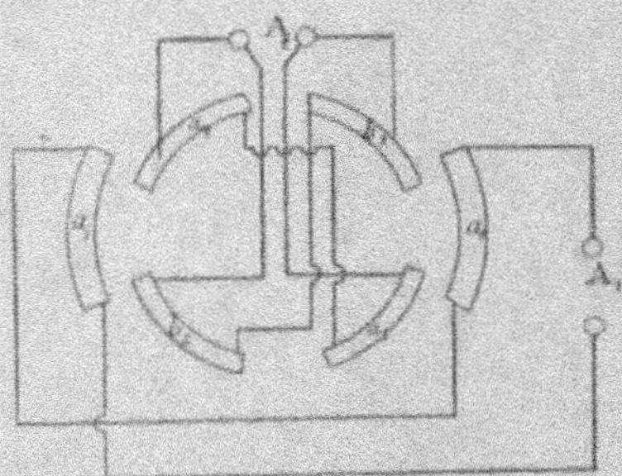

Fig. 296. — Dispositifs de couplage pour alternateurs de très grande puissance.

$b_1 b_2$, alimentées en parallèle par A_2 (fig. 296); a_2 est très résistante et b_1 très réactante, de telle sorte que les courants qui circulent dans les deux circuits sont à peu près à 90°.

Quand les f.é.m. $A_1 A_2$ sont en phase, le système mobile est en équilibre, a_2 étant en regard de a_1 (cela est d'ailleurs évident, si l'on substitue aux bobines les axes des aimants équivalents). Quant à b_2, elle est sollicitée par demi-période, tantôt dans un sens, tantôt dans l'autre. Elle est donc soumise à un couple résultant nul.

L'appareil est donc fixe. Si les f.é.m. sont en quadrature, b_2 est en équilibre. Pour tous les autres cas, l'appareil tourne.

Ratés. — Quand l'accrochage est manqué, on entend un ronflement caractéristique. L'ampèremètre de la machine à coupler monte brusquement. La tension aux bornes et la f.é.m. diffèrent de plus en plus, au fur et à mesure que la charge croît.

ALTERNATEURS TRIPHASÉS

On dispose des groupes de lampes tels que l'indique la figure 297. Si les trois groupes s'éteignent et se rallument à la fois, il n'y a

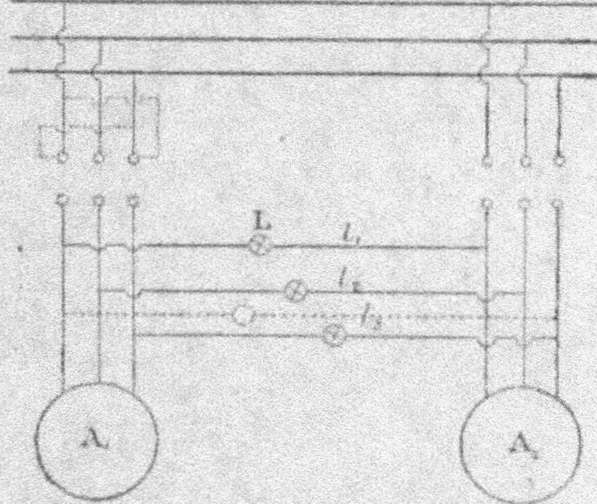

Fig. 297. — Dispositif de couplage pour alternateurs triphasés.

aucune erreur dans les connexions, c'est-à-dire que les phases de même rang sont bien unies par les lampes de synchronisme.

Fig. 298 et 299. — Couplage de deux alternateurs triphasés.

Cependant une erreur de connexion a pu se produire à l'un des alternateurs entre son interrupteur et le réseau, et en fermant l'interrupteur, par exemple à l'extinction, sur les groupes en service, on peut avoir un accident. Croyant faire un couplage correct, on mettrait, si l'erreur a été commise entre (1 et (3) par exemple, (1) en communication avec (3 : court-circuit.

Il est donc essentiel de vérifier à un premier couplage de deux machines, les connexions sur le réseau (fig. 298 et 299). Fermons C_1 et laissons C_2 ouvert. On relie $\alpha\beta\gamma$ avec les trois bornes d'un petit moteur asynchrone et l'on observe son sens de rotation. On relie ensuite les trois bornes de ce moteur à $\alpha'\beta'\gamma'$, bornes de l'alternateur à coupler. Si le sens de rotation est le même, il n'y a pas d'erreur de connexion.

Dispositif Siemens et Halske. — Il permet de voir quelle est la machine qui tourne le plus vite, et, par conséquent, de réduire la durée des tâtonnements qui accompagnent le couplage. Ce dispositif consiste simplement dans l'inversion des connexions de deux séries de lampes de synchronisme (fig. 299 *bis*).

Les extinctions et rallumages se font dans le sens ABC ou dans

Fig. 299 *bis* et 300. — Dispositif Siemens et Halske
pour couplage d'alternateurs triphasés.

le sens CBA, suivant que c'est l'une ou l'autre machine qui va plus vite. Le couplage s'effectue sur l'extinction de la lampe A.

REMARQUE. — Il arrive quelquefois qu'un alternateur triphasé a été monté à l'usine, ou sur place, en triphasé désiquilibré (3 phases à 60°). On a alors un effet représenté par la figure ci-dessus (fig. 300).

On sera averti de cette éventualité par un éclat anormal des lampes branchées entre les phases III et III', les deux autres étant à l'extinction au voisinage du synchronisme. On inversera alors la phase défectueuse de l'alternateur A_2.

Pour le couplage des alternateurs triphasés, une fois faite cette vérification de l'exactitude des connexions, on ne se sert plus que d'indicateurs de phase monophasés.

PARTAGE DE LA CHARGE ENTRE DEUX ALTERNATEURS COUPLÉS

DIAGRAMME AVANT LE COUPLAGE

Revenons au diagramme que nous avons donné d'une machine unique fonctionnant sur un réseau de décalage Φ. Soit $U_{eff} = OB$ la tension; $BD = z\,I_{eff}$ représente la chute de tension dans l'alternateur. En particulier on peut, ce qui est commode, utiliser les notions de courant watté et déwatté. Si nous faisons en B l'angle Φ en avant de BD, nous aurons en B d, la chute de tension wattée, soit $z\,I_{eff w}$ ou enfin $I_{eff w}$ en grandeur.

En D d, nous aurons : $I_{eff dw}$; mais $I_{eff dw}$ est dirigé réellement sui-

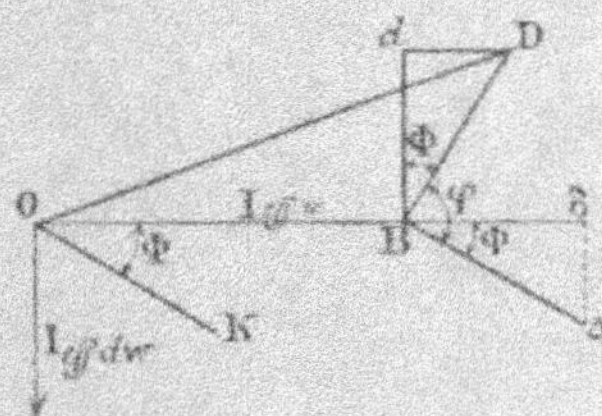

Fig. 301. — Partage de la charge entre deux alternateurs couplés.

vant OB, soit Bδ, et I_{dw} déwatté à 90° en arrière, soit z D. Tel est le diagramme avant l'accrochage.

Remarquons, comme nous l'avons dit au début de cette étude, que les directions OB, BD et OK sont fixes. Au moment où l'accrochage commence, les régulateurs des deux machines, qui ont des caractéristiques différentes, leur imposent la même vitesse qui correspond pour l'une à la puissance P_0 (marche à vide), pour l'autre, à la puissance P.

DIAGRAMME APRÈS LE COUPLAGE

Par une série d'opérations, dans le détail desquelles nous n'entrerons plus, en agissant surtout sur l'excitation et parfois forcément sur les régulateurs, on a ramené la même tension aux bornes; le réseau, étant dans le même état, réclame la même puissance :

$$U_{eff}\,I_{eff w}$$

ce qui entraîne la constance du vecteur :

$$\mathbf{I}_{\text{eff}\,\omega} = \mathbf{B}d.$$

Mais on a, si $P_{1\text{moy}}$ et $P_{2\text{moy}}$ sont les puissances moyennes fournies par les alternateurs, et P_{moy} la puissance totale :

$$P_{1\text{moy}} = U_{\text{eff}}\,I^{w}_{1\,\text{eff}} = U_{\text{eff}}\left[\div\,I^{2w}_{1\,\text{eff}}\right]\frac{1}{2}$$

$$P_{2\text{moy}} = U_{\text{eff}}\,I^{w}_{2\,\text{eff}} = U_{\text{eff}}\left[\div\,I^{2w}_{2\,\text{eff}}\right]\frac{1}{2}$$

$$P_{\text{moy}} = U_{\text{eff}}\,I^{w}_{\text{eff}} = U_{\text{eff}}\left[\div\,I^{2w}_{\text{eff}}\right]\frac{1}{2}$$

ce qui nous montre que :

$$I^{w}_{1\,\text{eff}} + I^{w}_{2\,\text{eff}} = I^{w}_{\text{eff}}$$

relation évidente, parce que, comme nous venons de le dire :

$$P_{\text{moy}} = P_{1\text{moy}} + P_{2\text{moy}}$$

Cette dernière relation géométrique nous donne également :

$$I^{2w}_{\text{eff}} = I^{2w}_{1\,\text{eff}} + I^{2w}_{2\,\text{eff}}$$

Prenons le milieu L de BD (fig. 303). Nous savons que les

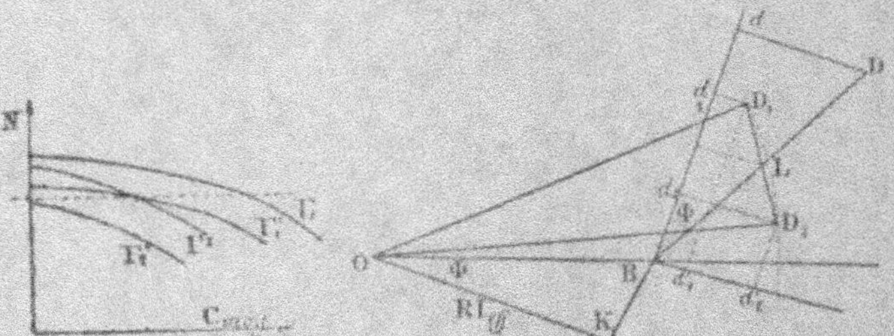

Fig. 302. — Modification des caractéristiques de régulation des groupes couplés pour équilibrage des charges.

Fig. 303. — Diagramme général de fonctionnement des deux alternateurs en parallèle.

points D_1 et D_2 sont sur un arc de cercle de centre O. On a, en appelant d_1 et d_2 les projections de D_1 et D_2 sur Bd :

$$\begin{cases} Bd_1 = \div\,I^{w}_{1\,\text{eff}} \\ Bd_2 = \div\,I^{w}_{2\,\text{eff}} \\ Bd \ = \div\,I^{w}_{\text{eff}} \end{cases}$$

$$\begin{cases} D_1\, d_1 = z\, I_{1\,\text{eff}}^{de} \\ D_2\, d_2 = z\, I_{2\,\text{eff}}^{de} \\ D\ d = D_1\, d_1 + D_2\, d_2 \end{cases}$$

Les f.é.m. développées par les alternateurs sont de même

$$OD_1 \text{ et } OD_2$$

au lieu de la f.é.m. totale OD qu'aurait dû développer une machine unique.

Comparaison avec le cas traité dans la précédente leçon. — Ainsi donc, nous avons établi le diagramme de fonctionnement de deux alternateurs, présentant un écart de phase $(\alpha_1 - \alpha_2)$ après

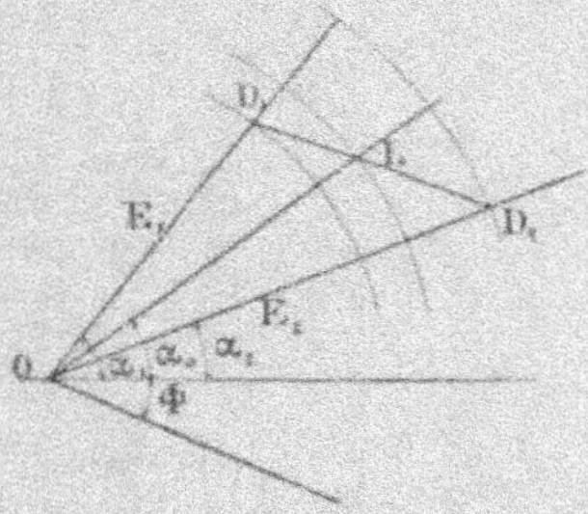

Fig. 304. — Formes particulières diverses du diagramme de couplage de deux alternateurs en parallèle.

avoir réglé l'excitation et les régulateurs de façon à donner les mêmes tensions U aux bornes (fig. 304).

Les données de notre diagramme sont ici :

$$P \quad \Phi \quad \varphi \quad z \quad Z$$

Il revient au même de connaître $D_1\, D_2$ en grandeur et en position ou bien E_1 et E_2 (le problème de géométrie se ramenant dans ce cas à placer $D_1\, D_2$ de manière que les segments partiels découpés par les cercles de rayon E_1 et E_2, à partir de L, soient égaux) ou bien α_1 et α_2 (le problème se ramenant à placer $D_1\, D_2$ dans un angle de façon que $D_1 L = D_2 L$, la droite OL étant alors une médiane) ou bien, enfin, α_1 et E_1, ou encore α_2 et E_2. En résumé, les données sont :

$$\begin{matrix} P & \Phi & Z \\ U & \varphi & z \end{matrix}$$

et D_1, L, D_2, ou bien deux des quantités :

$$\alpha_1\ \alpha_2\qquad E_1\ E_2$$

Dans les diagrammes précédents, nous avons supposé connues :

$$E_1\quad \text{et}\quad E_2$$

(on pouvait établir le diagramme avec $E_1 \neq E_2$) α_1 et α_2, Φ, φ, Z, z.

On en déduit B et U_{ca} (fig. 303). Ces deux diagrammes correspondent à des façons différentes d'étudier le fonctionnement des alternateurs couplés en parallèle, suivant qu'on considère les alternateurs livrés à eux-mêmes, ou sous la surveillance d'un agent dont le rôle est de maintenir constante la tension aux bornes.

REMARQUE I. — *Mécanisme par lequel a été réalisé le couplage.* — On a d'abord agi sur les régulateurs de façon qu'à A_1 corresponde une puissance :

$$P_1 < P_0$$

et pour A_2 :

$$P_2 > P_0$$

à la même vitesse.

La caractéristique du premier doit être abaissée, la caractéristique du deuxième élevée (fig. 305).

On a ensuite agi sur les excitations, de manière à augmenter E_2, et diminuer E_1.

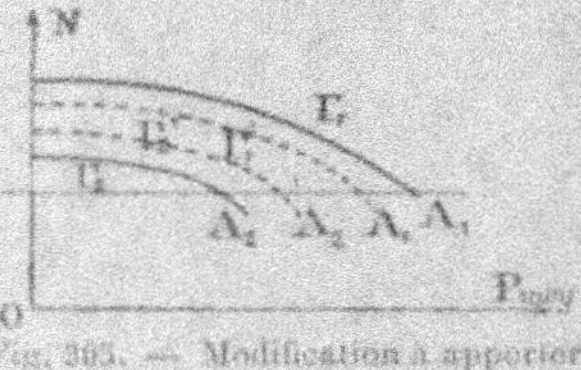

Fig. 305. — Modification à apporter aux caractéristiques de régulation des groupes à coupler en parallèle.

Il y a donc un double réglage à effectuer, auquel il faut ajouter la mise au synchronisme à vide.

REMARQUE II. — *Courant synchronisant. Régime I symphasique de I_1 et I_2.* — Ce courant a pour représentation $D_1 D_2$, qu'il faut ramener ensuite sur une droite faisant l'angle φ en arrière de $D_1 D_2$. Si $D_1 D_2$ coïncide avec BL (alternateur uniquement réactant) il faudra, pour avoir le vecteur

$$[I_1 - I_2]$$

en position, faire tourner $D_1 D_2$ de façon à la rabattre sur une droite faisant l'angle Φ avec OB, soit la direction OK (fig. 303).

En réalité, φ est toujours voisin de 90°. Nous arrivons donc à cette conclusion approchée, à savoir que lorsque $D_1 D_2$ coïncide avec BL, le courant synchronisant, les courants I_1, I_2 et le courant total I sont en phase.

Ce fonctionnement, avec E_1 et E_2 donnés par le diagramme ci-dessous (fig. 306), est évidemment favorable.

Les puissances fournies par les alternateurs sont différentes, les f.é.m. et les courants diffèrent, mais on a pratiquement :

$$I_{eff} = I_{1\,eff} + I_{2\,eff}.$$

I_{eff} est minimum et égal à

$$I_{3\,eff} = I_{1\,eff} = I_{2\,eff}$$

on verra qu'il n'y a aucun intérêt à égaliser dans ce cas les tensions et les puissances (Régime I).

Régime II : Égalité des puissances, des tensions et des cou-

Fig. 306 et 307. — Mode de marche particulier de deux alternateurs couplés en parallèle. (Symphonisme des courants total, synchronisant et partiels).

rants, superposition des diagrammes. Ce diagramme est identique à celui représenté en OBL (fig. 303), dans lequel les f.é.m. sont égales et en phase, les courants $I_{1\,eff}$ et $I_{2\,eff}$ égaux entre eux et à la moitié du courant total, et la perte par effet Joule minima dans le système.

CAS DU DIAGRAMME GÉNÉRAL

Revenons au diagramme dans lequel sont mises en évidence les composantes wattées et déwattées des courants I_1, I_2 et I.

La puissance étant constante, BJ est constant (fig. 303). Faisons varier l'excitation, tout en maintenant U_{eff} constant.

Le problème revient à placer D_1, D_2, de centre fixe L, avec :

$$OD_1 = E_{1\,eff}$$
$$OD_2 = E_{2\,eff}$$

On peut se rapprocher de BD ; quand $D'_1 D'_2$ coïncide avec BD, I_1 et I_2 sont décalés d'un même angle φ sur BD. On a donc, en plus de la relation instantanée :

$$I_1 + I_2 = I$$

la relation entre les quantités efficaces :

$$I_{\text{eff}} = I_{1\,\text{eff}} + I_{2\,\text{eff}} \qquad \text{(Régime I)}.$$

Rapprochons au contraire la droite $D_1 D_2$ de la parallèle lL à dD. On a en général deux points D_1 et D_2 qui correspondent, sur les

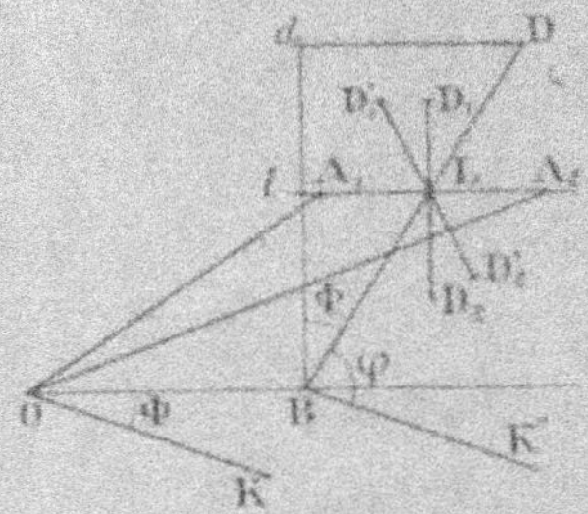

Fig. 308. — Diagramme général du couplage en parallèle de deux alternateurs. Diverses formes possibles suivant la situation des vecteurs représentatifs des f.é.m. d'alternateurs.

courbes des régulateurs Γ_1 et Γ_2, à des puissances P_1 et P_2 fournies par les machines.

Les puissances fournies par les machines sont égales quand $D_1 D_2$ coïncide avec $A_1 A_2$, donc aussi les courants wattés, mais non les courants déwattés.

Retouchons les régulateurs de façon que les puissances fournies par les machines soient égales (courbe Γ unique, ou au moins point d'intersection des deux courbes Γ' et Γ'' modifiées). Nous aurons ainsi réalisé le fonctionnement caractérisé par la position $A_1 A_2$ de $D_1 D_2$.

Retouchons les excitations de façon à avoir

$$E_1 = E_2$$

Nous aurons ainsi le point L unique, correspondant au fonctionnement idéal. Les f.é.m. sont symphasiques et égales, et l'on a :

$$\frac{I_{\text{eff}}}{2} = I_{1\,\text{eff}} = I_{2\,\text{eff}} \qquad \text{(Régime II)}$$

Remarque I. — On peut constater qu'au régime II correspondent les pertes Joule minima pour une puissance donnée.

Ces pertes sont proportionnelles, pour le groupe, à :

$$[r\mathrm{I}_{1\,\mathrm{eff}}^2 + r\mathrm{I}_{2\,\mathrm{eff}}^2]$$

donc à

$$\overline{\mathrm{BD}_1^2} + \overline{\mathrm{BD}_2^2}$$

Dans les triangles BLD₁ et BLD₂, on a :

$$\overline{\mathrm{BD}_1^2} = \overline{\mathrm{BL}}^2 + \overline{\mathrm{LD}_1^2} - 2\,\overline{\mathrm{BL}} \times \overline{\mathrm{LD}_1}\cos\widehat{\mathrm{D}_1\mathrm{LB}}$$

$$\overline{\mathrm{BD}_2^2} = \overline{\mathrm{BL}}^2 + \overline{\mathrm{LD}_2^2} - 2\,\overline{\mathrm{BL}} \times \overline{\mathrm{LD}_2}\cos\widehat{\mathrm{D}_2\mathrm{LB}}$$

Or :

$$\overline{\mathrm{LD}_1} = \overline{\mathrm{LD}_2}$$

et :

$$\cos\widehat{\mathrm{D}_1\mathrm{LB}} = -\cos\widehat{\mathrm{D}_2\mathrm{LB}}$$

d'où :

$$\overline{\mathrm{BD}_1^2} + \overline{\mathrm{BD}_2^2} = 2\,\overline{\mathrm{BL}}^2 + 2\,\overline{\mathrm{LD}_1^2}.$$

La perte par effet Joule (BL étant fixe) sera minima quand LD₁ sera nul, c'est-à-dire quand D₁ et D₂ seront confondus en L.

Remarque II. — Considérons le moment où $\mathrm{I}_{\mathrm{eff}}$ est minimum. C'est là une méthode expérimentale très simple de détermination du cos Φ d'un réseau. Nous avons en effet :

$$\frac{\mathrm{I}_{1\,\mathrm{eff}}}{\dfrac{\mathrm{I}_{\mathrm{eff}}}{\sqrt{2}}} = \frac{\mathrm{BA}_1}{\mathrm{BL}} = \cos\Phi.$$

Remarque III. — **Effet d'une modification des excitations sans modification des régulateurs.** — Nous avons alors :

$$\frac{\mathrm{P}_1}{\mathrm{P}_2} = \mathrm{K}.$$

Donc d_1 et d_2 sont fixes (fig. 309).

La seule condition nécessaire nous est donnée par la position de D₁ D₂. — Il n'y aura pas de décrochage dans ce cas, puisque les puissances restent dans un rapport constant. Il n'y aura pas même fonctionnement de A₂ en réceptrice,

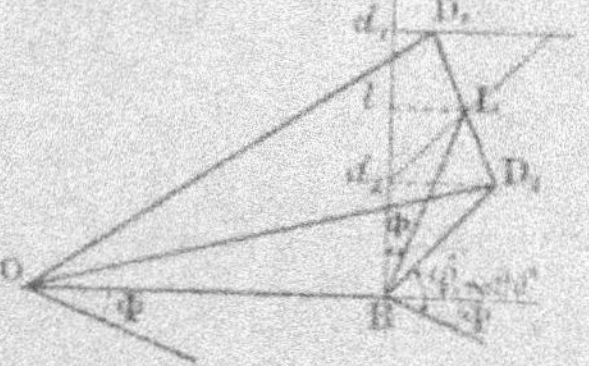

Fig. 309. — Effet, dans le couplage en parallèle de deux alternateurs, d'une seule modification des excitations.

car $\mathrm{I}_{2\,\mathrm{eff}}$ et $\mathrm{E}_{2\,\mathrm{eff}}$ seront toujours décalés l'un par rapport à l'autre de moins de 90°.

REMARQUE IV. — **Effet d'une modification des régulateurs, sans modification des deux excitations à la fois.** — Les positions des points d_1 et d_2 sont modifiées simultanément, de manière que :

$$\mathrm{B}d_1 + \mathrm{B}d_2 = 2\mathrm{B}l$$

Donnons-nous le rapport :

$$\frac{\mathrm{B}d_1}{\mathrm{B}d_2} = \frac{\mathrm{P}_2}{\mathrm{P}_1} = \mathrm{K}$$

On a alors $\mathrm{B}d_1$ et $\mathrm{B}d_2$ par ces deux équations simultanées (fig. 310 et 311).

Fig. 310 et 311. — Effet dans le couplage en parallèle de deux alternateurs d'une modification des régulateurs sans modification *simultanée* des deux excitations.

Une dernière condition nous est nécessaire : la position de $\mathrm{D}_1\mathrm{D}_2$. Mais celle-ci doit satisfaire à la relation suivante :

$$\mathrm{D}_1\mathrm{L} = \mathrm{D}_2\mathrm{L}$$

Fig. 312. — Couplage en parallèle de deux alternateurs. Construction approchée du diagramme quand on aura fixé la position des régulateurs.

$\mathrm{D}_1\mathrm{D}_2$ étant les points figuratifs des L é m, sur leurs circonférences respectives.

Par conséquent, pour caractériser le régime, E_1 restant fixé, il faut modifier E_2 de façon à substituer à D_2, qui ne convient pas, le point D'_2 tel que :

$$\mathrm{L}\mathrm{D}'_2 = \mathrm{D}_1\mathrm{L}$$

d'où la valeur $\mathrm{E}_{2\,\mathrm{seg}}$ correspondante.

Cependant si les circonférences $E'_{1\,\text{eff}}$ et $E'_{2\,\text{eff}}$ diffèrent peu, comme cela se présente en pratique, une construction aussi rigoureuse ne sera pas nécessaire.

Il suffira de déterminer D_1 et D_2, intersections des perpendiculaires $d_1\,D_1$ et $d_2\,D_2$ à $B\ell$ avec les circonférences $E'_{1\,\text{eff}}$, $E'_{2\,\text{eff}}$ (fig. 312).

Si on agit trop sur le régulateur de A_1, il peut arriver que cette machine fonctionne en réceptrice $[\alpha < 0]$.

On peut obtenir un diagramme rigoureusement exact, en supposant la droite $D_1\,D_2$ perpendiculaire à OL, ce qui revient à s'imposer

$$E_{1\,\text{eff}} = E_{2\,\text{eff}}.$$

On voit que le fonctionnement en réceptrice aura lieu pour les points D'_1, D'_2 à condition que A_1 et le moteur qui l'entraîne puissent supporter la fourniture d'une puissance

$$P_1 = 2P;$$

sinon, il y aura décrochage.

Si l'on modifie concurremment les régulateurs de manière que :

$$P_1 = P_2$$

$E_{1\,\text{eff}}$ et $E_{2\,\text{eff}}$ étant égales, sont confondues en OL, et l'on réalise le régime idéal : f.é.m. symphasiques, égales, courant synchronisant nul.

$$I_{1\,\text{eff}} = I_{2\,\text{eff}} = \frac{I_{\text{eff}}}{2}$$

Fonctionnement en réceptrice de l'un des alternateurs. — Si les régulateurs continuent à bien fonctionner, il ne peut y avoir

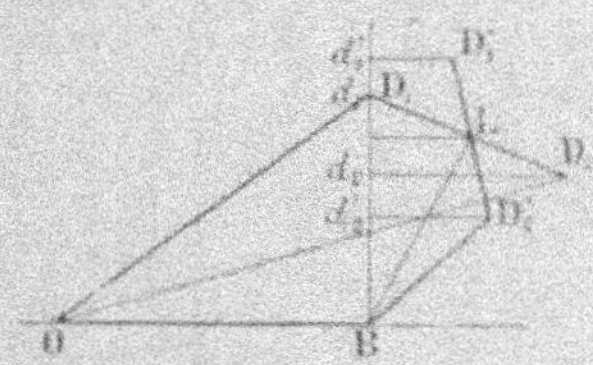

Fig. 313. — Couplage en parallèle de deux alternateurs. Déformation du diagramme général jusqu'à la marche en réceptrice de l'un des alternateurs.

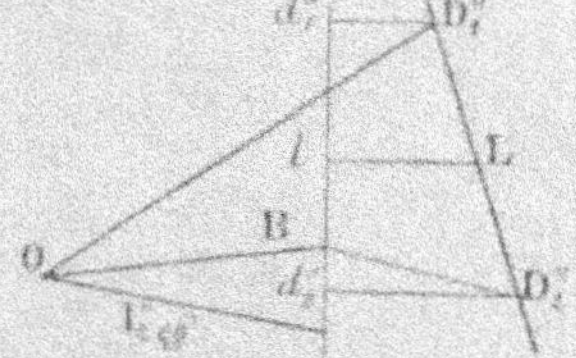

Fig. 314. — Fonctionnement en réceptrice de l'un des deux alternateurs couplés en parallèle.

marche en réceptrice pour aucune des deux machines, car la possibilité de cette marche supposerait une valeur plus grande que $\dfrac{\pi}{2}$

pour l'angle $[E_{1ef}, I_{1ef}]$ ou pour l'angle $[E_{2ef}, I_{2ef}]$, ou encore que zI_{1ef} ou zI_{2ef} fut en retard par rapport à E_{1ef} ou E_{2ef}, car φ est voisin de 90°.

On voit que si P_1 et P_2 restent constants, zI_{1ef} et zI_{2ef} sont toujours en avance sur E_{1ef} et E_{2ef}.

Supposons au contraire que nous touchions au régulateur.

Les puissances $P_{1(nou)}$ et $P_{2(nou)}$ seront différentes. Il faudra modifier les deux excitations pour réaliser le régime correspondant D_1 D'_1. Pour que A_2 fonctionne en réceptrice, il faudrait que BD_2 après s'être confondue avec OD_2, vînt au dessous. On aurait alors le graphique ci-contre (fig. 313 et 314).

Accidents. — Fonctionnement en réceptrice. — Examinons enfin le cas où, le fonctionnement de régime étant établi, l'une des machines, par suite du mauvais fonctionnement de son

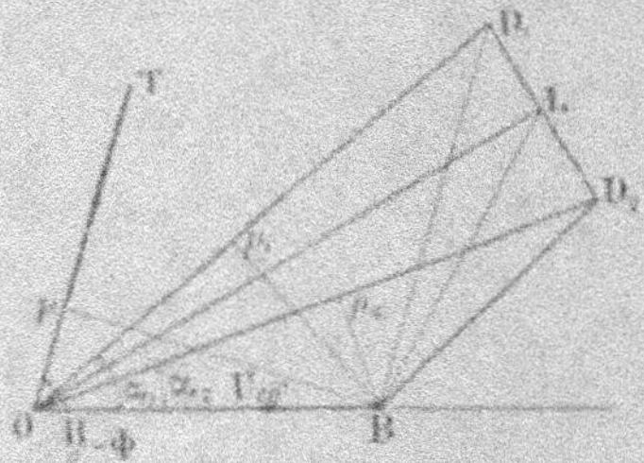

Fig. 315. — Diagramme des puissances de deux alternateurs couplés. Application au cas du fonctionnement en réceptrice de l'une des deux machines.

régulateur, prend de l'avance ou du retard, la f.é.m. restant constante. Nous devons revenir au diagramme général de la précédente théorie (fig. 315).

Les angles α_1 et α_2 sont connus; E_{1ef} et E_{2ef} sont constants; donc D_1 et D_2 se déplacent sur des cercles.

Enfin U_{ef} est déterminé comme nous l'avons dit plus haut.

On voit que pour que BD_2 soit en retard par rapport à E_2, il faut que α_2 soit < 0.

Le deuxième alternateur fonctionnera alors en réceptrice.

Pratiquement, ce fait se produira en particulier quand le régulateur d'une des machines cessant de fonctionner, l'autre assurera sa marche en moteur inerte, à vide.

Soit P_3 cette puissance, que l'alternateur fournira en plus de la puissance fournie au réseau, représentée par une quantité proportionnelle à la perpendiculaire abaissée de B sur la demi-droite OT faisant avec OB l'angle $\left(\dfrac{\pi}{2} - \Phi\right)$.

On a :

$$Bp_1 = E_{1\,\text{eff}} \, zI_{1\,\text{eff}} \cos [E_{1\,\text{eff}}, I_{1\,\text{eff}}]$$
$$Bp_2 = E_{2\,\text{eff}} \, zI_{2\,\text{eff}} \cos [E_{2\,\text{eff}}, I_{2\,\text{eff}}]$$
$$Bp = U_{\text{eff}} \, zI_{\text{eff}} \cos [U_{\text{eff}}, I_{\text{eff}}]$$

Donc :

$$BP \times \frac{z}{Z}$$

représente, en admettant que Bp_1 et Bp_2 soient les puissances correspondant aux deux alternateurs, la puissance fournie au réseau.

On a toujours :

$$P = P_1 + P_2$$

Mais ici $P_1 < 0$. Donc, en valeur arithmétique :

$$(P_1) = (P) + (P_2).$$

L'augmentation brusque de la puissance à fournir par A_1 amène un ralentissement de la machine qui l'entraîne.

Si le champ du réglage et l'élasticité sont insuffisants, il en résulte le décrochage de A_1.

Le réseau voit sa tension baisser progressivement jusqu'à zéro.

CAS DE PLUSIEURS ALTERNATEURS EN PARALLÈLE

Pour le traiter d'une façon complète, il faudrait reprendre en détail la théorie esquissée pour deux alternateurs.

Nous nous contenterons d'examiner un cas particulier.

Soient les f.é.m. en phase et égales pour les alternateurs.

Soit l'un d'eux se décalant d'un angle θ par rapport à sa position moyenne. Tous conservant la même excitation, la puissance fournie en moins par A_1 est $d_0\,d_1$.

Chacun des autres doit fournir une puissance supplémentaire :

$$d_0 d = \frac{d_0 d_1}{n - 1}$$

d'où résulte la position D pour le point figuratif terminant le vecteur E_{eff} (fig. 316).

On voit que si n est grand, $d_0\,d$ sera toujours faible. L'alternateur 1 peut fonctionner en réceptrice, sans que les autres s'écartent beaucoup de leur phase de régime.

Soit au contraire A_1 en avance, nos conclusions se renversent.

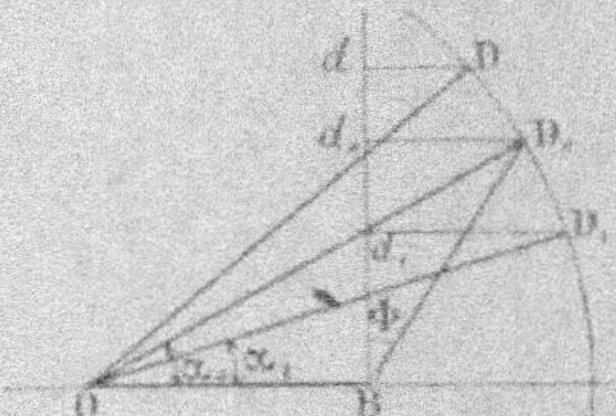

Fig. 316. — Couplage en parallèle de plusieurs alternateurs. Diagramme général.

Un grand écart de O D_1 en avant de O D_2 est possible avant que les $(n-1)$ autres machines fonctionnent en réceptrices.

Le décrochage est à craindre dans ce cas.

APPLICATIONS DES THÉORIES PRÉCÉDENTES

RENDEMENT D'UN ALTERNATEUR; MÉTHODE BASÉE SUR L'EMPLOI DE DEUX MACHINES IDENTIQUES

Cette méthode est particulièrement simple quand les alternateurs sont triphasés. On excite A_1 et A_2 à leur valeur normale et on met A_1 en marche, les alternateurs étant reliés borne à borne.

Les f.é.m. triphasées développées dans A_1 donnent lieu dans A_2 à un champ tournant, dont la vitesse de rotation dépend de la fréquence des courants. Cette vitesse croît lentement : A_2 s'accroche et se synchronise.

Quand A_2 arrive à sa vitesse normale, la puissance qui lui est fournie sert uniquement à assurer les pertes :

$$P_p = P_j + P_{f + n} + P_f$$

Les pertes P_j se mesurent facilement ; d'où :

$$P_f + P_{f + n} = P_p - P_j$$

En faisant varier le courant d'excitation i, on aura une courbe de $P_{f + n}$ en fonction de ce courant d'excitation.

À excitation nulle, on aura P_f (fig. 317).

Remarques importantes. — I. **Nécessité d'alternateurs identiques**. — Seulement quand les alternateurs sont identiques, on a le droit d'admettre qu'un régime correspondant à un courant minimum corresponde à un décalage nul de U sur I. P, peut se mesurer alors avec un ampèremètre et un voltmètre.

II. **Différence des pertes dans la marche en moteur et dans la marche en génératrice.** — Ce que nous avons déjà dit dans maintes circonstances du rôle des f. é. d'induit, s'applique intégralement ici.

Dans le cas du moteur, une partie du flux est magnétisante ; le flux est démagnétisant, dans le cas de la génératrice.

III. **Les pertes** P_f et P_{f-a} sont plus petites à vide qu'en charge, les deuxièmes surtout, à cause des pertes parasites qui se produisent sous l'influence des courants de Foucault dûs aux harmoniques supérieurs et à l'hystérésis.

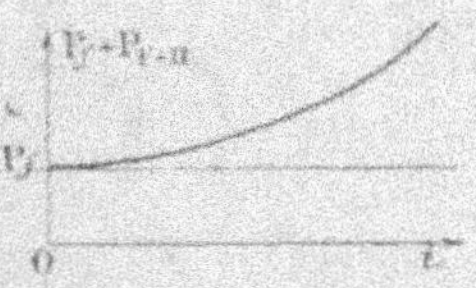

Fig. 317. — Détermination expérimentale des pertes parasites et mécaniques dans un alternateur.

IV. **Dans le cas de l'alternateur monophasé.** — En vertu de l'existence de Φ_a, [flux tournant de vitesse $2\,\Omega$], les pertes par hystérésis et courants de Foucault sont plus considérables qu'en triphasé.

V. **Dans le mode de mise en marche** indiqué plus haut, on remarquera qu'il est bon de mettre en court-circuit les spires inductrices de A, car il pourrait s'y développer des f. é. m. dangereuses.

La machine ne se met en marche que grâce aux courants de Foucault.

Au fur et à mesure qu'on s'approche du synchronisme, la fréquence du flux diminue, et l'on peut enfin ouvrir le circuit inducteur.

INTRODUCTION AU COMPOUNDAGE DES ALTERNATEURS

DONNÉES GÉNÉRALES SUR LES MACHINES ALTERNATIVES A COLLECTEUR

Etude sommaire des propriétés des moteurs à collecteur.

Nous avons eu l'occasion de traiter, dans un fascicule de l'Encyclopédie Electrotechnique (n° 35)[1], la théorie générale des machines électriques alternatives à collecteur; nous y avons, comme il est logique, classé les machines en deux catégories distinctes :

1° Celles dans lesquelles le champ inducteur est créé par du courant continu, et dans lesquelles, entre des balais fixes portant sur un induit mobile, on peut récolter une f. é. m. continue. Ce sont les *commutatrices*, que l'on peut utiliser comme transformatrices du courant continu en courant alternatif, ou comme machines réalisant la transformation inverse.

2° Celles dans lesquelles le courant excitateur est alternatif ou polyphasé.

On réalise ainsi des machines alternatives à collecteur, le plus souvent employées comme motrices, plus rarement comme génératrices, et l'on démontre, par une analogie assez facile à saisir avec le cas de la commutatrice, que la f. é. m. récoltée entre balais a la même pulsation que le courant d'excitation de l'inducteur.

Nous ne nous occuperons pas, dans ce cours, de ce qui touche aux commutatrices, renvoyant pour cette étude le lecteur à l'ouvrage précité. Nous dirons seulement quelques mots (que suffirait à rendre indispensable l'étude des divers procédés de compoundage des alternateurs), des moteurs à collecteur, et plus généralement des machines électriques alternatives pourvues d'anneaux à collecteurs.

---

1. Les machines électriques alternatives à collecteur, fascicule n° 35, *Encyclopédie Electrotechnique*, Geisler, éditeur, à Paris.

Cette étude sera néanmoins réduite au strict indispensable, le lecteur étant renvoyé à l'étude sus-mentionnée des « Machines électriques alternatives à collecteurs. »

MOTEURS A RÉPULSION

Les moteurs alternatifs à collecteur se divisent en deux classes principales :

1° Ceux du type à *répulsion*, dans lesquels l'induit est fermé sur un circuit, souvent très faiblement résistant (induit en court-circuit); 2° ceux du type *série*, dans lesquels le courant d'armature est le même que le courant de stator ; 3° enfin, les propriétés caractéristiques de ces deux classes de moteurs peuvent être combinées dans des moteurs de type mixte.

Les moteurs à collecteur, dits à répulsion, sont constitués par un stator de moteur asynchrone ordinaire, à pôles bobinés (et non à pôles saillants, cette dernière disposition ne constituant qu'une exception), et par un induit analogue aux induits des machines à courant continu.

Leur propriété caractéristique est de permettre des variations de couple mécanique, en fonction de la vitesse, dans des limites beaucoup plus larges que celles correspondant aux moteurs asynchrones ordinaires, qui, comme l'on sait, sous peine de travailler en régime avec des résistances insérées sur le rotor (procédé de régulation coûteux au point de vue de l'énergie dépensée, car il entraîne un rendement très inférieur), ne donneraient que des vitesses très voisines de celle du synchronisme.

Pour que le moteur à collecteur puisse fournir un couple moyen différent de 0 (ce couple étant évidemment lié à l'action de l'induction $\mathcal{B}$ due au stator sur le courant circulant dans les conducteurs du rotor), il faut que la pulsation du courant excitateur ($\mathcal{B} = \mathcal{B}_0 \cos \Omega t$) et celle du courant induit circulant dans une section comprise entre balais, soient les mêmes, que les balais soient fermés sur eux-mêmes (court-circuit) ou sur une résistance convenable.

Cette condition est indispensable pour que la série d'intégrales, égale, à des constantes près, aux termes $\mathcal{B}_0 \cos \Omega t\, \mathrm{I}_0 \cos (\Omega t - \varphi)$, $\mathcal{B}_0, \mathrm{I}_0, \varphi$ étant des constantes convenables, soit différente de 0.

Cette propriété a été démontrée amplement dans notre Cours

Municipal d'Électricité Industrielle (tome II, courants alternatifs, Moteurs synchrones)[1].

Elle pouvait être établie aussi simplement en partant du moteur asynchrone pris sous sa forme la plus générale. En effet, dans un tel moteur, pour un observateur lié au rotor, la pulsation du régime suivant lequel se déforme l'induction dans l'entrefer est $\Omega - \Omega'$; pour ce même observateur, la pulsation du courant induit est $\gamma \Omega - \Omega - \Omega'$.

De même, pour un observateur se déplaçant avec la vitesse du synchronisme, la première pulsation est nulle, et la seconde est $\Omega - (\gamma \Omega + \Omega') = 0$.

Les deux pulsations sont donc les mêmes et un couple moyen peut exister.

LEMME GÉNÉRAL. — Nous allons démontrer que, dans le cas d'un moteur asynchrone à collecteur et à balais, il naît dans la section du rotor comprise entre balais une f. é. m. d'induction, de pulsation Ω égale à celle du courant excitateur du stator.

Dans ces conditions, si l'on ferme cette f. é. m. sur un circuit (plus ou moins résistant) le courant qui naîtra dans ce circuit aura la *même pulsation*. Calculons donc la f. é. m. développée, le courant induit et le couple du moteur à collecteur.

1° Calcul de la f. é. m. — Soit le développement d'un stator de moteur asynchrone à collecteur avec induit en anneau, cas très général.

Bien que les pôles soient généralement bobinés, nous les représenterons comme saillants, pour simplifier. Ils donneront à *un instant donné* naissance dans l'entrefer à des inductions représentées par la courbe dont nous avons déjà fait un fréquent usage et dans laquelle nous pourrons admettre que les ordonnées, en un même point, varient sinusoïdalement en fonction du temps.

Le flux embrassé par la spire faisant l'angle ε avec l'axe polaire (fig. 318) est donné par l'expression :

$$\Psi = \Psi_{max} \sin p\varepsilon \quad \text{avec} \quad \Psi_{max} = \frac{\Phi_p}{2}$$

Φ_p étant la valeur du flux s'échappant du pôle à l'instant considéré ; donc :

$$\Psi_{max} \text{ espace} = \frac{\Phi_{pmax}}{2} \cos \Omega t,$$

1. Geisler, éditeur à Paris.

Φ_{pmax} étant la valeur maxima dans le temps du flux qui s'échappe d'un pôle. On remarquera que l'on peut prendre une

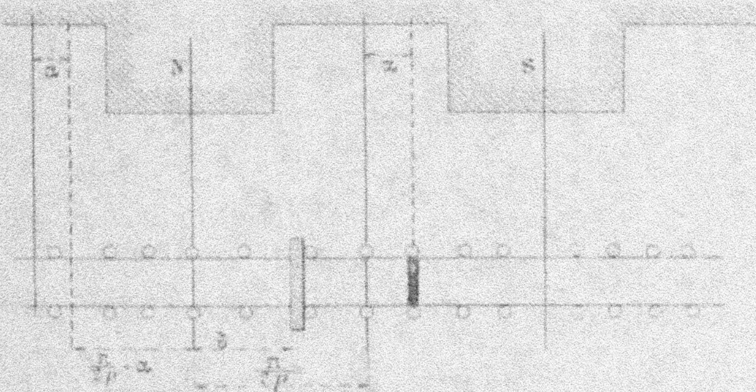

Fig. 318. — Constitution de la force électromotrice dans un anneau de machine alternative à collecteur à répulsion.

origine distincte pour le temps et pour les espaces, qui sont des variables indépendantes. Il vient donc :

$$\Psi = \frac{\Phi_{pmax}}{2} \sin p\delta \cos \Omega t,$$

et pour la f. é. m. développée par induction dans la spire :

$$e = -\frac{d\Psi}{dt} = \frac{\Phi_{pmax}}{2} (\Omega \sin \Omega t \sin p\delta - p\omega' \cos \Omega t \cos p\delta)$$

$$e = \frac{\Phi_{pmax}}{2}\left[\Omega \sin p\delta \cos\left(\Omega t - \frac{\pi}{2}\right) - p\omega' \cos p\delta \cos \Omega t \right];$$

la f. é. m. totale de la section aura évidemment pour valeur, δ variant de $-\left(\dfrac{\pi}{2p} - x\right)$ à $\left(\dfrac{\pi}{2p} + x\right)$:

$$\Sigma e = E = \frac{\Phi_{pmax}}{2}\left[\Omega \cos\left(\Omega t - \frac{\pi}{2}\right) \frac{n_2}{2\pi} \int_{-\left(\frac{\pi}{2p}-x\right)}^{+\left(\frac{\pi}{2p}+x\right)} \sin p\delta \, d\delta \right.$$

$$\left. - p\omega' \cos \Omega t \, \frac{n_2}{2\pi} \int_{-\left(\frac{\pi}{2p}-x\right)}^{+\left(\frac{\pi}{2p}+x\right)} \cos p\delta \, d\delta. \right]$$

$$\Sigma e = E = \frac{\Phi_{pmax}}{2p}\frac{n_2}{2\pi}\left[\Omega\cos\left(\Omega t - \frac{\pi}{2}\right)\Big|-\cos p\delta\Big|_{-\left(\frac{\pi}{2p}\right)\to}^{+\left(\frac{\pi}{2p}+\alpha\right)}\right.$$

$$\left.- p\omega'\cos\Omega t\,\Big|\sin p\delta\Big|_{-\left(\frac{\pi}{2p}\right)\to}^{+\left(\frac{\pi}{2p}+\alpha\right)}\right].$$

$$\Sigma e = E = \frac{\Phi_{pmax}}{2p}\frac{n_2}{2\pi}\left[\Omega\cos\left(\Omega t - \frac{\pi}{2}\right)2\sin p\alpha - p\omega'\cos\Omega t\,2\cos p\alpha\right].$$

$$\Sigma e = E = \frac{n_2\,\Phi_{pmax}}{2\pi p}\left[\Omega\cos\left(\Omega t - \frac{\pi}{2}\right)\sin p\alpha - p\omega'\cos p\alpha\cos\Omega t\right].$$

Représentation graphique. — Nous pourrons représenter très simplement cette f.é.m. d'induction. En désignant par OA la direction du courant du stator, donc l'induction génératrice (fig. 319), les composantes de la f.é.m. seront respectivement représentées

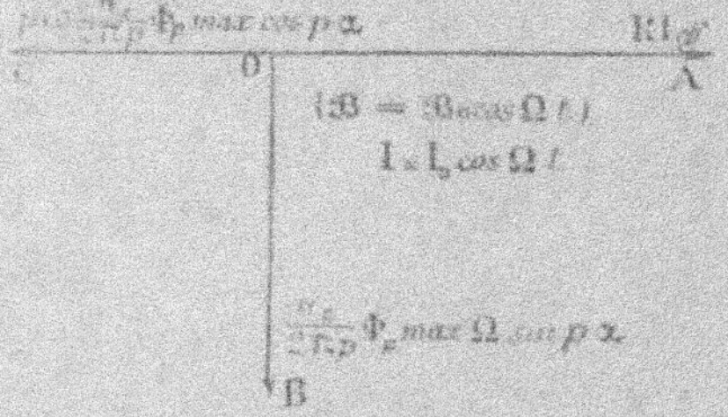

Fig. 319. — Représentation graphique des composantes de la f.é.m. développée dans l'anneau d'une machine électrique alternative à collecteur.

par les vecteurs OB et OC. On voit que l'une est une véritable f.é.m. d'induction de transformateur statique, l'autre une force contre-électromotrice de moteur. On peut remarquer enfin que, suivant qu'on calera les balais en avant ou en arrière des lignes neutres, la composante $\Phi_{pmax}\sin p\delta$, passant par O, la f.é.m. induite sera située au-dessus ou au-dessous de CA, mais en tous cas à gauche de OB.

On peut donc expliquer physiquement (et simplement) le fonctionnement des moteurs à répulsion en admettant que les deux circuits (primaire et secondaire) du transformateur à balais tendent à se repousser *électrodynamiquement et peuvent le faire* grâce à la mobilité du rotor ; le mouvement ainsi produit détermine l'apparition d'un couple moteur à l'arbre de la machine. Quant à la fourniture de la puissance électrique nécessaire à cette transformation de puissance, elle est assurée par le primaire, qui emprunte au réseau la puissance nécessaire à la création de la puissance motrice affectée au rotor.

On établira donc un parallèle intéressant et aisé entre les moteurs asynchrones ordinaires qui ne sont que des transformateurs également ordinaires, avec possibilité de mouvement pour l'un des enroulements, et les moteurs court-circuités à collecteurs, qui ne sont pas autre chose que des transformateurs statiques à balais, dans lesquels ce mouvement relatif de l'un des systèmes par rapport à l'autre est encore possible.

La transformation d'énergie électrique en énergie électrique, seule possible dans les transformateurs ayant deux circuits fixes, est remplacée dans les moteurs asynchrones par la transformation de cette énergie électrique primaire en énergie mécanique secondaire, au moins pour la majeure partie de la première.

2° Courant dans la section. — Une remarque préliminaire s'impose. Le fer du rotor tourne avec la vitesse ω' de la machine ; donc il est le siège de deux flux y circulant avec les vitesses relatives $(\Omega + \Omega')$ et $(\Omega - \Omega')$. Si le fer était fixe, il serait soumis seulement au flux de pulsation $\Omega = p\,\omega$. Il y aura donc lieu de tenir compte de ces flux dans le calcul des pertes par hystérésis et courants de Foucault. L'onde magnétique qui va se développer dans le fer du rotor, et en particulier traverser une tranche bien déterminée de ce rotor, aura donc une pulsation bien déterminée $p\omega'$, même si le flux engendré était dû à des ampères-tours continus et fixes de stator.

Il y a ici un cas d'*hystérésis tournante* signalé à propos des machines à courants continus.

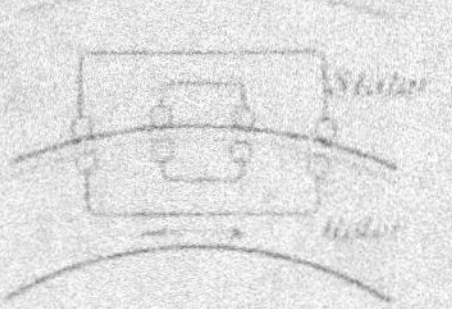

Fig. 320. — Constitution des circuits magnétiques d'un moteur asynchrone.

Le flux émis par le stator, et passant dans le rotor, ayant la pulsation électrique propre Ω, il en résulte dans le fer du rotor deux trains d'ondes, de pulsations respectives $(\Omega + \Omega')$ et $(\Omega - \Omega')$.

Comme dans tous les cas analogues de machines monophasées, on négligera le flux de pulsation $(\Omega + \Omega')$ qui ne fera qu'onduler les résultats ; souvent même, on le supprimera, car il pourra être étouffé par des dispositifs dits amortisseurs. D'ailleurs, il donnerait naissance à des courants d'induction de pulsation $(\Omega + \Omega')$, donc travaillant sur une réactance fictive proportionnelle à $(\Omega + \Omega')$, par conséquent beaucoup plus forte que la réactance correspondant à la pulsation $(\Omega - \Omega')$.

En résumé, le flux de pulsation Ω, dû au stator, engendre une f.é.m. d'induction de même pulsation Ω entre les balais du rotor, cette f.é.m. (que nous avons calculée précédemment) travaillant sur un circuit de réactance fictive $\mathcal{L}_2(\Omega - \Omega')$.

Revenons au calcul du courant dans la section. Nous venons de voir que tout se passe à l'intérieur de cette section comme si la f.é.m. d'induction travaillait sur un circuit d'impédance :

$$Z_2 = \sqrt{R_2^2 + \mathcal{L}_2^2 (\Omega - \Omega')^2}.$$

Nous aurons ainsi, en appelant φ_2 l'angle de décalage du courant secondaire I_2 par rapport à la f.é.m. secondaire E_2 développée entre balais :

$$I_2 = \frac{\Phi_{pmax}}{pZ_2}\frac{n_2}{2\pi}\left[\Omega \cos\left(\Omega t - \frac{\pi}{2} - \varphi_2\right)\sin px - p\omega' \cos px \cos(\Omega t - \varphi_2)\right].$$

Ce qui précède s'applique au cas du moteur en marche, étant bien entendu que le circuit secondaire, compris entre balais, est constitué par des éléments géométriquement variables ; dans le cas où ce circuit secondaire (fer et spires) est fixe (p. ex. au démarrage), le courant est donné par une valeur différente :

$$I_2 = \frac{\Phi_{pmax}}{pZ_2}\frac{n_2}{2\pi}\left[\Omega \cos\left(\Omega t - \frac{\pi}{2} - \varphi_2\right)\sin px\right]$$

avec :

$$Z_2 = \sqrt{R_2^2 + \mathcal{L}_2^2 \Omega^2},$$

et :

$$\operatorname{tg}\varphi_2 = \frac{\mathcal{L}_2 \Omega}{R_2}.$$

3° Couple sur un conducteur. — Il a évidemment pour expression :

$$C = \mathfrak{M} I L \frac{D}{2}$$

avec

$$\mathfrak{M} = \mathfrak{M}_{max} \cos \Omega t \cos px,$$

(en adoptant comme origine des espaces l'ordonnée correspondant à un axe interpolaire). Or, en supposant l'induction répartie sinusoïdalement dans l'espace, et en considérant pour simplifier la répartition de cette induction pour $t = 0$, nous avons :

$$\mathcal{B}_{max} = \frac{\pi}{2}\,\mathcal{B}_{moy},$$

et

$$\mathcal{B}_{max} = \frac{\pi}{2}\,\frac{\Phi_{pmax}}{\dfrac{\pi\,DL}{2p}} = \frac{p\,\Phi_{pmax}}{DL}$$

Φ_{pmax} étant la valeur maxima (dans le temps) du flux s'échappant d'un pôle.

Donc :

$$C = \frac{p\,\Phi_{pmax}}{DL}\,\cos\Omega t\,\cos p\delta\,\frac{DL}{2}\,1$$

ou :

$$C = \frac{p\,\Phi_{pmax}^2}{DL}\,\frac{DL}{2}\,\frac{\Phi_{pmax}}{pZ_2}\,\frac{n_2}{2\pi}\,\cos p\delta\,\cos\Omega t\left[\Omega\cos\left(\Omega t - \varphi_2 - \frac{\pi}{2}\right)\sin p\alpha - p\omega'\cos p\alpha\cos(\Omega t - \varphi_2)\right]$$

ou enfin :

$$C = \frac{\Phi_{pmax}}{2Z_2}\,\frac{n_2}{2\pi}\,\cos\Omega t\,\cos p\delta\left[\Omega\cos\left(\Omega t - \varphi_2 - \frac{\pi}{2}\right)\sin p\alpha - p\omega'\cos\alpha\cos(\Omega t - \varphi_2)\right].$$

Remarquons encore qu'il y a $\dfrac{n_2}{2\pi}\,d\delta$ conducteurs compris dans la différentielle $d\delta$ de l'angle δ. Il vient ainsi, pour le couple total, l'intégrale :

$$\frac{n_2}{2\pi}\int\cos p\delta\,d\delta$$

étant prise de

$$-\left(\frac{\pi}{2p} - \alpha\right)\text{ à } + \left(\frac{\pi}{2p} + \alpha\right)$$

et ayant donc pour valeur :

$$\frac{n_2}{2\pi}\,\frac{1}{p}\left[\sin p\delta\right]_{-\left(\frac{\pi}{2p}-\alpha\right)}^{+\left(\frac{\pi}{2p}-\alpha\right)} = \frac{n_2}{2\pi}\,\frac{2\cos p\alpha}{p}$$

$$C_{total} = \frac{\Phi_{pmax}^2}{pZ_2}\left(\frac{n_2}{2\pi}\right)^2\cos p\alpha\,\cos\Omega t\left[\Omega\sin p\alpha\cos\left(\Omega t - \varphi_2 - \frac{\pi}{2}\right) - p\omega'\cos p\alpha\cos(\Omega t - \varphi_2)\right]$$

ou enfin :

$$C_{total} = \left(\frac{n_2}{2\pi}\right)^2 \frac{\Phi^2_{pmax}}{2pZ_2}\left[\Omega \sin 2p\alpha \cos\Omega t \cos\left(\Omega t - \varphi_2 - \frac{\pi}{2}\right) - p\omega'(1 + \cos 2p\alpha)\cos\Omega t \cos(\Omega t - \varphi_2)\right].$$

Or :

$$\cos\Omega t \cos\left(\Omega t - \varphi_2 - \frac{\pi}{2}\right) = \frac{1}{2}\left[\cos\left(\frac{\pi}{2} + \varphi_2\right) + \cos\left(2\Omega t - \varphi_2 - \frac{\pi}{2}\right)\right]$$

$$\cos\Omega t \cos(\Omega t - \varphi_2) = \frac{1}{2}\left[\cos\varphi_2 + \cos(2\Omega t - \varphi_2)\right].$$

Donc :

$$C_{total} = \left(\frac{n_2}{2\pi}\right)^2 \frac{\Phi^2_{pmax}}{4pZ_2}\Big[-\Omega \sin 2p\alpha \sin\varphi_2 - p\omega'(\cos 2p\alpha + 1)\cos\varphi_2$$

$$+ \cos\left(2\Omega t - \varphi_2 - \frac{\pi}{2}\right)\Omega \sin 2p\alpha - \cos(2\Omega t - \varphi_2)p\omega'(\cos 2p\alpha + 1)\Big]$$

Nous aurons donc un couple moyen donné par :

$$(C_{total})_{moy} = -\left(\frac{n_2}{2\pi}\right)^2 \frac{\Phi^2_{pmax}}{4pZ_2}\left[\Omega \sin 2p\alpha \sin\varphi_2 + p\omega' \cos\varphi_2 (1 + \cos 2p\alpha)\right],$$

la deuxième partie du couple étant pulsatoire et périodique (pulsation 2Ω).

On remarquera de même que le couple total Γ a pour valeur ($2p$ sections) :

$$\Gamma = -\left(\frac{n_2}{2\pi}\right)^2 \frac{\Phi^2_{pmax}}{2Z_2}\left[\Omega \sin 2p\alpha \sin\varphi_2 + p\omega' \cos\varphi_2 (1 + \cos 2p\alpha)\right].$$

On pourrait concevoir quelque inquiétude de voir le couple total Γ constitué par deux termes précédés du signe —. Cette apparente négativité signifie simplement que les balais doivent être, dans les hypothèses qui ont servi de base dans notre analyse, calés *à gauche* de la ligne neutre au lieu de l'être *à droite*, le mouvement de l'induit ayant lieu de gauche à droite. Faisons en effet $\alpha' = -\alpha$. Nous avons immédiatement :

$$\Gamma = \left(\frac{n_2}{2\pi}\right)^2 \frac{\Phi^2_{pmax}}{2Z_2}\left[-\Omega \sin 2p\alpha \sin\varphi_2 + p\omega' \cos\varphi_2 (1 + \cos 2p\alpha)\right].$$

Dire que la composante proportionnelle à $\sin p\alpha$ doit être prise en signe contraire, c'est dire qu'elle doit être à 180° de la précédente. D'où le graphique ci-dessous pour la f. é. m. résultante (fig. 321).

Nous aurons aussi et directement la valeur cherchée pour le
couple en remarquant que, pour un décalage x_2 de rotor corres-

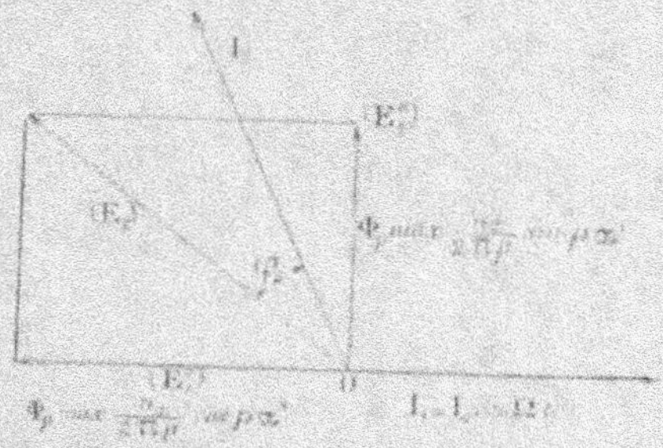

Fig. 311. — Constitution de la f. é. m. résultante d'un moteur asynchrone à collecteur à répulsion. Situations géométriques respectives de la f. é. m., de ses composantes et du courant.

pondant à une vitesse ω', le couple est constitué par les deux composantes :

$$\Phi'_{r\,\max}\left(\frac{n_2}{2\pi}\right)\cos p x'\,\frac{E_2}{Z_2}\cos(\pi + \gamma_2)$$

et

$$\Phi_{r\,\max}\left(\frac{n_2}{2\pi}\right)\cos p x'\,\frac{E_2}{Z_2}\cos\left(\frac{3\pi}{2} + \gamma_2\right)$$

car le flux d'entrefer agissant sur une section dont les balais sont
décalés d'un angle $p x'$ par rapport aux axes interpolaires est réduit
dans le rapport $\cos p x'$.

Or :

$$\cos(\pi + \gamma_2) = -\cos\gamma_2$$
$$\cos\left(\frac{3\pi}{2} + \gamma_2\right) = \cos\left(2\pi - \frac{\pi}{2} + \gamma_2\right) = \cos\left(\gamma_2 - \frac{\pi}{2}\right) = \cos\left(\frac{\pi}{2} - \gamma_2\right) = \sin\gamma_2.$$

Nous aurons donc pour l'expression de ce couple :

$$C_{\text{total}} = \cos p x'\,\frac{\Phi'_{r\,\max}}{Z_2}\left(\frac{n_2}{2\pi}\right)\left[\Omega\sin\gamma_2\,\sin p x' - p\omega'\cos p x'\cos\gamma_2\right],$$

c'est-à-dire :

$$C_{\text{total}} = \frac{\Phi'_{r\,\max}}{2 Z_2}\left(\frac{n_2}{2\pi}\right)^2\left[\Omega\sin\gamma_2\,\sin 2 p x' - p\omega'\cos\gamma_2\,(1 + \cos 2 p x')\right].$$

Nous retombons bien sur les mêmes expressions.

En résumé nous avons donc pour notre couple une valeur essentiellement positive depuis l'instant du démarrage $\omega' = 0$ jusqu'à la vitesse ω' donnée par :

$$\omega' = \frac{\Omega}{p} \frac{\sin 2p\alpha' \, \mathrm{tg}\,\varphi_2}{1 + \cos 2p\alpha'} = \frac{\Omega}{p}\, \mathrm{tg}\,p\alpha' \, \mathrm{tg}\,\varphi_2,$$

valeur de ω' qui va annuler le dit couple.

Caractéristique mécanique. — On voit que cette caractéristique est une droite donnée par la formule :

$$C_m(\omega') = \Gamma = \left(\frac{n_2}{2\pi}\right)^2 \frac{\Phi^2_{2max}}{2Z_3}\left[\Omega \sin 2p\alpha' \sin \varphi_2 - p\omega' \cos \varphi_2 (1 + \cos 2p\alpha')\right];$$

elle dépend du paramètre φ_2 et aussi du calage des balais $p\alpha'$.

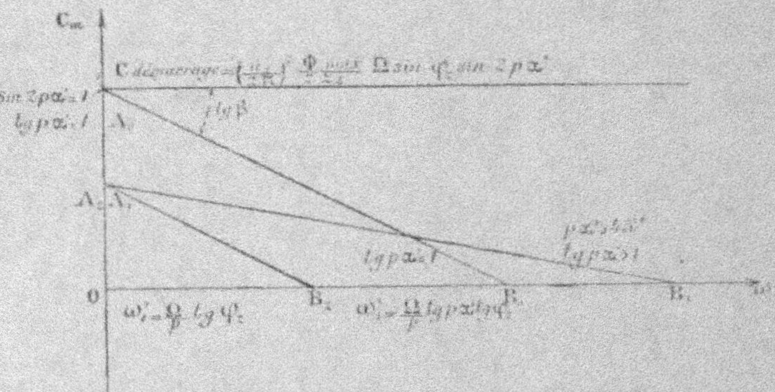

Fig. 322 — Caractéristique mécanique du moteur asynchrone à collecteur à répulsion.

Pour $2p\alpha' = \dfrac{\pi}{2}$, on a la caractéristique mécanique $A_0 B_0$ (fig. 322). Le coefficient angulaire $tg\,\beta$ de cette caractéristique a pour valeur absolue :

$$\left(\frac{n_2}{2\pi}\right)^2 \frac{\Phi^2_{2max}}{2Z_3}\left[\cos \varphi_2 (1 + \cos 2p\alpha')\right].$$

Pour $2p\alpha' < \dfrac{\pi}{2}$, deux valeurs de $p\alpha'$ existent, qui peuvent répondre à la condition fixée par l'inégalité précédente. L'une $p\alpha' > \dfrac{\pi}{4}$, l'autre

$$p\alpha' < \frac{\pi}{4}.$$

Pour $p\alpha'_1 > \dfrac{\pi}{4}$ on a la caractéristique $A_1 B_1$.

Pour la deuxième valeur $p\alpha'_2 < \dfrac{\pi}{4}$, on a la deuxième caractéristique $A_2 B_2$. L'une coupe en un point la caractéristique $A_0 B_0$ (optima au point de vue des couples de démarrage ; l'autre ne la coupe pas.

On voit comme conclusion, que, partant d'un même couple de démarrage, on peut réaliser deux calages des balais, l'un $p\alpha'_1 > \dfrac{\pi}{4}$, l'autre $p\alpha'_2 < \dfrac{\pi}{4}$, permettant d'avoir des caractéristiques plus ou moins tombantes, donc correspondant à des applications différentes.

Couple de démarrage. — Il est maximum pour

$$\sin 2p\alpha' = 1 \quad \text{c'est-à-dire} \quad p\alpha' = \pm \dfrac{\pi}{4}$$

Ce qui revient à dire que les positions des balais et celles des axes polaires doivent être décalées de 1/8 de période.

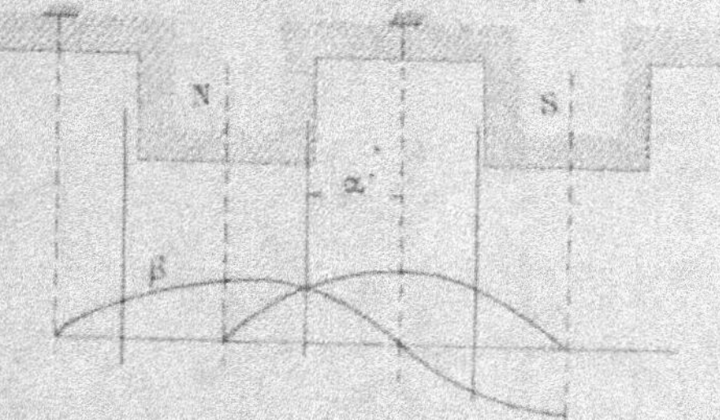

Fig. 323. — Détermination graphique des conditions correspondant au couple optimum de démarrage.

On pouvait pressentir cette remarque, car, pour $\alpha' = 0$, on a une f. é. m. nulle ; pour $\alpha' = \dfrac{\pi}{2p}$, f. é. m. maxima, mais inductions égales et de signes contraires agissant sur les conducteurs pris deux à deux, symétriquement par rapport à l'axe de la section ; donc impossibilité de démarrage.

Remarque sur la valeur du couple de démarrage. — Rappelons que ce couple a pour valeur : ($\omega' = 0$) :

$$C_{moy} = \left(\dfrac{n_2}{2\pi}\right)^2 \dfrac{\Phi'_{pmax}}{2Z_2} \left(\Omega \sin 2p\alpha' \sin \varphi_2\right).$$

On voit que ce couple a une valeur liée à $\sin \varphi_2$. Il est d'autant plus considérable que l'angle φ_2 sera plus voisin de 90°, donc que le moteur sera plus réactant par rapport à sa résistance.

En d'autres termes, *pour une impédance donnée*, nous aurons intérêt à amplifier le rapport de la réactance à la résistance (choix d'un anneau, pour le rotor, de préférence à un tambour. On démontre, en effet, que, toutes choses égales, la réactance des induits du premier type est supérieure à celle des induits du second).

Au point de vue des réactances, tout se passe comme si l'on avait affaire à une pulsation Ω, celle du courant du rotor, de même que dans une machine à courant continu tout se passe, au point de vue des courants développés dans l'induit, comme si le fer restait immobile.

Représentation graphique du couple. — Sur la figure ci-dessous (fig. 324), projetons les vecteurs OA et OB sur les directions faisant à un instant donné un angle φ_2 en arrière de ces vecteurs. Soit :

$$OA = \Omega \Phi_{pmax} \sin p\alpha \quad \text{et} \quad OB = p\omega' \Phi_{pmax} \cos p\alpha \, [1].$$

Nous aurons en Aa et en Ob des quantités respectivement proportionnelles à

$$\Omega \Phi_{pmax} \sin p\alpha \sin \varphi_2 \quad \text{et à} \quad p\omega' \Phi_{pmax} \cos p\alpha \cos \varphi_2$$

Projetons A sur Ob. Nous avons évidemment :

$$Aa = Oa'.$$

Donc :

$$ba' = Oa' - Ob = \Phi_{pmax} \left[\Omega \sin p\alpha \sin \varphi_2 - p\omega' \cos \varphi_2 \cos p\alpha \right].$$

Ainsi donc le couple est proportionnel à ba'.

Considérons de même le vecteur OG faisant l'angle $\left(\dfrac{\pi}{2} - p\alpha \right)$ avec OA. Nous aurons évidemment :

$$OG = \Phi_{pmax}$$

$$Og = \Phi_{pmax} \cos p\alpha.$$

Décrivons un arc de cercle du point O comme centre avec Og

____

[1]. Nous confondons maintenant les notations α et α', sans qu'aucune ambiguïté puisse subsister.

comme rayon. Prenons l'intersection avec $O\Psi$ perpendiculaire à la droite Ob. La longueur $O\Psi$ représente $\Phi_{pmax} \cos p\alpha$.

Donc le couple est proportionnel à l'aire d'un triangle construit sur la base ab et la hauteur $O\Psi$. On peut étudier ainsi très

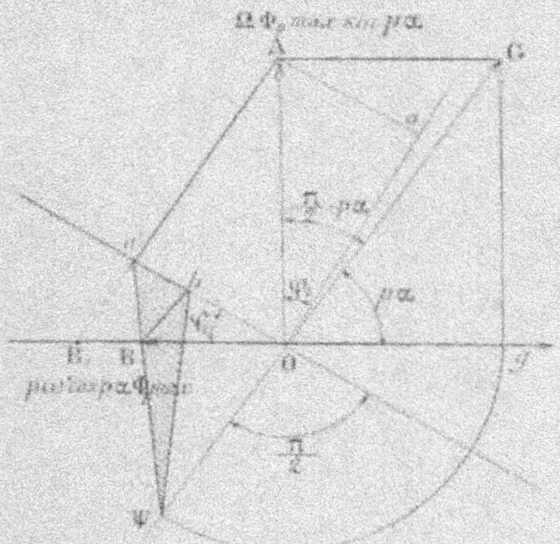

Fig. 321. — Représentation graphique du couple d'un moteur asynchrone à collecteur type répulsion.

simplement les variations du couple quand varie Φ_{pmax} (ou la tension primaire), ou le calage des balais, ou la vitesse angulaire, etc.

A une tension donnée et à un calage des balais donné, on peut dire que correspond un flux primaire donné.

Il en résulte que le couple dans ces conditions se compose de deux parties, l'une constante et proportionnelle à Ω, l'autre variable, se déduisant de la première et proportionnelle à ω'. D'où la caractéristique mécanique, ou de vitesse en fonction du couple, pour un tel moteur.

Équilibre dynamique. — A un couple C, donné, correspond un couple moteur égal, donc à tension primaire et à calage des balais fixes, une vitesse donnée.

Pour substituer à cette caractéristique une autre caractéristique, en d'autres termes, pour régler le moteur, il faudra agir sur les balais, la tension primaire restant constante.

Marche en génératrice. — On voit que dès que la vitesse a dépassé la valeur afférente à Ω_1, la machine ne donne plus de couple moteur, mais bien un couple générateur.

La phase de la f. é. m. par rapport au courant reste naturellement la même, mais pour :

$$\omega' > \frac{\Omega \sin p\alpha \sin \varphi_2}{p \cos p\alpha \cos \varphi_2},$$

il y aura création d'une f. é. m. de plus en plus grande, donc d'un courant de génératrice en court-circuit de plus en plus considérable. Dans le cas où les balais (comme il arrive dans les moteurs dits mixtes) seraient fermés non par un court-circuit, mais sur un réseau, par exemple, plus ou moins lié au réseau d'alimentation du stator, on pourrait donc faire débiter sur ce réseau, par la génératrice à collecteur ainsi constituée, une puissance plus ou

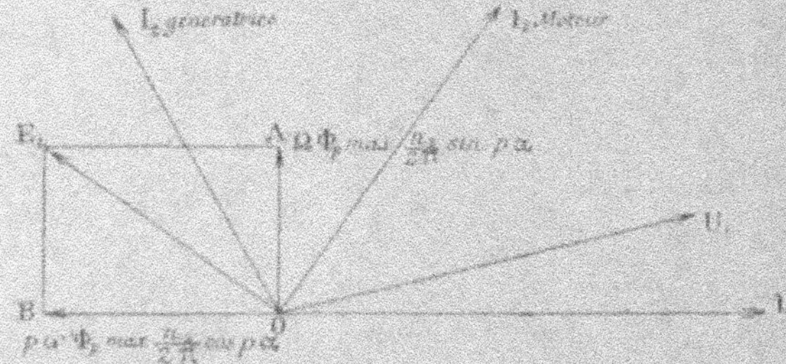

Fig. 325. — Diagramme général de la marche en génératrice d'une machine asynchrone à collecteur et à rotor court-circuité.

moins importante, empruntée à cette génératrice asynchrone. Nous verrons, dans l'étude du compoundage des alternateurs, une application de cette propriété.

Il est à remarquer que pour cette valeur critique de ω', le couple change de signe en passant par 0. Donc, l'angle de I_1 et I_2, d'abord inférieur à $\frac{\pi}{2}$, doit être ensuite plus grand que $\frac{\pi}{2}$.

Si l'on pousse au delà de cette vitesse critique (le synchronisme, si $p\alpha = \frac{\pi}{4}$) on aura une véritable f. é. m. de génératrice et si l'on fournit une puissance à l'arbre convenable, on aura une tension entre balais plus ou moins en phase avec l'intensité débitée.

Le potentiel des points du stator n'étant défini, en cas de bon isolement, qu'au zéro près, on pourra même, comme le proposent certains auteurs, combiner la tension secondaire à la tension primaire avec croisement convenable de connexions, pour avoir une tension résultante survoltée, sousvoltée ou déphasée par rapport à ce qu'elle serait sans cette addition.

Nous laisserons au lecteur le soin de développer ces conclusions.

REMARQUE. — On peut réaliser, ainsi que nous l'avons vu, des conditions de marche différentes par un calage convenable des balais, ce qui revient à modifier les deux composantes de la f. é. m. On peut arriver au même résultat par l'emploi de deux champs en quadrature, et c'est ce que l'on fait en pratique.

Nous bornerons là notre étude sommaire des propriétés des anneaux à collecteur, et en particulier, de leur application aux moteurs à répulsion en renvoyant le lecteur, pour plus amples détails, et en particulier pour la description des dispositifs pratiques ainsi que pour l'étude détaillée des moteurs série et mixtes, à l'étude précitée que nous avons faite de la question [1].

MOTEURS SÉRIE A COURANTS ALTERNATIFS

Considérons un moteur analogue à ceux que nous avons examinés jusqu'ici, mais avec l'induit parcouru par le courant de

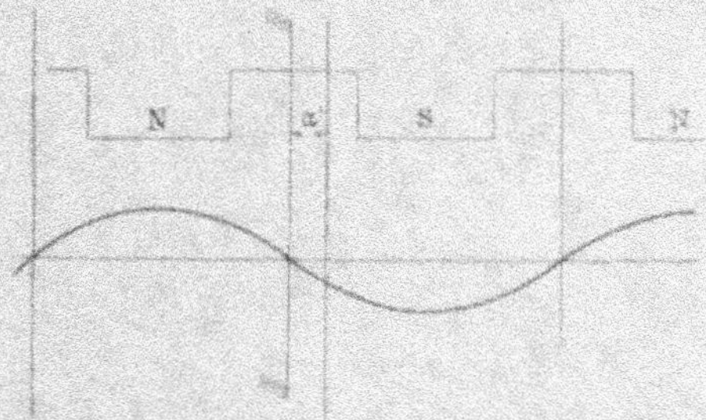

Fig. 326 — Répartition de l'induction dans l'entrefer d'un moteur série
à courants alternatifs.

stator, ce qui constitue par conséquent une machine série à courants alternatifs.

1. Machines alternatives à collecteur, *Encyclopédie Électrotechnique*, fascicule 35, Geisler, éditeur, Paris.

La force électomotrice ne sera évidemment pas différente de celle que nous avons étudiée et calculée graphiquement à propos

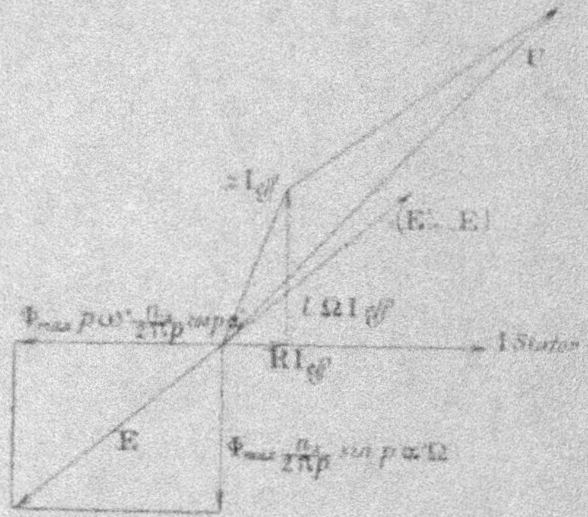

Fig. 327. — Diagramme général de fonctionnement du moteur série à courants alternatifs sous tension constante.

des moteurs à répulsion, mais le courant ne sera autre que le courant de stator.

Nous savons que le moteur sera le siège d'une chute de tension :

$$\overline{RI_{st}} + \overline{x\Omega I_{st}} = \overline{zI_{st}}$$

R, $x\Omega$ et z désignant respectivement sa résistance, sa réactance, son impédance.

Dans ces conditions, on voit qu'il y aura intérêt à avoir une composante statique de la f. é. m., la plus faible possible, de

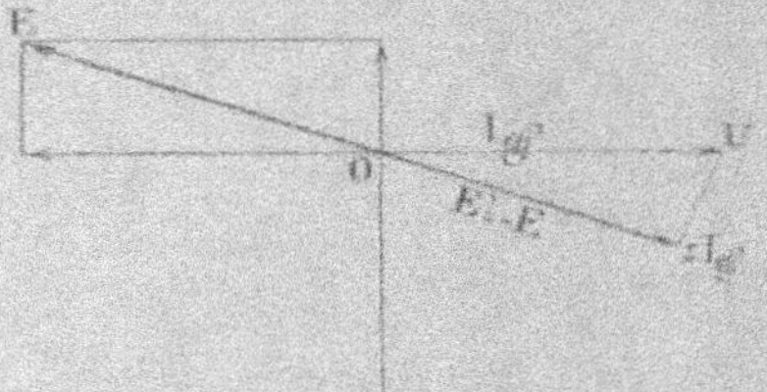

Fig. 328. — Diagramme de fonctionnement du moteur série à courants alternatifs sous tension constante.

manière à ce que U et I soient le plus possible en phase. On y arrivera à peu près en ne conservant que la composante dynamique, et tout à fait en décalant les balais d'un petit angle α *à droite* de la ligne interpolaire si, dans le cas du même moteur fonctionnant en moteur à répulsion, ils étaient calés à gauche.

On pourra avoir I et C tout à fait en phase pour une certaine vitesse et un certain calage des balais z'.

Plus généralement et plus simplement, on laissera les balais calés sur les axes interpolaires.

On aura alors le diagramme suivant (fig. 329).

Pour un couple résistant donné C_r, on connaît le couple moteur :

$$C_m = \mathfrak{B} I_{eff}^2.$$

car il n'y a alors pas de décalage entre Φ et I, et l'on doit toujours,

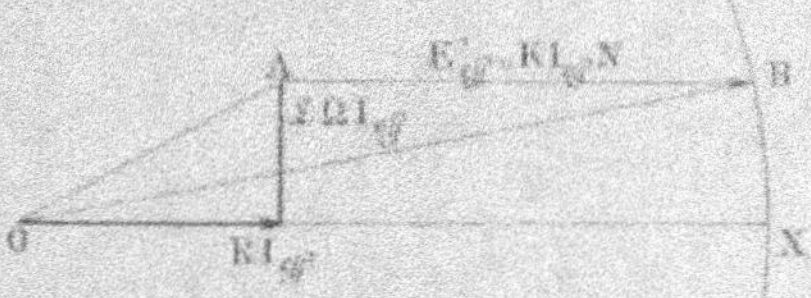

Fig. 329. — Diagramme de fonctionnement du moteur série sous tension constante.

avec ce moteur, supposer que l'on fonctionne en utilisant la première région de la courbe du magnétisme. Il viendra donc :

$$I_{eff} = \sqrt{\frac{C_r}{\mathfrak{B}}},$$

donc I_{eff} est fixé et le diagramme aussi, quand on marche à tension constante. Le point B est donné par l'intersection du cercle de rayon U_{eff} avec la parallèle AB à OX (fig. 330).

Fig. 330. — Recherche graphique des conditions d'équilibre dynamique du moteur série à courants alternatifs.

On voit que :

$$AB = E'_{eff} = KI_{eff}N,$$

N étant la vitesse pour chaque valeur du couple (fig. 330).

Caractéristique mécanique. — Appelons N_0 la vitesse de marche à vide ou de synchronisme, à laquelle fonctionne le moteur quand il fournit un couple nul (ou pratiquement très faible).

Nous aurons ainsi une proportionalité à I_{eff} des deux vecteurs :

$$OA = zI_{eff}$$
$$AD = N_0 KI_{eff}$$

f. é. m. fictive que l'on obtiendrait si la vitesse restait la même (N_0).

Dans ces conditions, le point D se déplacera sur une droite pas-

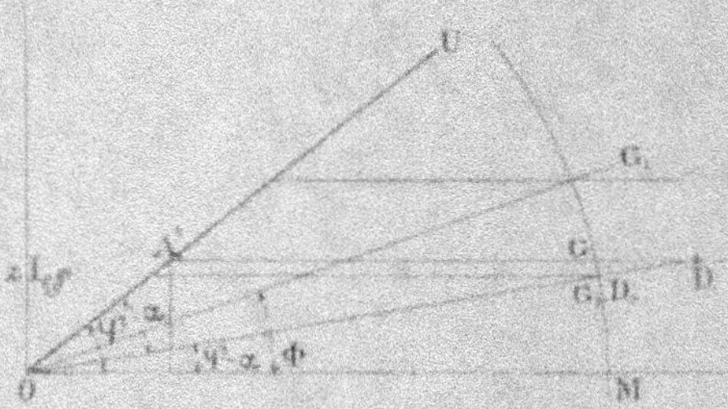

Fig. 331. — Établissement de la caractéristique mécanique du moteur série à courants alternatifs, sous tension constante.

sent par l'origine, quand le point A se déplace sur la droite AU.

Décrivons un cercle de rayon $OM = U_{ab}$, le point G d'intersection avec AD nous donne

$$AG = NKI_a$$

et les rapports

$$\frac{AG}{AD} = \frac{N}{N_0}$$

ou encore :

$$\frac{DG}{AD} = \frac{N_0 - N}{N_0}.$$

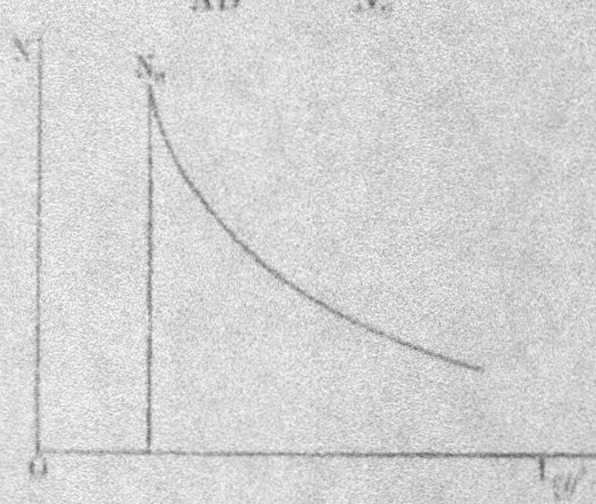

Fig. 332. — Caractéristique électromécanique de vitesse du moteur série à courants alternatifs sous tension constante.

On peut donc construire la caractéristique

$$\left(\frac{DG}{AD}\right)(OA),$$

c'est-à-dire celle des vitesses en fonction de l'intensité à partir de la marche à vide (D_a et G_a confondues).

On voit que c'est une courbe tombant très vite comme dans tous les moteurs série.

On pourra construire également avec la plus grande facilité la courbe du facteur de puissance en fonction de l'intensité, soit $\cos \varphi$ (I_{ca}).

On voit que le $\cos \varphi$ ne cesse de décroître au fur et à mesure que l'intensité augmente ; c'est tout naturel, car la f.é.m. a été supposée en phase avec le courant, et la chute de tension $z\,I_{ca}$ croît directement avec l'intensité, tandis que si la f.é.m. croît avec l'intensité, elle décroît aussi quand la vitesse décroît, ces deux effets se compensant plus ou moins.

Compensation. — La répartition des inductions dans l'entrefer est ici intuitive, les courants de rotor et de stator étant les mêmes. On soupçonne que les effets très connus de la réaction d'in-

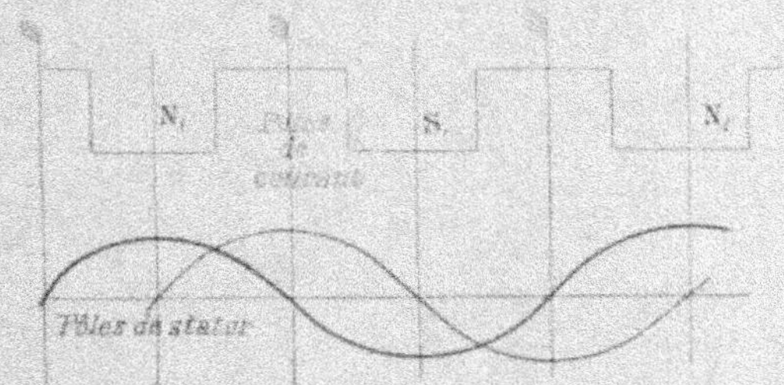

Fig. 333. — Nécessité de la compensation dans un moteur série à courants alternatifs sous tension constante.

duit seront, dans le cas des moteurs à collecteur à courants alternatifs, beaucoup plus grands que dans le cas des moteurs à courants continus.

D'où la nécessité de pôles de *compensation* en quadrature avec les pôles principaux et destinés, par le choix d'une intensité convenable, à annuler les pôles d'induit.

Les pôles de ces moteurs étant le plus généralement non saillants mais bobinés, rien n'est plus simple que de combiner les enroulements des pôles de compensation avec les enroulements des pôles principaux.

Les pôles de compensation seront donc avantageusement excités par le courant principal d'armature, ou de toute autre façon avec un courant quelconque, mais de même phase que le courant principal, pour réaliser une compensation rigoureuse.

Si donc, en outre des pôles de compensation, on adopte un feuilletage extrêmement poussé des tôles de l'induit et de l'inducteur, on aura supprimé à peu près toutes les difficultés inhérentes à l'emploi des courants alternatifs.

On remarquera néanmoins que le couple

$$C_m = KI_a$$

est forcément pulsatoire, comme dans tout moteur monophasé de quelque système qu'il soit.

MOTEURS MIXTES

Les partisans du moteur à répulsion donnent à l'avantage de cette machine ce fait que le collecteur ne travaille que dans des conditions beaucoup plus douces que le collecteur du moteur série dont l'induit supporte le courant principal I.

Or, les deux courants I_1 et I étant presque en opposition, on peut

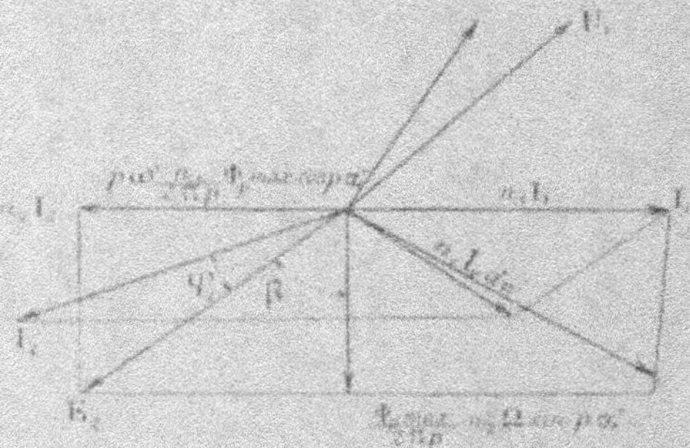

Fig. 334 — Diagramme général de marche de fonctionnement d'un moteur mixte.

prendre la résultante $n_1 I_1$ de leurs ampères-tours et nous aurons pour un régime de vitesse le flux résultant, ou plutôt les ampères-tours résultant de la combinaison des effets magnétiques du primaire et du secondaire (fig. 334). Le moteur série a, par contre, un $\cos \varphi$ généralement très favorable, puisque nous avons vu qu'en calant les balais sur les axes interpolaires, on peut mettre en phase la f.é.m. et le courant principal. La chute de tension étant généralement faible en valeur relative, le $\cos \varphi$ peut continuer à rester excellent. Au contraire, avec le moteur à répulsion, le $\cos \varphi$ du moteur sera généralement beaucoup moins bon.

Pour le comprendre, reportons nous au diagramme de fonctionnement de ce moteur. Le courant de stator sera la résultante de deux courants, l'un créant le flux du stator, l'autre assurant la puissance wattée. La tension primaire sera à 90° en avant, d'où le facteur de puissance du moteur (fig. 337).

On voit qu'au démarrage φ_1 est grand (car $w = 0$), mais la composante proportionnelle à $p\,\omega'$ est faible, donc le facteur de puissance est relativement bon (c'est le cas d'un véritable transformateur à

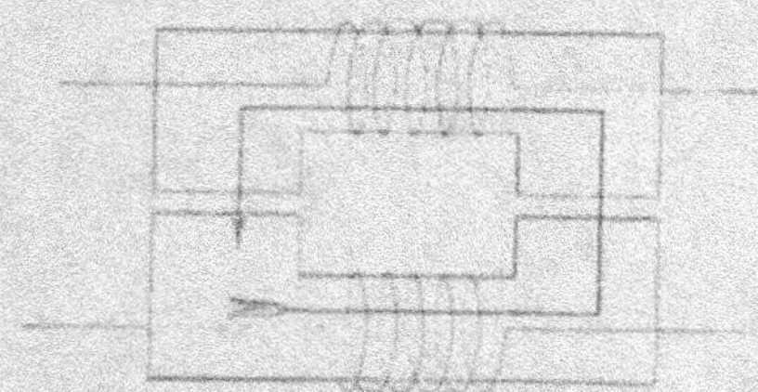

Fig. 335. — Constitution des circuits magnétiques de moteur à collecteur.

balais), puis la vitesse croît, $p\omega'$ croît, mais φ_1 diminue, de manière à devenir nul au synchronisme.

Dans ce cas spécial, la f.é.m. E est en phase avec le courant I, et l'on verra que le facteur de puissance est sensiblement plus faible.

D'une manière générale, le facteur de puissance sera, pour des vitesses de régime, des plus médiocres pour ce moteur.

C'est ce qui justifie uniquement les tentatives faites par les auteurs des moteurs dits mixtes.

Principes de fonctionnement du moteur mixte. — Considérons une section de stator et la section de rotor lui faisant face, pourvue de ses enroulements excitateurs.

Le rotor est le siège d'un courant de court-circuit représenté par :

$$I = I_2 \cos\left(\Omega t - \beta - \varphi_2 - \frac{\pi}{2}\right).$$

$\frac{\pi}{2} + \beta$ représentant le décalage de la f.é.m. du rotor et du courant de stator.

Mais il a la même pulsation que le courant de stator. Le fer du rotor *glisse* en quelque sorte à l'intérieur de ses spires considérées comme fixes. C'est la même hypothèse que l'on fait dans le cas des

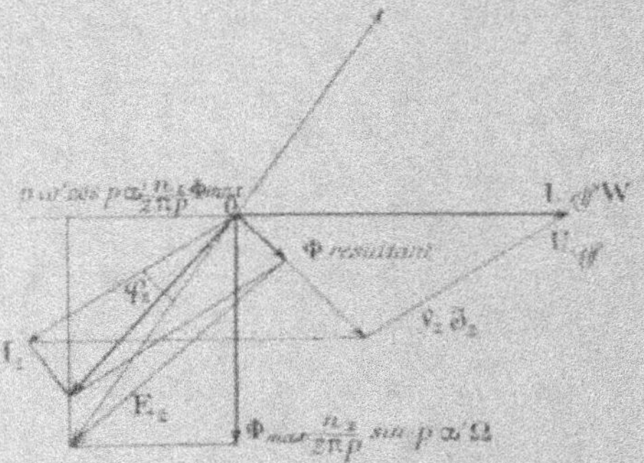

Fig. 336. — Diagramme général de fonctionnement d'un moteur mixte.

dynamos à courants continus, quand on calcule la f.é.m. développée entre balais.

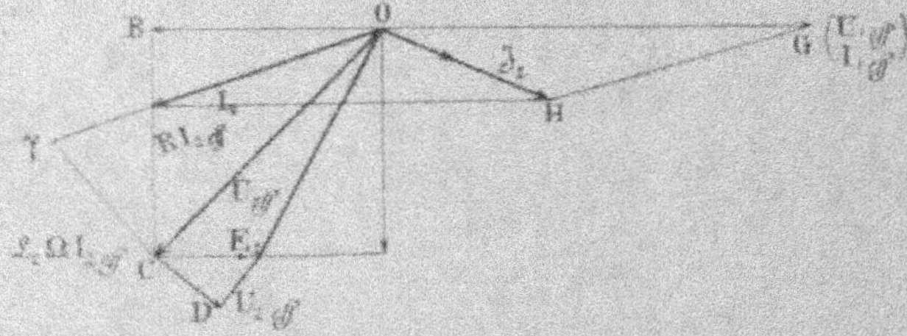

Fig. 337. — Diagramme général de fonctionnement d'un moteur mixte.

Excitons par hypothèse les enroulements du rotor par un courant continu; le stator étant à circuit ouvert, si le rotor tourne avec la vitesse ω', dans une tranche de cet anneau, géométriquement fixe, un flux

$$\Psi = \Psi_{max} \sin p\,\omega' t$$

prendra naissance.

Tout se passera donc comme si le flux dans le stator était constant et dans le rotor variait avec la pulsation $p\omega' = \Omega'$

De même, excitons le rotor avec du courant de pulsation Ω, nous aurons, toujours dans une tranche géométriquement fixée du rotor, deux ondes magnétiques de pulsations respectives :

$$(\Omega + \Omega') \quad \text{et} \quad (\Omega - \Omega').$$

Le stator sera parcouru par le flux de pulsation Ω. En ce qui concerne le rotor, on peut négliger le second flux de pulsation $(\Omega + \Omega')$, celui-ci ne faisant au moins théoriquement qu'onduler les résultats et pouvant même s'étouffer avec des dispositifs convenables, comme on le démontre pour toutes les machines monophasées. Ce second flux, au synchronisme, ferait en particulier naître une harmonique de rang 2 dans le courant de stator.

Il suffira donc, pour une même valeur efficace du flux dans le stator, d'un nombre d'ampères-tours efficaces dans le rotor beaucoup plus petit (approximativement dans le rapport des impédances de rotor pour ces deux pulsations $\Omega - \Omega'$ et Ω').

Si l'on donne au fer du stator toute la largeur désirable, on aura donc un flux dû uniquement à un courant magnétisant, emprunté au rotor.

Pour simplifier, faisons abstraction de ce flux. On aura alors fait circuler dans le stator et le rotor les flux nécessaires, avec les *pulsations nécessaires*, en envoyant dans les enroulements du rotor un courant d'excitation qui ne rencontrera, au point de vue inductif, que des résistances magnétiques liées aux réactances $\mathscr{L}_2 (\Omega - \Omega')$ et non aux réactances $\mathscr{L}_1 \Omega$.

La composante wattée I_{aw} constituera à elle seule le courant primaire et le diagramme prendra la forme ci-dessous (fig. 337).

Quant à zI_{aw}, dans le rotor, chûte de tension totale, elle est provoquée par le courant magnétisant (ou par les ampère-tours $\nu_2 \mathcal{I}_2$ de rotor créateurs du flux, ce courant magnétisant dû à une tension nouvelle appliquée au rotor, tension extérieure ou tension provenant d'un second système de balais portant sur ce rotor [1], et par le courant I_2 tel qu'il serait déduit de la force contre-électromotrice de rotor.

Les moteurs *mixtes* les plus connus sont actuellement ceux d'Heyland, de Latour et d'Osmos. Nous ne pouvons, à notre grand regret, faute de place, insister davantage ici sur l'étude détaillée de ces intéressants moteurs. Nous renverrons à cet effet le lecteur aux ouvrages spéciaux [2].

---

1. Voir à ce sujet notre ouvrage *Machines électriques alternatives à collecteur* [fascicule 35 de l'*Encyclopédie électrotechnique*], ou surtout fascicule 50 de la même collection, *Traction électrique par courants alternatifs*.

2. Voir à ce sujet, les ouvrages précités.

COMPOUNDAGE DES ALTERNATEURS

RAPPEL DE DIVERSES THÉORIES RELATIVES
A LA RÉACTION D'INDUIT DANS LES ALTERNATEURS

Notions préliminaires. — Nous avons déjà signalé, dans la première partie de ce cours, les difficultés soulevées par le maintien *automatique* de la tension aux bornes d'un réseau, dont l'impédance, Z, et le facteur de puissance, $\cos \Phi$, varient, cette constance de la tension ne pouvant être obtenue, dans le cas qui nous préoccupe, que par la modification de l'excitation. On sait en effet que si, dans le cas de machines à courant continu, on peut réaliser

Fig. 338 et 339. — Bases du compoundage des alternateurs. Rappel du diagramme de Behn-Eschenburg.

une f. é. m. convenable par action, simultanée ou séparée, sur l'excitation ou la vitesse, le principe fondamental de la conservation de la fréquence interdit, dans le cas des alternateurs, de faire appel à ce dernier moyen d'action (modification de la vitesse).

Force électromotrice à vide. — Si l'on utilise la théorie de Behn-Eschenburg (la plus commode), on aura sur la figure 338, un cercle de rayon OA pour lieu des extrémités du vecteur tension, si l'on marche à tension constante. Celle-ci étant supposée réalisée, on voit qu'à un angle Φ donné correspond une tension U_{ee} fixée en position, mais à cette tension correspond simplement le produit $Z I_{ef}$, sans que les composantes Z et I_{ef} de ce produit soient connues d'une manière distincte (fig. 339).

En un mot, il nous faut connaître Z et Φ distinctement pour tracer

$$AC = E_{ef}^2.$$

En effet :

$$OC = l\Omega I_{ef} = \sim z I_{ef}$$

chute de tension dans l'alternateur, n'est connue ($l\Omega$ ou z l'étant *pour cette excitation*, au moins en valeur approchée) que si I_{ef} est lui-même explicitement connu.

On ne peut donc connaître la f. é. m. nécessaire qu'au prix, au moins théoriquement, d'approximations successives.

Dispersion magnétique d'induit. — De même, nous allons faire appel à la notion de dispersion magnétique d'induit.

Nous avons démontré que tout se passe, au point de vue des flux

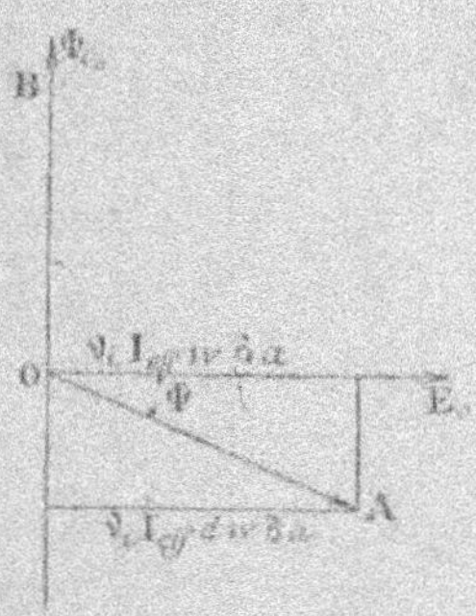

Fig. 340. — Bases du compoundage des alternateurs. Combinaison des ampère-tours inducteurs et des ampère-tours non dispersés d'induit.

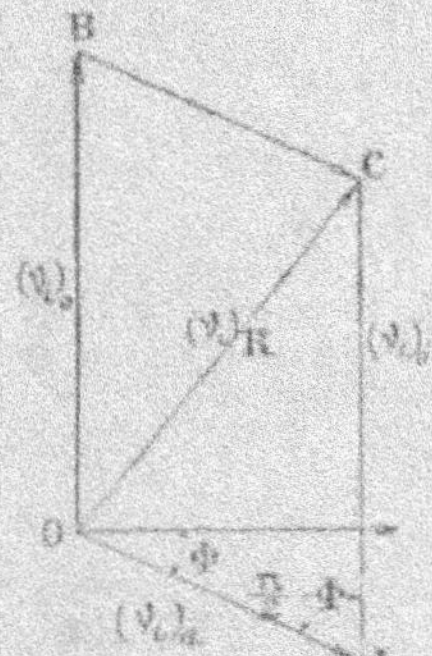

Fig. 341. — Bases du compoundage des alternateurs. Combinaison des ampère-tours inducteurs et induits.

résultants et f. é. m. résultantes, comme si le flux d'induit, dû à des ampères-tours $\dfrac{n_1}{4p} \dfrac{I_{ef}\sqrt{2}}{2}$ (alternateur monophasé), ou le flux égal à 3/2 fois ce flux monophasé, par phase (alternateur triphasé), flux fixe dans l'espace, se combinait avec le flux inducteur, également fixe dans l'entrefer.

Pour mieux comprendre la composition des effets magnétiques

dus à l'inducteur propre et à l'induit considéré comme isolé, revenons à notre mode de composition déjà utilisé, des ampère-tours induits et inducteurs (fig. 340 et 341). On sait que, des ampère-tours induits afférant à un pôle, soit

$$\frac{1}{2}\left(\frac{n}{4p} I_{max}\right) \quad \text{ou} \quad \frac{n}{4p}\frac{I_{eff}\sqrt{2}}{2},$$

générateurs du flux $\frac{\Phi_{a\,max}}{2}$ qui se combine avec Φ_i une partie :

$$\frac{n}{4p}\left(\frac{I_{eff}\sqrt{2}}{2}\right)2\alpha$$

constitue des ampère-tours non dispersifs, donc combinant sans difficulté leurs effets avec les ampère-tours inducteurs ν_i (par pôle); les autres,

$$(1 - 2\alpha)\frac{n}{4p}\left(\frac{I_{eff}\sqrt{2}}{2}\right)$$

travaillent au contraire sur un circuit dans lequel la partie réluctante joue un rôle capital.

EMPLOI DU DIAGRAMME DE ROTHERT

L'interprétation du diagramme ci-dessus et son application dans le but spécial qui nous préoccupe est en fait liée au diagramme de *Rothert*.

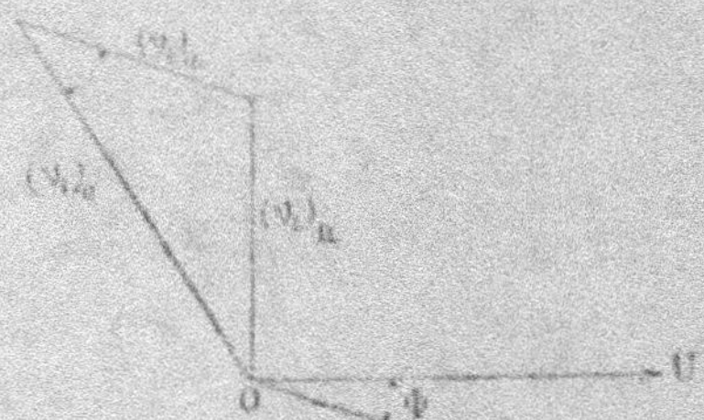

Fig. 342. — Compoundage des alternateurs. Rappel du diagramme de Rothert.

En effet, remarquons que Φ désignant toujours l'angle de décalage du réseau, les ampère-tours résultants ont pour valeur, en appelant $(v_i)_a$ les ampère-tours d'induit, (OA de la figure 340), et $(v_i)_a$ les ampère-tours résultants :

$$(v_i)_a^2 = (v_i)_a^2 + (v_i)_a^2 - 2\,(v_i)_a\,(v_i)_a \cos\left(\frac{\pi}{2} - \Phi\right),$$

c'est-à-dire :

$$(v_i)_a^2 = (v_i)_a^2 + (v_i)_a^2 - 2\,(v_i)_a\,(v_i)_a \sin\Phi.$$

Or, aux termes de la théorie de Rothert, on remarquera que connaissant la tension U, le courant I et le décalage Φ, on peut considérer $(v_i)_a$ comme correspondant à la f. é. m. définitive E_a (ou, à la chute de tension ohmique près, à la tension U), comme résultant des ampère-tours induits $(v_i)_a$ et des ampère-tours inducteurs inconnus $(v_i)_a$.

Si nous voulons que la tension reste égale à U, connaissant la

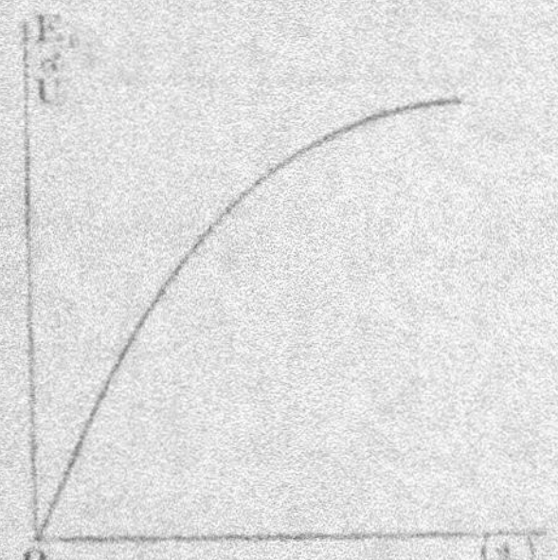

Fig. 343. — Bases du compoundage des alternateurs. Caractéristique à vide.

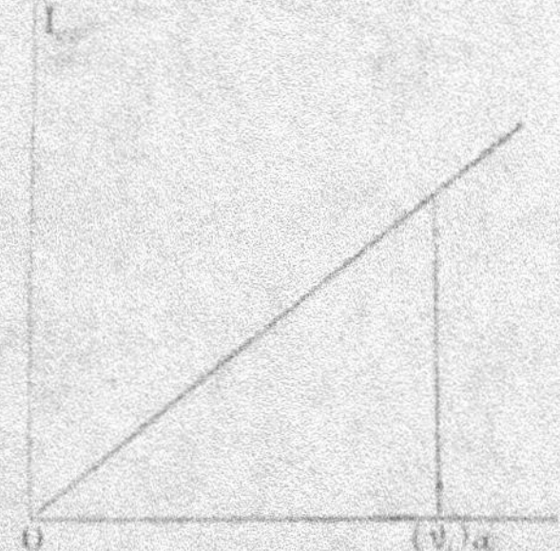

Fig. 344. — Bases du compoundage des alternateurs. Caractéristique en court-circuit.

caractéristique en court-circuit de la machine, nous prendrons le nombre d'ampère-tours $(v_i)_a$ correspondant à U sur la caractéristique à vide, puis, sur la caractéristique en court-circuit, $(v_i)_a$ correspondant au courant fourni.

Enfin nous porterons sur le diagramme des flux $(v_i)_a$ suivant une parallèle à I, de manière à avoir les ampères-tours $(v_i)_a$ définitifs.

L'inconvénient principal de la méthode de Rothert est qu'elle néglige les ampère-tours dispersifs d'induit.

EMPLOI DU DIAGRAMME DE POTIER

C'est dans cette insuffisance partielle du diagramme de Rothert à rendre compte de tous les phénomènes et à la nécessité de corriger les résultats qu'il donne, suivant des bases le plus souvent empiriques, qu'il faut chercher la raison de l'emploi du diagramme de Potier, déjà plus complet, mais aussi plus compliqué, et qui fait appel, on s'en souvient, (voir notre Cours Municipal déjà cité) à deux coefficients à déterminer pratiquement, dénommés x et λ.

Potier et son école ont essayé, comme l'on sait, de traduire l'influence des ampère-tours dispersifs par le terme λL_a des dia-

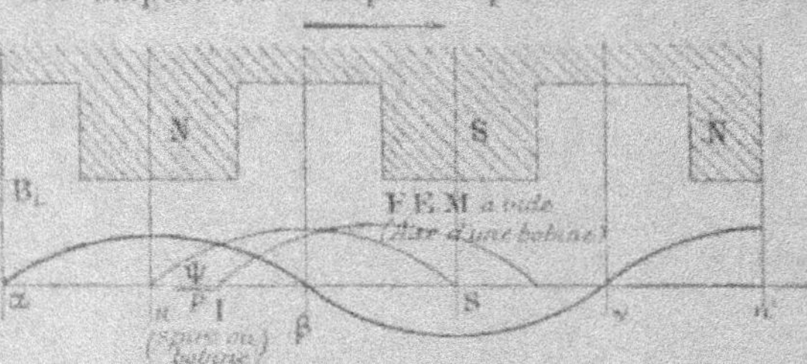

Fig. 345. — Bases du compoundage des alternateurs. Situations respectives des inductions dans l'entrefer et du courant dans l'induit.

grammes classiques, le facteur λ devant être considéré comme un coefficient.

On remarquera également que cette hypothèse revient en somme à considérer le courant *total* d'induit comme créateur d'ampère-tours non dispersifs (fraction δ_a) travaillant sur un certain circuit magnétique (celui déjà desservi par les pôles inducteurs) et d'ampère-tours dispersifs (fraction $1 - \delta_a$) travaillant sur un circuit magnétique différent (celui des fuites).

Au point de vue objectif, un seul courant existe, décalé en arrière (en général) d'un angle Ψ par rapport à la f. é. m. à vide créée par les ampère-tours inducteurs.

Logiquement, il ne semble pas admissible de considérer que tout se passe comme si les ampère-tours induits constituaient, à un moment donné, la force magnétomotrice desservant à la fois deux circuits en parallèle sur la bobine induite, le circuit magnétique général et le circuit magnétique des fuites d'induit. Mais, tandis que sur le circuit magnétique général, les ampère-tours combinent leurs effets avec les ampère-tours inducteurs, sur le circuit magnétique de fuites, ils constituent la seule force magnétomotrice constante (fig. 346). On peut donc représenter les situations relatives des circuits magnétiques généraux, des circuits de fuite d'inducteur et des circuits de fuite d'induit de la façon suivante : (fig. 346 et 347).

De même que nous avons fait appel, après maints autres auteurs,

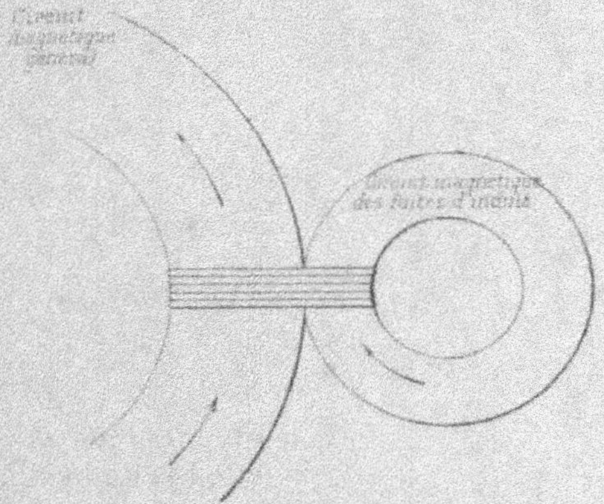

Fig. 346. — Bases du compoundage des alternateurs. Représentation schématique des circuits magnétiques, fuites d'inducteurs non comprises.

à la notion de dispersion magnétique d'inducteur, de même nous pourrons parler de coefficient d'Hopkinson de l'induit v_a ($v_a > 1$)

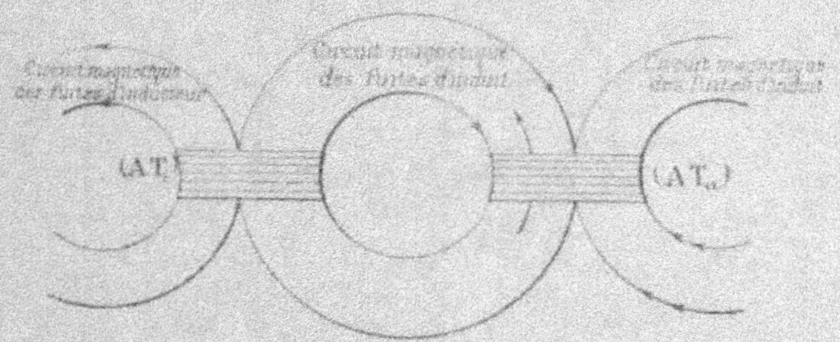

Fig. 347. — Bases du compoundage des alternateurs. Représentation schématique des circuits magnétiques, fuites d'inducteurs comprises.

Nous pourrons donc dire, en appelant v_i le coefficient d'Hopkinson de l'inducteur, que les ampères-tours inducteurs $v_i i_i$ créent un flux Φ, dont une partie seulement Φ_{fa} passe dans l'induit et est due aux ampère-tours $\dfrac{v_i i_i}{v_i}$, l'autre partie, Φ_{fi} ou flux de fuite d'inducteur, étant due aux ampères-tours $\frac{(\nu_i - 1)\, i_e}{\nu_i}$. De même pour les ampère-tours de l'induit,

$$\frac{n_1}{4p} \frac{I_{eff}\sqrt{2}}{2},$$

dont une partie seulement,

$$\frac{n_1}{4p} \frac{I_{eff}\sqrt{2}}{2}\left(\frac{1}{\nu_a}\right),$$

sert à la création d'un flux Φ_a se combinant avec le flux inducteur Φ_{i_0} et dont l'autre partie,

$$\frac{n_1}{4p} \frac{I_{eff}\sqrt{2}}{2}\left(\frac{\nu_a - 1}{\nu_a}\right)$$

est affectée au flux de perte Φ_{fa} d'induit.

Signalons, pour éviter toute méprise, que cette décomposition est toute fictive. Nous voulons simplement dire par là que les ampère-tours inducteurs, considérés comme indissolubles, créent un flux $\nu_i \Phi_{i_0}$ dont une partie, Φ_{i_0}, passe seule dans le circuit magnétique général, et de même, que les ampères-tours d'induit, considérés comme indissolubles, également, créent un flux $\nu_a \Phi_a$, dont une partie, Φ_a seulement, passe par le circuit magnétique général, l'autre $\frac{\nu_a - 1}{\nu_a} \Phi_a$ empruntant le circuit de fuite.

Il est également à peine utile de remarquer que la réluctance du circuit magnétique général est constituée par l'action concordante des ampère-tours inducteurs et induits et enfin, au point de vue calcul du nombre d'ampère-tours nécessaires pour créer un flux donné, que tout se passe comme si le circuit magnétique général était unique, de réluctance $\mathcal{R}$ et soumis aux ampères-tours $\nu_i \delta_i i_e$ et

$$\frac{n}{4p} \frac{\delta a\, I_{eff}\sqrt{2}}{2}.$$

Remarque sur les valeurs de la dispersion d'induit. — On peut remarquer que les courants inducteurs étant toujours très peu différents d'une valeur moyenne, au moins dans le cas des alternateurs non saturés, entre la marche à vide et la marche en charge, l'induction dans le circuit magnétique (au moins la partie inductrice) change peu ; donc il est très logique d'admettre que, pour les faibles variations sus-visées de l'excitation, le coefficient d'Hopkinson de l'inducteur varie peu ; mais dans l'induit, il n'en est pas de même.

Deux causes principales de variation du rapport du flux de fuite

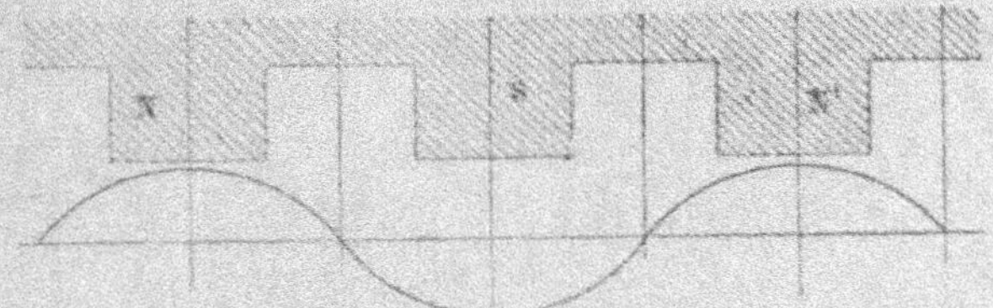

Fig. 348. — Compoundage des alternateurs. Répartition dans l'entrefer de l'induction propre due à l'inducteur.

au flux non dispersif existent dans les alternateurs qui, isolément ou ensemble, peuvent modifier ce rapport.

Dans les machines à courant continu, le calage des balais est toujours effectué suivant un angle pratiquement très faible, les ampère-tours actifs sont presque tous transversaux.

La position du pôle d'induit peut être en somme considérée

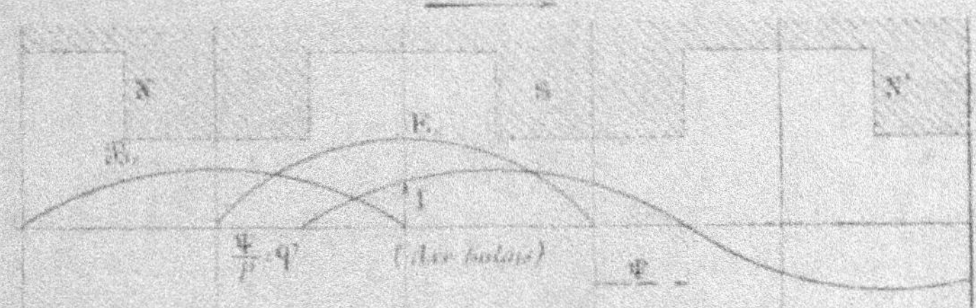

Fig. 349. — Compoundage des alternateurs. Répartition dans l'entrefer des inductions propres dues à l'inducteur.

comme invariable et les ampère-tours d'induit étant presque généralement transversaux, la fraction ε_0 des lignes de force propres émises par l'induit qui empruntent le circuit magnétique général peuvent être considérées comme uniquement fonction du courant. On démontre néanmoins, au moins théoriquement, que cette proportion est fonction à la fois de α (angle de calage des balais) et de I, (courant d'induit)[1].

Dans le cas des alternateurs, le courant I étant décalé par rapport

<hr>

[1]. Voir notre Cours Municipal d'Électricité Industrielle, courants continus, 1re partie.

à la force électromotrice à vide, l'angle Ψ de ce décalage, qui peut varier dans de larges limites $\left(-\dfrac{\pi}{2} \text{ à} + \dfrac{\pi}{2}\right)$, joue le rôle (algébrique) de l'angle a de la théorie précédente. Les effets magnétiques propres à l'induit sont évidemment fonction à la fois de Ψ et de la valeur I_{max} ou I_{eff} caractérisant ce courant d'induit. On peut donc se représenter le phénomène sous un nouvel aspect (fig. 249).

Le courant I étant décalé d'un certain angle, qui peut être variable, par rapport à E_o, il est bien certain qu'à une même valeur de I_{eff} correspondront des proportions différentes des flux dispersifs et non dispersifs.

La représentation ci-dessus (fig. 349) bien connue, est celle donnant les inductions, les f.é.m. et les courants que pourrait noter, en fonction du temps, un observateur *lié à l'induit*. Cette même représentation est applicable à la forme de l'induction fixe $\mathcal{B}_1$ dans l'entrefer, et à la *forme de l'induction due à l'induit, si l'on admet que cette induction est répartie sinusoïdalement dans l'entrefer* (donc dans l'espace), de même que le vecteur représentatif des courants engendrés I caractérise une fonction sinusoïdale (dans le temps).

Cette remarque est essentielle et sur elle nous ne saurions trop insister : *l'induction propre due à l'induit est supposée sinusoïdale dans l'espace comme le courant générateur est sinusoïdal dans le temps.*

Remarquons que ces deux hypothèses, qui sont indépendantes, constituent le lien existant entre le fait d'un *flux alternatif Φ_1 propre* embrassé par la bobine d'induit, et le flux constant $\dfrac{\Phi_{1max}}{2}$ supposé distribué dans l'entrefer (théorème de Leblanc, décomposition d'un flux alternatif simple en deux flux tournants de grandeur constante).

III. — DIAGRAMME DE BLONDEL.

L'insuffisance partielle de la théorie de Potier et la situation spéciale de l'induction propre d'induit par rapport à l'induction propre d'inducteur, situation basée sur ce fait que les spires inductrices et les cadres induits n'embrassent pas les mêmes régions de l'entrefer, justifient une modification nouvelle de la théorie magnétique tendant à assigner des rôles différents au courant, suivant qu'il est en phase avec la f.é.m. à vide ou en quadrature avec elle, cette conception pouvant mieux s'étendre à un courant décalé d'un angle $\Phi < \frac{\pi}{2}$, si l'on considère séparément ses composantes, wattée et déwattée.

Composantes wattée et déwattée du courant d'armature. — Le courant I, étant sinusoïdal, est décomposable en deux courants de valeur maxima $I_0 \cos \Psi$ (watté) et $I_0 \sin \Psi$ (déwatté), et ayant respectivement pour valeurs instantanées (en désignant par Ψ l'angle de E_0 avec I) :

$$I_0 \cos \Psi \cos \Omega t$$

et

$$I_0 \sin \Psi \cos \left(\Omega t - \frac{\pi}{2} \right).$$

si nous supposons la f.é.m. à vide représentée par l'expression :

$$E = E_0 \cos \Omega t.$$

Sous le bénéfice des mêmes hypothèses, on peut supposer $\mathcal{B}_a$, induction d'induit, fixe dans l'entrefer, représentée par la courbe de la figure précédente, décomposable en deux courbes sinusoïdales, l'une d'ordonnée maxima

$$\mathcal{B}_{aw\,max} = \mathcal{B}_{a\,max} \cos \Psi$$

en phase avec E_0, et l'autre d'ordonnée maxima :

$$\mathcal{B}_{adw\,max} = \mathcal{B}_{a\,max} \sin \Psi .$$

en quadrature avec E_0.

Dans ces conditions, les ordonnées $\mathcal{B}_{aw}$ constituent la représentation d'un véritable pôle d'induit (ampères-tours transversaux) en quadrature avec les pôles inducteurs.

Aux ordonnées $\mathcal{B}_{adw}$ correspond un deuxième pôle d'induit en opposition de phase avec le pôle inducteur (ampère-tours antagonistes). Ces pôles sont *d'intensité variable* (même à courant constant I_0) si l'angle de décalage Ψ varie. Le *pôle antagoniste* peut être considéré comme combinant ses effets avec le pôle inducteur lui faisant vis-à-vis. Le *pôle transversal* crée évidemment une action magnétique propre, mais la réluctance qu'il rencontre est naturellement plus considérable que celle afférente au pôle antagoniste.

Effet de la dispersion. — Ce que nous avons dit plus haut ne s'applique évidemment qu'au flux non dispersif que nous avons en somme décomposé en un flux (fictif) antagoniste et en un flux (non moins fictif) transversal. Des lignes de force émises par le pôle magnétique d'induit (unique, correspondant à I_{cf}), une partie échappe, comme on sait, à l'inducteur, et travaille sur une réluctance propre, celle du circuit de fuite, surtout constituée par l'air de l'entrefer.

Si l'on se reporte à ce qui a déjà été dit de la constitution de ce flux de fuite [voir notre Cours Municipal d'Électricité Industrielle, IIe partie, courants alternatifs, premier fascicule, XIIe leçon], on constatera aisément que le flux de fuite ne dépend en somme, pour une constitution donnée de la machine, que du *courant d'induit* et qu'en conséquence, la position de ce pôle d'induit dans l'entrefer lui est à peu près indifférente. À ce flux de perte ou dispersif, proportionnel, pour une machine donnée, à I_{cf}, correspondra donc une f.é.m. d'induction (ou de self-induction supplémentaire) de Potier AI_{cf}, avec une constance, au moins théoriquement approximative, de ce coefficient A.

Réactances non dispersives d'induit. — De même, aux pôles d'induit antagonistes et transversaux et aux ampère-tours non dispersifs, correspondent des flux créés sur des réluctances diffé-

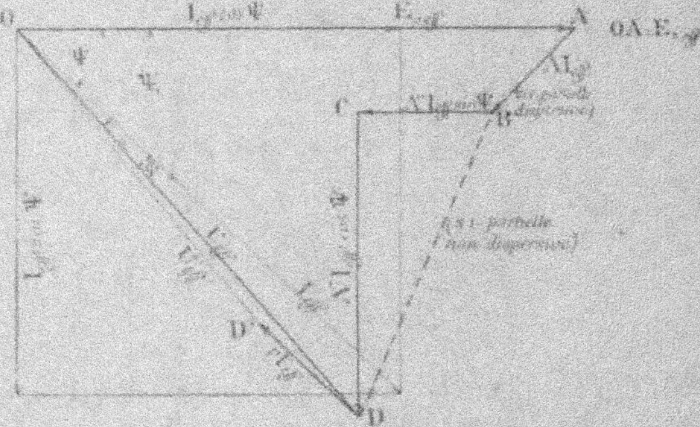

Fig. 350. — Compoundage des alternateurs. Diagrammes des diverses composantes de la réaction d'induit. Réactance dispersive et réactance non dispersive.

rentes, donc des coefficients de proportionnalité A' et A'' différents, des f.é.m. créées à ce courant générateur, soit :

$$\mathscr{E}_{cf} = A' I_{cf} \cos \Psi \quad \text{(amp.-tours wattés, pôle transversal)}$$

$$\mathscr{E}'_{cf} = A' I_{cf} \sin \Psi \quad \text{(amp.-tours déwattés, pôle antagoniste)}.$$

Nous pourrons donc, appelant Ψ l'angle de E_a avec I, considérer E_a, f. é. m. à vide, comme la somme géométrique de AL_{er}, $A'L_{er} \cos \Psi$ et $A''L_{er} \sin \Psi$ combinées à la tension aux bornes U_{er} (fig. 350).

La première est représentée par une composante $AB = AL_{er}$ (f. é. m. de self-induction partielle de Potier) ; la deuxième $A'L_{er} \cos \Psi$, par la composante DC perpendiculaire à OA (ou à $L_{er} \cos \Psi$, ampère-tours transversaux ; la troisième par la composante CB, proportionnelle à $A''L_{er} \sin \Psi$ (ampère-tours antagonistes).

REMARQUE. — Si l'on joint BD, cette droite n'est sur le prolongement de AB que si $A' = A''$, ce qui n'est pas forcément réalisé dans cette théorie. Supposons

$$A' = A'' = \frac{A' + A''}{2};$$

dans ce cas particulier, on retombe sur la théorie générale qui revient à supposer que la f. é. m. de self-induction *complète* d'induit est *perpendiculaire au courant* et proportionnelle à celui-ci (voir notre première formule). Si l'on suppose la chute de tension ohmique négligeable, $OD = U_{er}$ représente aussi la f. é. m. résultante.

Si cette chute de tension ne l'est pas, on prendra pour E_a résultant et pour la tension aux bornes

$$\begin{cases} OD' = U_{er} & OD = E_a \\ \text{avec } DD' = rI_{er}. \end{cases}$$

Conclusions de l'étude précédente. — Remarquons que l'on ne connaît pas à priori Ψ, angle de décalage de la f. é. m. à vide sur le courant I, mais seulement la valeur approchée de Ψ, soit ψ, décalage du réseau, mais malheureusement valeur approchée avec une approximation variable, suivant la charge du dit réseau. On voit que les conclusions de l'étude précédente permettraient immédiatement :

1° De prévoir quelle serait la tension U_{er} ou la f. é. m. définitive E_a, à la chute de tension ohmique près, si l'on connaissait les constantes A, A', A'' de l'alternateur et l'angle Ψ sus-visé;

2° De prévoir quel complément de voltage, ou d'excitation, doit être fourni à la machine quand on passe de la marche à vide (E_0) à la marche en charge déterminée par les conditions ci-dessus, de façon à ce que la tension de la machine reste à peu près constante.

On conçoit que les deux problèmes nécessitent, eu égard à la non-connaissance de l'angle Ψ, la mise en jeu d'une méthode d'approximations successives.

1er PROBLÈME. — Prédétermination de la tension. — Une première approximation nous donne U (I_1), en supposant I_1 décalé de $\Phi \simeq \sim \Psi$ en arrière de E_0, soit U'_{cal}.

Il est facile de voir que ce procédé graphique d'approximations

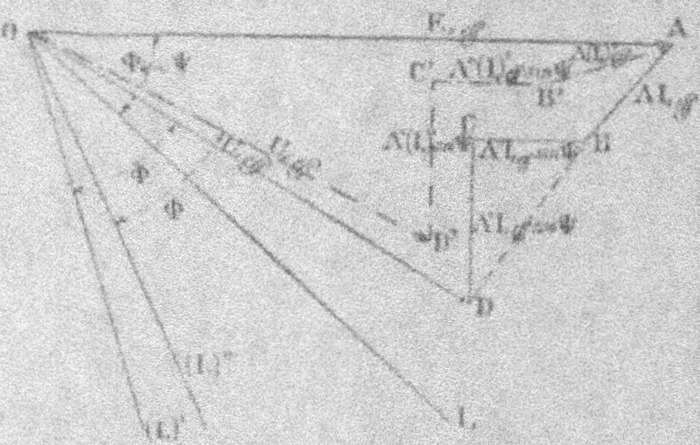

Fig. 351. — Compoundage des alternateurs. Détermination de la tension aux bornes correspondant à une f.é.m. à vide donnée.

successives enferme les valeurs de I_1 dans les deux valeurs extrêmes I_1 et (I_1').

Si nous portons en effet (fig. 351) la valeur de I_1 en arrière de Φ de la tension approchée U'_1, nous aurons une valeur (I_1). La chute de tension dans l'induit sera représentée par un vecteur AD' faisant avec OA un angle plus petit que l'angle OAD. Il en résulte l'apparition d'une tension plus rapprochée de AO, donc un courant $(I_1)'$ aussi plus rapproché de OA que le courant primitif, et ainsi de suite.

IIe PROBLÈME. — Prédétermination du complément d'excitation à fournir à la machine pour maintien d'une tension constante. — Partons d'une tension U et d'un courant I, faisant un angle de décalage Φ par rapport à la première et cherchons la f. é. m. à vide nécessaire. Nous serons encore forcé de construire le diagramme approché ci-dessous (fig. 352 et 353), où Ψ inconnu est supposé égal à Φ. Ayant la valeur approchée de E_0, nous en déduisons une valeur plus approchée de l'angle Ψ, donc une nouvelle position des composantes $A'I_{\text{eff}} \cos \Psi$ et $A'I_{\text{eff}} \sin \Psi$, et ainsi de suite.

1. Le symbole $\sim$ signifiant approximativement.

Soit $(E_{eff})_1$ la première valeur ainsi obtenue. Faisons pivoter le triangle GHM autour du point G, jusqu'à ce que le côté HM devienne parallèle à $(E_{eff})_1$; nous aurons ainsi un nouveau triangle GH′M′.

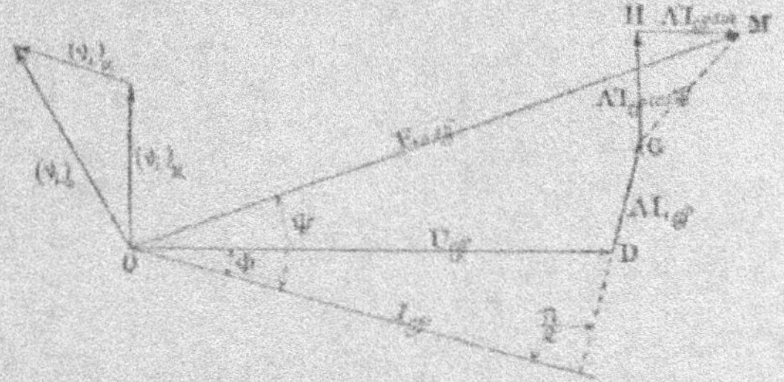

Fig. 392. — Compoundage des alternateurs. Prédetermination du complément d'excitation à fournir à la machine pour maintien d'une tension constante.

et OM′ sera une nouvelle valeur plus approchée de E_{eff}, soit $(E_{eff})_2$; il en résulte une nouvelle valeur de l'angle Ψ, soit Ψ_2.

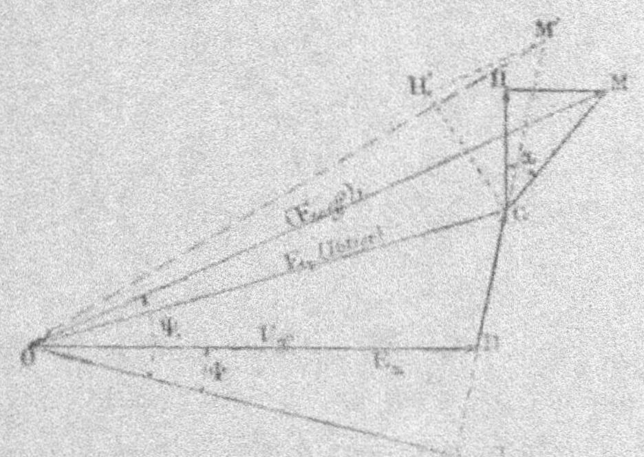

Fig. 393. — Compoundage des alternateurs. Prédetermination du complément d'excitation à fournir à la machine pour maintien d'une tension constante.

Nous ferons pivoter alors le triangle GH′M′, jusqu'à ce que le côté P′M′ soit parallèle à $(E_{eff})_2$... et ainsi de suite.

Remarquons que :

$$\operatorname{tg}\alpha = \frac{A'L_{eg}\sin\Psi}{A'L_{eg}\cos\Psi} = \frac{A''}{A'}\operatorname{tg}\Psi.$$

En résumé, dans l'un ou l'autre cas, il faut s'adresser à une méthode d'approximations successives pour avoir la valeur de E_{eff}.

REMARQUE. — Remarquons cependant que l'on peut opérer par voie analytique, mais le lieu auquel on arrive est assez compliqué, et il est préférable d'opérer par approximations successives.

DÉTERMINATION EXPÉRIMENTALE DES COEFFICIENTS
Λ', Λ'', Λ

Détermination directe des fuites. — Le coefficient de fuite Λ joue un rôle numériquement faible par rapport aux deux autres. Rappelons que c'est, comme Λ' et Λ'', un coefficient de proportionnalité de f. é. m. d'induction engendrée aux ampère-tours générateurs.

Nous pourrons donc déterminer Λ, au moins approximativement, en abstrayant la roue polaire et en envoyant dans l'induit un courant de même valeur efficace que celui de pleine charge de la machine. La plus grande partie de la réluctance du circuit de fuite étant constituée par l'air de l'entrefer, il est tout naturel que ce procédé nous donne des résultats suffisamment approchés.

Une erreur absolue commise sur Λ, et même sur Λ' et Λ'', aura une influence plus faible sur l'exactitude du diagramme définitif que la même erreur relative commise sur $\dfrac{E_{ef}}{I_{ef}}$. On s'en rendra facilement compte en se reportant à ce que nous avons dit à ce sujet[1] à propos de la comparaison des méthodes de détermination du rendement par une mesure directe ou en l'évaluant par la méthode des pertes séparées.

Nous remarquerons cependant que la *perméabilité du noyau induit n'est pas la même* quand il est soumis à l'action combinée du flux propre d'inducteur et du flux propre d'induit, que quand le premier est supprimé, le second existant seul.

Appliquons une tension U'_{ef} à l'induit, tension réglée de telle sorte que le courant dans l'induit ait la valeur qui correspond au courant I_{ef}, pour laquelle on veut déterminer les fuites.

Notons, avec cette intensité I_{ef}, la valeur de la tension U'_{ef}; on en déduit d'une façon très suffisamment approchée :

$$U'_{ef} = E_{ef} = -\Lambda I_{ef},$$

d'où Λ.

On pourra déterminer Λ par un autre procédé purement magnétique.

[1] *Cours Municipal*, 1re partie, courants continus, XXe leçon.

Installons des spires d'épreuve sur l'induit, et le même nombre de spires sur un pôle de l'inducteur.

Arrangeons-nous de manière à ce que le pôle inducteur occupe

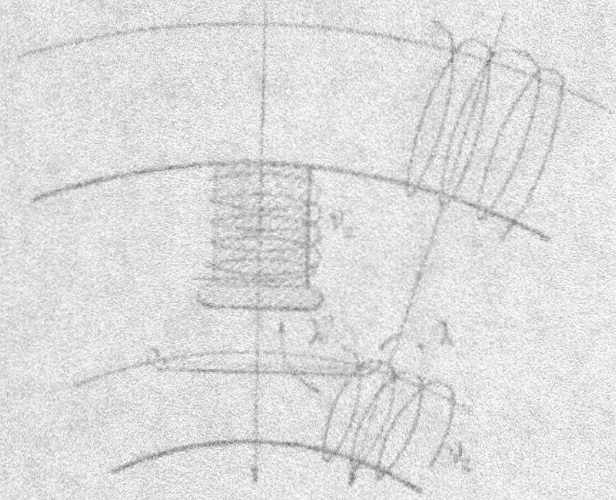

Fig. 354. — Compoundage des alternateurs. Détermination expérimentale directe des fuites.

une situation telle que le plan moyen des spires d'épreuve de l'induit passe par une ligne interpolaire (fig. 354). Envoyons un courant dans l'induit et supprimons-le brusquement.

Le rapport des élongations d'un balistique, mis respectivement en communication avec les spires d'épreuve de l'induit et du pôle de l'inducteur, donne une quantité proportionnelle à ν_a, coefficient d'Hopkinson de l'induit.

On en déduit immédiatement λ par la formule :

$$\frac{\lambda + \lambda'}{\lambda'} = \nu_a \qquad \lambda = \lambda'(\nu_a - 1).$$

En effet, le flux émis par l'induit, le courant étant continu, passe en partie dans l'entrefer, en partie dans l'inducteur.

Dans un pôle d'inducteur, le flux qui passera sera avec le flux d'induit dans le rapport :

$$\frac{\lambda' + \lambda}{\lambda'} \nu_a$$

d'où, si $\nu_a = \dfrac{\delta}{\Delta}$, rapport des déviations (ici mesurées) :

$$\nu_a = \frac{\lambda' + \lambda}{\lambda}$$

2° **Détermination de λ'' (Réactance déwattée).** — On peut de même avoir très facilement le terme $(\lambda + \lambda'')$, quand l'alternateur n'est pas trop puissant, en le faisant travailler sur une réactance

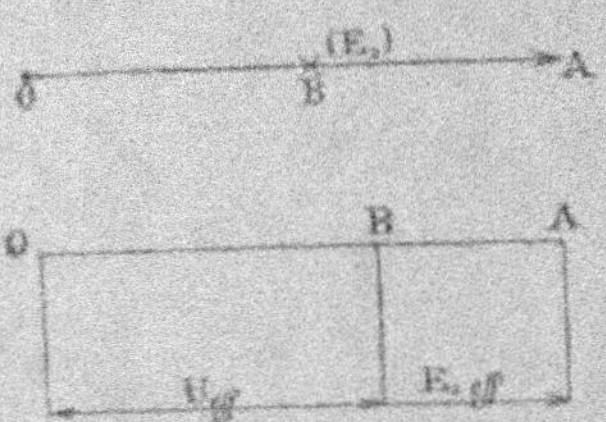

Fig. 355. — Compoundage des alternateurs. Détermination de la réactance déwattée.

pure. Alors le terme $(\lambda' + \lambda) I_{eff} \cos \Phi$ disparaît ($\Phi = 90°$), et il n'y a plus à considérer, pour la f. é. m. à vide E_o, qu'un effet démagnétisant :

$$AB = (\lambda'' + \lambda) I_{eff}.$$

On suppose naturellement fixe le courant d'excitation i.

Mesurons la tension U_{eff} pour le courant I_{eff} dans ce cas particulier (débit sur réactance pure); connaissant E_{oeff} et I_{eff}, nous aurons donc $\lambda'' I_{eff}$ par différence, d'où enfin :

$$\lambda'' = \frac{E_{oeff} - U_{eff}}{I_{eff}} - \lambda.$$

3° **Détermination de λ' (Réactance wattée).** — Opérons de même sur un circuit dépourvu de réactance (résistance pure). Cette expé-

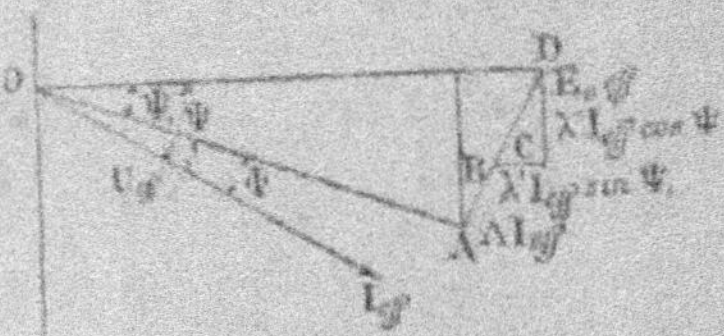

Fig. 356. — Compoundage des alternateurs. Détermination de la réactance wattée.

rience, comme la première, peut présenter quelques difficultés. Supposons-les provisoirement inexistantes. Nous aurons ainsi le diagramme de la figure 356. Remarquons que, tout à l'heure, dans l'essai en réactance pure, vu la très grande réactance de l'alternateur lui-même, relativement à sa résistance, on était certain que U_{eff} et E_{oeff} étaient en phase et pratiquement en quadrature de I_{eff} débité.

Ici, avec débit sur la résistance pure, nos conclusions ne sont pas aussi simples.

L'angle Ψ_1 de I avec E_0 ne sera pas nécessairement nul, bien

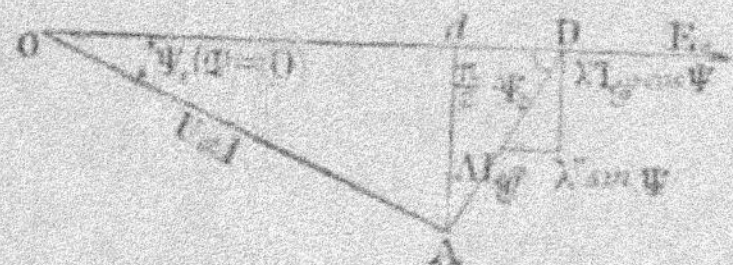

Fig. 337. — Compoundage des alternateurs. Détermination de la réactance wattée.

que celui de U et de I le soit (Φ angle de décalage du réseau égal ici à 0).

Ψ_1 angle de décalage *total* ou de la f. é. m. à vide avec le courant est égal à Ψ.

Ce qui caractérise donc ce mode de marche, c'est l'égalité des angles (I, E_0) et de (U, E_0), des angles Ψ_1 et Ψ.

Nous aurons donc sur la figure 337, (l'angle Φ, donc son sinus, étant nul et le vecteur Ad étant perpendiculaire à OD) :

$$U_{ed} \cos \Psi_1 = E_{ed} - I_{ed} (\lambda' + \lambda) \sin \Psi_1$$
$$U_{ed} \sin \Psi_1 = (\lambda'' + \lambda) I_{ed} \cos \Psi_1.$$

Ce système de deux équations à deux inconnues permet de déterminer λ'' et Ψ_1 sans aucune difficulté, quand on connaît U_{ed} (mesurée), E_{ed} (c'est-à-dire. f. é. m. à vide), I_{ed} et enfin λ' et λ.

Nous aurons donc les trois coefficients λ, λ', λ''.

RÉALISATION PRATIQUE DU COMPOUNDAGE
DES ALTERNATEURS
ÉTUDE DES PROCÉDÉS ACTUELLEMENT EN USAGE

Les divers procédés de compoundage étudiés ci-dessous peuvent s'appliquer indifféremment aux alternateurs monophasés et aux alternateurs triphasés (ceux-ci constituant maintenant de beaucoup la grosse majorité), si l'on prend soin de détruire l'un des deux champs alternatifs d'induit, celui qui tourne par rapport aux pièces mobiles avec une vitesse proportionnelle à la pulsation $(\Omega + \omega)$. Cette destruction pourra s'opérer par des dispositifs très variés, que nous avons étudiés à propos des alternateurs, et dont les plus connus sont dénommés amortisseurs Leblanc.

A. COMPOUNDAGE PAR ANNEAU A COLLECTEUR
SOLUTIONS HEYLAND ET LATOUR

Principe. — Elles empruntent les propriétés des anneaux à collecteur, déjà utilisées par ces inventeurs pour leurs moteurs à collecteur.

Nous avons vu qu'en déplaçant les balais par rapport aux bagues (réelles ou fictives) dans un tel anneau, on produisait une f. é. m. entre balais, de phase variable, représentée, avec nos notations des précédentes leçons, par la formule :

$$E_g = \frac{n_1}{\pi p} \frac{\Phi_{p\max}}{2} \left[\Omega \sin \Omega t \sin p\alpha - p\omega \cos \Omega t \cos p\alpha \right]$$

α est l'angle de décalage des balais mesuré par rapport aux axes polaires. La f. é. m. statique (proportionnelle à Ω), est, comme l'on sait, nulle quand α est nul et maxima quand les balais sont calés sur les axes polaires.

$\Phi_{p\max}$ est la valeur maxima dans le temps du flux s'échappant d'un pôle.

La tension peut être très simplement compoundée en ajoutant à l'alternateur normal un enroulement continu série pourvu d'un collecteur, parcouru par le courant principal, monté sur l'arbre de l'induit si celui-ci tourne, ou de l'inducteur si ce dernier est mobile.

Nous nous arrêterons au dernier cas.

Cet anneau mobile dans le champ d'induit fonctionnant comme stator, puisque l'alternateur tourne nécessairement au synchronisme des courants qu'il produit, présentera par rapport à ce flux tournant une réactance négligeable. Restera donc simplement la résistance ohmique, relativement faible. Elle se traduira par une

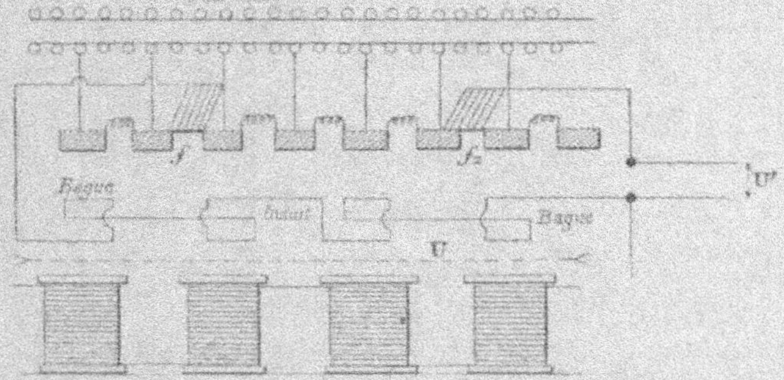

Fig. 358. — Compoundage des alternateurs par anneau à collecteur. Constitution générale schématique de cette solution.

chute de tension supplémentaire, qu'on pourra du reste compenser empiriquement en amplifiant au jugé la f. é. m. supplémentaire engendrée dans l'anneau à collecteur.

La phase de la f. é. m. développée entre balais dépendra, comme l'on sait, du calage des balais par rapport aux axes interpolaires (bagues réelles ou fictives). Le schéma ci-dessus fig. 358 nous donne les liaisons existant au point de vue des connexions entre les diverses parties de la machine.

Dispositions pratiques. — Cette compensation par compoundage du champ excitateur subsiste donc à toutes les charges.

Un assez grand nombre d'essais de compoundage du même genre ont été faits.

Les circuits magnétiques dus aux pôles normaux et aux pôles supplémentaires, par lesquels on peut supposer remplacé l'inducteur tournant à collecteur, peuvent être plus ou moins confondus, suivant la position relative de l'induit, de l'inducteur normal et de l'inducteur supplémentaire.

Si l'on adopte la représentation schématique ci-après, on voit que

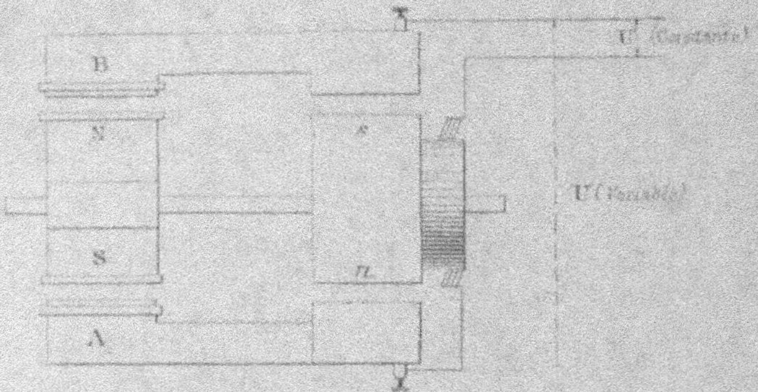

Fig. 359. — Compoundage des alternateurs. Solutions par anneau à collecteur. Disposition de la machine principale et de sa compoundeuse.

l'on peut considérer la machine, soit comme possédant une f. é. m. supplémentaire dans l'induit A due aux systèmes de pôles n et s, combinant leurs effets avec ceux des pôles N et S, soit comme une

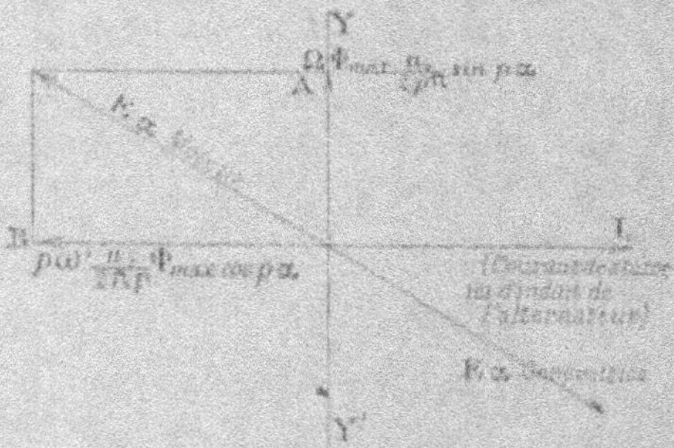

Fig. 360. — Compoundage des alternateurs. Solutions par anneau à collecteur. Diagramme des forces électromotrices principale et complémentaire.

génératrice survolteur supplémentaire auto-excitatrice (système Heyland et Latour).

Cette solution est théoriquement excellente, mais la nécessité d'un collecteur rend ce dispositif difficile à employer pour les machines puissantes et à grand diamètre.

On peut appliquer à ces dispositions, comme l'ont indiqué leurs inventeurs respectifs, les shunts entre lames, dérivations affectées au circuit de travail, ou un transformateur alimenté au primaire par le circuit principal de l'alternateur.

La f.é.m. supplémentaire créée par l'anneau à collecteur aura, d'après la loi de Lenz, une direction opposée à celle correspondante à la f.é.m. de moteur. Elle sera donc assurément comprise à gauche de YY (fig. 360). Par calage des balais à gauche ou à droite d'une ligne neutre, on peut faire passer E au-dessus ou au-dessous de I, [voir notre étude précédente des propriétés des machines

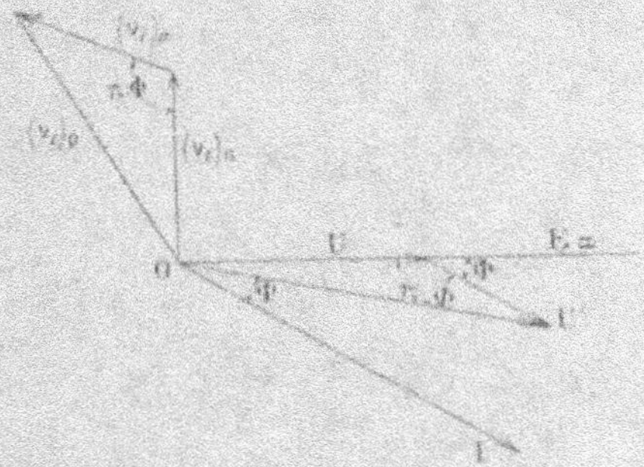

Fig. 364. — Compoundage des alternateurs. Solutions par anneau à collecteur. Comparaison de ce diagramme avec celui de Rothert.

électriques alternatives à collecteur]. On pourra lui donner donc une phase convenable par rapport à I.

Si, pour un décalage Φ, on cale ces balais de manière à ce que la f.é.m. E soit justement en phase avec U (E décalée de Φ, généralement en avant, sur I), on aura une tension en phase avec cette f.é.m. supplémentaire, donc la solution cherchée si l'addition de f.é.m. est proportionnelle à I débité.

On peut même s'arranger de manière, en calant les balais sur les *lignes interpolaires*, à ne conserver que la composante dynamique de la f.é.m. alors proportionnelle à $c\cos\Omega t$ car $p\omega = \Omega$ et $\cos pz = 1$ donc en phase avec I. La compensation est alors parfaite. Tout se passe comme si l'on avait un flux supplémentaire créé par des ampère-tours $(\nu i)_d$ parallèles à I, se combinant à ceux créateurs de U.

On peut du reste remarquer que l'anneau à collecteur, parcouru par un courant I, émet un flux qui tournera synchroniquement avec les pôles inducteurs, donc sur l'induit fixe, qui combinera ses effets, aux phases près $(\pi - \varphi)$, avec le système inducteur principal.

Avantages et inconvénients de l'emploi du survolteur Latour et Heyland branché en série sur l'induit. — Ce procédé de compoundage qui donne une solution théoriquement parfaite du problème, nous le répétons, nécessite, sauf complications extrêmes dans la construction de l'induit, un anneau tournant de même diamètre que la couronne polaire.

Ce procédé est donc évidemment inapplicable dans le cas des grands alternateurs possédant un grand nombre de pôles et un fort diamètre pour la roue polaire.

SOLUTION HEYLAND POUR MACHINE PUISSANTE

Excitatrices spéciales *produisant un courant inducteur continu égal à celui nécessité pour le maintien de la tension constante et provenant du courant alternatif ou triphasé de l'induit, préalablement redressé.*

Dans cet ordre d'idées nous ne citerons, parmi plusieurs brevets pris à ce sujet, que le procédé indiqué par Heyland comme convenant aux alternateurs de grand diamètre, auxquels ne peut s'appliquer le compoundage étudié ci-dessus par anneau tournant à collecteur.

Le dispositif Heyland consiste essentiellement en une couronne polaire inductrice ordinaire montée sur un arbre et excitée par un courant redressé provenant de l'induit de l'alternateur. Ce courant parvient aux enroulements inducteurs par trois balais, reliés respectivement aux bornes de phase de l'induit, frottant sur un collecteur solidaire de l'inducteur et aux bornes duquel sont reliés les enroulements montés sur les pôles.

Imaginons, pour simplifier, que nous considérions un inducteur bipolaire (ce ne sera pas le cas de la pratique puisqu'en général les alternateurs auxquels s'applique ce procédé seront puissants, fortement dimensionnés, donc pourvus d'un grand nombre de pôles).

Dans le cas d'un inducteur bipolaire, le collecteur comporterait
12 lames, dont 4 mortes, deux à deux symétriques par rapport à
un diamètre auquel elles seraient adjacentes, puis deux groupes
de 4 lames symétriquement réparties par rapport au même diamètre
(fig. 362). Les pôles inducteurs comportent chacun quatre enroulements montés en parallèle, soit 1-4, 1'-4', 2-3, 2'-3'. Ils aboutissent
aux lames du collecteur, symétriquement par rapport à l'axe dudit
collecteur. Enfin, ils sont reliés les uns aux autres en des points

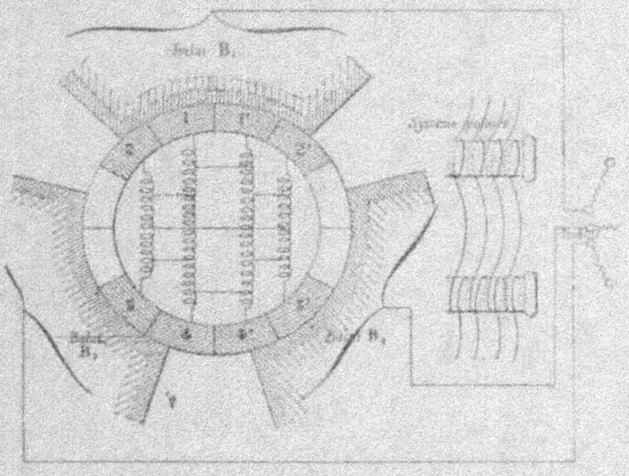

Fig. 362. — Compoundage des alternateurs. Solution par amont à collecteur.
Emploi d'excitatrice spéciale, modification Heyland.

choisis à dessein, suivant le mode schématique de la figure 362, et
une loi de construction sur laquelle nous n'insisterons pas.

Trois balais décalés à 120° portent sur ce collecteur; la largeur des balais est calculée de manière à ce qu'ils puissent chacun
recouvrir 3 lames.

Les courants triphasés amenés aux balais B_1, B_2, B_3 et transformés
dans le collecteur, parcourent 4 circuits parallèles et produisent
une aimantation des pièces polaires.

Dans le cas pratique où la machine est multipolaire, sur la surface du collecteur, on affectera 12 lames à chaque période ou pas,
ou système de deux pôles; les lames correspondantes de chaque
période, donc de 12 en 12, seront reliées par des connexions isopo-
tentielles (fig. 363 et 363 bis).

Les enroulements inducteurs pourront donc n'être ouverts qu'en

un point, les deux extrémités libres aboutissant respectivement
à une lame d'une seule période. Les balais seront décalés
de $\dfrac{2\pi}{3p}$.

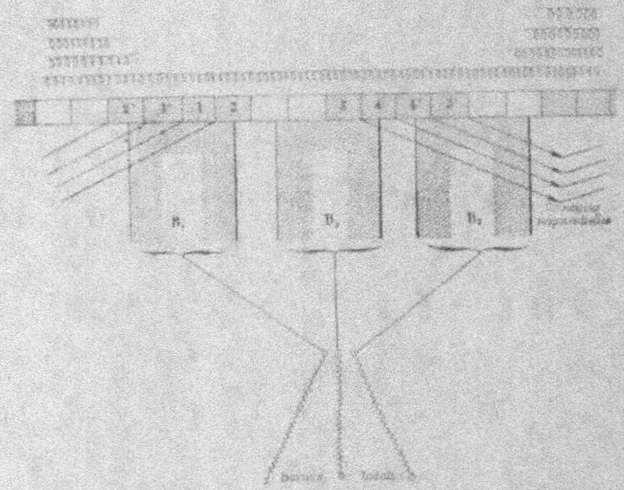

Fig. 363. — Compoundage des alternateurs. Solution par anneau à collecteur.
Excitatrice spéciale Heyland.

Les courants émanés du stator sont de la forme :

$$
\begin{cases}
I_1 = I_0 \cos \Omega t, \\
I_2 = I_0 \cos \left(\Omega t + \dfrac{2\pi}{3} \right), \\
I_3 = I_0 \cos \left(\Omega t + \dfrac{4\pi}{3} \right)
\end{cases}
$$

On démontrera qu'avec des connexions intérieures convenables
établies entre les quatre enroulements, on aura deux composantes : l'une dirigée parallèlement suivant les quatre dérivations
des électros, l'autre transversale (dans les connexions) dans les
enroulements excitateurs.

Le mouvement du collecteur (vitesse ω'), combiné avec l'envoi de
courants alternatifs dans les balais, détermine évidemment l'envoi
d'un courant dans les enroulements dont la pulsation est fonction

de $(\omega - \omega')$ ou de $(\Omega - p\omega')$, p étant le nombre de paires de pôles de l'alternateur.

Pour que, même au synchronisme, ce qui est évidemment le cas

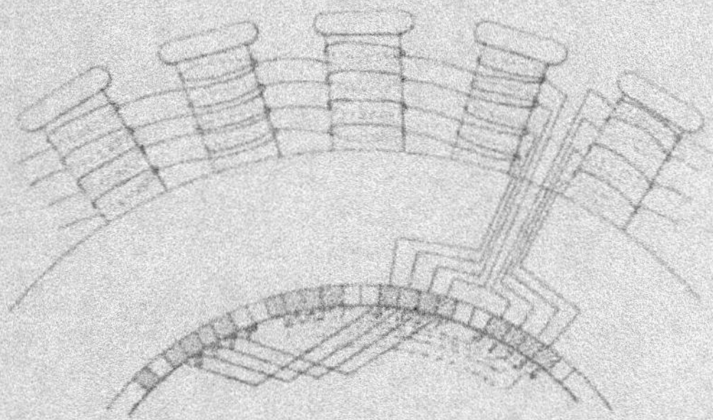

Fig. 363 *bis*. — Compoundage des alternateurs. Solution par anneau à collecteur. Excitatrice spéciale Heyland.

ici, c'est-à-dire pour $\omega = \omega'$, le courant d'excitation fût continu, il faudrait évidemment un nombre de lames au collecteur plus grand. Nous n'insisterons pas davantage sur ce mode de redresseur d'un courant triphasé en courant continu.

B. SYSTÈME BOUCHEROT

Principe. — La formule que nous avons donnée de la forme du courant d'excitation i'_0 nécessaire, montre que ce courant i'_0 peut s'écrire :

$$i'_0 = \sqrt{i_e^2 + \gamma^2 U_{\alpha\beta}^2 + 2\gamma i_0 U_{\alpha\beta} \sin \Phi},$$

Φ étant le décalage du réseau, i_0 le courant d'excitation pris sur la caractéristique à vide pouvant fournir U.

Supposons qu'il existe une excitatrice spéciale, du reste réalisée avec succès par M. Boucherot, permettant de transformer une tension alternative aux bornes d'un primaire stator, jouant le rôle d'inducteur, en une tension continue rigoureusement proportionnelle, récoltée entre balais et engendrée dans un secondaire fonctionnant comme induit. Nous aurons donc :

1° A créer entre les bornes de ce primaire une tension proportionnelle à la tension à vide $U_{\alpha\beta}$ à réaliser pour chaque régime de charge de l'alternateur ;

2° A transformer cette tension alternative en tension continue dans l'excitatrice.

Nous connaissons la forme de cette tension alternative. Elle varie proportionnellement à :

$$i = \sqrt{V_1^2 + \gamma^2 E^2 a^2 + 2\gamma L \omega i_0 \sin\phi}.$$

Réalisation du compoundage Boucherot. — Il comprend deux appareils distincts :

1° Un transformateur-compoundeur, donnant aux bornes de l'excitatrice une tension alternative de la forme voulue ;

2° Une excitatrice transformant, dans son rotor, la tension alternative amenée aux bornes d'un enroulement triphasé constituant son stator, en tension continue, dans un rapport rigoureusement constant avec la tension alternative (fig. 364).

On voit que le transformateur-compoundeur comporte, sur

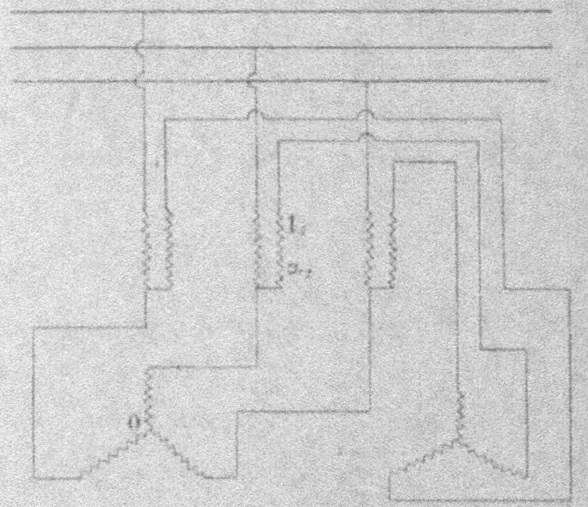

Fig. 364. — Compoundage des alternateurs. Solution par transformateur. Système Boucherot.

chaque phase, un enroulement secondaire relié à la phase correspondante du primaire de l'excitatrice ;

Supposons, pour simplifier, un alternateur enroulé en étoile ; et appelons avec M. Boucherot :

U, la tension aux bornes de l'alternateur ;

I, le courant principal d'induit décalé de ϕ sur U ;

i, le courant dans le secondaire du transformateur-compoundeur ;

$\mathfrak{M}$ le coefficient d'induction mutuelle des deux enroulements ;

α_2 le coefficient de self-induction du secondaire, r_2, l_2 la résistance et la self induction de l'excitatrice.

Cette résistance et cette self équivalentes se déduiront facilement de la connaissance de la puissance absorbée aux bornes du primaire de l'excitatrice, comme dans un transformateur ou un moteur asynchrone.

Nous pourrons donc écrire l'équation classique reliant les chutes de tension aux f. é. m. développées dans la machine, c'est-à-dire en adoptant des connexions convenables pour les divers enroulements :

$$-\mathfrak{M}\frac{dI_1}{dt} + U_1 = r_2 I_2 + (\alpha_2 + l_2)\frac{dI_2}{dt}.$$

On voit que la f. é. m. totale ou équivalente, ou encore la différence de potentiel agissant aux bornes du primaire de l'excitatrice, sera donnée par :

$$U_1 - \mathfrak{M}\frac{dI_1}{dt} = U_e.$$

On croisera les connexions du secondaire du transformateur-compoundeur, s'il est nécessaire, pour réaliser la similitude des angles des flux et des f. é. m. (fig. 305). On remarquera que les triangles semblables sont OAB et OA'B'.

U_e est la résultante de deux vecteurs faisant entre eux l'angle :

$$\frac{\pi}{2} + \Phi = \Phi',$$

d'où :

$$U_{e\,eff} = \sqrt{U_{1\,eff}^2 + \mathfrak{M}^2\Omega^2 I_{1\,eff}^2 + 2U_{1\,eff}\Omega I_{1\,eff}\mathfrak{M}\sin\Phi}.$$

Identifions cette expression avec la loi de variation cherchée de l'excitation. On doit avoir :

$$i = \sqrt{i_0^2 + \gamma^2 I_{eff}^2 + 2\gamma i_0 I_{eff}\sin\Phi}.$$

On voit que U_e sera toujours proportionnel à i, si

$$\frac{i_0}{U_{eff}} = \frac{\mathfrak{M}\Omega I_{eff}}{\gamma I_{eff}} = \frac{\mathfrak{M}\Omega}{\gamma},$$

Or, $\gamma = a\lambda_0$ étant connu, cette relation nous donne la valeur de $\mathfrak{M}$, coefficient d'induction mutuelle à adopter pour le transformateur-compensateur.

Le courant dans le primaire de l'excitatrice sera :

$$I_{ex} = -\frac{U_{2ex}}{\sqrt{r_1^2 + (l_2 - \ell_2)^2 \Omega^2}}.$$

Il fait avec U_2 l'angle Ψ tel que

$$\operatorname{tg}\Psi = \frac{l_2 + \ell_2}{r_2}\Omega.$$

On remarquera, et on le comprendra encore mieux après l'étude du rotor de l'excitatrice, que cette machine fonctionne comme un véritable moteur asynchrone, à collecteur ou non, mais dans lequel la consommation de courant watté s'effectue dans le primaire. Cette remarque fixe immédiatement les notions de résistance *apparente* et de self-induction *apparente* de la machine.

Excitatrice spéciale. — C'est une dynamo à enroulements dits « sinusoïdaux » constituée par un stator ordinaire à champs tournants à $2p$ pôles, et par un induit établi comme ci-dessous.

L'induit se compose d'enroulements ordinaires à courant continu et comprend un certain nombre de sections reliées à des lames de

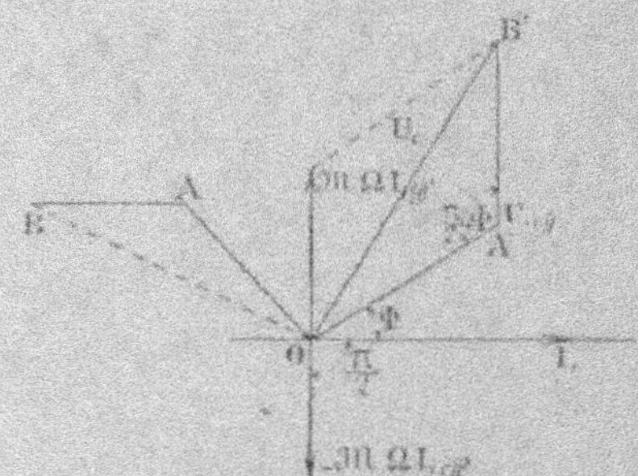

Fig. 365. — Compoundage des alternateurs. Solution par transformateur. Diagramme du système Boucherot.

collecteur comprenant chacune deux bobines, dont le nombre de spires est fonction de leur position par rapport à un repère géométriquement fixe sur l'induit.

Le nombre de spires varie suivant une loi sinusoïdale, la variable adoptée étant l'écart angulaire θ de l'axe de la bobine par rapport à ce repère.

Partageons l'espace correspondant à un pôle du stator en deux parties (fig. 367) ; associons les bobines b_1 et b'_1 comportant l'une, (écartée de θ du repère),

$$a \cos p\theta \text{ spires,}$$

et l'autre (écartée de $\theta + \dfrac{\pi}{2p}$ du repère) :

$$a \cos \left(p\theta + 2p \, \frac{\pi}{4p} \right) = - a \sin p\theta \text{ spires,}$$

faisant toutes deux le même angle avec l'axe polaire. Nous aurons

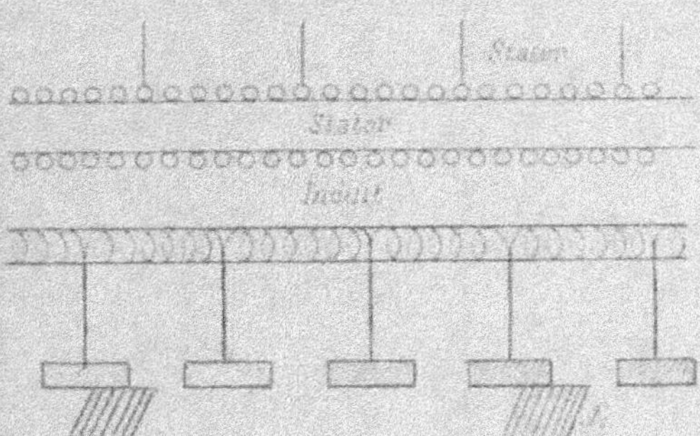

Fig. 366. — Compoundage des alternateurs. Solution par transformateur. Excitatrice spéciale. Système Boucherot.

ainsi une f. é. m. égale à la somme des f. é. m. arithmétiques développées dans les bobines.

Pour tenir compte du signe, montons la deuxième bobine en opposition avec l'autre.

La constante est fonction du nombre de spires adopté et du nombre de subdivisions choisi pour ces spires.

Si n est le nombre total de spires, on doit avoir :

$$\underbrace{\sum_{\frac{\pi}{2p}}^{\frac{\pi}{p}} a \cos p\theta}_{b_1} - \underbrace{\sum_{\frac{\pi}{2p}}^{\frac{\pi}{p}} a \sin p\theta}_{b'_1} = \frac{n}{p} = n',$$

n' étant le nombre de spires d'induit relatives à deux pôles du stator, ou à un champ :

$$n = pn'.$$

Cas de b_1 très grand. — Si le nombre de sections b_1 est très grand, on peut transformer cette somme trigonométrique d'éléments en nombre fini en une somme de termes en nombre infiniment grand, en affectant à chaque bobine élémentaire fictive un nombre de spires égal à $a \cos p\theta d\theta$.

a étant la nouvelle valeur de la constante, définie par

$$\int_0^{\frac{\pi}{2p}} a \cos p\theta \, d\theta - \int_{\frac{\pi}{2p}}^{\frac{\pi}{p}} a \sin p\theta \, d\theta = a'.$$

On trouve aisément dans ce cas

$$\frac{2a'}{p} = a$$

ou

$$a = \frac{p}{2}$$

Remarque. — On aurait pu prendre également un nombre de spires dans chaque bobine donné respectivement par

$$a \cos 2p\theta \quad \text{et} \quad \left[a \cos \frac{2\pi}{4p} + 2p\theta \right]$$

dans les sections conjuguées.

La constante a, nombre de conducteurs de la bobine correspondant à $\theta = 0$) à employer dans ce cas, aurait été donnée par l'égalité :

$$\int_0^{\frac{\pi}{4p}} a \cos 2p\theta \, d\theta - \int_{\frac{\pi}{4p}}^{\frac{\pi}{2p}} a \sin 2p\theta \, d\theta = a'.$$

On aurait trouvé

$$a = 8.$$

Nous allons maintenant montrer que si l'on fait appel au mode d'enroulement avec nombres de spires proportionnels à $\sin 2p\theta$ et à $\cos 2p\theta$, on peut récolter entre deux bagues de l'induit, avec écart d'une section $\frac{2\pi}{2p}$, une f. é. m. continue.

Force électro-motrice développée dans une spire. — Cherchons la f. é. m. développée dans ces spires par le passage du flux dans l'induit. On sait qu'on peut, au moins approximativement, considérer un induit de moteur asynchrone comme immobile et parcouru par un flux se déplaçant avec la vitesse $\omega-\omega'$.

On aura, par la considération de ce flux, le moyen le plus simple

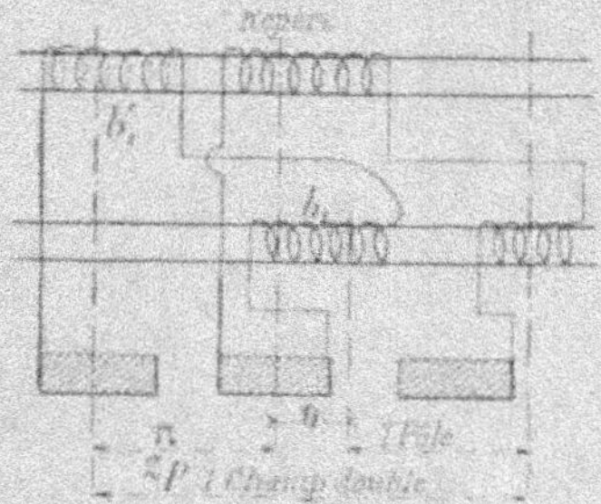

Fig. 367. — Compoundage des alternateurs. Solution par transformateur. Excitatrice spéciale. Système Boucherot.

d'évaluer la f. é. m. développée dans une spire d'induit géométriquement fixée.

Dans ces conditions, le flux Φ, à un certain moment rencontré par une spire, est fonction de la position de cette spire, et l'on peut, en prenant un index sur l'induit, pour définir la marche du flux par rapport à lui, imaginer que la valeur du flux est représentée en chaque point par une ordonnée de la forme ab (fig. 368). On aura donc comme forme du flux en ce point :

$$\Phi' = \frac{\Phi_{max}}{2}\sin\left[(\omega-\omega')t - \frac{2\pi x}{l}\right]$$

$x =$ écart du point correspondant par rapport à l'index ;

$l =$ longueur d'induit correspondant à un pôle du stator ;

$\zeta =$ écart par rapport à l'index des flux.

Pour $t = 0$, flux nul sur un axe interpolaire ;

On aura :

$$\Phi' = \frac{\Phi_{max}}{2}\sin\left[(\omega-\omega')t - 2\pi\,\frac{\zeta}{\frac{2\pi}{p}}\right]$$

$$\Phi' = \frac{\Phi_{max}}{2}\sin[(\omega-\omega')t - p\zeta].$$

La f. é. m. développée dans une spire est donc :

$$-\frac{d\Phi'}{dt} = -\frac{\Phi_{max}}{2}(\omega - \omega')\cos[(\omega - \omega')t - p\zeta].$$

Force électro-motrice développée dans la section. — Formons les sommes correspondantes des f. é. m. pour les spires des éléments $d\theta$:

$$\int_0^{\frac{\pi}{2p}} a\cos 2p\theta\, d\theta + \int_{\frac{\pi}{2p}}^{\frac{\pi}{p}} a'\sin 2p\theta\, d\theta,$$

en prenant pour simplifier le même repère pour les spires et les flux, c'est-à-dire, en posant :

$$\zeta = \theta.$$

La f. é. m. développée dans ce groupe élémentaire de spires de la première catégorie groupées sur l'arc $d\theta$ est donnée par :

$$e_1 = -[a'\cos 2p\theta]\frac{\Phi_{max}}{2}(\omega - \omega')\sin[(\omega - \omega')t - p\theta]\,d\theta.$$

On trouve une expression en cosinus dans le deuxième cas, (spires de la deuxième catégorie), car l'on a :

$$e'_1 = +a'\sin 2p\theta\frac{\Phi_{max}}{2}(\omega - \omega')\cos[(\omega - \omega')t - p\theta],$$

puisque

$$\sin\left[(\omega - \omega')t - p\left(\theta + \frac{\pi}{2p}\right)\right] = -\sin[(\omega - \omega')t - p\theta];$$

de telle sorte que pour les groupes de spires conjuguées par unité d'angle, l'expression de la f. é. m. est :

$$e_1 + e'_1 = a'\frac{\Phi_{max}}{2}(\omega - \omega')\left\{\begin{array}{l}\cos 2p\theta\sin[(\omega - \omega')t - p\theta]\,d\theta \\ -\sin 2p\theta\cos[(\omega - \omega')t - p\theta]\,d\theta\end{array}\right.$$

ou enfin, un terme trigonométrique unique facile à former : soit z_1.

Établissons la même expression pour les autres groupes de spires conjuguées ; on aura pour la f. é. m. totale :

$$E_1 = \Sigma z_1.$$

On peut alors constater très simplement sur l'expression de cette f. é. m. que si :

$$\omega = 2\omega'$$

le terme fonction du temps disparaît.

En d'autres termes, on peut récolter entre des bagues décalées de $\dfrac{2\pi}{2p}$ par rapport aux axes interpolaires, une f. é. m. continue donnée par une expression de la forme :

$$E = \frac{f \cdot 2\pi \, n \, \Phi_{\text{eff}}}{2p} = \frac{\Omega}{4p} \, n \Phi_{\text{eff}},$$

f et Ω étant la fréquence et la pulsation du courant alimentant le stator,

$n =$ nombre total de spires,

$p =$ nombre de paires de pôles au stator,

$\Phi_{\text{eff}} =$ flux efficace (pris par rapport au temps) s'échappant d'un pôle du stator.

Tel est le dispositif Boucherot. Il est déjà actuellement très employé.

On voit que la condition :

$$2\omega' = \omega$$

permet de n'installer en bout d'arbre, sur l'excitatrice, que la moitié du nombre de pôles de l'alternateur.

Citons enfin, à l'avantage de ce système, la suppression de toute haute tension sur l'excitatrice.

Autre manière d'avoir une f. é. m. continue. — On peut considérer sur l'induit mobile les sections, de composition à chaque instant variable, comprises entre les balais fixes décalés de $\dfrac{2\pi}{2p}$. Il est facile de voir que si l'on adopte l'autre mode d'enroulement ($a \cos p\theta$, $a \sin p\theta$), on aura entre les balais une f. é. m. continue.

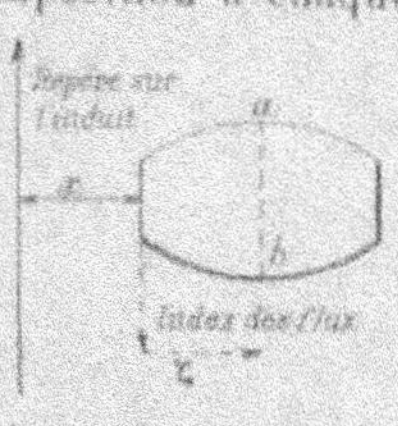

Considérons la machine dont le développement est donné ci-dessous (fig. 369). Les nombres de spires, dans les sections S_1 et S_2 sont donnés par les nombres :

$$a \cos p\theta_1, \ \text{pour} \ \theta_1$$

et

$$a \cos\left(p\theta_1 + \frac{\pi}{2}\right) = a \sin p\theta_1, \ \text{pour} \ \theta_1 + \frac{\pi}{2p}$$

a étant une constante.

Fig. 369. — Compoundage des alternateurs. Solution par excitatrice spéciale. Constitution des forces électromotrices de l'excitatrice Boucherot.

Pour tenir compte du signe, on croisera les connexions de la seconde avec la première.

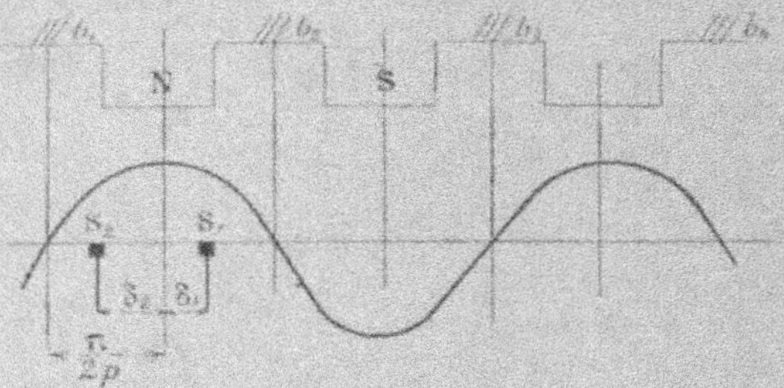

Fig. 369. — Compoundage des alternateurs. Solution par transformateur et excitatrice spéciale. Création d'une force électromotrice continue.

Nous aurons ainsi, pour le flux et la f. é. m. développée dans une spire de S_1 écartée de δ_1 de l'axe polaire :

$$\Psi_1 = \frac{\Phi_{max}}{2} \sin p\delta_1 \cos \Omega t,$$

$$e_1 = \frac{\Phi_{max}}{2} [\Omega \sin p\delta_1 \sin \Omega t - p\omega' \cos p\delta_1 \cos \Omega t].$$

De même pour les flux et f. é. m. dans une spire de S_2 :

$$\Psi_2 = \frac{\Phi_{max}}{2} \cos \Omega t \sin \left(p\delta_1 - \frac{\pi}{2}\right) = -\frac{\Phi_{max}}{2} \cos \Omega t \cos p\delta_1,$$

donc :

$$e_2 = \frac{\Phi_{max}}{2} [\Omega \sin \Omega t \cos p\delta_1 + p\omega' \cos \Omega t \sin p\delta_1].$$

F. é. m. dans l'ensemble des spires :

$$\Sigma e_1 = \frac{\Phi_{max}}{2} [\Omega \sin p\delta_1 \sin \Omega t - p\omega' \cos p\delta_1 \cos \Omega t] a \cos p\theta_1,$$

$$\Sigma e_2 = \frac{\Phi_{max}}{2} [\Omega \sin \Omega t \cos p\delta_1 + p\omega' \cos \Omega t \sin p\delta_1] a \sin p\theta_1.$$

Ajoutons ces f. é. m.

$$\Sigma e_1 + \Sigma e_2 = \frac{a\,\Phi_{max}}{2} [\Omega \sin \Omega t (\sin p\delta_1 \cos p\theta_1 + \cos p\delta_1 \sin p\theta_1)$$
$$- p\omega' \cos \Omega t (\cos p\delta_1 \cos p\theta_1 - \sin p\delta_1 \sin p\theta_1)],$$

$$\Sigma e_1 + \Sigma e_2 = \frac{a\,\Phi_{max}}{2} [\Omega \sin \Omega t \sin p(\delta_1 + \theta_1) - p\omega' \cos \Omega t \cos p(\delta_1 + \theta_1)].$$

Or, remarquons que si nous considérons la bobine occupant à

l'instant considéré une position géométriquement fixée sur l'induit, cette bobine possédera un nombre de spires fonction du temps. On aura en effet

$$\theta_1 = z + \Omega' t,$$

z étant pour chaque bobine une constante qui varie avec la position qu'occupe la bobine à l'instant $t = 0$.

En remplaçant θ_1 par sa valeur dans l'expression de $\Sigma e_1 + \Sigma e_2$, et en opérant d'une façon analogue à celle employée dans le cas précédent, on constatera aisément que pour

$$2\Omega' = \Omega \quad \text{et si} \quad a' = \frac{a}{4},$$

on aura une f. é. m. constituée par deux composantes, l'une constante

$$a'\Phi_{max} \frac{3\Omega}{2} \cos z$$

et une f. é. m. pulsatoire

$$a'\Phi_{max} \frac{\Omega}{2} \cos(\Omega t + 2\Omega' t + z).$$

Cette f. é. m. pulsatoire disparaîtra enfin, si l'on considère la somme, récoltée entre balais, des f. é. m. des bobines décalées les unes par rapport aux autres de $\dfrac{2\pi}{\nu}$ (ν nombre total de bobines), somme de sinus ou de cosinus en progression arithmétique.

C. SYSTÈMES LEBLANC

Principe. — Considérons encore une machine génératrice alternative triphasée, et plus généralement à champ tournant. Le principe réalisé dans les divers compoundages Leblanc est nécessairement le même que dans les précédents, c'est-à-dire qu'il consiste dans la création d'une excitation proportionnelle, en tenant compte des phases, à $\overline{OB}$, (flux composant de tension à vide), et KI_{eff} (flux composant de courant en charge, ou flux correctif de réaction d'induit) (fig. 379).

Il faut donc produire un flux tournant, tel que OA, variable en grandeur et en phase (celle-ci rapportée à U_{eff}) suivant les variations de I_{eff} en grandeur et en phase.

M. Leblanc a, pour cela, préconisé plusieurs dispositifs. Voici les deux plus intéressants, dont l'un (le second) a été notamment appliqué à l'alternateur présenté par la maison Grammont à l'exposition de 1900.

Premier mode. — M. Leblanc rassemble en une même machine le transformateur et l'excitatrice.

Production de la tension alternative U_c. — Le stator comporte deux anneaux de fer D et E (fig. 371), l'un travaillant dans une région magnétique très éloignée de la saturation (effet série), l'autre dans une région située après le coude de la courbe de magnétisme. L'armature A à collecteur est destinée à fournir le courant d'ex-

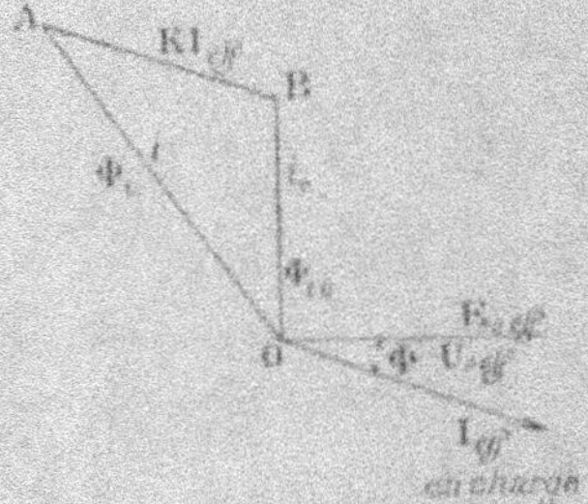

Fig. 370. — Compoundage des alternateurs. Solution Leblanc. Diagramme de la compensation à réaliser.

citation proportionnel à la tension alternative à réaliser et proportionnelle à la tension aux bornes des stators.

Un des stators comporte un champ provenant d'un circuit de dérivation aux bornes de l'armature, et qui donne un champ proportionnel à OB (fig. 370).

Dans l'autre stator, l'enroulement est en série avec le courant principal. On peut, en adoptant un sens convenable d'enroulements, faire produire par ce circuit un champ en phase avec I ou dirigé en sens contraire de I.

Ceci serait rigoureusement vrai si les deux champs étaient affectés au même entrefer, mais les deux stators sont distincts.

Au lieu de faire agir ces stators sur une armature unique, on pourrait soumettre à leur action une armature double, mais il est facile de voir que, même dans le cas d'une armature simple, les f. é. m. engendrées dans une même génératrice sous l'action des deux champs s'ajoutent géométriquement.

La figure ci-après (fig. 372) donne les connexions existant entre l'induit de l'alternateur supposé, pour simplifier, enroulé en étoile, avec le point neutre apparent (4e bague), les stators et le réseau.

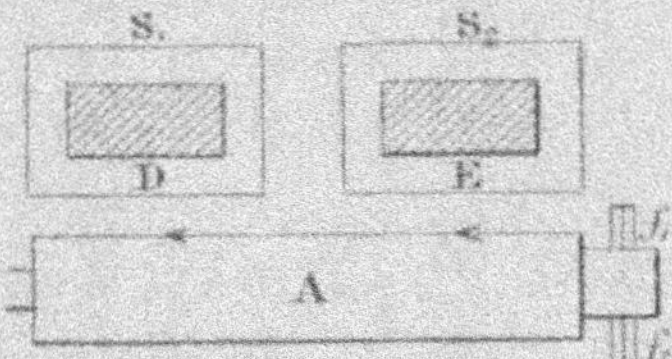

Fig. 371. — Compoundage des alternateurs. Solution Leblanc. Constitution de l'excitatrice compoundeuse.

REMARQUE. — Dans ce qui précède, comme dans ce qui va suivre, jusqu'à nouvel avis, le seul cas envisagé est celui des machines à champ tournant.

Production de la tension continue d'excitation. — Ayant donc produit un champ tournant dans l'entrefer de l'excitatrice, proportionnel à la force électro-motrice à obtenir, comment transformer la tension alternative dans l'armature à collecteur, en tension continue proportionnelle?

Premier mode: rotation des balais. — Un premier procédé a été signalé par M. Leblanc, et a donné naissance à d'intéressants méca-

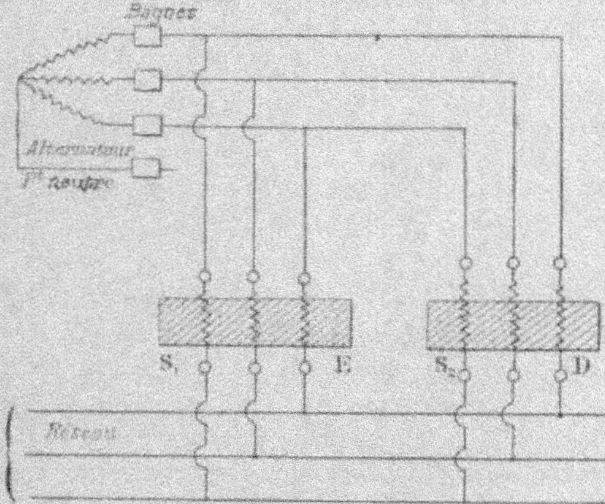

Fig. 372. — Compoundage des alternateurs. Solution Leblanc. Liaison des stators au réseau.

nismes ; c'est celui qui consiste à faire tourner, l'armature étant fixe, les balais avec une vitesse identique à celle du champ tournant.

Par exemple : collecteur creux, balais maintenus par des ressorts, taillés en biseau, et pressés contre le collecteur par l'action combinée de la force centrifuge et des ressorts. Si, sur une feuille, on trace la courbe de l'induction dans l'entrefer, mobile avec la vitesse ω, ainsi que les balais, également mobiles avec la même vitesse, on constate aisément que la tension aux balais, tournant au synchronisme, sera rigoureusement continue. Cette idée intéressante de la création d'une dynamo à courant continu par la rotation d'un champ et des balais a été provisoirement abandonnée, en raison de nombreuses difficultés pratiques que le lecteur comprendra aisément après ce que nous avons dit du mode de rotation des balais.

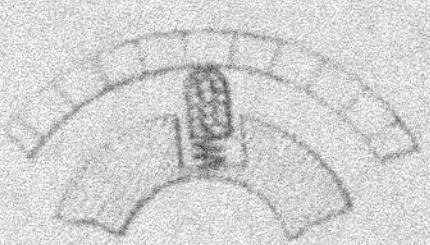

Fig. 373. — Compoundage des alternateurs. Solution Leblanc. Disposition primitive des balais tournants de l'excitatrice compoundeuse.

Deuxième mode. — M. Leblanc a utilisé le principe suivant :

Soit une dynamo à inducteur tournant à p paires de pôles et à deux balais. L'induit est à p' enroulements en parallèle.

Soit ω la vitesse du champ. La vitesse ω_1 de rotation des balais sera donnée, pour que le synchronisme soit réalisé, par la formule :

$$\omega_1 = \frac{\omega p}{p'}.$$

Imaginons qu'il y ait $2\,b$ balais. Pour que le synchronisme soit réalisé, il suffira de faire tourner les balais à la vitesse :

$$\omega_2 = \frac{\omega p}{b p'}.$$

Inversion du sens de rotation des balais. — Remarquons d'abord avec M. Leblanc que l'on peut, au moyen d'un artifice d'enroulement, faire tourner les balais en sens inverse du champ, mais avec la même vitesse absolue ω_2.

Pour cela, il suffit, dans l'enroulement de l'armature, analogue à celui d'un anneau à courant continu, de connecter une bobine, non à la lame du collecteur qui lui correspond, mais à une lame symétrique de la première par rapport à un plan diamétral choisi

dans l'induit (au moins dans le cas d'une machine bipolaire). On
a alors, pour chaque section de machine bipolaire, deux plans fixes
dans l'induit faisant entre eux des angles $\frac{\pi}{2b}$ plans diamétraux).
Le schéma suivant nous donne le mode d'enroulement, dans le
cas d'une machine bipolaire.

On constate aisément, sur la figure 375, cette propriété. Elle est

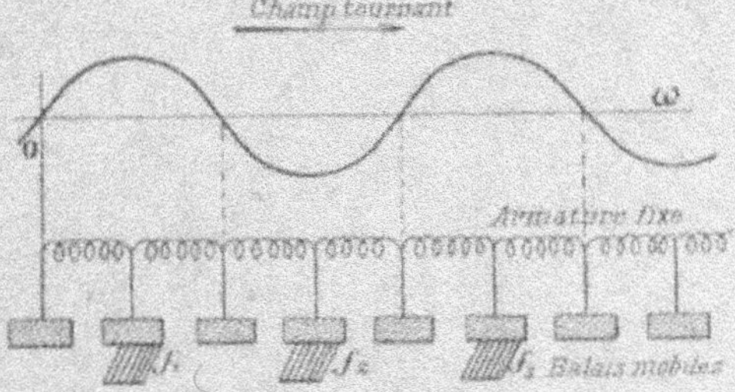

Fig. 375. — Compoundage des alternateurs. Solutions Leblanc. Développement
de l'excitatrice.

intuitive. Cela admis, imaginons que l'induit soit mobile par rapport à l'inducteur, avec la vitesse ω', d'où la vitesse relative ω_r de
l'induit dans le sens du champ :

$$\omega_r = \omega - \omega'.$$

Il nous suffira de faire déplacer les balais par rapport à l'induit,
non de :

$$\omega_2 = \frac{p\omega}{bp'}$$

mais de :

$$\omega_3 = \frac{(\omega - \omega')p}{p'b}$$

car la seule condition nécessaire c'est que le mouvement des balais
par rapport à l'induit soit le même que le mouvement du champ.
Les balais tournant avec notre artifice en sens inverse du champ
(ω), donc de l'induit (ω'), leur vitesse absolue ω_0 dans l'espace sera :

$$\omega_0 = \omega' - (\omega - \omega')\frac{p}{p'b}.$$

Soit cette vitesse nulle (balais fixes); nous en tirons la condition :

$$(\omega - \omega')\,\frac{p}{p'b} = \omega',$$

$$\omega\,\frac{p}{p'b} = \omega'\left(1 + \frac{p}{p'b}\right).$$

Soit, comme dans l'alternateur Grammont-Leblanc de l'Exposition de 1900 :

$$b = 6,$$
$$p = 3,$$
$$p' = 9,$$

on aura :

$$\omega\,\frac{3}{6} = \omega'\left[1 + \frac{3}{9}\right],$$

d'où :

$$\omega' = \frac{\omega}{3}$$

Ainsi donc, il suffira, pour réaliser la condition sus visée, de faire tourner l'excitatrice à la vitesse $\frac{\omega}{3}$, par exemple par une réduction convenable d'engrenages.

Troisième mode de transformation. — *Principe.* — M. Leblanc, pour réaliser un champ tournant convenable, avait, dans une ma-

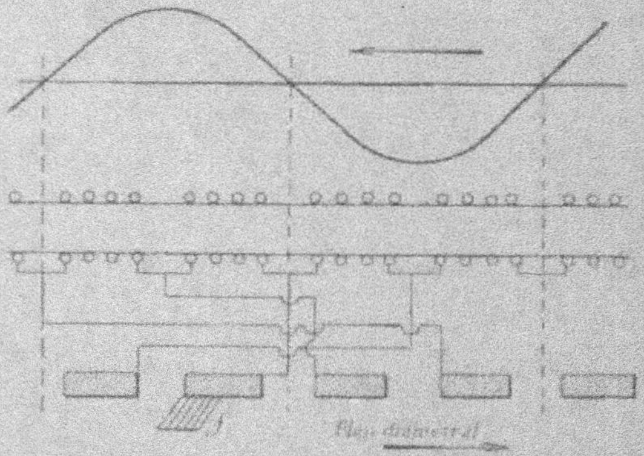

Fig. 375. — Compoundage des alternateurs. Solution Leblanc. Artifice pour inversion du sens de rotation des balais.

chine antérieure, groupé les circuits suivants sur le rotor (fig. 376),
le principe étant à peu près le même que pour le premier mode :

1° Circuit S_1 en série avec chaque circuit d'armature ;

2° Circuit S_2 en dérivation sur le circuit d'armature ;

3° Circuit $\Sigma\Sigma$ superposé aux précédents S_1, S_2, dont les bobines
sont reliées aux lames d'un collecteur à courant continu.

S_1 et S_2 sont montés sur deux anneaux A et B installés sur le
même arbre. Le fer de A doit toujours rester loin de la saturation

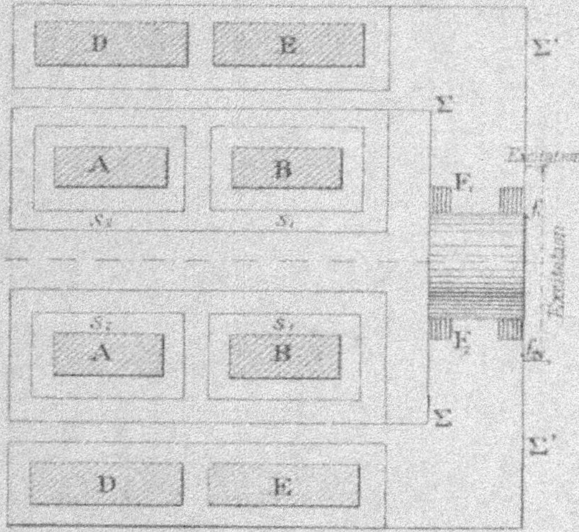

Fig. 376. — Compoundage des alternateurs. Solutions Leblanc. Dernier type.
Coupe générale de l'excitatrice compoundeuse.

(proportionnalité du champ au courant I d'armature). Au contraire
le fer de B doit toujours avoir dépassé le coude de saturation.

4° Enfin, le circuit Σ. Σ entourant les anneaux DE à l'intérieur
desquels tournent A et B. L'excitatrice compoundeuse ainsi obtenue sera entraînée au synchronisme. Les circuits S_1, S_2 sont enroulés de telle sorte que les champs qu'ils créent se déplacent dans
l'espace en sens inverse du mouvement des anneaux constituant le
rotor.

Si le synchronisme est réalisé, les champs sont donc fixes dans
l'espace.

L'enroulement $\Sigma\Sigma$ se déplace dans un champ fixe.

Il donne naissance à une force électromotrice continue, donc à
un courant continu, qu'on peut récolter entre balais. Il faut cepen-

dant détruire l'influence, au point de vue magnétique, de $\Sigma\Sigma$ dans l'entrefer.

On y arrive à l'aide de $\Sigma'\Sigma'$ parcouru par un courant prélevé sur le collecteur par deux balais à calage variable et choisi de telle façon que la force magnétomotrice due à $\Sigma'\Sigma'$ annule exactement celle de $\Sigma\Sigma$.

La force électromotrice développée ainsi entre balais ne dépen-

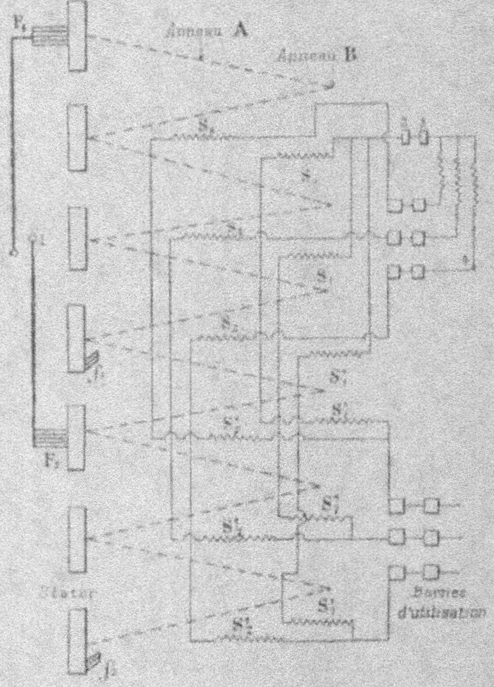

Fig. 377. — Compoundage des alternateurs. Solution Leblanc. Dernier type.
Connexions générales du système

dra donc que de l'intensité des champs tournants et du calage de ces balais. Nous avons donc encore une fois satisfait aux principes posés au début.

Cas d'un courant alternatif simple. — Il suffit de remplacer $\Sigma'\Sigma'$ par une cage d'écureuil disposée à la surface des anneaux DD, EE

A et B donnent naissance à deux champs, l'un fixe, l'autre tournant dans le sens des anneaux avec une vitesse double de ceux-ci, et qui est détruit par l'effet de la cage d'écureuil.

Nous donnons le schéma d'une excitatrice compoundeuse Leblanc dans le cas théorique d'un alternateur en étoile (fig. 377).

D. — SYSTÈME BLONDEL

Ce système consiste essentiellement dans la compensation de la composante déwattée des ampère-tours d'induit.

REMARQUE. — Dans les systèmes précédents (Boucherot, Leblanc, et même y compris celui des anneaux à collecteur), on fait appel, pour le courant d'excitation nécessaire, total ou complémentaire, à des champs tournant synchroniquement avec l'alternateur, champs créés par des anneaux et réagissant sur l'induit dudit alternateur, donc combinant leurs effets avec ceux des pôles inducteurs principaux, s'ils existent (nous avons vu que l'inducteur principal est supprimé par Heyland dans le dispositif qu'il préconise pour les gros alternateurs) de manière à constituer des systèmes magnétiques de situation invariable l'un par rapport à l'autre, donc représentables par un diagramme circulaire, quand le courant excitateur du stator varie.

Dans les systèmes de Leblanc et de Boucherot, on cherche au moyen d'appareils, ou distincts (Boucherot), ou unique (Leblanc), à créer un courant continu d'excitation immédiatement égal à celui nécessaire pour produire la f.é.m. à vide E_0 capable de laisser subsister aux bornes d'induit une tension constante. La tension continue nécessaire est du reste obtenue par le jeu d'un transformateur rotatif à inducteur-stator spécial. Cette tension continue est proportionnelle à la tension de cet inducteur-stator, tension obtenue elle-même par combinaison de tensions respectivement proportionnelles, l'une à la tension aux bornes, et l'autre au courant débité, et de phases déterminées convenablement à cet effet. Les dispositifs que nous allons étudier ci-dessous ne diffèrent pas essentiellement comme principe des premiers. Le dispositif de Blondel, comme celui de Rice (General Electric Cᵒ) met en jeu les propriétés d'une commutatrice spéciale, dont l'anneau induit engendre les courants d'excitation, au moins partiels, nécessaires.

Dans le dispositif Blondel, une génératrice spéciale et du type ordinaire shunt, se charge de fournir les ampère-tours correspondant à peu près à la tension U non compoundée, l'excitatrice-commutatrice fournissant l'appoint.

Considérons (fig. 378) une commutatrice entraînée par un moteur

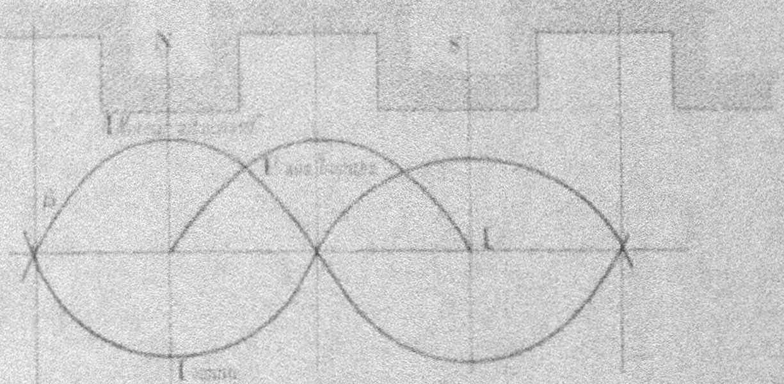

Fig. 378. — Compoundage des alternateurs. Solution Blondel. Situations respectives de la tension aux bornes et de la composante déwattée du courant alternatif.

extérieur et fonctionnant à circuit ouvert côté courant continu, mais avec courant alternatif entièrement décalé (on peut y arriver par une excitation très importante comme on sait, cas du moteur synchrone). Pour un sens de rotation donné, si la machine était une génératrice, le courant I de cette commutatrice, rapporté à un repère coïncidant avec l'axe d'une bobine et décalé de $\frac{\pi}{2}$ en arrière de la tension aux bornes, aurait la situation indiquée sur la figure. Cette situation du courant par rapport à l'induction dans l'entrefer est relative à la machine fonctionnant en génératrice. Pour un même sens de marche, le courant absorbé par la machine sera en opposition de phase (marche en moteur synchrone très surexcité) avec celle où il était précédemment, donc en concordance de phase avec l'induction ℬ.

Ainsi la machine, tournant en moteur synchrone à vide, mais surexcité, réalisera les conditions désirées.

Montrons que le champ d'induit dû à ce courant alternatif va se composer avec le champ inducteur propre de ladite commutatrice.

Le champ d'induit est tournant pour deux raisons :

1° Parce que l'induit tourne au synchronisme Ω ;

2° Parce qu'il est alimenté par des courants de même pulsation Ω. Donc, si le sens de déplacement du champ tournant, par rapport à un repère marqué sur l'induit, est pris de sens contraire au déplacement dudit induit (c'est une simple question de connexions de phase de cet induit de commutatrice aux bornes d'alimentation de celle-ci), le champ d'induit sera fixe par rapport à l'inducteur.

On voit sur les figures 378 et 379, et l'on sait d'après l'étude faite

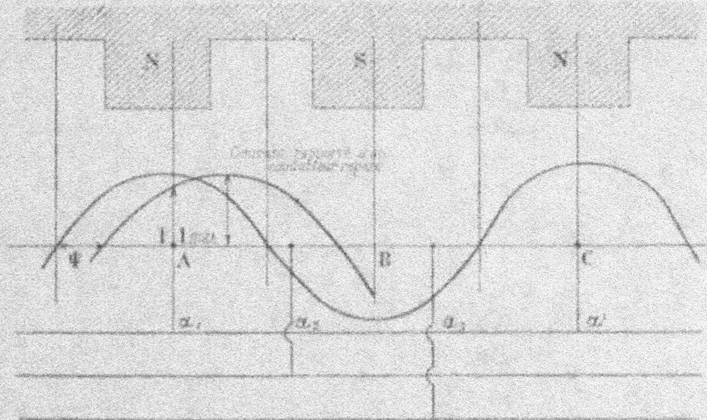

Fig. 379. — Compoundage des alternateurs. Solution Blondel. Schéma des liaisons.

de la commutatrice, que si l'on considère les positions de l'induit telles que les liaisons aux bagues soient confondues avec les lignes neutres (monophasé), ou qu'un champ complet du rotor coïncide avec un champ complet de l'inducteur (triphasé), la situation de la courbe représentative du courant *dans un conducteur*, par rapport à celle de l'induction $\mathcal{B}_i$ dans l'entrefer, sera donnée par le décalage Ψ défini ci-après :

$$\cos \Psi = \frac{I_i}{I_{max}},$$

I_i étant la valeur du courant au moment où se produit la coïncidence signalée plus haut, I_{max} sa valeur maxima.

On peut donc dire que la position de la courbe des I, rapportée à un conducteur pris comme repère (celle des I rapportée à l'axe d'une bobine est décalée de $\dfrac{\pi}{2p}$ en arrière) par rapport à celle de l'induction $\mathcal{B}_o$, est fonction du *calage* de l'induit de cette commutatrice sur son arbre par rapport à la position de la zone polaire de l'alternateur monté sur le même arbre. Supposons donc le calage effectué de manière que, pour un courant totalement décalé, les courbes $\mathfrak{B}_i$ (induction dans l'inducteur seul), et $\mathfrak{B}_a$ due au courant uniquement déwatté d'armature, coïncident au point de vue des zéros et des maxima.

On aura donc ainsi le moyen de créer, avec un nombre d'ampère-tours induits convenable, un champ renforçateur fixe qui va produire dans l'induit de la commutatrice, fonctionnant comme machine génératrice à courant continu (côté collecteur), une tension plus grande que si le côté courant alternatif n'était pas alimenté en moteur, donc plus grande que si la machine fonctionnait en simple génératrice shunt, entraînée par un unique moteur extérieur.

Un courant alternatif (ou triphasé) envoyé dans la commutatrice, par l'induit de l'alternateur, se décomposera toujours, quelle que soit sa phase par rapport à la tension, en une composante déwattée $L_{ar} \sin \Phi$ pour laquelle subsisteront intégralement les considérations précédentes et un courant watté ($L_{ar} \cos \Phi$) dont les pôles fictifs seront aux balais (lignes interpolaires); le courant continu engendré éventuellement par la commutatrice développera de même des pôles aux balais, qui se combineront plus ou moins avec ceux dûs au courant watté (ils se détruiront *théoriquement* étant deux à deux égaux et de signes contraires, ainsi qu'on le démontre dans l'étude des commutatrices).

De toute façon, s'il subsiste des pôles aux balais, ce sont des pôles transversaux; ils ne font donc que distordre le champ inducteur principal sans le modifier en valeur moyenne.

Si nous faisons tourner ladite commutatrice au synchronisme, et si nous relions son collecteur aux pôles inducteurs de l'alternateur, nous aurons une tension aux balais de la commutatrice qui sera fonction du champ résultant, c'est-à-dire de celui résultant de la combinaison du champ inducteur principal et du champ d'induit dû au courant déwatté.

Les autres composantes de ce champ induit, celle dûe au courant continu débité (balais calés sur les lignes neutres), celle dûe au courant watté, etc., ne font, nous le répétons, que tordre le champ résultant sans l'amoindrir.

Le champ d'induit qui se combine au champ inducteur est, en comme, un champ d'induit de moteur synchrone à courant alter-

natif, la machine étant alimentée en moteur côté courant alternatif (triphasé).

Cette alimentation en moteur n'est du reste que partielle. Elle
est combinée avec la fourniture de puissance motrice sur l'arbre
de l'excitatrice (rotation au synchronisme).

Le rôle de l'émission de courant alternatif sur la commutatrice
consiste donc essentiellement à faire apparaître un champ complémentaire, fixe dans l'entrefer, comme résultant de deux rota-
tions en sens contraire (de l'induit dans un sens, du champ de l'induit en sens contraire).

En résumé, et nous croyons devoir le dire ici nettement, en
raison du rôle délicat joué par l'excitatrice, cette machine est
une génératrice à courant continu qui sert à exciter les pôles inducteurs et qui reçoit sur son arbre la motricité nécessaire, tant
du moteur général commandant l'alternateur que du moteur synchrone, faiblement utilisé, que l'on peut considérer comme inclus
dans la commutatrice.

RÉALISATION PRATIQUE
DU PRÉCÉDENT SYSTÈME DE COMPOUNDAGE

Le principe du mode de compoundage, indiqué dès 1896 par
Blondel et appliqué notamment avec succès par la maison Sautter-
Harlé à la commande des turbo-alternateurs [1], a été réalisé sous des
formes à peu près comparables et à peu près en même temps par
Danielson et par Rice (General Electric C°).

Le dispositif de Blondel diffère surtout de celui de Rice (le plus
intéressant) en ce que, dans le système Blondel, l'excitatrice a
deux enroulements inducteurs, dont l'un, le shunt, donc excité
par son propre courant (courant proportionnel à la tension de
l'excitatrice), ne sert que d'appoint, l'excitation la plus importante
étant fournie par une petite génératrice auxiliaire shunt montée
sur le même arbre général que la roue polaire et l'induit de la
commutatrice.

On sait que l'une des grosses difficultés auxquelles on se heurte
en réalité, dans le compoundage, est à peu près insoluble avec
l'emploi *d'une seule excitatrice*.

En effet, les appoints de flux à développer dans les inducteurs

1. Voir note sur les installations pourvues d'alternateurs compound Blondel,
Bulletin de la Société Internationale des Électriciens, décembre 1909.

doivent être proportionnels au courant I_e débité, condition déduite de ce fait que les accroissements de f. é. m. à vide doivent être proportionnels à ces courants. Il faut donc que la génératrice auxiliaire qui produit ce survoltage ne soit pas saturée (première région de la courbe de magnétisme) ou, si cet excédent de voltage est produit par une augmentation de flux dans le système inducteur de l'alternateur, que celui-ci ne soit pas saturé (fig. 380).

Dans le dispositif Blondel, la petite génératrice auxiliaire peut travailler à pleine saturation (elle fonctionne à charge constante)

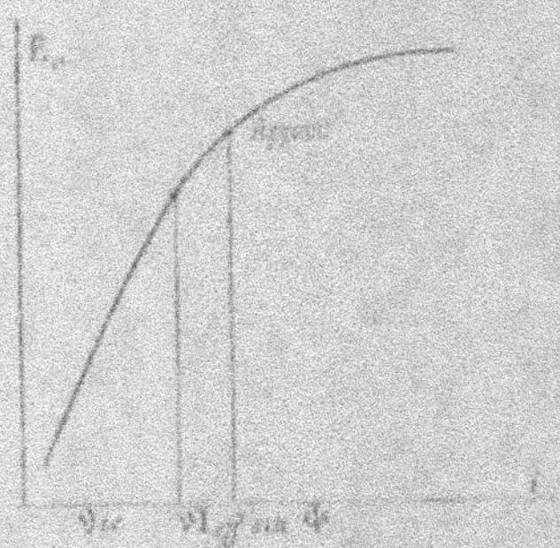

Fig. 380. — Compoundage des alternateurs. Solution Blondel. Détermination de l'appoint de force électromotrice à créer.

et l'excitatrice à deux enroulements inducteurs reçoit ainsi des appoints de tension par le propre courant qu'elle envoie dans ses inducteurs, sans qu'on ait à craindre l'instabilité bien connue inhérente aux conditions de marche sur la première région de la courbe de magnétisme.

L'emploi d'un seul enroulement pour l'excitatrice (Rice) semble, malgré une plus grande simplicité, sensiblement inférieur au point de vue de la stabilité.

Excitatrice. — Elle est représentée par E sur le schéma et elle tourne synchroniquement avec l'alternateur (fig. 381).

Inducteur. — Fixe, à deux enroulements, l'un branché en parallèle sur les balais, l'autre aux bornes d'une petite génératrice shunt auxiliaire G.

Deux rhéostats de réglage rh_1 et rh_2. L'induit de la commutatrice comporte un collecteur branché sur les enroulements de la roue polaire P.

Trois bagues, avec un transformateur-compoundeur, ou trans-

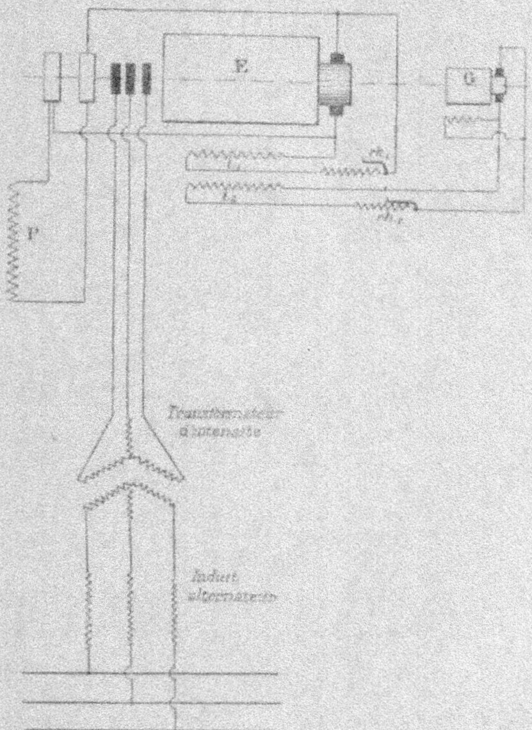

Fig. 351. — Compoundage des alternateurs. Solution Blondel.

formateur d'intensité, relié au réseau d'une part, à l'alternateur d'autre part.

Tension aux balais de l'excitatrice. — Elle dépend de l'excitation due aux enroulements i_1 et i_2, et aussi du champ fixe d'induit, dû à la composante déwattée du courant.

Supposons la compensation établie par un courant purement déwatté ; en d'autres termes, imaginons qu'on ait calé l'induit sur l'arbre, ou, ce qui revient au même, qu'on ait établi les liaisons des

bagues aux points équidistants de l'induit, de façon telle que lorsque, dans le cas du monophasé, le courant d'induit (absolument
déwatté) est maximum, une période côté alternatif (d'une liaison

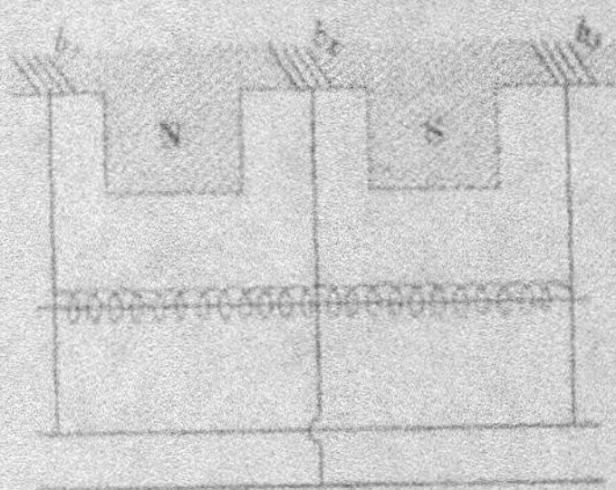

Fig. 382. — Compoundage des alternateurs. Solution Blondel. Schéma général
du système.

d'une bague à la liaison consécutive à la même bague) coïncide avec
une section à courant continu (entre deux balais) (fig. 382 et 383).
    Dans le cas du triphasé, il suffit que les valeurs du courant dans

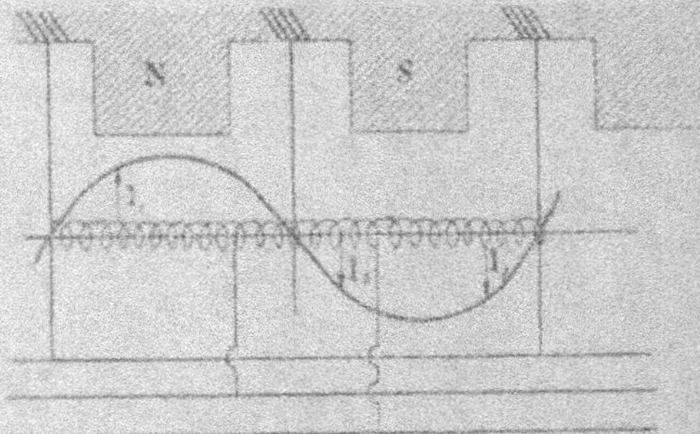

Fig. 383. — Compoundage des alternateurs. Solution Blondel.

les phases soient respectivement données, à l'instant considéré, par
I, I_1 et I_2, égaux respectivement aux ordonnées, décalées de $\frac{2\pi}{3}$,
de la sinusoïde comprise entre deux axes polaires de même nom,
ces ordonnées étant respectivement relatives aux abscisses :

$$\frac{1}{2}\left(\frac{2\pi}{3p}\right), \quad \frac{1}{2}\left(\frac{2\pi}{3p} + \frac{2\pi}{3p}\right) \quad \text{et} \quad \frac{1}{2}\left(\frac{2\pi}{3p} + \frac{4\pi}{3p}\right),$$

Calage de l'induit de l'excitatrice en pratique. — Si l'on se reporte à notre étude générale des divers procédés de compoundage,
on peut voir que le dispositif Blondel, consistant en somme à com-

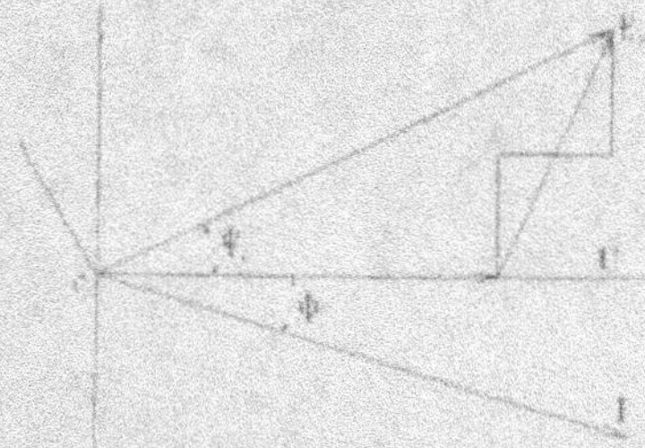

Fig. 384. — Compoundage des alternateurs. Solution Blondel. Schéma des forces
électromotrices et des tensions.

penser la composante démagnétisante du courant d'induit, a une
exactitude théoriquement absolue pour la marche en courant uniquement déwatté, mais qu'en courant watté, un certain décalage Ψ,
subsiste entre le courant I et la f. é. m. à vide E_0 (fig. 384). Partant
donc d'une tension U et cherchant à aboutir à une f. é. m. E_0, nous

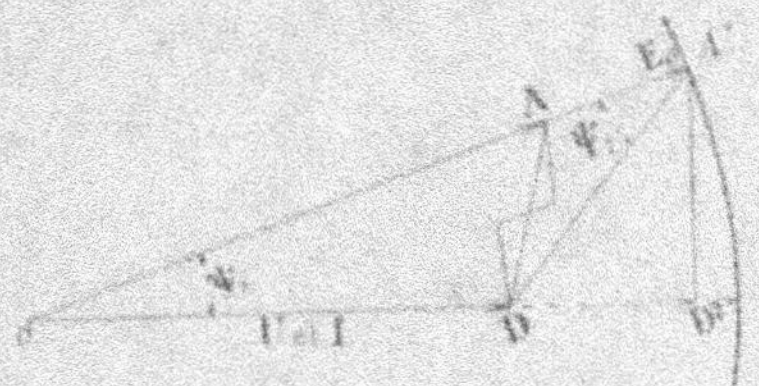

Fig. 385. — Compoundage des alternateurs. Solution Blondel. Schéma des forces
électromotrices et des tensions.

sommes forcés de fournir déjà une composante DA inclinée sur I,
de manière à porter la valeur de E_0 de OA à OA' (fig. 385).

Nous aurons ainsi à fournir DA', soit une composante inclinée
d'un angle Ψ, sur OA'.

Cet angle est plus ou moins facile à calculer, mais en pratique,
on réalise cette compensation approchée par un calage de l'induit
de l'excitatrice compoundeuse tel que le courant *watté* par rapport
à la tension aux bornes U (maximum en vertu de la réactance de
l'alternateur par rapport à la f. é. m. à vide E_0) exerce déjà une
petite action additive *ma* (fig. 386) sur le flux inducteur propre.

Remarquons que caler l'induit suivant la position convenable revient, comme nous l'avons déjà dit, à choisir les positions des connexions, dans cette pseudo-commutatrice, reliant les points

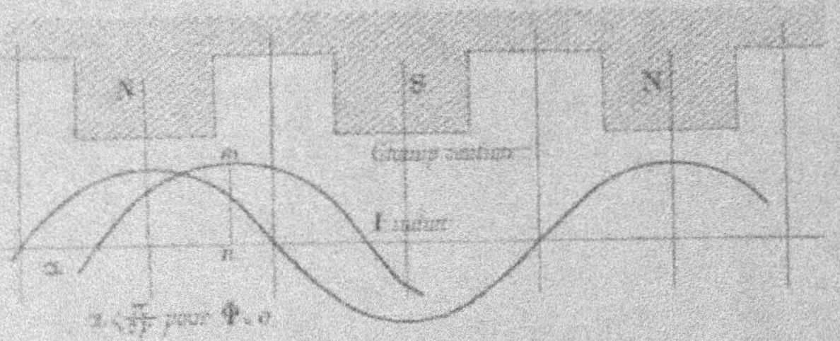

Fig. 386. — Compoundage des alternateurs. Solution Blondel.

symétriques choisis sur l'induit aux bagues, de manière à ce qu'un courant purement watté corresponde déjà à un décalage de 10° dans une excitatrice bipolaire (ou de $\dfrac{10°}{p}$ dans une excitatrice multipolaire à 2 p pôles) entre la ligne interpolaire la plus voisine et le maximum du pôle de courant watté.

E. SYSTÈME DE COMPOUNDAGE RICE

Même dispositif général que le procédé Blondel, mais un enroulement excitateur shunt unique aux bornes de l'excitatrice. Ainsi

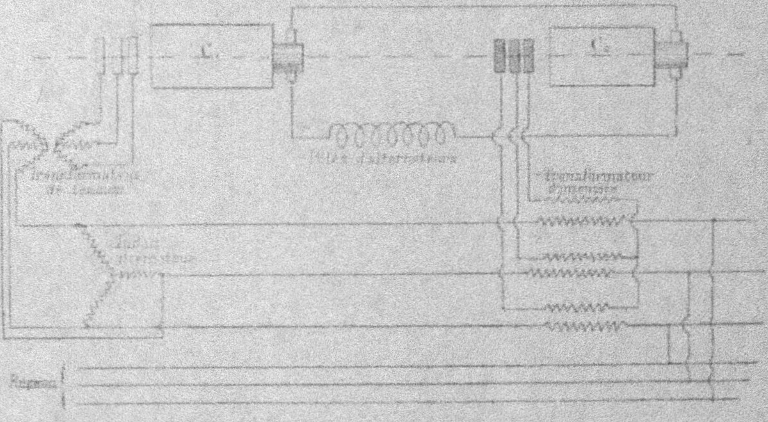

Fig. 387. — Compoundage des alternateurs. Solution Rice. Schéma général du système.

que nous l'avons signalé, ce système semble moins stable que celui faisant appel à la source auxiliaire de Blondel.

En effet, les compoundages ne sont économiques, d'une part, et rigoureux, d'autre part, que si l'on fait travailler les excitatrices compoundeuses dans la partie droite (première région) de la courbe de magnétisme. Dans le système Blondel, on peut saturer sans aucune difficulté la petite génératrice auxiliaire et marcher avec des ampère-tours correspondants, peu nombreux, mais très efficaces, sur l'excitatrice spéciale.

SYSTÈME DE COMPOUNDAGE ROTH

(Utilisé par la Société Alsacienne de Constructions mécaniques.)

Il comprend deux excitatrices-commutatrices, sur le même arbre, tournant synchroniquement avec l'alternateur.

Les tensions des commutatrices sont en série sur l'inducteur de l'alternateur. L'une des commutatrices est du reste reliée par ses bagues d'induit au secondaire d'un transformateur d'intensité, les bagues de l'autre sont connectées au secondaire d'un transformateur de tension.

SYSTÈME DE COMPOUNDAGE ÉLECTROMÉCANIQUE DALEMONT ET HERDT

Il consiste uniquement en l'insertion de résistances dans un circuit d'excitation supplémentaire de l'alternateur, suivant une loi dépendant de $I_a \sin \Phi$, si elle ne lui est pas immédiatement proportionnelle.

Considérons l'induit d'un alternateur avec sa couronne polaire. Supposons celle-ci pourvue d'un double enroulement, l'un excité par une génératrice fixe donnant la tension, donc le courant d'excitation correspondant à la marche à vide pour la tension U, non compoundée, l'autre donnant un courant proportionnel à $I_a \sin \Phi$. Une excitatrice, tournant au synchronisme, excite le premier circuit i_1. Le second enroulement, i_2, est alimenté par la même excitatrice, mais avec interposition de résistances variables dont l'action est commandée par un moteur à mouvement limité et à ressort antagoniste, dont le couple est produit par deux enroulements en quadrature dans l'espace, agissant sur le rotor élémentaire (fig. 388). L'un des enroulements est parcouru par un courant de tension (avec ou sans transformateur) prélevé sur l'alternateur, l'autre par le courant principal ou par une intensité qui lui est

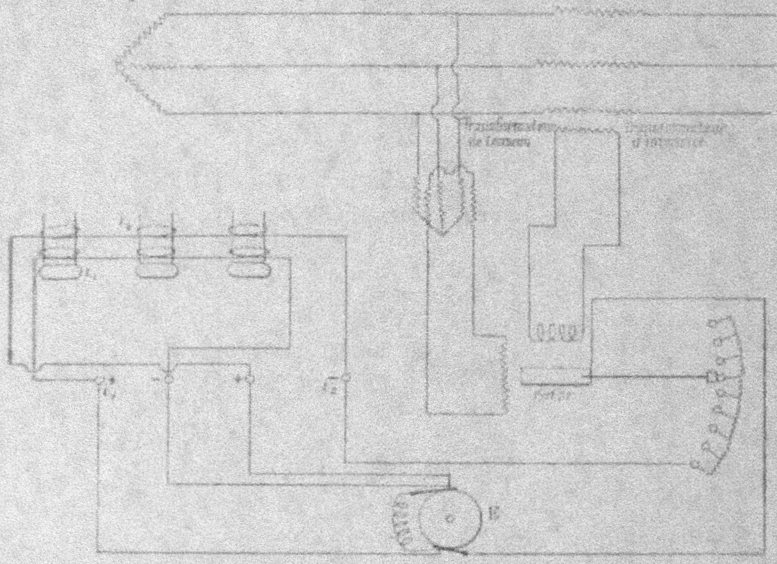

Fig. 388. — Compoundage des alternateurs. Solution Dalemont et Herdt. Connexions générales du système. (Premier mode.)

symphasique et proportionnelle. On sait que le couple exercé sur le rotor est proportionnel alors à :

$$U_{eff} \, I_{eff} \sin \Phi$$

Φ étant le décalage de U et de I.

On remarquera, en outre, que α désignant l'angle de torsion du système, l'égalité :

$$C_0 \, \alpha = U_{eff} \, I_{eff} \sin \Phi$$

définit la position α du système régulateur en fonction du produit $I_{eff} \sin \Phi$, (U_{eff} restant, en première approximation, constant).

Ceci suppose essentiellement que l'enroulement dérivé ne possède qu'une réactance extrêmement faible par rapport à sa résistance (enroulement *ad hoc*, dit sans réactance). Pour avoir une compensation plus parfaite, MM. Dalemont et Herdt n'utilisent pas un transformateur de tension, mais emploient une petite génératrice-survolteur de puissance extrêmement faible, montée sur l'arbre de la machine principale et donnant une f.é.m. rigoureusement *proportionnelle* à la f.é.m. à vide E_0 correspondant à l'excitation employée. Cette génératrice supplémentaire est du reste excitée par l'excitatrice principale E, tournant au synchronisme et développant aux bornes de l'enroulement i, une tension, donc un courant, correspondant justement à la marche à vide et à la f.é.m. à vide E_0 (puisque, si l'alternateur est à vide, le second enroulement i_1 n'est pas excité).

Le couple agissant sur le rotor élémentaire du régulateur auto-

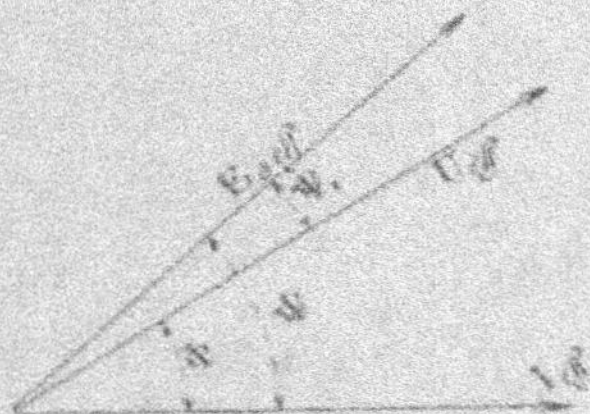

Fig. 389. — Compoundage des alternateurs. Solutions Dalemont et Herdt. Diagramme des forces électromotrices, tensions et courants.

matique de compoundage est donc proportionnel à $E_{ueff} I_{ueff} \sin \Psi$ et non plus à $U_{eff} I_{eff} \sin \Phi$ (fig. 389).

Il est donc proportionnel à $I_{eff} \sin \Psi$, c'est dire que le compoundage est parfait théoriquement. La loi d'ouverture des résistances R_n par la manette du rotor élémentaire doit être très convenablement choisie, dans tous les cas analogues, et de manière à ce que la condition :

$$\frac{U}{R_a + R_n} = K I_{eff} \sin \Psi,$$

soit le plus possible observée. A chaque valeur de R_n, donc à chaque plot, correspond une valeur de $I_{eff} \sin \Psi$. Le compoundage varie donc non par action continue, mais par sautes aussi rapprochées qu'on le veut.

Autre système, acuellement à l'étude, proposé par MM. Dalemont et Herdt. — Proposons-nous de créer, dans un entrefer convenable, une induction proportionnelle à $I_{eff} \sin \Phi$.

Pour cela, considérons un induit d'alternateur immobile, deux anneaux symétriquement enroulés A' et A" (fig. 390). Un champ

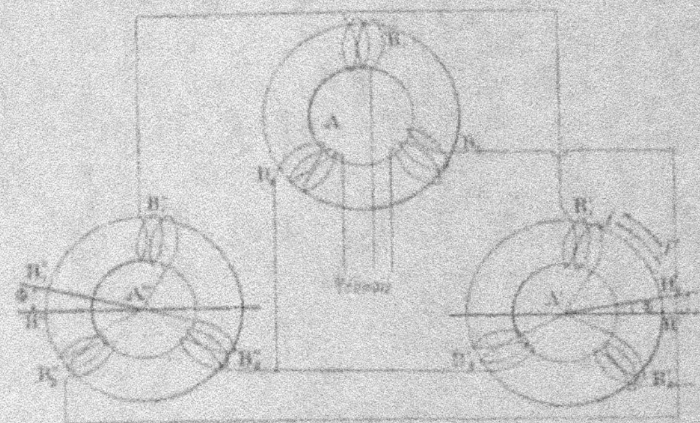

Fig. 390. — Compoundage des alternateurs. Solution Dalémont et Herdt. Deuxième mode. Schéma général du système.

existe dans le voisinage de A qui tournera, par exemple, dans le sens de la flèche f. Si nous faisons tourner synchroniquement l'anneau en sens contraire (flèche f'), le champ restera immobile. Arrangeons-nous de manière à ce que le champ occupe la position A'H', fixe, lorsque le courant n'est pas décalé par rapport à la ten-

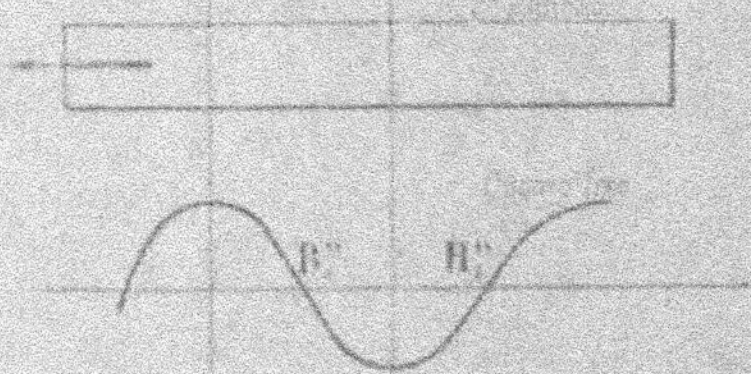

Fig. 391. — Compoundage des alternateurs. Solution Dalémont et Herdt. Mode de fonctionnement basé sur les rôles différents des deux anneaux.

sion. S'il est décalé de Φ par rapport à celle-ci, il occupera la position H'$_1$ (au lieu de H'). Il fera donc un angle $\frac{\pi}{2} - \Phi$ avec la verticale; même conclusion, mais inverse, pour le deuxième champ (fig. 390 et 391).

Tout se passe donc comme s'il existait deux champs H'$_1$ et H"$_1$ fixes dans l'espace. Si l'on pouvait rassembler dans un même entrefer ces deux champs, donc les composer, on aurait un champ unique proportionnel évidemment à $\sin \Phi$ (fig. 393).

On peut concevoir un induit à collecteur se déplaçant par rapport à ces champs fixes, ou deux induits accolés, avec f. é. m. associées,

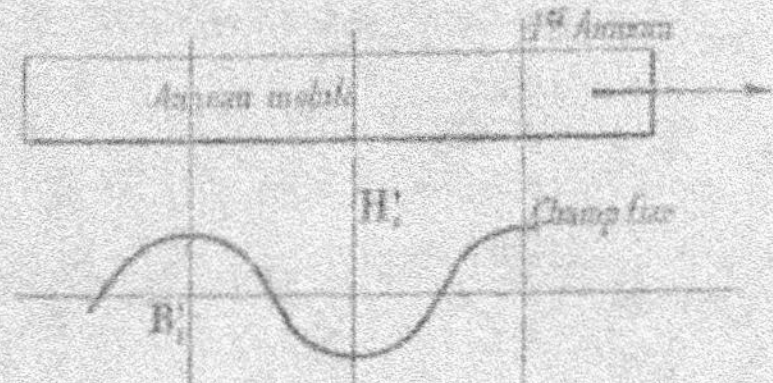

Fig. 392. — Compoundage des alternateurs. Solutions Dalemont et Herdt. Mode de fonctionnement basé sur les rôles différents des deux anneaux.

donnant par conséquent une f. é. m. totale proportionnelle à $L_a \sin \psi$ (fig. 393).

Remarquons que les mouvements synchrones et en sens inverse

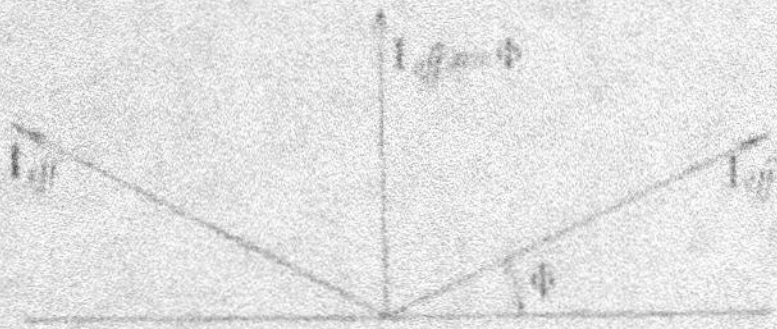

Fig. 393. — Compoundage des alternateurs. Solutions Dalemont et Herdt. Dernier type. — Effet des deux anneaux, au point de vue de la compensation de la composante déwattée de la réaction d'induit.

des deux anneaux peuvent être donnés simplement par un pignon d'angle monté sur l'arbre de l'alternateur, commandant les deux anneaux par roues dentées tournant en sens contraire.

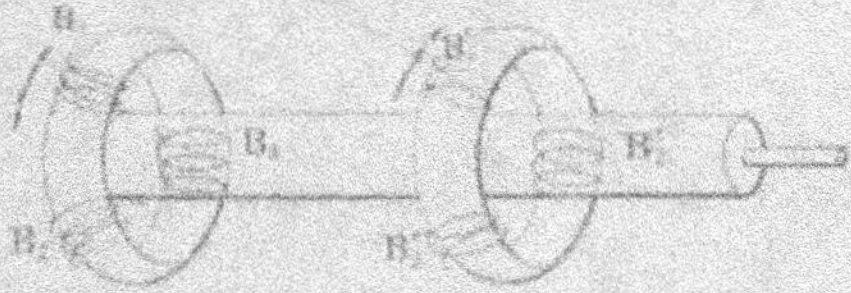

Fig. 394. — Compoundage des alternateurs. Solution Dalemont et Herdt. Dernier type. — Dispositions générales du système.

Des essais intéressants sont faits dans cette voie notamment en Amérique, essais qu'il convient d'attendre avant de porter un jugement définitif sur cette méthode. Un redressement du courant alternatif ainsi produit semble du reste indispensable.

NOTIONS GÉNÉRALES
SUR LA RÉGULATION DES GROUPES ÉLECTROGÈNES

OBSERVATIONS GÉNÉRALES

L'étude du couplage des alternateurs soulève, comme nous l'avons vu, des problèmes de deux sortes, l'un électrique, qui a été étudié en détail, l'autre mécanique, sur la nature duquel nous n'avons pu, pour ne pas briser l'unité du sujet, dire que quelques mots. Tout en renvoyant le lecteur, désireux de se documenter plus complètement, aux ouvrages spéciaux et notamment à nos *Leçons sur la Régulation des groupes électrogènes*[1], nous croyons utile de résumer très brièvement ci-après les grandes lignes de l'étude mécanique de la régulation, au moins envisagée dans les rapports du moteur mécanique avec la génératrice électrique qui lui est associée.

RÉGULATION DIRECTE ET INDIRECTE

I. — RÉGULATION DIRECTE

Le régulateur direct (type de Watt pour simplifier) établit, comme l'on sait, une relation, qui est unique quand sont réglées les transmissions, entre la position du manchon H (soit sa hauteur mesurée par rapport à un plan horizontal fixe) et la valeur de l'admission e (ou $\frac{e}{E}$, admission relative).

Il résulte, des relations $H(\Omega)$, $H(C_m)$ ou $H(e)$, une relation $C_m(\Omega)$ exprimant les vitesses moyennes établies par le régulateur en fonction des couples. Cette caractéristique, dite *du groupe avec régulateur*

---

1. Fascicules 38 et 39 de l'*Encyclopédie Électrotechnique*. Geisler, éditeur, à Paris.

ou du *groupe réglé*, est en général faiblement tombante quand le couple croît (fig. 395).

On peut, puisque ω ou C_m sont liés cinématiquement (liaisons complètes), traduire cette caractérisque C^m (Ω) sous la forme Π (Ω),

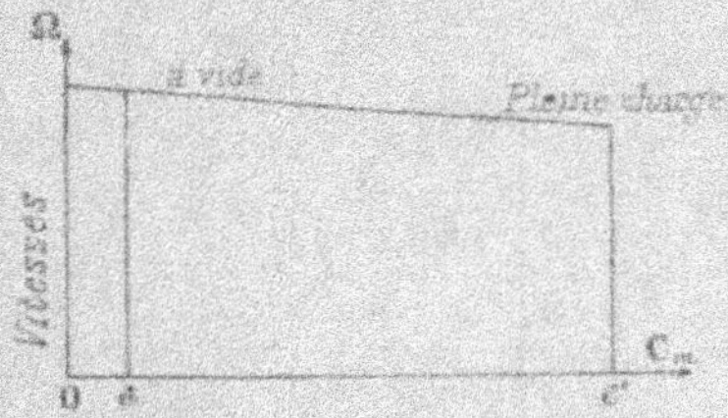

Fig. 395. — Régulation des groupes électrogènes.
Caractéristique d'un groupe réglé.

et l'on retrouve alors les trois caractérisques connues du régulateur, ou mieux du tachymètre (fig. 396) dont la forme a été donnée pour la première fois par Dwelshauver-Déry, et que nous dénommerons respectivement :

> Courbe médiane,
> Courbe d'ouverture,
> Courbe de fermeture.

L'interprétation de ces courbes est intuitive.

Partons d'un point M de régime ; si le couple C_r augmente

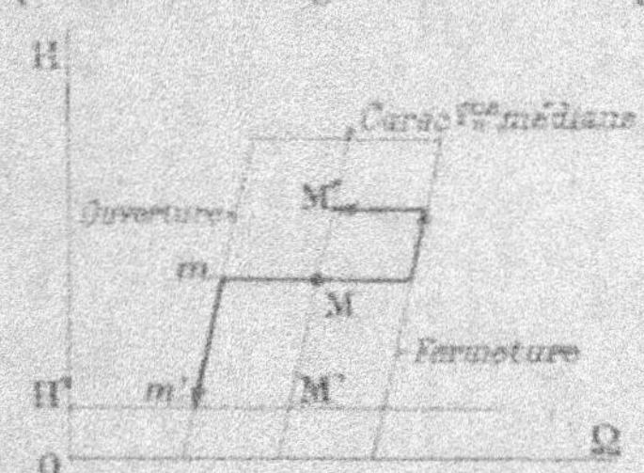

Fig. 396. — Régulation des groupes électrogènes.
Caractéristique d'un régulateur direct.

$C_r > C_m$), la vitesse baisse de M en m, sans que le manchon commence à bouger (période d'inaction du régulateur), puis il part et nous décrivons la portion mm' de caractéristique jusqu'au point m' relatif à une admission (ou à une position H' du manchon) correspondant à l'égalité des couples moteur et résistant.

Par suite des petites secousses intérieures toujours inévitables, le régulateur revient, plus ou moins rapidement et de lui-même, de m' en M (sur la caractéristique médiane).

II. — RÉGULATION INDIRECTE

Comme on le sait, le tachymètre n'est utilisé, dans ce mode de régulation, que sur une plage très petite de l'aire comprise entre les caractéristiques extrêmes de la régulation directe (fig. 397).

Nous aurons ainsi une zone ABCD aussi aplatie qu'on voudra, le contact avec les relais, réels ou fictifs, de mise en marche du vannage, venant limiter le déplacement du tachymètre à des

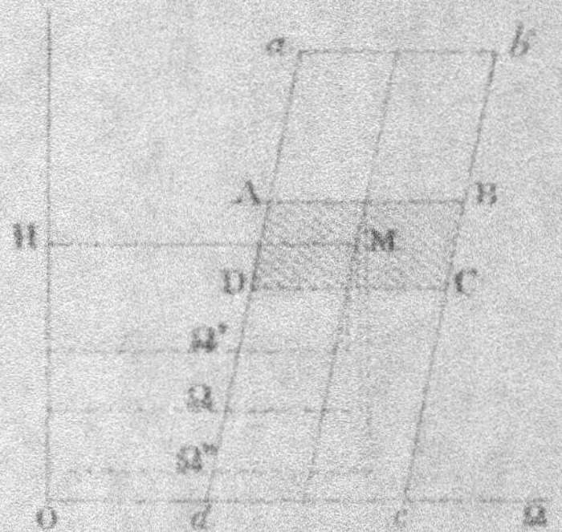

Fig. 397. — Régulation indirecte. Relation entre cette régulation et la régulation directe.

quantités très petites de part et d'autre de sa position moyenne.

Nous pourrons ainsi réaliser, en approchant au maximum les droites AB et CD l'une de l'autre, un tachymètre aussi voisin qu'on le voudra du synchronisme Ω.

Le rapport $\dfrac{\Omega}{DC}$, DC étant l'écart sur les abscisses des caractéristiques extrêmes, mesure la *sensibilité du tachymètre*. On la prendra égale, une fois pour toutes, à la quantité convenable ; mais, par réglage des relais, on pourra réduire à une quantité aussi faible qu'on le voudra le rapport $\dfrac{\Omega' - \Omega''}{\Omega}$, donc réaliser un *degré d'iso-chronisme* aussi grand qu'on le voudra. On connaît le mode de fonctionnement de la régulation indirecte, consistant dans la mise en route par le tachymètre, après un temps mort plus ou moins grand, du moteur du vannage (fig. 398).

Supposons que nous ayons affaire à un couple résistant C_r

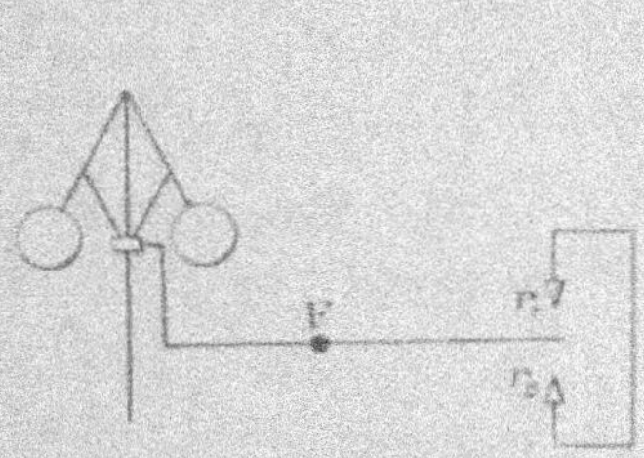

Fig. 398. — Régulation indirecte. Représentation schématique par relais du mode de fonctionnement.

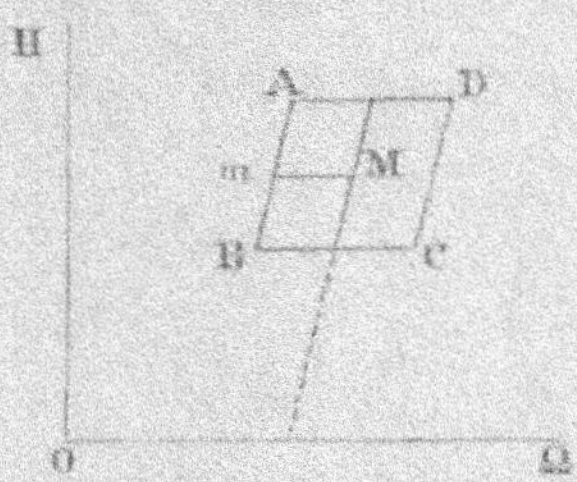

Fig. 399. — Régulation indirecte. Premier temps de la perturbation. Représentation graphique.

variant peut-être par sauts brusques, mais pratiquement indépendant de la vitesse. Soit donc :

$$C_r > C_{r_0}$$

Nous aurons alors :

a) Un premier temps correspondant au passage du point figuratif de M en m (admission inchangée) (fig. 399) ;

b) Un deuxième temps correspondant au passage de m en B du tachymètre, temps très restreint devant le premier et dont nous ne tiendrons pas toujours compte dans le calcul ;

c) Un troisième temps dans lequel l'embrayage ayant été effectué par l'intermédiaire de celui des relais que la tige est venue rencontrer dans son déplacement, nous aurons une modification de l'admission due à l'intervention du régulateur.

Premier temps : inaction de la vanne. — Nous aurons évidemment :

$$C_r = C_{r_0} + \Gamma$$

(ici $\Gamma > 0$ pour fixer les idées, couple croissant brusquement avec le temps). Donc :

$$C_r - C_{r_0} - \Gamma = K \frac{d\omega}{dt},$$

ou :

$$-\Gamma = K\Omega\frac{dz}{dt} \quad \text{avec} \quad z = \frac{\omega - \Omega}{\Omega},$$

$\Omega =$ vitesse de régime, $\omega =$ vitesse instantanée.

D'où :

$$-\Gamma = K\Omega\frac{dz}{dt}, \quad z = \frac{-\Gamma}{K\Omega}t,$$

car pour

$$t = 0, \quad z = 0,$$

nous avons la vitesse de régime.

Or, quand nous sommes arrivés en m, l'écart de vitesse sera :

$$z_1 = \frac{mM}{\Omega} = \frac{1}{2S},$$

S étant la sensibilité du tachymètre. Donc, z étant ici négatif (baisse de vitesse) :

$$-z_1 = \frac{1}{2S} = \frac{\Gamma}{K\Omega}t_1.$$

D'où, à la fin de la première phase :

$$t_1 = \frac{K\Omega}{2S\Gamma} \quad \text{et} \quad -z_1 = \frac{1}{2S}.$$

Or :

$$t_1 = \frac{1}{2S}\frac{\Gamma}{K\Omega} = \frac{1}{S}\frac{1}{2}\frac{K\Omega^2}{\Gamma\Omega} = \frac{1}{S}\frac{W}{\Delta P},$$

en appelant ΔP l'excès positif ou négatif de puissance à fournir, provoqué par la variation du couple, W l'énergie cinétique localisée sur le groupe :

$$t_1 = \frac{1}{S} \times \frac{\text{Énergie cinétique groupe}}{\text{Accroissement de puissance}}$$

En particulier, soit le groupe chargé ou déchargé brusquement :

$$\Delta P = P_{max} \text{ (pleine charge)}.$$

Alors :

$$t_1 = \frac{1}{S}\left(\frac{\text{Énergie cinétique}}{P_{max}}\right) = \frac{1}{S}\frac{K\Omega^2}{2P_{max}}.$$

Le coefficient

$$\theta = \frac{K\dfrac{\Omega^2}{2}}{P_{max}}$$

est homogène à un temps. Il a une signification physique très simple.

Supprimons l'agent moteur ; laissons mourir la vitesse du groupe en le faisant travailler sur une résistance graduée de telle sorte que la puissance fournie reste constante et égale à celle de pleine charge P_{max}. Nous aurons ainsi une puissance à assurer bien déterminée. Le temps θ pendant lequel le groupe pourra fournir, au détriment de son énergie cinétique, cette puissance, sera le quotient de notre formule précédente.

On peut encore donner une autre interprétation de la signification de θ. Notre groupe partant du repos, fournissons-lui l'agent moteur en quantité identique à celle que nous lui donnons en pleine charge. Le groupe démarre et acquiert sa vitesse de régime (circuit ouvert sur la dynamo) en un temps θ donné par :

$$\theta \times P_{max} = \frac{1}{2}K\Omega^2.$$

Nous appellerons θ : temps du *lancer à pleine puissance*. Il est à peine utile de dire que le *temps du lancer réel* sera beaucoup plus considérable, car on fait démarrer le groupe lentement, avec des admissions réduites.

Cette parenthèse close, nous voyons que, d'après l'équation :

$$t_1 = \frac{1}{8}\theta.$$

le temps au bout duquel se produit l'embrayage est la fraction $\frac{1}{8}$ du *lancer à pleine puissance*.

Signalons enfin que, dans les groupes électrogènes, le quotient $\dfrac{K\Omega^2}{2}\dfrac{1}{P_{max}}$, homogène à un temps, joue un rôle des plus importants au point de vue de la régulation. Évalué en unités convenables, ce quotient porte souvent le nom industriel de *force vive par cheval* du groupe. Cette définition a du reste le tort de laisser subsister, dans sa forme, des précisions d'unités qui devraient être évitées.

Deuxième temps : activité de la vanne. — L'admission étant insuffisante, donc devant croître, nous pourrons écrire :

$$C_n = C_{max} \frac{e_0 + at}{E}$$

pour la nouvelle valeur du couple moteur. Donc :

$$C_{max} \frac{e_0 + at}{E} - C_r = K \frac{d\omega}{dt}$$

$$C_{max} \frac{at}{E} - \Gamma = K\Omega \frac{dz}{dt}$$

$$C_{max} \frac{t}{\theta} - \Gamma = K\Omega \frac{dz}{dt},$$

en appelant θ la durée de fermeture (ou d'ouverture) de la vanne en plein. Il est à remarquer que :

$$C_{max} \frac{e_0}{E} = C_{r_1}.$$

D'où :

$$K\Omega dz = \left(C_{max} \frac{t}{\theta} - \Gamma\right) dt$$

$$K\Omega(z - b) = \left(C_{max} \frac{t^2}{2\theta} - \Gamma t\right).$$

en désignant par b une constante d'intégration.

Prenons comme nouvelle origine des temps t' celui où l'embrayage est effectué. Nous aurons ainsi :

$$z = z_1 \qquad \text{pour} \qquad t' = 0.$$

D'où :

$$K\Omega(z - z_1) = \left(C_{max} \frac{t'}{2\theta} - \Gamma\right) t',$$

équation d'une parabole passant par les points :

$$z = z_1 \quad \text{et} \quad t' = 0$$

et par les points :

$$z = z_1 \quad \text{et} \quad t'_1 = \frac{2\theta\Gamma}{C_{max}}.$$

Le sommet de la parabole (fig. 100) est au point d'abscisse :

$$t_2 = \frac{\Gamma\theta}{C_{max}}.$$

L'élongation maxima $(z - z_1)_{max}$ s'obtient en faisant $t = t_2$ dans cette équation :

$$(z - z_1)_{max} = \frac{1}{K\Omega}\left(\frac{\Gamma\theta}{C_{max}}\right)\left(-\frac{\Gamma}{2}\right),$$

d'où, en valeur absolue :

$$(z - z_1)_{max} = \frac{\Gamma\theta}{C_{max}}\,\frac{\Gamma}{2K\Omega}.$$

On a donc, en appelant t_1 le temps de la perturbation (action de la vanne) :

$$t_1 = \frac{2\Gamma\theta}{C_{max}}$$

Élongation maxima (variation relative de vitesse) :

$$(z - z_1)_{max} = \left(\frac{\theta\Gamma}{C_{max}}\right)\frac{\Gamma}{2K\Omega}.$$

soit :

$$\Gamma = \varepsilon C_{max},$$

ε étant la fraction de la puissance totale correspondant à la variation de régime :

$$(z - z_1)_{max} = (\theta\varepsilon)\frac{\varepsilon C_{max}}{2K\Omega}$$

$$(z - z_1)_{max} = \theta\varepsilon\,\frac{\varepsilon P_{max}}{\frac{1}{2}K\Omega^2} = \frac{1}{4}\theta\varepsilon^2\left(\frac{P_{max}}{\frac{1}{2}K\Omega^2}\right)$$

$$(z - z_1)_{max} = \frac{1}{4}\frac{\theta}{\Theta}\varepsilon^2.$$

En particulier, pour une charge brusque ou pour une décharge brusque, beaucoup plus grave :

$$\begin{cases} \varepsilon = 1 \\ (z - z_1)_{max} = \frac{1}{4}\frac{\theta}{\Theta} \end{cases}$$

On voit qu'avec un régulateur à action ultra-rapide, fermant en 3 secondes, pour que :

$$\zeta - \zeta'_{max} < \frac{1}{10}$$

il faudrait que

$$\frac{1}{10} < \frac{1}{4}\,\frac{5}{\zeta} \quad \text{ou} \quad \zeta < \frac{50}{4} = 12,50,$$

c'est-à-dire que le *lancer à pleine puissance soit au plus égal à* 12°,50.

III. — INCONVÉNIENTS DE LA RÉGULATION INDIRECTE SIMPLE

Les inconvénients de la régulation indirecte simple résident tous dans ce fait que la modification du couple résistant ($C_o \gg C_1$), (ce couple étant supposé indépendant de la vitesse), se traduit par une oscillation de la vanne autour de la nouvelle position *d'équilibre correspondant à l'admission* e' (pour le couple résistant C'_r). Ces oscillations, loin de s'éteindre, au point du vue théorique, peuvent même *s'amplifier*, toujours au même point de vue, *indéfiniment*, le régime ne consistant plus qu'en un balancement de la puissance fournie, compris entre la marche à vide et la pleine charge.

Représentation de la perturbation. — On voit que les oscillations de la vanne sont symétriques et que, si les vitesses d'embrayage et de débrayage d'ouverture d'une part, d'embrayage et de débrayage de fermeture d'autre part, étaient les mêmes, les oscillations se perpétueraient indéfiniment autour des positions du nouvel équilibre.

En faisant, pour une minute, abstraction des frottements intérieurs dont l'appareil est le siège, voyons comment serait modifiée la nature des oscillations, théoriquement indéfinies dans le cas présent, imposées à l'admission, quand les vitesses d'embrayage et de débrayage sont les mêmes pour chaque mode d'activité de la vanne (ouverture ou fermeture).

Supposons, pour fixer les idées, que le couple résistant croisse :

$$C_o \to C_1.$$

Alors, le rôle du vannage doit être d'augmenter l'admission jusqu'au moment où :

$$C_m = C_1.$$

c'est-à-dire jusqu'à ce que l'admission c, correspondant à l'équilibre des couples, soit réalisée.

Nous aurons ainsi la forme de cycle, indéfiniment décrit, de la figure 401.

Le régulateur étant supposé parfaitement isochrone, les vitesses

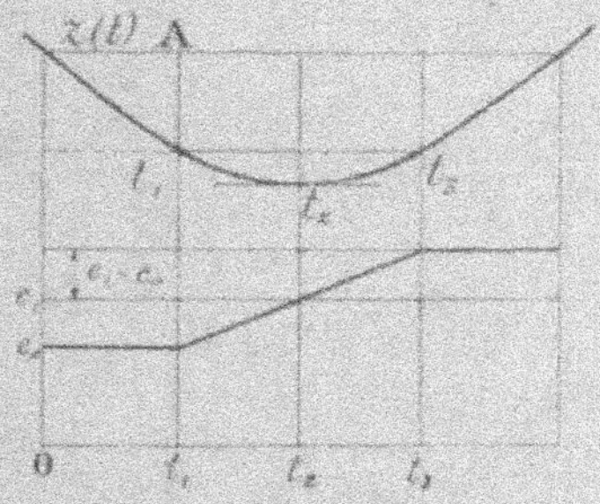

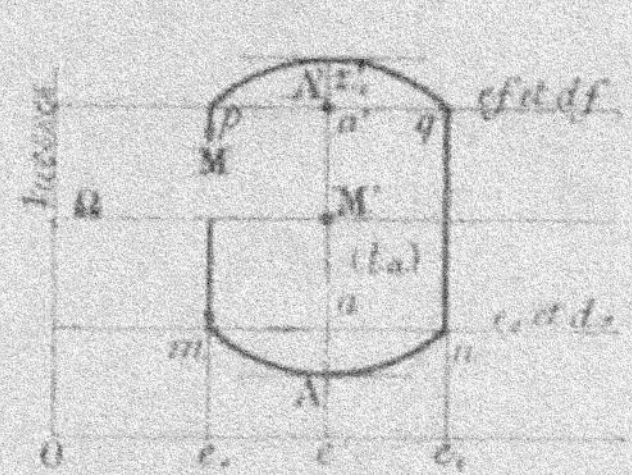

Fig. 400. — Régulation indirecte. Représentation graphique des périodes successives d'inaction et d'activité de la vanne.

Fig. 401. — Régulation indirecte. Oscillation de la vanne autour de sa nouvelle position d'équilibre dans le cas d'une perturbation.

de régime correspondant aux points de fonctionnement M et M' seront les mêmes.

Les points A et A' sont sur la même verticale passant par M'. On sait que :

$$z_{max} = Aa = z'_{max} = Aa'.$$

Nous avons vu que, Γ désignant la différence $C_v - C_r$, nous avions pour l'instant t_x du maximum de z (en A) :

$$t_x = \frac{\Gamma \theta}{C_{max}}$$

et pour le z_{max} correspondant :

$$z_{max} = \frac{\Gamma \theta}{C_{max}} \frac{\Gamma}{2K\Omega} = \theta z^2 \frac{P}{4W}$$

$$z_{max} = \theta z^3 \frac{P}{4W} = \frac{\theta z^2}{4\delta} = \frac{\theta}{\delta}\left(\frac{z^2}{4}\right)$$

$$z_{max} = \frac{\Gamma^2 \theta}{2K\Omega C_{max}}$$

avec :

$$\begin{cases} P = P_{max}, \text{ puissance de pleine charge} \\ \Gamma\Omega = aP \\ W = \frac{1}{2}k\Omega^2 \\ \varepsilon = \dfrac{W}{P} \end{cases}$$

Passons de cette conception à celle d'un régulateur largement anisochrone et pourvu d'une certaine insensibilité[1] (vitesses de débrayage et d'embrayage non identiques).

Nous aurons la même parabole, mais prolongée de n en n'. La

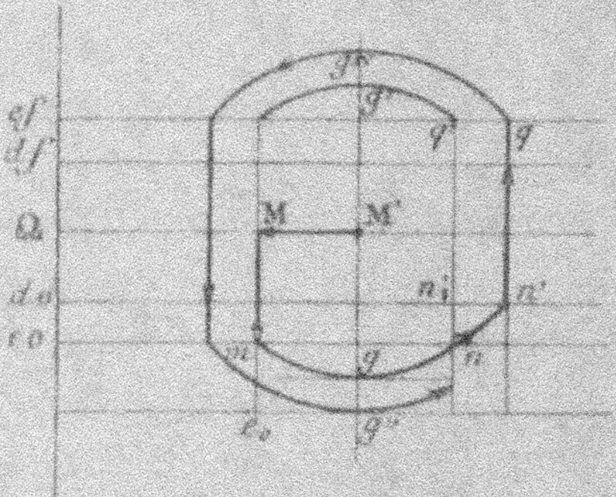

Fig. 102. — Régulation indirecte. Cycles d'amplitudes croissantes dans le cas d'un régulateur indirect simple et d'une variation de couple résistant indépendant de la vitesse.

distance $n'\,o'$, représente une admission supplémentaire. Tout se passe comme si le mouvement, depuis le point q d'embrayage de fermeture, s'effectuait sous l'influence du déséquilibre initial :

$$C_{max} < \frac{e_0 + \overline{mn} + n\,n_1}{E} - C_r$$

1. Un régulateur *largement anisochrone*

$$\frac{\Omega' - \Omega}{\Omega} > \frac{1}{28}$$

aura ses deux vitesses de fermeture d'un même côté de la vitesse moyenne Ω. Ce sera le contraire pour un régulateur *légèrement anisochrone*. De toutes façons, les deux vitesses d'embrayage *enferment* toujours les deux vitesses de débrayage.

ou, en remarquant que :

$$C_{max}\,\frac{e_0 + \dfrac{mn}{2}}{E} = C_{max}\,\frac{e_0 + mg}{E} = C'_0,$$

sous le déséquilibre :

$$C_{max} \times \frac{\dfrac{mn}{2} + n'n'_2}{E} = \Gamma + C_{max}\frac{n'n'_2}{E}.$$

D'où encore pour le couple Γ, dans le cas d'une sensibilité infinie :

$$\Gamma = \frac{C_{max}}{E}\,\frac{mn}{2},$$

Il en résultait le déséquilibre :

$$\frac{C_{max}}{E} = \frac{\Gamma}{\dfrac{mn}{2}},$$

Donc le nouveau déséquilibre sera :

$$\frac{C_{max}}{E}\,n'n'_2 + \Gamma = \Gamma\left(1 + \frac{n'n'_2}{mg}\right).$$

Toutes les paraboles ont pour équation :

$$\left(C_{max}\,\frac{nt}{2E} - \Gamma\right)t = K\Omega_2$$

$$\left(C_{max}\,\frac{nt}{2E} - \Gamma'\right)t = K\Omega'_2,$$

en prenant des coordonnées convenables. On voit donc que les oscillations réalisées auraient des amplitudes dans les rapports successifs :

$$\frac{\Omega_{max}}{\Gamma^2}\quad \frac{\Omega'_{max}}{\Gamma'^2}\ \text{etc.}$$

Les oscillations ne cesseraient donc de croître en amplitude, et le groupe serait complètement déréglé au bout d'un certain temps. Toutes les paraboles ont du reste leur axe confondu avec M'y. En effet, les instants où les Ω_{max} sont réalisés (sommets) sont donnés, avec prise de l'origine des temps à l'intersection de la parabole

avec la droite horizontale de la vitesse d'embrayage correspondante,
par les expressions :

$$\ell_a = \frac{C_{max}}{\Gamma\theta}$$

$$\ell'_a = \frac{C_{max}}{\Gamma'\theta}.$$

ou

$$\Gamma' = \Gamma\left(1 + \frac{n'n'_1}{mq}\right)$$

$$\frac{\Gamma}{mq} = \frac{\Gamma'}{mq + n'n'_1}, \text{ etc}$$

Donc les sommets sont tous sur la même droite $q M' q'$.

Des frottements intérieurs dans la commande du vannage, frot-

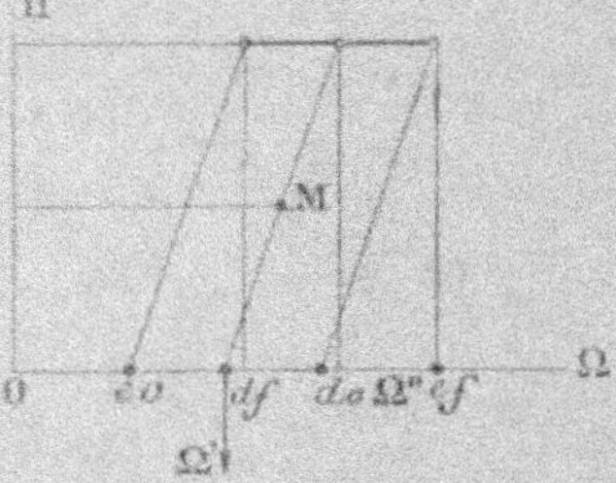

Fig. 403. — Caractéristiques de régulateur indirect largement anisochrone et
d'une sensibilité modérée.

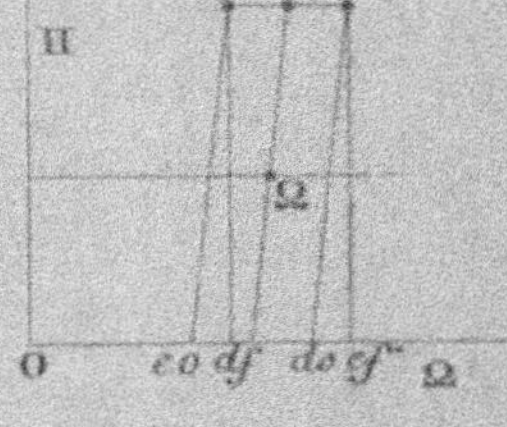

Fig. 404. — Caractéristique de
régulateur presque isochrone et
d'une sensibilité modérée.

tements qui fonctionnent toujours comme efforts retardateurs,
constitueront la meilleure atténuation à l'amplification, au moins
théorique, des cycles.

L'étude de la même question, faite avec un régulateur légèrement anisochrone, aurait démontré naturellement, encore mieux,
l'amplification théorique des oscillations dans le cas qui nous
occupe (fig. 404).

IV. — NÉCESSITÉ DE DISPOSITIFS PERMETTANT DE CORRIGER CETTE
AMPLIFICATION DES OSCILLATIONS ET D'ATTEINDRE LES NOU-
VELLES POSITIONS D'ÉQUILIBRE AVEC LE MINIMUM DE VARIATIONS
DE VITESSE.

Sur les moyens de diminuer l'amplitude des cycles. — Nous
avons signalé que dans le cas d'un régulateur indirect, absolument

sensible et plus ou moins isochrone, les oscillations de la vitesse relative continuaient à se propager sous une forme indéfinie, au moins dans le cas de couples résistants indépendants des vitesses. Il en est de même, avec quelques aggravations, avec un régulateur de sensibilité finie, et même les oscillations sont aggravées en amplitude, les cycles ne cessant de croître en surface, au moins théoriquement, puisque les vitesses d'embrayage comprennent entre elles les vitesses de débrayage. Pour réduire ces amplitudes, on peut s'adresser à des régulateurs indirects spéciaux, dont nous donnons ci-dessous le principe, mais qui ont l'inconvénient de ne pas proportionner l'écart des vitesses d'embrayage et de débrayage à l'équilibre du couple moteur initial et du couple moteur final. On peut s'adresser encore, et c'est la tendance la plus moderne et la plus justifiée, à des régulateurs indirects asservis.

A. — RÉGULATEURS SPÉCIAUX AVEC LIENS D'EMBRAYAGE ET DE DÉBRAYAGE SENSIBLES AUX SENS DE VARIATION DES VITESSES

Occupons-nous des régulateurs indirects spéciaux, non asservis, avec vitesses d'embrayage comprises entre les vitesses de débrayage.

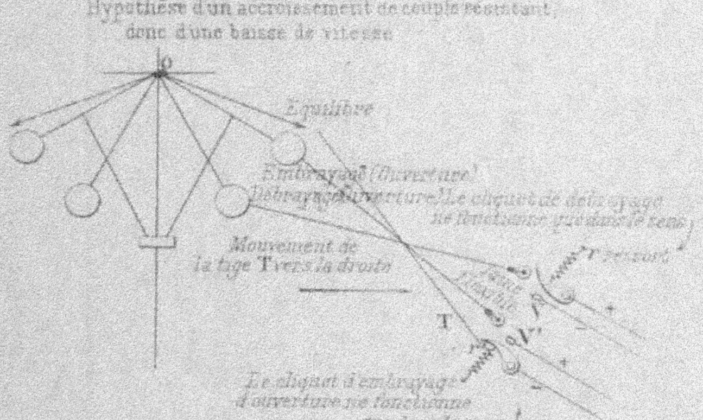

Fig. 405. — Régulateur indirect spécial avec liaison de son mode d'activité au sens de variation des vitesses.

Si l'on étudie graphiquement ces régulateurs, comme nous l'avons fait précédemment pour les régulateurs indirects théoriques, on voit qu'une baisse de vitesse doit entraîner, après la période de repos du régulateur de M en M_1 (fig. 406), l'embrayage en m; le débrayage en m'. Mais ce débrayage ne doit avoir lieu que quand la vitesse, après avoir baissé et passé par un minimum, remonte vers la vitesse d'équilibre. Dans ces conditions, le relai (réel ou fictif) d'embrayage, comme celui de débrayage, ne doivent fonctionner que pour un sens de variation de vitesse:

Le relai d'embrayage, quand la vitesse décroît;

Le relai de débrayage, quand la vitesse croît.

Les relais à cliquets de la figure 405, avec ressorts de rappel et plots de contact, permettent de fermer, par la masse de ces cliquets et les plots v et v', un circuit électrique de mise en train ou d'arrêt du vannage. On pourra trouver là une solution du problème précédent. Ajoutons que tout phénomène, lié à la fois à la valeur de la vitesse du tachymètre et au sens de variation de cette vitesse, permettra d'aboutir au but proposé.

En résumé, par un tel dispositif, nous sommes arrivés à ces deux résultats :

Amoindrissement des cycles par l'emploi des deux relais ;

Vitesse d'embrayage à l'ouverture plus petite que la vitesse de débrayage.

Il est facile de calculer le nombre des oscillations que l'on aura ainsi laissé subsister dans ce réglage.

Les paraboles seront toutes semblables et coaxées sur la verticale du nouveau régime, et la distance des sommets successifs sera :

$$\overline{d_0 - e_0} + \overline{df - ef}.$$

Mais on verra que, tandis que dans le cas de régulateurs indirects à caractéristique normale, on avait :

$$\frac{d_2 - e_0}{\Omega} = \frac{ef - df}{\Omega} = \frac{1}{S}$$

il n'y a plus ici de relation directe entre le degré de sensibilité et les quantités :

$$\frac{d_0 - e_0}{\Omega} \quad \text{et} \quad \frac{df - ef}{\Omega}.$$

Ces quantités ne représentent plus que les écarts relatifs de vitesse dus au débrayage et à l'embrayage.

Mais l'écart $ef - eo$ peut être pris aussi petit que l'on veut. Il n'a

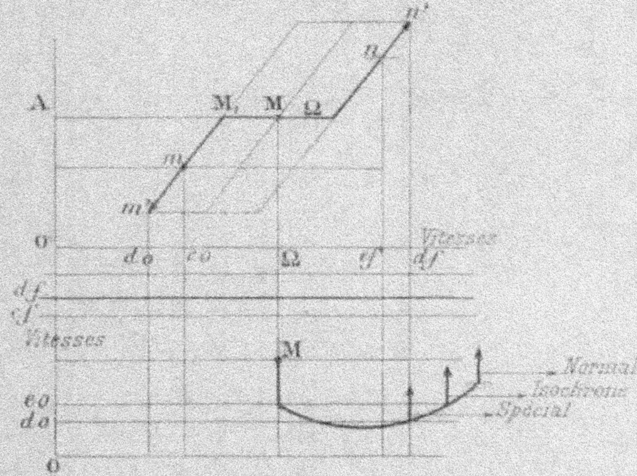

Fig. 106. — Représentation graphique des modes d'action comparés des divers régulateurs indirects.

ici aucun rôle. Il y a du reste intérêt à avoir un régulateur aussi isochrone que possible.

On portera donc la plus grande partie de l'irrégularité tolérée dans ce régulateur sur les écarts relatifs :

$$\frac{do - eo}{\Omega} \quad \text{et} \quad \frac{df - ef}{\Omega}$$

de telle sorte qu'on aura encore sensiblement (fig. 107 et 408) :

$$\frac{2}{S} = \frac{do - eo}{\Omega} + \frac{df - ef}{\Omega}.$$

Désignons par m le nombre d'oscillations (cycles complets) que

1. On a, par définition, sur la figure 106 :

pour le degré d'isochronisme $\dfrac{1}{i} = \dfrac{\Omega'' - \Omega'}{\Omega}$

pour le degré de sensibilité $\dfrac{1}{s} = \dfrac{\Omega_2 - \Omega_1}{\Omega} = \dfrac{\Omega'_2 - \Omega'_1}{\Omega}$

pour le degré de régularité $\dfrac{1}{r} = \dfrac{\Omega_2 - \Omega_1}{\Omega} = \dfrac{1}{i} + \dfrac{1}{s}$

le régulateur ci-dessus laissera faire à la vanne avant que celle-ci atteigne sa nouvelle position de régime.

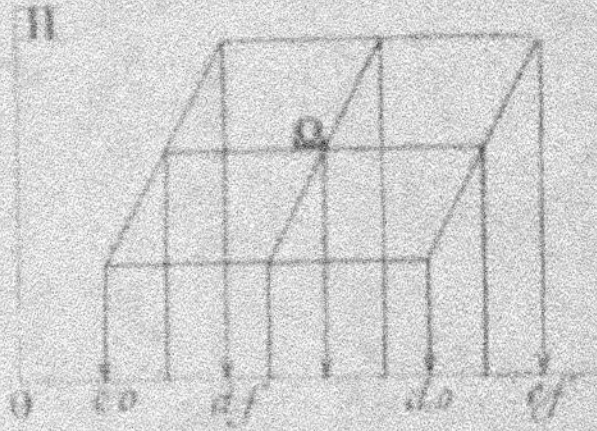

Fig. 407. — Caractéristiques d'un régulateur largement anisochrone et peu sensible.

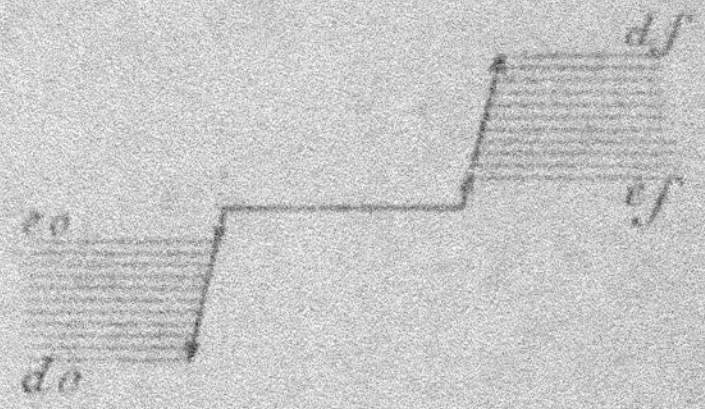

Fig. 408. — Caractéristiques simplifiées d'un régulateur indirect à mode d'activité lié au sens de variation des vitesses.

Nous aurons ainsi, le ε_{max} de la première demi-oscillation étant imposé, comme on le sait, par la relation intangible :

$$\varepsilon_{max} = \frac{F^2\theta}{2K\Omega C_{max}},$$

un nombre d'oscillations m donné par

$$\varepsilon_{max} = \frac{2}{S} m$$

et par conséquent :

$$m = \frac{\varepsilon_{max} S}{2} = \frac{\Omega}{2(\Omega''_2 - \Omega''_1)} \frac{F^2\theta}{2K\Omega C_{max}}.$$

Soit $F = C_{max}$ (charge ou décharge complète). Il vient :

$$m = \frac{\Omega}{2(\Omega''_2 - \Omega''_1)} \frac{C_{max}\theta}{2K\Omega}$$

$$m = \frac{\Omega}{2(\Omega''_2 - \Omega''_1)} \frac{P_{max}\theta}{4W}$$

$$m = \left(\frac{S}{2}\right) \frac{\theta}{4\varepsilon} = \frac{\theta}{\varepsilon}\left(\frac{S}{8}\right).$$

B. — ASSERVISSEMENT

Dans ce deuxième mode, on cherche à donner à l'écart $df - ef$ ou $do - eo$ des valeurs variables, fonctions de l'effet à corriger. Nous pourrons représenter simplement cette modalité de fonctionnement des régulateurs indirects (fig. 409).

Nous aurons ainsi une nouvelle vitesse de débrayage d'ouverture plus grande que celle normale d'équilibre et qui permettra au tachymètre de désembrayer plus tôt, mais toujours en général après l'atteinte du maximum de l'écart relatif de vitesse.

De même, dans l'hypothèse de la figure 409, le couple résistant

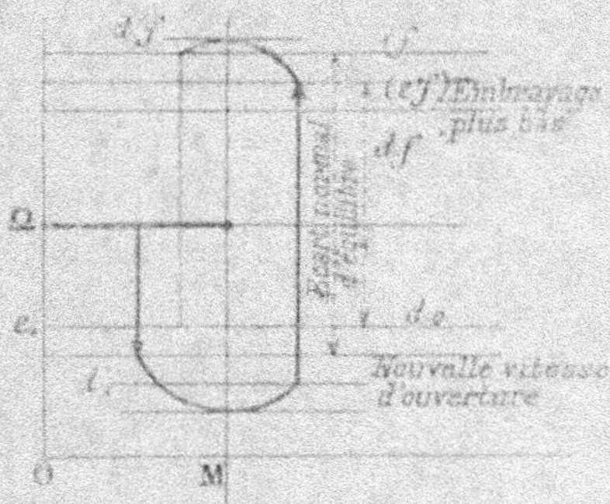

Fig. 409. — Régulation indirecte asservie. Oscillations de la vanne. Modification des vitesses d'embrayage et de débrayage.

étant devenu plus grand, le couple moteur à la fin de la période d'embrayage ou d'activité de la vanne, étant plus ou moins supérieur au couple résistant, la vitesse va monter jusqu'à la nouvelle valeur d'embrayage de fermeture εf de la vanne, et il suffira d'une petite phase de fermeture pour que la vitesse vienne à être comprise entre les vitesses d'embrayage d'équilibre du tachymètre, donc pour que l'équilibre soit réalisé.

V. — DIVERS MODES DE RÉALISATION DE L'ASSERVISSEMENT

Cette modification provisoire des vitesses de débrayage et d'embrayage peut être obtenue par divers moyens.

Considérons un régulateur indirect simple, tel que celui de la figure 411. Soit, pour fixer les idées, $C_r > C_m$, la vitesse baisse, le manchon s'abaisse. On veut avoir une vitesse de débrayage d'ouverture plus basse; il faut donc provoquer la rencontre de T avec r_1 (débrayage d'ouverture) plus tôt :

1° Soit en remontant r_1 (hypothèse d'un tachymètre absolument libre et n'obéissant qu'aux indications de vitesse qui lui proviennent du groupe en perturbation);

2° Soit en abaissant F en F', de manière à avoir les trois points

$M' F' T_0$ sur la même droite, disposition qui permettra de laisser les relais immobiles. Ce mode conviendra également bien au cas où le tachymètre est toujours libre et suit ses inspirations

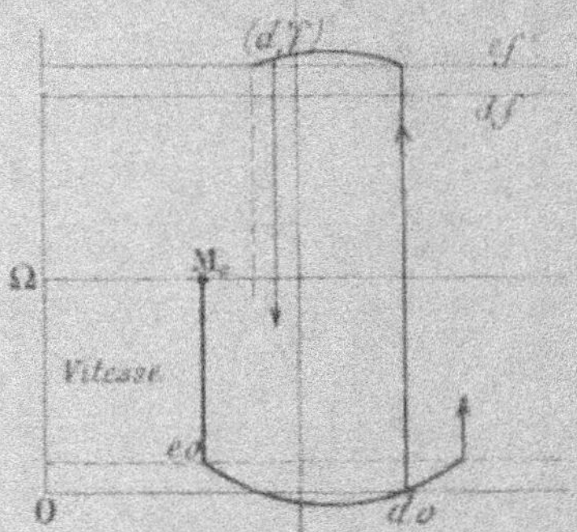

Fig. 416. — Régulation indirecte asservie. Influence de cet asservissement sur la forme des cycles.

propres, en ce qui concerne les positions du manchon sur son arbre.

3° Soit enfin, comme il est fait quelquefois, pour des tachymètres dont la course libre serait trop longue et l'inertie trop insuffisante, en bloquant ce tachymètre pendant la période de perturbation (ici embrayage d'ouverture et ouverture) et en lui redonnant sa liberté à un moment convenable par la possibilité de débrayer (à l'ouverture, dans nos hypothèses). Dans ce cas, qui est également intéressant, le tachymètre a tantôt un mouvement libre (déplacement du manchon sur son arbre sous l'influence des variations de vitesse du groupe jusqu'au moment de sa liaison avec le vannage), tantôt un mouvement contraint (ou mouvement imposé par les déplacements du vannage).

PREMIER MODE DE RÉALISATION DE LA RÉGULATION ASSERVIE

TACHYMÈTRE TOUJOURS LIBRE : ASSERVISSEMENT
PAR DÉPLACEMENT DES RELAIS

En résumant les théories générales précédentes, nous voyons en somme que le problème reviendra à produire le *débrayage d'ouverture* dans le cas qui nous intéresse pour une vitesse plus basse que la *vitesse normale de débrayage d'ouverture*. Cette modification est possible si les relais ne restent plus fixes, comme dans le cas de la régulation indirecte simple, mais ont un déplacement

tel que T revienne en contact avec r_1 (position de débrayage d'ouverture) quand l'admission a réacquis la valeur nécessaire $e = e_1$
(e_1 correspondant à C_{r_1}), le relai r_1 étant venu en r'_1 dans l'inter-

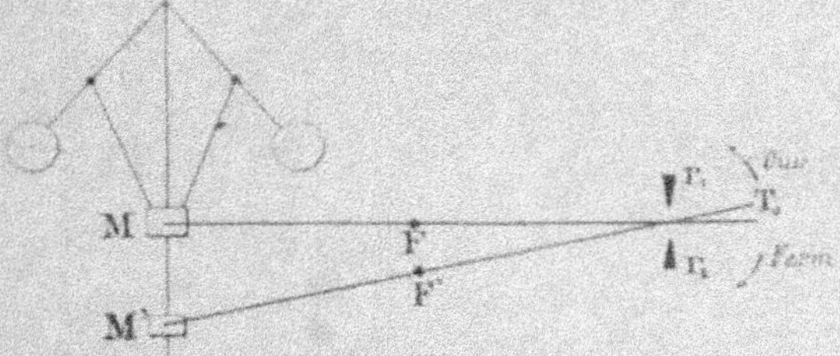

Fig. 441. — Régulation indirecte asservie. Asservissement
par déplacement des relais.

valle des variations de vitesse, en se déplaçant vers le haut. Le
débrayage d'ouverture se produit alors plus haut. Or, même en
supposant le tachymètre doué d'un fort degré d'isochronisme, il
est indispensable, dans le régulateur indirect asservi, comme dans
le régulateur direct, qu'à chaque admission corresponde une
vitesse même très peu différente de celle correspondant à l'hori-
zontalité du tachymètre.

La position de départ du manchon étant M_o, il en résulte qu'elle
sera M_1 (si $C_r = C_{r_o}$) un peu au-dessous de M_o.

Le débrayage d'ouverture devra donc avoir lieu pour la posi-

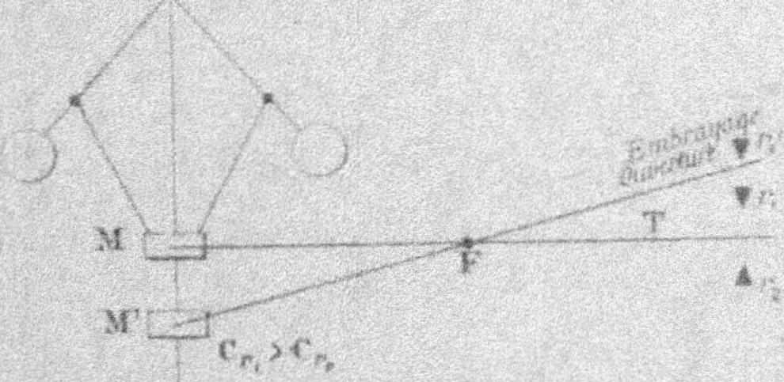

Fig. 442. — Régulation indirecte asservie. Asservissement
par déplacement des relais.

tion M'' du manchon. Le système des relais devra donc être
déplacé de r_1 en r'_1 (et de r_2 en r'_2).

A une baisse de vitesse aura donc dû correspondre une hausse
des relais.

Si le tachymètre a été laissé libre de suivre, comme il a été dit tout à l'heure, ses inspirations, le point T aura donc dû échapper au contact des relais r_1 (lame souple σ) et ne retrouver le relai r_2 (alors en r'_2) qu'à la descente de T (fig. 413).

En somme, les relais r_1, r_2 se sont déplacés de manière à ce que les nouvelles vitesses critiques soient, non plus ω' et ω'', mais Ω' et Ω''.

L'admission est réglée à sa nouvelle valeur e_1. Mais la vitesse est encore différente de celle correspondant à la position M_1 du manchon. La vitesse n'est pas revenue à sa nouvelle valeur du régime.

Fig. 413. — Régulation indirecte asservie. Asservissement par déplacement des relais

Pour qu'il en soit ainsi, le manchon devrait donc remonter, puisqu'il occupe une situation, sur son arbre, inférieure à celle de l'équilibre.

Si l'admission était coupée juste au moment où $e = e_1$ (e_1 correspondant à C_r) le manchon n'aurait pas tendance à remonter, la vitesse restant théoriquement égale à Ω''.

Pour que la vitesse remonte, il faut que l'admission e'_1, au moment de la suppression des liaisons, soit supérieure à e_1, d'où hausse de vitesse du groupe, en vertu de l'inégalité :

$$C_{max} \frac{e'_1}{E} - C_r = K \frac{d\omega}{dt}.$$

Dans le cas considéré ($C_m > C_{r_0}$) la vitesse baisse jusqu'à l'embrayage d'ouverture et elle baisse encore jusqu'à l'égalité des couples et l'écart maximum de vitesse.

Il faut que, lorsque la vitesse remonte, le point M remontant sur son arbre, le point où va se produire l'embrayage complémentaire de fermeture occupe la situation convenable.

Le manchon a donc décrit le parcours MM'. Il commence à remonter et il y a possibilité pour le manchon d'atteindre enfin la position M_1 très voisine de M correspondant au nouveau régime de vitesse.

Il a donc fallu que, depuis la rencontre de T avec r'_1 (débrayage d'ouverture) la vitesse ait monté, T se soit déplacé vers le bas, M soit remonté et que la fermeture correspondant à l'excès $e'_1 - e_1$ ait commencé à s'effectuer par rencontre de T dans son mouvement descendant avec r'_2, que cette fermeture se soit effectuée

<hr>

1. Voir un peu plus loin l'influence à cet égard des caractéristiques mécaniques des vitesses en fonction des couples.

jusqu'au moment où T_1 qui ne cesse de descendre, sous l'influence de la hausse de vitesse, soit venu rencontrer r''_2 [embrayage de fermeture].

Si r''_2 est précisément amené par les liaisons avec la vanne à une distance de la droite $M_1 FT_1$ juste égale à la distance $r_1 T = \dfrac{r_1 r_2}{2}$, le problème sera résolu, car les couples C_m et C_r seront égaux et la vitesse aura été ramenée à la valeur de régime [manchon en M_1].

En général, il suffira que la liaison du moteur au vannage soit coupée quand $v = v_1$, la vitesse instantanée pour laquelle cette éventualité se produit étant très voisine de celle du nouveau régime.

Au bout de cette deuxième phase complémentaire, ou de correction, la vitesse reprendra sa valeur de régime M, par l'effet des

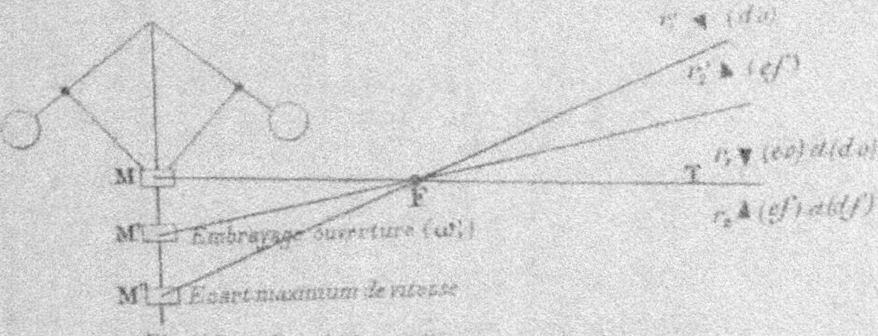

Fig. 444. — Régulation indirecte asservie. Asservissement par déplacement des relais.

chocs intérieurs. Il suffit que l'écart de la vitesse de rupture des liaisons du moteur au vannage, par rapport à la nouvelle vitesse de régime, soit moindre que $\dfrac{E_s}{2}$, moitié de l'écart relatif de vitesse lié à la sensibilité du régulateur.

Conclusion. — En somme, dans l'hypothèse précédente, $C_r > C_{m}$, nous avons eu d'abord, en faisant abstraction de la période initiale, déjà étudiée, de mise en route du vannage :

1° Une baisse de vitesse se prolongeant pendant une augmentation de l'admission ;

2° Une rupture des liens moteur-vannage quand l'admission réalisée (v''_2) a été plus grande que v_1 d'un certain excès qui a permis à la vitesse du groupe de continuer à monter, le tachymètre remontant, l'admission ne se modifiant plus ;

3° Un nouvel embrayage, mais la vitesse croissant, pour une certaine valeur de cette vitesse croissante, embrayage de fermeture, tendant à corriger l'admission de son excès $c'_1 - c_1$.

4° Une suppression des liens moteur-vannage quand l'admission est revenue égale à c_1, la vitesse ne différant pas de celle de régime de plus de $\dfrac{E_0}{2}$.

On voit quelle est la difficulté de l'opération. Il faut que r_2 soit disposé au point juste convenable pour que, la vitesse ayant crû constamment depuis le débrayage ouverture, cette hausse de vitesse continue en s'atténuant progressivement jusqu'au moment où, l'admission étant juste égale à ce qu'elle doit être, la vitesse soit aussi très voisine de la vitesse de régime, qu'on peut supposer (bien que les tachymètres soient tous légèrement et nécessairement anisochrones) unique et égale à ω_0 [centre du parallélogramme des vitesses] (fig. 414 bis).

Si r'_2 est trop haut, on aura embrayage de fermeture prématuré, l'admission c'_1 sera ramenée égale à c_1 trop tôt, même réduite à

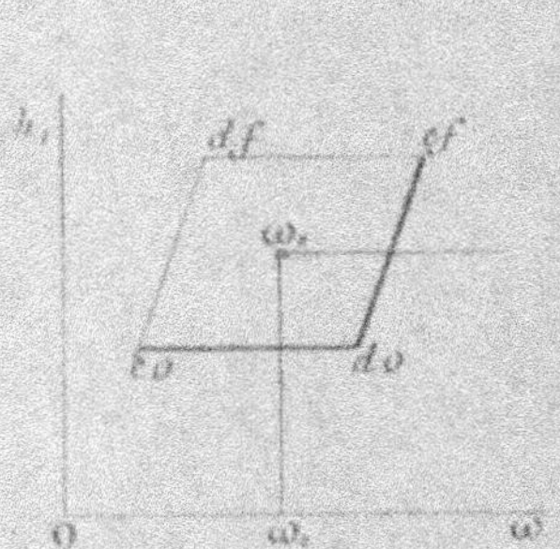

Fig. 414 bis. — Régulation indirecte asservie. Asservissement par déplacement des relais. Premiers temps de la perturbation.

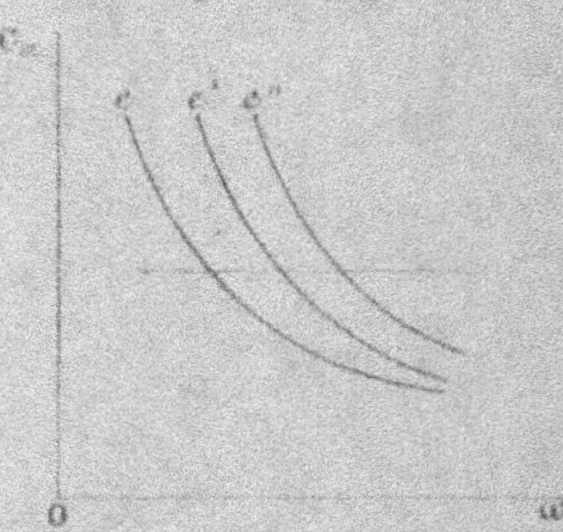

Fig. 415. — Régulation indirecte asservie. Influence sur la régulation de la variabilité des vitesses en fonction des admissions pour un même couple moteur.

une quantité inférieure à c_1, d'où renaissance de nouveaux cycles. Même si l'on a rompu les liens moteur-vannage trop tôt sur l'admission c_1, la vitesse ne sera pas ramenée encore à sa valeur voisine de celle de régime, le couple accélérateur $C_{max} \dfrac{c_1 - c_1}{E}$ lui ayant fait défaut.

Si r'_2 est trop bas, conclusion inverse; on coupe la diminution d'admission trop tard. Même si elle est rompue sur $z = z_0$, la vitesse peut avoir dépassé la valeur d'équilibre.

On conçoit la complication du problème. Il est encore obscurci par ce fait que le piston du servo-moteur hydraulique, ou plus généralement le servo-moteur de quelque type qu'il soit, possède une certaine inertie, qu'il continue encore à se déplacer un certain temps lorsque les liens moteur-vannage sont rompus.

Par contre, un effet heureux réside dans la substitution des caractéristiques mécaniques réelles, C_m (ω) pour une admission donnée, à la loi simple jusqu'ici admise de variation des couples moteurs proportionnellement à z. Cette possibilité d'avoir, pour z

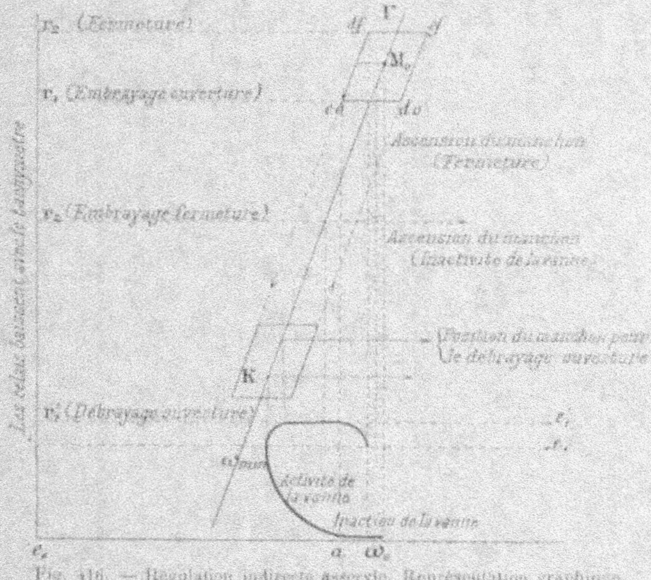

Fig. 416. — Régulation indirecte asservie. Représentation graphique d'une perturbation.

donnée, des couples moteurs divers pour les diverses vitesses est toute en faveur de la diminution des oscillations.

Ajoutons enfin que les couples générateurs ou résistants sont presque toujours fonctions croissantes de la vitesse. Il en résulte un nouvel élément de stabilité[1].

1. Cette hypothèse a été longuement et à peu près seule examinée dans la théorie classique due à Léauté.

Cherchons à représenter les divers phénomènes par un diagramme. Plaçons-nous toujours dans l'hypothèse $C_r = C_r$. Considérons encore les deux courbes $h(\omega)$ et $e(\omega)$.

En somme, les deux relais r_1 et r_2 ont pu avoir des mouvements indépendants, r_1 se déplaçant vers le bas (même sens que le mouvement du manchon). A partir de A, le système est embrayé à l'ouverture, la vitesse continue à baisser, le point figuratif M (fig. 416) se déplace vers la gauche, l'admission monte jusqu'à l'égalité des couples (e_1), le point M_6 se déplace sur son arbre jusqu'à la position correspondante (K, intersection de l'ordonnée de ω avec Γ, caractéristique du tachymètre). Ce tachymètre est naturellement laissé libre de se mouvoir sur les indications que lui fournit la vitesse du groupe pour hâter le débrayage ouverture, r_2 se déplaçant vers le haut d'une quantité telle, que l'embrayage fermeture ait lieu avant que soit atteinte la position r_2 et que cette correction $e_2 - e_1$ soit achevée quand le manchon arrive aux environs de r_2.

En résumé, le mouvement indivuel des relais dans cette théorie (tachymètre libre), est très simple à concevoir.

Si l'on imagine les relais de situation *invariable* l'un par rapport à l'autre, donc tous deux mobiles à la fois, avec un écartement constant, la question devient déjà plus difficile.

Cas d'un tachymètre infiniment sensible. — Considérons le cas d'un tachymètre infiniment sensible, pour alléger le diagramme. Nous aurons la représentation ci-dessous (fig. 417). Il est facile de voir que si l'on pose :

$$\alpha = r_1 \Gamma_1$$

déplacement du relai ouverture,

$$\beta = r_2 \Gamma_2$$

(déplacement du relai fermeture)
$\omega_{e_1}, \omega_{e_2}, \omega_{e_3}$ étant, sur la courbe inférieure, les vitesses atteintes pour les admissions e_1, e_2, e_3 :

$$\frac{\alpha}{\beta} = \frac{\omega_{e_1} - \omega_{e_2}}{\omega_{e_2} - \omega_{e_3}} = \frac{\omega_{e_2} - \omega_{e_3} + \Delta\omega_{e_2}}{\Delta\omega_{e_2}}$$

$\Delta\omega_{e_2} =$ correction de réglage; ou :

$$\frac{\alpha - \beta}{\beta} = \frac{\gamma}{\beta} = \frac{\omega_{e_2} - \omega_{e_3}}{\Delta\omega_{e_2}}$$

$$\frac{\gamma}{\alpha - \beta} = \frac{\beta}{\gamma} = \frac{\omega_{e_2} \lambda_{max}}{\Delta\omega_{e_2}}$$

en posant $\gamma = \alpha - \beta$ et appelant $\omega_{r_1 5 max}$ l'écart maximum relatif de vitesse.

γ est le déplacement du système des relais supposé se mouvant d'une seule pièce.

$$\frac{\beta}{\gamma} = \frac{\omega_{r_1 5 max}}{\Delta \omega_{r_1}} = \sim \frac{\alpha^1}{\gamma}$$

car α sera beaucoup plus grand que γ.

γ pourra représenter aussi l'écart des positions du manchon correspondant aux deux charges c_a et c_1.

Dans la théorie précédente, nous avons en somme supposé uti-

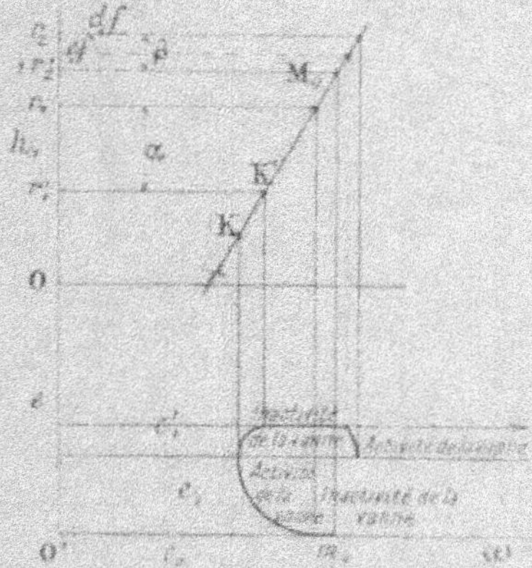

Fig. 447. — Régulation indirecte asservie. Asservissement par déplacement des relais. Représentation graphique de la perturbation dans le cas d'un tachymètre infiniment sensible.

lisable la caractéristique du tachymètre $h_1(\omega)$ sous sa forme recti-ligne. Soit B le coefficient angulaire de cette droite. On a évidem-ment, $\delta\omega$ et δh_1 représentant des variations des quantités ω et h_1:

$$B\,\delta\omega = \delta h_1.$$

D'où ici :

$$\beta = \sim \alpha = B\omega_{r_1 5 max}$$

$$\gamma = B\,\Delta\omega_{r_1};$$

d'où la connaissance explicite de β et γ, quand on possédera

1. Le symbole $\sim$ signifiant approximativement.

les renseignements que donne l'étude cinétique de la perturbation ω (t).

Nous avons donc la valeur du déplacement initial des relais en fonction de l'écart de vitesse, et la valeur de γ en fonction de l'excès de vitesse qu'on doit laisser prendre au groupe, après qu'il a passé par le minimum de vitesse et avant de provoquer le débrayage.

On remarquera qu'il sera en général très difficile, puisqu'on s'adresse à un moteur extérieur pour le vannage, de faire régler la position de ces relais par un appareil lié aux variations de vitesse. Ce sera au contraire un organe lié au vannage qui les réglera. Ces écarts doivent être proportionnels à des fonctions linéaires de la vitesse. Il est donc facile de voir que, celle-ci variant en fonction de l'admission suivant une loi non linéaire, la proportionnalité n'existe plus entre les variations de c et les variations de la position des relais.

On conçoit donc déjà la difficulté d'un asservissement parfait dans tous les cas, puisqu'un accroissement donné d'admission Δc (positif ou négatif) entraînera en général, avec un système articulé liant l'admission aux relais, un déplacement de ces relais proportionnel à Δc, alors que ces relais devraient subir un déplacement proportionnel à la modification de la vitesse.

Nous n'insisterons pas, faute de la place nécessaire, sur cette question, pourtant des plus intéressantes.

DEUXIÈME MODE DE RÉALISATION DE LA RÉGULATION INDIRECTE ASSERVIE — FIXITÉ DES RELAIS — TACHYMÉTRE TOUJOURS LIBRE, A CENTRE D'OSCILLATION MOBILE.

ÉTUDE DU CAS D'UN SERVO-MOTEUR HYDRAULIQUE

Rappel de la théorie esquissée ci-dessus. — Nous venons d'étudier dans ses détails le mécanisme schématique de la régulation asservie, en introduisant la notion théorique de relais mobiles dont le contact avec la tringle MT du tachymètre provoque la mise en activité du moteur de vannage, cette activité cessant lorsque les relais, supposés entraînés par le vannage, sont venus reprendre la position neutre.

DEUX AUTRES MODES DE CONCEPTION DE L'ASSERVISSEMENT

Nous avons signalé, en outre, que le tachymètre était parfois commandé par le vannage et qu'il avait un mouvement imposé par celui-ci, que nous avons dénommé mouvement contraint. Ce mode existe dans un certain nombre de tachymètres, le mouvement

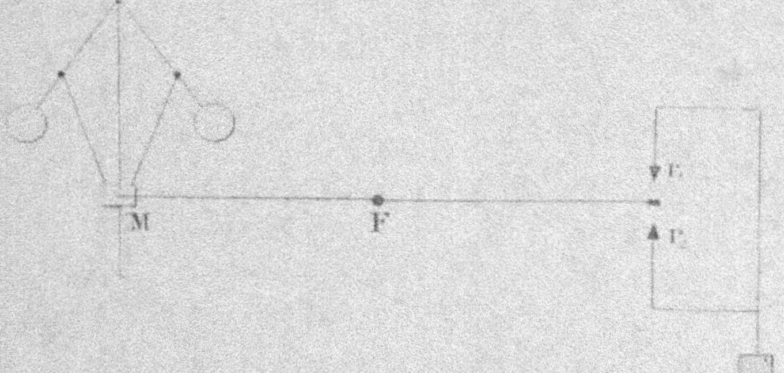

Fig. 418. — Régulation indirecte asservie. Représentation schématique par relais commandant la manœuvre de la vanne.

contraint cessant quand, par un mécanisme spécial, l'embrayage vanne-tachymètre est supprimé et le tachymètre pouvant, par les indications nouvelles (indications basées sur la vitesse instantanée du groupe), qu'il donne, puisqu'il a réacquis la liberté, provo-

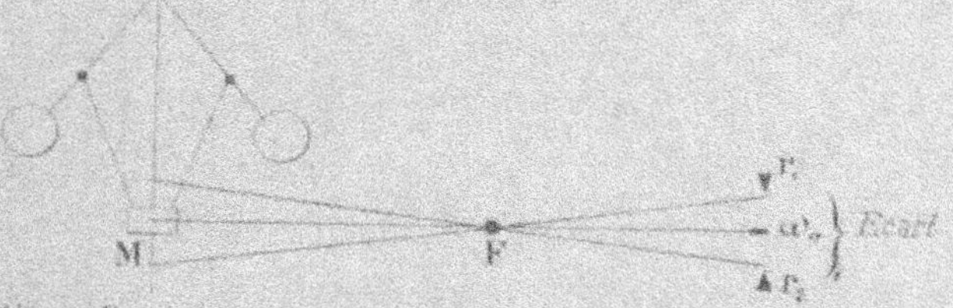

Fig. 419. — Régulation indirecte asservie. Diminution de la zone d'inactivité par la position des relais.

quer un nouvel embrayage pour compléter l'admission dans le sens convenable.

On peut aussi, et c'est la tendance actuelle, laisser le tachymètre libre de suivre ses inspirations, c'est-à-dire de prendre les positions que lui communique à chaque instant la vitesse instantanée du groupe, tout en lui demandant de faire *déclancher*, dès la production d'un certain écart de vitesse du groupe par rapport à la vitesse de régime ω_0, le moteur de vannage.

But de l'asservissement. — Le but de l'asservissement sera, naturellement, quel que soit le dispositif adopté, de tendre à supprimer l'action du moteur de vannage au moment où l'admission est devenue précisément égale à celle indiquée par la nouvelle valeur du couple résistant.

En effet, on a pour cette valeur de l'admission e_i :

$$C_m - C_r = K \frac{d\omega}{dt}.$$

On doit donc, au moins théoriquement, couper l'embrayage au moment où l'écart de vitesse a passé par son maximum, c'est-à-dire pour :

$$\frac{d\omega}{dt} = 0.$$

RÉGULATION INDIRECTE ASSERVIE A SERVO-MOTEUR HYDRAULIQUE

Étudions la constitution et le fonctionnement du mécanisme de l'asservissement dans un cas analogue à celui qui nous a préoc-

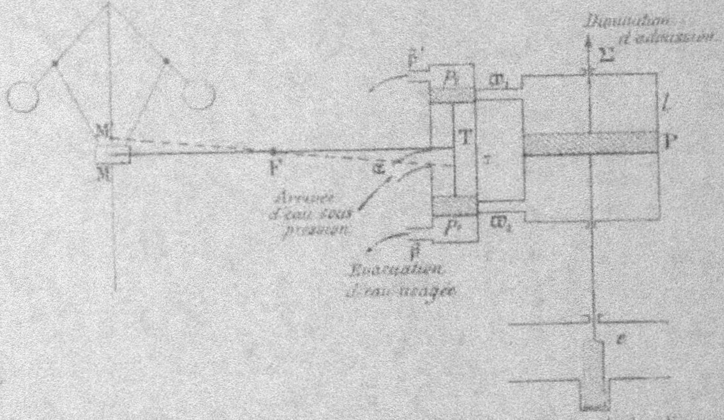

Fig. 420. — Régulation indirecte asservie. Emploi d'un servo-moteur hydraulique.

cupé déjà (non dans celui d'un moteur de vannage à vitesse constante, mais d'un régulateur à servo-moteur hydraulique).

Le schéma de la figure 420 nous indique le mode de fonctionnement de l'appareil.

L'eau sous pression arrive en z, l'évacuation à la pompe génératrice de pression peut s'effectuer par les canalisations β' [supérieure] ou β [inférieure], les pistons [ou soupapes] p_1 et p_2 font partie d'un système déplacé par la tringle MT. Lorsque MT est dans la position horizontale, p_1 et p_2 masquent les conduites ϖ_1, ϖ_2 reliant le corps de pompe z au corps de pompe Σ où se déplace le piston moteur P de vannage. Soit $C_z < C_{z'}$; le tachymètre monte après un premier temps d'immobilité, temps dont la durée est liée à sa sensibilité, puis, après un deuxième temps [écart $T_a \, r$, ou $T_a \, r$, de la théorie générale] correspondant ici au démasquage de ϖ_1 et ϖ_2 par p_1 et p_2, l'eau sous pression arrive à la face inférieure du piston P par ϖ_1, l'évacuation de l'eau *usée* s'effectue par ϖ_2, et P se déplace vers le haut pour diminuer l'admission.

Une liaison supplémentaire devra exister pour supprimer cette admission au temps correspondant à peu près à

$$c_i = \cfrac{C_i}{\cfrac{C_{max}}{E}} = z_i.$$

C'est l'établissement de cette liaison qui constitue le principe de l'*asservissement*[1].

Moyen de réaliser l'obturation de ϖ_1 et ϖ_2 par p_1 et p_2 à un instant donné de la course de P. — *Principe.* — Supprimer l'admission quand P s'est déplacé d'une certaine quantité.

Pour cela, trois moyens sont possibles :

1° Mouvoir z vers le haut, de manière à supprimer l'admission derrière la face postérieure de P. Cette solution est théoriquement bonne : elle correspond à la théorie générale que nous avons donnée plus haut, impliquant le déplacement des relais, c'est-à-dire des positions dans l'espace des points où a lieu le contact utilisé de T dans son mouvement.

2° Ou bien déplacer T_a vers le haut [fig. 421], en conservant F comme point fixe, de la même quantité z_j dont T est descendu. Ce mode d'action se traduira par une contrainte imposée au tachymètre qui devra redescendre sous l'action imposée par T à sa position originelle.

---

1. Ou relation entre les positions du piston P [ou du vannage] et les mouvements des petits pistons p_1, p_2.

Soit :

$$A = \frac{FT}{FM},$$

à un déplacement δh_1 du tachymètre (position rapportée à un

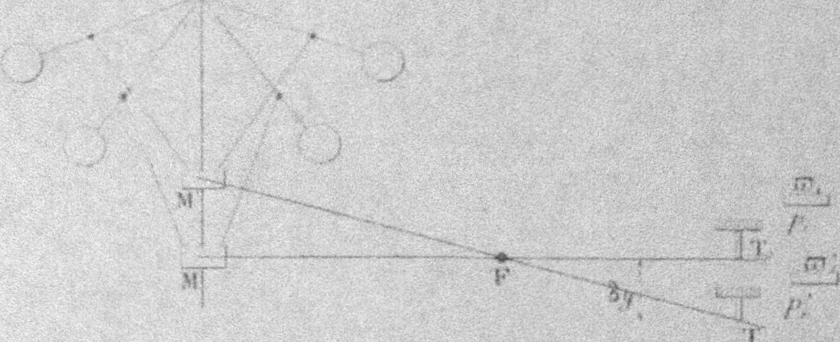

Fig. 421. — Régulation indirecte asservie. Emploi d'un servo-moteur hydraulique.
Analogie de ce cas avec celui de la commande par relais.

plan horizontal inférieur) correspondra un déplacement δy de T
donné par :

$$\delta y = - A \delta h_1. \qquad (1)$$

Cette pratique sera peu indiquée avec certains tachymètres puissants, à inertie centrifuge comme à inertie radiale considérables,

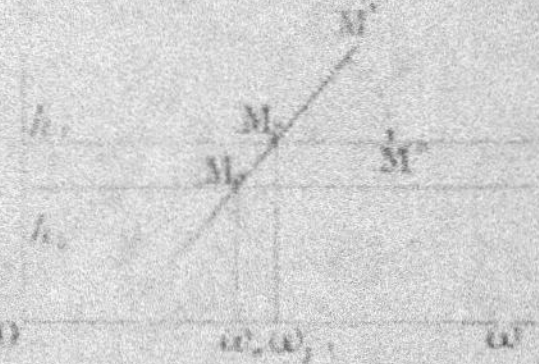

Fig. 422. — Régulation indirecte
asservie. Mouvement général du
tachymètre.

et pour lesquels le transport du manchon d'une quantité δh_1 nécessiterait
des efforts importants (on aurait un
mouvement contraint réel du tachymètre).

Ce déplacement concorde également avec ce que nous indique la
théorie générale susvisée et ce que
nous étudierons complètement plus
loin. La vitesse montant, le tachy-
mètre tend à monter sur sa caractéristique. On lui imprime un
mouvement de descente contrainte M'M'' (fig. 422) de manière à
ce que, la vitesse étant encore très différente de la nouvelle vitesse
de régime, la position contrainte du manchon se rapproche déjà
de celle correspondant au nouvel équilibre.

3° La solution la plus simple consiste ici à modifier la position du point F en demandant au piston P, par une liaison supplémentaire, de remonter F en F' (fig. 423) quand c passe de c_0 à c_1 (ascension du piston).

Si, d'une part, à la fin de la période où la vitesse n'a cessé de croître (maximum de l'écart relatif de vitesse) le manchon occupe la position M' et si, d'autre part, le piston P a fait monter F' de la

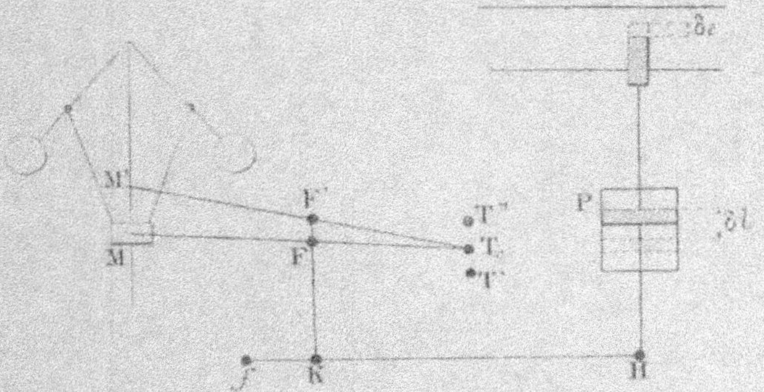

Fig. 423. — Régulation indirecte par servo-moteur hydraulique. Déformations du système sous l'influence de l'asservissement.

quantité FF' telle que F' se trouve sur l'alignement des points M'F'T, le système des soupapes p_1-p_2 sera revenu à sa position neutre et l'admission aura été supprimée au moment précisément nécessaire ($C_m = C_r$). Ainsi, en supposant que le tachymètre subisse sans entrave les indications de vitesse dues au régime du groupe et prenne les positions du manchon correspondantes, lorsque l'admission doit être coupée, $\dfrac{d\omega}{dt} = 0$, le manchon occupe une situation M'.

Au-dessus de M, position d'équilibre, quand $C_m = C_{m_0}$ [l'écart de vitesse $\delta\omega$ correspond à $\delta h = $ M'M]; nous représenterons par δh les écarts du tachymètre liés à la variation de vitesse du groupe [$\delta\omega$ écart total par rapport à la vitesse de régime ω_0].

Si $\lambda = \dfrac{\text{FM}}{\text{FT}}$, il correspond à δh, une baisse du point T donnée par :

$$\delta z = \lambda \delta h_1, \qquad (1)$$

en valeur absolue.

D'autre part, quand l'écart maximum de vitesse est obtenu, le piston P a monté de Δl correspondant à l'écart (négatif) d'admission $e_1 - e_0$. Or :

$$e_1 = \frac{\dfrac{C_a}{C_{max}}}{E} \qquad e_0 = \frac{\dfrac{C_0}{C_{max}}}{E},$$

Si μ est le rapport $\dfrac{fK}{fH}$, le point f étant fixe et K étant supposé provisoirement le centre d'articulation d'une bielle KF, donc le rapport $\mu = \dfrac{fK}{fH}$ étant à déterminer, nous aurons :

$$\Delta y = \mu \Delta l = \mu \Delta e, \tag{2}$$

en valeur absolue.

NOTA. — Pour éviter toute confusion, nous représenterons les écarts dus aux positions du manchon par les quantités δh, δy, etc., et ceux dus aux liaisons avec le piston P par les symboles Δl, Δe, Δy, etc.

Pour que P_1 et P_2 reviennent en face de e_1, e_0, il faut que Δy soit tel que le point F soit sur la droite MT.

Donc :

$$\Delta y = \delta z \times \frac{MF}{MT}, \tag{3}$$

ou encore :

$$\Delta y = \delta z \frac{MF}{MF + FT} = \delta z \frac{1}{\lambda + 1}, \tag{3'}$$

donc enfin en valeur absolue :

$$\Delta y = \mu \Delta l = \mu \Delta e = \delta z \frac{1}{\lambda + 1}, \tag{3''}$$

ou en remplaçant δz par sa valeur :

$$\Delta l = \Delta e = \frac{1}{\mu} \frac{\lambda}{\lambda + 1} \delta h. \tag{4}$$

IDÉES PRIMITIVES SUR L'ASSERVISSEMENT

Théorie de Farcot

La formule précédente signifie qu'à tout écart extrême du manchon du tachymètre (supposé libre de se mouvoir sous l'influence des variations de vitesse de groupe, correspond une variation d'admission déterminée ou un mouvement de la vanne donné par :

$$\Delta l = \frac{1}{\mu} \frac{\lambda}{\lambda + 1} \delta h_0.$$

Farcot, initiateur en matière d'asservissement, disait que Δl et δh_0 devaient être proportionnels, comme dans la régulation directe. Ainsi, d'après Farcot, à tout déplacement spontané du manchon, c'est-à-dire en supposant le mouvement du tachymètre et des organes qu'il entraîne constamment *indépendant des relais* [dépla-

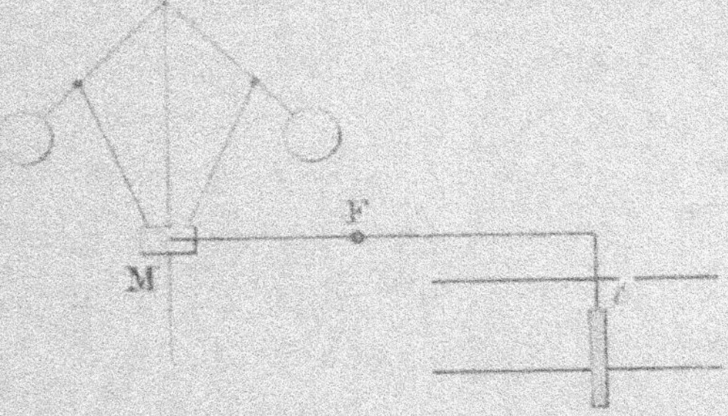

Fig. 121. — Régulation indirecte asservie. Conception primitive de l'asservissement en faisant l'équivalent de la régulation directe.

cement pouvant caractériser, par rapport à la vitesse moyenne, les écarts des couples, si le tachymètre est suffisamment sensible et mobile], doit correspondre un écart déterminé de la vanne.

On n'admet plus que ces variations Δe et dh, doivent être en tous cas proportionnelles. Les relations à adopter entre ces quantités sont essentiellement fonction, dans chaque cas, du *mode de motricité adopté pour le vannage*, comme nous allons le voir ci-après. Il en résulte que μ ne sera pas nécessairement une constante [comme le disait Farcot].

À supposer que Δe et δh, fussent proportionnels, il y a néanmoins, entre la régulation indirecte asservie et la régulation directe, cette différence que, tandis que dans la régulation directe, la relation $e(h_0)$ est unique, une fois réglée la longueur des transmissions, dans le cas de la régulation indirecte asservie, une nouvelle relation s'établit après chaque rupture d'équilibre, l'admission ayant une valeur e_0 correspondant à l'équilibre précédent et la vitesse partant uniformément [donc aussi le manchon] de la vitesse ω_0 de régime quasi-constante, correspondant à la position de la tige T à égale distance des relais du schéma.

TROISIÈME MODE DE RÉALISATION DE LA RÉGULATION ASSERVIE

CAS DU TACHYMÈTRE A MOUVEMENT CONTRAINT

Nous allons étudier d'assez près ce dernier cas, car, étant un peu plus complexe que le premier et surtout que le deuxième, dont beaucoup d'exemples existent en pratique, il est négligé par certains auteurs. Sa compréhension aidera beaucoup à celle des dispositifs adoptés sur plusieurs régulateurs modernes.

Considérons le même tachymètre à servo-moteur hydraulique

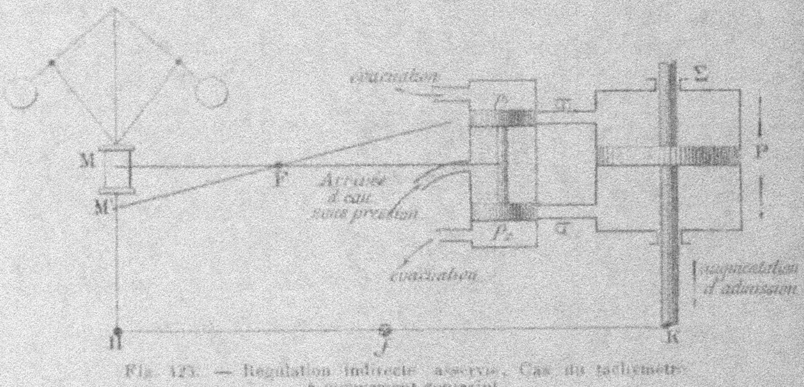

Fig. 125. — Régulation indirecte asservie. Cas du tachymètre à mouvement contraint.

qui nous a déjà servi, et supposons qu'au lieu d'agir sur F, ou sur le corps de pompe τ, nous établissons un lien entre M et le vannage (fig. 125).

Soit toujours $C_r < C_{ro}$; le manchon M baisse de M en M', l'admission d'eau sous pression a lieu derrière la face supérieure de Σ, le piston P descend.

Imaginons le système articulé KH oscillant autour de f. Le manchon va remonter, et comme F est fixe, les pistons p_1 et p_2 vont redescendre et supprimer l'envoi d'eau sous pression derrière la face supérieure de P. Ainsi, dans ce mode d'asservissement, le manchon reçoit du vannage un mouvement de sens contraire à celui qui lui serait indiqué comme nécessaire par la modification des vitesses du groupe. Le tachymètre est donc en état de tension et subit un mouvement contraint.

On peut représenter graphiquement d'une manière très simple ce mode de marche (tachymètre supposé infiniment sensible pour simplifier sur la figure 426, et de type ordinaire sur la fig. 427).

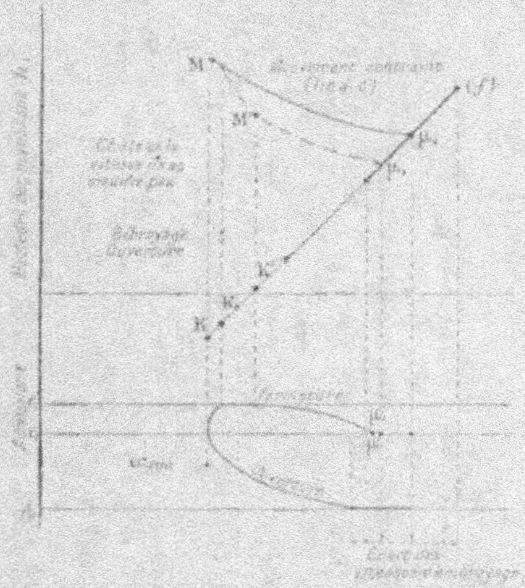

Fig. 426. — Régulation indirecte asservie. Représentation de la perturbation dans le cas du tachymètre à mouvement contraint et parfaitement sensible.

Le tachymètre part de la position de repos M_0. Le couple résistant croissant, la vitesse baisse. Les phénomènes déjà étudiés se produisent et le point M monte en M', par le fait des liaisons indiquées ci-dessus.

Le tachymètre étant en M' (fig. 426), pour une vitesse donnée, alors que la caractéristique Γ lui prescrivait le régime K (intersection de l'ordonnée M' avec Γ) la hauteur H du manchon va baisser, mais pendant ce temps la machine va monter en vitesse (inégalité des couples, $C_m > C_r$, car $e_1 < e'$) donc quand μ va se déplacer sur la droite e_1 (μ point figuratif des mouvements de la vanne) f sur son lieu (embrayage fermeture) et φ sur le sien, et quand M se déplacera sur M'M'', il arrivera un moment où les deux points f et φ auront la même abscisse. L'embrayage de fermeture se produira alors.

Si la courbe (f) $[\varphi]$ de fermeture coupe la parallèle e' aux abscisses en un point μ' suffisamment voisin de M_1 (nouveau régime), l'équilibre sera établi. Il suffit que le segment $\dfrac{M_1 \mu'}{\Omega}$ soit plus petit que $\dfrac{4}{2S}$.

Nous avons ainsi supposé que les relais mobiles de tout à l'heure

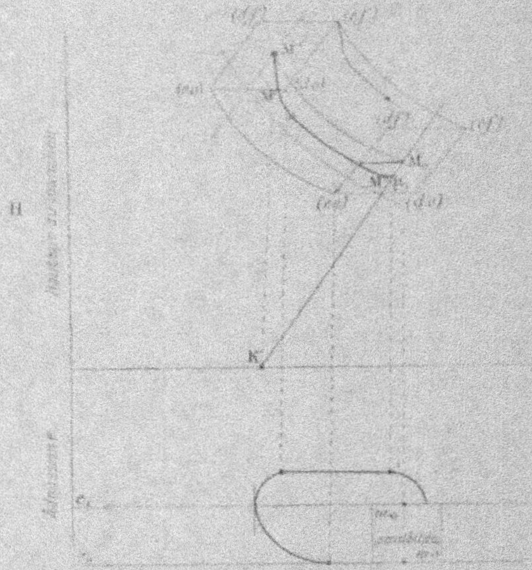

Fig. 427. — Régulation indirecte asservie. Cas du tachymètre à mouvement contraint. Représentation de la perturbation.

étaient maintenant fixes, et que c'était au contraire au manchon à être entraîné par le vannage.

Imaginons toujours que le couple résistant croisse. Alors, sur la figure 427 donnant les admissions de la vanne en fonction des vitesses, nous partirons de M_o pour aboutir en zo (embrayage ouverture). L'arbre moteur entraînera avec lui le tachymètre. Celui-ci va avoir des déplacements H (ω) non plus donnés par sa caractéristique de tachymètre Γ, mais qui lui seront imposés par les déplacements de la vanne auxquels vont être sensiblement proportionnels les déplacements de H,

Cette quasi-proportionnalité des variations de H et de e ne commence naturellement qu'à l'instant de l'embrayage, après une période d'équilibre à laquelle succède une variation du couple résistant. On ne doit du reste pas dire que les valeurs de H et de e soient proportionnelles ; cependant, par différence avec la régulation indirecte simple, la situation de repos du tachymètre (H à sa position moyenne) ne correspond plus à une infinité de valeurs possibles pour e, admission pour cet équilibre.

Nous voulons que l'ordonnée représentative de la vitesse de débrayage d'ouverture soit chassée sur la gauche en $(d_o)'$ au lieu de (d_o).

Imaginons que, dans son déplacement, le centre M du parallélogramme du tachymètre vienne en M', tel que b vienne en b' sur l'ordonnée de rappel de la nouvelle valeur de la vitesse de débrayage d'ouverture adoptée. Dès que la vitesse de débrayage $(d_o)'$ sera réalisée, la liaison pourra cesser d'exister entre le tachymètre et la vanne.

Le tachymètre, pour cette vitesse, ne pourrait être en équilibre que pour la position K du centre de ce parallélogramme (intersection de sa caractéristique médiane avec l'ordonnée de rappel de M') ; le point M' va donc tendre à gagner la position K, par baisse graduelle du manchon dont la hauteur était trop forte par rapport à celle qu'indiquait la vitesse de la machine ; de même, le couple moteur étant plus ou moins supérieur au couple résistant, la vitesse va monter.

Quand l'ordonnée représentative de la vitesse du groupe atteindra celle représentant la vitesse d'embrayage de fermeture (fig. 427) le tachymètre sera de nouveau solidaire du vannage. Imaginons que cette solidarisation ait lieu pour la position M'' du tachymètre. Nous aurons une nouvelle phase de marche contrainte pour le tachymètre, phase qui sera généralement la dernière, la vitesse étant dès lors comprise entre les vitesses d'embrayage normales eo et ef.

Le centre du tachymètre a donc monté par rapport à sa position moyenne quand l'admission s'est accrue (phase d'ouverture) ; il a baissé par rapport à cette même position moyenne quand s'est produite la phase de fermeture (si même celle-ci a été nécessaire) ; en tout cas, la nouvelle vitesse de débrayage devra être sur l'ordonnée de rappel du point d'intersection de l'admission à réaliser avec la nouvelle courbe de fermeture. Quand le tachymètre sera en M'', il sera cette fois trop bas et tendra à reprendre sa position d'équilibre.

32

CARACTÈRES GÉNÉRAUX DE LA RÉGULATION INDIRECTE ASSERVIE
ET EN PARTICULIER DANS LE CAS D'UN TACHYMÈTRE A MOU-
VEMENT CONTRAINT.

Pour nous résumer, nous aurons dans ce cas, comme base de la régulation indirecte asservie, le processus de phénomènes suivants (fig. 427) :

A. — Modification du couple résistant;

B. — Modification des positions du tachymètre par le fait des variations de vitesse qui tendent à s'introduire dans la machine sous l'influence des variations du couple résistant;

C. — Embrayage par le tachymètre du vannage et de son arbre moteur dans le sens convenable (accroissement de l'admission, si le couple résistant augmente);

D. — Modification provisoire des conditions d'équilibre du tachymètre sous l'influence du vannage, ou mouvement contraint du tachymètre associé au vannage. Quelque dispositif que l'on adopte à cet égard, l'on est forcé, si l'on veut régler le plus vite possible et réduire au minimum l'écart relatif de vitesse, de laisser la variation de vitesse spontanée du groupe atteindre son écart maximum, de manière à ce que l'admission puisse devenir au moins égale à celle que réclame le nouveau couple résistant. Sinon, c'est-à-dire si le débrayage s'effectuait auparavant, la vitesse baisserait encore en vertu de l'égalité :

$$C_m - C_r = K \frac{d\omega}{dt},$$

C_m étant encore inférieur à C_r.

Dans nos dernières hypothèses $C_m < C_r$, le tachymètre étant entraîné par la vanne, aura des hauteurs H liées à l'ouverture e mais non plus à sa vitesse (fig. 426 et 427). Si e croît, les vitesses sont plus basses que celles qui correspondaient à chaque instant à l'équilibre propre du tachymètre. Le tachymètre est donc *trop haut* et est *supporté par les relais*, mais non en équilibre, c'est-à-dire qu'il est dans un état de tension, tout prêt à redescendre, dès que la suppression de ses appuis (relais) lui permettra d'effectuer immédiatement cette descente.

Dans nos premières hypothèses, mouvement libre du tachymètre, le tachymètre possède également des positions de pseudo-équilibre par rapport aux relais correspondant à des déplacements de points qui seraient fixes dans le cas de la régulation indirecte simple (par exemple centre d'oscillation de la tige MFT).

E. — Dès que cette déconnexion est possible, du tachymètre avec le vannage, elle se produit, le tachymètre tend à reprendre son équilibre, donc à passer de N' en K, mais la vitesse de la machine croissant, le point limite K que le tachymètre tend à gagner se déplace sur la droite K M.

F. — La reprise par le tachymètre du vannage dans la dernière hypothèse, ou la remise en route du vannage sur les indications du tachymètre dans les deux premières, a donc lieu à nouveau, puis les choses se passent à peu près de la même façon pour une période de fermeture, généralement plus courte et plus restreinte que la première (d'ouverture), et qui suffit à régler l'admission à la valeur convenable.

REMARQUE. — On voit qu'on ne saurait, sous peine de consentir à faire durer davantage la période de baisse de vitesse et à faire varier celle-ci au-delà des amplitudes des intervalles indiqués ci-

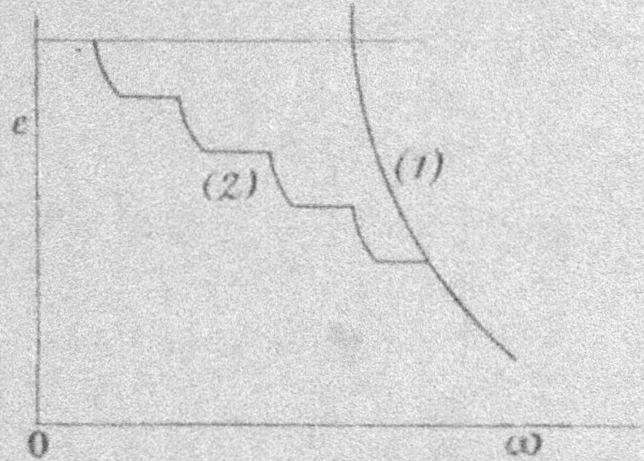

Fig. 128. — Régulation indirecte asservie. Atteinte du nouveau régime par coups de vanne successifs avant l'écart maximum relatif de vitesse, dans le cas d'un couple résistant variant indépendamment de cette vitesse.

dessus, procéder comme il est dit souvent, par *petits coups de vanne*, de manière à substituer à la courbe (1) la courbe des vitesses (2) (fig. 128). La vitesse du groupe tendant à baisser tant que l'admission n'est pas devenue égale à celle réclamée par le nouveau couple résistant, il y a donc intérêt à arriver le plus tôt possible à la valeur de l'admission e_1 nécessaire et même à la dépasser, pour laisser la vitesse du groupe remonter à une valeur voisine de celle du régime.

Les dispositifs d'asservissement sont évidemment infiniment compliqués. Il peuvent reposer, au moins certains, sur des principes assez difficiles à rapprocher de ceux utilisés dans l'étude graphique que nous venons de donner, mais deux principes régissent nécessairement leur constitution, savoir :

Réalisation le plus vite possible de l'admission nécessaire ;

Utilisation des variations spontanées de vitesse du groupe sous

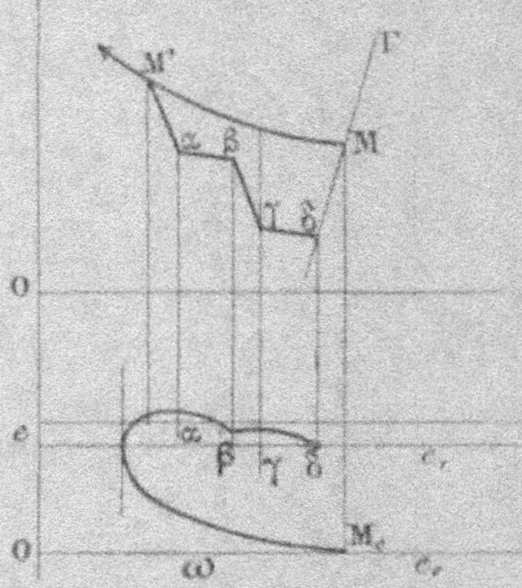

Fig. 429. — Régulation indirecte asservie. Atteinte du nouveau régime par coupes de vanne successifs après l'écart maximum relatif de vitesse et dans le cas d'un couple résistant variant indépendamment de cette vitesse.

l'influence de l'inégalité $C_a - C_r \neq 0$ pour réalisation des meilleures vitesses d'embrayage ou de débrayage tendant au retour à l'équilibre.

On peut, en particulier, voir substituer, dans certains dispositifs, à la phase unique de fermeture du graphique précédent, plusieurs de ces phases, les fermetures étant chaque fois insuffisantes, de manière à pouvoir laisser monter la vitesse à une valeur voisine de celle de régime.

A la portion M' M'' et M'' M''' de la trajectoire du point M, des fig. 426 et 427, sera substituée la trajectoire brisée M αβγδ (fig. 429).

V. — RÉALISATION DE VITESSES NE DÉCROISSANT QUE TRÈS PEU QUAND AUGMENTE LA CHARGE. COMPENSATION

On sait que la caractéristique du tachymètre doit être assez largement anisochrone, de manière à ce que, à chaque admission *définitive*, corresponde une *vitesse d'équilibre* différente ; sinon, le retour du point M définitif au point M_2 initial du tachymètre apporterait des difficultés quasi-insurmontables.

On doit souvent essayer de corriger cette variation de vitesse de régime avec la charge et l'empêcher de prendre, au moins dans le cas des alternateurs, une valeur incompatible avec la conservation de la fréquence.

On y arrivera au moyen de l'artifice dit *compensation*.

Compensateurs.

On sait que les régulateurs centrifuges comportent très généralement des ressorts qu'on appelle souvent à tort *modérateurs*, alors que leur action, antagoniste par rapport à celle de la force centrifuge, constitue, beaucoup plus que le poids des boules (celui-ci souvent même est négligeable ou sans effet, régulateur à axe horizontal), l'un des éléments primordiaux du fonctionnement.

LEMME. — Dans un régulateur à ressort, (au moins dans ceux exerçant une action antagoniste par rapport à celle des forces centrifuges), à une tension initiale du ressort plus grande correspondent des vitesses de régime plus fortes. Si donc on suppose réalisé le cycle précédent de la régulation indirecte asservie, cycle partant de M et aboutissant en M'' (fig. 426 et 427), on voit que la vitesse n'est pas revenue, en vertu de l'anisochronisme du régulateur, à ce qu'elle était précédemment en M'. Si l'on modifie la caractéristique du tachymètre, en raidissant convenablement le ressort, nous pourrons substituer, au point M'' un point M^{IV} sur la nouvelle caractéristique Γ', M^{IV} se trouvant sur l'ordonnée du point M. Nous aurons ainsi obtenu la vitesse de régime, avec une position de manchon qui n'est pas la même que celle correspondant à M. On peut faire exercer, par le vannage, une action sur la tête du ressort, action telle qu'à l'admission $c_1 < c_2$, corresponde un accroissement de raideur dudit ressort entraînant la réalisation de la vitesse Ω de régime, au moyen de la substitution d'une caractéristique Γ'' à la caractéristique Γ' (fig. 426 et 427).

Notre graphique sera à peine modifié dans le cas de la compensation. En effet, le mouvement, libre ou contraint, du tachymètre s'effectuera dans les mêmes conditions que précédemment. Le retour de la vanne vers l'équilibre, qu'elle a nécessairement dépassé, se fera par un arc unique ou par plusieurs arcs de fermeture ($C'_z > C_z$) les points figuratifs du mouvement du tachymètre visant à atteindre de nouvelles caractéristiques Γ', Γ'', différentes de Γ, le point figuratif du mouvement de la vanne visant à atteindre des points M^b différents de M, et situés sur la perpendiculaire aux ordonnées passant par M_1, et d'abscisse Ω égale à la vitesse de régime.

Procompensation

On pourrait rendre l'action plus rapide en faisant commander l'appareil réglant la tension initiale du ressort du régulateur par le *couple résistant lui-même*. Si cette disposition était toujours possible, la compensation serait donc établie avant que l'admission ne se modifie. Cette disposition s'appelle *procompensation*. Elle a l'avantage de mettre le tachymètre en route plus tôt, lui communiquant, par le fait du déplacement de sa caractéristique vers les relais, un état de tension tel qu'il va embrayer, quasi instantanément, dans le sens convenable.

Asservissement par servo-moteur hydraulique.

Considérons un *régulateur centrifuge de Watt* asservi. Soit un accroissement de charge. Nous observerons les phénomènes suivants (fig. 430) :

1er *Temps*. — Baisse de vitesse du tachymètre, position M_0F. Modification apportée au système équilibré, envoi d'eau sous pression derrière un piston moteur de vannage par l'orifice S.

2e *Temps*. — Commencement de l'ouverture. Le tachymètre étant lié à l'admission, le point F monte, bien que la vitesse du manchon continue à baisser. Le point f étant fixe, ce procédé revient à lier les position du tachymètre à celles du vannage et à faire décrire au centre du manchon la courbe M_0MM'.

En conséquence, les hauteurs du manchon sont plus fortes que celles correspondant à l'équilibre qu'il prendrait sous l'influence des vitesses de la machine, le point F restant fixe. On peut donc dire que le vannage travaillant à l'ouverture, impose néanmoins au manchon un déplacement (ascensionnel) qui, dans un régulateur direct, correspondrait à la fermeture. Une fois la baisse de vitesse enrayée, le tachymètre, trop haut, tend à baisser. Il repousse le système des petits pistons p_1 et p_2 vers le bas, donc supprimé l'envoi de l'eau sous pression derrière le gros piston moteur. La

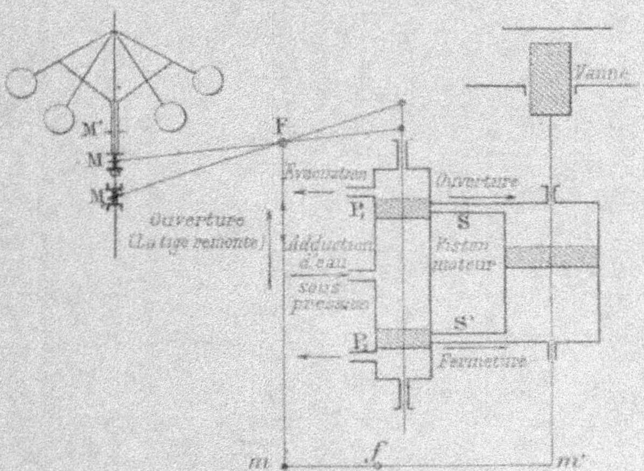

Fig. 430. — Régulation indirecte asservie à servo-moteur hydraulique. Fonctionnement schématique.

vanne reste alors dans sa position. Elle a légèrement dépassé l'équilibre, la vitesse de la machine monte. La mise en route du tachymètre s'effectuera dans le sens contraire, mais l'amplitude de la perturbation sera beaucoup plus faible que celle de la première.

Modification en pratique de la disposition ci-dessus

Cette disposition très simple peut recevoir les perfectionnements suivants :

A. — *Adjonction de ressorts dits modérateurs.*

Les ressorts appelés à tort modérateurs ne font que rendre moins anisochrone le régulateur de Watt (tachymètre) et n'en modifient par le fonctionnement général. Dans les régulateurs actifs et modernes, on sait que l'effet antagoniste du ressort est beaucoup plus énergique, (s'il n'est même pas seul), que l'effet-poids des boules.

B. — *Transport de l'asservissement à la tête du ressort.*

On voit que la vanne, tendant à comprimer le ressort quand la vitesse baisse, le ressort plus comprimé chassera la tige T vers le bas; le point F étant fixe, le régulateur-tachymètre remontera suivant la théorie générale. On aura donc, pour ce tachymètre, des

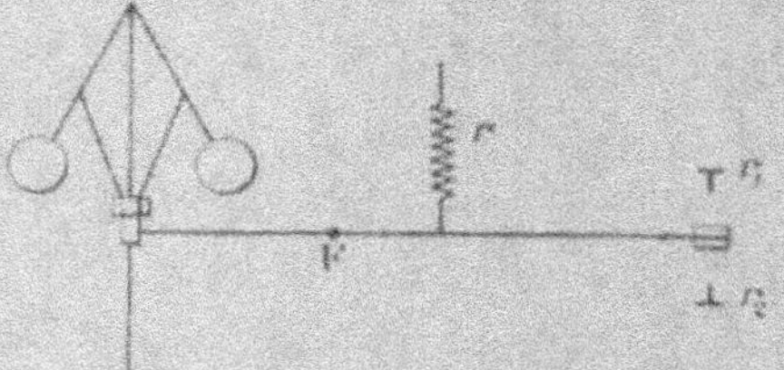

Fig. 431. — Régulateur indirect avec ressort modérateur.
Constitution schématique.

positions plus hautes que celles qui correspondent à la vitesse de la machine. Nos caractéristiques Γ de tachymètre seront donc dépla-

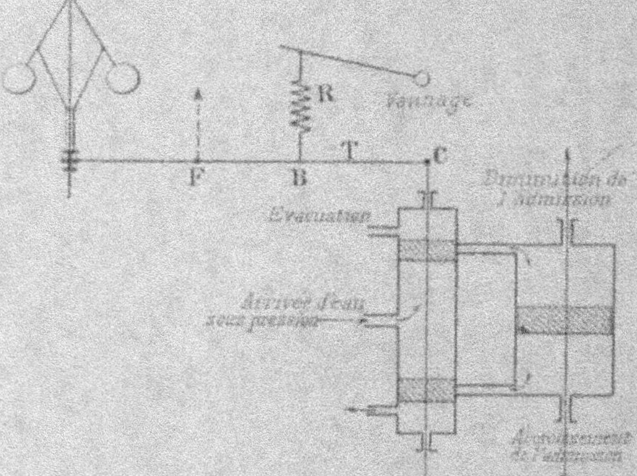

Fig. 432. — Régulateur indirect asservi avec transport de l'asservissement
à la tête du ressort.

cées vers la droite (cas de la fig. 432) quand la distance n augmentera par l'intervention du vannage. Ce déplacement ne produit pas un retour plus rapide du point M' vers son régime d'équilibre (courbe MM', au lieu de MM").

REMARQUE. — On ne confondra pas cette méthode d'asservissement par action momentanée sur le ressort, par le fait de la variation de l'admission, avec la compensation qui peut s'effectuer en une seule fois (*procompensation*) et qui consiste à raidir le ressort d'une certaine quantité quand on passe d'une charge à une autre. Cette compensation peut aussi ne s'effectuer qu'après (*post-compensation*) ou pendant, ce qui modifie à chaque instant la situation de la caractéristique limite du tachymètre vers laquelle tend le point-centre du manchon dans ses déplacements.

VI. — RÉALISATION PRATIQUE DE LA RÉGULATION INDIRECTE ASSERVIE ET COMPENSÉE

Nous venons de voir que les régulateurs simplement *asservis*, mais non compensés, utilisant en somme une caractéristique de régulateur direct, laissent subsister une différence de vitesse entre la marche à vide et la marche à pleine charge. Cette différence de vitesse peut atteindre 2 à 3 ‰ et ne laisse pas que d'être gênante pour certaines applications.

Au contraire, les régulateurs *asservis à compensateurs* permettent, comme nous l'avons dit, de relever la caractéristique du régulateur pour chaque valeur de la charge. Un dispositif de compensation bien approprié permettra donc de régler à *vitesse constante quelle que soit la charge*.

Parmi les nombreux appareils de cette classe, nous prendrons comme exemple l'un d'eux, des plus intéressants, à *servo-moteur mécanique et à compensateur*. En se reportant aux types simples que nous avons donnés plus haut, on appréciera les remarquables perfectionnements apportés à une classe d'appareils d'un haut intérêt industriel.

Nous étudierons ensuite les applications du même principe sur un régulateur dit à *pression d'huile*.

RÉGULATEUR A SERVO-MOTEUR MÉCANIQUE ET A COMPENSATION

Ces appareils comprennent nécessairement :

1° Un relai moteur à friction (type du compensateur Denis.)

2° Un mécanisme de mise en route.

Ce mécanisme est quelquefois dit de contrôle mais, cette dénomination, si elle était conservée, devrait plutôt s'écrire *Organe de Controll* [1] ; grâce à l'intervention de cet organe, des liaisons provisoires sont établies par un système articulé de tringles, de

---

1. Controll signifiant en anglo-américain gouverner, régler, etc.; donc mettre en action.

loquets et de manchons entre le relai moteur et le tachymètre, par l'intermédiaire d'une came à double face animée d'un mouvement de rotation;

3° Un mécanisme compensateur, qui a pour effet de modifier la caractéristique du régulateur à chaque instant, donc destiné à maintenir la vitesse constante;

4° Un frein, destiné à supprimer les oscillations du système;

5° Enfin un mécanisme de changement de vitesse et de *stop*, auquel nous consacrons une étude spéciale, car le problème résolu par ce dernier dispositif est d'un ordre très général et se retrouve dans maints régulateurs analogues.

Relai moteur. — Une roue à friction *a*, calée sur l'arbre *b*, est animée d'un mouvement permanent de rotation (fig. 133). Deux disques de friction *c* et *c'*, porteurs respectivement des pignons *d* et *d'*, sont montés tous deux sur l'arbre *b* et ne tournent que lorsque la roue *a*, dans son déplacement, entre en prise avec eux.

Un système de leviers *e* à contre-poids Q oscille autour de l'axe *f*, supporté par une base fixe.

Le contre-poids est calculé de façon que le système de la roue de friction *a* et des organes qui font corps avec elle soit maintenu en équilibre.

Une courroie empruntée à l'arbre moteur passe sur la poulie. Celle-ci entraîne le pignon *h* monté sur son arbre. L'engrenage *i* n'est pas fixé à l'arbre *b*, mais tourne autour d'un manchon K centré, mais non fixé à l'arbre *b*, dont l'engrenage peut être rendu solidaire au moyen d'un prisonnier *l*. A l'embrayage de *a* avec *c*, disque supérieur, correspond une ascension de *l* et un embrayage de *l* avec *i*); à l'embrayage de *a* avec *c'* (disque inférieur) correspondent les mêmes liaisons.

Quand il y a friction (de *a* sur *c* ou sur *c'*), l'engrenage conique M entraîne son arbre *n*, et, directement ou indirectement, par les engrenages *p* et *q*, l'arbre de commande du vannage, qui tourne dans un sens ou dans l'autre, suivant que la friction a lieu sur le disque *supérieur* ou sur le disque *inférieur*.

Mécanisme de contrôle (ou *de mise en action du régulateur*). — Ce mécanisme consiste essentiellement en un tachymètre T et une came C associés de la manière suivante :

L'axe vertical de la came C n'est pas maintenu longitudinalement par ses coussinets, qui lui servent simplement de *guides*. Une poulie, π, entraînée par une courroie passée sur une poulie correspondante du manchon K, entraîne l'arbre de la came C à une vitesse proportionnelle à celle de K. Cet arbre x se termine par un disque t qui repose sur la molette x.

La came C à double face est située entre les coussinets. Un arbre oscillant y porte à sa partie inférieure une manivelle u, et une bielle z qui, en relation cinématique avec un bras montant z', monte sur l'axe t. On voit immédiatement que l'abaissement ou l'élévation de l'arbre y aura pour effet de mettre en relation la roue a avec un des disques de friction c ou c'.

Vers la partie supérieure de l'arbre oscillant, le bras support v est pourvu de deux paliers à billes β, β'. Dans ces paliers tournent des axes sur lesquels sont montés des arbres γ, γ'. De chaque côté de la traverse se tendent des bras δ, δ', l'un au-dessus, l'autre au-dessous, et embrassant la came.

Un système non représenté explicitement sur le schéma (t) consiste essentiellement en une coulisse montée au bout de chaque bras γ. Dans cette coulisse est ajusté librement un loquet. Des ressorts, disposés sur la face externe des bras et limités par des arrêts-butoirs, poussent les loquets vers l'intérieur, mais leur permettent de se mouvoir vers l'extérieur. La tige du régulateur Θ de vitesse passe à travers la traverse δ, mais la soutient au moyen d'une goupille qui traverse cette tige, de sorte que lorsque la tige Θ descend vers le bas, δ descend avec elle et le contact se produit entre le loquet précité supérieur (ϵ) et la came z.

Il en résulte un déplacement de l'arbre y, et par le système articulé u, z, z' un embrayage de friction convenable de la roue a avec un des disques c et c'. Remarquons que la pression qui appuie a contre c ou c' est fonction de la bande des ressorts du loquet.

La vannage, par l'arbre u, est donc mû dans le sens convenable (ici fermeture, puisqu'il y a excès de vitesse quand l'arbre Θ du tachymètre descend).

Comme nous l'avons expliqué longuement, à propos de la régulation indirecte, un tel dispositif non *asservi* ni *compensé* donnerait lieu à des dépassements de régime de la vanne inadmissibles, et à des pompages permanents du système régulateur. On arrivera, comme toujours, à tourner cette difficulté en supprimant les liaisons du loquet avec la came avant que l'admission (c'est-à-dire la vitesse) soit devenue celle qui correspond au nouveau régime.

Mécanisme d'asservissement et de compensation. — La molette *x*, sur laquelle porte l'arbre à cames, forme écrou libre sur l'arbre oblique de compensation S, et la tendance à tourner que lui communique le disque de friction *t* tend toujours à forcer, en vertu d'un principe bien connu de mécanique, et force en fait, la molette *x*, à gagner et conserver la position correspondant au centre du disque; lorsque le loquet supérieur est engagé dans la came et que le vannage se ferme, l'arbre *z* tourne par l'engrenage *χ z*, et la molette *x* descend. Elle entraîne avec elle l'arbre-came avec une rapidité calculée telle que le contact du loquet supérieur *a* cesse avec la came *c*. On conçoit qu'avec ce dispositif de *rupture*, avant que la vanne ait pu passer par la position de l'équilibre des couples, les oscillations du vannage soient ou supprimées, ou très atténuées. On donne ainsi un *coup de vanne*, qui se continue par l'inertie du régulateur, jusqu'au environs de la position cherchée, et la vitesse revient ensuite lentement à sa *valeur normale*. Ce retour à cette valeur est forcé, car les positions extrêmes du tachymètre de ce régulateur *indirect* correspondent aux situations d'embrayage des loquets supérieur et inférieur, qui peuvent être aussi voisines que l'on veut. (Pour les écarts de vitesse extrêmes, voir ce qui a été dit plus haut de la sensibilité des régulateurs indirects.)

Conclusions naturellement inverses pour les baisses de vitesse.

Remarquons enfin que lors des grandes variations de charge, la molette se déplace jusqu'à ce qu'elle heurte un des colliers d'arrêt *μ* ou *ν*, qui, au moyen de dispositifs appropriés, permettent, après le rétablissement de l'équilibre, le libre retour de la molette.

Frein. — Ce frein *ϕ* ne présente rien de spécial, il est simplement établi avec une *résistance* (puissance, suivant le terme consacré) convenable pour permettre encore un déplacement de la vanne, en vertu de l'inertie du système, après suppression des contacts du loquet intéressé avec la came.

Signalons cependant que l'engrenage *p* peut coulisser sur son arbre *z*. Au moyen d'un levier non représenté sur le schéma, on peut donc dégager *p* de l'engrenage *q* quand la vanne doit être commandée à la main (mise en marche ou arrêt).

Mécanisme du changement de vitesse. — Tout le système décrit ci-dessus est monté sur une base-support. On lui adjoint un levier de *changement de vitesse*, (de régime de la turbine) consistant en un bras A, pivotant sur un support faisant corps avec le support général. Le bras A porte une fourche B, qui est ajustée pour porter contre le collier D, du manchon D.

A l'un des côtés du levier de changement de vitesse est fixé le ressort de traction E, dont l'autre extrémité est fixée au levier F. La tension de ce ressort est ajustée au moyen de la vis de réglage G.

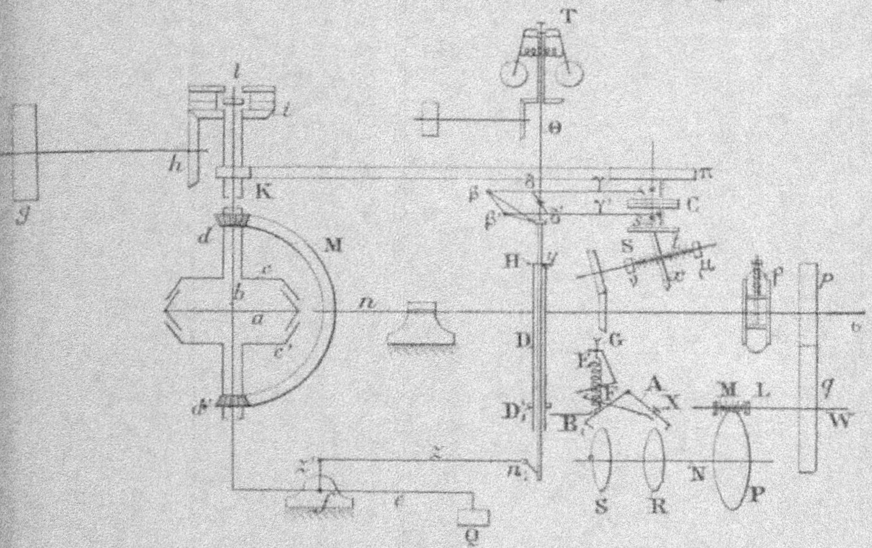

Fig. 433 — Régulateur à servo-moteur mécanique et à compensation.

Le manchon D étant poussé vers le haut par le ressort et portant contre une goupille H qui passe au travers de la partie basse de la tige du tachymètre, non seulement supporte la fourche à loquets, mais encore presse contre le tachymètre, dont les vitesses de régime sont d'autant plus grandes que la tension du ressort E est plus forte.

Sur l'arbre inférieur W du régulateur est monté un manchon L, sur lequel est taillée une vis à double filet M; un collier, non représenté au schéma, permet de fixer après réglage le manchon à sa position.

L'arbre du *stop* N porte à une extrémité une roue à vis P qui engrène avec la vis du manchon M. Le pas de vis est tel que l'arbre de stop N fait seulement une fraction de tour pendant l'ouverture et la fermeture du vannage. On voit que la position de cet arbre est déterminée par celle du vannage. L'autre extrémité de l'arbre du vannage porte deux cames.

La came inférieure R est calée sur l'arbre, et lorsque le vannage est complètement ouvert, elle engage sa saillie sous l'extrémité *droite* du levier A. Dans cette position, la came maintient le levier A en bas à sa position normale moyenne, où il ne peut pas assez soulever le support des loquets pour mettre le loquet inférieur en contact avec la came.

Quand ce stop est convenablement établi, il empêche le régulateur de forcer pour ouvrir la vanne, alors qu'elle est déjà complètement ouverte.

On peut aussi établir le stop de façon à limiter l'ouverture de la vanne à un point quelconque lorsque, pour certaines raisons, il il est préférable de ne pas laisser cette vanne s'ouvrir complètement.

La came extérieure S peut être ajustée sur l'arbre et fixée en position par un écrou. Elle a pour rôle d'engager sa saillie sous l'extrémité droite du levier A et de stopper le régulateur, afin qu'il ne ferme pas la vanne plus qu'il n'est nécessaire, pour maintenir la turbine à la valeur de régime lorsqu'elle n'est pas chargée.

Le levier du ressort F est sur le support et est maintenu vertical par le levier de stop U.

On s'arrange de manière que la vis X du levier A frappe le levier U quand le tachymètre à boules vient complètement au repos, soit par suite de la rupture de la courroie, soit pour toute autre cause. La chute du levier U provoque celle du levier à ressort, donc celle du levier A, ce qui force le régulateur à fermer la vanne et à arrêter la turbine au lieu de la laisser emballer.

RÉGULATEUR HYDRAULIQUE A SERVO-MOTEUR ET A PRESSION D'HUILE

Comme tous les autres, ce régulateur comprend un tachymètre qui commande l'admission, à réaliser plus ou moins grande, du fluide agissant sur la turbine (fig. 433 *bis*).

Dans ce régulateur, le tachymètre ne comprend pas deux boules proprement dites, mais deux masses P et P' contenues dans le cylindre C. Elles s'écartent plus ou moins l'une de l'autre sous l'action de la force centrifuge, jusqu'à équilibrer l'action d'un ressort qui tend à les rapprocher. Leur écart entraîne l'ascension du manchon M, qui peut coulisser le long de l'arbre sans tourner

avec lui. La vitesse du tachymètre est intimement liée à celle de
la turbine, par l'intermédiaire des engrenages hélicoïdaux RR".

Au manchon M est fixé le levier LL' qui peut osciller autour du
point *f* considéré comme fixe. Ce point *f* est l'extrémité d'une tige
reliée à un système de piston et ressort, qui n'est autre qu'un

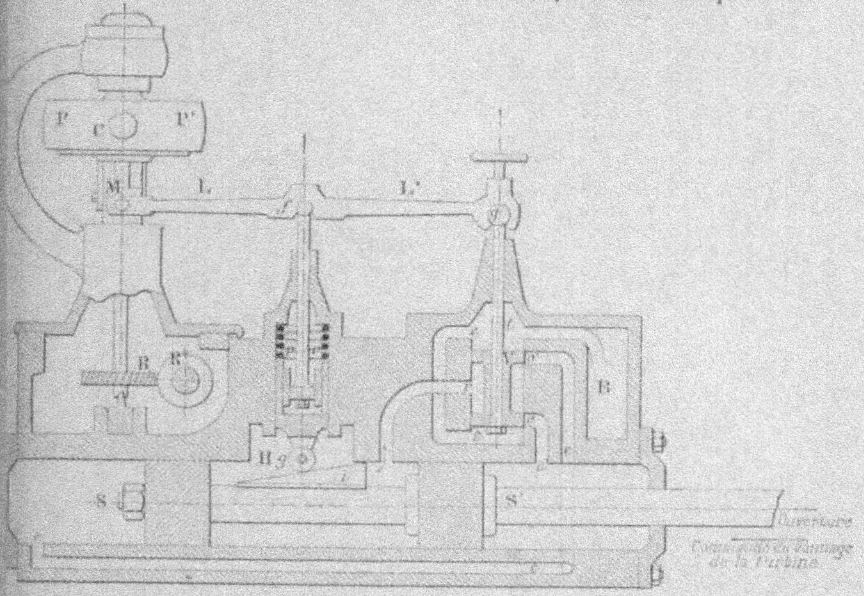

Fig. 453 *bis*. — Régulateur hydraulique à servo-moteur et à pression d'huile.

système compensateur destiné à réduire l'amplitude des oscillations aux instants de réglage.

Le régulateur n'agit pas directement sur le vannage, mais il
règle l'admission d'huile sous pression sur l'une ou l'autre des faces
du piston du servo-moteur SS' qui attaque directement le vannage.
L'huile sous pression est puisée dans une bâche B par une pompe
rotative non figurée sur le dessin, et refoulée dans le réservoir H,
d'où elle parvient en *r*.

Un piston V relié à la tige *t* fixée en *g* au levier L peut recouvrir
complètement deux orifices *o* et *o'* qui aboutissent, l'un sur la face
avant, l'autre sur la face arrière du piston du servo-moteur; il
existe des ouvertures de déchargement conduisant à la bâche B.

Voyons maintenant ce qui se passe lorsque la vitesse varie. Supposons qu'une baisse se produise. Le manchon M va s'abaisser, LL va osciller autour de f et i va s'élever et avec elle le piston V. Ce dernier va démasquer o'. L'huile sous pression refoulée en r va agir par l'orifice o' et la conduite cc sur la face s du servo-moteur, qui va se déplacer dans le sens de l'ouverture de l'admission. La face s' du servo-moteur va au contraire être déchargée par le conduite $c'o$ et l'échappement e.

Lorsque la vitesse vient à augmenter, c'est le mouvement inverse qui se produit.

On voit maintenant comment le système amortisseur a pu agir. Le galet g est constamment appliqué par un ressort r contre un plan incliné i fixé sur l'arbre du servo-moteur.

Le point f lié à g est par suite solidaire de la position du servo-moteur et corrige les écarts du régulateur en tendant à le ramener à sa position primitive.

VII. — RÉGULATION ÉLECTRIQUE ET MÉCANIQUE SIMULTANÉE
CAS D'UN GROUPE RÉGLÉ A FLUX CONSTANT

Rappel de notions déjà acquises. — Nous venons de voir que la régulation indirecte asservie, même réduite à une *grande* demi-

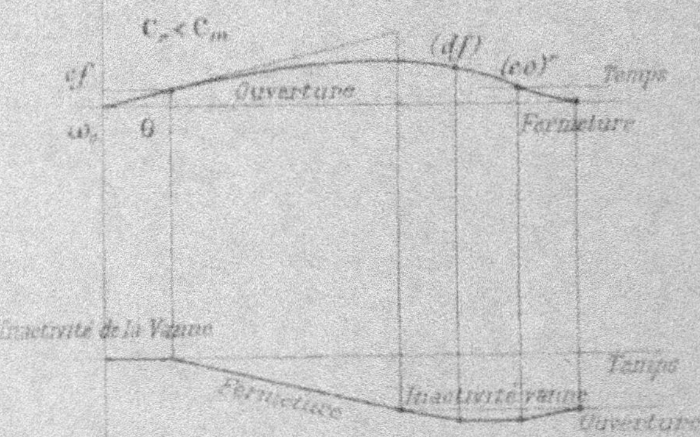

Fig. 431. — Régulations mécanique et électrique simultanées. Représentation graphique du phénomène de la régulation indirecte asservie.

oscillation, et à une *petite* demi-oscillation complémentaire, nécessitait un certain temps et supposait, durant le réglage, la tolérance d'une certaine perturbation de vitesse.

Le problème serait simple, s'il était lié à la recherche de l'équilibre correspondant à un nouveau couple C_r résistant *indépendant de la vitesse*.

La représentation ci-contre (fig. 434), déjà maintes fois employée, nous donne le mécanisme du phénomène (déplacement convenable des vitesses d'embrayage et de débrayage obtenues par un artifice approprié).

Les couples générateurs de dynamos ne sont malheureusement pas du reste, comme l'on sait, indépendants de la vitesse.

On admet généralement que les dynamos sont réglées, soit à *flux constant* (courant d'excitation manœuvré ad hoc) soit à *tension constante* (manœuvre d'un rhéostat d'excitation spécial des-

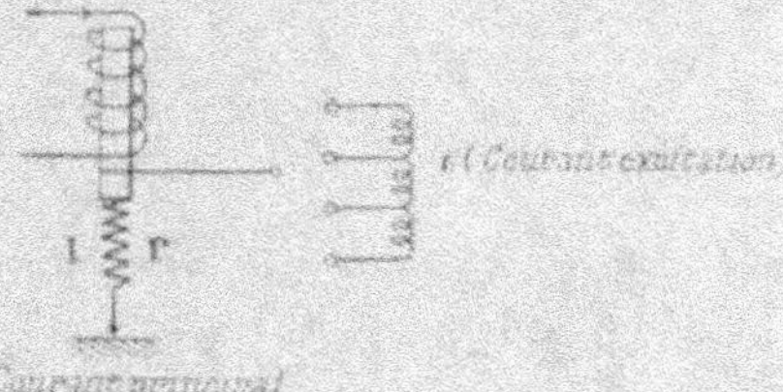

Fig. 435. — Régulations mécanique et électrique simultanées. Mode de régulation électrique directe. Représentation schématique.

tiné à compenser les variations de vitesse par des variations convenables de flux de sens contraire en vertu de la relation approchée :

$$U = - N n \Phi.$$

Les formes des couples :

$$C_q = A . \frac{N}{B} \qquad \text{(tension constante)}$$

$$C_s = \frac{A'.N'}{B.N} = \frac{B}{N.B'} \qquad \text{(flux constant)}$$

A, A' étant des constantes convenables, et N la vitesse de régime, souvent adoptées dans ce cas, sont trop simplistes. *Elles supposent le réglage électrique déjà fait quand la vitesse varie encore.*

On peut encore admettre, à la rigueur, cette hypothèse, dans le cas de la régulation flux-métrique de forme généralement directe (régulateur à solénoïde établissant la relation I (n), ou même action manuelle de l'agent).

33

Le régulateur électrique de tension (voir tensimètre Thury « Leçons sur la régulation des groupes électrogènes, fascicule II, page 81) est généralement indirect, puissant, à organes compliqués et, bien que d'action plus rapide que le régulateur méca-

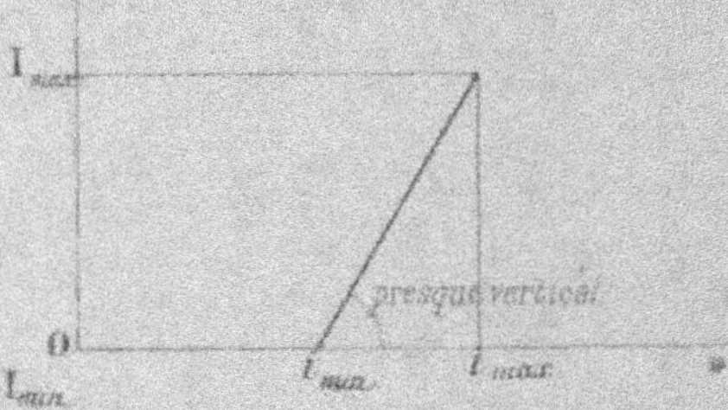

Fig. 436. — Régulations mécanique et électrique simultanées. Variation, en fonction du courant d'armature, du courant d'excitation à réaliser pour maintien d'une tension constante sans vitesse constante.

nique, nécessite néanmoins un certain temps pour sa mise en route et l'achèvement du réglage.

La régulation *flux-métrique* est encore plus favorable que la régulation *tensimétrique* pour plusieurs raisons :

1° Dans les machines modernes, on a de plus en plus tendance à supprimer les effets de la réaction d'induit par des artifices conve-

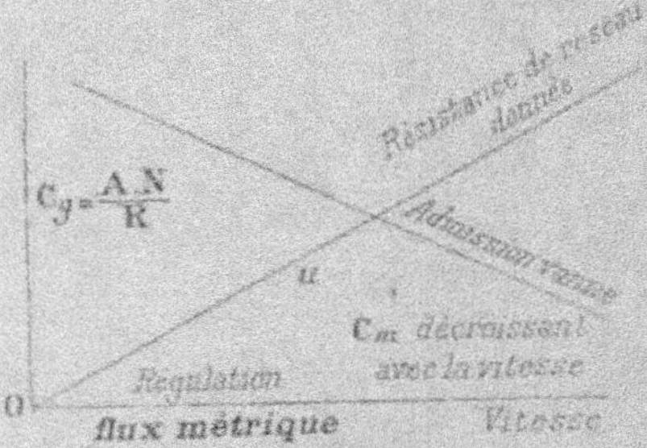

Fig. 437. — Régulations mécanique et électrique simultanées. Variations en fonction de la vitesse des couples moteurs et générateurs (réglage à flux constant).

nables. Le courant i d'excitation, dans la marche à tension constante, est pour ainsi dire inchangé, quand I, courant du réseau, passe de I_{min} à I_{max}.

2° Cette régulation *flux-métrique* est, nous l'avons dit, quasi instantanée et surtout indépendante de la vitesse. La régulation *tensimétrique* est moins rapide et suppose, en vertu de la liaison de la vitesse à l'excitation pour constituer la tension, que la vitesse soit définitive pour que soit fixée l'excitation définitive correspondant à la tension constante à maintenir. Sinon, le régulateur *tensimétrique* règle à chaque instant sur une vitesse qui n'est pas la bonne et malgré sa rapidité d'action, relativement plus grande,

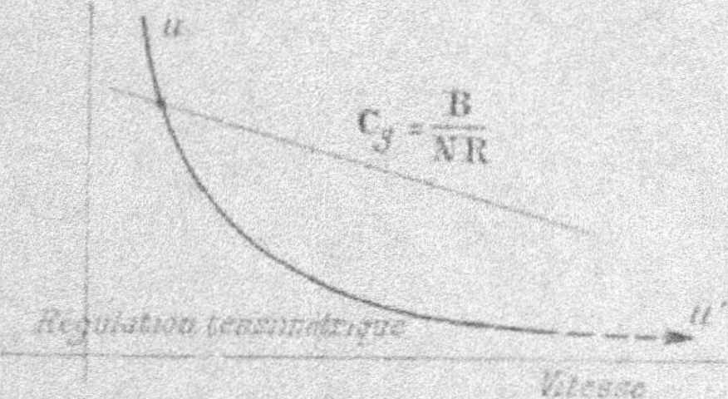

Fig. 438. — Régulations mécanique et électrique simultanées. Variation en fonction de la vitesse des couples moteurs et générateurs (réglage à tension constante).

il n'a pas achevé, et pour cause, son réglage, avant le régulateur de vitesse.

3° Enfin, nous avons signalé que la stabilité était beaucoup mieux assurée avec des machines réglées à *flux constant* (régime stable, à un accroissement de la vitesse correspond une diminution du couple moteur et un accroissement du couple résistant, d'où le retour au point M; conclusion inverse dans le cas contraire), qu'avec les machines réglées à *tension constante* (on n'a alors de stabilité que dans le seul cas d'une rencontre de C_m avec C_r en u', vers la droite, cas des turbines hydrauliques).

Remarque. — Les formules que nous avons considérées jusqu'ici :

$$C_g = \frac{A.N}{R} \qquad \text{(flux-métrique)}$$

$$C_{g'} = \frac{B}{R.N} \qquad \text{(tensimétrique)}$$

ne sont même pas exactes en soi, car elles font abstraction de la période de perturbation électrique dans laquelle i (courant d'excitation) est fonction justement de ces écarts.

Dans le cas de la *régulation flux-métrique* on peut faire, comme nous l'avons dit, abstraction de cette remarque et admettre que i

ne varie pas (soit égal à sa valeur moyenne : $i_{moy} = \dfrac{i_0 + i_1}{2}$,

i_0 avant la perturbation, i_1 après la perturbation).

Dans le cas de la *régulation tensimétrique*, le problème sera plus délicat. Il est bien évident que la tension variera durant le réglage suivant une fonction du temps que nous allons déterminer, fonction à la fois explicite du temps (manœuvre du rhéostat d'excitation) et implicite de ce temps, puisque l'un des facteurs constituant la tension est la vitesse, déjà fonction du temps.

VIII. — RÉGULATION ÉLECTRIQUE ET MÉCANIQUE SIMULTANÉE DE TENSION ET DE VITESSE.

CAS D'UNE MACHINE ÉLECTRIQUE RÉGLÉE A TENSION CONSTANTE ET D'UNE MACHINE MOTRICE A MOTEUR DE VANNAGE MANŒUVRÉ A VITESSE CONSTANTE.

Nous allons supposer ci-après que la machine électrique est pourvue d'un régulateur de tension destiné à maintenir cette tension constante, régulateur du type indirect, donc constitué par un moteur actionnant une manette de rhéostat d'excitation, dès que se produit la mise en action de deux relais de tensions limites, rencon-

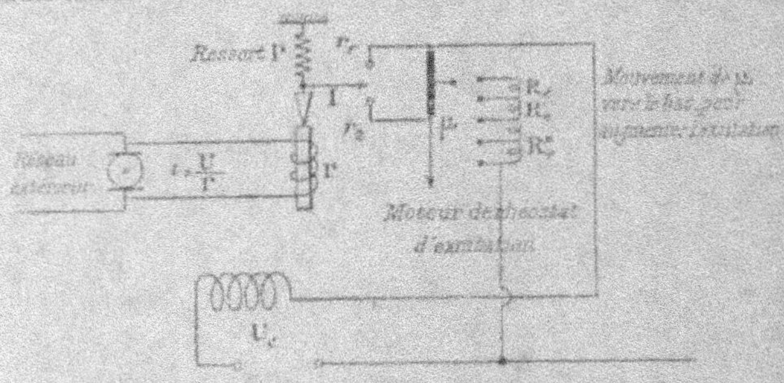

Fig. 439. — Régulations électrique et mécanique simultanées. Régulateur tensimétrique Thury.

très l'un ou l'autre par un organe mobile dont les positions sont fixées par l'équilibre entre un effort électromagnétique dû à la tension et la résistance d'un ressort, par exemple. On se reportera pour cette étude au régulateur tensimétrique Thury déjà décrit dans nos Leçons précitées sur la Régulation des groupes électrogènes).

On voit que, suivant la position de la manette, les résistances R_r, R'_r, R''_r seront successivement mises en ou hors-circuit (fig. 439). La manette est du reste sollicitée, d'une part, par le ressort antagoniste P, d'autre part par le solénoïde parcouru par le courant de tension. Si cette tension vient à baisser, la tige I actionne le relai r_1 (r_1 relai d'augmentation d'excitation ou de diminution de résistance d'excitation), d'où mouvement de μ vers le bas sous l'influence de son moteur.

Conclusions inverses si la tension est trop forte (mise en action

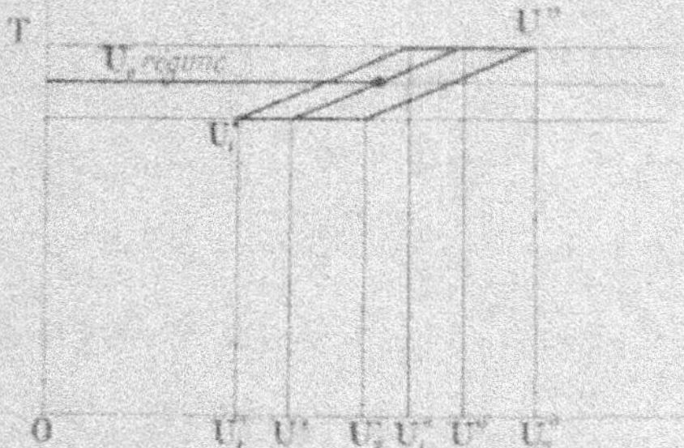

Fig. 440 — Régulation électrique de la tension à vitesse constante. Tensions critiques d'embrayage et de débrayage.

du relai r_2 de diminution d'excitation ou d'augmentation de résistance d'excitation). On supposera, pour simplifier, l'excitation du groupe assurée par une source à tension constante U_e.

Nous serons donc amenés à considérer deux positions extrêmes de la tige I, avec deux valeurs U''_1 et U'_2, limites de la tension entre lesquelles le régulateur n'agira pas.

Si l'on suppose, ce qui est logique, ce régulateur doué d'une certaine inertie, donc d'une certaine insensibilité, ce ne sont plus deux tensions, mais quatre tensions limites que nous allons avoir à considérer, savoir :

U''_2 tension d'embrayage DE (diminution d'excitation).

U''_1 tension de débrayage DE (diminution d'excitation).

U'_1 tension de débrayage AE (augmentation d'excitation).

U'_2 tension d'embrayage AE (augmentation d'excitation).

Le régulateur électrique de tension fonctionnera comme le régulateur mécanique de vitesse et offrira (aux valeurs numériques et à des qualités spéciales respectives près) des périodes comparables d'activité et de repos.

IX. — ÉTUDE D'UNE PERTURBATION DANS LE CAS D'UNE RÉGULATION SIMULTANÉE DE LA VITESSE ET DE LA TENSION

Nous supposerons que le régulateur électrique, étant embrayé, est manœuvré avec une vitesse constante, donc que R, résistance totale du circuit d'excitation, varie proportionnellement au temps. Nous pouvons remarquer que R aura ainsi pour valeur :

$$R_e = R_e^0 \pm \frac{t}{T}(R_{e\,max} - R_{e\,min}),$$

T temps de manœuvre complète du rhéostat d'excitation.

Soit σ le quotient de la valeur totale du rhéostat d'excitation par le temps T nécessaire à la manœuvre. Nous poserons :

$$R_e = R_e^0 \pm \sigma t, \quad \left(\sigma = \frac{T}{R_{e\,max} - R_{e\,min}}\right)$$

avec le double signe, suivant qu'on augmente l'excitation ou qu'on la diminue.

La tension U de la machine, au cours d'une perturbation, sera donnée par la valeur :

$$U = N a \Phi_p - R_a I_a,$$

formule dans laquelle Φ_p va devenir fonction du temps et N aussi.

Pour ne pas compliquer la question, négligeons $R_a I_a$. Cette hypo-

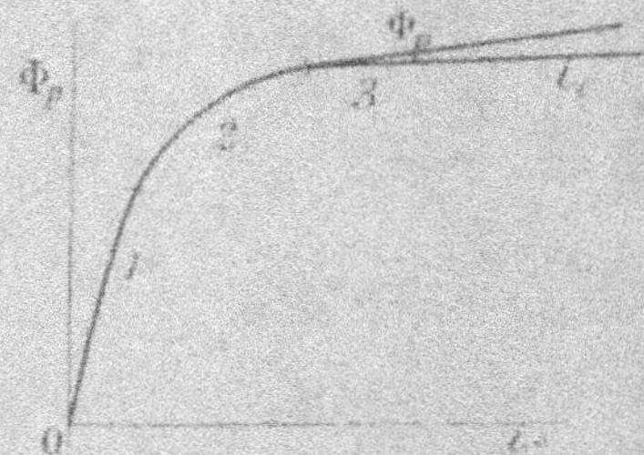

Fig. 441. — Régulation électrique de la tension à vitesse constante. Relation entre les courants d'excitation et les flux nécessaires.

thèse n'est pas inadmissible, en effet. Le groupe va être soumis à des perturbations qui, par le fait des variations de vitesse, pourront être de l'ordre de 20 %, donc de tension correspondantes, à flux constant. L'influence de $R_a I_a$, ou mieux de ses variations, sera donc peu considérable. N'oublions pas, du reste, ce fait que la self-induction du réseau, toujours existante, va exercer son action bienfaisante et modératrice en cas d'une variation de régime et qu'elle va toujours tendre à maintenir R. L. à sa valeur immédiatement précédente. Nous pourrons donc écrire, comme expression de la tension :

$$U = Na\Phi_p = \frac{\omega}{2\pi} n\Phi_p,$$

avec Φ_p donné, en fonction de $i_e = \dfrac{U_e}{R_e \pm \sigma t}$, par la caractéristique à vide (pour simplifier).

Imaginons que nous ayons affaire, pour ne pas compliquer le problème, à des variations de Φ_p proportionnelles à i_e, ce qui peut arriver dans deux cas distincts :

1° Marche dans la première région de la courbe de magnétisme.

2° Marche à très grande saturation (région 3).

Les coefficients de proportionnalité sont du reste différents dans l'un et l'autre cas.

Nous aurons donc, pour expression de la tension en fonction du temps :

$$U = \frac{\omega}{2\pi}\,n\,[\Phi_0 + A(i_e - i_e^0)]$$

$$U = \frac{\omega}{2\pi}\,n\,[\Phi_0 + Ai_e - Ai_e^0],$$

quels que soient les sens de variation de i_e, puisque cette formule a une interprétation algébrique. À l'instant $t = 0$, on a bien, si $\omega = \omega_0$ à cet instant :

$$U_0 = \frac{\omega_0}{2\pi}\,n(\Phi_e).$$

Nous conserverons donc l'expression générale :

$$U = \frac{\omega}{2\pi}\,n\,[\Phi_0 + A(i_e - i_e^0)]$$

et la même expression en fonction explicite du temps :

$$U = \frac{\omega}{2\pi}\,n\left(\Phi_0 + \frac{AU_e}{R_e \pm \sigma t} - \frac{AU_e}{R_e}\right).$$

Si $i_e > i_0$ le flux croît de Φ_0 à Φ.

Si $i_e < i_0$ le flux décroît de Φ_0 à Φ.

On voit que, si la vitesse était maintenue rigoureusement constante et égale à ω_0 (régime), la variation relative de tension serait :

$$\frac{U - U_0}{U_0} = \frac{\omega_0 n}{2\pi}\,A i_e \left(\frac{\pm \sigma t}{R_e \pm \sigma t}\right);$$

elle s'exprimerait simplement en fonction du temps.

Si, au contraire, ce qui est le cas général, la vitesse varie concurremment avec la tension, pour avoir l'équation du mouvement troublé, il faut :

1° Former :

$$C_g = \frac{UI}{2\pi N} = \frac{UI}{\omega},$$

avec :

$$I = \frac{U}{R} ; \quad I_0 = \frac{U_0}{R}.$$

R, R′ étant les valeurs des résistances du réseau supposées dépourvues de f.c.é.m. *avant et pendant* (instant t) la perturbation. Il vient donc :

$$U = \frac{\omega}{2\pi}.n \left[\Phi_0 + AU_e. \frac{(R_e^2 - R_0^2 \pm \sigma t)}{R_e^2 (R_e^2 \pm \sigma t)} \right]$$

$$U = \frac{\omega}{2\pi}.n \left[\Phi_0 + \frac{AU_e (\pm \sigma t)}{R_e^2 (R_e^2 \pm \sigma t)} \right]$$

$$U = \frac{\omega}{2\pi} n \left(\Phi_0 + AR_e^2 \frac{\pm \sigma t}{R_e^2 \pm \sigma t} \right)$$

Soit $\dfrac{U - U_0}{U_0}$ la variation relative de tension. Cette variation relative de tension est donnée par :

$$\frac{U - U_0}{U_0} = \frac{n}{2\pi} \Phi_0 \left(\frac{\omega - \omega_0}{U_0} \right) + \frac{\omega n}{2\pi} \frac{AR_e^2}{U_e} \left(\frac{\pm \sigma t}{R_e^2 \pm \sigma t} \right).$$

On voit bien qu'elle est fonction explicite du temps (par la manœuvre du rhéostat) et implicite en même temps en raison de sa dépendance par rapport à N (n) ou ω (t) dont la loi de variation n'est pas immédiatement connue.

Nous aurons enfin pour expression du couple C_g :

$$C_g = \frac{1}{\omega} \frac{\omega^2}{4\pi^2} \frac{n^2}{R} \left[\Phi_0 + AR_e^2 \frac{\pm \sigma t}{R_e^2 \pm \sigma t} \right]^2$$

en supposant l'effet de la self-induction négligeable durant la perturbation. Donc :

$$C_g = \frac{\omega n^2}{4\pi^2 R} \left[\Phi_0 + \frac{AR_e^2 (\pm \sigma t)}{R_e^2 \pm \sigma t} \right]^2.$$

Avec $+ \sigma$, augmentation de la résistance d'excitation, donc cas de la décharge de la machine ;

et $- \sigma$, diminution de résistance d'excitation, donc charge de la machine.

2° Former C_m :

$$C_m = C_{max} \frac{c_0 \pm at}{E}$$

(vitesse constante de manœuvre de la vanne)

Avec $+ a$, charge de la machine, et $- a$, décharge de la machine.

3° Former l'équation différentielle du mouvement :

$$C_{max} \frac{c_0 \pm at}{E} - \frac{\omega n^2}{4\pi^2 R} \left[\Phi_0 + \frac{1}{\alpha} \frac{(R_c \pm \sigma t)}{A i_c \pm \sigma t} \right]^2 = K \frac{d\omega}{dt}.$$

Cette équation est difficile à intégrer dans le cas général. On doit du reste remarquer que le problème est encore plus complexe qu'il semblerait d'après la formule précédente. En effet, le régulateur mécanique, comme le régulateur électrique, apporte un certain retard à la mise en route, *retard qui n'est pas le même que le premier.*

On peut donc distinguer trois phases, dans le simple début de l'opération.

1re *Phase.* Le régulateur électrique et le régulateur mécanique sont encore au repos. Soit $C_r < C_{r0}$. La tension varie de U_0 à U_2'',

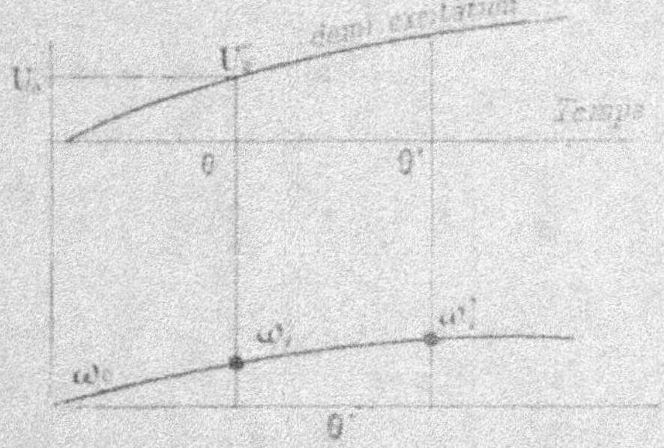

Fig. 142. — Régulation électrique de la tension à vitesse variable. Variations corrélatives des vitesses et des tensions.

tension d'embrayage, et la vitesse a monté linéairement de ω_0 à une valeur ω.

Cette phase a une durée θ.

2e *Phase.* Activité du régulateur électrique seul.

Le régulateur électrique modifie la tension et la courbe de variation de tension est fonction de la vitesse, qui varie toujours à peu près linéairement, bien que déjà influencée dans ce sens de l'affaissement par la variation de l'excitation. Cette phase a une durée θ'.

3ᵉ Phase. Le régulateur mécanique embraye à la fermeture, la vitesse monte encore, mais moins vite que dans le cas de la régulation seule de la vitesse, puisque le couple électrogène tend à diminuer pour une même vitesse (manœuvre de l'excitation).

On voit donc que l'équation différentielle ci-dessus est applicable à cette seule phase de perturbation correspondant à l'activité simultanée des deux régulateurs.

Pour traiter cette équation, il faudrait donc remplacer, dans l'expression de Cg, t par $t - \theta + \theta'$ et prendre comme origine des tensions non U_0, mais la tension ici, puisque diminution d'excitation) :

$$U_g = \frac{\omega'_1 \cdot n}{2\pi}\left[\Phi_0 + \frac{AR - \sigma(t-\theta')}{R \pm \sigma(t-\theta')}\right]$$

Nous n'insisterons pas sur l'étude mathématique de cette question. Elle est trop complexe pour entrer ici. On la trouvera dans nos leçons précitées sur « la Régulation des Groupes électrogènes ».

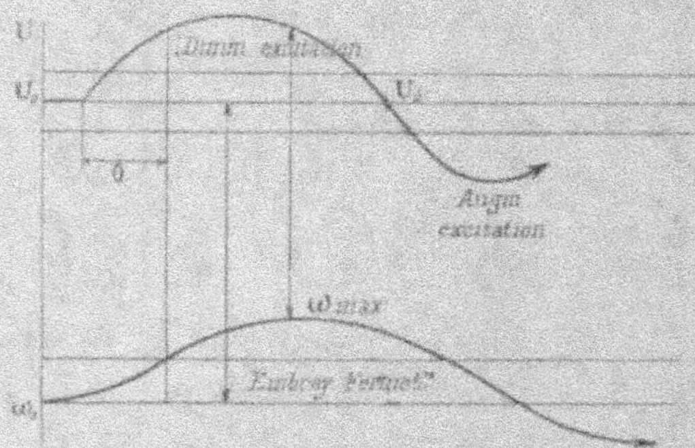

Fig. 443. — Régulation électrique et mécanique de la tension. Représentations simultanées des variations de la vitesse et de l'excitation.

On remarquera, en particulier, que la méthode la plus simple consistera à intégrer par une méthode d'approximations successives en considérant ω comme constant dans l'équation différentielle, et $K\dfrac{d\omega}{dt}$ comme seule variable.

Nous aurons une valeur approchée ω, de la vitesse, valeur approchée non constante, mais *fonction du temps*.

Soit $\omega_1 = f(t)$ cette fonction intégrale de l'équation précédente. Il en résulte pour U une valeur approchée fonction du temps où figure cette nouvelle fonction du temps, de même pour ce qu'on peut transporter sous cette nouvelle forme dans l'équation générale du déséquilibre dynamique :

$$C_m - C_r = K\,\frac{d\omega}{dt}$$

et ainsi de suite.

Conclusion. — Ainsi, les variations simultanées de tension et de vitesse en fonction du temps peuvent être représentées par des courbes analogues aux précédentes (fig. 443)

$$\left(\text{hypothèse}\begin{cases}C_r < C_{r_0}\\ R > R\end{cases}\right)$$

On pourrait tracer un système de deux courbes donnant les

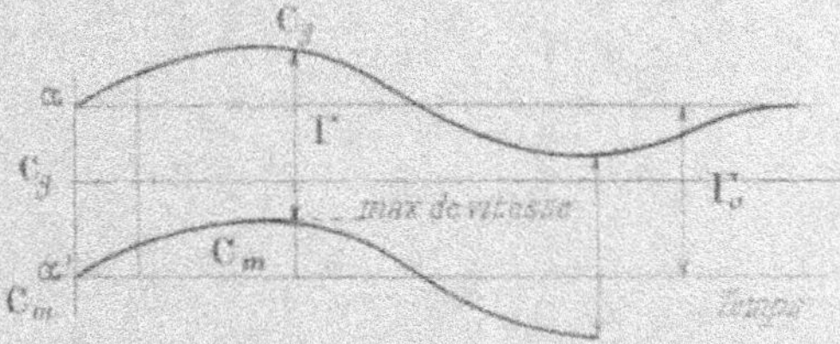

Fig. 444. — Régulation électrique et mécanique de la tension. Variations simultanées, en fonction du temps, du couple moteur et du couple résistant.

variations simultanées du couple moteur et du couple résistant (fig. 444).

On voit que la différence algébrique $\Gamma - \Gamma_0$ des couples $(C_m - C_g = \Gamma_d)$ peut être accrue en valeur absolue par l'emploi intempestif de régulateurs de tension. Un régulateur de tension trop sensible, trop actif et trop puissant, pourrait souvent faire plus de mal que de bien, eu égard à ce fait qu'il règle toujours, ou du moins tend à régler, la tension sur la *vitesse instantanée*. En admettant même qu'il soit organisé de façon à agir conformément aux indications de la vitesse, il ne pourra acquérir le repos que si la vitesse est elle-même arrivée à sa valeur de régime. Il ne donnera donc la *tension normale* à vitesse normale et avec l'excitation convenable que quand la vitesse aura repris ladite valeur normale.

Il faut donc, et ce sera notre conclusion, envisager à la fois le fonctionnement de ces deux régulateurs à la fois, si l'on veut avoir des résultats favorables.

C'est cette nécessité de lier les actions des deux régulateurs qui a fait proposer récemment l'emploi de la régulation *électromécanique à actions croisées*. Cette régulation consiste à faire *contrôler l'admission par le tensimètre et l'excitation par le tachymètre*.

Dans ce cas, il ne s'agit plus de maintenir la tension constante, même pendant la perturbation, coûte que coûte, mais de propor-

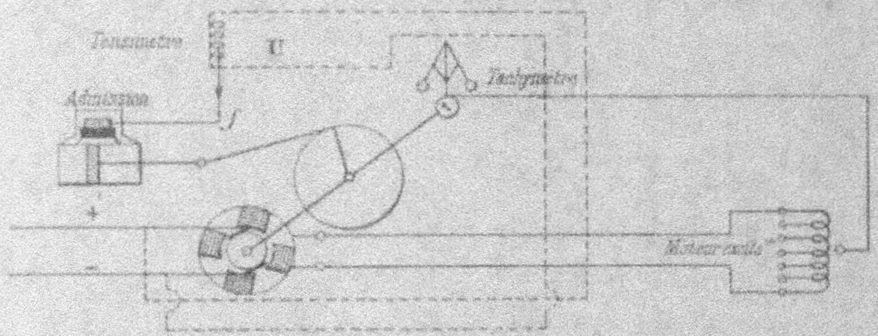

Fig. 445. — Régulations électrique et mécanique simultanées de la tension à actions croisées.

tionner *très vite* (par le tensimètre) l'admission à la vitesse nécessaire pour ne pas avoir une variation de vitesse excessive. Le tachymètre se charge, de son côté, de régler dès lors l'excitation à la valeur demandée.

Nous n'ajouterons rien de plus sur cette question, renvoyant le lecteur aux traités originaux sur la matière et en particulier aux leçons sus-visées sur la régulation des groupes électrogènes.

ÉTUDE DESCRIPTIVE DE QUELQUES RÉGULATEURS DE TENSION

Nous avons déjà, dans la première partie de cet ouvrage[1], étudié des régulateurs de tension, type Thury, dont le rôle, surtout applicable au cas des machines à courant continu, consiste à maintenir ladite tension constante, sans se préoccuper de la vitesse.

Nous étudierons, à titre de complément, sur cette intéressante

1. *Cours municipal d'Électricité industrielle.* Courants continus, XXXIIe Leçon, page 445; Geisler, éditeur, Paris. Voir aussi : *Régulation des groupes électrogènes.* Fascicules 38 et 39 de l'*Encyclopédie électrotechnique*; Geisler, éditeur, Paris.

question, deux régulateurs électro-automatiques de tension, tout récemment appliqués.

RÉGULATEUR ÉLECTRO-AUTOMATIQUE DE TENSION HERGOTT.

Le régulateur Hergott utilise plusieurs des principes fondamentaux inclus dans l'appareil de Willans avec, en plus, un cer

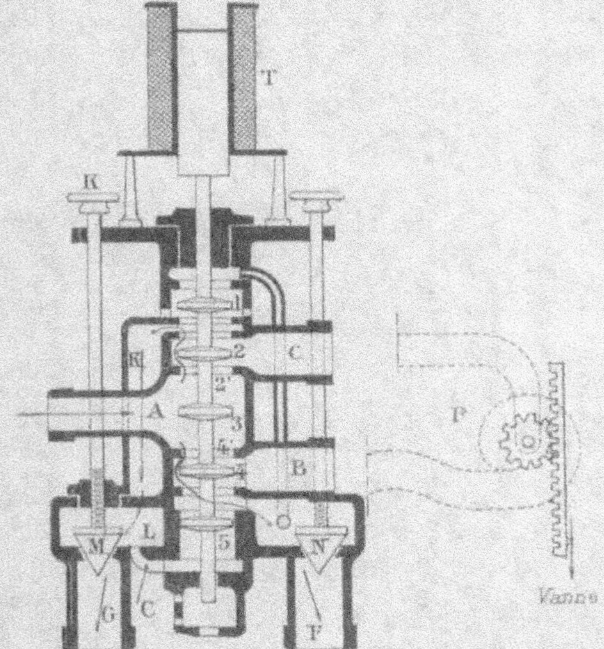

Fig. 446. — Régulation électrique de la tension. Régulateur électromécanique asservi Hergott.

tain nombre de dispositions modernes indiquées comme nécessaires par la pratique des stations centrales.

Il se compose d'un solénoïde T monté en dérivation aux bornes de la dynamo actionnée par la machine à vapeur.

Le noyau supporte une tige de tiroir cylindrique représentée par la figure 446. La boîte à tiroir A reçoit un liquide qui est le plus généralement de l'huile sous pression.

Lorsque les soupapes sont dans la position que représente la figure, c'est-à-dire celle qui lui est donnée par la tension normale, l'huile s'évacue comme indiquent les flèches. Mais, si la tension vient à baisser, le noyau descend et la tige des soupapes avec lui.

L'huile qui se trouve en A passe en B, car la soupape 2 se trouve sur le siège 2'. L'huile est chassée dans une pompe P réceptrice, ou tout autre récepteur capable de manœuvrer la vanne. Celle-ci s'ouvre et la vitesse augmente. Si la tension augmente, la soupape 1 vient sur son siège 1' et l'huile étant chassée en C, et de là dans le récepteur en sens inverse de celui imposé précédemment, la pompe P manœuvre la vanne également en sens inverse et la vitesse diminue. Si, volontairement ou accidentellement, le courant est coupé dans le solénoïde, la soupape 3 descend sur le siège 3', l'huile passe entièrement par C et ferme la vanne, de sorte que la machine étant arrêtée, ne peut jamais s'emballer par suite de décharge brusque de la dynamo.

Quant l'huile passe par C, elle revient de la pompe par B et s'évacue par F, les soupapes étant libres de ce côté. De même, quand elle va à la pompe par B, elle revient par C et s'évacue par KL et G.

Rôle des soupapes M et N. — Si l'on a fermé partiellement la soupape d'échappement M, en tournant le bouton K, il se produit à la sortie (dans le cas de baisse de tension) une petite contre-pression qui, par le conduit CO, se transmet au-dessous de la tige-tiroir et tend à la soulever, en agissant ainsi contrairement au solénoïde T qui la laissait descendre. Si cette contre-pression devient suffisante, la tige-tiroir remonte vers le point mort, l'arrivée du liquide en O cesse par ce fait, la contre-pression en CO devient nulle, et le solénoïde T laisse redescendre son noyau N. La pression agit de nouveau et il se produit une série d'intermittences dans l'achèvement du réglage demandé, intermittences qu'on réglera en tenant compte des forces d'inertie des masses en mouvement et selon l'ouverture, proportionnée aux effets voulus, qu'on a donnée à la soupape M, et enfin en évitant de trop ouvrir la distribution et de dépasser le point de réglage, obtenu ainsi bien précis.

Dans le cas où, par suite de rupture de courant dans le solénoïde, la soupape 3 baisserait pour arrêter la machine, la contre-pression est alors insuffisante pour soulever les soupapes associées, ce qui différencie ce cas du précédent, où l'on n'envisageait qu'une baisse de tension, et fait que la machine s'arrête complètement.

RÉGULATEUR AUTOMATIQUE A ACTION RAPIDE
DE BROWN BOVERI ET Cie.

Principe de l'appareil (cas du courant alternatif). — La tension des machines est réglée au moyen de résistances qu'on intercale

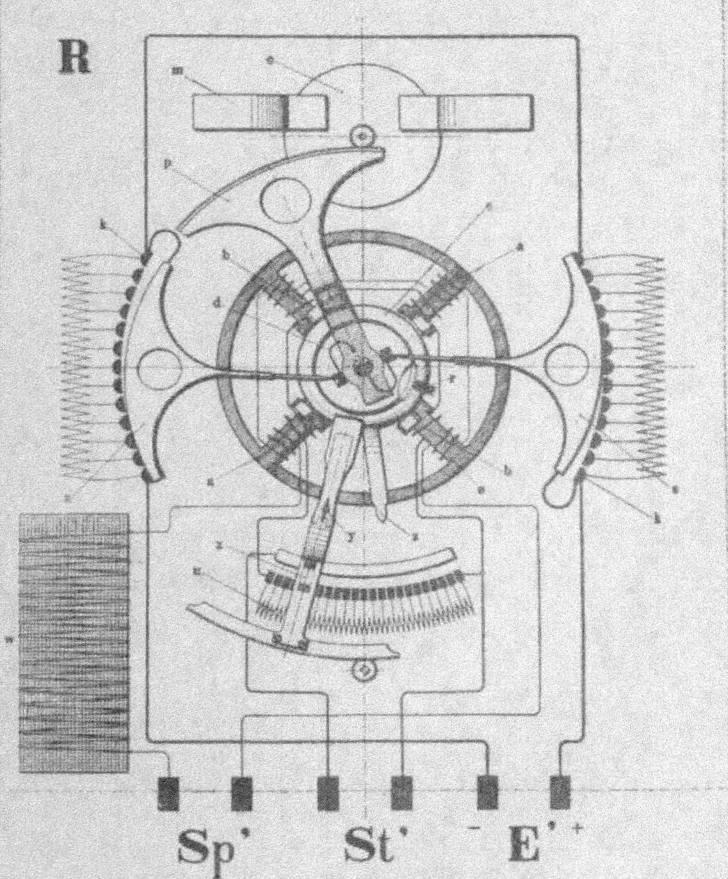

Fig. 447. — Régulation électrique de la tension. Régulateur électro-automatique a action rapide Brown-Boveri.

dans le circuit inducteur des excitatrices, pour faire varier l'excitation des alternateurs.

Ce rhéostat est à commande automatique. Il est formé par un secteur qui se déplace devant des plots. Le secteur est manœuvré par un induit, choisi en aluminium pour diminuer son inertie. Cet induit peut tourner dans un champ magnétique créé par la tension à régler. Le couple électromagnétique est équilibré par un couple mécanique constant produit par un dispositif de ressorts en spirale. Le mouvement de l'induit de manœuvre, donc l'insertion des résistances, est produit par les variations de la tension à maintenir constante (fig. 447, 448 et 449).

Description. — L'arbre du disque-induit c porte un ressort f produisant un couple antagoniste du couple électromagnétique. La force de tension du ressort devant être constante, son accrois-

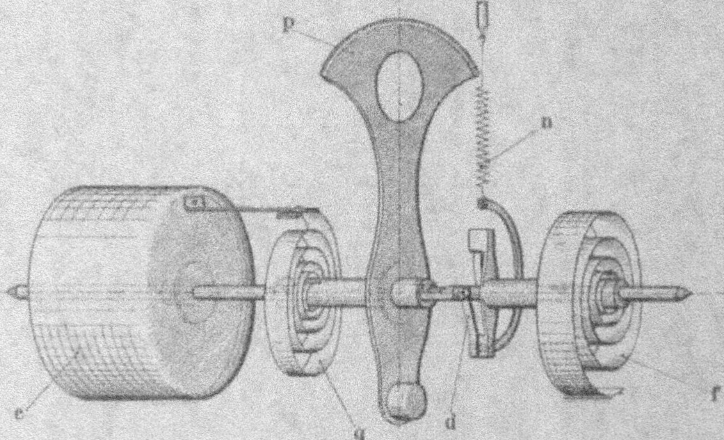

Fig. 448. — Régulation électrique de la tension. Régulateur électro-automatique à action rapide Brown-Boveri.

sement, quand le ressort se tend, est annulé par l'action d'un ressort n (fig. 448). L'inertie de l'induit étant très faible, celui-ci se met en mouvement très rapidement lorsqu'une faible variation de tension se produit.

Pour éviter qu'il ne dépasse la nouvelle position correspondant à la nouvelle tension, un secteur denté p actionne par un petit pignon un disque amortisseur o en aluminium (fig. 447). Ce disque tournant entre deux aimants permanents, les courants de Foucault produits évitent les oscillations du système.

Le secteur et l'induit sont reliés au moyen d'un ressort q, qui est détendu dans la position d'équilibre, mais qui se tend dès qu'il se produit une variation de tension faisant entraîner le secteur par l'induit.

Il permet ainsi à l'induit de devancer *subitement*, pour ainsi dire, d'une certaine quantité l'action de l'amortissement. Lorsque la

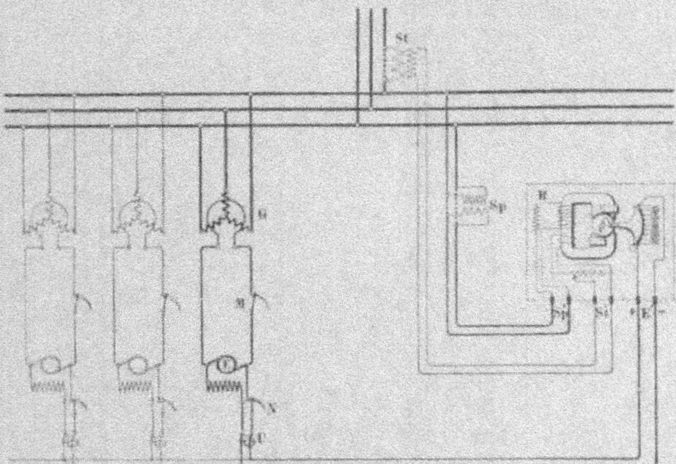

Fig. 449. — Régulation électrique de la tension; régulateur Brown-Boveri. Schéma du montage.

tension est ramenée à sa valeur normale, le même ressort ramène l'induit et le disque amortisseur à leur position normale.

L'arbre de l'induit manœuvre le secteur s qui se déplace sur les plots du rhéostat et intercale des résistances dans le circuit d'excitation de l'excitatrice.

La tension des ressorts peut être réglée, suivant la valeur de la tension à obtenir et à maintenir, au moyen d'une vis micrométrique r.

Il peut arriver que la charge des récepteurs augmente ; dans ce cas, le courant de ligne augmentant, la chute de tension va augmenter et il sera nécessaire d'accroître la tension aux bornes des machines. Ce résultat est obtenu par compoundage du régulateur. On peut aussi aisément réaliser un hypercompoundage.

Le champ magnétique est produit par un enroulement en dérivation aux bornes des machines et alimenté par l'intermédiaire d'un transformateur de tension, et par un enroulement parcouru par un courant proportionnel au courant de ligne et pris aux bornes d'un transformateur d'intensité (fig. 449). A cet effet, un plot x se déplace (fig. 448) sur des plots et peut mettre en parallèle avec l'enroulement série un nombre de résistances plus ou moins grand suivant la tension à obtenir. Ces résistances shuntent l'enroulement série et règlent ainsi son action sur l'induit.

Ce réglage peut se faire à la main au moyen d'un levier y, accouplé avec l'indicateur z.

Cas du courant continu. — L'appareil employé en courant continu est sensiblement le même que celui employé en alternatif. L'induit est remplacé par un cadre de galvanomètre, connecté en série avec les enroulements d'excitation.

Pour obtenir, malgré l'accroissement du moment mécanique, quand la rotation du cadre augmente, un état astatique dans les limites extrêmes entre lesquelles le réglage peut s'effectuer, on a adopté une disposition telle que la valeur du champ magnétique augmente dans le même rapport que le couple mécanique, de sorte que le ressort auxiliaire a, indispensable dans le régulateur pour courant alternatif, peut être supprimé.

Le rhéostat d'excitation agit directement sur l'excitation des dynamos. Le compoundage s'effectue de la même façon qu'en courants alternatifs, mais le transformateur d'intensité est remplacé par une bobine shunt spéciale.

CABLES ARMÉS

GÉNÉRALITÉS SUR LES CABLES ARMÉS

Constitution. — Enveloppes. — Les lignes souterraines peuvent être constituées par des conducteurs nus posés sur des isolateurs dans des caniveaux cimentés. Ce système ne permet pas de dépasser la tension de 10.000 volts (inondations à craindre, accidents).

Dans la majorité des cas, les lignes souterraines sont constituées par des conducteurs isolés (4 à 5.000 mégohms par kilomètre, caoutchouc pur, caoutchouc vulcanisé, cellulose imprégnée de paraffine, papier sec et protégés par une tresse et par un tube de plomb recouvert d'une tresse et d'une armature en tôle. Ils sont posés à même, dans des tranchées de $0^m,60$ environ, et recouverts d'une couche de sable fin de $0^m,20$. Un treillis ou un avertisseur du même genre est posé sur la couche de sable, et indique la position des câbles.

Ces enveloppes protectrices ont l'inconvénient d'accroître beaucoup l'*impédance* et la *capacité* des câbles isolés.

Capacité du système dans le cas de câbles distincts. — Lorsque les câbles d'aller et de retour sont distincts, et qu'ils sont entourés de matières plus ou moins conductrices, les effets de capacité produisent des courants dans le terrain compris entre eux. En effet, lorsqu'un câble est positif, l'autre négatif, le sol se charge négativement autour du premier, positivement autour du second ; c'est l'inverse à la demi-période suivante. Ces courants provoquent un échauffement de l'armature. Ce serait une faute de séparer les deux conducteurs isolés et armés d'une canalisation monophasée, leur réactance kilométrique (surtout due à la capacité) serait égale à 20 ou 30 fois leur réactance en ligne aérienne.

On est conduit, pour diminuer ces effets d'induction sur les circuits voisins et sur l'armature, à enfermer les différents conducteurs d'une canalisation dans une armature commune.

Les câbles multiples sont *torsadés*, ou *concentriques* (Ferranti).

Les câbles pour courants triphasés sont constitués par trois conducteurs isolés (cellulose), enroulés en torsade, et recouverts d'une armature.

Les câbles Ferranti pour courants alternatifs sont constitués par des tubes de cuivre concentriques, isolés par des couches de papier imprégné de cire noire. Le conducteur extérieur est à peu près au potentiel zéro (fait expérimental). Les effets d'induction sur les conducteurs téléphoniques voisins sont nuls, et on pourrait le toucher, à moins toutefois que la ligne souterraine ne soit en communication avec la ligne aérienne, ou que l'autre conducteur ne soit mis accidentellement à la terre.

Enfin, il y a lieu de remarquer, à ce propos, que la forme la plus rationnelle à donner aux conducteurs parcourus par des courants alternatifs est la forme tubulaire. Les phénomènes d'induction des divers filets de courant les uns sur les autres ont pour effet de diminuer l'intensité du courant dans les parties centrales et de l'accroître à la périphérie. Le centre ne sert plus au passage du courant, d'où un accroissement de résistance apparente du conducteur par rapport à celle qu'il présente en courant continu. (D'après lord Kelvin, qui a découvert ce phénomène, et a donné à ce sujet la formule classique que l'on sait, le rapport K des deux résistances dépend des valeurs du rapport $\dfrac{d^2}{T}$, du carré du diamètre du conducteur plein, à la période.) Les courants alternatifs se propagent, en effet, surtout par la périphérie du conducteur, et non par la partie centrale.

Valeurs des capacitances et inductances des câbles armés. — Quelques chiffres sont utiles à connaître dès maintenant pour qui veut se rendre compte de l'influence de la capacité et de la self-induction sur les phénomènes d'établissement et de rupture de courant dans les canalisations souterraines.

Capacité kilométrique par conducteur (câbles à trois conducteurs isolés à la cellulose) : . . . . . 0,2 à 0,3 microfarad.

Coefficient de self-induction kilométrique par conducteur (câbles à trois conducteurs isolés à la cellulose) : . . . . . 2 à 3 $\times$ 10^{3} henrys)

Capacité kilométrique (ligne aérienne) : . . . . . 0,01 à 0,02 microfarad.

Coefficient de self-induction kilométrique (ligne aérienne) : 0,001 à 0,0015 henry.

Courant de charge. — Considérons, pour simplifier, une distribution monophasée.

Ce courant de charge, d'expression connue :

$$I_{ar} = C\Omega U_{ar},$$

dû à l'application d'une tension U_{ar} aux bornes d'une canalisation souterraine, peut atteindre une valeur relativement grande et mettre en jeu une puissance apparente considérable.

En service normal, le courant déwatté en avance, dû à la capacité des câbles souterrains, est compensé en partie par le courant déwatté en retard, dû à la self-induction des lignes et des appareils.

Mais, dans les transports à distance relativement grande utilisant des tensions élevées, c'est souvent le courant déwatté en avance qui prédomine. Steinmetz cite un transport à 20.000 volts dont la ligne a une réactance de capacité $\dfrac{1}{C\Omega}$ de 1.500 ohms, ce qui exige un courant de charge égal à 8 % du courant normal.

ÉTUDE SPÉCIALE DES CÂBLES ARMÉS

Couverture des câbles armés. — Les câbles destinés à être immergés dans le sol doivent être, comme nous l'avons dit, recouverts d'une gaine protectrice, destinée à empêcher l'humidité de pénétrer à l'intérieur de la matière isolante qu'elle peut désorganiser (caoutchouc), en venant même attaquer les conducteurs actifs. Le câble comporte donc essentiellement une enveloppe métallique protectrice, appelée *armature*, et des conducteurs de distribution, à l'intérieur de celle-ci.

Capacité des câbles armés. — Ce système de deux conducteurs séparés par un isolant, et se prolongeant sur une très grande longueur, constitue un condensateur dont les armatures, dans le cas simple des câbles monophasés, sont les deux surfaces en regard.

A — Câble armé avec une âme active.

Soit D le diamètre de l'âme;

D' le diamètre intérieur de l'armature;

K le pouvoir inducteur spécifique du diélectrique;

L la longueur, en centimètres, du câble considéré.

La capacité du condensateur ainsi constitué est donnée par la formule simple bien connue :

$$C = K \frac{L}{2 \mathrm{Log} \left(\dfrac{D'}{D} \right)}, \text{ en unités C.G.S}^{[1]}.$$

qui se trouve démontrée dans tous les traités d'électrostatique

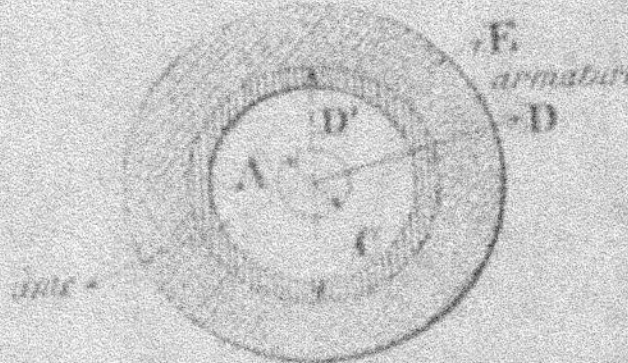

Fig. 430. — Coupe d'un câble armé.

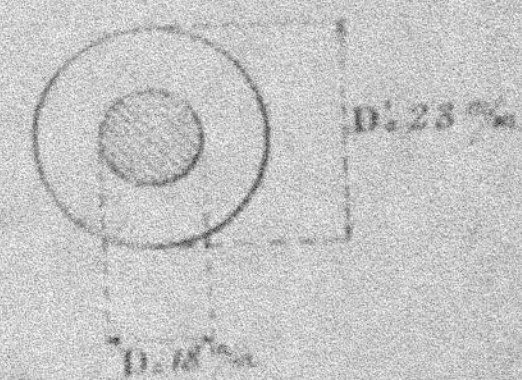

Fig. 431. — Câble armé. Évaluation de la capacité kilométrique.

auxquels nous renverrons le lecteur (le logarithme étant pris, remarquons-le, dans la table des logarithmes naturels).

Formules pratiques de la capacité kilométrique. — Or, si l'on exprime cette capacité dans le système pratique (une unité pratique de capacité (farad) vaut 9×10^{11} unités C.G.S de capacité), il en résulte que l'on peut écrire pour cette capacité, en farads :

$$C_{\text{cm}} = \frac{1}{9 \times 10^{11}} \cdot \frac{KL}{2 \mathrm{Log} \dfrac{D'}{D}}$$

Soit la longueur du câble évaluée en kilomètres,

$$L = 10^5 L_{km};$$

---

1. Nous affecterons toujours les logarithmes népériens de la notation Log, réservant la notation log pour les logarithmes décimaux.

de telle sorte qu'après simplifications intuitives, la capacité devient :

$$C_{\text{farads}} = \frac{0{,}055\,KL_{\text{km}}}{\text{Log}\,\dfrac{D'}{D}} \times \frac{1}{10^6}.$$

Application numérique. — Capacité kilométrique d'un câble défini par les constantes suivantes :

$$D' = 23 \text{ millimètres}$$
$$D = 18 \quad —$$
$$K = 3$$
$$L_{\text{km}} = 1$$

$$C_{\text{farads}} = \frac{0{,}055 \times 3 \times 1}{\text{Log}\,\dfrac{23}{18}}\,10^{-6}.$$

$$C_{\text{farads}} = 0{,}68 \times 10^{-6}.$$

D'où enfin une capacité kilométrique de :

$$0{,}68 \text{ microfarad.}$$

Autre application.

$$\begin{cases} D' = 35 \\ D = 23. \end{cases}$$

Capacité kilométrique :

$$C_{\text{farad}} = 0{,}393 \times 10^{-6}.$$

Ainsi donc, si l'on intercale un pareil câble dans un circuit, il faudra considérer ce câble comme doué de capacité, et par suite, comme en introduisant une dans le circuit qui sera à la fois *réactant*, *capacitant* et *résistant*.

Remarque sur la nature de cette capacité. — Elle est uniformément répartie sur le conducteur. Les formules permettant de traiter le problème dans toute sa généralité algébrique sont très compliquées à établir, et, ce qui est plus grave, à peu près inutilisables en pratique.

Nous avons cependant cru devoir donner, par ailleurs, à titre d'application de la méthode des imaginaires au calcul des phénomènes mis en jeu par les courants alternatifs, le principe d'établissement des dites formules [1].

1. Voir *Cours municipal d'électricité industrielle*, 2ᵉ partie, courants alternatifs. Geisler, éditeur, à Paris.

Soit le tronçon PQ d'un conducteur à enveloppe protectrice (fig. 452). On peut faire abstraction de la capacité, uniformément répartie, en supposant que le point moyen de ce tronçon de conducteur est en relation avec l'armature d'un condensateur C et que l'enveloppe protectrice E est reliée à la deuxième armature de ce

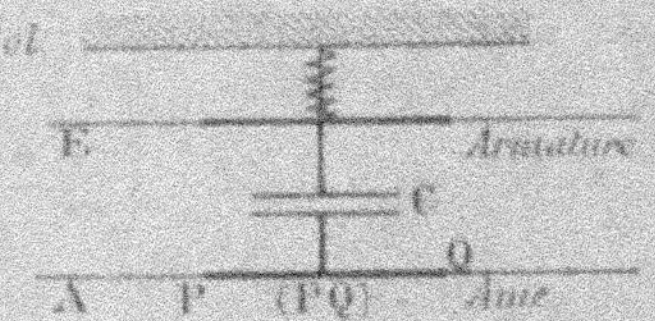

Fig. 452. — Câbles armés. Représentation schématique des influences diverses dues au câble sur le réseau.

condensateur et au sol. La capacité attribuée à C est celle du tronçon PQ, calculée comme précédemment. Plus court est le tronçon, plus faible est l'erreur commise dans notre hypothèse simplificative.

B. — Capacité dans un deuxième cas simple : câble armé à deux âmes actives.

Les fils étant identiques, on est amené, en envisageant successivement le système formé par chacun d'eux et l'armature extérieure (fig. 453), à considérer deux condensateurs dont les armatures sont reliées suivant le schéma de la figure 454.

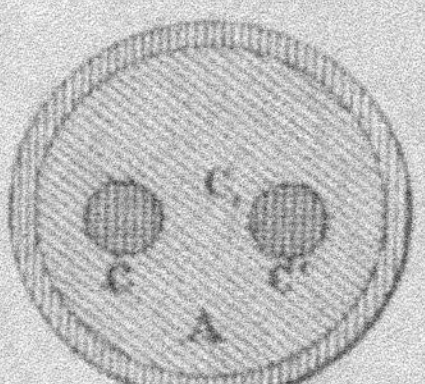

Fig. 453. — Câble armé à deux âmes actives.

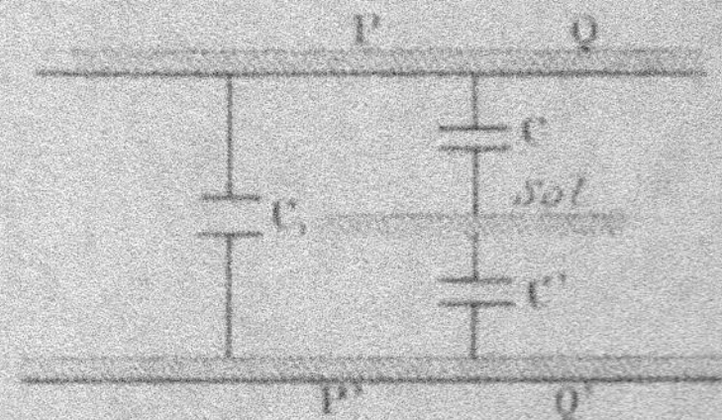

Fig. 454. — Câbles armés. Représentation schématique des diverses capacités mises en jeu.

Ces condensateurs, réunis en série, sont, comme l'on sait, équivalents à un autre de valeur Γ donnée par :

$$\frac{1}{\Gamma} = \frac{1}{C} + \frac{1}{C'} = \frac{2}{C}$$

car $C = C'$, au moins généralement.

Une ligne souterraine peut donc être considérée comme un ensemble de segments conducteurs, chaque segment étant relié à un condensateur.

Pour être logique, il convient, ce qui est en particulier quelquefois nécessaire, de tenir compte de la capacité C_0 constituée par les deux conducteurs en regard. On a alors, Γ étant la capacité totale :

$$\Gamma = \frac{C}{3} + C_0$$

La capacité C_0 est généralement beaucoup plus faible que la première.

C. — Capacité de câbles triphasés.

De tels câbles triphasés comportent trois conducteurs actifs, enserrés dans une enveloppe métallique (fig. 455). Il convient logiquement de considérer les capacités constituées par les fils 1, 2 et 3 pris deux à deux. Si l'on applique une certaine tension composée entre deux fils 1 et 3, il faudra noter qu'à la résistance et à la self-induction de la branche correspondante du récepteur, il convient d'ajouter une capacité donnée évidemment par la somme :

$$C_{1-2} + C_{1-4} \quad \text{(capacités en parallèle).}$$

Ainsi donc, de phase à phase, il suffit de connaître C_{1-2-4} et C_{1-4}.

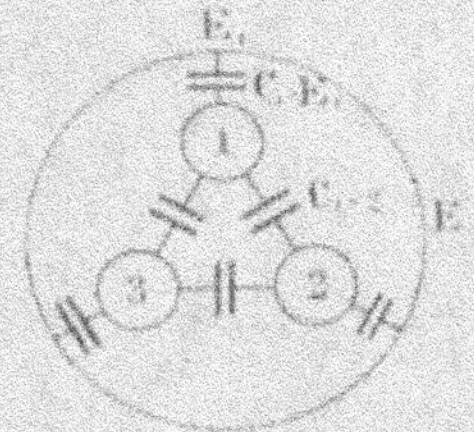

Fig. 455. — Câbles armés. Représentation schématique des diverses capacités mises en jeu dans un câble triphasé.

Détermination de C_{1-2-4}. — Soit :

$$C_{1-2} = C_{2-3} \qquad C_{1-4} = C_{3-4}$$

ce qui est évident si le câble est fait soigneusement.

Réunissons métalliquement les conducteurs 1 et 3 et établissons une tension entre 1-3 et l'enveloppe ; mesurons U_{13} et I_{13}.

Nous déterminerons ainsi une capacité donnée évidemment par :

$$\gamma = C_{1-4} + C_{3-4} = 2C_{1-4} \quad \text{(capacités en parallèle).}$$

Or, la capacité C_{1-4} est constituée par les deux capacités

$C_{1,2}$ et $C_{2,3}$ réunies en série; donc, en vertu des deux égalités précédentes :

$$C_{1,2,3} = \frac{1}{2} C_{1,3} = \frac{1}{4}\gamma$$

Détermination de $C_{1,3}$. — Réunissons (1 et 3 étant encore reliés) E et 2. Nous déterminerons une nouvelle capacité donnée par :

$$\gamma' = C_{1,3} + C_{2,3} + \gamma \quad \text{(capacités en parallèle)} ;$$

en supposant :

$$C_{2,3} = C_{1,3}$$

nous aurons :

$$C_{1,3} = \frac{\gamma' - \gamma}{2}$$

Donc :

$$C_{1,2,3} = \frac{\gamma}{4} \quad \text{et} \quad C_{1,3} = \frac{\gamma' - \gamma}{2}.$$

On a donc, par γ, la capacité prise par rapport à l'enveloppe, par $\gamma' - \gamma$, la capacité prise par rapport aux fils voisins.

C'est généralement de cette façon que sont effectués industriellement les essais de câbles :

Dans un premier essai, on réunit 1 et 2 entre eux, et l'on mesure la capacité par rapport à l'enveloppe. Dans un second essai, on relie 2 à l'enveloppe et l'on mesure la capacité totale. On peut ainsi arriver à la connaissance de la capacité kilométrique.

FONCTIONNEMENT D'UNE DISTRIBUTION DANS LE CAS DE CABLES ARMÉS.

Possibilité de surélévation de la tension en bout de ligne. — Soit une distribution par câbles armés, représentée schématiquement, figure 456; l'extrémité A est reliée à une station génératrice,

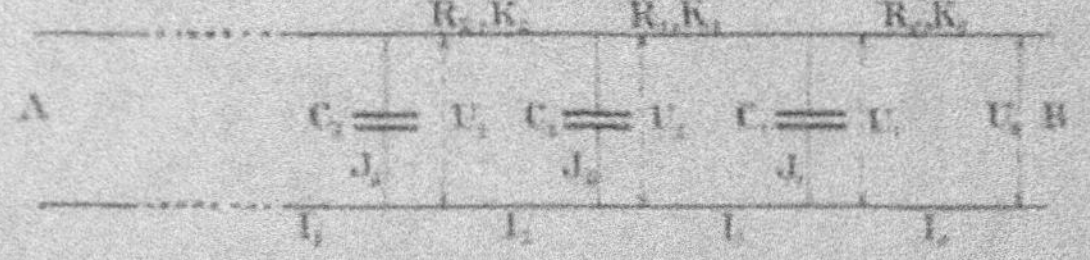

Fig. 456. — Câbles armés. Possibilité de surtensions. Calcul de la tension en bout de ligne.

l'extrémité B à une station réceptrice. Cherchons les valeurs de U_{AB} et de I_{AB} aux divers points du réseau.

Soit :

$$R_0, K_0 \; ; \quad R_1, K_1 ; \quad \ldots \quad R_n, K_n,$$

les résistances et les réactances de chacune des portions de circuit ;

    $C_1, C_2, \ldots C_n$, les capacités des dérivations ;

    $U_1, U_2, \ldots U_n$, les différences de potentiel aux bornes de celles-ci ;

    $J_1, J_2, \ldots J_n$, les courants dans les dites dérivations.

Nous calculerons les tensions et les courants de proche en proche. Nous avons l'égalité géométrique :

$$\overline{U_1}_{\mathrm{eff}} = \overline{U_0}_{\mathrm{eff}} + \overline{R_0 J_0}_{\mathrm{eff}} + \overline{K_0 J_0}_{\mathrm{eff}} \tag{1}$$

Supposons que la première dérivation ait une résistance négli-

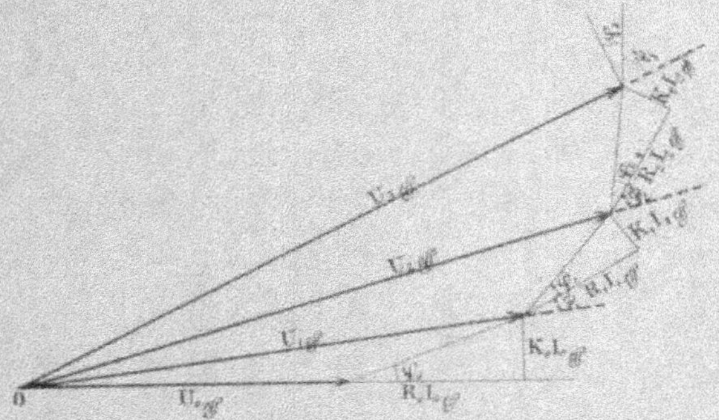

Fig. 457. — Câbles armés. Diagramme des tensions successives. Cas des surtensions.

geable ; le courant $J_{0\,\mathrm{eff}}$ sera alors décalé de 90° en avant de $U_{0\,\mathrm{eff}}$, et aura pour valeur :

$$\overline{J_{0\,\mathrm{eff}}} = \overline{C_1 \Omega U_{0\,\mathrm{eff}}} \tag{2}$$

Nous aurons $I_{0\,\mathrm{eff}}$ par la relation géométrique :

$$\overline{I_{1\,\mathrm{eff}}} = \overline{J_{1\,\mathrm{eff}}} + \overline{I_{0\,\mathrm{eff}}}$$

Nous aurons de même $U_{2\,\mathrm{eff}}$ et $I_{2\,\mathrm{eff}}$ pour chaque dérivation, à l'aide

de trois égalités géométriques analogues aux trois précédentes. Ainsi :

$$\begin{cases} \overline{U_{2\text{eff}}} = \overline{U_{1\text{eff}}} + \overline{R_1 I_{2\text{eff}}} + \overline{K_1 I_{1\text{eff}}}, \\ \overline{J_{2\text{eff}}} = \overline{C_2 \Omega U_{2\text{eff}}}, \\ \overline{I_{2\text{eff}}} = \overline{J_{2\text{eff}}} + \overline{I_{1\text{eff}}}, \end{cases} \qquad 2$$

etc., etc.

Construisons les diagrammes correspondants (fig. 457 et 458). U_0 et I_0 dépendent des récepteurs. Supposons, pour simplifier, que U_0 et I_0 aient même direction, c'est-à-dire que la réactance soit nulle dans les récepteurs. Nous obtiendrons les diagrammes ci-après (fig. 458, 459, 460 et 461). La série des vecteurs ainsi obtenue peut être croissante ou décroissante.

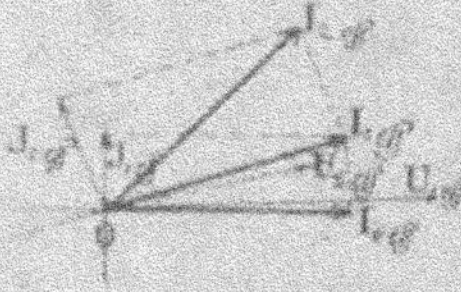

Fig. 458. — Câbles armés. Diagramme des courants. Cas des surtensions.

Dans le premier cas, les tensions et les courants croissent des récepteurs à l'usine (fig. 457 et 458). On voit sur les diagrammes qu'il suffit, pour que cette condition soit réalisée, que les courants de capacité soient faibles.

Dans le deuxième cas, les tensions décroissent des récepteurs à l'usine (fig. 459 et 460). Cette condition sera réalisée lorsque les

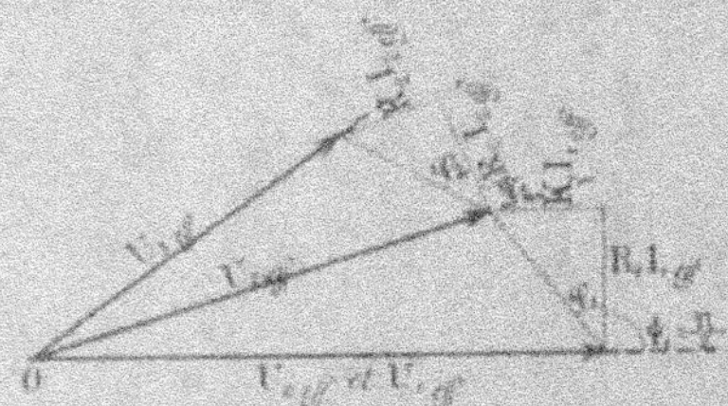

Fig. 459. — Câbles armés. Diagramme des tensions en ligne : cas des sous-tensions.

courants de capacité seront suffisamment grands. Les courants I_{eff} seront très décalés en avant des U_{eff} correspondants, et les angles réaliseront la condition :

$$\varphi + \gamma = \frac{\pi}{2}$$

(φ voisin ou égal à $\frac{\pi}{2}$). Nous aurons alors en bout de ligne, une tension plus élevée qu'à l'usine. Pour mettre en évidence cet effet de la capacité, supposons $I_{ref} = 0$; nous aurons :

$$U_{1ef} = U_{2ef} ;$$

les diagrammes 459 et 460 correspondent à ce cas.

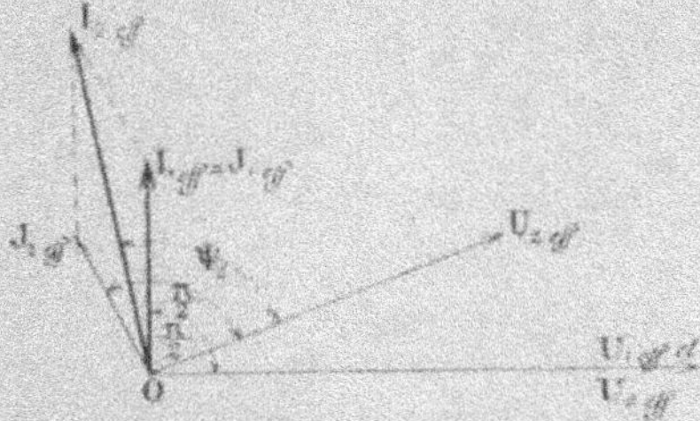

Fig. 460. — Câbles armés. Diagramme des courants. Cas des sous-tensions.

Étude algébrique de la question. — Étudions d'une manière plus complète les conditions qui président à l'accroissement ou à la diminution des tensions.

Reprenons les diagrammes des tensions et des intensités. Sup-

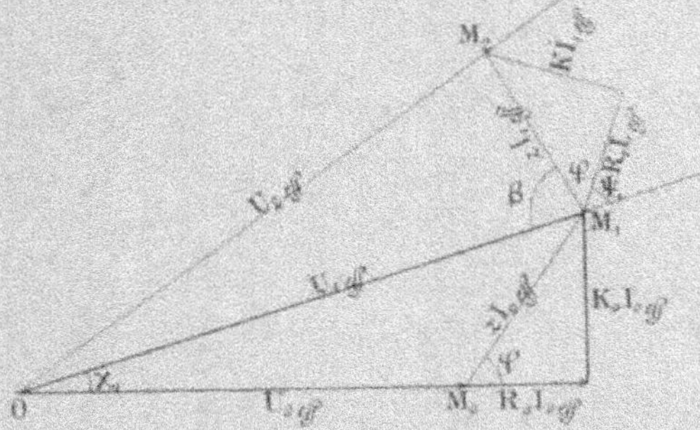

Fig. 461. — Câbles armés. Diagramme des tensions en ligne. Recherche de la possibilité de surtensions.

posons, pour simplifier, que tous les tronçons du circuit de transport soient identiques, chacun d'eux étant caractérisé par son z et son φ.

Les diagrammes correspondants sont ceux représentés, fig. 461 et 462.

Cherchons à quelle condition U_{1ef} sera plus grand que U_{2ef}, série de tensions décroissantes des récepteurs à l'usine.

Pour que cette éventualité, (décroissance de U_{eff}) se produise, il faut, non seulement que :

$$\varphi + \Psi_1 > \frac{\pi}{2}$$

(cette condition limite serait insuffisante, on le voit sur la fig. 463)

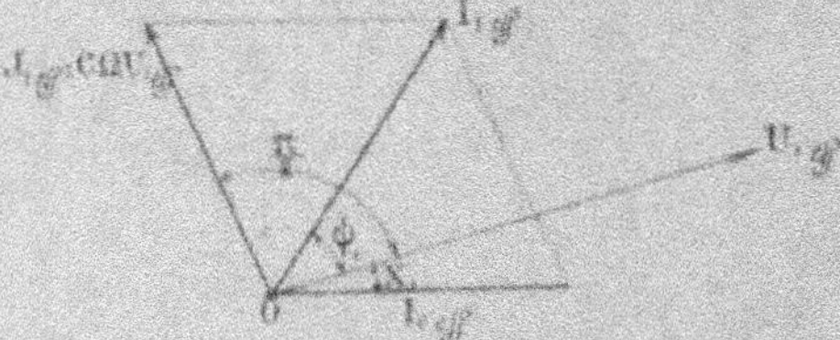

Fig. 462. — Câbles armés. Diagramme des intensités. Recherche de la possibilité de surtensions.

mais encore que l'extrémité z tombe à l'intérieur du cercle de centre O et de rayon I_{eff} fig. 463.

Traçons du point M, comme centre un cercle de rayon $zI_{eff} = nO$

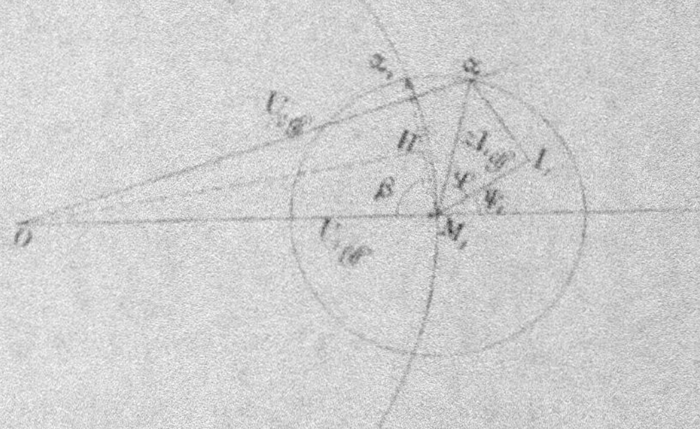

Fig. 463 — Câbles armés. Recherche des conditions pouvant produire des surtensions.

a évidemment sur la fig. 463, en considérant la valeur β de l'expression $(\varphi + \Psi_1)$ telle que zI_{eff} coïncide avec la corde $M_1 z_1$:

$$\cos\beta = \frac{zI_{eff}}{2U_{eff}}.$$

On devra donc satisfaire à la condition :

$$\pi - (\varphi + \Psi_1) < \beta.$$

ou, étant entendu que :

$$\varphi + \Psi_1 > \frac{\pi}{2}$$

$$\cos[\pi - (\varphi + \Psi_1)] > \cos\beta$$

et, comme en valeur absolue :

$$\varphi + \Psi_1 > \frac{\pi}{2},$$

$$|\cos(\varphi + \Psi_1)| > \frac{z I_{1eff}}{2 U_{1eff}}. \qquad (1)$$

Cherchons une représentation trigonométrique de :

$$\frac{z I_{1eff}}{2 U_{1eff}}.$$

Sur la direction des U_{1eff} (fig. 464), prenons une longueur $\overline{OG}$, égale à :

$$2U_{1eff} = 2(U_{2eff} + z I_{2eff})$$

Décrivons de O comme centre un cercle de rayon égal à $z I_{1eff}$, et

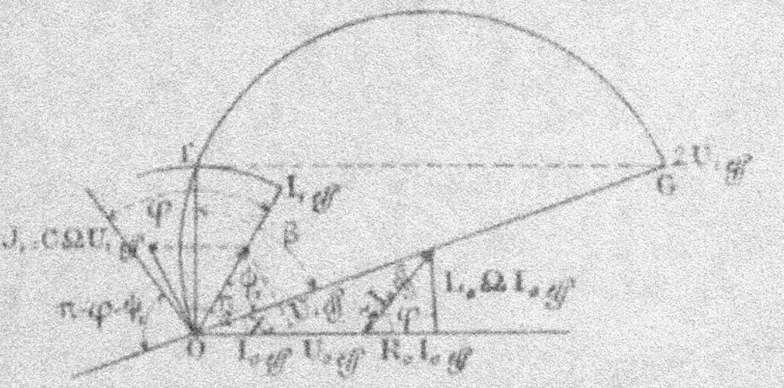

Fig. 464. — Câbles armés. Recherche des conditions pouvant provoquer des surtensions.

menons-lui de G la tangente GT perpendiculaire à l'extrémité du rayon OT. On aura évidemment sur la figure 465 :

$$\cos\widehat{GOT} = \frac{z I_{1eff}}{2 U_{1eff}} = \cos\beta.$$

La condition à laquelle il doit être satisfait est donc :

$$\pi - \varphi - \Psi_1 < \beta$$

$$\pi - \beta < \varphi + \Psi_1.$$

On, en ne considérant que les valeurs absolues :

$$[\mathrm{tg}\,(\varphi + \Psi_1)] < [\mathrm{tg}\,\beta]$$

ou enfin, et plus généralement :

$$\sin \beta < \sin (\varphi + \Psi_1)$$

Cette équation, prise sous la forme ci-dessus et interprétée géomé-

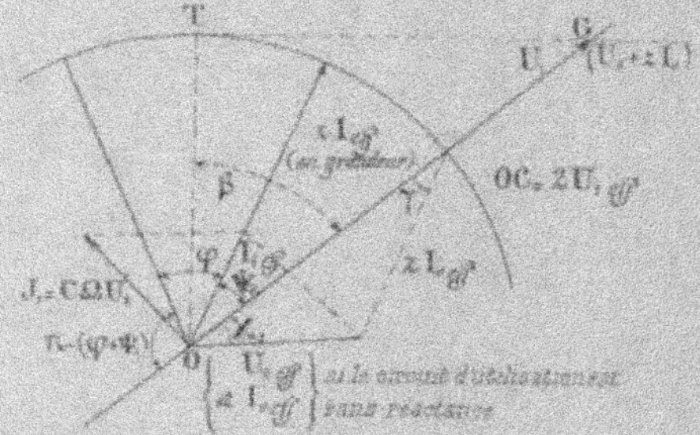

Fig. 465. — Câbles armés. Recherche des conditions pouvant
produire des surtensions.

triquement, est suffisante pour définir les conditions indispensables à la production d'une surtension.

On peut lui donner une forme algébrique au prix de calculs
assez complexes. Nous ne nous y arrêterons pas ici.

EFFET DE LA CAPACITÉ DES CABLES CONDUCTEURS

Courant à vide. — Considérons une ligne dont les capacités
sont sensibles. Nous avons vu qu'un tronçon de cette ligne peut
être considéré comme comportant des condensateurs C_1 et C_2
montés en cascade (fig. 466). On a, pour capacité Γ du condensateur
équivalent, la formule :

$$\Gamma = \frac{C_1 C_2}{C_1 + C_2}$$

Si, en outre, les deux fils C_1 C_2 jouent, l'un par rapport à l'autre,
le rôle d'armatures de condensateur, on a encore là un nouveau
condensateur $C_{1,2}$. La capacité totale est C, telle que :

$$C = C_{1,2} + \frac{C_1 C_2}{C_1 + C_2}$$

Soit U une différence de potentiel maintenue constante (en
valeur maxima) entre les deux conducteurs.

Il y a alors, dans le condensateur C unique, un courant

$$I_{eff} = \frac{U_{eff}}{K} = C\Omega U_{eff}.$$

On constate donc ce fait très simple, mais en apparence étrange, que l'alternateur débite, alors que les récepteurs sont ouverts, l'isolement étant cependant trop bon pour justifier à lui seul ce débit.

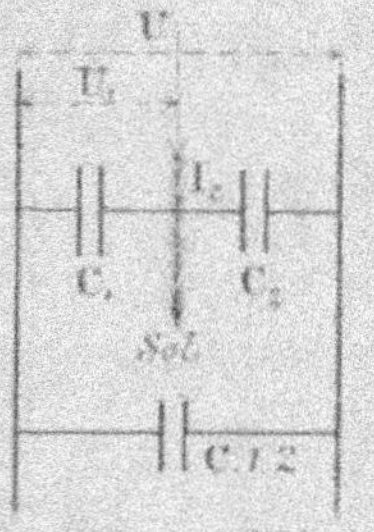

C'est le courant de capacité, qui se superpose au courant provenant des pertes par défaut d'isolement.

Pour le condensateur C_1, nous avons :

$$U_{1eff} = K_1 I_{eff} = \frac{I_{eff}}{\Omega C_1} = \frac{I_{eff}}{I_{eff}}\frac{C}{C_1} U_{eff}.$$

Fig. 466. — Câbles armés. Effet de la capacité des câbles conducteurs.

De même, pour le condensateur C_2, nous aurons :

$$U_{2eff} = K_2 I_{eff} = \frac{I_{eff}}{I_{eff}}\frac{C}{C_2} U_{eff}.$$

Donc :

$$\frac{U_{1eff}}{U_{2eff}} = \frac{C_2}{C_1}.$$

En d'autres termes, la quantité d'électricité efficace localisée sur chaque condensateur est constante.

La différence de potentiel entre les deux condensateurs se partage donc d'une façon inversement proportionnelle à leur capacité.

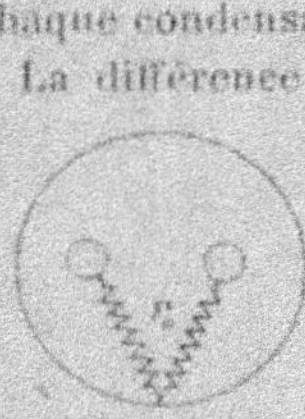

Fig. 467. — Câbles armés. Établissement de courants dérivés.

Courant dérivé. — Si la résistance r_d de la dérivation (fig. 467) est faible, la puissance mise en jeu dans cette dérivation est aussi faible, et inversement, si r_d est notable, on a :

$$I_{eff} = \frac{U^2_{eff}}{r_d^2 + k^2}.$$

d'où, pour la puissance perdue par effet Joule :

$$P = \frac{r_d U^2_{eff}}{r_d^2 + k^2} = \frac{U^2_{eff}}{r_d + \dfrac{k^2}{r_d}}.$$

Maximum de la puissance perdue par effet Joule. — P est maximum quand $r_0 + \dfrac{K^2}{r_0}$ est minimum, c'est-à-dire quand :

$$r_0 = \frac{K^2}{r_0} \qquad \text{ou} \qquad r_0^2 = K^2$$

Alors on a :

$$P_{max} = \frac{U_{0a}^2}{2K}$$

Cas d'un contact entre un fil et le sol. — Soit $C_1 = C_2$; appelons i_{cd} l'intensité du courant passant dans cette dérivation accidentelle de résistance r_2.

Cherchons la valeur de I, courant total de capacité et de résistance r_2.

Résistance, réactance et impédance du faisceau équivalent. —

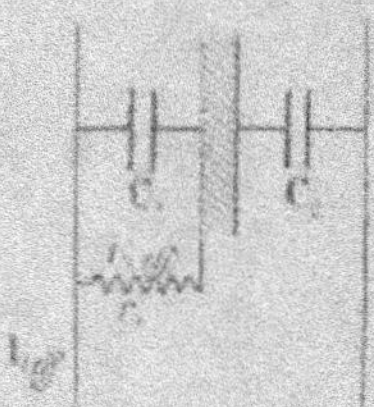

Fig. 468. — Câbles armés (Courants dérivés). Impédance du faisceau équivalent.

Plaçons-nous tout de suite dans le cas le plus délicat où le défaut d'isolement existe entre un des conducteurs et le sol (fig. 468). On connaît U_{cd}.

Soit z_1 l'impédance totale de la dérivation (capacité et fuite) et I_{cd} le courant total.

On aura :

$$I_{cd} = U_{cd}\,\frac{1}{z_1}$$

Composantes courant de défaut et courant de charge du courant I_{cd}. On a pour définir les relations :

$$I_{ch} = \frac{U_{cd}}{z_1}$$

$$I_{cd} = \frac{U_{cd}}{K_1}$$

et :

$$I_{cd\,eff} = \frac{z_1}{r_1}; \qquad I_{ch} = \frac{U_{cd}}{z_1} \left.\vphantom{\frac{U}{z}}\right\}$$
$$I_{cd} = \frac{z_1}{K_1} \times I_{cd}; \qquad I_{ch} = \frac{U_{cd}}{K_1} \left.\vphantom{\frac{U}{K}}\right\}$$

d'où, en élevant au carré et remarquant que :

$$i_{cd}^2 + I_{ch}^2 = I_{cd}^2$$

car les deux courants composants sont en quadrature :

$$i_{1eff}^2 + I_{1eff}^2 = I_{eff}^2 z_1^2 \left(\frac{1}{K_1^2} + \frac{1}{r_1^2}\right).$$

Impédance cumulée de C_1 et r_1. — Il en résulte :

$$\frac{1}{z_1^2} = \frac{1}{K_1^2} + \frac{1}{r_1^2}$$

d'où

$$z_1^2 = \frac{K_1^2 r_1^2}{K_1^2 + r_1^2}.$$

Il vient :

$$i_{1eff} = \frac{U_{1eff}}{r_1} = \frac{z_1\sqrt{I_{eff}^2 + i_{eff}^2}}{r_1}$$

$$I_{1eff} = \frac{U_{1eff}}{K_1} = \frac{z_1\sqrt{I_{eff}^2 + i_{eff}^2}}{K_1}.$$

Impédance de la branche totale. — Posons :

$$A = \frac{1}{r_1}, \qquad B = \frac{1}{K_1}.$$

On a :

$$\begin{cases} i_{1eff} = AU_{1eff} \\ I_{1eff} = BU_{1eff} \end{cases}$$

On peut définir une résistance $\mathcal{R}_1$ et une réactance $\mathcal{X}_1$ équivalentes à celles du faisceau, avec :

$$\mathcal{X}_1 = \frac{z_1^2}{K_1} = Bz_1^2, \qquad \mathcal{R}_1 = \frac{z_1^2}{r_1} = Az_1^2,$$

et :

$$\mathcal{X}_1^2 + \mathcal{R}_1^2 = z_1^2.$$

Pour toute la branche, on a évidemment, si Z est son impédance et R la résistance ohmique équivalente, provisoirement indéterminée :

$$Z^2 = \mathcal{R}_1^2 + (\mathcal{X}_1 + K_2)^2 = \mathcal{R}_1^2 + \mathcal{X}_1^2 + 2\mathcal{X}_1 K_2 + K_2^2$$

$$Z^2 = z_1^2 + 2K_2\mathcal{X}_1 + K_2^2;$$

ou, en remplaçant K_1 par sa valeur indiquée plus haut :

$$Z^2 = z_1 + 2K_2 B z_1^2 + K_2^2 = 3 z_1^2 + K_2^2 \quad \text{en supposant } K_2 = K_1;$$

d'où :

$$B_{\text{eff}} = \frac{U'_{\text{eff}}}{3 z_1^2 + K_2^2}.$$

Expression de i_{eff}, courant de défaut. — On a de plus :

$$i_{\text{eff}} r_1^2 = z_1^2 B_{\text{eff}};$$

d'où :

$$i_{\text{eff}} = \frac{z_1^2}{r_1^2} \left(\frac{U'_{\text{eff}}}{3 z_1^2 + K_2^2} \right) = \frac{U'_{\text{eff}}}{r_1^2 \left(3 + \frac{K_2^2}{z_1} \right)},$$

d'où enfin, comme :

$$\frac{K_2^2}{z_1^2} = \frac{K_2^2 + r_1^2}{r_1^2},$$

$$i_{\text{eff}} = \frac{U'_{\text{eff}}}{r_1 \left(4 + \frac{K_2^2}{r_1^2} \right)} = \frac{U'_{\text{eff}}}{4 r_1^2 + K_2^2};$$

ou, en remplaçant K_2 par $\dfrac{1}{C_1 \Omega}$:

$$i_{\text{eff}} = \frac{U'_{\text{eff}}}{4 r_1^2 + \dfrac{1}{C_1^2 \Omega^2}}.$$

Influence de C et de Ω sur i_{eff}. — Ainsi, i_{eff} est d'autant plus grand que C_1 et Ω sont plus grands. Par conséquent, la mise en communication d'un seul point de la ligne avec le sol donne lieu au passage d'un courant.

La dissipation d'énergie a pour valeur :

$$r_1 i_{\text{eff}}^2 = \frac{U'^2_{\text{eff}}}{4 r_1 + \dfrac{K_2^2}{r_1}}.$$

On voit que $r_1 i_{\text{eff}}^2$ est maxima pour :

$$4 r_1 = \frac{K_2^2}{r_1} \quad \text{ou} \quad r_1 = \frac{K_2}{2};$$

Moyen d'atténuer $i_{(ter)}$. — On voit donc que i_r est d'autant plus petit que K_r est plus grand, ou que C_r et Ω sont plus petits. Dans une ligne aérienne, C_r est petit, mais existe néanmoins. Donc i_r est différent de 0. Un procédé, pour atténuer $i_{(ter)}$, consiste en l'augmentation de K_r. C'est le procédé indiqué par M. l'ingénieur Claude (*Bulletin de la Société internationale des électriciens*). Soit une dérivation entre un fil et le sol et une réactance purement inductive R branchée entre le second et le sol, K', étant opposée à K_r. On peut régler K', de façon que K soit minima.

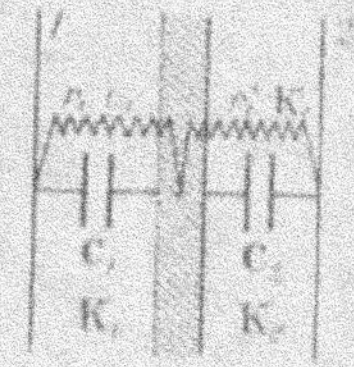

Fig. 469. — Câbles armés. Calcul de l'impédance de ces câbles.

Soit $K' = -K_r$ le faisceau aura une impédance infinie, et $i = 0$.

Pratiquement, de distance en distance, on installe des selfs F_1, F_2, F_3 convenablement calculées, en dérivation entre chacun des fils et le sol (ou l'armature) (fig. 470).

NOTA. — Le lecteur consultera avec fruit à ce sujet la belle étude de M. G. Claude sur le moyen d'augmenter la sécurité des distributions de courants alternatifs à haute tension — *Bulletin de la Société internationale des électriciens*, tome X (1893) pages 435-451.

Voir aussi le remarquable exposé de cette intéressante question dans les *Leçons d'électricité industrielle*, par J. Pionchon, tome II, pages 351 et suivantes.

ÉTUDE SPÉCIALE DES CÂBLES CONCENTRIQUES

Les canalisations à câbles séparés peuvent créer autour d'elles des champs magnétiques.

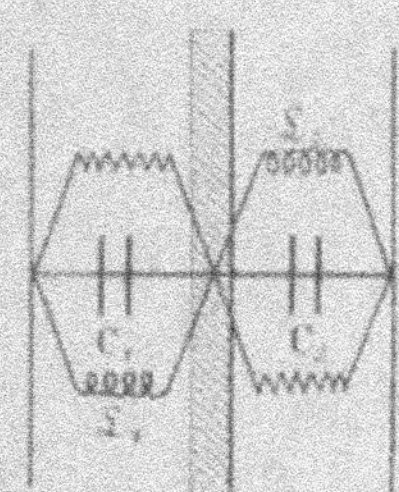

Fig. 470. — Câbles armés. Constitution de l'impédance du faisceau équivalent.

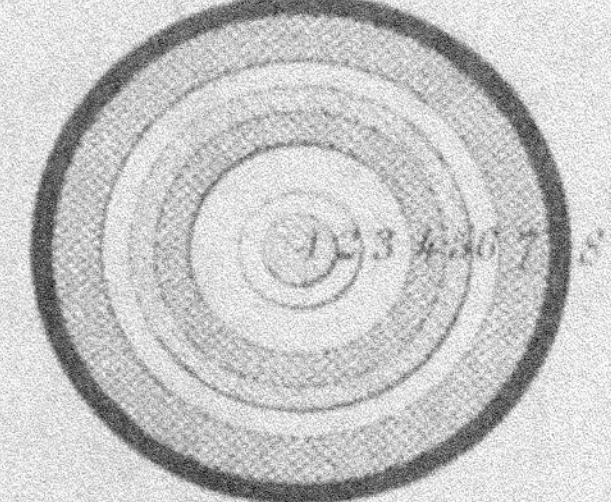

Fig. 471. — Coupe d'un câble concentrique suivant un plan axial.

Soient ces conducteurs parcourus par des courants alternatifs,
et dans leur voisinage, des circuits étrangers.

Dans ces circuits peuvent se produire des effets gênants d'induction. En outre, dans les câbles à un seul conducteur, les armatures sont soumises à des champs magnétiques variables, donc
sont le siège de courants de Foucault et de dissipation d'énergie
par hystérésis.

Inductance des câbles concentriques. — Soit un câble concentrique que nous supposerons coupé suivant son axe (fig. 172).
Nous savons que le coefficient de self-induction du système est
égal à la valeur du flux émis par le système divisée par la valeur
du courant.

Pour le câble donné, cherchons la valeur du flux dans l'espace
limité par les conducteurs du câble et de hauteur l. Considérons

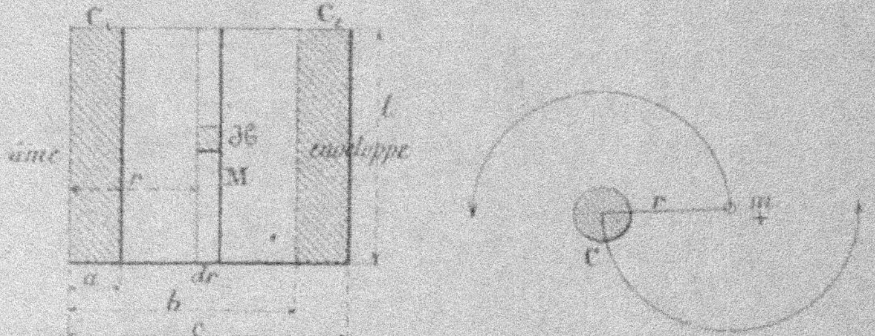

Fig. 172. — Coupe d'un câble concentrique par un plan passant par l'axe.
Calcul de l'inductance.

Fig. 173. — Calcul de l'inductance d'un
câble concentrique.

un élément de cette surface situé à une distance r de l'axe. Soit $\mathcal{H}$
la valeur du champ à un moment donné dans cet élément.

On a évidemment, si μ est la perméabilité actuelle du milieu :

$$\mathcal{B} = \mu \mathcal{H}$$

et :

$$d\Phi = \mathcal{B}\, l\, dr = \mu \mathcal{H}\, l\, dr\,;$$

la somme :

$$\int_a^b \mu \mathcal{H}\, l\, dr$$

nous donne le flux total dans l'espace intermédiaire. Supposons
ce qui est, d'ailleurs, d'autant plus inexact, en courants alternatifs,

que la périodicité est plus grande) le courant également réparti dans le conducteur.

On sait que le champ à l'intérieur d'un cylindre parcouru par un courant est nul.

Le conducteur extérieur C, n'exerce donc aucune action magnétique en M.

Seul le conducteur intérieur C, est à considérer à ce point de vue.

On a pour la valeur de ce champ, c'est-à-dire, on s'en souviendra, pour celle de la force exercée sur un pôle m de masse magnétique égale à $+1$, l'expression connue :

$$\mathcal{H} = \frac{2i}{r},$$

qu'on peut retrouver de la manière simple suivante :

Déplacer le pôle m par rapport au conducteur C parcouru par un courant et faisant partie d'un circuit fermé (fig. 473), de manière à le ramener en m après un tour complet effectué le long des lignes de force du champ dû au courant, ou déplacer le conducteur C autour de m en lui faisant couper les lignes de force émises par m, constituent évidemment deux opérations entraînant une même dépense de travail.

Or, le conducteur C (et le circuit) dans son déplacement coupera :

$$\Phi = 4\pi m$$

lignes de force. Le travail effectué sera $I\Phi$, I étant le courant parcourant le conducteur. Le chemin parcouru étant $2\pi r$, la force a donc pour valeur :

$$F = \frac{I\Phi}{2\pi r} = \frac{4\pi m I}{2\pi r},$$

ou

$$F = \frac{2m I}{r},$$

Si le pôle avait la masse $+1$, cette force serait identiquement égale au champ du conducteur, $\mathcal{H}$.

Nous avons finalement :

$$\mathcal{H} = \frac{2I}{r},$$

Il en résulte :

$$\mathcal{B} = \frac{2\mathrm{I}}{r}\mu$$

et :

$$d\Phi = 2l\mu \mathrm{I}\frac{dr}{r}.$$

En particulier, pour $\mu = 1$, on a

$$d\Phi = 2l\mathrm{I}\frac{dr}{r}.$$

La valeur totale du flux compris dans l'espace situé entre les deux conducteurs a pour expression :

$$\Phi_{ab} = 2l\mathrm{I}\mu \int_a^b \frac{dr}{r} = 2l\mathrm{I}\mu \,\mathrm{Log}\,\frac{b}{a},$$

ou

$$\Phi_{ab} = 2l\,\mathrm{I}\,\mathrm{Log}\,\frac{b}{a} \quad \text{pour } \mu = 1.$$

Valeur du flux à l'intérieur du conducteur central. — Dans ce cas, il n'y a à considérer comme facteur créateur du champ que la partie du conducteur comprise à l'intérieur de l'élément considéré. On a, en appelant i la fraction de courant comprise de o à r, et en traduisant algébriquement la proportionnalité des courants aux surfaces qu'ils empruntent (fig. 474) :

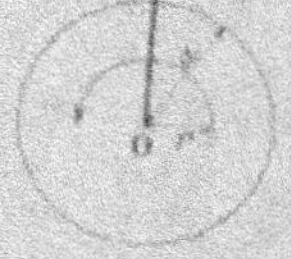

Fig. 474. — Câble concentrique. Calcul de l'inductance.

$$i = \frac{r^2}{a^2}\mathrm{I}.$$

Or :

$$\mathcal{H} = \frac{2i}{r},$$

c'est-à-dire :

$$\mathcal{H} = \frac{2r^2\mathrm{I}}{a^2 r} = \frac{2r\mathrm{I}}{a^2};$$

d'où, pour l'élément du flux correspondant :

$$d\Phi_1 = \left(\frac{2l\mathrm{I}\mu}{a^2}\right)\frac{r^2 dr}{r}$$

et :

$$\Phi_1 = \frac{2l\mathrm{I}\mu}{a^2}\int_0^a r\,dr = \frac{2l\mathrm{I}\mu}{a^2} \times \frac{a^2}{2}$$

$$\Phi_1 = l\mathrm{I}\mu.$$

Valeur du flux dans le second conducteur (périphérie). — Le courant actif à ce point de vue, i', en un point pris à l'intérieur de ce conducteur est donné de même évidemment par :

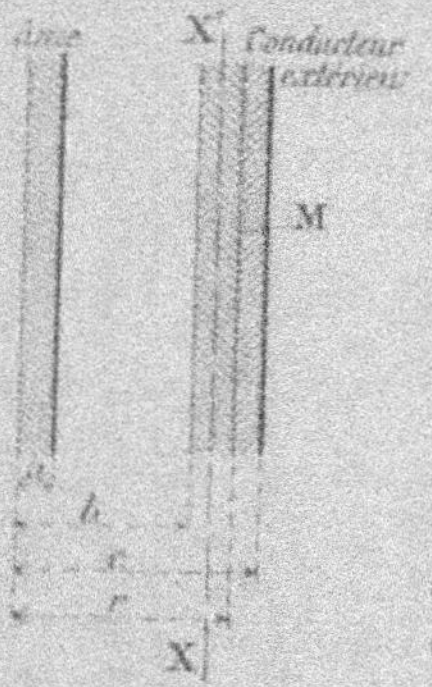

Fig. 475. — Câble concentrique. Calcul de l'inductance.

$$i' = \frac{r^2 - b^2}{c^2 - b^2}\,\mathrm{I}$$

(cas particulier : $i' = \mathrm{I}$ pour $r = c$).

Le champ $\mathcal{H}$ en un point M situé au sein du conducteur périphérique est la différence entre le champ $\mathcal{H}_1$ dû au conducteur central et le champ $\mathcal{H}_2$ dû à la partie active du conducteur périphérique. Le champ $\mathcal{H}_1$ est donné par :

$$\mathcal{H}_1 = \frac{2\mathrm{I}}{r}.$$

Le champ $\mathcal{H}_2$ peut être supposé dû à un conducteur XX' situé au milieu de la partie active considérée (fig. 475), c'est-à-dire situé à la distance $\frac{r-b}{2}$ du point M, ce conducteur fictif étant parcouru par le courant i'.

Donc :

$$\mathcal{H}_2 = \frac{2i'}{\frac{r-b}{2}} = \frac{4i'}{r-b}.$$

Le flux correspondant à $\mathcal{H}$ ($\mathcal{H} = \mathcal{H}_1 - \mathcal{H}_2$) sera :

$$d\Phi_2 = \mu l \mathcal{H}\,dr = \mu l\left(\frac{2\mathrm{I}\,dr}{r} - \frac{4i'}{r-b}\,dr\right)$$

et :

$$\Phi_2 = \int_b^c d\Phi_2 = 2\mu l\mathrm{I}\,\mathrm{Log}\,\frac{c}{b} - \frac{4\mu l\mathrm{I}}{c^2 - b^2}\int_b^c \frac{r^2 - b^2}{r - b}\,dr$$

on, toutes réductions faites :

$$\Phi_2 = 2Hp\left(\operatorname{Log}\frac{c}{b} - \frac{c+3b}{c+b}\right).$$

Le flux total sera :

$$\Phi_T = \Phi_{ab} + \Phi_1 + \Phi_2 = 2H\operatorname{Log}\frac{b}{a} + Hp + 2Hp\left(\operatorname{Log}\frac{c}{b} - \frac{c+3b}{c+b}\right);$$

ou :

$$\Phi_T = H\left[2\operatorname{Log}\frac{b}{a} + p\left(1 + 2\operatorname{Log}\frac{c}{b} - 2\frac{c+3b}{c+b}\right)\right].$$

D'où :

$$\varepsilon = I\left[2\operatorname{Log}\frac{b}{a} + p\left(1 + 2\operatorname{Log}\frac{c}{b} - 2\frac{c+3b}{c+b}\right)\right].$$

Remarque I. — Si nous supposons $p = 1$, nous aurons :

$$\varepsilon = I\left(1 + 2\operatorname{Log}\frac{c}{a} - 2\frac{c+3b}{c+b}\right)$$

Remarque II. — Nous avons supposé que l'intensité du courant était uniformément répartie.

Cette hypothèse n'est pas rigoureusement exacte; l'intensité est plus grande à la périphérie que suivant l'axe; aussi le coefficient de self-induction réel est-il moindre que ε trouvé précédemment.

En supposant que le courant soit tout entier réparti à la surface du conducteur intérieur, et à la surface intérieure du 2ᵉ conducteur, nous obtiendrons un nouveau coefficient de self-induction ε'' tel que :

$$\varepsilon'' < \varepsilon';$$

d'où une nouvelle valeur du coefficient de self-induction, plus probable et en tous cas plus approchée :

$$\varepsilon = \frac{\varepsilon' + \varepsilon''}{2}.$$

Dans la seconde hypothèse, on n'a plus qu'à prendre la valeur du flux dans l'isolant, c'est-à-dire que l'on a :

$$\Phi = 2H\operatorname{Log}\frac{b}{a};$$

d'où :

$$\mathcal{L}' = 2\,\mathrm{Log}\,\frac{b}{a},$$

et enfin :

$$\mathcal{L} = 2l\left(\mathrm{Log}\,\frac{b}{a} + \mu\,\frac{c^2}{2(c^2 - b^2)}\,\mathrm{Log}\,\frac{c}{b}\right).$$

On peut adopter la forme équivalente pour la self-induction :

$$\mathcal{L} = 2l\left[\mathrm{Log}\left(\frac{b}{a}\sqrt{\left(\frac{c}{b}\right)^{\frac{\mu c^2}{c^2 - b^2}}}\right)\right].$$

Nota. — Les logarithmes figurant dans les expressions précédentes sont des logarithmes népériens.

Remarque. — Toutes choses égales d'ailleurs, la section des deux conducteurs séparés étant égale à celle des conducteurs d'un câble concentrique (fig. 476), pour une même densité de courant, le coefficient de self-induction pour un câble concentrique est plus petit que celui de deux câbles séparés, qui est comme on le démontre aisément :

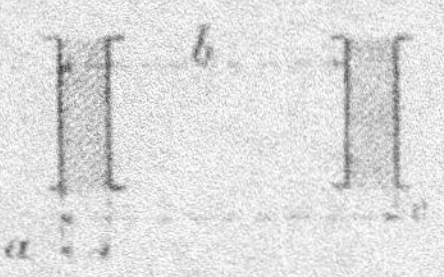

Fig. 476. — Câble concentrique. Calcul de l'inductance.

$$\mathcal{L}_1 = 2l\left(\mathrm{Log}\,\frac{b^2}{a^2} + \frac{1}{2}\right).$$

Capacité des câbles concentriques. — Dans un pareil câble, l'on est en présence de deux condensateurs, l'un dont les armatures sont constituées par les deux conducteurs, l'autre dont les armatures sont constituées par le conducteur extérieur et l'enveloppe métallique (fig. 477).

La capacité kilométrique d'un semblable condensateur cylindrique est, comme nous l'avons vu plus haut, donnée par l'expression :

$$C_{km} = \frac{0{,}024\,K}{\mathrm{Log}\,\frac{D'}{D}} \times \frac{1}{10^6}.$$

La capacité du premier condensateur est uniformément répartie sur toute la longueur du câble, mais nous pouvons considérer, sans trop grande erreur, les deux conducteurs comme reliés en certains points à des condensateurs équivalents. Dans le cas de la figure ci-dessous (fig. 478), on suppose que tout se passe comme si l'on avait

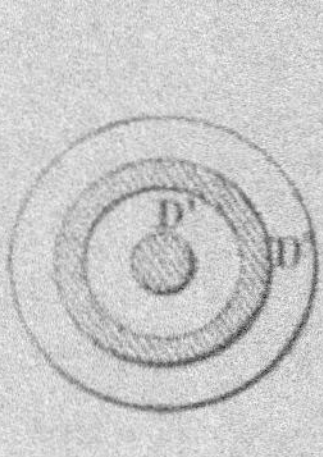

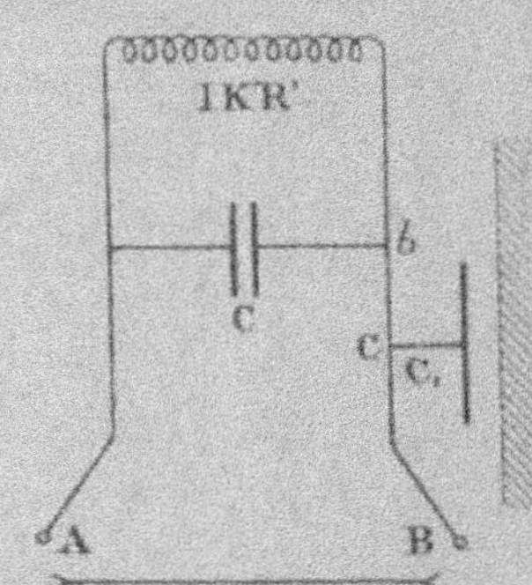

Fig. 477. — Câble concentrique. Calcul de la capacité.

Fig. 478. — Câble concentrique. Effet sur le fonctionnement d'un réseau.

deux conducteurs sans capacité reliés à leurs extrémités au condensateur C.

Le courant du récepteur se combinant avec le courant de charge de la capacité, cette capacité C a pour effet de rendre moindre le courant I de la génératrice nécessaire au fonctionnement du récepteur, et elle diminue le décalage de ce dernier par rapport à U, tension aux bornes AB.

De plus, l'*expérience* montre que le conducteur externe est à un potentiel voisin de celui de la terre. On peut donc diminuer l'épaisseur de l'isolant entre le conducteur extérieur et l'armature, ce qui diminue ainsi le prix du câble.

Mais, par suite de diverses causes accidentelles, on est obligé de lui conserver une certaine épaisseur. La figure 478 donne la constitution schématique du circuit avec les deux capacités équivalentes C et C,, cette dernière étant branchée entre le conducteur extérieur et l'enveloppe.

Possibilité d'accidents graves causés par câbles concentriques. — On a, dès le début de l'emploi de ces câbles, constaté que des accidents survenaient chaque fois que le circuit était ouvert intentionnellement, ou accidentellement, et que le circuit du conducteur *extérieur* était coupé avant celui du conducteur *intérieur*, ou encore lors de la fermeture du courant, si le conducteur extérieur était fermé avant le conducteur intérieur.

On peut justifier théoriquement cette intéressante remarque. Soit, en effet, un réseau dont le départ à partir des pôles de la source, a lieu en A et B par câbles concentriques (fig. 479). Soit ab le circuit d'utilisation donné et soit encore en $a'b'$ un autre circuit d'utilisation.

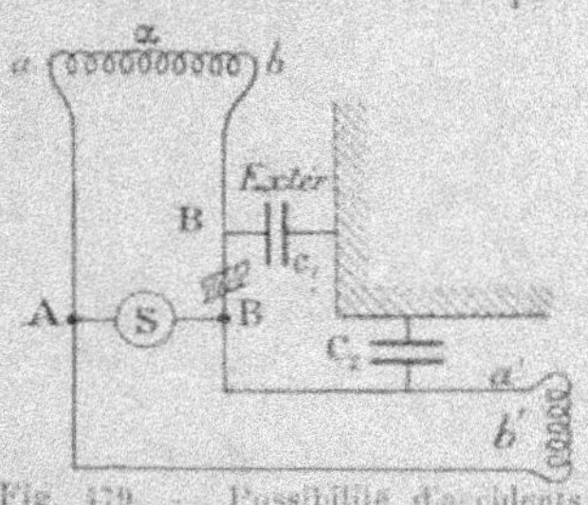

Fig. 479. — Possibilité d'accidents graves causés par les câbles concentriques.

Considérons le conducteur extérieur coupé près de B. Nous avons encore un circuit fermé constitué de la façon suivante :

1° Conducteur A ;

2° Circuit d'utilisation x ;

3° Conducteur B ;

4° Les condensateurs formés par B et le sol ;

5° La deuxième partie du conducteur B.

Nous avons, dans ce circuit, deux condensateurs de capacités C_1 et C_2, reliés en série, et pouvant être remplacés par un seul de capacité C telle que :

$$C = \frac{C_1 C_2}{C_1 + C_2} = \frac{C_1}{1 + \dfrac{C_1}{C_2}}$$

Le circuit est donc constitué de la façon représentée ci-après (fig. 480).

Soit U_z la différence de potentiel aux bornes du circuit d'utilisation, E_z celle existant aux bornes du condensateur et RI celle due à la résistance ohmique, la différence de potentiel de la source étant toujours U. On aura évidemment, puisque U_z est en valeur absolue égale à la somme $RI + E_z$ (E_z étant la f.é.m. de self-induction du réseau, de valeur explicite $\dfrac{\varepsilon\, dI}{dt}$) :

$$U = RI + E_z + U_e.$$

Représentons graphiquement la position et la valeur respective de ces diverses quantités (fig. 481).

Sur la direction de I_{ef} portons le vecteur OP égal à la chute de tension dans le circuit :

$$OP = RI_{ef}$$

Sur la perpendiculaire à OP, élevée au point P (fig. 481), portons le vecteur PQ tel que :

$$PQ = C\Omega I_{ef} = E_{ef}$$

décalé en arrière de I_{ef}.

Le vecteur OQ représente la tension E_{ef} aux bornes du circuit

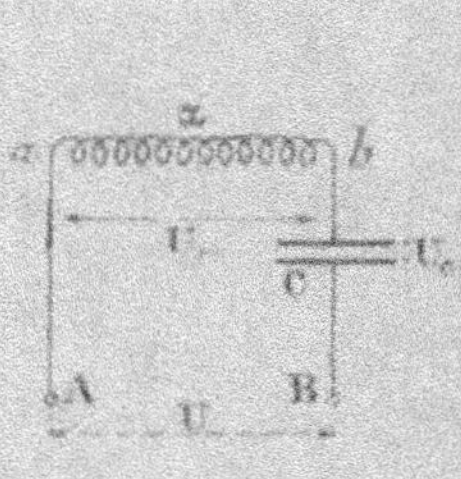

Fig. 480. — Possibilité d'accidents graves causés par les câbles concentriques.

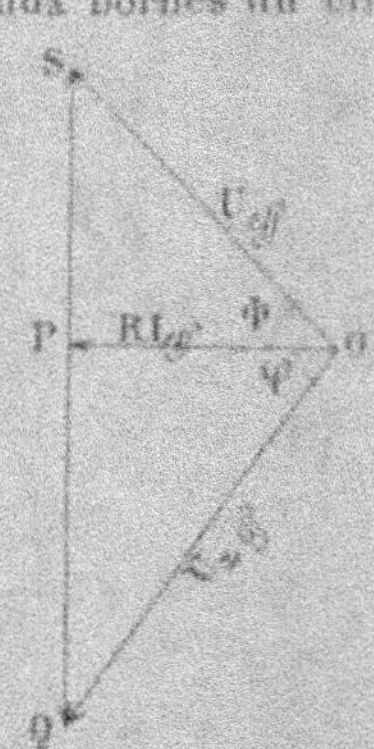

Fig. 481. — Possibilité d'accidents et de surtensions causés par les câbles concentriques.

d'utilisation. Sur la même perpendiculaire à OP, mais en sens inverse de PQ, portons le vecteur QS tel que :

$$QS = U_{ef} = \frac{1}{C\Omega} I_{ef}$$

Le vecteur OS représente la tension aux bornes de la génératrice U_{ef}.

L'angle PÔS est égal à l'angle φ du réseau complexe considéré.

On voit donc, sans qu'il soit nécessaire d'insister à l'excès sur ce point, que si l'on maintient au générateur une tension U_{ef} constante, cette tension étant l'hypothénuse du triangle rectangle construit sur RI_{ef} et $\left(x\Omega - \dfrac{1}{\Omega C} \right) I_{ef}$, il pourra arriver que les tensions U_c aux bornes du condensateur d'une part, U_v aux bornes du ciruit d'autre part, soient séparément plus grandes que celle correspondant aux générateurs.

Ainsi donc, bien que la tension des générateurs conserve sa valeur normale, il peut y avoir une *surtension* très importante aux bornes du *circuit z* et une surtension non moins importante sur le câble, ces deux tensions, incomparablement plus fortes que la tension aux bornes de la génératrice, pouvant exister par ce fait qu'elles sont très déphasées l'une par rapport à l'autre.

Cherchons le maximum de $U_{z\,\mathrm{eff}}$.

$U_{z\,\mathrm{eff}}$ appartient au triangle OQS dans lequel OS est supposé

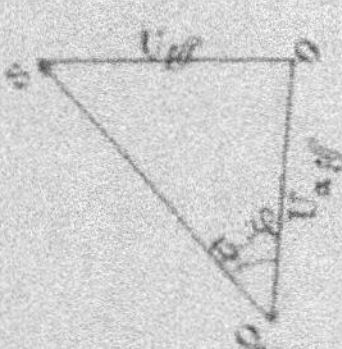

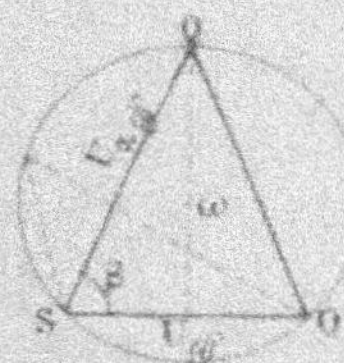

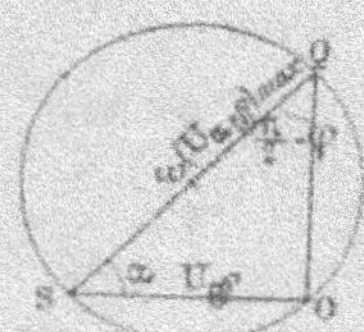

Fig. 482. — Possibilité de surtensions et d'accidents dans le cas de câbles concentriques.

Fig. 483. — Possibilité d'accidents et de surtensions dans le cas de câbles concentriques.

Fig. 484. — Possibilité de surtensions et d'accidents avec l'emploi de câbles armés.

constant et égal à U_{eff}, et l'angle $\overline{OQS}$ est égal à $\frac{\pi}{2} - \varphi$, φ étant le décalage propre du récepteur (fig. 482).

Décrivons sur OS comme corde un cercle capable de l'angle $\frac{\pi}{2} - \varphi$; c'est le lieu du point Q (fig. 483).

Cherchons la valeur de $U_{z\,\mathrm{eff}}$ correspondant au cas de la figure 483, c'est-à-dire au cas où :

$$OQ = OS.$$

Nous avons :

$$OS = U_{\mathrm{eff}} = 2U_{z\,\mathrm{eff}}\cos\beta.$$

Donc :

$$U_{z\,\mathrm{eff}} = \frac{U_{\mathrm{eff}}}{2\cos\beta}.$$

Or,

$$\beta = \frac{1}{2}\left(\frac{\pi}{2} + \varphi\right).$$

Donc :

$$U_{s\,eff} = \frac{U_{eff}}{2} \frac{1}{\cos\left(\frac{\pi}{4} + \frac{\varphi}{2}\right)}$$

$U_{s\,eff}$ peut évidemment prendre une valeur plus grande, celle du diamètre du cercle précédent (fig. 484).

Dans ce cas, l'angle s est égal à l'angle φ.

Nous avons donc :

$$U_{s\,eff\,max} = \frac{U_{eff}}{\cos \varphi}.$$

Considérons l'application numérique ci-dessous donnée par Kapp :

$$U = 3.000 \text{ volts.}$$

$$Rl \text{ négligeable}$$

$$F = 45 \quad \text{d'où} \quad \Omega = 282.$$

Le circuit s est constitué par un transformateur; en circuit ouvert :

$$I_{eff} = 0^A,2$$

$$\sin \varphi = 0,44.$$

$$\cos \varphi = \sqrt{1 - \overline{0,44}^2} = \sqrt{0,8} = 0,894.$$

La capacité est :

$$C = \frac{0,237}{10^6} \text{ farad}$$

et l'on a :

$$U_{s\,max} = 7.500 \text{ volts.}$$

Moyen de remédier aux dangers causés par cette surélévation possible de tension.

1° Ne pas mettre de plombs fusibles à la sortie de l'usine.

2° Disposer des interrupteurs spéciaux coupant le circuit du conducteur extérieur après celui du conducteur intérieur et inversement pour la fermeture.

3° Emploi de parafoudres.

APPLICATION. — ETUDE D'UNE DISTRIBUTION URBAINE D'ENERGIE PAR CABLES ARMÉS

Généralités. — Parmi les éléments intervenant dans l'étude d'une telle distribution, il faut citer en première ligne les dépenses entraînées par l'ouverture des tranchées, la réfection des chaussées, etc. ; de telle sorte que toutes les nouvelles fouilles après la mise en service, pour extension ou réparations, doivent être évitées. D'où la nécessité, beaucoup plus que pour les réseaux aériens, de prévoir du premier coup une installation définitive. On conçoit donc l'importance de la prédétermination de la consommation.

Il convient du reste de remarquer que, même en se plaçant simplement au point de vue des frais d'établissement proprement dits, indépendamment de toute question d'exploitation, la somme du coût des lignes primaires et des postes de transformateurs doit être minimum. Il existe donc, dans chaque cas, des valeurs de ces deux composantes déterminant complètement le problème.

Coefficient de consommation. — On peut donner le nom de coefficient de « consommation linéaire » à un nombre de watts par mètre courant, λ, représentant la consommation de puissance électrique probable des habitants du quartier à desservir.

Naturellement, la détermination de ce coefficient λ soulève de graves difficultés. Il peut être obtenu par la considération de villes analogues, au moins pour les quartiers arrivés à leur plein développement, et, même dans ce cas, il doit être prévu très large pour la nouvelle installation (ne pas comparer une ville comme Grenoble, dont les maisons comportent toutes plusieurs étages, avec d'autres villes de caractère tout différent). L'examen des consommations de gaz, dans le cas d'une usine préexistante, peut être très utile, mais il faut bien remarquer qu'une grosse part de la consommation est attribuable à la force motrice et au chauffage, et que cette source de bénéfices restera encore longtemps acquise à l'ancienne usine.

En résumé, dans la détermination de λ, entre pour une bonne partie l'expérience locale, à laquelle l'ingénieur chargé de faire l'installation devra largement recourir.

On possède souvent des données supplémentaires qui permettent de donner à λ une valeur plus sûre : par exemple, la consommation annuelle probable en kilowatts-heures, W, de la ville (comparaison avec des villes analogues) et le nombre d'heures moyen T de l'éclairage et de la force motrice : 2 à 3 heures par jour pour le premier, variable pour la seconde. Le quotient $\dfrac{W}{T}$ donne la puissance distribuée dans les canalisations ; connaissant leur longueur, on peut obtenir ainsi, par une autre voie, une nouvelle valeur du coefficient de consommation linéaire λ.

Partage de la consommation entre la haute et la basse tension. On alimente naturellement à basse tension l'éclairage et la force motrice (jusqu'à 2 ou 3 chevaux). On branche les moteurs plus puissants sur la haute tension, avec l'intermédiaire, le plus souvent, de transformateurs.

Généralités sur la distribution haute tension. — Il y a lieu de prévoir plusieurs feeders indépendants permettant d'alimenter les divers postes de transformation avec possibilité de séparation des tronçons défectueux, tels que CC', par une boîte de coupure placée en C, par exemple (fig. 96), et également possibilité, l'un des feeders d'alimentation, UA, étant supposé avarié, d'alimenter le poste principal de transformation A, et les postes secondaires qu'il commande, au moyen des autres feeders et des câbles d'échange AB, AH.

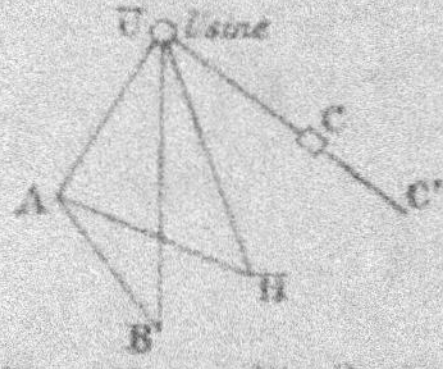

Fig. 485. — Distribution urbaine triphasée d'énergie par câbles armés.

Les secondaires des transformateurs d'un même feeder peuvent être reliés, avec certaines précautions, en parallèle, ce qui assure le maintien du service même en cas de rupture d'un primaire, mais on ne doit pas coupler ainsi, par prudence, les secondaires des transformateurs alimentés par des feeders différents ; sans cette précaution, on aurait le risque d'une interruption générale, en cas d'accident sur l'un des feeders.

Chaque câble haute tension est protégé par des fusibles situés dans le kiosque de transformateur qui le commande. On adjoindra à ceux-ci, en proportion et dans des endroits convenables, pour prévenir les surtensions, des limiteurs de tension.

CALCUL DU RÉSEAU

On admet en général à priori les chutes de tension ohmiques maxima relatives dans ces distributions :

$$\frac{\Delta U_{eff}}{U_{eff}} = 1\ \% \text{ en haute tension}$$

et

$$\frac{\Delta U_{eff}}{U_{eff}} = 3\ \% \text{ en basse tension.}$$

Prenons, comme exemple, le cas d'une distribution triphasée

Cas d'une distribution triphasée. Grenoble. — Supposons les 3 ponts de la distribution également chargés et considérons le triangle de la distribution (fig. 486).

Les intensités dans les câbles AA′, BB′, CC′ sont respectivement :

$$i_2 = I_I - I_{III}$$
$$i_1 = I_{II} - I_I$$
$$i_3 = I_{III} - I_{II}$$

Appelons I_{eff} la valeur efficace du courant dans une branche.

Nous aurons, si R est la résistance ohmique de chacun des conducteurs AA′, BB′, CC′, de l'usine au poste de transformation pour la haute tension, ou du transformateur au

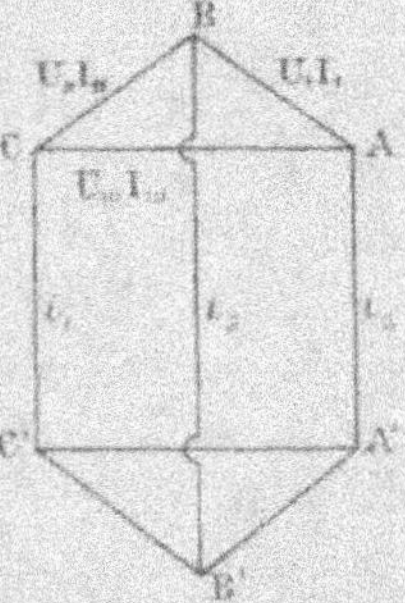

Fig. 486. — Distribution urbaine triphasée d'énergie par câbles armés.

centre moyen de consommation pour la basse tension :

$$2 R I_{eff} = \frac{R\sqrt{3}}{2}\left(I_{eff} + I_{max}\right) = R\sqrt{3}\,I_{eff}.$$

Haute tension. — Aucune difficulté dans le cas de la haute tension, une fois connues la distance d'un transformateur à l'usine génératrice ou au poste de transformateur qui le commande immédiatement, et la puissance (ou, comme l'on dit quelquefois, la capacité) du transformateur.

Basse tension. — Relation entre la longueur des câbles et la densité de courant à chute de tension constante. — Cas de puissances réparties le long du câble. — C'est le cas des câbles basse ension pourvus de branchements de loin en loin (branchement direct).

La chute de tension ohmique relative ε_{eff} sera donnée par :

$$\varepsilon_{\text{eff}} = \frac{\Delta U_{\text{eff}}}{U_{\text{eff}}},$$

Or :

$$\Delta U_{\text{eff}} = \frac{2\sqrt{3}}{2} \int_0^x j_{\text{eff}} \, dr.$$

Appelons l la longueur du câble (ou rayon d'action du transformateur du côté basse tension), I_{eff} le courant efficace origine, j_{eff} le courant d'abscisse x (fig. 487), enfin dr l'accroissement de résistance

Fig. 487. — Distribution urbaine triphasée d'énergie par câbles armés. Relation entre la densité de courant et la longueur des câbles.

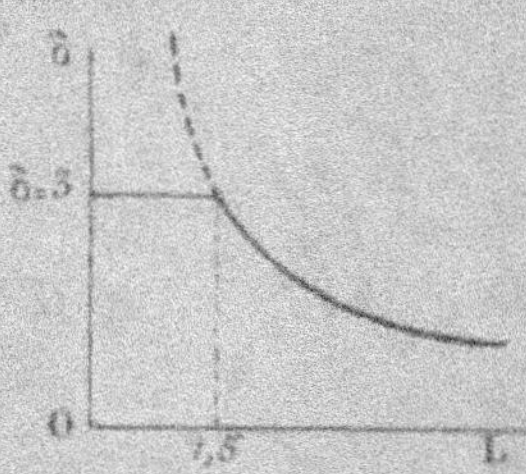

Fig. 488. — Distribution urbaine triphasée d'énergie par câbles armés. Relation entre la densité de courant et la longueur des câbles.

correspondant à l'accroissement de distance dx. La consommation variant linéairement par hypothèse, on aura :

$$\int_0^x j_{\text{eff}} \, dr = \delta_{\text{eff}} \frac{R}{2}.$$

D'où, si l'on fait, comme nous l'avons dit :

$$\varepsilon_{\text{eff}} = \frac{\Delta U_{\text{eff}}}{U_{\text{eff}}},$$

ε_{eff}, ΔU_{eff} étant relatives aux chutes de tension ohmiques :

$$\varepsilon_{\text{eff}} = \frac{\sqrt{3}\, \delta_{\text{eff}} R}{2 U_{\text{eff}}}.$$

Exprimons L en hectomètres et S en millimètres carré.
Nous aurons alors, puisque :

$$R = 1,8 \frac{L}{S}$$

1,8 représentant la résistivité du cuivre :

$$\delta_{\text{eff}} = \frac{\sqrt{3}}{2 U_{\text{eff}}} \, 1,8 \, J_{\text{eff}} \, \frac{L \, \text{hect.}}{S \, \text{mm}^2}.$$

Posant :

$$\frac{J_{\text{eff}}}{S} = \delta,$$

il vient enfin :

$$L\delta = 1,287 \, U_{\text{eff}} \cdot \delta_{\text{eff}}.$$

Cette formule est intéressante. Prenons en effet (cas de la ville de Grenoble) :

$$U_{\text{eff}} = 115 \text{ volts}$$

$$\delta_{\text{eff}} = \frac{\Delta U_{\text{eff}}}{U_{\text{eff}}} = 3 \, \%.$$

Il vient :

$$\delta L = 4,44.$$

Relation, à chute de tension constante, entre la densité de courant et la longueur des câbles secondaires. — Adoptons comme densité de courant :

$$\delta = 3 \text{ amp./mm}^2.$$

L'hyperbole équilatère tracée sur la figure 488 ne convient donc que jusqu'à :

$$L = 150 \text{ mètres} \quad \text{(en hectom. } L = 1,5).$$

Cette méthode de calcul ne peut donc s'appliquer que pour :

$$l = 150 \text{ mètres}.$$

Au-dessous, sous peine d'avoir un échauffement, provenant d'une densité de courant exagérée, on aura une chute de tension plus forte que 3 % (palier de la courbe).

Branchement indirect. — Considérons de même le cas d'un branchement indirect, cas fréquent en pratique (consommation uniformément répartie sur un câble de longueur l relié au transformateur par un câble de même section et de longueur L_1 (fig. 489).

On a évidemment dans ce cas :

$$\Delta U_{\text{eff}} = \frac{2 \sqrt{3}}{2} \, R_1 J_{\text{eff}} + \frac{2 \sqrt{3}}{2} \int_0^R j \, dr,$$

ou :

$$\Delta U_{eff} = \sqrt{3} R_1 \delta_{eff} + \frac{\sqrt{3}}{2} R' \delta_{eff}$$

ou :

$$\Delta U_{eff} = \frac{\sqrt{3}}{2} \delta_{eff} (2R_1 + R').$$

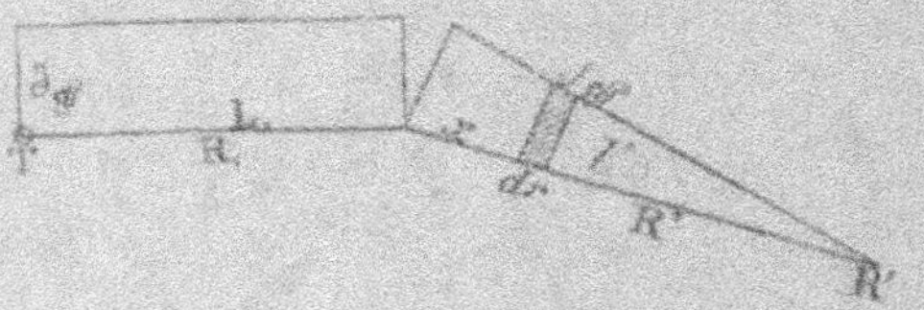

Fig. 489. — Distribution urbaine d'énergie triphasée par câbles armés. Relation entre la densité de courant et la longueur des câbles.

D'où comme précédemment :

$$\Delta U_{eff} = \frac{\sqrt{3}}{2} \delta \times 1,8 (2L_1 + L'),$$

ou :

$$\Delta U_{eff} = 2,571 \delta \left(L_1 + \frac{L'}{2}\right)$$

et :

$$\delta = \frac{\Delta U_{eff}}{2,57} \frac{1}{L_1 + \frac{L'}{2}}.$$

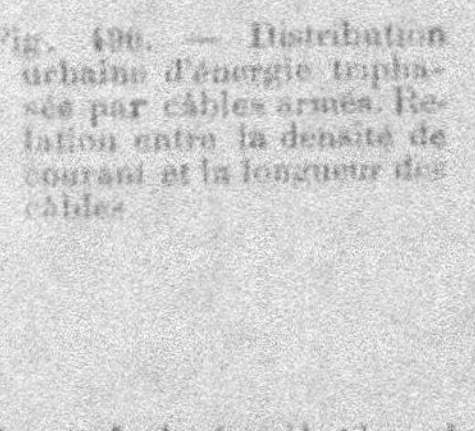

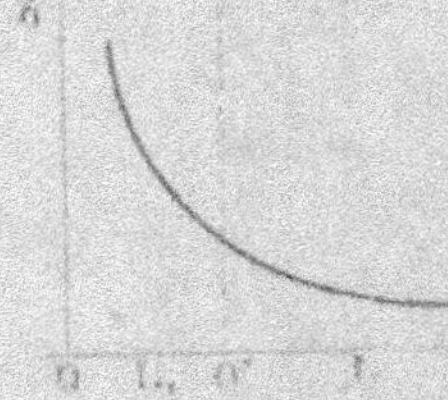

Fig. 490. — Distribution urbaine d'énergie triphasée par câbles armés. Relation entre la densité de courant et la longueur des câbles.

Avec les données numériques suivantes :

$\Delta U_{eff} = 3\ \%$ de U_{eff} et $U_{eff} = 115$ volts,

il vient :

$$\delta = \frac{1,342}{L_1 + \frac{L'}{2}}.$$

On aura donc la courbe :

$$\delta \left(L_1 + \frac{L'}{2}\right) = 1,342,$$

hyperbole équilatère de centre différent de l'origine O ; soit :

$$x = L_1 + \frac{L'}{2}.$$

Il vient :

$$\delta \varepsilon = 1,342$$

$$\delta(2L_1 + L) = 2,684.$$

On a, par simple changement d'origine (O et O'), la nouvelle courbe (fig. 490).

Détermination des sections.

1er Cas. — **Branchement direct.** — Nous avons défini précédemment le coefficient de consommation λ.

Par hectomètre, seront distribués $100\,\lambda$ watts, d'où par pont :

$$\frac{100\lambda}{3} = 33,3\,\lambda \text{ watts.}$$

Au moins pour l'éclairage, on peut admettre que l'intensité correspondant à cette consommation par hectomètre et par pont, sera ($\cos \varphi = 1$) :

$$\delta_{\text{hect}} = \frac{33,3}{\sqrt{3}}\lambda \cdot \frac{1}{U_{\text{eff}}} = 23,8\,\frac{\lambda}{U_{\text{eff}}}$$

et comme :

$$S = \frac{L\delta_{\text{hect}}}{\delta} = \frac{23,8\,\dfrac{\lambda L}{U_{\text{eff}}}}{1,287\,\dfrac{1}{L}\,U_{\text{eff}}\,\delta_{\text{eff}}} = \frac{23,8}{1,287}\,\frac{\lambda L^2}{U_{\text{eff}}^2\,\delta_{\text{eff}}}$$

on a enfin :

$$S = 18,4\,\frac{\lambda L^2}{U_{\text{eff}}^2\,\delta_{\text{eff}}}.$$

Fig. 491. — Distribution urbaine d'énergie triphasée par câbles armés. Calcul des sections.

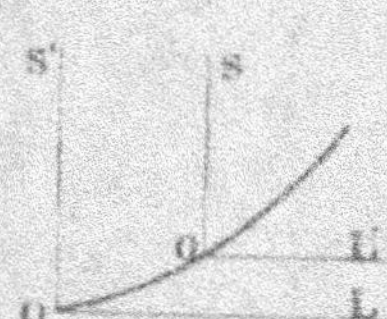

Fig. 492. — Distribution urbaine d'énergie triphasée par câbles armés. Calcul des sections.

λ étant connu, on peut donc tracer la courbe parabolique (fig. 491) :

$$S = KL^2,$$

avec

$$K = \frac{18,4\lambda}{U_{\text{eff}}^2\,\delta_{\text{eff}}}.$$

2ᵉ Cas. — Branchement indirect. — On a, dans ce cas :

$$S' = \frac{L' \delta_{h\,eff}}{\delta} = \frac{23,8 \dfrac{\lambda L'}{U_{eff}}}{\dfrac{\Delta U_{eff}}{2,57} \dfrac{1}{L_1 + \dfrac{L'}{2}}}$$

$$S' = 61,2 \frac{\lambda L'}{U_{eff}\,\Delta U_{eff} \dfrac{1}{L_1 + \dfrac{L'}{2}}}.$$

Dans le cas particulier où $\Delta U_{eff} = 3\%$ de U_{eff}, c'est-à-dire :

$$\Delta U_{eff} = 3,45 \quad \text{pour } U_{eff} = 115 \text{ volts},$$

il vient :

$$S' = 15,4 \frac{\lambda}{100} L' \left(L_1 + \frac{L'}{2} \right).$$

C'est encore une parabole, mais non plus tangente à l'axe des sections.

On peut construire aisément cette parabole par déplacement des axes (fig. 492).

Détermination du rayon d'action le plus avantageux. — Proposons-nous d'abord de voir quel est le rayon d'action théorique qu'il convient d'attribuer à un transformateur placé dans un carrefour, pour réduire au minimum la dépense δ par mètre de canalisation.

Il convient, dans certains cas, d'englober λ dans cette dernière.

Appelons L le rayon d'action du transformateur en mètres (fig. 493) et λ_1, λ_2... λ_q les coefficients de consommation linéaire en watts par mètre, dans le cas de branchements directs, par exemple, pour certaines directions.

La puissance totale que le transformateur aura à fournir sera :

$$\Sigma \lambda L = L \Sigma \lambda.$$

Appelons A le prix, en francs, d'un kiosque-abri, et a le prix, en francs, des transformateurs par kilowatt, considéré comme constant en plus d'une partie fixe indépendante de la puissance, qui peut être bloquée avec A. Nous aurons ainsi :

$$A + \frac{a}{1.000} L \Sigma \lambda,$$

pour prix total du poste.

D'autre part, le prix, en francs, des câbles par hectomètre peut s'évaluer par la formule :

$$P = K_1 + K_2 S.$$

K_1 et K_2 étant deux constantes, K_1 représentant la fraction du prix indépendante du cuivre. Il faut adjoindre à ce coût des frais

Fig. 493. — Distribution urbaine d'énergie triphasée. Détermination de l'emplacement et de la capacité des transformateurs.

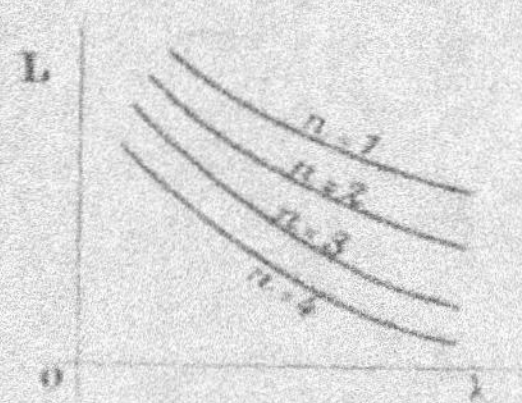

Fig. 494. — Distribution urbaine d'énergie triphasée. Détermination du rayon d'action le plus avantageux pour les transformateurs.

supplémentaires provenant des fouilles, déblais, remise en état des chaussées, etc... soit B.

Nous aurons donc, pour prix de la canalisation, par branchement :

$$(B + K_1 + K_2 S) L.$$

Remplaçons S par sa valeur dans cette expression :

$$B + K_1 + K_2 \frac{18,4 L^2 \lambda}{U_{eff}\, \delta_{eff}}.$$

Pour n branchements, il viendra, pour le prix total :

$$\left[n B + K_1 + K_2 \frac{18,4 L^2 \Sigma \frac{\lambda}{n}}{U_{eff}\, \delta_{eff}} \right] L.$$

et par hectomètre, la dépense sera :

$$B + K_1 + K_2 \frac{18,4 L^2 \Sigma \frac{\lambda}{n}}{U_{eff}\, \delta_{eff}}.$$

Le prix total par hectomètre canalisé sera donc :

$$\frac{A}{n L} + \frac{a}{1000} \Sigma \frac{\lambda}{n} + B + K_1 + K_2 \frac{18,4 L^2 \Sigma \frac{\lambda}{n}}{U_{eff}\, \delta_{eff}}.$$

Dérivons cette expression par rapport à L, il vient :

$$- \frac{A}{n} \frac{1}{L^2} + 2 K_2 \, \frac{18,4 \, L \Sigma \frac{\lambda}{n}}{U_{eff} \, \delta_{eff}}$$

La valeur du rayon d'action L, correspondant au minimum de la dépense, est donc donnée par l'équation :

$$- \frac{A}{n} + 2 K_2 \, \frac{18,4 \, \Sigma \frac{\lambda}{n}}{U_{eff} \, \delta_{eff}} \, L^2 = 0,$$

d'où :

$$L = \sqrt[2]{\frac{A}{n} - 18,4 \, \frac{2 K_2}{U_{eff} \, \delta_{eff}} \, \Sigma \frac{\lambda}{n}} = \sqrt[2]{\frac{A U_{eff} \, \delta_{eff} - 2 K_2 \, 18,4 \, \Sigma \lambda}{n U_{eff} \, \delta_{eff}}}$$

Cas particulier.

$$U_{eff} = 115^v \qquad \Delta U_{eff} = 3^v,45.$$

A et K_2 seraient à déterminer dans chaque cas particulier.

On peut admettre pour A une valeur moyenne de 1000 fr. et pour K_2 la valeur de 10 fr. (câbles à basse tension) ; on a alors :

$$L = \sqrt{\frac{1000 - 106,7 \, \Sigma \lambda}{n}}$$

On peut examiner les cas particuliers suivants et les résumer sous forme de courbes (fig. 494) :

$$n = 1, \, 2, \, 3$$

C'est ce qui a été fait pour Grenoble.

Emploi des courbes. — Pour déterminer, dans une région particulière du plan, la distance qu'il convient d'adopter entre deux transformateurs, on prend les valeurs de λ pour chaque branchement, pour les courbes de la figure 494 correspondant au nombre de branchements. On pourra ainsi, avec quelques tâtonnements, déterminer la distance des transformateurs (somme des rayons d'action).

Détermination des sections. — Les emplacements des divers postes étant déterminés, on s'adresse aux courbes des figures 491 et 492 pour avoir les sections correspondant aux différentes longueurs, connaissant la valeur attribuée à λ.

Coût des câbles en fonction de la puissance transmise. — Nous nous bornerons à calculer, comme exemple, le prix pour une direction unique. Ce prix peut s'exprimer ainsi :

$$K_1 + K_2 S;$$

la puissance transmise étant 100λ, le prix du câble par kilowatt, pour un hectomètre, sera :

$$(K_1 + K_2 S)\frac{1000}{100\lambda};$$

mais on a d'autre part :

$$S = \frac{18,4\,\lambda L^2}{U_{eff}\,\mathcal{E}_{eff}}$$

et :

$$L = \sqrt[3]{\frac{A U_{eff}\,\mathcal{E}_{eff} - 2K_2\,18,4\,\Sigma\lambda}{\mathcal{E}_{eff}\,U_{eff}}}.$$

Nous aurons donc, pour le prix du câble, par hectomètre :

$$P\ \text{fr/h.m.} = \frac{10}{\lambda}\left[K_1 + K_2\,\frac{18,4\lambda}{U_{eff}^2\,\mathcal{E}_{eff}}\left(\frac{A\mathcal{E}_{eff}\,U_{eff} - 2K_2\,18,4\,\Sigma\lambda}{\mathcal{E}_{eff}\,U_{eff}}\right)^{\frac{2}{3}}\right]$$

ou

$$P\ \text{fr/h.m.} = \frac{10 K_1}{\lambda} + \frac{184\,K_2}{U_{eff}^2\,\mathcal{E}_{eff}}\left(\frac{A\mathcal{E}_{eff}\,U_{eff} - 2K_2\,18,4\,\Sigma\lambda}{\mathcal{E}_{eff}\,U_{eff}}\right)^{\frac{2}{3}}.$$

Remarquons que K_1 et K_2 varient suivant les constructeurs de câbles et le cours des métaux. Pour les câbles triphasés à basse tension, on peut prendre :

$$K_1 = 100 \text{ en valeur moyenne}$$
$$K_2 = 10.$$

On a alors, pour le cas particulier considéré :

$$U_{eff} = 115^v \qquad \Delta U_{eff} = 3^v,45 \qquad A = 1000,$$

la formule :

$$P\ \text{fr/h.m} = \frac{2000}{\lambda} + 0,46\ (1000 - 106,7\lambda)^{\frac{2}{3}}.$$

On peut construire une courbe donnant ainsi les prix approchés, par kilowatt distribué, des câbles triphasés basse tension, en fonction du coefficient de consommation.

ÉLECTROTECHNIQUE NON SINUSOÏDALE

HARMONIQUES DE TENSION ET HARMONIQUES DE COURANT

I. — RAPPEL

Nous avons démontré que les f. é. m. d'alternateurs n'avaient pas nécessairement la forme sinusoïdale, et que, même l'auraient-elles, l'intervention des lignes, des transformateurs et des récepteurs, pouvant posséder eux-mêmes des f. é. m., aurait pour effet de modifier le caractère sinusoïdal de la tension aux bornes des récepteurs.

Forme de la loi d'Ohm, dans ce cas. — En supposant provisoirement que soit faite la décomposition harmonique d'une f. é. m. de génératrice et d'une f. c. é. m. de moteur, examinons quelles modifications vont subir les théories précédentes et, en général, la loi :

$$RI + \mathcal{L} \frac{dI}{dt} = U - E',$$

qui régit en quelque sorte toute l'électrotechnique des courants alternatifs.

Remarquons d'abord que cette loi est absolument générale, quelle que soit la forme, sinusoïdale ou non, de E et de U. En effet, elle confirme simplement que le courant I, qui serait dû à la différence du potentiel :

$$U - E',$$

si la self de la ligne, de la génératrice et des récepteurs) était nulle, est dû à la différence du potentiel :

$$U - E' - \mathcal{E}_s,$$

dans le cas où la self est différente de 0, $\mathcal{E}_s$ étant la f. é. m. supplémentaire due à la self :

$$\mathcal{E}_s = \mathcal{L} \frac{dI}{dt}.$$

ou plutôt $\mathcal{E}_2$ est due au flux créé par le courant lui-même, donc décalée à 90° en arrière de ce courant, et représentée, à un facteur constant près, par :

$$\left(-\frac{dI}{dt}\right).$$

REMARQUE I. — Dans la self-induction doit figurer μ_{max} correspondant à l'état magnétique moyen des circuits magnétiques. Cet état moyen ne peut être théoriquement conçu et numériquement obtenu que par approximations successives. En réalité, il suffit, la plupart du temps, surtout si le circuit magnétique est peu saturé, (première région de la courbe de magnétisme), de prendre μ_{max} correspondant aux effets magnétiques dus à l'onde fondamentale considérée comme si elle était seule.

REMARQUE II. — Dès que le courant n'est plus sinusoïdal simple, on ne doit plus parler de réactance $\mathcal{L}\Omega$, mais de self-induction $\mathcal{L}$.

Le circuit présente des réactances différentes par rapport aux diverses harmoniques, les pulsations de celles-ci étant différentes.

II. — FORMES DE LA DÉCOMPOSITION HARMONIQUE DU COURANT ET DE LA TENSION — HARMONIQUES DE COURANT

On peut écrire, ayant effectué la décomposition harmonique de U et de E :

$$U = U_{1max} \cos(\Omega t - \varphi_1) + U_{2max} \cos(2\,\Omega t - \varphi_2) + \dots$$
$$E = E_{1max} \cos(\Omega t - \Psi_1) + E_{2max} \cos(2\Omega t - \Psi_2) + \dots$$

Nous aurons donc à intégrer l'équation générale :

$$RI + \mathcal{L}\frac{dI}{dt} = U - E,$$

qui, si l'on remarque que I se décompose lui-même en harmoniques I_1, I_2 etc... sinusoïdales, pourrait se résoudre en équations partielles :

$$U_{1max} \cos(\Omega t - \varphi_1) - E_{1max} \cos(\Omega t - \Psi_1) = RI_1 + \mathcal{L}\frac{dI_1}{dt}$$

$$U_{2max} \cos(2\Omega t - \varphi_2) - E_{2max} \cos(2\Omega t - \Psi_2) = RI_2 + \mathcal{L}\frac{dI_2}{dt}.$$

Soient φ_1 et Ψ_1 les phases de U_1 et de E'_1 par rapport à une même origine (fig. 495); nous aurons, pour la f. é. m. effective :

$$e_1 = U_1 - E'_1;$$

$$e_{\text{eff}} = \sqrt{U^2_{1\text{eff}} + E'^2_{1\text{eff}} - 2U_{1\text{eff}}\, E'_{1\text{eff}} \cos(\varphi_1 - \Psi_1)}$$

d'où la valeur de l'onde fondamentale du courant :

$$I_1 = \frac{e_{\text{eff}}\sqrt{2}\,\sin(\Omega t - \chi_1)}{\sqrt{R^2 + \varepsilon^2\,\Omega^2}}$$

χ_1 est la phase de e_{eff} déduite du diagramme, du reste, ou facile à calculer algébriquement.

On peut opérer autrement et considérer I_1 comme différence des

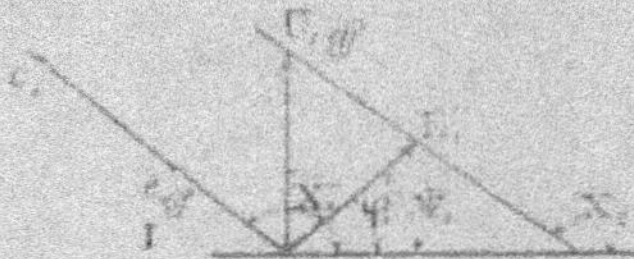

Fig. 495. — Étude des harmoniques. Graphiques fondamentaux.

courants $\mathfrak{I}_1$ et I'_1 séparément dus à U_1 et à E'_1, c'est-à-dire déduits des équations :

$$U_1 = R\mathfrak{I}_1 + \varepsilon\,\frac{d\mathfrak{I}_1}{dt}$$

$$E'_1 = RI'_1 + \varepsilon\,\frac{dI'_1}{dt}.$$

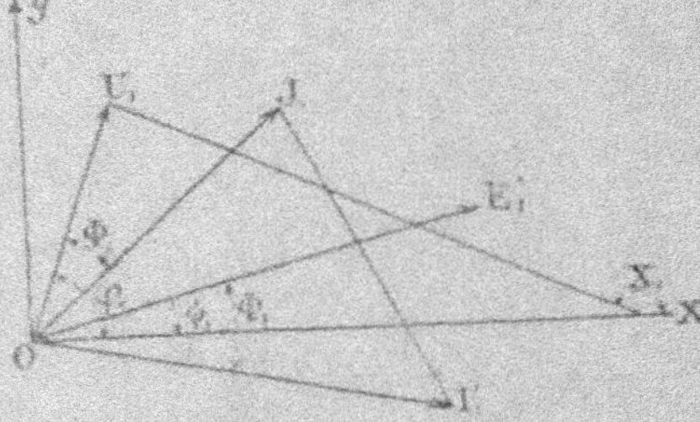

Fig. 496. — Étude des harmoniques. Graphiques fondamentaux.

Ces courants $\mathfrak{I}_1$ et I'_1 (fig. 496) sont décalés par rapport à U_1 et E'_1 d'un angle Φ_1 donné par

$$\operatorname{tg}\Phi_1 = \frac{\varepsilon\Omega}{R}.$$

De même, I_1 est décalé de Φ_1 par rapport à e. Remarquons que I_1 est donc parfaitement défini dans tous les cas, d'abord par son décalage, puis par sa valeur :

$$I_{1eff} = \frac{e_{eff}\sqrt{2}}{\sqrt{R^2 + \mathcal{L}^2\Omega^2}}.$$

Remarque sur la phase de e. — Nous connaîtrons donc facilement la phase de I_1, soit graphiquement, soit algébriquement.

Pour traiter la question, écrivons :

$$\text{proj.}\ \overline{e_{1eff}} = \text{proj.}\ \overline{U_{1eff}} - \text{proj.}\ \overline{E'_{1eff}},$$

les projections étant effectuées sur l'axe origine des phases, OX, et

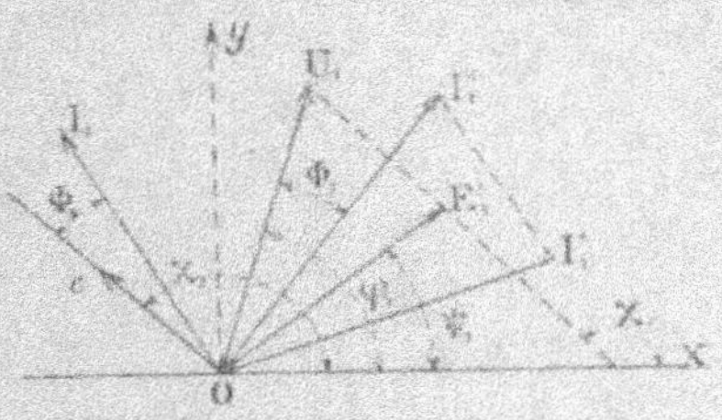

Fig. 497. — Étude des harmoniques. Graphiques fondamentaux.

sur l'axe rectangulaire oy décalé de 90° en avant (fig. 497). Nous aurons ainsi, sur ox :

$$e_{1eff}\cos\chi_1 = U_{1eff}\cos\varphi_1 - E'_{1eff}\cos\Psi_1 ;$$

sur oy :

$$e_{1eff}\sin\chi_1 = U_{1eff}\sin\varphi_1 - E'_{1eff}\sin\Psi_1 ;$$

d'où :

$$\operatorname{tg}\chi_1 = \frac{U_{1eff}\sin\varphi_1 - E'_{1eff}\sin\Psi_1}{U_{1eff}\cos\varphi_1 - E'_{1eff}\cos\Psi_1}$$

et :

$$\chi_1 = \operatorname{arctg}\frac{U_{1eff}\sin\varphi_1 - E'_{1eff}\sin\Psi_1}{U_{1eff}\cos\varphi_1 - E'_{1eff}\cos\Psi_1}$$

et enfin :

$$I_1 = \frac{e_{1eff}\sqrt{2}\cos(\Omega t - \chi_1 - \Phi_1)}{\sqrt{R^2 + \mathcal{L}^2\Omega^2}}.$$

Nous obtiendrons de même les autres harmoniques, en utilisant les diagrammes circulaires correspondants, mais les vitesses de rotation des diagrammes étant respectivement 2Ω, 3Ω, etc.

D'où enfin pour I, la somme de tous ces harmoniques :

$$I = \frac{e_{1\text{eff}} \sqrt{2} \cos(\Omega t - \chi_1 - \Phi_1)}{\sqrt{R^2 + \mathcal{L}^2 \Omega^2}} + \frac{e_{2\text{eff}} \sqrt{2} \cos(2\Omega t - \chi_2 - \Phi_2)}{\sqrt{R_2 + \mathcal{L}^2 \cdot 4\Omega^2}} + \ldots$$

Remarque. — **Influence de la self-induction.** — Ainsi que nous le savions déjà, les réactances, qui ne sont que les rapports, pour un même circuit supposé dénué de force contrélectromotrice, de la tension et du courant correspondant, croissent avec la pulsation.

A amplitude égale des harmoniques de tension, les harmoniques de courant s'affaiblissent lorsque leur rang s'élève.

Cas où le circuit possède une capacité. — La formule donnant I est alors :

$$I = \frac{e_{1\text{eff}} \sqrt{2} \cos(\Omega t - \chi_1 - \Phi_1)}{\sqrt{R^2 + \mathcal{L}^2 \Omega^2 \left(1 - \dfrac{1}{C \mathcal{L} \Omega^2}\right)^2}} + \frac{e_{2\text{eff}} \sqrt{2} \cos(\Omega t - \chi_2 - \Phi_2)}{\sqrt{R^2 + 4 \mathcal{L}^2 \Omega^2 \left(1 - \dfrac{1}{4 C \mathcal{L} \Omega^2}\right)^2}} + \ldots$$

Cas où la capacité existe seule. — Par exemple : réseau à vide constitué par des câbles armés.

Alors I est de la forme :

$$I = e_{1\text{eff}} \sqrt{2} \cos\left(\Omega t - \chi_1 + \frac{\pi}{2}\right) C\Omega + \ldots + e_{n\text{eff}} \sqrt{2} \cos\left(n\Omega t - \chi_n + \frac{\pi}{2}\right) n C\Omega.$$

On voit que les harmoniques de courant croissent, pour une même amplitude, proportionnellement à l'ordre de l'harmonique. C'est ce qui explique des accidents dus aux sur-intensités dans des réseaux de câbles armés, et notamment l'accident classique survenant lorsque $\mathcal{L}\Omega$ (réactance de l'alternateur) est égale à $\dfrac{1}{C\Omega}$ (celle du câble).

Conclusion provisoire. — Telle est donc la solution générale du problème. On voit qu'au point de vue pratique, elle se ramène à la connaissance des phases et des valeurs efficaces des harmoniques de tension, et à celle de R, $\mathcal{L}$ et C.

REMARQUE. — Si l'on peut calculer la self-induction *dans l'air* du circuit intéressé et mesurer à l'ampèremètre le courant total efficace, et au voltmètre la tension efficace, on aura le coefficient μ_{moy} correspondant par la courbe de magnétisme du fer employé, jointe à la connaissance des tours de fil excitateur.

III — LEMMES RELATIFS AUX SIMPLIFICATIONS POUVANT S'INTRODUIRE DANS LE DÉVELOPPEMENT D'UNE SÉRIE DE FOURIER, DANS LE CAS DES MACHINES A COURANTS ALTERNATIFS.

Il peut s'introduire de très grandes simplifications dans la forme générale de la décomposition harmonique de la tension, et par suite des courants auxquels elle donne naissance, au moyen de quelques remarques très simples.

LEMME I. — **Disparition des termes de rang pair dans une machine b en construite.** — Il peut arriver :

1° Qu'une courbe soit symétrique par rapport à une origine (courbe composée de deux demi-périodes symétriques).

Dans ce cas, on a :

$$f\left(t_1 + \frac{\pi}{\Omega}\right) = - f(t_1)$$

t_1 étant la valeur du temps, et $\frac{\pi}{\Omega}$ celle de la demi-période $\frac{T}{2}$.

On a alors, dans l'expression de la tension, par exemple, pour fixer les idées :

$$U(t_1) = f\left(t_1 + \frac{\pi}{\Omega}\right) = U_{1max} \cos (\Omega t + \pi - \varphi_1)$$
$$+ U_{2max} \cos (2\Omega t + 2\pi - \varphi_2)$$
$$+ U_{3max} \cos (3\Omega t + 3\pi - \varphi_3).$$

Les termes de rang pair, conservant la valeur qu'ils avaient dans l'expression de $f(t_1)$, doivent disparaître, puisque nous devons avoir :

$$f\left(t_1 + \frac{\pi}{\Omega}\right) = - f(t_1).$$

On a donc :

$$f(t) = \sum_{K=0}^{K=\infty} U^{max}_{2K+1} \cos [(2K + 1)\,\Omega t - \varphi_{2K+1}],$$

la série étant limitée aux termes de rang impair. Cette forme est générale pour les machines électriques bien construites. En effet, quand une génératrice d'induit (donc tout l'induit) s'est déplacée d'un angle correspondant à un pôle, les f.é.m. totales (et partielles) sont devenues égales et de signes contraires à ce qu'elles étaient auparavant.

Aussi, en particulier, une génératrice à champs symétriques (dans le cas d'un induit convenablement bobiné) donne une f.é.m de la forme :

$$E = E_{1max} \sin (\Omega t - \varphi_1) + E_{3max} \sin (3\Omega t - \varphi_3) + \ldots$$

De même pour la tension aux bornes.

LEMME II. — **Concordance ou opposition des phases des harmoniques** — Imaginons que, la courbe étant déjà symétrique par rapport à son centre, chaque demi-période soit elle-même symétrique par rapport à l'ordonnée, menée au $\frac{1}{4}$ (ou aux $\frac{3}{4}$) de la période. On verra aisément dans ce cas que toutes les harmoniques impaires, (les seules qui subsistent), sont en phase ou en opposition avec l'onde fondamentale, les maxima, en valeur absolue, de l'onde fondamentale comme des harmoniques, devant avoir lieu pour :

$$t = \frac{T}{4} \quad \text{ou} \quad t = -\frac{T}{4}$$

et les 0 pour

$$t = 0 \quad \text{ou} \quad t = \pm \frac{T}{2}.$$

Nous aurons, dans ce cas, la formule simple :

$$E = E_{1max} \cos \Omega t \pm E_{3max} \cos 3\Omega t \pm \ldots \text{etc.}$$

Ce cas est beaucoup moins fréquent que le premier. Il peut cependant se présenter. Nous avons déjà eu l'occasion, dans un cas particulier (moteur synchrone), de constater l'influence des harmoniques.

Examen graphique d'un cas simple, de superposition de l'harmonique 3 au ton fondamental. — Nous pouvons ici même, en supposant réalisée, pour simplifier, la concordance des phases (ou l'opposition), rechercher l'influence qu'exerce cette harmonique sur le caractère de la courbe. Les courbes ci-dessous nous montrent ces déformations (fig. 498 et 499).

On déterminerait de même les formes, en apparence étranges,

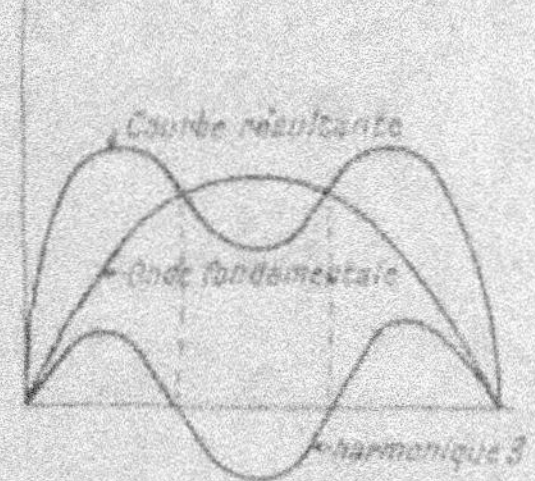

Fig. 498. — Étude des harmoniques. Harmonique 3 en phase avec l'onde fondamentale.

Fig. 499. — Étude des harmoniques. Harmonique 3 en opposition avec l'onde fondamentale.

obtenues pour les courbes, quand l'onde fondamentale et l'harmonique 3 sont en quadrature.

IV. — PROCÉDÉS DE DÉCOMPOSITION HARMONIQUE D'UNE FONCTION PÉRIODIQUE

A. — *Par le calcul.* — Nous avons indiqué plus haut une méthode permettant de calculer les différents termes de la série de Fourier. Nous n'y reviendrons pas.

L'ordre le plus élevé des harmoniques rencontrées industriellement est environ 30.

Les calculs basés sur la méthode précédente sont un peu longs, mais n'offrent aucune difficulté.

B. — *Tracé direct des courbes.* — Emploi de l'oscillographe de Blondel.

C. — *Procédés de recherches graphiques.* — Nous ne citerons dans cet ordre d'idées que la méthode de Fischer-Hinnen.

Oscillographe Blondel.

Nous avons déjà étudié le principe de cet appareil d'une façon très sommaire. (Courants alternatifs. — Tome II, p. 206.) Nous y renvoyons le lecteur.

Une modification intéressante de cet appareil va nous permettre de résoudre harmoniquement les courbes de tension : c'est l'oscillographe double de Blondel. (Voir, pour étude plus complète, nos cours de mesures.)

L'appareil comporte essentiellement (fig. 500), deux palettes de fer doux dans des plans parallèles (à l'état de repos) aux lignes de force du champ magnétique NS.

Deux paires de bobines Bv et B'v (dites bobines de volts) Ba et B'a (dites bobines d'ampères) exercent une action électromagnétique perpendiculaire aux palettes, d'où une tendance à une position d'équilibre des palettes sous l'action du champ fixe NS et du champ variable des bobines. *Les palettes suivent avec une docilité*

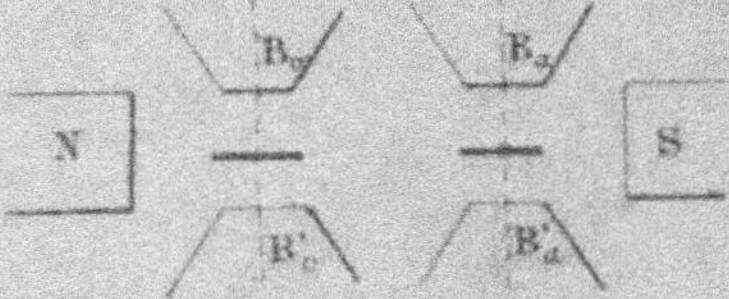

Fig. 500. — Étude des harmoniques. Oscillographe Blondel.

absolue les variations du courant. Nous avons déjà décrit le dispositif ingénieux de miroir tournant, qui, joint à un système optique convenable, permet de projeter sur un écran, ou d'enregistrer sur une plaque photographique, une courbe d'ordonnées proportionnelles à I et d'abscisses proportionnelles aux temps correspondants de la période.

L'amortissement convenable est obtenu en immergeant les palettes dans des enceintes remplies d'huile de ricin. Les mouvements des palettes sont décelés par ceux des miroirs qu'elles portent sur une tige reliée à elles-mêmes.

Rappelons enfin que c'est en vertu de la très faible valeur de la période propre du système oscillant constitué par les palettes se déplaçant dans l'huile qui les baigne (plusieurs dizaines de milliers de périodes par seconde), que la palette peut subir à chaque instant une élongation proportionnelle à la valeur instantanée du courant alternatif.

Si les bobines Bv et B'v sont en particulier parcourues par le courant de tension débitant sur un circuit sans réactance, le miroir accolé à la palette donne alors la courbe de tension.

Si les bobines Ba et B'a sont constituées par quelques spires de gros fil, en série avec le courant principal, on pourra projeter de même la courbe de courant.

Méthode de résonnance (Blondel et Armagnat).

Soit à étudier une tension alternative et à la décomposer en ses harmoniques. Prenons la paire de bobines B_2 et B'_2 fermée sur une résistance sans réactance, nous aurons alors en projection sur la plaque de l'écran la tension composite à décomposer (fig. 501).

Fermons la deuxième paire de bobines sur un circuit pourvu

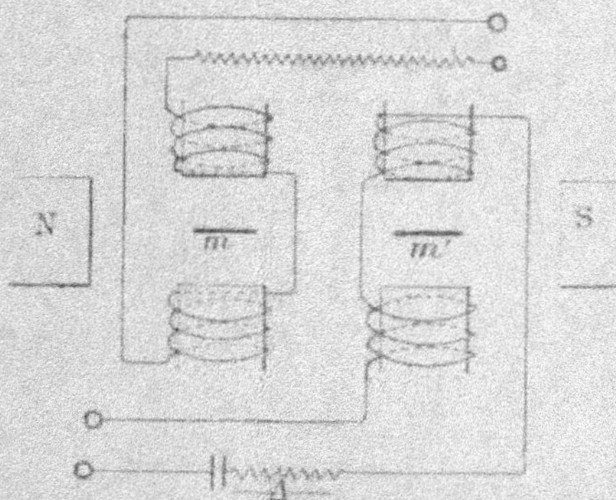

Fig. 501. — Étude des harmoniques. Oscillographe Blondel. Emploi de la méthode de résonnance.

d'une self-induction sans fer, et d'une capacité, toutes deux réglables, la première d'une façon continue, la deuxième d'une façon discontinue.

Le courant dans la première paire de bobines sera donné par :

$$I = \frac{1}{R}\left[U_{1max}\cos(\Omega t - \varphi_1) + U_{3max}\cos(3\Omega t - \varphi_3) + \ldots \right].$$

Il est donc en phase avec la tension, et semblable à celle-ci, R étant sans réactance.

Le courant dans le deuxième circuit est donné par une somme d'harmoniques de la forme :

$$I_3 = \frac{U_{3max}\cos(3\Omega t - \varphi_3 - \Phi_3)}{\sqrt{R^2 + 3^2 c^2 \Omega^2 \left(1 - \dfrac{1}{3^2 C c \Omega^2}\right)^2}},$$

avec :

$$\operatorname{tg}\Phi_3 = \frac{c 3\Omega}{R} - \frac{1}{3C\Omega}\frac{1}{R}$$

On voit que le dénominateur sera minimum pour :

$$J^2 C \ell \Omega^2 = 1.$$

Pour un groupe de valeurs de ℓ et C satisfaisant à cette condition, on pourra faire prédominer l'harmonique de rang J. En effet, à ce moment, L est maximum.

On peut, en faisant varier la self-induction et la capacité, faire apparaître, au moins théoriquement, les diverses harmoniques, les autres étant étouffées en raison de la grandeur du terme impédance.

L'harmonique J étant en résonnance, on aura :

$$I_{Jmax} = \frac{U_{Jmax}}{R}.$$

Il suffira donc de mesurer sur l'écran l'amplitude de l'harmonique courant sur l'échelle de la plaque divisée en ampères, (valeur maxima), de multiplier cette lecture par B (résistance du circuit, le condensateur en étant abstrait) pour avoir la valeur U₁ maximum. La phase est donnée par l'observation de la situation relative des courbes projetées sur le même écran. Cette méthode entraîne cependant des difficultés graves en pratique, car le ton fondamental n'est éteint que difficilement en raison de l'importance capitale de la valeur de l'harmonique de tension.

Les harmoniques voisines, surtout d'ordre élevé, si elles existent, peuvent se superposer à l'harmonique étudiée, en raison de l'influence prépondérante, par l'apparition de ces harmoniques, du terme capacité.

Il n'est malheureusement pas rare de rencontrer, dans les forces électromotrices d'alternateurs, des groupes de deux harmoniques impaires voisines (denture), par exemple, de numéros 17 et 19 et de même amplitude.

Il est quelquefois difficile de faire mettre nettement en évidence, dans ce cas, par l'oscillographe, des harmoniques de courant voisines, d'amplitude à peu près de même ordre, puisque les réactances sont respectivement pour les deux harmoniques $(2J-1)$ et $(2J+1)$:

$$K_{2J-1} = L\Omega(2J-1)\left(1 - \frac{1}{(2J-1)^2 \,\ell C \Omega^2}\right)$$

$$K_{2J+1} = L\Omega(2J+1)\left(1 - \frac{1}{(2J+1)^2 \,\ell C \Omega^2}\right)$$

On peut même, en donnant une valeur convenable à $\mathscr{L}$ et à C, faire interférer les harmoniques de rang :

$$2\rho - 1 \quad \text{et} \quad 2\delta + 1.$$

L'emploi de capacité pure sur le circuit de la première paire de bobines permet d'obtenir des courbes harmoniques de formes remarquables, l'amplitude du courant croissant proportionnellement au numéro d'ordre de l'harmonique, et, en même temps, la phase du courant étant décalée de 90° en avant de la tension harmonique correspondante.

Procédé Fischer Hinnen. — Nous exposerons seulement le principe de cette intéressante méthode. Son application n'est pas d'une généralité absolue, en ce sens qu'elle suppose dans chaque cas particulier l'adoption de procédés d'addition ou de soustraction

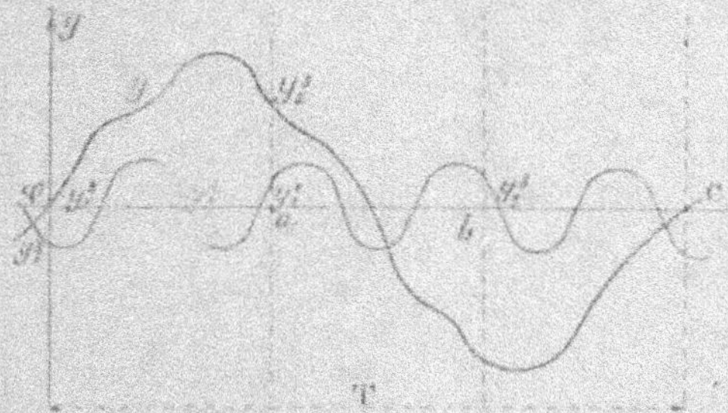

Fig. 502. — Étude des harmoniques. Application du procédé d'analyse Fischer-Hinnen.

graphiques dont la réussite est surtout due au tact et à la perspicacité de l'opérateur.

L'exposé de la méthode permettra d'apprécier la justesse de notre remarque, malgré sa forme quelque peu mystérieuse.

Supposons une courbe de tension décomposée en ses harmoniques, le tout reporté sur une même feuille (fig. 502). Partageons cette courbe d'abscisse T (période entière) en trois parties $(\overline{oa},\ \overline{ab},\ \overline{bc})$.

Formons la somme $y_1' + y_2' + y_3'$ des ordonnées correspondant aux intersections de la courbe y avec les trois droites parallèles aux ordonnées menées par les points o, a, b.

Formons la même somme pour l'harmonique de rang 3 qui se trouve représentée sur la figure.

La somme :

$$\Sigma_1 = y_1'^2 + y_2'^2 + y_3'^2$$

sera nulle pour toutes les harmoniques non multiples de 3, en vertu de ce lemme, que la somme des cosinus ou sinus d'arcs en progression arithmétique étendue à un nombre entier de circonférences est nulle.

Au contraire, la somme :

$$\Sigma_2 = y_1'^2 + y_2'^2 + y_3'^2$$

des harmoniques multiples de 3, aura pour valeur 3 fois la somme des ordonnées des harmoniques 3 et multiples de 3 à l'un des points d'intersection o, a, b.

Conséquences. — 1° Cette propriété est indépendante du système de droites équidistantes, o, a, b, par rapport au zéro de la courbe :

$$y = f(t).$$

2° L'ordonnée y du point a mesure la somme algébrique des ordonnées des harmoniques d'ordre 3, 9... etc.

On peut donc supposer maintenant la courbe y seule existante (c'est-à-dire la décomposition non faite).

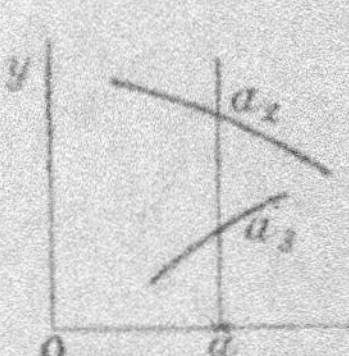

Fig. 593 et 594. — Étude des harmoniques. Application du procédé d'analyse Fischer-Hinnen.

3° Si on partage T en $2k$ parties égales et qu'on transporte le système $o a b$ parallèlement à lui-même, on obtient $2k$ ordonnées :

$$(y_1'^2 + y_2'^2 + y_3'^2)$$

$$(y_1'^2 + y_2'^2 + y_3'^2)_{2k}$$

qui, reliées par un trait continu, donnent la courbe (I) :

(I) : $E_3 \sin(3\Omega t - \varphi_3) + E_9 \sin(9\Omega t - \varphi_9) + \ldots + E_{33} \sin(33\Omega t - \varphi_{33})$

φ_5, φ_3, etc... étant les déphasages de E_5, E_3, etc., par rapport à E total.

4° Faisons la même opération pour l'harmonique 5, nous obtiendrons la courbe (II).

(II) : $E_5 \sin (5\Omega t - \varphi_5) + E_{15} \sin (15\Omega t - \varphi_{15}) + \ldots, E_{25} \sin (25\Omega t - \varphi_{25})$.

5° De même pour les autres harmoniques :

$$E_7 \sin (7\Omega t - \varphi_7) + E_{21} \sin (21\Omega t - \varphi_{21}) + \ldots \quad (3)$$

$$E_9 \sin (9\Omega t - \varphi_9) + E_{27} \sin (27\Omega t - \varphi_{27}) + \ldots \quad (4)$$

$$E_{11} \sin (11\Omega t - \varphi_{11}) + E_{33} \sin (33\Omega t - \varphi_{33}), \text{ etc.} \quad (5)$$

$$\ldots \ldots \ldots \ldots \ldots \ldots$$

$$\ldots \ldots \ldots \ldots \ldots \ldots$$

$$E_{21} \sin (31\Omega t - \varphi_{31}). \quad (15)$$

$$E_{33} \sin (33\Omega t - \varphi_{33}). \quad (16)$$

Application de la méthode en pratique. — Remarquons que les choses se simplifient beaucoup en pratique, les harmoniques 23 à 33 et au delà ayant en général peu d'importance.

Le mode opératoire est donc beaucoup plus simple qu'il ne le

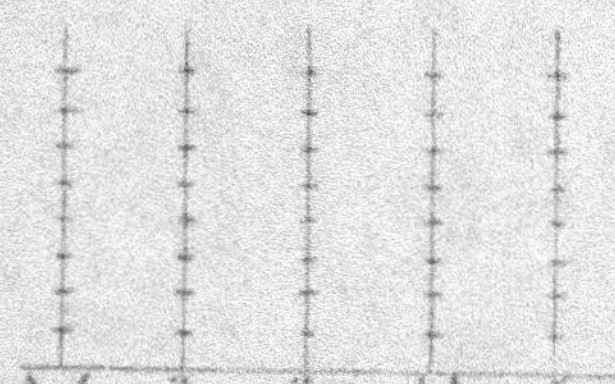

Fig. 505. — Étude des harmoniques. Application du procédé d'analyse Fischer-Hinnen.

paraît. Le procédé le plus pratique consiste à établir une série de transparents de même abscisse T partagée en 3, 5, 7, 9... parties les ordonnées étant pourvues de divisions (fig. 505). On applique ces transparents sur la courbe à étudier et on fait coïncider le point origine A avec les points successifs 1,2... 24 de l'abscisse T de la courbe composite.

V. — CIRCONSTANCES DÉTERMINANT LA PRODUCTION
DES HARMONIQUES DANS LES F. E. M. D'ALTERNATEURS

1. — Harmoniques de flux. — Nous avons déjà examiné plus haut cette question, au moins en partie [1].

Nous avons considéré le cas d'un induit lisse et nous avons attribué les divergences que présente, par rapport à la sinusoïde, la courbe des f. é. m., à la répartition non sinusoïdale des flux dans l'entrefer.

Nous avons déjà signalé qu'un enroulement théorique à bobines

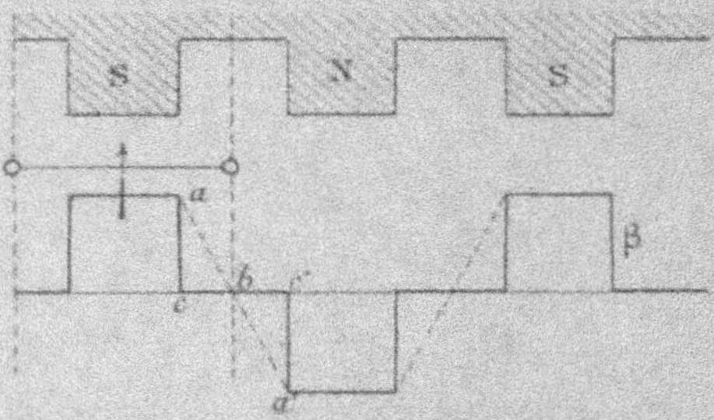

Fig. 506. — Étude des harmoniques. Constitution des harmoniques de flux.

longues, à un conducteur par pôle et par phase (cas de la figure 506) nous donnerait une f. é. m. de la forme indiquée (paliers successifs avec zône de f. é. m. nulle sur les abscisses).

Cette configuration est due à la forme des pièces polaires adoptée généralement, le flux étant pratiquement constant dans l'entrefer sous-tendu par la corde polaire et variant d'une façon difficile à prévoir dans l'espace interpolaire.

S'il n'y avait pas de dispersion, à la courbe ab de raccord des paliers successifs, on pourrait substituer la ligne brisée $abca'$. La dispersion a donc ici en somme un effet favorable, en amollissant les courbes de passage.

Quoiqu'il en soit, si, pour passer tout de suite au cas de la pratique, on rapporte la f. é. m. développée dans un cadre, aux positions de l'axe de cette bobine élémentaire, on voit que, pour la f.é.m. d'un conducteur, la courbe présentera un palier de longueur $2bc$, puis des droites de raccord parallèles aux ordonnées. Ces

1. Voir *Cours Municipal d'Électricité Industrielle*. Courants alternatifs, Geisler, éditeur, Paris.

droites peuvent être remplacées, si l'on tient compte de la dispersion, par des courbes de raccordement plus ou moins spéciales.

Procédés pour rendre la courbe de force électromotrice sinusoïdale. — Nous avons déjà signalé qu'on pouvait parvenir à substituer à cette courbe une sinusoïde plus ou moins parfaite par deux procédés :

1° En s'efforçant de rendre sinusoïdale l'induction dans l'entrefer (arrondir ou tailler convenablement les pôles).

2° Par l'emploi d'enroulements spéciaux, différents de l'enroulement théorique (laisser inchangée l'induction dans l'entrefer, mais employer des cadres en nombre convenable et contenant des nombres variables de conducteurs, s'il y a lieu, suivant la loi la meilleure dans chaque cas). Notamment, la présence d'un second cadre enfermé dans le premier nous donnera, en particulier, une f. é. m. totale en escalier, somme des f. é. m. engendrées pour chaque cadre.

Traçons la sinusoïde circonscrite, celle inscrite, et celle équidistante des deux premières (fig. 507). On voit qu'on peut, avec des cadres en nombre convenable et convenablement placés

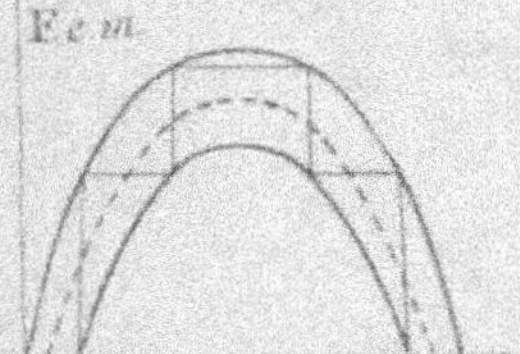

Fig. 507. — Étude des harmoniques. Constitution des harmoniques de flux.

les uns à l'intérieur des autres, obtenir une courbe en escalier qui se rapproche, autant que l'on veut, de la sinusoïde.

Les induits lisses enroulés en anneau, par exemple, présentent généralement les seules premières harmoniques plus ou moins prononcées. Nous verrons de même qu'au point de vue spécial de la réaction d'induit des alternateurs, il convient, non seulement que la f. é. m. de celui-ci soit sinusoïdale, mais encore que le flux inducteur soit aussi réparti suivant ce mode dans l'entrefer.

II. — **Harmoniques de denture** — Une autre cause de production des harmoniques existe, non moins importante que la non-sinusoïdalité de la courbe de force électromotrice : c'est l'influence de la denture.

Supposons, pour simplifier, que les largeurs des dents de l'induit soient égales aux creux, et considérons deux positions AB et A'B' d'une pièce polaire, correspondant, la première au maximum du nombre de dents comprises sous le pôle, la deuxième au minimum (fig. 508).

Si l'on appelle toujours R_{moy} et μ la réluctance et la perméabilité moyennes d'un des circuits magnétiques constitués, à un instant donné, par un tronçon d'induit et un tronçon d'inducteur, nous

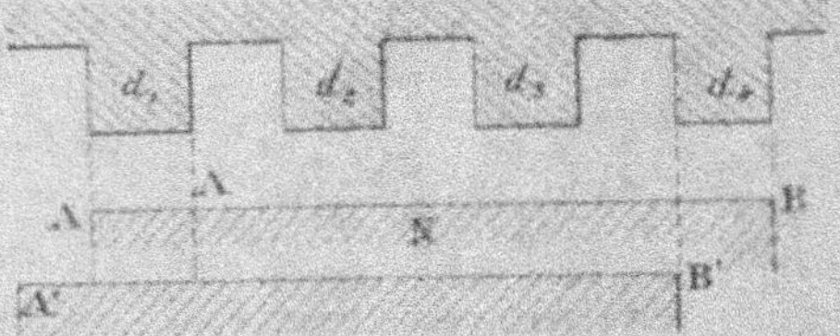

Fig. 508. — Étude des harmoniques. Constitution des harmoniques de denture.

aurions, si le temps était fixe, un flux exprimé, en fonction de la position relative de l'induit et de l'inducteur, sous la forme :

$$\Psi = \Psi_{max} \left[1 + a \cos (\delta - \delta_0) \right].$$

$(\delta - \delta_0)$ étant l'angle d'écart de l'axe de la bobine, par rapport à une position initiale arbitraire.

Or, ces phénomènes se retrouvent les mêmes quand δ varie de $\dfrac{2\pi}{N}$, N étant le nombre de dents.

Animons l'induit d'une vitesse uniforme :

$$\omega = \frac{\Omega}{p} ;$$

à N encoches correspondent p paires de pôles. On peut représenter par :

$$\delta = \Omega t \frac{N}{p}$$

l'écart de l'axe de la bobine en fonction du temps, par rapport au repère choisi.

Le flux variant lui-même, si, pour simplifier, on suppose la courbe d'induction dans l'entrefer sinusoïdale (hypothèse logique, en vertu du principe bien connu des corrections de corrections), en fonction du temps, on aura, pour expression du flux :

$$\Psi = \Phi_{pmax} \cos \Omega t \left[1 + a \cos \left(\frac{N}{p} \Omega t - \delta_0 \right) \right].$$

Le coefficient a est assez difficile à former *a priori*.

On peut cependant y arriver, et nous signalons ce calcul simplement à titre d'exercice ; $\Phi_{p\max}$ est le flux maximum sortant d'un pôle. Remarquons que l'expression de Ψ peut s'écrire :

$$\Psi = \Phi_{p\max}\cos\Omega t + \frac{a}{2}\,\Phi_{p\max}\cos\left[\left(\frac{N}{p}-1\right)\Omega t - \delta_0\right]$$
$$+ \frac{a}{2}\,\Phi_{p\max}\cos\left[\left(\frac{N}{p}+1\right)\Omega t - \delta_0\right].$$

Le flux, comme la force électromotrice qu'il engendre, comportera les harmoniques :

$$\left(\frac{N}{p}-1\right)\quad\text{et}\quad\left(\frac{N}{p}+1\right).$$

N est le nombre de dents, généralement pair et multiple de $2p$. Posons :

$$n_p \times 2p = N.$$

On a ainsi :

$$\frac{N}{p} = 2\,n_p.$$

n_p est le nombre d'encoches par pôle ($2\,n_p$, le nombre de dents par champ). Il est facile de se rendre compte que l'influence relative de la denture sera d'autant plus forte que l'ouverture des dents sera plus grande par rapport à l'épaisseur de l'entrefer.

Une machine comportant 30 dents par champ (2 pôles) aura donc les harmoniques 29 et 31.

Procédés permettant d'atténuer les harmoniques de denture. — On peut, bien que la démonstration en soit délicate, et qu'il faille

Fig. 509 et 510 — Étude des harmoniques. Procédé de destruction des harmoniques de denture.

surtout en chercher une vérification dans les résultats obtenus, atténuer très largement ces effets d'harmoniques en inclinant les canaux laissés entre les dents par rapport aux pièces polaires, de manière à donner une valeur à peu près constante aux flux qui chevauche ainsi sur plusieurs génératrices.

On peut réaliser ce dispositif en employant, soit des dents obliques par rapport aux pôles (fig. 509), soit des pièces polaires obliques par rapport aux génératrices (fig. 510).

La première disposition est, de beaucoup, la plus délicate à réaliser. La deuxième suppose simplement la taille des pôles en parallélogrammes de forme convenable.

Il convient de remarquer que l'une ou l'autre des dispositions entraîne un accroissement de longueur ou une induction supplémentaire, car si les génératrices sont inclinées, elles ne travaillent, d'après la règle de Laplace, que suivant la loi :

$$E = BLV \cos \alpha,$$

avec :

$$\alpha \neq 0.$$

C'est donc une mauvaise utilisation des conducteurs, puisque il les faut plus longs pour une f.é.m. donnée.

De même si l'on incline les pôles, la longueur de la spire inductrice sera accrue : augmentation de cuivre et augmentation de puissance perdue par excitation.

VI. — INFLUENCE DES HARMONIQUES DE TENSION ET DE COURANT SUR LES PHÉNOMÈNES RENCONTRÉS DANS L'ÉTUDE DES COURANTS ALTERNATIFS.

Rappel. — Nous avons supposé les courbes de tension, de courant, de flux, etc... jusqu'ici et très souvent sinusoïdales. Il nous reste :

1° A montrer comment les phénomènes mis en jeu dans les courants alternatifs peuvent être déformés par la superposition d'harmoniques au ton fondamental sinusoïdal.

2° Comme justification *a posteriori* de notre théorie, à indiquer comment, par le calcul, on peut déterminer la forme de ces effets, ou mieux, utiliser la production de ces harmoniques dans certains cas. Examinons successivement ces deux points et signalons que cette question de l'influence des harmoniques constitue peut-être l'actualité la plus intéressante de la technique électrique. Elle a été traitée de main de maître par plusieurs ingénieurs et professeurs.

Comme cette étude ne suppose que l'emploi d'une base théorique éminemment simple échappant à toute interprétation personnelle, nous ne nous y arrêterons que le moins possible. On trouvera, à ce sujet, mais envisagées à des point de vue différents, des études remarquables dans les ouvrages de M. Janet[1] et de M. Mauduit[2].

Nous citerons notamment, comme emprunts à ces deux auteurs, l'étude oscillographique inédite d'un certain nombre de phénomènes liés à la tension des alternateurs, étude faite par M. Mauduit, et le calcul des séries harmoniques et de nombreuses courbes différentes de la sinusoïde, dû à M. Janet.

INFLUENCE DES HARMONIQUES SUR LA DÉFORMATION DES PHÉNOMÈNES DUS A DES VARIATIONS SINUSOIDALES DE FONCTIONS ALTERNATIVES D'ORDRE ÉLECTRIQUE

A. Disparition de l'harmonique $(2m'+1)$ dans un système $(2m'+1)$ phasé.

Soit une tension simple ou étoilée donnée par :

$$U = U_{1max} \cos(\Omega t - \varphi_1) + U_{3max} \cos(3\Omega t - \varphi_3) + \dots\dots$$

La tension composée sera :

$$U_1 - U_2 = \begin{cases} U_{1max} \cos(\Omega t - \varphi_1) + U_{3max} \cos(3\Omega t - \varphi_3) + \dots\dots \\ -U_{1max} \cos\left(\Omega t - \dfrac{2\pi}{3} - \varphi_1\right) - U_{3max} \cos\left(3\Omega t - \dfrac{6\pi}{3} - \varphi_3\right) - \dots \end{cases}$$

en considérant le cas de tensions triphasées ; on voit qu'en particulier les harmoniques d'ordre multiple de 3 vont disparaître, car leurs valeurs absolues sont les mêmes, les angles ne différant que de multiples de 2π.

La différence des harmoniques :

$$U^3_I, \quad U^3_{II}$$

correspondant aux phases I et II, peut s'écrire :

$$U^3_I - U^3_{II} = U_{3max} \cos(3\Omega t - \varphi_3) - U_{3max} \cos\left(3\Omega t - \frac{2.3\pi}{3} - \varphi_3\right)$$

$$U^3_I - U^3_{II} = 2U_{3max} \sin \frac{3\pi}{3} \cos\left(3\Omega t - \varphi_3 - \frac{3 \times 2\pi}{6}\right).$$

1. *Leçons d'Electrotechnique générale*, par P. Janet (Paris, Gauthier-Villars, éditeur).
2. *Electrotechnique appliquée*, par A. Mauduit (Dunod et Pinat, à Paris, éditeurs).

Cette expression est égale à :

$$U'_{uc} = \sqrt{3}\, U_{3\max} \cos\left[3\Omega t - \varphi_3 - \frac{2(3-6)\pi}{6}\right].$$

On voit que les harmoniques de la tension composée sont les mêmes que celles de la tension simple, moins celles de l'ordre 3 ou les multiples de 3.

Les harmoniques de la tension composée sont décalées de $\frac{\pi}{6}$ sur les harmoniques étoilées correspondantes, en avance pour les harmoniques d'ordre :

$$\mathcal{J} = 6i + 1$$

et en retard pour celles d'ordre :

$$\mathcal{J} = 6i - 1$$

i étant un nombre entier.

Remarquons, en effet, que les harmoniques :

$$6i - 2 \quad \text{et} \quad 6i + 2$$

toutes deux paires, n'existent pas, de même que $6i$.

On voit que, à la tension étoilée :

$$U_{1\max} = U_{1\max}\cos(\Omega t - \varphi_1) + U_{3\max}\cos(3\Omega t - \varphi_3) + U_{5\max}\cos(5\Omega t - \varphi_5) + \ldots$$

correspond la tension composée :

$$U_{ci} = \sqrt{3}\, U_{1\max} \cos\left(\Omega t - \varphi_1 + \frac{\pi}{6}\right) + \sqrt{3}\, U_{5\max} \cos\left(5\Omega t - \varphi_5 + \frac{\pi}{6}\right)$$

$$+ \sqrt{3}\, U_{7\max} \sin\left(7\Omega t - \varphi_7 + \frac{\pi}{6}\right) + \ldots\ldots$$

On constatera donc que la tension composée U_{ci} ne comportera pas les harmoniques 3 et multiples de 3.

Modification du potentiel du point O. — On peut s'en rendre compte aisément en remarquant que les deux f. e. m. correspondant aux tensions [1] :

$$U_i^{(2)} \quad \text{et} \quad U_{ii}^{(2)}$$

sont dirigées de manière à faire circuler des courants de même

---

1. Effets (tensions) dûs à une cause (f. e. m.).

sens f. é. m. en opposition, mais existent néanmoins et ont pour effet de porter le potentiel du point neutre à une valeur différente de celle qu'il aurait si elles n'existaient pas.

Inexactitude de la relation $U_{eff} = \sqrt{3}\, u_{eff}$. — Si les harmoniques 3,9... existent dans la tension simple, un appareil du 2ᵉ degré donnera pour cette tension étoilée :

$$\delta = \sqrt{u_{1eff}^2 + u_{3eff}^2 + u_{5eff}^2 + \ldots}$$

Le même appareil donnera pour la tension composée :

$$\Delta = \sqrt{U_{1eff}^2 + U_{3eff}^2 + \ldots}$$

Or on a :

$$U_{1eff} = u_{1eff}\sqrt{3}$$
$$U_{3eff} = u_{3eff}\sqrt{3}.$$

Donc si U_3 existe, on aura :

$$\Delta < \sqrt{3}\,\delta,$$

ce qui sera une indication de la présence des harmoniques 3 ou multiples de 3.

Un alternateur à f. e. m. étoilée bien symétrique développée dans les 3 phases n'aura pas d'harmonique 3 dans la tension composée.

On pourra également remarquer (et calculer aisément la grandeur de l'écart) que la tension composée dans ce cas ne sera plus décalée de $\frac{\pi}{6}$ par rapport à la tension simple.

B. Diverses formes de la réaction d'induit d'alternateurs monophasés suivant la nature du circuit de charge.

En supposant la courbe de f. é. m. sinusoïdale (grand nombre de conducteurs avec hypothèse de la suppression du flux pulsatoire de pulsation $2\,\Omega$) *sans que le flux inducteur le soit*, on voit aisément que l'harmonique fondamentale du flux donnant naissance au courant induit étant maintenue à peu près constante par le flux complémentaire d'excitation créé au fur et à mesure de l'accroissement de la charge de l'alternateur, les harmoniques de courant vont peu à peu apparaître puisque les harmoniques du flux principal vont être accrues par rapport à ce qu'elles étaient à vide, la compensation ne se faisant que pour l'harmonique 1.

a) **Alternateur travaillant sur des selfs pures.** — On voit que l'intensité d'une harmonique d'ordre 3 étant :

$$i_{3\text{eff}} = \frac{U_{3\text{eff}}}{3\,c\,\Omega}$$

diminue, pour une même valeur de l'amplitude $U_{3\text{eff}}$, proportionnellement à son numéro d'ordre. Ainsi, dans ce cas, l'influence des harmoniques de courant sera faible.

Les courbes uniques d'induction (ou de flux) et de tension,

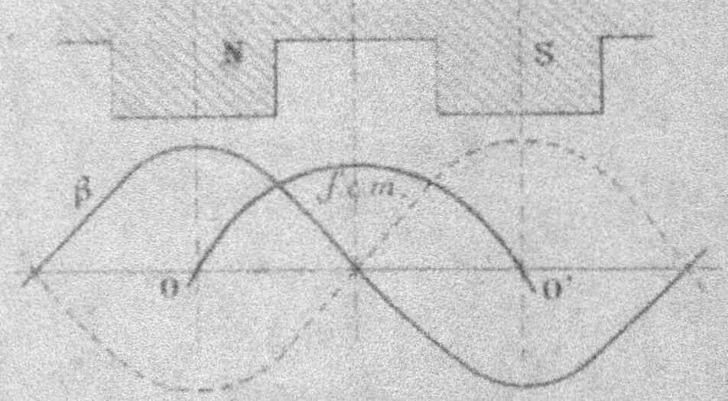

Fig. 511. — Étude des harmoniques d'alternateur travaillant sur des self-inductions pures.

et de courant, d'autre part, seraient pratiquement deux à deux en quadrature. On pourra le constater à l'oscillographe double.

Les trois courbes présenteront donc les dispositions indiquées fig. 511.

Le courant est donc en opposition de phase avec φ (mais serait sinusoïdal par hypothèse, si l'induction à vide existait seule). Il y a donc compensation de $v_0 I_{\text{eff}}$ (ampère-tours d'induit), par un renforcement de l'excitation et apparition d'harmoniques de courant impaires, alors que la tension à vide n'en possédait pas, car le champs inducteur, s'il était symétrique par rapport à O et O' (fig. 511) reste symétrique, même si l'on modifie l'excitation.

b) **Alternateur chargé par des résistances pures.** — Il y a proportionnalité entre les amplitudes des harmoniques de tension et de celles d'intensité. Le courant est décalé de 90° en arrière par rapport au flux, puisqu'il est en concordance avec la tension.

Les harmoniques de courants dues à la modification de l'excitation en charge ne s'éteignent pas comme dans les cas précédents; elles réagissent sur le flux inducteur, de telle sorte que le flux en charge est différent du flux à vide et déforme considérablement la courbe de tension aux bornes.

Le décalage du courant par rapport à la tension étant nul, on

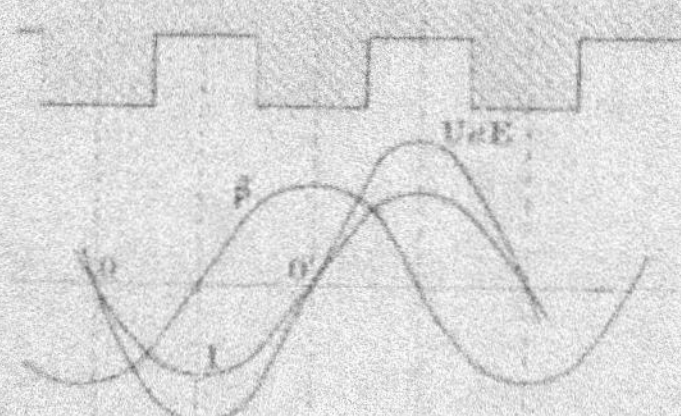

Fig. 512 — Étude des harmoniques. Alternateur travaillant sur des résistances pures.

voit que la courbe résultante d'induction dans l'entrefer ne sera plus symétrique par rapport à un axe polaire. Il pourrait apparaître des harmoniques paires qui compliqueraient le phénomène (fig. 512).

c **Alternateur travaillant sur un circuit résistant et réactant.** Les phénomènes seraient intermédiaires, et leur nature dépend de l'importance relative de la self-induction et de la résistance.

d **Alternateur travaillant sur une capacité pure.** — Les résultats sont, comme nous l'avons signalé, des plus curieux. La courbe du courant est en coïncidence avec celle du flux, puisque décalée

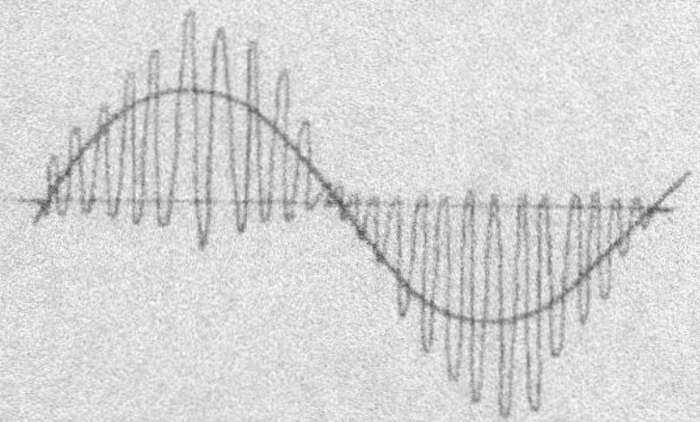

Fig. 513. — Étude des harmoniques. Alternateur travaillant sur des capacités pures (superposition d'harmoniques au ton fondamental).

à 90° en avant de la tension. L'harmonique fondamentale de tension est renforcée quand l'alternateur est en charge, car le flux d'induit est auto-excitateur et non démagnétisant, mais, en même temps, les harmoniques de courant croissent, pour une même amplitude, proportionnellement à leur numéro d'ordre.

Tout compte fait, on constate une exagération singulière de l'influence des harmoniques de courant qui, étudiées à l'oscillographe, présentent l'aspect ci-contre (fig. 513). Les amplitudes de l'harmonique d'ordre n peuvent acquérir une valeur bien supérieure à celle de l'harmonique fondamentale.

Remarquons que la première courbe que donne l'oscillographe est non l'onde fondamentale, mais la tension entière.

Cas où l'on suppose la tension non sinusoïdale. — Les phénomènes deviennent alors très difficiles à prévoir par l'analyse.

Les harmoniques de flux et de courant réagissent les unes sur les autres.

Cas où l'on tient compte du flux Ψ'', tournant avec la vitesse 2Ω. — Nous avons démontré que l'apparition de ce flux se traduisait surtout par la création de l'harmonique 3 dans l'induit.

Il est difficile par cela même, sauf au prix d'adjonction de cages d'écureuil, de supprimer ce flux et l'harmonique correspondante. Cependant dans le cas d'alternateurs triphasés, nous savons que cette harmonique ne paraît pas, la somme $(\Phi''_c + \Phi''_e + \Phi''_m)$ ayant une valeur pratiquement nulle.

C. Réaction d'induit d'un alternateur triphasé enroulé en étoile.

Supposons qu'il n'y ait aucune liaison entre le point neutre de la génératrice, soit avec la terre, soit avec le point neutre du récepteur. Soit :

$$U_{10} = U_1 - U_2.$$

La tension composée ne contiendra aucune harmonique d'ordre 3 ou multiple de 3.

La tension étoilée n'aura pas même forme que le courant, car elle possédera des harmoniques d'ordre 3 que ne possédera pas le courant.

Si, pour simplifier, on suppose le circuit de charge de l'alternateur constitué par des résistances ohmiques, on peut constater l'existence d'une tension entre les points O et O_1 (fig. 514). En effet, U_1, chute de tension due à I_1, ne comporte pas les harmoniques 3. Au contraire, U_1, tension étoilée, les comporte.

Nous aurons donc, entre O et O_1, une tension, qui sera, puisque tantes les harmoniques d'ordre 3 de la tension étoilée sont en phase, égale à cette harmonique. Si on relie O O_1 par un fil gros et court, on aura un courant de fréquence 3 f qui se fermera par les trois branches de l'alternateur et du réseau considérées comme couplées en parallèle, car l'harmonique a la même phase dans les trois branches.

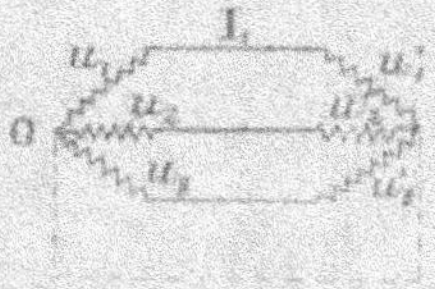

Nous aurons donc une harmonique de courant qui viendra se superposer au courant primitif, de manière à donner à ce courant, dans la résistance, une forme analogue à celle de la tension simple.

Fig. 314. — Étude des harmoniques. Effet de la réaction d'induit d'un alternateur triphasé enroulé en étoile.

Dans le conducteur OO_1, le courant sera le triple, en valeur instantanée, de l'intensité de l'harmonique 3 passant dans chacune des 3 branches.

Ce qui précède explique ce phénomène, en apparence étrange, que dans la marche à vide, le courant dans les lignes étant très faible si l'on n'établit aucune liaison entre les points neutres, il peut arriver que le courant prenne une valeur beaucoup plus grande lorsqu'on réunit ces points, la courbe de tension se modifiant aussitôt et prenant la forme de la courbe de tension étoilée à vide.

On peut en déduire des conséquences très importantes que nous reproduisons, d'après M. Mauduit.

1° **Danger de mise à la terre des points neutres et 4° fils.** — Les systèmes triphasés ne comportant que des machines en étoile n'ont pas d'harmoniques 3, si les point neutres sont isolés.

Si l'on vient, sous prétexte de protection des isolants ou de montage de lampes en étoile, à établir une liaison entre les points neutres, on fait naître des harmoniques 3 qui peuvent être très importantes et fort gênantes, ne fût-ce que par l'échauffement de la machine qui en résulte.

2° **Essai en court-circuit des alternateurs.** — Les courants ne comportent aucune harmonique d'ordre 3. Les harmoniques de flux du même ordre ne sont pas détruites par les composantes de la réaction d'induit correspondantes. Il subsiste une tension, due à l'harmonique 3, entre le point neutre et chaque borne court-circuitée. Cette tension peut devenir fort dangereuse.

La liaison du point neutre aux bornes, par un conducteur permettrait d'éviter le danger, mais donnerait un courant de court-circuit plus fort que celui à mesurer.

3° Conséquence au point de vue des mesures wattmétriques. — Ceci nous montre que les lectures faites par les méthodes de points neutres, artificiels ou non, entraînent des erreurs fréquentes. La mise en connexion du point neutre avec celui du wattmètre constitue un phénomène perturbateur des régimes à étudier.

D. Effets des harmoniques d'ordre 3 dans les alternateurs pourvus d'un enroulement en triangle

Il est facile de voir que, à vide, il subsistera des harmoniques 3 dans chaque tension composée, donnant lieu à des F. é. m. et à un courant de circulation qui peut être fort important à vide, alors que les harmoniques des autres ordres se détruisent intégralement.

Un wattmètre du 2ᵉ degré donne une indication correspondant à la valeur efficace de la somme :

$$3U_3 \cos(3\Omega t - \varphi_3) + 3U_9 \cos(9\Omega t - \varphi_9) + \ldots$$

Il convient en effet de remarquer que ces f. é. m. développent des effets concordants au point de vue des f. é. m. engendrées dans les 3 branches. Il est ainsi facile de voir l'importance des harmoniques 3. Les harmoniques multiples de 3, étant en court-circuit sur l'alternateur, étouffent les harmoniques correspondantes du flux. Elles disparaissent de la courbe de tension.

Remarquons d'autre part, avec M. Mauduit, que le flux de dispersion engendré par le champ de ce courant de pulsation 3Ω se comporte, par rapport aux pièces polaires, comme deux champs tournants de vitesses respectives :

$$(3\omega - \omega) \quad \text{et} \quad (3\omega + \omega),$$

c'est-à-dire 2ω et 4ω; d'où l'apparition des harmoniques 1 et 5, l'harmonique 3 étant étouffée par l'effet du ton fondamental, et des harmoniques supérieures de flux.

En somme, l'enroulement en triangle renforce, par la réaction d'induit, l'harmonique de rang 5, étouffe celle de rang 3 et fait naître des harmoniques supérieures, donc donne des courbes pointues très reconnaissables, beaucoup plus régulières dans l'enroulement étoilé. Il n'est pas rare de voir le courant de circulation à vide atteindre 30 % de la valeur du courant normal.

Remarquons en effet que dans le cas d'enroulement étoilé à point neutre ouvert, la tension composée supprime les harmoniques d'ordre 3, ce qui ne peut avoir lieu dans le triangle que par l'intermédiaire, coûteux, de courants de circulation.

Aussi réserve-t-on l'enroulement en triangle au cas de commutatrices, pour lesquelles on ne peut pas faire autrement, ou à certaines connexions provisoires de moteurs asynchrones (normalement en étoile, groupés au démarrage en triangle).

E. Transformateurs et moteurs asynchrones

Les transformateurs, dans le cas d'une faible dispersion, altèrent pratiquement très peu la courbe de tension fournie au primaire.

Ces conclusions sont modifiées dans le cas de moteurs asynchrones (influence de l'entrefer, qui accroît beaucoup les fuites). La courbe de f. é. m. de ces moteurs est sensiblement différente de la courbe de la tension qui leur est appliquée.

F. Questions diverses.

Nous signalerons enfin, sans les traiter, l'influence de la forme de la courbe sur l'aptitude au couplage en parallèle des alternateurs (fig. 315; courant de circulation proportionnel à aa'); sur la stabilité ou résistance au décrochage des moteurs synchrones et des commutatrices.

Nous terminerons cette étude par un exemple numérique, nécessitant quelques détails, sur la forme des séries de Fourier, représentation des fonctions présentant des formes graphiques simples.

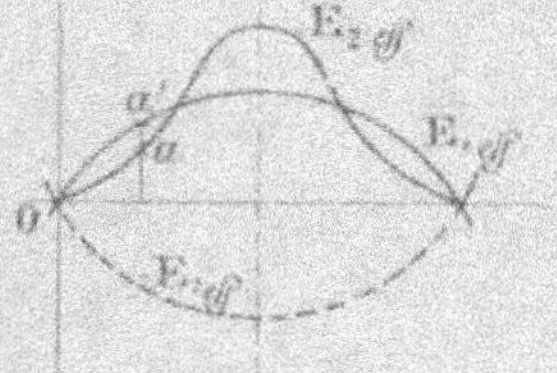

Fig. 315. — Étude des harmoniques. Influence de la forme des f. é. m. des machines sur le couplage en parallèle.

FORMES DES SÉRIES DE FOURIER REPRÉSENTANT QUELQUES FONCTIONS GRAPHIQUEMENT SIMPLES

On trouvera dans l'excellent ouvrage, déjà cité, de M. Janet, la représentation par la série de Fourier d'un grand nombre de courbes constituées par des lignes brisées, des arcs de circonférences, de sinusoïdes, etc., auxquelles on est amené lors d'un projet de machine, pour la représentation de l'induction dans l'entrefer,

Cas du trapèze. — Considérons le cas très général de trapèzes analogues à ceux de la figure 516. α, β, γ, ayant la signification indiquée sur la figure. Posons:

$$\left\{\begin{aligned} \alpha_1 &= \frac{\alpha}{T} \\[1mm] \beta_1 &= \frac{\beta}{T} \\[1mm] \gamma_1 &= \frac{\gamma}{T} \end{aligned}\right.$$

les abscisses t étant des temps, ainsi que α, β, γ, on a de suite:

$$\alpha + \beta + \gamma = \frac{T}{4}.$$

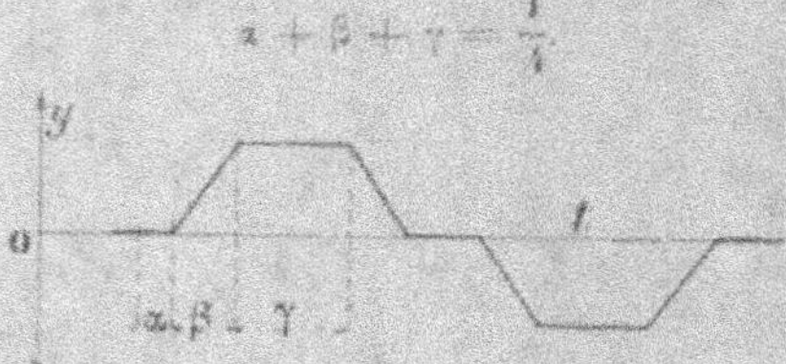

Fig. 516. — Étude des harmoniques. Représentation, par la série de Fourier, des f.é.m. d'alternateurs.

Le terme général d'une série de Fourier réduite aux termes impairs est donné par la formule:

$$A_{2K+1} = \frac{4 \, y_{max}}{\pi \, \beta_1} \frac{1}{(2K+1)^2} \left\{ \sin(2K+1)\pi\beta_1 + \cos(2K+1)\pi(2\alpha_1+\beta_1) \right\}$$

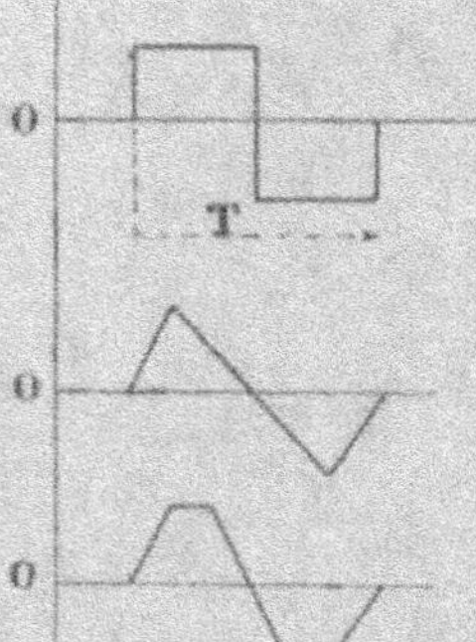

Fig. 517. — Étude des harmoniques. Représentation par la série de Fourier des f.é.m. d'alternateurs.

On peut obtenir plusieurs cas simples d'induction dans l'entrefer, en donnant des valeurs particulières à α, β, γ (fig. 517).

Par exemple:

1° Rectangle $\left\{\begin{aligned} \alpha_1 &= 0 \\ \beta_1 &= 0 \end{aligned}\right.$

2° Triangle $\left\{\begin{aligned} \alpha_1 &= 0 \\ \beta_1 &= \frac{1}{4} \end{aligned}\right.$

3° Trapèze sans palier d'ordonnées nulles.

$$\alpha_1 = 0.$$

1ᵉʳ Cas. — **Rectangle.**

$$y = \frac{4\,y_{max}}{\pi} \left\{ \begin{array}{l} \sin \Omega t + \dfrac{1}{3} \sin 3\,\Omega t + \ldots \\[2mm] + \dfrac{1}{2K+1} \sin(2K+1)\,\Omega t. \end{array} \right.$$

2ᵉ Cas. — **Triangle isocèle.**

$$y = \frac{8\,y_{max}}{\pi} \left\{ \begin{array}{l} \sin \Omega t - \dfrac{1}{9} \sin 3\,\Omega t + \dfrac{1}{25} \sin 5\,\Omega t + \ldots \\[2mm] + \dfrac{1}{(2K+1)} \sin(2K+1)\dfrac{\pi}{2} \sin(2K+1)\,\Omega t + \ldots \end{array} \right.$$

3ᵉ Cas. — **Trapèze sans palier d'ordonnées nulles.** — Terme général :

$$A_{2k+1} = \frac{2}{\pi} \frac{1}{(2K+1)^2} \frac{y_{max}}{\beta_1} \sin(2K+1)\,2\pi\delta_1$$

Un cas particulier intéressant de cette forme est celui où l'on cherche à rendre ondulée la courbe de f. é. m. d'un alternateur, en installant un enroulement à deux conducteurs par pôle et par phase.

Applications. — On peut donc, d'après ces formules, calculer la forme réelle de l'induction dans l'entrefer et en outre, pour une

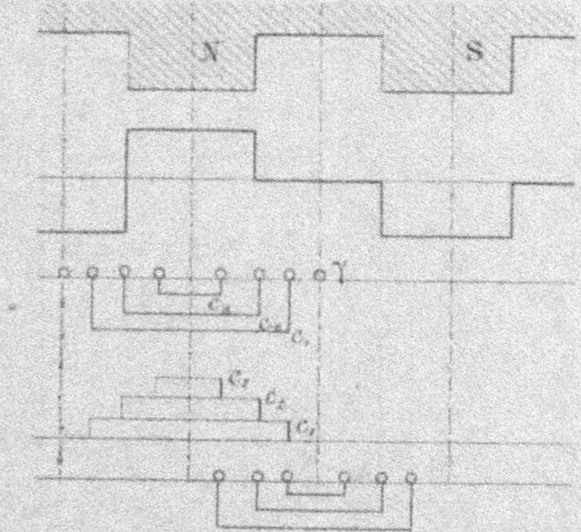

Fig. 348. — Étude des harmoniques. Calcul de la f.é.m. développée dans un induit d'alternateur.

position donnée de l'enroulement d'induit (flux embrassé maximum par exemple), calculer la f. é. m. à ce moment. Ces calculs sont longs, mais peu difficiles.

1re Application. — *Calcul de la f. é. m. développée dans un induit d'alternateur.* — Nous laisserons au lecteur le soin d'établir ce

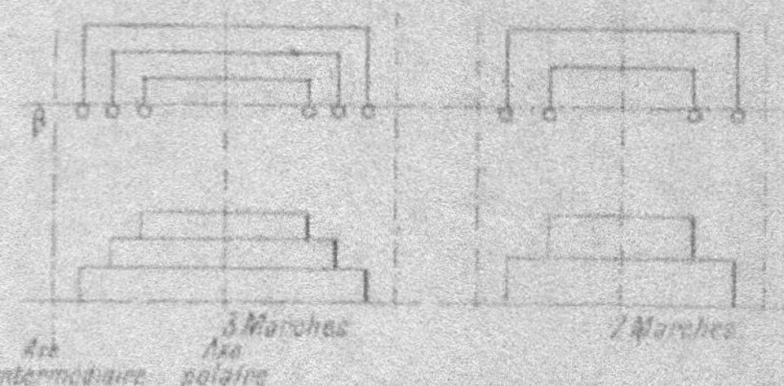

Fig. 519 et 520. — Étude des harmoniques. Calcul de la f. é. m. développée dans un induit d'alternateur.

calcul, qui n'offre aucune difficulté. On se servira des figures ci-après : fig. 519. — f. é. m. dans un conducteur, en fonction des positions du conducteur γ et non de l'axe de la bobine, ou flux embrassé par cadre.

2e Application. — *Calcul des (at) réduits d'un stator de moteur asynchrone (pour une phase).*

VII. — MESURE DES FACTEURS DE PUISSANCE SANS WATTMÈTRE

Appliquons cette méthode à la détermination du facteur de puissance d'un réseau dans le cas où l'on s'interdit l'emploi d'un wattmètre.

Remarquons tout d'abord qu'un wattmètre donne, au moins théoriquement, une expression exacte de la puissance, quelle que soit la forme de la courbe du courant et celle de la courbe de f. é. m. ou de différence de potentiel, puisqu'il intègre l'expression :

$$P_{moy} = \frac{1}{\frac{T}{2}} \int_0^{\frac{T}{2}} U I \, dt.$$

indépendamment de la forme de U et I.

Tout au plus, peut-on remarquer que si les courbes de U et de I ne sont pas symétriques par rapport à leurs zéros, le wattmètre donnera l'indication :

$$P_{moy} = \frac{P'_{moy} + P''_{moy}}{2},$$

P'_{moy} et P''_{moy} correspondant respectivement à chacune des demi-périodes (fig. 524). Soit donc une tension composite appliquée à un réseau dont on connaît les constantes ℓ et R.

Il naîtra des harmoniques de courant correspondantes.

Un ampèremètre thermique donne le courant efficace :

$$I_{eff} = \sqrt{I_{1eff}^2 + I_{2eff}^2 + \ldots + I_{neff}^2}$$

si, à l'onde fondamentale, se superposent $(n-1)$ harmoniques. De même, le voltmètre du second degré donnera :

$$U_{eff} = \sqrt{U_{1eff}^2 + U_{2eff}^2 + \ldots + U_{neff}^2}.$$

On aura donc comme puissance apparente déduite de ces lectures :

$$P_a = U_{eff} I_{eff}.$$

Un wattmètre branché aux bornes du réseau donnerait la puissance vraie Pv. On peut donc appeler facteur de puissance, et représenter par $cos\, \Phi$ (< 1), la valeur $\dfrac{P_v}{P_a}$. Ce serait en particulier le cos de l'angle dont il faudrait décaler les sinusoïdes pour que la puissance vraie due à cette distribution fictive de courant fût la même que celle mesurée au wattmètre.

On aura donc :

$$cos\, \Phi = \frac{P_v}{\sqrt{U_{1eff}^2 + U_{2eff}^2 + \ldots} \; \sqrt{I_{1eff}^2 + I_{2eff}^2 + \ldots}}$$

Si l'on ne possède pas de wattmètre, ou même si l'emploi en devient très délicat, comme, par exemple, dans le cas de réseaux d'électrochimie, on peut tirer, de la connaissance de la courbe de tension et de quelques autres éléments, une valeur approchée de $cos\, \Phi$.

Les puissances mises en jeu par chaque harmonique de tension sont :

$$P_1 = U_{1eff} I_{1eff} cos\, \Phi_1,$$
$$P_2 = U_{2eff} I_{2eff} cos\, \Phi_2, \text{ etc.}$$

Φ_1, Φ_3 désignant les angles donnés par :

$$\operatorname{tg} \Phi_1 = \frac{c\Omega}{R},$$

$$\operatorname{tg} \Phi_3 = \frac{3c\Omega}{R}, \text{ etc};$$

nous aurons donc enfin :

$$\cos \Phi = \frac{U_{1\,\text{eff}}\, I_{1\,\text{eff}} \cos \Phi_1 + U_{3\,\text{eff}}\, I_{3\,\text{eff}} \cos \Phi_3 + \ldots}{U_{\text{eff}}\, I_{\text{eff}}}$$

ou encore, la forme équivalente :

$$\cos \Phi = \frac{U^2_{1\,\text{eff}} \cos^2 \Phi_1 + U^2_{3\,\text{eff}} \cos^2 \Phi_3 + \ldots}{R \sqrt{U^2_{1\,\text{eff}} + U^2_{3\,\text{eff}} + \ldots} \sqrt{I^2_{1\,\text{eff}} + I^2_{3\,\text{eff}} + \ldots}},$$

Tel est donc le facteur de puissance du réseau.

Pour restreindre l'ampleur des calculs, sans d'ailleurs diminuer

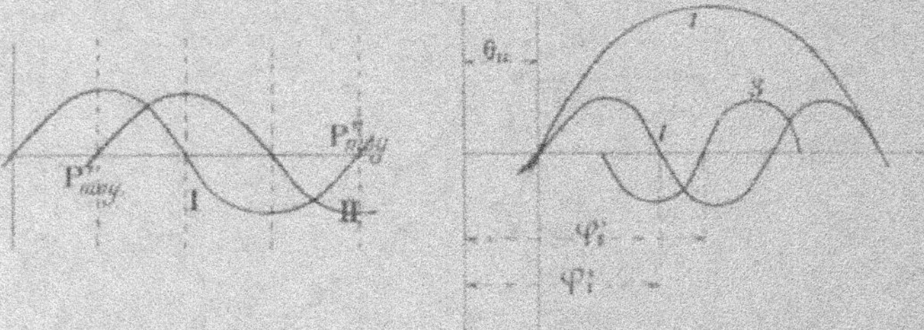

Fig. 521 et 522. — Étude des harmoniques. Détermination des facteurs de puissance sans wattmètre.

en rien leur généralité, supposons les harmoniques (cas très fréquent) réduites à celles de rangs 1 et 3; il vient alors :

$$\cos \Phi = \frac{U^2_{1\,\text{eff}} \cos^2 \Phi_1 + U^2_{3\,\text{eff}} \cos^2 \Phi_3}{R \sqrt{U^2_{1\,\text{eff}} + U^2_{3\,\text{eff}}} \sqrt{I^2_{1\,\text{eff}} + I^2_{3\,\text{eff}}}}$$

Distinguons deux cas : celui où l'on a pu effectuer la décomposition harmonique de U et de I, et celui, beaucoup plus général, où cette décomposition n'est possible que pour U, I variant énormément d'un moment à l'autre (électrochimie).

1ᵉʳ Cas. — Dans ce premier cas, nous connaissons donc les harmoniques de U et de I en grandeur et en phase, et dans le deuxième, celle de U seulement.

Un appareil comme l'oscillographe double nous donne la forme des courbes avec l'écart des zéros correspondants, c'est-à-dire l'écart, en degrés, séparant deux points, les plus voisins, de nullité de courant et de nullité de tension.

Remarquons que le doute ne saurait s'élever que pour un courant complètement déwatté.

Mais on connaît toujours dans ce cas la constitution du circuit (inductance ou capacité).

Il n'y a donc aucune ambiguïté.

Nous aurons, dans le cas considéré :

$$U = U_1 \cos (\Omega t - \varphi_1) + U_3 \cos (3\Omega t - \varphi_3)$$
$$I = I_1 \cos (\Omega t - \varphi_1 - \Phi_1) + I_3 \cos (3\Omega t - \varphi_3 - \Phi_3).$$

La méthode de Fischer-Hinnen nous a donné en particulier la position des harmoniques par rapport aux courbes de U et de I totales.

2° Cas. — **On ne peut effectuer que la décomposition harmonique de U.** — Pour un temps Θ_0 donné correspondant à $I = 0$ et Θ_1 correspondant à :

$$I = 0$$

on a :

$$0 = U_1 \cos (\Omega \Theta_0 - \varphi_1) + U_3 \cos (3\Omega \Theta_0 - \varphi_3)$$
$$0 = I_1 \cos (\Omega \Theta_1 - \varphi_1 - \Phi_1) + I_3 \cos (3\Omega \Theta_1 - \varphi_3 - \Phi_3).$$

Nous aurons en mesurant sur la figure 521 l'angle $(\Theta_0 \Theta_1)$, ou si l'on prend, pour simplifier :

$$\Theta_0 = 0.$$

sur les deux courbes analogues de U on a :

$$0 = U_1 \cos \varphi_1 + U_3 \cos \varphi_3 ;$$

or :

$$\operatorname{tg} \Phi_3 = 3 \operatorname{tg} \Phi_1,$$

dans le cas simple de self sans capacité, φ_1 et φ_3 étant les phases de U_1 et U_3 par rapport à :

$$U = 0.$$

On mesura facilement φ_1 et φ_3 sur la figure donnant U (tracé graphique).

Pour la courbe I, opérons de même. Prenons pour origine $t = 0$ la valeur du temps pour laquelle $U = 0$; les deux relations obtenues en faisant successivement $t = 0$ et $U = 0$ sont :

$$\begin{cases} 0 = U_1 \cos \varphi_1 + U_3 \cos \varphi_3, \text{ avec :} \\ 0 = I \quad (\Omega\Theta_0 - 0) \end{cases} \qquad (1)$$

$$0 = I_1 \cos (\Omega\Theta_0 - \varphi_1 - \Phi_1) + I_3 \cos (3\Omega\Theta_0 - \varphi_3 - \Phi_3). \qquad (2)$$

Or, on a pu mesurer R, résistance du circuit ; on a donc, si :

$$\delta = \Omega\Theta_0,$$

$$0 = \frac{U_1 \cos\Phi_1}{R} [\cos (\delta - \varphi_1) \cos\Phi_1 + \sin (\delta - \varphi_1) \sin\Phi_1]$$
$$+ \frac{U_3 \cos\Phi_3}{R} [\cos (3\delta - \varphi_3) \cos\Phi_3 + \sin (3\delta - \varphi_3) \sin\Phi_3],$$

ce qui peut s'écrire :

$$0 = \frac{U_1 \cos^2\Phi_1}{R} [\cos (\delta - \varphi_1) + \operatorname{tg}\Phi_1 \sin (\delta - \varphi_1)]$$
$$+ \frac{U_3 \cos^2\Phi_3}{R} [\cos (3\delta - \varphi_3) + \operatorname{tg}\Phi_3 \sin (3\delta - \varphi_3)].$$

Nous aurons donc ainsi, si :

$$\operatorname{tg}\Phi_1 = x$$
$$\operatorname{tg}\Phi_3 = 3 \operatorname{tg}\Phi_1 = 3x,$$

$$0 = \frac{U_1}{1 + x^2} \frac{1}{R} [\cos (\delta - \varphi_1) + x \sin (\delta - \varphi_1)]$$
$$+ \frac{U_3}{1 + 9x^2} \frac{1}{R} [\cos (3\delta - \varphi_3) + 3x \sin (3\delta - \varphi_3)]$$

ou bien, en posant :

$$\begin{cases} \delta - \varphi_1 = \Delta_1 \\ 3\delta - \varphi_3 = \Delta_3 \end{cases}$$

$$0 = \frac{U_1}{1 + x^2} \times \frac{1}{R} (\cos\Delta_1 + x \sin\Delta_1) + \frac{U_3}{1 + 9x^2} \frac{1}{R} (\cos\Delta_3 + 3x \sin\Delta_3)$$

ou bien :

$$(1 + 9x^2) (\cos\Delta_1 . U_1 + x \sin\Delta_1 . U_1)$$
$$+ (1 + x^2) (\cos\Delta_3 U_3 + 3x \sin\Delta_3 U_3) = 0,$$

ou encore :

$$\left.\begin{aligned} &3x^3(3U_1 \sin\Delta_1 + U_3 \sin\Delta_3) \\ &+ x^2(9U_1 \cos\Delta_1 + U_3 \cos\Delta_3) \\ &+ x(U_1 \sin\Delta_1 + 3U_3 \sin\Delta_3) \\ &+ (U_1 \cos\Delta_1 + U_3 \cos\Delta_3) \end{aligned}\right\} = 0.$$

On connaît R ; on aura donc :

$$L\omega = R\,\mathrm{tg}\,\Phi_1 = Rx.$$

On peut remarquer qu'il n'est pas nécessaire de connaître U et I tous deux développés en harmoniques. Il suffit de connaître l'un d'eux, par exemple U et de mesurer :

$$\xi \text{ et } R.$$

On serait arrivé au même résultat en supposant connus U et I par leur analyse harmonique, et ne mesurant pas R, ce qui n'est pas toujours commode.

En effet, la relation (2) s'écrit dans ce cas :

$$0 = I_1 \cos(\xi - \varphi_1 - \Phi_1) + I_3 \cos(3\xi - \varphi_3 - \Phi_3),$$

ou encore, elle donne directement Φ_1 et Φ_3 par les formules :

$$x = \mathrm{tg}\,\Phi_1$$

$$I_1 \cos\Phi_1(\cos\Delta_1 + \mathrm{tg}\,\Phi_1 \sin\Delta_1) + I_3 \cos\Phi_3(\cos\Delta_3 + \mathrm{tg}\,\Phi_3 \sin\Delta_3) = 0,$$

ou bien :

$$I_1 \frac{\cos\Delta_1 + x \sin\Delta_1}{\sqrt{1 + x^2}} + I_3 \frac{\cos\Delta_3 + 3x \sin\Delta_3}{\sqrt{1 + 9x^2}} = 0,$$

d'où l'équation bicarrée :

$$(1 + 9x^2) I_1^2 (\cos\Delta_1 + x \sin\Delta_1)^2 = I_3^2 (1 + x^2)(\cos\Delta_3 + 3x \sin\Delta_3)^2.$$

On voit que le principe de résolution de ces équations reste toujours le même.

TABLE DES MATIÈRES

VINGT-CINQUIÈME LEÇON

Étude des moteurs asynchrones monophasés.
Emploi des moteurs asynchrones comme génératrices.

VINGT-SIXIÈME LEÇON

Construction des moteurs asynchrones à champ tournant.

VINGT-SEPTIÈME LEÇON

Théories classiques relatives aux moteurs asynchrones.

TRENTE-DEUXIÈME LEÇON

Couplage des alternateurs (*Suite*).

TRENTE-TROISIÈME LEÇON

Couplage des alternateurs (*Suite*).

TRENTE-QUATRIÈME LEÇON

Introduction au compoundage des alternateurs.

TRENTE-CINQUIÈME LEÇON

Compoundage des alternateurs.

APPENDICE III

Électrotechnique non sinusoïdale.